高等学校规划教材·材料科学与工程

金属塑性加工学

主　编　庞玉华　杜忠泽
副主编　杨西荣　张　郑　王庆娟

西北工业大学出版社

图书在版编目（CIP）数据

金属塑性加工学/庞玉华,杜忠泽主编．—西安:西北工业大学出版社,2011.4
ISBN 978－7－5612－3065－7

Ⅰ.①金…　Ⅱ.①庞…　②杜…　Ⅲ.①金属压力加工　Ⅳ.①TG301

中国版本图书馆 CIP 数据核字(2011)第 068847 号

出版发行：西北工业大学出版社
通信地址：西安市友谊西路 127 号　邮编：710072
电　　话：(029)88493844　　88491757
网　　址：www.nwpup.com
印　刷　者：陕西向阳印务有限责任公司
开　　本：787 mm×1 092 mm　1/16
印　　张：31
字　　数：757 千字
版　　次：2011 年 5 月第 1 版　　2011 年 5 月第 1 次印刷
定　　价：49.00 元

前　言

  《金属塑性加工学》是金属压力加工、金属材料工程、材料成型与控制等材料学科相关专业的重要专业课教材。全书分轧制理论、型材生产、板带材生产和管材生产等四篇共 20 章,内容涵盖了钢及有色金属材料的塑性成形基本原理以及现代塑性加工工艺技术等。为了帮助读者理解和运用教材中所讲述的一些原理、原则和计算公式,在讲述中还适当地给出了一些例题,并在每章后配置了一些复习题。在本书的编写过程中,编者力求做到理论联系实际,使书中内容充实,系统性强,反映学科前沿发展,适应高等学校教学改革的要求。

  本书由庞玉华和杜忠泽任主编,杨西荣、张郑和王庆娟任副主编。本书具体编写分工如下:张郑编写第 2~5 章、王敬忠编写第 1 章和第 6 章、杨西荣编写第 7 章和第 14 章、孙琦编写第 8 章、杜忠泽编写第 9 章和第 10 章、王庆娟编写第 11~13 章、肖桂芝编写第 15 章、庞玉华编写第 16~19 章、刘世峰编写第 20 章。

  由于水平和经验所限,书中不妥之处在所难免,敬请广大读者指正。

编　者

2011 年 3 月

目　　录

第一篇　轧制原理

第二篇　型材生产及孔型设计

第三篇　板带材生产

第四篇 管 材 生 产

第一篇 轧制原理

第1章 概述

金属材料的产量和技术含量是一个国家国民经济实力的重要标志,是工业、农业、国防和科学技术现代化的基础。在金属材料的生产总量中,除了一小部分采用铸造和锻造等方法直接生产外,90%以上都需经过轧制成材。

1.1 轧制产品及应用

随着国民经济的不断发展,轧制产品的品种和规格及其应用范围也不断扩大,其品种已达数万种之多,仅一个板带车间的产品规格就能达到300多个。按用途可分为建筑用材、结构用材、机械制造用材等多种轧制产品;按材质可分为钢材以及铜、铝和钛等有色金属与合金材料;按断面形状特征可分为板带材、型线材、管材及其他特殊轧材等。由于轧制工艺的突出特点表现为产品断面形状的多样性,故在此按断面形状特征对轧材进行分类。

1.1.1 板带材

板带材是宽度(B)与厚度(H)比值较大的扁平断面钢材,包括板片和带卷,是应用最为广泛的轧制产品。在发达国家,板带材占钢材消费比例的60%左右,我国板带材的消费比例不到40%,随着国内汽车工业的兴起,这一比例将达到50%。有色金属与合金的轧制产品主要是板带材。

板带产品的分类见表1-1。按轧制方法可分为热轧板带和冷轧板带;按产品尺寸规格可分为中厚板、薄板、带材、箔材等;按用途可分为造船板、汽车板、锅炉板等。各种板带宽度与厚度的组合已超过5 000种,宽度对厚度的比值达10 000。异型断面板、变断面板等新型产品不断涌现,铝合金变断面板材、筋壁板等在航空工业中广泛应用。板带钢不仅作为成品钢材使用,也可用以制造冷弯型钢、焊接型钢和焊接管等产品,其中,管线钢是以板焊管的典型产品。

表 1-1 板带产品分类

轧制方法	按尺寸规格分类（板厚/mm）			按用途分类
热轧	中厚板	中板	4～20	造船、焊管坯、锅炉板、装甲板、桥梁板、容器板、运输工具板、其他用途板
		厚板	20～60	
		特厚板	＞60	
冷轧	薄板		1～4	汽车、电机、变压器、仪表、外壳、家用电器、精密仪器、绝热和防水板
	带材		0.2～4	
	箔材		＜0.2	

1.1.2 型材

型钢的品种很多，是一种具有一定截面形状和尺寸的实心长条钢材。按型钢应用范围可分为常用型钢（方钢、圆钢、扁钢、角钢、槽钢、工字钢和 H 型钢等）及专用型钢（钢轨、T 字钢、球扁钢和窗框钢等），如表 1-2 所示。按其断面形状不同又可分为简单断面和复杂断面两种。前者包括圆钢、方钢、扁钢、六角钢和角钢；后者包括钢轨、工字钢、槽钢、窗框钢和异型钢等，如图 1-1 所示。直径在 6.5～9.0 mm 的小圆钢称为线材。在发达国家，型材占钢材总量的 30%～35%，我国型材的消费比例超过 50%。由于有色金属及其合金熔点和变形抗力较低，对尺寸和表面要求较严，故绝大多数采用挤压方法生产，仅在生产批量较大，尺寸和表面要求较低的中、小规格棒材、线坯和简单断面型线材才采用轧制方法生产。

表 1-2 部分热轧型钢分类

按应用分类	按断面形状分类			按用途分类
	名称	表示方法	规格范围（单位：mm）	
常用型钢	圆钢	直径	10～350	管坯，机械及冲锻零件
	线材	直径	4.6～12.7	钢筋，二次加工原料
	方钢	边长	4～250	机械制造及零件
	扁钢	厚×宽	3～60×10～240	薄板坯，焊管坯
	三角钢	边长	30～90	机械零件，锉刀
	六角钢	内接圆直径	7～80	螺帽，工具
	等边角钢	边长的 1/10	No.2～No.25	金属结构件及建筑桥梁等
	不等边角钢	长边长/短边长的 1/10	No.2.5/1.6～No.2.5/16.5	
	工字钢	腰高的 1/10	(80～630)8#～63#	建筑，金属结构等
	槽钢	腰高的 1/10	(50～400)5#～40#	金属结构，车辆制造等

续表

按应用分类	按断面形状分类			按用途分类
	名称	表示方法	规格范围(单位:mm)	
专用型钢	钢轨	kg/mm	5~24,38~75,80~120	轻轨,重轨,吊车轨
	T字钢	腿宽	20~400	结构件,铁路车辆
	Z字钢	高度	60~310	结构件,铁路车辆
	球扁钢	宽度×厚度	50×4~270×14	造船用
	窗框钢	宽度+序号	3025	钢窗用

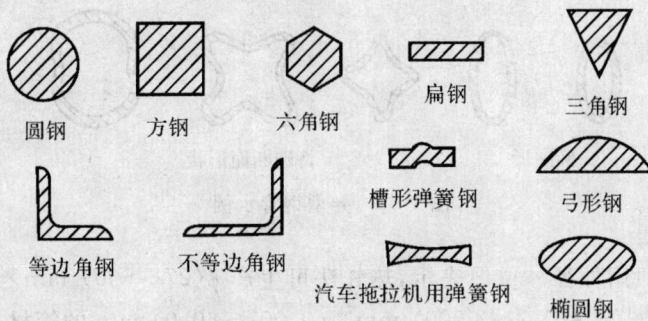

(a)

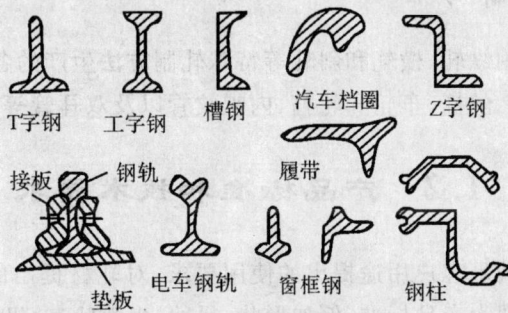

(b)

图1-1　部分型钢示意图

(a)简单断面型钢；　(b)复杂断面型钢

1.1.3　管材

轧制方法主要用于生产无缝管材,被广泛应用于国民经济各部门,生产量大约占到钢材总产量的8%~16%,目前,国内钢管产量占钢铁总产量的比例为9%左右。无缝管的断面一般为圆形,也有方形、矩形、椭圆形等异形管材及变断面管材(见图1-2)。根据其制造工艺及所用管坯形状不同分为无缝钢管(圆坯)和焊接钢管(板、带坯)两大类。

根据轧制制度的不同,无缝钢管又可分为热轧无缝管和冷轧无缝管。热轧方法主要用于生产塑性较好,强度较低易变形的金属管;冷轧方法主要用于生产塑性低,强度高难变形的金属管。按无缝管的用途不同,可将其分为石油管、锅炉管、热交换管、轴承管以及一部分高压输送管道等;按管端状态可分为光管和车丝管;按外径和壁厚之比可分为特厚管、厚壁管、薄壁管和极薄壁管等。

焊接钢管因其焊接工艺不同而分为炉焊管、电焊(电阻焊)管和自动电弧焊管;因其焊接形式的不同分为直缝焊管和螺旋焊管两种;因其端部形状不同又分为圆形焊管和异形(方、扁等)焊管。焊管因其材质和用途不同而分为如下若干品种:低压流体输送用镀锌焊接钢管、矿用流体输送焊接钢管、机械结构用不锈钢焊接钢管等。

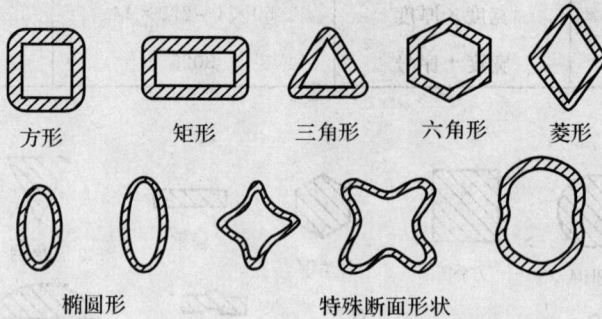

方形　　　矩形　　　三角形　　　六角形　　　菱形

椭圆形　　　　　　特殊断面形状

图 1-2　异型钢管示例

管材的规格一般用外径×壁厚表示,热轧法可生产 $\phi(27\sim660)$ mm×$(2.0\sim80.0)$ mm的管材,冷轧方法可轧出 $\phi(0.2\sim3\ 000)$ mm×$(0.001\sim60.0)$ mm 的管材。

1.1.4　特殊形状轧材

特殊形状轧材是指用纵轧、横轧和斜轧等特殊轧制方法生产的各种周期断面的轧材,如车轴、变断面轴、钢球、齿轮、丝杠、车轮和轮箍、内螺纹管以及双耳管等。

1.2　产品标准和技术要求

轧材技术要求是为满足客户用途提出的使用要求,对轧材提出的必须具备的规格和技术性能。技术要求一般体现为产品标准,例如形状、尺寸、表面状态、机械性能、物理化学性能、金属内部组织和化学成分等方面的要求。由于各种轧材使用范围不同,产品标准也各不相同。如美国 U.S.标准、欧盟 EN 标准、日本 JIS 标准、中国 GB(国标)、YB(冶金部颁标准)、QB(企业内部控制标准)等。有的标准在国际上被广泛采用,称之为国际标准。当然也可以由供需双方制定相互认可的临时协议标准。轧材产品标准主要包括下面内容。

1.2.1　品种规格

其主要规定轧材形状和尺寸精度方面的要求。形状方面要求形状规范,没有断面歪扭、弯曲不直和表面不平等缺陷;尺寸精度方面对轧材轧后尺寸及偏差提出要求,它是根据使用要求确定的,超过要求范围会造成金属浪费,低于要求范围满足不了性能上的要求。提倡负公差轧制,可以节约金属,同时能减轻金属结构的重量;但有些需进一步加工处理的钢材,常按正偏差轧制。

1.2.2　产品技术要求

产品技术要求根据轧材不同而不同,一般有表面质量、组织结构、化学成分及性能等要求,同时还包括某些试验方法和试验条件。表面质量主要是指表面缺陷的多少、表面光洁、平坦程度,如表面裂纹、结疤、重皮和氧化铁皮等,它们直接影响轧材的使用性能和寿命。由于轧材性能主要取决于轧材的组织结构及化学成分,因此在技术条件上规定了化学成分,同时还提出诸如晶粒度、轧材内部缺陷、夹杂物的形态及分布等金属组织结构方面的要求。轧材性能要求一般指轧材强度、塑性(室温、高温)和韧性等力学性能以及弯曲、冲压、焊接等工艺性能,还有磁性、抗腐蚀性等特殊物理化学性能,有时还要求硬度及其他指标。这些性能可以由拉伸试验、冲击试验及硬度试验确定。

1.2.3　验收规则

验收规则指验收时要执行的一些规定。比如:需要进行的试验内容,做试验时的取样部位,试样形状和尺寸,试验条件及方法等;轧材交货时的包装、标志方法以及质量证明书的内容等;某些特殊轧材还规定了特殊的成品试验要求等。

应该指出,技术条件是钢厂组织生产的法规,国际标准、部颁标准等只是说明某种产品的一般要求或最低要求。为了加强企业产品竞争能力,在企业内部往往有内控标准,企业通过采用某种工艺使产品在某一方面达到更高的水平,让用户更满意,从而提高企业的声誉,扩大市场,进而取得更好的经济效益。随着产品要求和生产水平的提高,标准也在不断修改、补充和提高。

1.3　轧材生产方法

轧制是指将金属坯料通过旋转轧辊的间隙(各种形状),受轧辊压缩使材料截面减小,长度增加的压力加工方法。简而言之,是指轧件由于摩擦力的作用被拉入旋转轧辊之间,受到压缩进行塑性变形的过程。通过轧制,能使轧件具有一定的形状、尺寸和性能。轧制方法目前大致可分为纵轧、斜轧和横轧等。

1. 纵轧

轧件在相互平行且旋转方向相反的平直轧辊或带孔槽轧辊缝隙间进行的塑性变形,轧件的前进方向与轧辊轴线垂直(见图1-3(a))。常见的机型有二辊轧机、三辊轧机、四辊轧机、六辊轧机、多辊轧机和万能轧机等,广泛用于生产钢坯、板带材和型材产品。

2. 斜轧

轧件在同向旋转且轴心线相互成一定角度的轧辊缝隙间进行塑性变形的过程。轧件沿轧辊交角的中心线方向进入轧辊,在变形过程中,除了绕其轴线旋转运动外,还有沿其轴线的前进运动,即旋转前进的螺旋运动(见图1-3(b))。常见的机型有二辊和三辊斜轧穿孔机、轧管机等。广泛用于无缝管材生产。

3. 横轧

轧件在同向旋转且轴心线相互平行的轧辊缝隙间进行塑性变形的过程。在横轧过程中,轧件轴线与轧辊轴线平行,金属只有绕其自身轴线的旋转运动,故仅在横向受到加工变形(见

图 1-3(c))。常见的机型有齿轮轧机。

4.特殊轧制

所谓特殊轧制就是不能简单地用上述三种方法描述的轧制方式。比如周期式轧管机,虽然它近似于纵轧,但与一般纵轧不同的是轧辊在作旋转运动的同时,还有在水平方向上的移动,因而轧件的曳入方向与轧辊旋转方向相反,且轧制是周期性的。常见的特殊轧制方法还有车轮及轮箍轧制、周期断面轴轧制、钢球轧制等。

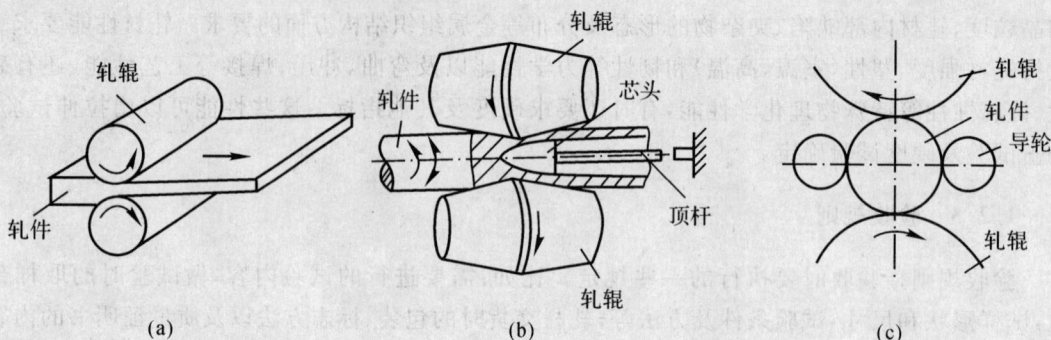

图 1-3 轧制方式示意图
(a)纵轧; (b)斜轧; (c)横轧

1.4 轧制工艺流程

把钢锭或钢坯轧成具有一定断面形状和尺寸的钢材所经过的各种加工工序的总和称为轧制生产工艺流程。由于各种轧制产品的技术要求、工艺性能以及各生产厂设备条件的不同,所以,生产工艺流程也各种各样。

1.4.1 轧材生产的一般工艺流程

根据轧材材质的不同,主要有钢材轧制及有色金属轧制两大类。传统的轧钢工艺是以模铸钢锭为原料,用初轧机或开坯机将钢锭轧成各种形状的钢坯,再通过成品轧机轧成各种轧材。近几十年来,连续铸钢技术得到了迅速发展,其中,近终形连铸技术将钢水直接铸成一定形状与规格的钢坯,薄板坯连铸连轧技术省去了铸锭、初轧,甚至钢坯加热等许多工序,在很大程度上简化了钢材生产工艺流程。一般钢材工艺过程分为三种基本类型:碳素钢、合金钢及冷加工工艺流程。有色金属及合金材料中以铜、铝及其合金的轧材应用较为广泛,主要是板带材。如图 1-4 所示为碳素钢和低合金钢的一般生产工艺流程。它采用连铸坯生产系统,其特点是不需要大的开坯机,无论是板带材或型材,一般都经一次加热轧出成品;采用铸锭的大型生产系统,其特点是需要大型的初轧机,钢锭重量大,一般采用热锭作业及二次或三次加热轧制的方式;采用铸锭的中型生产系统,其特点是一般有 $\phi650 \sim 900$ mm 二辊或三辊开坯机,通常采用冷锭作业及二次加热轧制的方式,锭重一般为 $1 \sim 4$ t,可以生产碳素钢和合金钢钢材;采用铸锭的小型生产系统,其特点是通常在中、小型轧机上用冷小钢锭经一次加热直接轧制成材。合金钢的一般生产工艺流程在工序上比碳钢复杂,包括铸坯的退火、轧制后的退火、酸洗等工序,有时采用锻造代替开坯轧制。钢材冷轧生产的一般工艺流程必须有轧制前的酸洗和退火相配合。

炼钢

铸锭　　　　　　　　　　　连铸坯

冷锭　　热锭

清理　　　　均热　　　　　　　　　清理

加热　　　　初轧　　　　　　　　　加热

初轧 开坯　　轧制　　钢坯连轧　　剪切　　轧制

剪切　　　　　　　　剪切　　　　　　　剪切

冷却 清理　　　　　冷却 清理　　　　　冷却

加热　　　　　　　　加热

轧制　　　剪切　　　轧制

冷却　　　冷却　　　冷却

精整　　　精整　　　精整　　　退火

检查　　　检查　　　检查　　　酸洗

清理　　　清理　　　清理　　　冷加工

退火

精整

验收

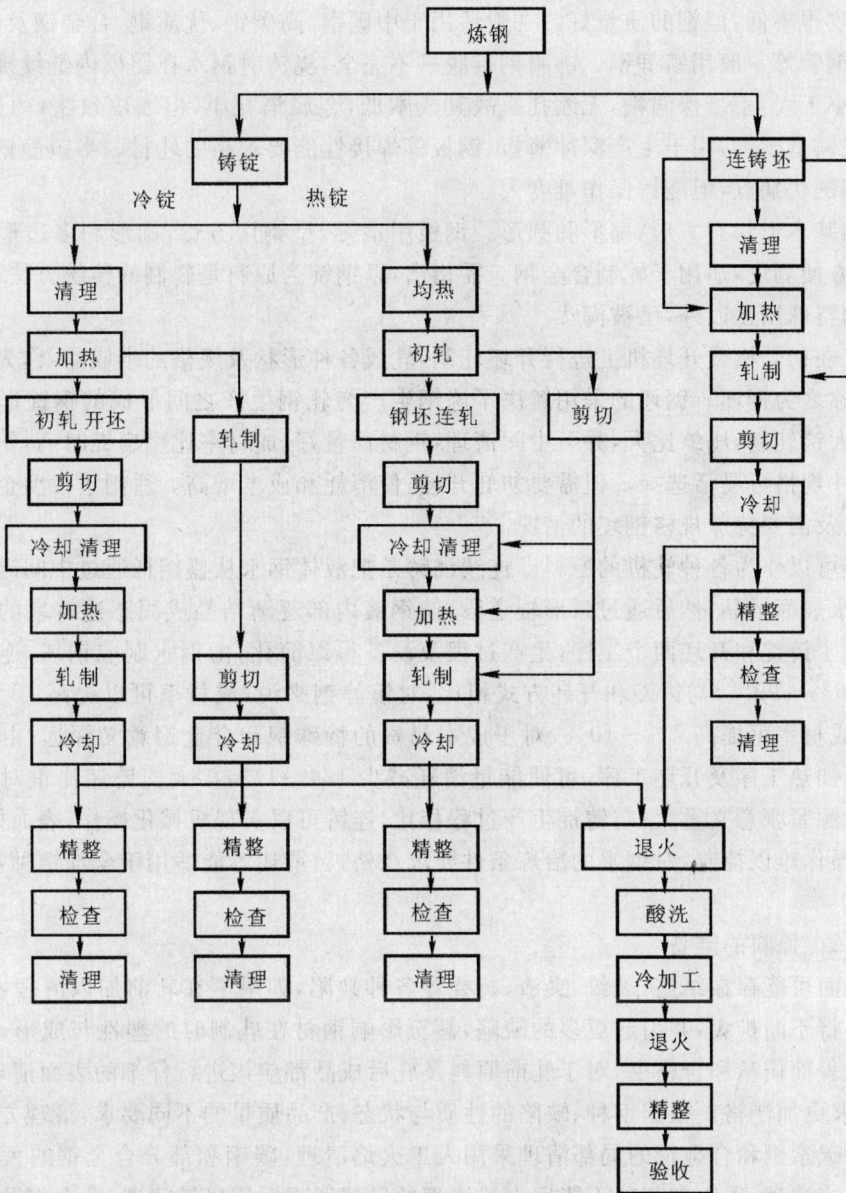

图 1-4　碳素钢和低合金钢的一般生产工艺流程

1.4.2　轧材生产基本工序及其对产品质量的影响

虽然各种轧材的轧制工艺流程各不相同,各有各的特点,但它们都包含以下基本工序:

1.4.2.1　原料选择

轧制过程常用原料有钢锭、钢坯及连铸坯等。目前,连铸坯达到 98%,连铸坯已经成为轧制过程的主要原料。

钢锭是用钢水铸成的锭坯,按钢水脱氧程度不同,可分为镇静钢锭、沸腾钢锭和半镇静钢锭。镇静钢锭是强脱氧,浇铸时镇静地凝固,形状上大下小,有保温帽。由于保温帽的存在,切损大,金属收得率低,但钢的质量好。一般适用于中碳钢、高碳钢、优质钢、合金钢及低合金钢。各种型钢、钢管等一般用镇静钢。沸腾钢锭脱氧不完全,浇铸时钢水在锭模内继续沸腾排出气体,形状上小下大,不带保温帽,无缩孔。故其成本低,金属消耗小,但表皮致密,内部柔软,所以适合于浇铸低碳钢,用于生产深冲薄板、钢板等焊接性能要求高的轧材。半镇静钢兼有镇静钢和沸腾钢的优缺点,但浇铸操作难度大。

钢锭的基本形状有方形、扁形和圆形。钢板用扁锭,型钢用方锭,圆形和多边形锭各部分冷却均匀,方便剥皮,适用于轧制合金钢。需指出,以钢锭为原料是轧制的传统方法,除了个别特殊钢种和特殊用途以外,已被淘汰。

把钢锭在初轧机或开坯机上进行开坯轧制,轧成各种形状及规格的半成品,作为进一步轧制的原料,称之为钢坯。钢坯的采用解决了炼钢生产与轧钢生产之间形成的钢锭形状选择的矛盾,可用大锭轧制,压缩比大,并可中间清理,钢材质量好,成材率比用扁锭时高,钢种不受限制,坯料尺寸规格可灵活选择。但需要初轧开坯,使消耗和成本增高。适用于大型企业,钢种、品种较多以及需要特殊规格钢坯的情况。

连铸坯可以作为各种轧机的原料。连续浇铸是把液体钢水从盛钢桶通过中间罐流入到结晶器,使钢水表面结晶,然后通过弧形辊道段,使钢液内部逐渐结晶成固态连铸坯的过程。由于连铸取代了铸锭和开坯两个工序,生产过程及设备得以简化;由钢水制成钢坯,连铸的收得率一般是 96%～99%,与铸锭和开坯方式相比,对镇静钢来说,成材率可以提高 15%,对半镇静钢来说,成材率可提高 7%～10%,对于成本昂贵的特殊钢和合金钢意义深远;由于省去了加热炉内再加热工序及开坯工序,可使能量消耗减少 1/4～1/2,扩大连铸坯比重对于缓解目前全世界能源紧张意义重大;与铸锭生产过程相比,连铸可以实现机械化操作,表面好,材质均匀;但连铸操作难以控制,对钢水的冶炼条件要求严格,目前还不能适用于全部钢种,断面尺寸也有限制。

1.4.2.2 原料的准备

原料表面可能存在结疤、裂纹、夹渣、折叠等各种缺陷,如果不在轧前加以清理,这些缺陷在轧制中必将不断扩大,并引起更多的缺陷,甚至影响钢材在轧制时的塑性与成形。因此,为了提高钢材表面质量和合格率,对于轧前原料及轧后成品都应该进行仔细的表面清理,特别是合金钢,要求更加严格。根据钢种、缺陷的性质与状态、产品质量的不同要求,清理方法也各不相同。一般碳素钢和合金钢的局部清理采用人工火焰清理,碳钢和部分合金钢的大面积剥皮采用机械火焰清理,碳钢和部分不能用火焰清理的局部清理采用风铲清理,合金钢及高硬度的高级合金钢采用砂轮清理,高级合金钢全面剥皮采用机床刨削清理。合金钢在铸锭以后一般是采用冷锭装炉作业,让钢锭完全冷却,以便仔细进行表面清理,在清理之前往往要进行退火处理以降低表面硬度。对于碳素钢和低合金钢则应尽量采用热装炉,或在轧前利用火焰清理进行在线清理,或暂不作清理而等待轧制以后对成品一并进行处理。各种方法费用比较:砂轮清理是风铲清理费用的 3 倍,而机床和火焰清理费用仅是风铲清理的 1/2。

清理表面氧化铁皮的方法有机械法和化学法。机械清理如喷砂、弯折,金属损失少,不污染环境,但表面清理不够彻底;化学清理法表面清理彻底,质量好,但劳动条件差,污染环境。化学清理主要采用酸洗和碱洗方法。

当轧制高级合金钢时还需进行预先热处理,以消除内应力,防止开裂,使成分均匀化,消除某些合金钢粗大树枝状结晶组织,防止白点产生等。

1.4.2.3 原料的加热

绝大多数轧材均采用热轧方法轧制,轧制之前必须进行加热。加热的目的是使原料具有足够的塑性,减小变形抗力,改善金属内部组织。一般情况下,把金属加热到单相奥氏体区进行轧制。原料加热,尤其是钢锭的加热可使不均匀组织借助于扩散得到改善,有时甚至完全纠正铸锭的缺陷;在高于再结晶温度轧制时,变形抗力小,能量消耗低;良好的加热质量能减少轧辊和其他设备零件的磨损,延长零件的使用寿命;并能采用较大的压下量,减少轧制道次,提高轧机生产率。但是高温及不正确的加热制度可能引起金属强烈氧化、脱碳、过热、过烧等缺陷,降低钢的质量,导致废品。所以,金属加热的优劣,无论对钢材的质量、产量,还是对技术经济指标,都有很大影响,对轧制生产有着极其重要的意义。加热优劣的关键是加热温度、速度及时间的确定。

1.加热温度

加热温度选择的主要目的是确保在轧制时金属有足够的塑性。根据合金相图、塑性图及再结晶图,即所谓的"三图"定温的原则确定加热温度。对于碳素钢,考虑到过热、过烧、脱碳等加热缺陷产生的可能性,最高温度应低于固相线(NJE线)$100\sim200℃$(见图1-5)。

加热温度偏高,时间偏长,会使奥氏体晶粒过分长大,钢的机械性能变坏,这种现象称为过热。过热的钢可以通过热处理方法来消除缺陷。加热温度过高,或在高温下时间过长,金属晶粒除了长得很粗大外,还使偏析或夹杂富集的晶粒边界发生氧化或出现液相,在轧制时金属经受不住变形,往往发生碎裂或崩裂,有时甚至一旦受到碰撞即刻碎裂,这种现象称为过烧。过烧的金属无法补救,只能报废。过烧实质上是过热的进一步发展,因此防止过热即可防止过烧。随着钢中含碳量及某些合金元素的增多,过烧的倾向性也增大。高合金钢由于其晶界物质和共析晶体液化温度较低更易过烧。过热敏感性最大的是铬合金钢、镍合金钢以及含铬和镍的合金钢。

此外,加热温度越高(尤其是900℃以上),时间越长,炉内氧化性气氛越强,生成氧化铁皮越多。氧化铁皮是金属本体以外的物质,其中80%为附着于金属本体的FeO,18%为附着于FeO上的$Fe_2O_3 \cdot FeO$,2%为Fe_3O_4,附在最外层。氧化铁皮除直接造成金属损耗外,还会引起钢材表面缺陷,造成次品或废品。氧化严重时,还会使钢的皮下气孔暴露和氧化,经轧制后形成开裂。钢中含铬、镍、硅、铝等成分会使形成的氧化铁皮致密,有保护金属及减少氧化的作用。加热时钢表层的含碳量被氧化而减少的现象称为脱碳。

2.加热速度

加热速度是指单位时间内钢的温度变化。加热速度应根据某温度范围内金属塑性和导热性来确定。一般原料加热可分为三个阶段,第一个时期是低温区加热阶段。很多合金钢和高碳钢在$500\sim600℃$以下塑性很差,如果突然将其装入高温炉中,或者加热速度过快,则由于表层和中心温度差过大引起巨大的热应力,加上组织应力和铸造应力叠加,往往会使钢锭中部产生"穿孔"开裂的缺陷(常伴有巨大响声)。因此对导热性和塑性都很差的钢种,例如高速钢、高锰钢、轴承钢、高硅钢和高碳钢等,应该放慢加热速度,尤其在$600\sim650℃$以下。普通碳素钢和低合金钢,由于塑性较好,导热性能也好,无论是钢锭还是钢坯一般均不限装炉温度。

断面尺寸大小也影响着加热速度。厚料比薄料加热速度慢一些。有些钢种加热到相变温度时将产生很大的组织应力,因此要在该温度下进行保温处理。金属加热到 700～800℃ 以后,进入第二个加热时期,即高温区加热阶段,金属的导热性和塑性显著提高,可采取快速加热。应指出,加热时应使金属均匀受热。

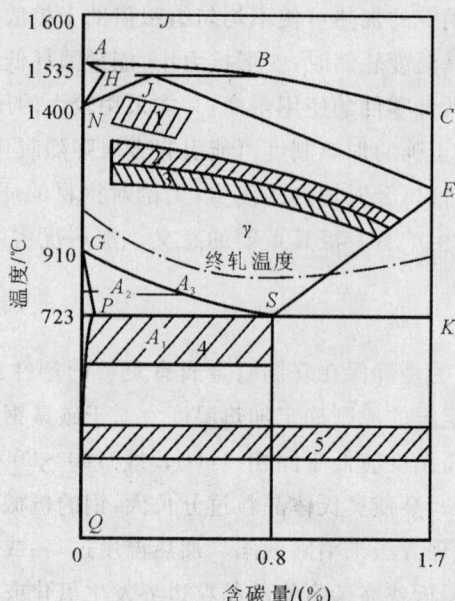

图 1-5　铁-碳平衡图

1—加热高温区;　2—轧制加热温度区;　3—开轧温度区;　4—临界点下的热加工温度区;　5—蓝脆性温度区

3. 加热时间

加热时间指金属装炉后加热到轧制要求的温度所需要的时间。原料加热时间长短不仅影响加热设备生产能力,也影响钢材质量,即使加热温度不过高,也会由于时间过长而造成加热缺陷。合理的加热时间取决于原料的品种、尺寸、装炉温度、加热速度及加热设备的结构与性能。

在原料热装炉情况下,所需加热时间往往只占冷装时的 30%～40%,能大幅提高加热设备生产能力和降低能源消耗,缩短生产节奏,提高生产效率。而且由于热装减少了重复冷却和加热过程,钢锭中内应力较少,因此,只要条件可能,应尽量实行热装炉。须指出,热装炉是指在原料入炉后即可进行快速加热的温度下将原料装入炉内。一般碳钢的热装炉温度取决于其含碳量,含碳量大于 0.4% 者,原料表面温度应高于 750～800℃,含碳量小于 0.4% 者,原料表面温度可高于 600℃。含合金元素越多的钢,一般允许热装的温度也越高。

关于加热时间计算,用理论方法目前还很难满足生产实际要求,主要还是依靠经验公式和实测资料进行估算。加热设备除初轧厂和厚板厂采用均热炉及室状炉以外,大多数钢板厂型钢厂皆采用步进式连续加热炉,钢管厂多采用环形炉。在连续式炉内加热钢坯时,加热时间 T 为

$$T = ks \tag{1-1}$$

式中,k 为考虑钢种成分及其他因素影响修正系数,见表 1-3;s 为原料厚度或直径,cm。

表 1-3 各种钢材修正系数 k

钢种	碳素钢	合金结构钢	高合金结构钢	高合金工具钢
k	0.10~0.15	0.15~0.20	0.20~0.30	0.30~0.40

1.4.2.4 轧制

轧制是完成金属塑性变形的工序,它要在完成精确成形的同时改善组织,是保证产品质量最重要的环节。

1. 精确成形

精确成形即要求产品形状正确、尺寸精确、表面完整光洁。对精确成形有决定性影响的因素是孔型设计(包括辊型设计及压下规程)和轧机调整。变形温度由于影响到变形抗力,进而影响到轧机弹跳、辊缝大小、轧辊摩擦等,从而影响到轧材尺寸精确度。因此,为了提高产品尺寸精确度必须对工艺过程严格控制,不仅要求孔型设计及压下规程比较合理,还要尽可能保证轧制变形条件稳定,主要是温度、速度及前后张力等条件稳定,实现轧制工艺过程高度自动控制,保证钢材成形高精确度。

2. 钢材性能

改善轧材性能主要是改善钢材机械性能(强度、塑性、韧性等)、工艺性能(弯曲、冲压、焊接性能等)以及特殊物理化学性能(磁性、抗腐蚀性能等)。决定钢材性能的因素主要是热力学和动力学因素,包括变形温度、速度和程度。由于变形程度是由孔型设计和压下规程规定的,它们同样对轧材性能有重要影响。

(1)变形程度。由塑性力学可知,一般情况下,三向压应力状态对产品性能影响是最好的。变形程度越大,三向压应力状态越强,钢材质量越好。因为在铸锭或钢锭中,某些马氏体、莱氏体及奥氏体等高合金钢锭,其柱状晶发达,并有稳定的碳化物及莱氏体晶壳,甚至在高温平衡状态就有碳化物存在,这种组织只依靠退火是无法破坏的,要以较大变形程度进行加工,才能充分破碎铸造组织,使组织细密,碳化物分布均匀。对一般钢种,为了能改善其机械性能,也要有相当的变形程度,保证一定的压缩比,使铸锭或铸坯组织得到改善,钢材组织细密,比如重轨压缩比往往达数十倍,钢板要在 5~12 以上。从产量、质量观点出发,在塑性允许条件下,应该尽量提高每道次压下量,并同时控制好终轧压下量,这主要是考虑钢种再结晶的特性。如果是要求细致均匀的晶粒度,就要避免落入可能使晶粒粗大的临界压下量范围内,获得良好的产品质量。

(2)变形温度。变形温度是由轧制温度决定的,轧制温度规程要根据有关塑性、变形抗力和钢种特性相关参数确定,以保证产品正确成形,不出现裂纹,组织性能合格,力能消耗少。轧制温度的确定主要包括开轧温度和终轧温度,最低开轧温度应该是终轧温度加上轧制过程中总温降数值,最高开轧温度取决于原料最高允许加热温度。

当轧制钢坯时,由于下一步还要继续轧制,往往并不要求一定的终轧温度,因而开轧温度应在不影响质量的前提下尽量提高。在继续轧制成材时,由于钢材对性能有要求,要有一定的终轧温度,那么开轧温度必须以保证终轧温度为依据。考虑从加热炉到轧钢机有温降,开轧温度比加热温度低一些。

终轧温度取决于产品技术要求中规定的组织性能,因钢种不同而不同。如果该产品可能在热轧后不经热处理就具有这种组织性能,那么终轧温度选择便应以获得所需要的组织性能为目的。在轧制亚共析钢时,一般终轧温度应高于 Ar_3 线,约 $50\sim100℃$(见图 $1-5$),以便在终轧后迅速冷却到相变温度,获得细致晶粒组织和良好机械性能。究竟终轧温度应该比 Ar_3 线高出多少?在其他条件相同的情况下,主要取决于钢种特性和钢材品种。对于含 Nb,Ti,V 等合金元素的低合金钢,由于再结晶较难,一般终轧温度可以提高;如果采用控制轧制或形变热处理,其终轧温度可以从大于 Ar_3 线到低于 Ar_3 线,甚至低于 Ar_1 线(见图 $1-5$)。如果是共析钢,在热轧后还需进行热处理,终轧温度可以低于 Ar_3 线,但一般总是避免在 Ar_3 线以下温度进行轧制。轧制过共析钢时,热轧的温度范围较窄,即奥氏体区域较窄,其终轧温度应不高于 SE 线(见图 $1-5$),否则在晶粒边界析出的网状碳化物不能破碎,使钢材的机械性能恶化。若终轧温度过低,低于 SK 线(见图 $1-5$),由于有加工硬化现象,且随着变形程度的增加,显微间隙也增加,为随后缓冷及退火时石墨优先析出和发展创造了条件,易于析出石墨,呈现黑色断口。因此,共析钢终轧温度比 SK 线高出 $100\sim150℃$。

(3)变形速度。变形速度与轧制速度变化规律相同,它首先影响到轧机产量,提高轧制速度是现代化轧机提高生产效率的主要途径之一;轧制速度或变形速度通过对硬化和再结晶的影响,也对钢材性能和质量产生一定影响;变形速度的变化通过对摩擦因数的影响,还经常影响钢材尺寸精确度等质量指标。

1.4.2.5 钢材的轧后冷却

由于轧后钢材在不同冷却条件下会得到不同的组织结构和性能,因此,轧后冷却制度对钢材组织性能有很大影响。实际上,轧后冷却过程就是一种利用轧后余热的热处理过程,以此来控制轧材性能。热轧后钢材温度一般为 $800\sim900℃$,冷却到常温,钢材有相变和再结晶过程,有时还发生弯曲,所以热轧后钢材需要控制冷却速度和冷却温度。显然,冷却速度或过冷度对奥氏体转变温度及转变后的组织将产生显著影响。随着冷却速度增加,由奥氏体转变而来的铁素体-渗碳体混合物也变得越来越细,硬度也有所提高,相应地形成细珠光体、极细珠光体及贝氏体等组织。

根据产品技术要求和钢种特性,在热轧以后,应采用不同的冷却制度。一般在热轧以后常用的冷却方式有水冷、空冷、堆冷和缓冷等。冷却时还要力求冷却均匀,否则容易引起钢材扭曲变形和组织性能不均等缺陷。

(1)水冷包括在冷床或辊道上喷水或喷雾冷却,或将钢材放入水池中,或将行进中的钢材通过冷却水管或水槽强冷却。水冷通常在下列情况中采用:轧制亚共析钢要求细致均匀晶粒组织时用之;轧制过共析钢要求消除网状碳化物时用之;对表面氧化铁皮清除要求很高时用之;为提高冷床生产能力时用之。显然,快速冷却要在保证钢材不产生任何缺陷时才可以使用。

(2)空冷是在空气中冷却,不产生热应力裂纹。普通碳钢、低合金高强度钢、大部分碳素结构钢、合金结构钢、奥氏体不锈钢等都可以在冷床上空冷。冷却速度一般可通过不同的气流及钢材排列疏密程度调节。为防止冷却不均,各类钢在冷床上的放置方法也不一样。

（3）堆冷及缓冷是对强度、韧性和塑性综合机械性能要求较高的钢材，在冷床上冷却到一定程度后采取的冷却方式。这样，不仅可以减少冷床负担，更主要是为了减少组织应力和热应力，防止产生白点或裂纹，并提高其塑性和降低其硬度，以利于对表面缺陷的清理。对于易产生冷裂的某些合金钢及高合金钢，堆冷还可能产生裂纹，必须采用极缓慢的冷却速度，例如在缓冷坑或保温炉中冷却，甚至还需要在带加热烧嘴的缓冷坑或保温炉中进行等温处理和缓冷。对于白点敏感性强的钢材，例如轴承钢、重轨等，也须采用类似方法处理。

1.4.2.6　精整

精整是轧制工艺过程的最后一个工序，根据产品不同，采取的方式也不同，但都是为了保证正确形状和尺寸而进行的。它主要包括矫直、剪切、酸洗、热处理、表面镀层以及机加工等。矫直的主要目的是使钢材平直，剪切的目的是切除不合格部分及切倍尺、定尺，酸洗、镀层是为了获得良好的表面，热处理是为了获得需要的组织性能，某些产品按特殊要求可有特殊的精整机加工。

1.4.3　连轧工艺

连轧生产近十几年来得到了很大的发展，在有色和黑色金属板带材生产中占有很重要的地位，因为它具有生产率高、金属消耗少、产品成本低和质量高的特点。尽管这种生产方式带来了轧机设备重量大、一次投资费用高和建设周期长等问题，但投产后，其巨大的生产能力远超过单机生产能力。

连轧可分为热连轧和冷连轧。在热连轧中又分为粗轧机组和精轧机组，其中粗轧机组分为三种方式（见表1-4）：①全连续式：粗轧的道次数与串列式排列的轧机台数相等，即在每一台轧机上只能轧制一道，轧件自始至终无逆轧道次，因此可以采用不可逆式轧机。这种连轧方式产量高，但轧机台数多，车间较长，投资大。②半连续式：粗轧机组各轧机都是可逆式的，轧材在每一台轧机上都往复轧制多道次。半连续式生产能力较全连续式低，但轧机台数可以大量减少，因此投资少，车间也较短，在有色金属板材的热连轧中，多采用这种方式。③四分之三连续式：粗轧机组轧机的台数介于全连续和半连续之间，因为全连续粗轧机组中的每一台轧机只轧一道，轧制时间非常短，使粗轧机组和精轧机组的生产能力不相平衡，粗轧机组利用率不高。为了减少设备，缩短车间长度，节约投资，故发展了四分之三连续式的新型布置。在热连轧中的精轧机组和冷连轧机组中，一般不分全连续和半连续式，目前都是全连续式。

在连轧生产中，热连轧发展比较迅速，尤其是近期，热连轧生产在各个方面均有了很大的发展，突出地表现在以下几个方面：

在提高连轧机的产量方面：①增大铸锭或板坯的重量，钢锭增至45 t，铝锭增至22 t。②提高轧制速度，钢带热连轧速度达30 m/s，有色金属带的热连轧速度达10 m/s。③增大轧机主电机的容量，钢粗轧机组中每台轧机主电动机功率最大达10 000～13 500 kW，铝粗轧机组中每台轧机主电动机功率最大达7 350 kW。④增加连轧机组中的轧机台数，钢粗轧机组中轧机台数增至6～7台。⑤增大道次压下量，主要表现为增大轧辊直径。钢粗轧机组中1～3机架工作辊直径最大达1 350～1 430 mm。⑥采用快速换辊装置，最大限度缩短停机时间，目前采用转台式或移动小车式快速换辊装置，换辊时间缩短至5 min以内。

表 1-4 热连轧粗轧机组轧制六道次时的典型布置

轧机型式	布置形式	结构形式	轧制道次
连续式	立辊 二辊1 二辊2 二辊或四辊3 四辊4 四辊5 四辊6		0 1 2 3 4 5 6
空载返回连续式	立辊 二辊1 二辊或四辊2 四辊3 四辊4		0 1 2 3 4 5
半连续式	立辊 二辊1 四辊可逆2		0 1 3 5 4 6 2
半连续式	立辊 二辊可逆1 四辊可逆2		0 2 5 3 6 4
四分之三连续式	立辊 二辊1 四辊可逆2 四辊3 四辊4		0 1 3 5 2 6 4
四分之三连续式	二辊可逆或四辊可逆1 四辊2 四辊3 四辊4		2 4 5 6 1 3

　　在提高带材质量方面:①采用步进式连续加热炉,减少阴阳面,提高加热质量。②增加轧机刚度,主要是增加轧机牌坊立柱的断面尺寸及采用预应力轧机。③改善轧辊冷却条件,增大冷却液的流量和压力。④采用厚度自动控制系统。⑤采用液压弯辊系统等。

　　在减轻繁重体力劳动和采用新工艺方面:①采用电子计算机控制。②广泛采用工业电视。③采用不对称轧制。

　　总之,热连轧生产不断地向高速、大型、连续和自动化方向发展。

1.5　轧制车间平面布置

　　车间平面布置是根据制定的生产工艺流程及其设备绘制的生产车间蓝图。车间布置优化与否直接影响车间设备能力发挥、产品质量、工作条件以及未来的发展。其主要内容有轧机和辅助设备的位置及相互间距;厂房之间跨度、柱距、吊车轨面标高、厂房总长度;主电室、控制室、计算机房、机修间、生活福利办公室及其辅助间的位置大小,操作台位置等;吊车的形式、数量、跨度及工作制度,驾驶室位置;原料、半成品及成品仓库,铁路轨道及汽车线路的位置,伸入厂房内长度,车间出入口位置;铁皮坑、地下油库、液压站、烟囱及主要通道、地沟、烟道位置;车

间内轧辊、备品备件、材料及其他工具的仓库；总图位置及主风向。某车间平面布置如图 1-6
所示。

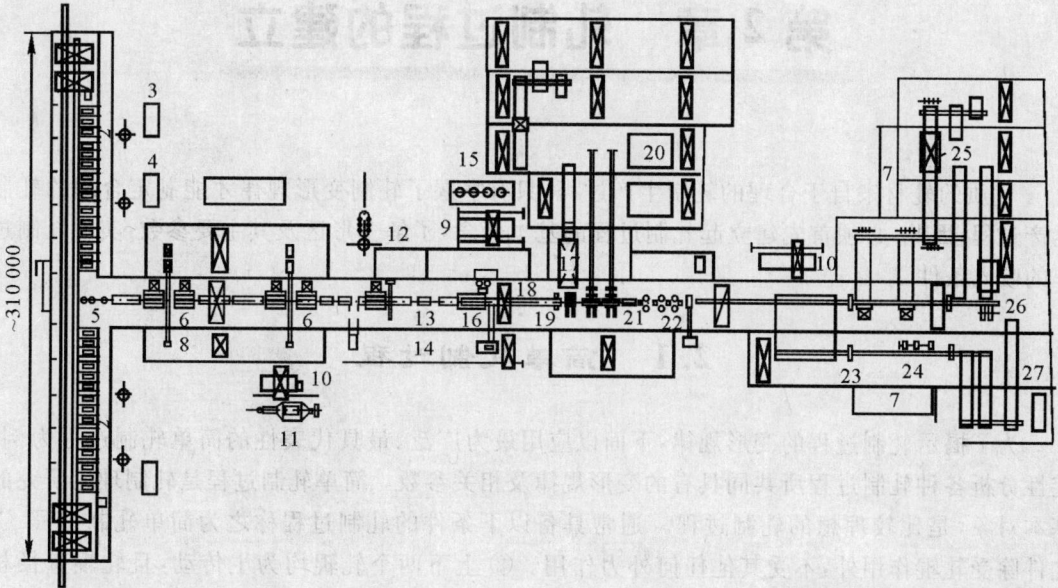

图 1-6　车间平面布置示意图

1—钢锭车；　2—均热炉；　3—鼓风机；　4—计算机房；　5—钢锭称；　6—初轧机；　7—主电机；　8—换辊装置；
9—铁皮坑；　10—氧化铁皮坑；　11—粉尘收集装置；　12—氧气站；　13—热火焰清理；　14—废钢跨；
15—冷却塔；　16—大剪；　17—板坯水冷装置；　18—钢坯称量机；　19—打印机；　20—冷床；　21—钢坯连轧机；
22—飞剪；　23—钢坯剪；　24—热锯；　25—小方坯水冷装置；　26—钢坯水冷装置；　27—管坯冷床

复 习 题

1. 以产品的断面形状为分类标准，轧材可分为哪几大类？

2. 常见的轧制方法有哪几种？

3. 什么是车间平面布置图？

4. 简述钢铁产品生产的各主要工序对钢材产品质量的影响。

5. 查阅资料，简述未来钢铁产品生产的发展方向。概述中国目前的钢铁产品结构，目前中国钢铁生产中存在的主要问题，并针对你发现的问题提出相应的解决措施。

6. 什么是控制轧制控制冷却？查阅文献，简述 Nb 和 V 元素在控制轧制和控制冷却过程中的作用。

7. 什么是钢铁材料的使用性能？什么是钢铁材料的工艺性能？如何提高钢材的使用性能和工艺性能？

第 2 章　轧制过程的建立

优质的轧材来自于合理的轧制生产过程,只有掌握了轧制变形规律才能制定合理的轧制生产过程,因此,必须首先建立起轧制过程的基本概念,了解变形区及其主要参数,实现轧制过程的咬入条件。

2.1　简单轧制过程

为了揭示轧制过程的变形规律,下面以应用最为广泛、最具代表性的简单轧制过程为例,定性分析各种轧制过程所共同具有的变形规律及相关参数。简单轧制过程是轧制理论研究的基本对象,是比较理想的轧制过程。通常具备以下条件的轧制过程称之为简单轧制过程:① 轧件除受轧辊作用外,不受其他任何外力作用。② 上下两个轧辊均为主传动,且轧辊直径相等,转速相等并恒定,轧辊无切槽且为刚性体。③ 轧件的机械性质均匀一致,即变形温度一致,变形抗力一致,变形一致。除此之外均为非简单轧制过程。

理想的简单轧制过程在实际生产中很难找到,但是为了讨论问题方便,常常把复杂的轧制过程简化成简单轧制过程。

2.2　变形区主要参数

2.2.1　轧制变形区及主要参数

在轧制过程中,轧件受到轧辊作用连续不断地产生塑性变形的区域称为轧制变形区。即从轧件入辊的垂直平面到轧件出辊的垂直平面所围成的区域 AA_1B_1B(见图 2-1),通常又把它称为几何变形区。轧制变形区主要参数有下面几个:

1. 咬入角(α)

轧件与轧辊相接触的圆弧所对应的圆心角称为咬入角(亦称接触角)。由图 2-1 看出,压下量与轧辊直径及咬入角之间有如下几何关系:

$$\Delta h = 2(R - R\cos \alpha) = D(1 - \cos \alpha) \tag{2-1}$$

由式(2-1)可推出

$$\cos \alpha = 1 - \frac{\Delta h}{D} \tag{2-2}$$

所以

$$\sin \frac{\alpha}{2} = \frac{1}{2}\sqrt{\frac{\Delta h}{R}}$$

当 α 很小时($\alpha < 10° \sim 15°$),取 $\sin \frac{\alpha}{2} \approx \frac{\alpha}{2}$,可得

$$\alpha = \sqrt{\frac{\Delta h}{R}} \qquad (2-3)$$

式中,D,R 分别为轧辊的直径和半径;Δh 为压下量。

从式(2-1)和式(2-2)可以看出,在轧辊直径一定的情况下,压下量 Δh 越大,咬入角 α 越大。在压下量 Δh 一定时,轧辊直径 D 越大,咬入角 α 越小。为了简化计算,把 Δh,D 和 α 三者之间的关系绘制成计算图,如图2-2所示。已知 Δh,D 和 α 三个参数中的任意两个,便可根据计算图求出第三个参数。

2. 变形区内任一断面的高度(h_x)

变形区内任一断面的高度 h_x,由图2-1可得

$$h_x = \Delta h_x + h = D(1 - \cos \alpha_x) + h \qquad (2-4)$$

或

$$h_x = H - (\Delta h - \Delta h_x) = H - [D(1 - \cos \alpha) - D(1 - \cos \alpha_x)] = H - D(\cos \alpha_x - \cos \alpha)$$
$$(2-5)$$

式中,α_x 为高度 h_x 对应的圆心角。

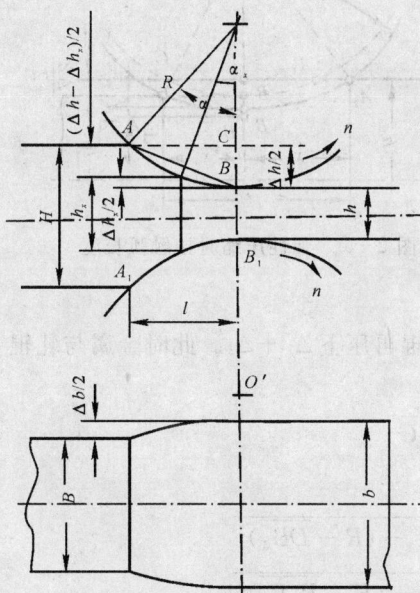

图2-1 变形区的几何形状

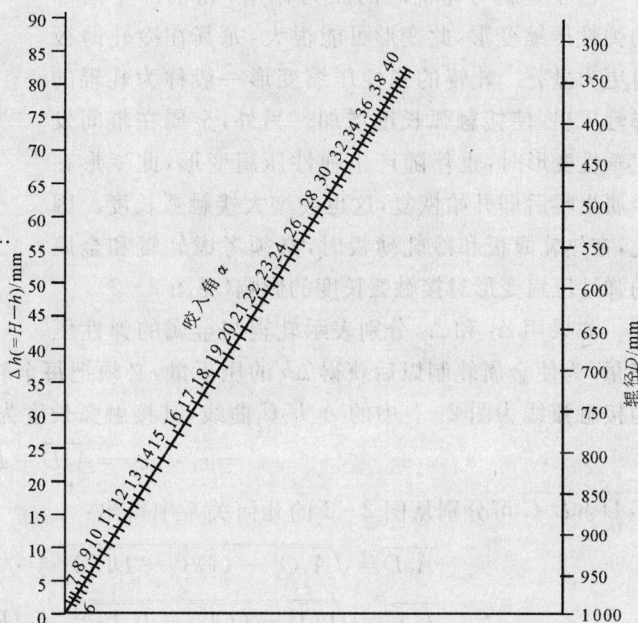

图2-2 Δh,D 和 α 三者之间的关系计算图

3. 接触弧长(l)

轧件与轧辊相接触的圆弧的水平投影长度称为接触弧长,即图2-1中的 AC 段。通常又把 AC 称为变形区长度。接触弧长度随轧制条件不同而不同,一般有以下三种情况:

(1)上下两个轧辊直径相等时接触弧长度计算。

由图2-1中的几何关系可知:

$$l = \sqrt{R\Delta h - \frac{\Delta h^2}{4}} \qquad (2-6)$$

由于式(2-6)中根号里第二项较第一项小得多,因此可以忽略不计,则接触弧长度计算公式变

为

$$l = \sqrt{R\Delta h} \qquad (2-7)$$

用式(2-7)求出的接触弧长度实际上是 AB 弦的长度,可用它近似地代替 AC 的长度。

（2）上下两个轧辊直径不等时接触弧长度计算。

假设上下两个轧辊的接触弧长度相等,即

$$l = \sqrt{2R_1\Delta h_1} = \sqrt{2R_2\Delta h_2} \qquad (2-8)$$

式中, R_1 , R_2 为上下两轧辊的半径; Δh_1 , Δh_2 为上下轧辊对金属的压下量。而

$$\Delta h = \Delta h_1 + \Delta h_2 \qquad (2-9)$$

由式(2-8)及式(2-9)得

$$l = \sqrt{\frac{2R_1R_2}{R_1 + R_2}\Delta h} \qquad (2-10)$$

（3）轧辊和金属产生弹性压缩时接触弧长度计算。

由于金属与轧辊间的压力作用,轧辊产生局部的弹性压缩变形,此变形可能很大,尤其在冷轧薄板时更为显著。轧辊的弹性压缩变形一般称为轧辊的弹性压扁,使接触弧长度增加。另外,金属在辊间发生塑性变形时,也伴随产生弹性压扁变形,此变形在金属出辊后即开始恢复,这也会增大接触弧长度。因此,在热轧薄板和冷轧薄板时,必须考虑轧辊和金属的弹性压扁变形对接触弧长度的影响(见图2-3)。

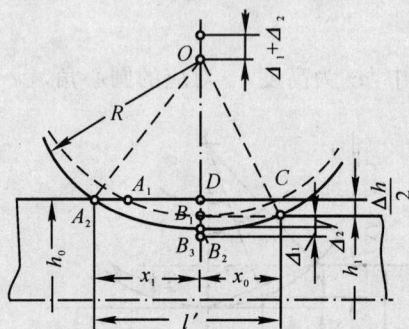

图 2-3　弹性压缩时接触弧长度

如果用 Δ_1 和 Δ_2 分别表示轧辊与金属的弹性压缩量,为使金属轧制以后获得 Δh 的压下量,必须把每个轧辊再压下 $\Delta_1 + \Delta_2$ 。此时金属与轧辊的接触弧线为图2-3中的 A_2B_2C 曲线,其接触弧长度为

$$l' = x_1 + x_0 = \overline{A_2D} + \overline{B_1C}$$

$\overline{A_2D}$ 和 $\overline{B_1C}$ 可分别从图2-3的几何关系中得出:

$$\overline{A_2D} = \sqrt{\overline{A_2O}^2 - (\overline{OB_3} - \overline{DB_3})^2} = \sqrt{R^2 - (R - \overline{DB_3})^2}$$

$$\overline{B_1C} = \sqrt{\overline{CO}^2 - (\overline{OB_3} - \overline{B_1B_3})^2} = \sqrt{R^2 - (R - \overline{B_1B_3})^2}$$

展开上两式中的括号,由于 $\overline{DB_3}$ 与 $\overline{B_1B_3}$ 的平均值较轧辊半径与它们的乘积小得多,故可以忽略不计,得

$$\overline{A_2D} = \sqrt{2R \cdot \overline{DB_3}}; \quad \overline{B_1C} = \sqrt{2R \cdot \overline{B_1B_3}}$$

因为

$$\overline{DB_3} = \frac{\Delta h}{2} + \Delta_1 + \Delta_2; \quad \overline{B_1B_3} = \Delta_1 + \Delta_2$$

所以

$$l' = x_1 + x_0 = \overline{A_2D} + \overline{B_1C} = \sqrt{R\Delta h + 2R(\Delta_1 + \Delta_2)} + \sqrt{2R(\Delta_1 + \Delta_2)} \qquad (2-11)$$

或者

$$l' = \sqrt{R\Delta h + x_0^2} + x_0 \qquad (2-12)$$

这里

$$x_0 = \sqrt{2R(\Delta_1 + \Delta_2)} \qquad (2-13)$$

轧辊和金属的弹性压缩变形量 Δ_1 和 Δ_2 可以用弹性理论中的两圆柱体相互压缩时的计算公式求出:

$$\Delta_1 = 2q\frac{1-\nu_1^2}{\pi E_1}; \quad \Delta_2 = 2q\frac{1-\nu_2^2}{\pi E_2}$$

式中,q 为圆柱体单位长度上的压力,$q = 2x_0\bar{p}$($\bar{p}$ 为平均单位压力);ν_1,ν_2 分别为轧辊与金属的泊松比;E_1,E_2 分别为轧辊与金属的弹性模量。

将 Δ_1 和 Δ_2 的值代入式(2-13),得

$$x_0 = 8R\bar{p}\left(\frac{1-\nu_1^2}{\pi E_1} + \frac{1-\nu_2^2}{\pi E_2}\right) \tag{2-14}$$

把 x_0 的值代入式(2-12),即可计算出 l' 的值。当金属的弹性压缩变形很小时,可忽略不计,即 $\Delta_2 \approx 0$,则可得到只考虑轧辊弹性压缩时接触弧长度计算公式 —— 西齐柯克公式:

$$x_0 = \frac{8(1-\nu_1^2)}{\pi E_1}R\bar{p} \tag{2-15}$$

$$l' = \sqrt{R\Delta h + \left[\frac{8(1-\nu_1^2)}{\pi E_1}R\bar{p}\right]^2} + 8\frac{1-\nu_1^2}{\pi E_1}R\bar{p} \tag{2-16}$$

2.2.2 轧制变形表示方法

1. 用绝对变形量表示

假设变形前轧件的高度、长度和宽度分别为 H,L 和 B,变形后轧件的高度、长度和宽度分别为 h,l 和 b。用轧制前、后轧件绝对尺寸之差表示的变形量称为绝对变形量,即绝对压下量 $\Delta h = H - h$,绝对宽展量 $\Delta b = b - B$,绝对延伸量 $\Delta l = l - L$。用绝对变形不能准确地说明变形量的大小,但在变形程度大的轧制过程中常用。

2. 用相对变形量表示

用轧制前、后轧件尺寸的相对变化表示的变形量称为相对变形量。

相对压下量 $\quad\quad\quad\quad \dfrac{H-h}{H}\times 100\%; \quad$ 或 $\ln\dfrac{h}{H}$

相对宽展量 $\quad\quad\quad\quad \dfrac{b-B}{B}\times 100\%; \quad$ 或 $\ln\dfrac{b}{B}$

相对延伸量 $\quad\quad\quad\quad \dfrac{l-L}{L}\times 100\%; \quad$ 或 $\ln\dfrac{l}{L}$

前者称工程(公称)应变,后者称对数(真)应变。工程应变不能确切反映出某变形瞬间的真实变形程度,但较绝对变形表示法更准确,对数应变推导自相对移动体积的概念,能够准确地反映变形的大小。但由于对数应变计算较为麻烦,除了计算精度要求较高时采用,工程计算上常采用工程应变表示方法。

3. 用变形系数表示

用轧制前、后轧件尺寸的比值表示变形程度,此比值称为变形系数。

压下系数 $\quad\quad\quad\quad\quad\quad\quad \eta = \dfrac{H}{h} \tag{2-17}$

宽展系数 $\quad\quad\quad\quad\quad\quad\quad \beta = \dfrac{b}{B} \tag{2-18}$

延伸系数 $$\mu = \frac{l}{L}$$ (2-19)

根据体积不变条件，三者之间存在如下关系，即 $\eta = \mu\beta$。变形系数能够简单而正确地反映变形的大小，因此在轧制变形方面得到广泛的应用。

【例】 在轧制生产中，假设轧前坯料的横断面积为 F_0，坯料经过 n 道次轧制后，轧件横断面积分别为 $F_1, F_2, \cdots, F_n$，延伸系数可分为总延伸系数 μ、道次延伸系数 $\mu_1, \mu_2, \cdots, \mu_n$，平均延伸系数为 $\bar\mu$，试通过平均延伸系数和总延伸系数求出轧制道次。

解 根据体积不变条件，有 $$F_0 L = F_n l$$

由延伸系数定义，则 $$\mu = \frac{l}{L} = \frac{F_0}{F_n}$$

坯料经过 n 道次轧制，有 $$F_0 = \mu_1 F_1, F_1 = \mu_2 F_2, F_2 = \mu_3 F_3, \cdots, F_{n-1} = \mu_n F_n$$

由上式可得 $$\mu = \frac{F_0}{F_n} = \mu_1 \mu_2 \mu_3 \cdots \mu_n$$

即总延伸系数等于各道次延伸系数之积。

若令 $\bar\mu^n = \mu$，则 $$n = \frac{\ln \mu}{\ln \bar\mu} = \frac{\ln F_0 - \ln F_n}{\ln \bar\mu}$$

由以上推导可知，各道次延伸系数之和不等于总延伸系数，而其对数之和等于总延伸系数的对数。通过平均延伸系数、总延伸系数可求出轧制道次。

在轧制钢板时，宽度上的变形可忽略不计，常用压下系数表示变形程度，而且一般用相对变形或压下率表示，$\eta = \frac{H}{h} = \eta_1 \eta_2 \eta_3 \cdots \eta_n$。$\eta, \eta_1, \eta_2, \eta_3, \cdots, \eta_n$ 分别为总压下系数及各道次压下系数。

2.3 轧制过程建立条件

轧件与轧辊接触开始到轧制结束，轧制过程一般分为三个阶段。从轧件与轧辊开始接触到充满变形区结束为第一个不稳定过程；轧件充满变形区后到尾部开始离开变形区为稳定轧制过程；尾部开始离开变形区到全部脱离轧辊为第二个不稳定过程。轧制过程能否建立就是指这三个过程能否顺利进行。在生产实践过程中，经常能观察到轧件在轧制过程中出现卡死或打滑现象，说明轧制过程出现障碍。下面分析影响轧制过程顺利进行的两个重要条件。

2.3.1 咬入条件

轧制过程能否建立，首先决定于轧件能否被旋转轧辊顺利曳入，实现这一过程的条件称为咬入条件。轧件实现咬入过程，外界可能给轧件推力或速度，使轧件在碰到轧辊前已有一定的惯性力或冲击力，这对咬入顺利进行有利。因此，轧件如能自然地被轧辊曳入，其他条件下的曳入过程也能实现。所谓"自然咬入"是指轧件以静态与辊接触并被曳入，轧辊对轧件的作用力如图 2-4 所示。

当轧件接触到旋转的轧辊时，在接触点（实际上是一条沿辊身长度的线）轧件受到轧辊对

它的压力 N 及摩擦力 T 作用。N 是沿轧辊径向的正压力，T 沿轧辊切线方向与力 N 垂直，且与轧辊旋转方向一致。T 与 N 满足库仑摩擦定律：

$$T = fN \tag{2-20}$$

式中，f 为摩擦因数。

定义轧制中心线为轧件纵向对称轴线，则咬入条件为轧制线上沿轧制方向力的矢量和大于或等于零，即

$$T_x - N_x \geqslant 0 \tag{2-21}$$

则

$$f \geqslant \tan \alpha \tag{2-22}$$

由于摩擦因数可用摩擦角 β 表示，$f = \tan \beta$，即

$$\beta \geqslant \alpha \tag{2-23}$$

即咬入条件为摩擦角 β 大于咬入角 α，β 越大于 α，轧件越易被曳入轧辊内。

$\alpha = \beta$ 为咬入的临界条件，把此时的咬入角称为最大咬入角，用 $\alpha_{\max}$ 表示，即

$$\alpha_{\max} = \beta \tag{2-24}$$

它取决于轧件和轧辊的材质、接触表面状态和接触条件等。

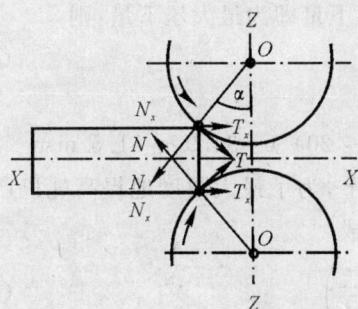

图 2-4　咬入时轧件受力分析

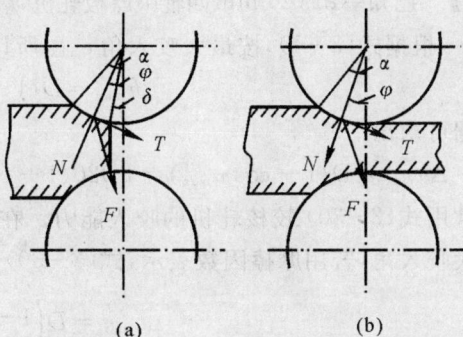

图 2-5　轧件充填辊缝过程中作用力条件的变化图解
(a) 充填辊缝过程；　(b) 稳定轧制阶段

2.3.2　稳定轧制条件

轧件被轧辊曳入后，轧件和轧辊接触表面不断增加，正压力 N 和摩擦力 T 的作用点也在不断变化，向变形区出口方向移动。轧件前端与轧辊轴心连线间夹角 δ 不断减小（见图 2-5(a)），一直到 $\delta = 0$（见图 2-5(b)），进入稳定轧制阶段，表示 T 与 N 之合力 F 作用点与轧辊轴心连线的夹角 φ 在轧件充填辊缝的过程中也不断变化。随着轧件逐渐充满辊缝，合力作用点向轧件轧制出口方向倾斜，φ 角自 $\varphi = \alpha$ 逐渐减小，向有利于曳入方面发展。进入稳定轧制阶段后，合力 F 对应的中心角 φ 不再发生变化，并为最小值，即

$$\varphi = \alpha_y / K_x \tag{2-25}$$

式中，K_x 为合力作用点系数；α_y 为稳定轧制阶段咬入角。

轧件充满变形区后，继续轧制的条件仍是

$$T_x \geqslant N_x \tag{2-26}$$

而此时有

$$T_x = T\cos \varphi = Nf_y\cos \varphi, \quad N_x = N\sin \varphi \tag{2-27}$$

式中，f_y 为稳定轧制阶段接触表面摩擦因数。

将式(2-25)和式(2-27)代入式(2-26)，则稳定轧制条件为

$$f_y \geqslant \tan (\alpha_y / K_x) \tag{2-28}$$

或

$$\beta_y \geqslant \alpha_y / K_x \tag{2-29}$$

以上推导表明，当 $\alpha_y \leqslant K_x \beta_y$ 时，轧制过程顺利进行，反之，轧件在轧辊上打滑不前进。一般情况下，在稳定轧制阶段，$K_x \approx 2$，所以 $\varphi \approx \alpha_y / 2$，即 $\beta_y \geqslant \alpha_y / 2$，即假设由咬入阶段过渡到稳定轧制阶段的摩擦因数不变($\beta = \beta_y$)及其他条件相同时，稳定轧制阶段允许的咬入角比初始咬入阶段咬入角可增大 K_x 倍，即近似认为增大两倍。

从初始咬入时 $\beta \geqslant \alpha$ 到稳定轧制时 $\beta_y \geqslant \alpha_y / 2$ 的比较可以看出：开始咬入时所要求的摩擦条件高，即摩擦因数大。随轧件逐渐充填辊间，水平曳入力逐渐增大，水平推出力逐渐减小，越容易咬入。开始咬入条件一经建立起来，轧件就能自然地向辊间充填，建立稳定轧制过程。稳定轧制过程比开始咬入条件容易实现。

【例】 已知一 $\phi 1\,020$ mm 四辊中厚板轧机，最大咬入角 $\alpha_{max} = 15° \sim 20°$，计算其最大压下量。

解 根据式(2-1)，按最大咬入角 α_{max} 所计算的压下量即为最大压下量，则

$$\Delta h_{max} = D(1 - \cos \alpha_{max}) \tag{2-30}$$

代入数据可求出

$$\Delta h_{max} = D(1 - \cos \alpha_{max}) = 1\,020(1 - \cos (15 \sim 20)°) = 34.9 \sim 61.5 \text{ mm}$$

通常用式(2-30)校核轧机的咬入能力。在开坯机上，为了最大限度地提高轧机产量，常采用最大咬入角，若用摩擦因数表示，式(2-30)还可写成

$$\Delta h_{max} = D\left(1 - \frac{1}{\sqrt{1 + f^2}}\right) \tag{2-31}$$

若摩擦因数已定时，咬入角 α 为已知，则 $\dfrac{\Delta h}{D}$ 为一定值，此比值称为轧入系数。已知轧辊直径，所允许的压下量即为已知。不同轧制条件下的轧入系数与允许最大咬入角和摩擦因数列于表 2-1 和表 2-2 中。

表 2-1 不同轧制条件下的轧入系数 $\dfrac{\Delta h_{max}}{D}$、允许最大咬入角 α_{max} 和摩擦因数 f

轧制条件	最大咬入角 $\alpha_{max}/(°)$	摩擦因数 f	轧入系数 $\dfrac{\Delta h_{max}}{D}$
磨光轧辊润滑冷轧	$3 \sim 4$		$1/410 \sim 1/330$
粗糙轧辊上冷轧	$5 \sim 8$		$1/262 \sim 1/182$
表面研磨轧辊	$12 \sim 15$	$0.212 \sim 0.268$	$1/46 \sim 1/29$
粗面轧辊(厚板轧制)	$15 \sim 22$	$0.268 \sim 0.404$	$1/29 \sim 1/14$
平辊(窄带轧制)	$22 \sim 24$	$0.404 \sim 0.445$	$1/14 \sim 1/12$
轧槽	$24 \sim 25$	$0.445 \sim 0.466$	$1/12 \sim 1/11$
箱型孔	$28 \sim 30$	$0.532 \sim 0.577$	$1/8.5 \sim 1/7.5$
箱型孔并刻痕	$28 \sim 34$	$0.532 \sim 0.675$	$1/8.5 \sim 1/6$
连续式轧机	$27 \sim 30$	$0.509 \sim 0.577$	$1/9 \sim 1/7.5$

表 2-2 不同轧制条件下的轧入系数 $\dfrac{\Delta h_{\max}}{D}$、允许最大咬入角 $\alpha_{\max}$ 和摩擦因数 f

轧制条件	最大咬入角 $\alpha_{\max}$/(°)	摩擦因数 f	轧入系数 $\dfrac{\Delta h_{\max}}{D}$
在有刻痕或堆焊的轧辊上热轧钢坯	24~32	0.45~0.62	1/6~1/3
热轧型钢	20~25	0.36~0.47	1/8~1/7
热轧钢板或扁钢	15~20	0.27~0.36	1/14~1/8
在一般光面轧辊上冷轧钢板或带钢	5~10	0.09~0.18	1/130~1/33
在镜面光泽轧辊上冷轧板带钢	3~5	0.05~0.08	1/350~1/130
镜面轧辊,用蓖麻油、棉籽油或棕榈油润滑	2~4	0.03~0.06	1/600~1/200

2.3.3 孔型中轧制的咬入条件

孔型中与平辊上咬入的主要区别是孔型侧壁的作用使轧辊对轧件的作用力发生了改变,咬入条件也相应发生了变化。以箱型孔型为例说明孔型中的咬入情况。

箱型孔型轧制矩形断面轧件,开始咬入时轧件与轧辊的接触情况有两种,一是轧件先与孔型顶部接触(见图 2-6(a)),与平辊轧制矩形断面轧件无区别;另一种是轧件先与孔型侧壁接触(见图 2-6(c)),此时受力分析如图 2-7 所示,随着轧件逐渐充填孔型,咬入条件仍然是 $T_x \geqslant N_{0x}$,即

$$T\cos \alpha \geqslant N_0 \sin \alpha \tag{2-32}$$

将 $T = fN$,$N_0 = N\sin \theta$ 代入上式,得

$$f/\sin \theta \geqslant \tan \alpha \tag{2-33}$$

又由 $f = \tan \beta$ 得

$$\tan \beta/\sin \theta \geqslant \tan \alpha \tag{2-34}$$

即

$$\beta/\sin \theta \geqslant \alpha \tag{2-35}$$

在以上各式中,N 为轧辊孔型侧壁斜度作用在轧件上的正压力;T 为轧辊作用给轧件的摩擦力;N_0 为轧辊作用给轧件的径向力;θ 为孔型侧壁斜度夹角。

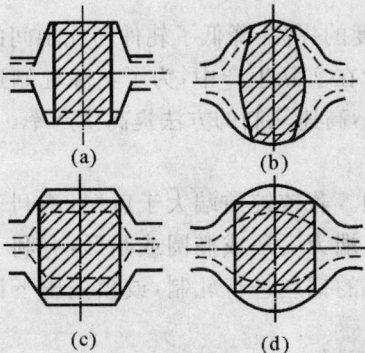

图 2-6 孔型中轧制时轧件与轧辊的接触情况

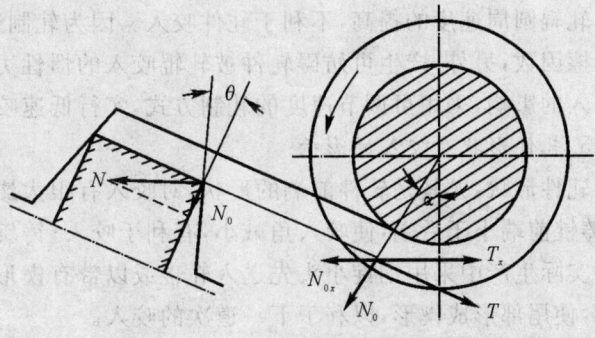

图 2-7 孔型中轧制时受力分析

根据式(2-35),当$\theta=90°$时,咬入条件与平辊轧制时相同,即$\beta\geqslant\alpha$;当$\theta<90°$时,临界咬入角α_{max}由于孔型侧壁的作用增大了$1/\sin\theta$倍,所以在孔型中轧制时,侧壁斜度夹角θ越小,对咬入越有利。在实际生产中,为了不使轧件过充满而产生耳子,可采用双侧壁斜度孔型,即把槽低处侧壁斜度减小,使能充分夹持住轧件,促进咬入,而为了防止出耳,在槽口处用大的侧壁斜度。

2.3.4　影响轧件咬入的因素及实际生产中改善咬入条件的措施

改善咬入条件可以更顺利地完成轧制过程,是提高轧机生产率的潜在措施之一。由咬入条件$\beta\geqslant\alpha$可知,凡是能够降低咬入角α和提高摩擦角β的措施皆有利于咬入。

1. 轧辊直径和压下量对咬入的影响

由式(2-1)可清楚地分析轧辊直径和压下量对咬入的影响。

当$\Delta h=C$时,轧辊直径增大,咬入角减小,若摩擦因数不变,可改善咬入条件。但对于轧钢设备已定的车间,不能随意更换轧辊直径,只有在其他改善咬入的方法受到限制时,才采用此法。

当$D=C$时,压下量减小,咬入角减小,若摩擦因数不变,可改善咬入条件,但使轧制道次增多,轧机产量降低。在实际生产中采用带钢压下制度,即以$\alpha\leqslant\beta$咬入后,进入稳定轧制阶段后再将轧辊压下,从而增加压下量,采用此法要求有快速压下机构,一般用于冷轧薄板生产中。

当$\alpha=C$时,压下量与轧辊直径成正比。

2. 水平作用力对咬入的影响

凡顺轧制方向的外力,如加于轧件后端的推力、加于轧件前端的拉力或轧件减速时产生的惯性力,皆有助于轧件咬入;反之,如轧件被迫做加速运动的瞬间产生的惯性力,则不利于轧件咬入。实际生产中用外力将轧件强制推入轧辊中,由于外力使轧件前端被压扁,相当于减小了前端接触角,也称强迫咬入。

3. 轧辊表面状态对咬入的影响

轧辊表面越粗糙,则摩擦因数越大,越有利于轧件咬入。所以生产中有时在轧辊表面刻痕、滚花、堆焊等,增加轧辊表面粗糙度,加大摩擦角。但这种方法会影响产品表面质量,不宜在轧制的最后几道次使用。

4. 轧辊速度对咬入的影响

轧辊圆周速度的提高,不利于轧件咬入。因为轧制速度的提高,降低了轧件与轧辊间的接触摩擦因数,另外,产生可妨碍轧件被轧辊咬入的惯性力。在实际生产中,为了消除轧制速度对咬入的影响,采用可调节速度的轧制方式,实行低速咬入,高速轧制的方法提高生产率。

5. 轧件形状对咬入的影响

轧件形状,尤其是轧件前端的形状,对咬入有很大影响。若铸锭前端大于后端,不利于咬入;铸锭前端小于后端,使咬入角减小,有利于咬入;铸锭两端为尖形或椭圆或圆形,有利于咬入。实际生产中采用钢锭小头先送入轧辊或以带有楔形端的钢坯进行轧制,或预先压下钢坯尾部,使尾部形成楔形,以利于下一道次的咬入。

6. 非简单轧制过程不利于咬入

两种非简单轧制过程不利于咬入,第一种是仅有下辊为主传动,上辊靠摩擦带动的轧机,因为上辊无作用力及摩擦力,只有反作用力(见图 2-8(a))。第二种是三辊劳特式轧机(见图 2-8(b)),中辊直径较小,在压下量相同的条件下,与上下大直径轧辊比较,咬入角较大,故对咬入不利。

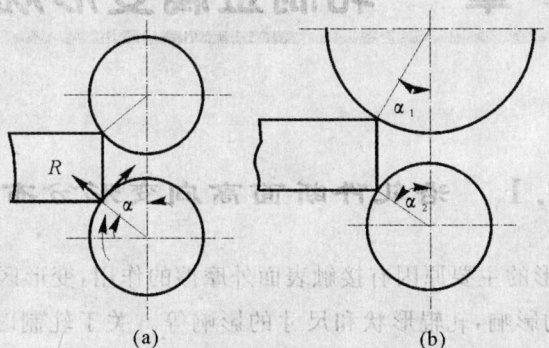

图 2-8 非简单轧制过程的咬入

(a) 单辊传动的轧制; (b) 三辊劳特式轧制

复 习 题

1. 什么是简单轧制过程? 分析实际生产中的各轧制过程属于哪种轧制。

2. 轧制变形区的基本概念是什么? 变形区有哪些基本参数? 如何计算这些参数?

3. 画出轧制过程简图,并推导轧件初始咬入及稳定轧制的咬入条件,分析在实际生产中如何改善咬入条件。

4. 推导上下两个轧辊不等时,变形区弧长的计算公式 $l = \sqrt{\dfrac{2R_1 R_2}{R_1 + R_2} \Delta h}$。

5. 什么是剩余摩擦力? 其有何意义?

6. 孔型咬入与平辊轧制咬入有何区别? 为什么说孔型的咬入能力较平辊的咬入能力强?

7. 在 $\phi 650\text{ mm}$ 轧机上轧制软钢,轧件的原始厚度为 180 mm,用极限咬入条件时,一次可压缩 100 mm,求摩擦因数。

8. 推导咬入条件,并绘出三种条件下$(\alpha < \beta, \alpha = \beta, \alpha > \beta)$ 轧辊对轧件作用力及其合力 F 的图示(标明咬入角和摩擦角)。

9. 在 $\phi 450\text{ mm}$ 轧机上轧制钢坯,断面为 100 mm×100 mm,压下量为 30 mm,忽略宽展,试计算变形区主要参数$(l, \alpha, \bar{h}, \bar{b})$的值。

10. 用 150 mm×150 mm 方坯轧制 $\phi 22$ 圆钢,若平均延伸系数 $\bar{\mu} = 1.26$,应轧制多少道次?

11. 在 $\phi 500\text{ mm}$ 的轧机上轧制厚度 $H = 100\text{ mm}$ 的轧件,若最大允许咬入角 $\alpha_{max} = 20°$,求:(1)最大允许压下量 Δh_{max};(2)轧制时忽略宽展,若在该轧机以延伸系数 $\mu = 2$ 轧制一道次,咬入角应为多少?(3)若忽略宽展,某道次咬入角为 20°,延伸系数 $\mu = 1.5$,则该道次轧辊直径是多少?

12. 为什么在孔型中轧制时,侧壁斜度夹角 θ 值越小对咬入越有利?

第3章 轧制金属变形规律

3.1 沿轧件断面高向变形分布

影响轧制时金属变形的主要原因有接触表面外摩擦的作用,变形区外的金属外端的作用,变形区几何形状($l/\overline{h}$)的影响,轧辊形状和尺寸的影响等。关于轧制时变形的分布有两种不同理论,一种是均匀变形理论,认为沿轧件断面高度上的变形、应力和金属流动的分布都是均匀的,造成这种均匀性的主要原因是由于未发生塑性变形的前、后外端的强制均匀作用,因此又把这种理论称为刚端理论。例如板带材轧制,当轧件较薄,一般 $l/\overline{h} \geqslant 2 \sim 3$ 时,由于轧件表面到中心部距离较小,整个变形区内接触摩擦的作用很大,从接触表面到中心都为较强的三向压应力状态,此时由于外端阻碍出、入口断面向外凸出,中部区域的压应力值还将有所增加,而靠近上下接触表面区域内压应力值将减小,结果使应力沿断面高度的分布趋于均匀,应变沿断面高度的分布也趋于均匀,接触表面有滑动区而无黏着区(见图3-1),此时,在平面假设条件下,可以认为变形前垂直横断面在变形过程中保持为一平面,变形区内断面高度上金属质点所受应力、变形和流动速度相同。

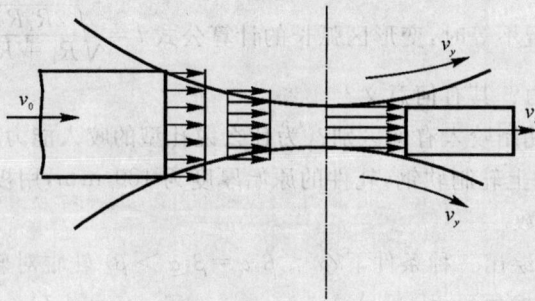

图3-1 轧制薄轧件时流动速度沿轧件断面高度的分布($l/\overline{h} \geqslant 2 \sim 3$)

另一种是不均匀变形理论,比较客观地反映了轧制时金属变形的规律,大量实验也证明,不均匀变形理论是比较正确的,其中以塔尔诺夫斯基实验最具代表性。他通过研究沿轧件对称轴的纵断面上的坐标网格的变化,确定了变形区内应力的分布,其结果如图3-2所示。由图中可以看出:在变形区入口处,表面层金属较中心层流动快,出口处相反,在变形区内有一相应于临界点的位置,两者流动速度相同。在变形区的中间部分,有一水平线段,说明在轧件与轧辊接触表面存在黏着区。另外,变形不仅发生在变形区内,入辊前和出辊后轧件也有变形。根据以上结果,结合墩粗时的不均匀变形图示,轧制时变形区分布如图3-3所示。综上所述,不均匀变形理论的主要内容有:① 沿轧件断面高度上的变形、应力和流动速度分布都是不均匀的;② 在几何变形区内,在轧件与轧辊接触表面上,不但有相对滑动,而且还有黏着,即轧件与轧辊间无相对滑动;③ 变形不但发生在几何变形区以内,而且在几何变形区以外也发生变形,其变形分布也是不均匀的。这样就把轧制变形区分成变形过渡区、前滑区、后滑区和黏着区(见图 3-4);④ 在黏着区内有一个临界面,在这个面上金属的流动速度分布均匀,并且等于该处轧辊的水平速度。

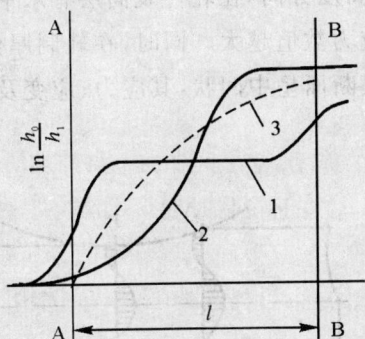

图 3-2　沿轧件断面高度变形分布图
1— 表面层;　2— 中心层;　3— 均匀变形
A—A— 入辊平面;　B—B— 出辊平面

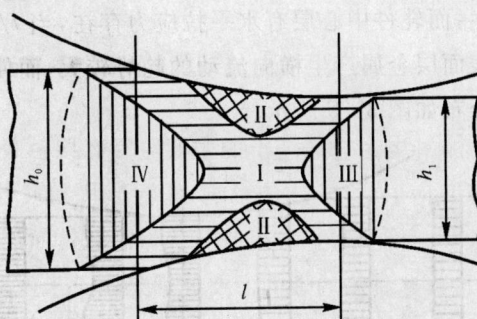

图 3-3　轧制变形区分布($l/\bar{h} \geqslant 0.8$)
Ⅰ— 易变形区;　Ⅱ— 难变形区;　Ⅲ,Ⅳ— 自由变形区

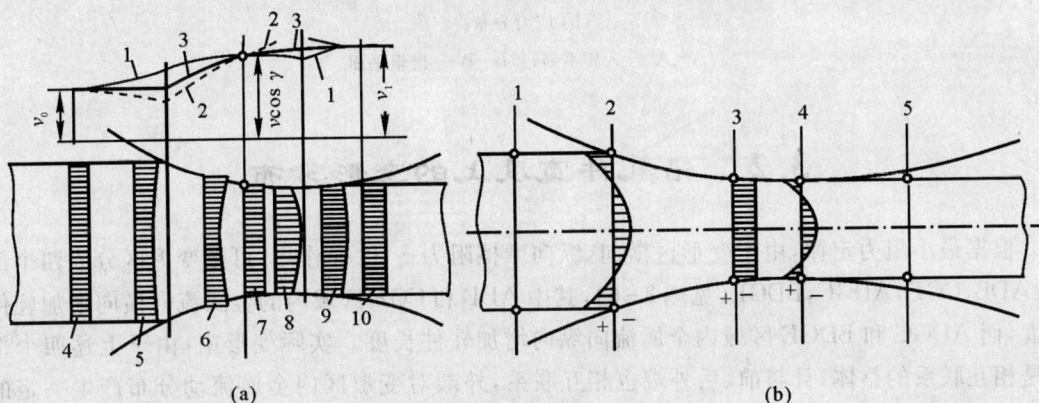

(a)　　　　　　　　　　　(b)

图 3-4　按不均匀变形理论金属流动速度和应力分布($0.5 \sim 1.0 \leqslant l/\bar{h} \leqslant 2 \sim 3$)

(a) 金属流动速度分布:

1— 表面层金属流动速度;　2— 中心层金属流动速度;　3— 平均流动速度;　4— 后外端金属流动速度;

5— 后变形过渡区金属流动速度;　6— 后滑区金属流动速度;　7— 临界面金属流动速度;

8— 前滑区金属流动速度;　9— 前变形过渡区金属流动速度;　10— 前外端金属流动速度

(b) 应力分布:

+— 拉应力;　—— 压应力;　1— 后外端;　2— 入辊处;　3— 临界面;　4— 前滑区;　5— 前外端

此外,塔尔诺夫斯基根据实验研究指出,沿轧件断面高度上的变形不均匀分布与变形区形状系数有很大关系。对中等厚度轧件,一般 $0.5 \sim 1.0 \leqslant l/\bar{h} \leqslant 2 \sim 3$,由于轧件断面高度相对

于接触弧长度不太大,压缩变形完全深入到轧件内部,形成中心层变形比表面层变形要大的现象,此时的不均匀变形状态与产生单鼓形的不均匀墩粗相当,有侧表面转变为接触表面的现象存在(见图 3-4),型材轧制多属此类。当在初轧机和大型开坯机上轧制厚轧件时,一般 $l/\bar{h} \leqslant 0.5 \sim 1.0$,随着变形区形状系数 $l/\bar{h}$ 的减小,外端对变形过程影响变得更为突出,上、下压缩变形不能深入到轧件内部,变形只限于表面层附近的区域。此时表面层的变形较中心层要大,在难变形区金属流动速度和应力分布都不均匀。沿变形区高度方向,在轧件表面层有水平压应力产生,而轧件中心层有水平拉应力存在,当 $l/\bar{h}$ 越小,应力数值越大。同时,在轧制厚件时,靠近表面层金属产生横向流动的趋势较大,而使轧件的横断面呈中凹状,其应力、应变及金属流动分布如图 3-5 所示。

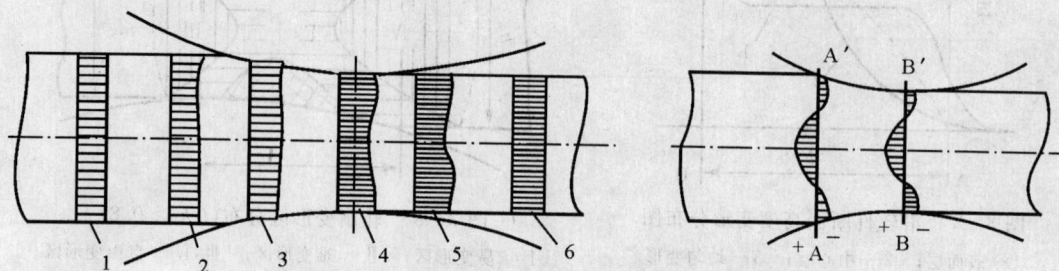

图 3-5　不均匀变形时金属流动速度与应力分布($l/\bar{h} \leqslant 0.5 \sim 1.0$)

(a)金属流动速度分布:

1,6— 外端;　2,5— 变形过渡区;　3— 后滑区;　4— 前滑区

(b)应力分布:

A—A′— 入辊平面;　B—B′— 出辊平面

3.2　沿轧件宽度上的变形分布

　　根据最小阻力定律,由于变形区横向、纵向摩擦阻力 σ_2 和 σ_3 作用,可把变形区分成四个部分:ADB,CGE,ADGC,BDGE(见图 3-6),其中 ADB 和 CGE 区域内的金属流向横向增加轧件宽度,而 ADGC 和 BDGE 区域内金属流向纵向增加轧件长度。实际变形中,由于上述四个部分是相互联系的整体,且与前、后外端也相互联系,外端对变形区内金属流动分布产生一定的影响,前、后外端对变形区产生张应力;另外,轧制时一般长度变化大于宽度变化,而且中心部分的延伸大于两侧,结果在两侧引起张应力,以上两种张应力引起的应力用 σ_{AB} 表示。σ_{AB} 与延伸阻力 σ_3 方向相反,消弱了延伸阻力,因而使形成宽展的区域 ADB 和 CGE 收缩为 adb 和 cge,所以张应力的存在引起宽展下降,有时甚至会引发在宽度方向上的收缩产生负宽展。因而,沿轧件高度方向金属向横向变形分布也是不均匀的,一般情况下,由于接触表面摩擦的阻碍,使表面宽度小于中心宽度,轧件呈单鼓形,例如窄带钢轧制时常出现此情况。而当轧制厚轧件($l/\bar{h} \leqslant 0.5 \sim 1.0$)时,轧件变形不能渗透到整个断面高度,轧件侧面出现双鼓形。同样,实验也证明轧件宽度方向金属质点的运动速度也不均匀,如图 3-7 所示。

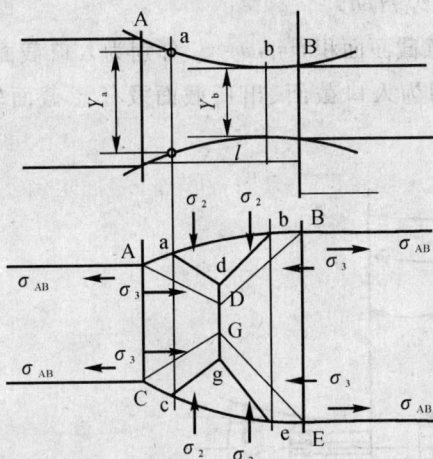

图 3-6　沿轧件断面横向变形分布

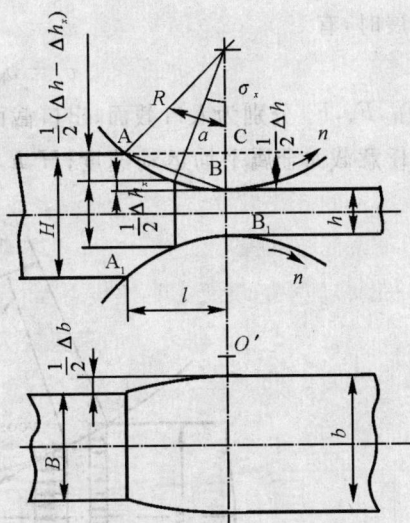

图 3-7　轧件宽度的变化

3.3　轧制过程中的纵向变形 —— 前滑与后滑

3.3.1　变形区内轧件运动速度

在轧制过程中,当轧件由轧前厚度 H 轧到轧后厚度 h 时,随着厚度逐渐减小,变形区内金属各质点的流动速度不可能完全相同。在金属各质点之间,以及金属表面质点与工具表面质点之间就有可能产生相对运动。假设轧件在轧制过程中宽展量很小,计为零,且沿每一高度截面上质点变形均匀,那么横截面各点金属流动水平速度及相对应轧辊的水平速度分布如图 3-8 所示。由图可知,金属水平方向移动速度由入口到出口是逐渐增加的,因为随着金属沿厚度方向不断被压缩而延伸。轧辊沿水平方向的分速度 $v_0 = v\cos\theta$(v 不变,θ 不断减小)由入口到出口不断增加,除了沿变形区中间某一位置两者的速度一致外,其他各处速度都不相同。两者速度一致的位置称为中性面,所对应的轧辊中心角为中性角(图 3-8 中的 γ),速度为 $v_\gamma = v\cos\gamma$。从入口到中性面位置,轧辊速度大于金属流动速度,入口处金属流动速度最慢,其水平速度为 v_H;从中性面到出口,金属水平方向流动速度大于轧辊水平分速度,出口处水平速度最大,记为 v_h。因此金属出口速度大于中性面速度大于入口速度,即

$$v_h > v_\gamma > v_H \tag{3-1}$$

金属出口速度大于轧辊速度

$$v_h > v \tag{3-2}$$

金属入口速度小于轧辊水平分速度

$$v\cos\alpha > v_H \tag{3-3}$$

设变形区内任意位置水平速度为 v_x,由体积不变定律可得

$$v_x = v_h F_h / F_x = v_H F_H / F_x \tag{3-4}$$

忽略宽展时,有

$$v_x = v_h h/h_x = v_H H/h_x \qquad (3-5)$$

式中,F_H,F_h,F_x 分别为入口截面、出口截面及任意截面面积;v_H,v_h,v_x 分别为入口截面、出口截面及任意截面金属平均运动速度;H,h,h_x 分别为入口截面、出口截面及任意截面轧件的高度。

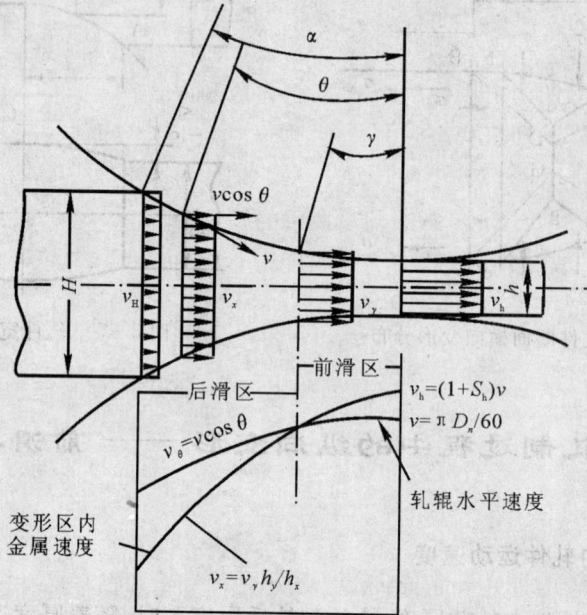

图 3 - 8　轧制过程速度图示

3.3.2　前滑与后滑

通过研究沿轧件在变形区中速度分布规律可知,在轧件入口截面到中性面变形区域内,金属沿轧制方向流动速度小于轧辊沿轧制方向分速度,即 $v\cos\alpha > v_H$,这种现象称为后滑,此区域称为后滑区。在中性面到轧件出口截面变形区域内,金属沿轧制方向分速度大于轧辊沿轧制方向分速度,即 $v_h > v$,这种现象称为前滑,此区域称为前滑区。

前滑与后滑是轧制变形特有的运动学现象,它们对连轧生产有着重要意义,因为要保持轧件同时在几个轧机上进行轧制,必须使各机架速度协调,为此要精确计算前滑与后滑;另外,在张力轧制时,为了精确控制张力,也要计算前滑与后滑,否则会出现堆钢或拉钢现象,轧制过程不能正常进行。

3.3.2.1　前滑的确定

根据前滑的定义,其值为

$$S_h = \frac{v_h - v}{v} \times 100\% \qquad (3-6)$$

式中,S_h 为前滑值,简称前滑;v_h 为轧件出辊速度;v 为轧辊圆周速度。

前滑值一般不大,约在 $3\% \sim 6\%$ 之间,只是在特殊情况下,可能高一些。

1. 前滑值的测定

在实际中常用刻痕法来测定,如图 3-9 所示,即在轧辊表面上刻有两个痕迹,其长度为 L_H,在轧制时轧件表面上便留有两个压痕,其距离为 L_h。测出 L_H 和 L_h 的长度并求出其差值,便可以算出前滑值。计算公式如下:

$$S_h = \frac{v_h t - vt}{vt} = \frac{L_h - L_H}{L_H} \qquad (3-7)$$

式中,t 为轧制时间。

在热轧时,轧件表面上的两个压痕的距离 L_h 是在冷却以后测得的,所以必须注意修正到热状态时的长度,即

$$L'_h = L_h[1 + \alpha(T_1 - T_0)] \qquad (3-8)$$

式中,L_h' 为热状态时的实际长度;L_h 为冷却后测得的长度;α 为轧件的线膨胀系数;T_1 为轧件出辊时的实际温度;T_0 为测量时的实际温度。

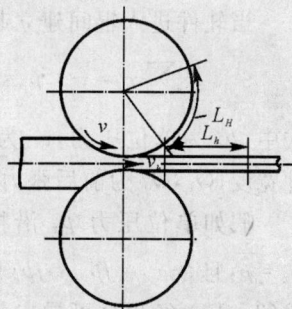

图 3-9 用刻痕法计算前滑

2. 前滑的理论计算

在理论上,前滑值可以根据临界面的位置来确定,这时把轧制变形看成平面变形状态,即忽略宽展,按秒体积不变定律,有

$$v_h h = v_\gamma h_\gamma = v \cos \gamma h_\gamma$$

所以

$$\frac{v_h}{v} = \frac{h_\gamma}{h} \cos \gamma \qquad (3-9)$$

式中,h_γ,h 为中性面和出辊面处轧件高度;v_γ,v_h 为中性面和出辊面处轧件速度;v 为轧辊圆周速度;γ 为中性角(临界角)。

因为

$$S_h = \frac{v_h - v}{v} = \frac{v_h}{v} - 1$$

所以

$$\frac{v_h}{v} = S_h + 1$$

将上式代入式(3-9),得

$$S_h = \frac{h_\gamma}{h} \cos \gamma - 1$$

又因为 $h_\gamma = h + 2R(1 - \cos \gamma)$,所以

$$S_h = (1 - \cos \gamma)\left(\frac{2R}{h} \cos \gamma - 1\right) \qquad (3-10)$$

式(3-10)为芬克前滑计算公式,它还可以进一步简化。因为 $1 - \cos \gamma = 2 \sin^2 \gamma/2$,当中性角 γ 很小时,$\cos \gamma \approx 1$,$\sin \gamma/2 \approx \gamma/2$,代入式(3-10),经整理得

$$S_h = \left(\frac{R}{h} - \frac{1}{2}\right)\gamma^2 \qquad (3-11)$$

式(3-11)为爱克伦德前滑公式。当冷轧薄板时,$R \gg h$,因此 $R/h \gg 1/2$,故上式等号右端第二项的常数 $1/2$ 可以忽略不计,得出计算前滑的简化公式为

$$S_h = \frac{R}{h} \gamma^2 \qquad (3-12)$$

式(3-12)为得里斯顿前滑公式。

以上前滑计算公式都是在不考虑宽展时求前滑的计算公式,当存在宽展时,实际所得的前

滑值将小于上述公式计算结果。一般生产条件下,前滑值在 $2\% \sim 10\%$ 之间,特殊情况下超出此范围。

从前滑的理论计算公式中可以看出,计算前滑还必须要确定出中性角 γ(临界角)。

3. 中性角的确定

当轧件进入辊间建立起稳定轧制过程时,根据轧件的受力平衡条件(见图 3-10),得

$$\sum x = -\int_c^a p_x \sin \varphi R \, \mathrm{d}\varphi + \int_\gamma^a \tau_x \cos \varphi R \, \mathrm{d}\varphi - \int_0^\gamma \tau_x \cos \varphi R \, \mathrm{d}\varphi + \frac{Q_1 - Q_0}{2b} = 0 \quad (3-13)$$

式中,p_x 为单位压力;τ_x 为单位摩擦力;b 为轧件宽度;Q_1,Q_0 为前后张力。

假如单位压力 p_x 沿接触弧均匀分布,即 $p_x = \bar{p}$,且令 $\tau_x = f p_x = f \bar{p}$(库仑摩擦定律),那么式(3-13)经积分可导出带有前后张力时的中性角公式,即

$$\sin \gamma = \frac{\sin \alpha}{2} - \frac{1 - \cos \alpha}{2f} + \frac{Q_1 - Q_0}{4 \bar{p} f b R}$$

$$(3-14)$$

当 $Q_1 = Q_0$ 或者 $Q_1 = Q_0 = 0$ 时,即无张力或前后张力相等时,可得

$$\sin \gamma = \frac{\sin \alpha}{2} - \frac{1 - \cos \alpha}{2f} \quad (3-15)$$

式中,α 为接触角;f 为摩擦因数。

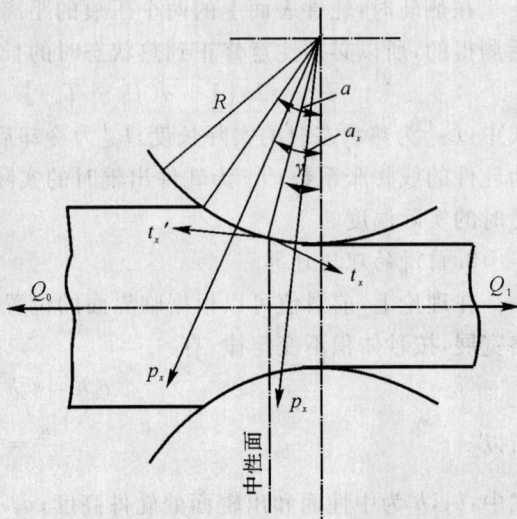

图 3-10   水平轧制力平衡图

当 α 很小时,$\sin \alpha \approx \alpha$,$\sin \gamma \approx \gamma$,$1 - \cos \alpha = 2 \sin^2 \alpha/2 \approx \alpha^2/2$,则

$$\gamma = \frac{\alpha}{2}\left(1 - \frac{\alpha}{2f}\right) \quad (3-16)$$

利用式(3-16)可以计算出最大中性角,即

$$\frac{\mathrm{d}\gamma}{\mathrm{d}\alpha} = \frac{1}{2} - \frac{\alpha}{2f} = 0$$

所以

$$\alpha = f \approx \beta$$

式中,β 为摩擦角。

当接触角 α 等于摩擦角 β 时,中性角 γ 有极大值,即

$$\gamma_{\max} = \frac{\beta}{2}\left(1 - \frac{\beta}{2\beta}\right) = \frac{\beta}{4} \quad (3-17)$$

4. 前滑值与轧制参数的关系

(1)前滑与中性角、咬入角和摩擦因数的关系。如果 $R/h \approx C$(常数),则 $S_{h\max} \approx C\gamma$,前滑随着 γ 的增加显著增加。又由中性角的相关计算公式可知,中性角主要与咬入角和摩擦因数有关(见图 3-11),γ 随 f 增加及 α 增加而增加。因此,前滑值随中性角、咬入角和摩擦因数的增加而增加。正是因为这些变化因素的增加,会引起轧件轧制过程中剩余摩擦力的增加,从而使前滑增加。在这几个变化因素中,最活跃的是摩擦因数,它受轧辊材质、表面状态、化学成分、轧制温度和轧制速度等影响。如图 3-12 所示,随着轧制温度升高,由于摩擦因数降低,前

滑值亦降低。

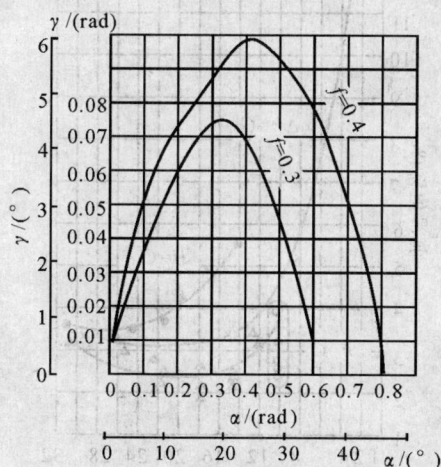

图 3-11 中性角 r 与咬入角 α 的关系   图 3-12 轧制温度、压下量对前滑值的影响

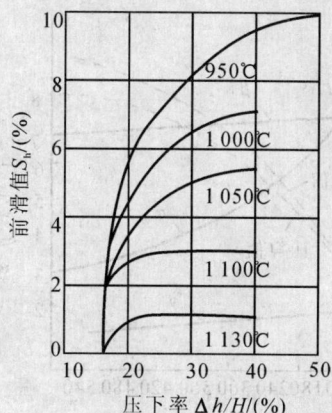

（2）前滑与轧辊直径的关系。如果 $\gamma^2/h \approx C$，则 $S_{hmax} \approx CR$，说明前滑随轧辊直径增加而增大。因为在其他条件相同的情况下，当轧辊直径增加时，咬入角会减小，致使稳定轧制阶段剩余摩擦力相应增加，导致金属塑性流动速度增加，也就是前滑增加，如图 3-13 所示。但应指出，由于辊径增加时伴随轧辊旋转圆周速度的增加，摩擦因数相应减小，剩余摩擦力有所减小；另外，当 D 增加时，变形区长度增加，纵向阻力会增大，延伸会相应地放缓，也会使前滑增加速度放慢。因此，当辊径 $D < 400$ mm 时，前滑值随辊径增加得较快；而当 $D > 400$ mm 时，前滑值随辊径增加得较慢。

（3）前滑与轧件厚度及压下率的关系。如果 $\gamma R \approx C$，则 $S_{hmax} \approx C/h$，前滑随着轧件出口厚度减小而增加。因为轧件厚度是相对来料厚度而言的，所以前滑的变化自然与压下率的变化密切相关，如图 3-14 和图 3-15 所示，当出口厚度减小时，前滑会增加；当压下率增加时，前滑也会增加。这是因为轧件出口板厚的减小，一般伴随着压下率的提高，会使金属塑性变形剧烈，纵向延伸加快，前滑随之增加。

（4）前滑与轧件宽度的关系。以上各种讨论都是在假定宽展为零的条件下进行的，实际生产中宽展虽然小，但也是客观存在的。轧件发生塑性变形的金属若发生了一定的宽展变形，就会相应地影响纵向延伸变形，使前滑降低，实验曲线如图 3-16 所示，在该实验条件下，当轧件宽度小于 40 mm 时，随宽度增加前滑亦增加；但当宽度大于 40 mm 时，宽度再增加时，前滑值基本不变。这说明当相对宽度较小时，前滑随着板宽增大而增加，但当宽度达到一定值后，前滑值不再明显增加。因为相对宽度很小时，增加宽度，其相应的横向阻力增加，宽展减小，延伸变形相应地增加，前滑亦因之增加；当宽度大于一定值时，达到平面变形状态，轧件宽度对宽展几乎不起作用。故轧件宽度再增加，宽展也不增加，延伸变形也不变化，前滑值亦不变。

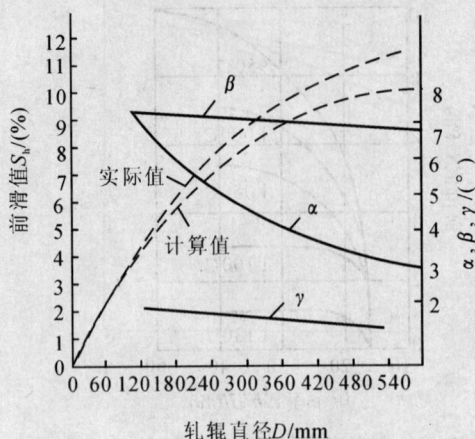

图 3-13　辊径 D 对前滑值的影响

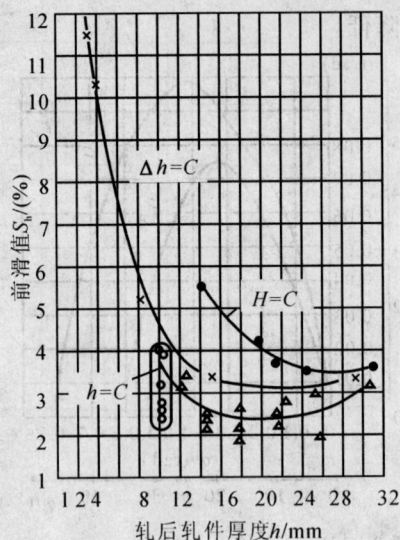

图 3-14　轧件轧后厚度与前滑值的关系

铅试样　$\Delta = 1.2$ mm；　$D = 158.5$ mm

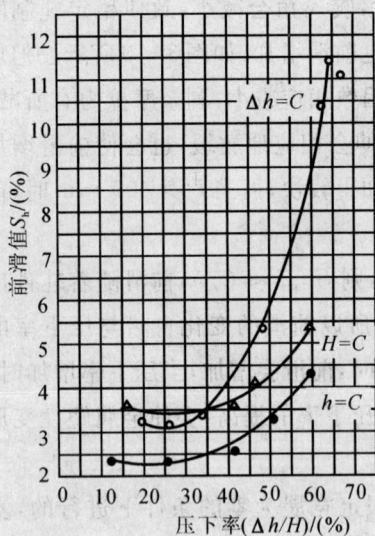

图 3-15　压下率与前滑值的关系

轧制温度为 1 000℃；　$D = 400$ mm

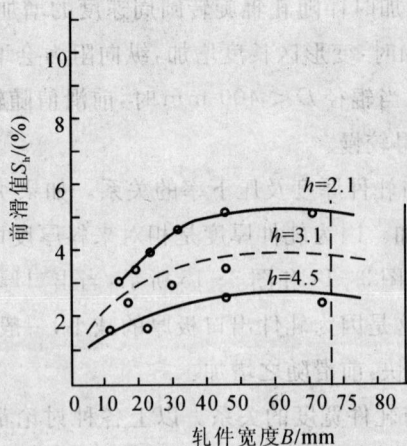

图 3-16　轧件宽度对前滑值的影响

　　(5)张力对前滑的影响。随着轧制技术的迅猛发展,带张力轧制越来越普及。由于张力存在会影响金属变形速度,从而影响前滑。如图 3-17 所示,在 $\phi 200$ mm 轧机上轧制铅试样,将试样轧成不同厚度,有张力时前滑显著增加。如图 3-18 所示的试验结果表明,前张力增加,前滑增加,后张力增加,前滑减小。因为前张力增加,变形金属在原有变形条件下被拉着向前轧出,速度增加,延伸增加,前滑亦增加;后张力增加,相当于增加了前进的阻力,延伸速度减缓,前滑减小。

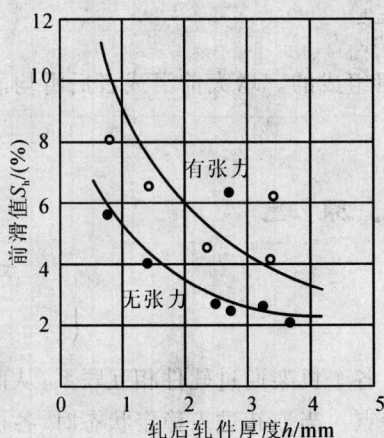

图 3-17 张力对前滑值的影响

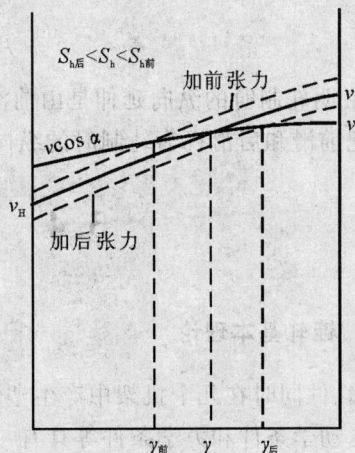

图 3-18 张力改变时速度曲线的变化

3.3.2.2 后滑的确定

根据后滑的定义,可以确定后滑值为

$$S_H = \frac{v\cos\alpha - v_H}{v\cos\alpha} = 1 - \frac{v_H}{v\cos\alpha} \tag{3-18}$$

式中, v_H 为轧件入辊速度。

根据体积不变定律,得 $v_H H = v_h h$; $v_H = \frac{h}{H}v_h = \frac{v_h}{\mu}$(压下系数 $\mu = \frac{H}{h}$),将 v_H 代入式 (3-18),则得

$$S_H = 1 - \frac{1}{\mu}\frac{v_h}{v\cos\alpha} \tag{3-19}$$

把推导前滑计算公式时的 v_h/v 关系式代入式(3-19),即可得出计算后滑的公式为

$$S_H = 1 - \frac{[h + 2R(1 - \cos\gamma)]\cos\gamma}{\mu h\cos\alpha} \tag{3-20}$$

式(3-20)中的中性角可按式(3-14)～(3-16)计算,可以进一步简化,当 α 很小时,$\cos\alpha \approx 1$, $\cos\gamma \approx 1$ 和 $1 - \cos\gamma = 2\sin^2\frac{\gamma}{2} \approx \frac{\gamma^2}{2}$,经整理得

$$S_H = \frac{\Delta h}{H} - \frac{R}{H}\gamma^2 \quad \text{或} \quad S_H = \varepsilon - \frac{R}{H}\gamma^2 \tag{3-21}$$

式中,Δh 为道次压下量;ε 为道次压缩率,$\varepsilon = \Delta h/H = (H-h)/H$。

3.3.2.3 前滑、后滑和延伸的关系

把式(3-12)代入式(3-21),则得

$$S_H = \varepsilon - \frac{S_h}{\mu}$$

因为 $\varepsilon = 1 - 1/\mu$,上式可写为

$$S_H = 1 - \frac{1}{\mu} - \frac{S_h}{\mu}$$

或

$$\mu=\frac{1+S_h}{1-S_H}\qquad\qquad(3-22)$$

式(3-22)说明轧制时的纵向延伸是由前滑和后滑组成的。增大前滑或者后滑均能使延伸增大,因此可把前滑和后滑视为轧制时的纵向变形。

3.4 连轧原理

3.4.1 连轧基本理论

轧制时轧件同时在几个机架中产生塑性变形,各个机架通过轧件相互联系,从而使轧制的变形条件、运动学条件和力学条件等具有一系列特点。当连轧进入稳定状态时,各机架上的各工艺参数应保持一定的关系或者说有一定的规律,连轧的基本理论就是阐述这些规律的。

1.连轧变形条件

在连轧时,保持正常的轧制条件是轧件在轧制线上每一机架的秒流量维持不变。流量方程表达了连轧过程中几个主要工艺参数之间在稳定状态时的关系,也称为秒流量相等法则或连续方程,其关系式为

$$V=bhv=C=常数\qquad\qquad(3-23)$$

即
$$b_1h_1v_1=b_2h_2v_2=\cdots=b_ih_iv_i\qquad(i=1,2,\cdots,n)\qquad(3-24)$$

式中,V 为轧件在各机架时的秒流量;$1,2,\cdots,n$ 为轧制线上任意横断面;b,h,v 分别为轧件通过各机架时的出辊处的宽度、厚度和轧制速度。

如果考虑到宽薄轧件的宽展量很小,可以认为各机架轧件出辊宽度相同,则上式可写为

$$V'=h_iv_i\qquad\qquad(3-25)$$

考虑前滑,轧件的出辊速度不等于轧辊线速度 v_0,其关系为 $v_i=v_{0i}(1+S_{hi},)$ 因此流量方程为
$$V'=h_iv_{0i}(1+S_{hi})\qquad\qquad(3-26)$$

这一条件破坏会造成拉钢或堆钢,从而破坏了平衡状态。拉钢可使轧件横断面收缩,严重时造成轧件拉断事故,堆钢可导致薄带折叠,或引起其他设备事故。

2.连轧运动学条件

从运动学的角度,前一机架的轧件出辊速度必须等于后一机架的入辊速度,即
$$v_{hi}=v_{Hi+1}\qquad\qquad(3-27)$$

式中,v_{hi} 为第 i 机架轧件的出辊速度;v_{Hi+1} 为第 $i+1$ 机架轧件的入辊速度。

3.力学条件

由于前机架的前张力等于后机架的后张力,张力应等于常数,即
$$q=C\qquad\qquad(3-28)$$

式中,q 为机架间张力。式(3-28)中的常数值可为正、负或零,即有张力、推力或无张力也无推力。

式(3-23)、式(3-27)和式(3-28)为连轧过程处于平衡状态下的基本方程,但应指出,严格地讲,流量方程式(3-26)并不符合连轧过程的实际情况,连轧过程是一个复杂的运动过程,连轧过程中各个工艺参数都是随时间不断变化的,因此,在连轧过程中任一时刻,各机架出辊参数并不完全符合上式。但从实用和近似的观点看,式(3-23)、式(3-27)和式(3-28)又在一定的精度内清楚地表达了各个参数间的基本关系,所以它们是连轧过程的一组重要方程。另

外,秒体积流量相等的平衡状态并不等于张力不存在,带张力轧制仍可处于平衡状态,由于张力的作用,各机架参数从无张力条件下的平衡状态改变为有张力条件下的平衡状态。

在平衡状态破坏时,式(3-23)、式(3-27)和式(3-28)不再成立,秒流量不再维持相等,前机架轧件出辊速度不等于后机架的入辊速度,张力也不再保持常数,但经一过渡过程又将进入新的平衡状态,因此对连轧过程必须深入研究。即研究在外扰量或调节量变动下从一平衡状态达到另一平衡状态时,参数变化规律及大小;从一个平衡状态向另一个平衡状态过渡的动态特征。

3.4.2 连轧张力

1. 张力方程

张力是连轧过程的一个重要现象,各机架通过张力传递影响、传递能量而互相发生联系。如前所述,张力是由于速度差产生的,对连轧而言,张力是由于两机架间的速度不协调而产生的。下面分析两机架间的张力,设在某时刻 t,两机架处在稳定状态,此时机架间张力为 Q_i,在此张力作用下第 i 机架出辊速度为 v_i,而 $i+1$ 机架入辊速度为 v'_i,由于处于稳定状态,所以 $v_i = v'_{i+1}$,如设带材断面为 $F = bh$,则单位张力 $q_i = Q_i/F$,根据胡克定律 $\varepsilon_i = q_i/E$,如果两机架间距离为 L,带材在张力作用下其绝对伸长量为 l,则

$$\varepsilon_i = \frac{l}{L-l} \qquad (3-29)$$

式中,$L-l$ 为带材不受张力作用时的原始长度。

如果某一瞬间稳定状态遭到破坏,使 $v'_{i+1} > v_i$,则在时间 $t+\mathrm{d}t$ 时,张力将变化为

$$Q'_i = Q_i + \mathrm{d}Q_i$$

因此

$$q'_i = q_i + \mathrm{d}q_i$$

因为 $\varepsilon'_i = \varepsilon_i + \mathrm{d}\varepsilon_i$,而 $\mathrm{d}\varepsilon_i = \dfrac{\mathrm{d}l}{L-l} \approx \dfrac{\mathrm{d}l}{L}$,考虑到所增加的 $\mathrm{d}l$ 是由速度差 $v'_{i+1} - v_i$ 引起的,因此

$$v'_{i+1} - v_i = \frac{\mathrm{d}l}{\mathrm{d}t} = L\frac{\mathrm{d}\varepsilon_i}{\mathrm{d}t} = \frac{L}{E}\frac{\mathrm{d}q_i}{\mathrm{d}t}$$

即

$$\frac{\mathrm{d}q_i}{\mathrm{d}t} = \frac{E}{L}(v'_{i+1} - v_i) \qquad (3-30)$$

对式(3-30)积分,则

$$q_i = \frac{E}{L}\int(v'_{i+1} - v_i)\mathrm{d}t \qquad (3-31)$$

式(3-30)、式(3-31)为连轧常用的张力微分方程和积分方程。用此公式时还需将 v'_{i+1} 和 v_i 的具体算式代入。

对式(3-30),当速度差为常数时,张力线性增大,若想保持恒张力,必须使两机架间不产生速度差,这与上面平衡状态下的连轧基本方程所表示的是一致的。如保持速度差,则张力随时间增大,当 $\varepsilon_s = \sigma_s/E$ 时,轧件开始塑性变形,此时如仍保持有一速度差,则轧件开始屈服,并继续拉伸直至断裂。

2. 张力在连轧中的作用

式(3-30)表示了张力在一定速度差下不断增大,直到使轧件屈服进而破坏了轧制过程。这虽然对因速度差存在而产生张力给出了清楚的解释,也引入了时间的概念,但并不能反映动

态过程,因为公式中没有反映出生产时张力对速度差的反影响作用,不能反映张力从一个平衡状态被破坏后,经过一段时间可能"自动"过渡到新的平衡状态。例如,轧件某一处表面因酸洗不净有氧化铁皮使摩擦因数增高,通过第 i 机架会使单位压力增加,导致辊缝增大,压下量减小,使第 i 机架轧件出辊速度变慢。此时第 $i+1$ 机架轧件的入辊速度仍未改变,因而产生速度差,使张力增大,破坏了平衡状态。如果这种干扰不过大,张力增大的结果就导致第 i 机架的前滑区增大和第 $i+1$ 机架的后滑区增大,使第 i 机架轧制力矩减小,轧制速度升高,而第 $i+1$ 机架则相反,使第 $i+1$ 机架轧制压力减小,轧制厚度减小,进而使第 i 机架秒体积流量增大,后机架秒体积流量减小,逐步使轧制过程在一个新的平衡状态稳定下来。张力的这种"自我调节"作用是非常重要的,所以式(3-31)呈现的张力随时间线性增大的形式不符合实际生产情况,应建立考虑张力"自我调节"作用的动态方程。

实际上,当有一速度差产生后,由于张力的作用,这一速度差是个变量,是张力的函数,假定张力只影响前一机架的速度,按式(3-30),有

$$\frac{\mathrm{d}q_i}{\mathrm{d}t} = \frac{E}{L}(v'_{i+1} - v_i) = \frac{E}{L}\{v'_{i+1} - v_i[f(q)]\} \tag{3-32}$$

假设后一机架参数不变,根据前滑关系,有

$$v_i = v_0(1 + S_{ih}) \tag{3-33}$$

式中,v_0 为第 i 机架的轧辊线速度;S_{ih} 为第 i 机架的前滑值。

而前滑的大小是随张力变化的,张力对前滑的影响可以有不同的计算方法,如式(3-30)至式(3-32),但这些公式都较为复杂,应用不便。德鲁日宁的实验发现,前滑与张力的关系可用直线方程表示:

$$S_h = S_{h0} + aq \tag{3-34}$$

式中,S_{h0} 为无张力或张力变化前的前滑;a 为系数;q 为单位前张力或前后单位张力差,$q = Q/\overline{B}h$;Q 为前张力或前后张力差。

利用式(3-34),用速度表示前滑时可写成

$$v_h = v(1 + S_{h0} + aq) \tag{3-35}$$

式中,v_h 为轧件出口速度;v 为轧辊线速度。

有了上述公式,则可进一步建立张力动态方程,将式(3-35)代入式(3-32),得

$$\frac{\mathrm{d}q_i}{\mathrm{d}t} = \frac{E}{L}[v'_{i+1} - v_0(1 + S_{ih0} + aq)] = \frac{E}{L}(v'_{i+1} - v_{ih0} - v_0 aq) \tag{3-36}$$

或者写成

$$\frac{\mathrm{d}q_i}{\mathrm{d}t} = A - Bq_i \tag{3-37}$$

式中,$v_{ih0} = v_0(1 + S_{ih0})$;$A,B$ 为系数,$A = \dfrac{E}{L}(v'_{i+1} - v_{ih0})$,$B = \dfrac{Ev_0 a}{L}$。

式(3-37)即为张力动态方程,清楚地反映了在张力随时间变化的过程中,张力的"自我调节"作用和张力变化不破坏轧制过程的条件。

根据式(3-37)来研究张力随时间的变化特性。设 $x = A - Bq_i$,则

$$\mathrm{d}q_i = -\frac{1}{B}\mathrm{d}x \tag{3-38}$$

由式(3-37)和式(3-38),则

$$-\frac{1}{Bx}\mathrm{d}x = \mathrm{d}t \tag{3-39}$$

两边积分，得 $-\frac{1}{B}\ln x + C = t$，代入 $x = A - Bq_i$，得

$$-\frac{1}{B}\ln(A - Bq_i) + C = t$$

在 $t = 0$ 和 $q_i = 0$ 时，确定积分常数 C，$C = \frac{1}{B}\ln A$，代入可得

$$t = -\frac{1}{B}\ln\frac{(A - Bq_i)}{A}$$

整理得

$$q_i = \frac{A}{B}(1 - e^{-Bt}) \tag{3-40}$$

将 A, B 值代入得

$$q_i = \frac{v'_{i+1} - v_{ih0}}{v_0 a}(1 - e^{\frac{E}{L}v_0 at}) \tag{3-41}$$

式(3-41)可说明建张过程，如有速度差产生，平衡破坏产生张力，张力是不稳定而逐渐增加的，因此要保持恒张力，则必须使两机架间不产生速度差，这和现有的连轧张力方程是一致的，同时，它还说明了张力的"自我调节"能力。根据式(3-41)，张力在某一轧制参数变化而产生速度差下发生，此时张力增大，而张力增大又使前滑发生变化，使张力增大变缓，这样，直到某一时间，轧制过程又在一定张力条件下达到新的平衡，这就是张力的"自我调节"作用。张力随时间的变化如图 3-19 所示。

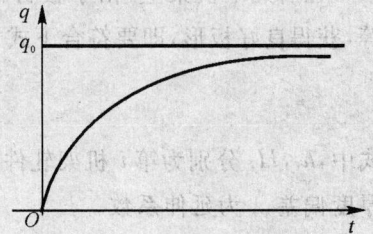

图 3-19 张力动态曲线

但应该指出，张力的这种"自我调节"作用是有条件的，并不是在任何状态下都可以达到新的平衡，当 $t = \infty$ 时，

$$q_i = \frac{A}{B} = \frac{v'_{i+1} - v_{ih0}}{v_0 a} \tag{3-42}$$

式(3-42)为一直线，是式(3-41)的渐近线，表示达到新平衡时新的张力值，此值应小于金属的屈服极限，即 $q_0 < \sigma_s$，否则在未到达新平衡前，轧件已经屈服或被拉断，这种情况在生产中经常发生。所以，张力在一定范围内可以起到"自我调节"作用，使轧制过程恢复平衡，但参数变化过大而引起张力过大时，就达不到新的平衡了。

3.4.3 连轧的压下制度

连轧的压下制度主要是分配各机架的压下量。连轧各机架的压下量在分配原则上与单机架相同，即要考虑金属塑性、咬入条件、轧辊强度条件和主电动机的能力等。但连轧过程又有它自己的特殊性，轧件同时在几个机架间进行轧制，因此压下量分配还要考虑以下几点：

1. 按流量方程来分配

分配各机架的厚度和选择各机架的速度：

$$V'_i = h_i v_i \qquad (3-43)$$

式中，V'_i 为忽略宽展时各机架轧件的出口流量；h_i 为各机架轧件的出口厚度；v_i 为各机架轧件的出口速度。

在分配机架的厚度时，必须注意各机架的速度，它既不应超出各机架允许的调速范围，又要为以后调速留有余地，其速度一般受第一机架调速范围和最末机架低速的限制。

2. 按等负荷条件来分配

当分配各机架压下量时，应保证各机架负荷均衡，即设备强度的均等利用和主电动机能力的均等利用，满足

$$\frac{p_i}{p_{ei}} = 常数；\qquad \frac{N_i}{N_{ei}} = 常数 \qquad (3-44)$$

式中，p_i 为任一机架上轧制时的实际压力；p_{ei} 为任一机架上轧机所允许的压力；N_i 为任一机架上轧制时的实际消耗功率；N_{ei} 为任一机架主电动机的额定功率。

3. 按良好板形条件来分配

在后几个机架上，由于板材较薄，必须合理安排压下量才能保证板材中部和边部延伸相等，获得良好板形，即要符合下式：

$$\frac{h_i}{H_i} = \frac{\delta_i}{\Delta_i} = \frac{1}{\lambda} \qquad (3-45)$$

式中，h_i，H_i 分别为第 i 机架轧件轧后和轧前厚度；δ_i，Δ_i 分别为第 i 机架轧件轧后和轧前横间厚度偏差；λ 为延伸系数。

3.4.4 连轧基本参数

1. 连轧常数

在连轧时，随着轧件断面的压缩轧制速度不断增大，保持正常轧制的条件是轧件在轧制线上每一机架的秒体积流量相等，即满足式(3-23)，按如图 3-20 所示连轧时各机架与轧件关系，可写成

$$C = F_1 V_1 = F_2 V_2 = \cdots = F_n V_n \qquad (3-46)$$

式中，$1,2,\cdots,n$ 为逆轧制方向的轧机序号；$F_1,F_2,\cdots,F_n$ 分别为轧件通过各机架时的轧件断面面积；$V_1,V_2,\cdots,V_n$ 分别为轧件通过各机架时的轧制速度；$F_1 V_1,F_2 V_2,\cdots,F_n V_n$ 分别为轧件在各机架时的秒体积流量。

已知：$V_1 = \dfrac{\pi D_1 n_1}{60}$，$V_2 = \dfrac{\pi D_2 n_2}{60}$，$\cdots$，$V_n = \dfrac{\pi D_n n_n}{60}$，代入式(3-46)得

$$F_1 D_1 n_1 = F_2 D_2 n_2 = \cdots = F_n D_n n_n \qquad (3-47)$$

式中，$D_1,D_2,\cdots,D_n$ 为各机架的轧辊工作直径；$n_1,n_2,\cdots,n_n$ 为各机架的轧辊转速。

为简化公式，以 $C_1,C_2,\cdots,C_n$ 代表各机架轧件的秒体积流量，即

$$C_1 = F_1 D_1 n_1，C_2 = F_2 D_2 n_2，\cdots，C_n = F_n D_n n_n$$

并且轧件在各机架轧制时的秒流量相等，为一个常数 C，此常数即为连轧常数，则

$$C_1 = C_2 = \cdots = C_n = C \qquad (3-48)$$

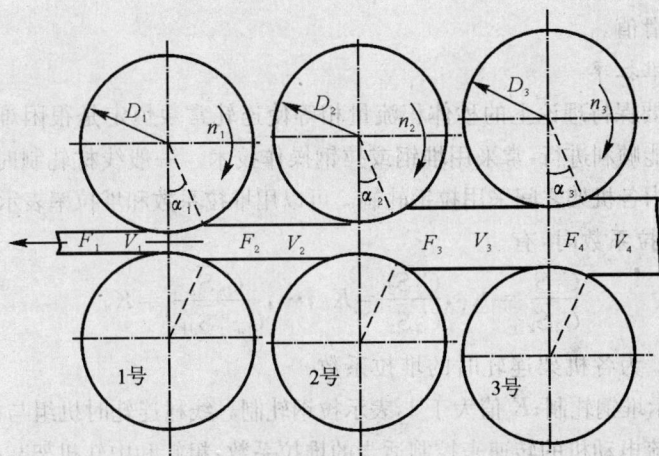

图 3-20 连续轧制时各机架与轧件关系示意图

2.前滑系数和前滑值

在连轧时,由于前滑的存在,轧件离开轧辊的速度大于轧辊的线速度,前滑的大小可用前滑系数或前滑值表示,其计算公式为

$$\overline{S}_1 = \frac{V'_1}{V_1}, \quad \overline{S}_2 = \frac{V'_2}{V_2}, \quad \overline{S}_n = \frac{V'_n}{V_n} \tag{3-49}$$

$$S_{h1} = \frac{V'_1 - V_1}{V_1} = \overline{S}_1 - 1, \quad S_{h2} = \frac{V'_2 - V_2}{V_2} = \overline{S}_2 - 1, \quad S_{hn} = \frac{V'_n - V_n}{V_n} = \overline{S}_n - 1 \tag{3-50}$$

式中,$\overline{S}_1, \overline{S}_2, \cdots, \overline{S}_n$ 为轧件在各机架的前滑系数;$V'_1, V'_2, \cdots, V'_n$ 为轧件实际从各机架离开轧辊的速度;$V_1, V_2, \cdots, V_n$ 为各机架的轧辊线速度;$S_{h1}, S_{h2}, \cdots, S_{hn}$ 为各机架的前滑值。

考虑前滑的存在,轧件在各机架轧制时的秒流量为

$$F_1 V'_1 = F_2 V'_2 = \cdots = F_n V'_n \tag{3-51}$$

或

$$F_1 V_1 \overline{S}_1 = F_2 V_2 \overline{S}_2 = \cdots = F_n V_n \overline{S}_n \tag{3-52}$$

也可写成

$$F_1 D_1 n_1 \overline{S}_1 = F_2 D_2 n_2 \overline{S}_2 = \cdots = F_n D_n n_n \overline{S}_n \tag{3-53}$$

$$C_1 \overline{S}_1 = C_2 \overline{S}_2 = \cdots = C_n \overline{S}_n = C' \tag{3-54}$$

式中,C' 为考虑前滑后的连轧常数。

在孔型中轧制时,前滑值常取平均值,计算式为

$$\overline{\gamma} = \frac{\overline{\alpha}}{2}\left(1 - \frac{\overline{\alpha}}{2\beta}\right) \tag{3-55}$$

$$\cos \overline{\alpha} = \frac{\overline{D} - (\overline{H} - \overline{h})}{\overline{D}} \tag{3-56}$$

$$\overline{S}_h = \frac{\cos \overline{\gamma}\left[\overline{D}(1 - \cos \overline{\gamma}) + \overline{h}\right]}{\overline{h}} - 1 \tag{3-57}$$

式中,$\overline{\gamma}$ 为变形区中性角的平均值;$\overline{\alpha}$ 为咬入角的平均值;β 为摩擦角,一般为 $21° \sim 27°$;$\overline{D}$ 为轧辊工作直径的平均值;$\overline{H}$ 为轧件轧前高度的平均值;$\overline{h}$ 为轧件轧后高度的平均值;$\overline{S}_h$ 为轧件在

任意机架的平均前滑值。

3. 堆拉系数和堆拉率

在连轧生产时,要保持理论上的秒体积流量相等使连轧常数恒定是很困难的,甚至是不可能的,为了使轧制过程能顺利进行,常采用堆钢或拉钢操作技术。一般线材轧制时,机组与机组之间采用堆钢轧制,机组内各机架之间采用拉钢轧制。可以用堆拉系数和堆拉率表示堆钢或拉钢。

当用 K 表示堆拉系数时,有

$$\frac{C_1\overline{S}_1}{C_2\overline{S}_2}=K_1,\frac{C_2\overline{S}_2}{C_3\overline{S}_3}=K_2,\cdots,\frac{C_n\overline{S}_n}{C_{n+1}\overline{S}_{n+1}}=K_n \qquad (3-58)$$

式中,$K_1,K_2,\cdots,K_n$ 为各机架连轧时的堆拉系数。

K 值小于1,表示堆钢轧制;K 值大于1,表示拉钢轧制。线材连轧时机组与机组之间要根据活套大小,通过调节直流电动机的转速来控制适当的堆拉系数,粗轧和中轧机架与机架之间的拉钢系数一般控制在 $1.02\sim1.04$ 之间,精轧机组随机结构形式的不同一般控制在 $1.005\sim1.02$ 之间。

考虑堆钢或拉钢后的连轧关系为

$$C_1\overline{S}_1=K_1C_2\overline{S}_2=\cdots=K_1K_2K_3\cdots K_nC_n\overline{S}_n \qquad (3-59)$$

堆拉率也是经常采用的表示堆钢或拉钢的方法,当用 ε 表示堆拉率时,有

$$\frac{C_1\overline{S}_1-C_2\overline{S}_2}{C_2\overline{S}_2}\times100\%=\varepsilon_1,\frac{C_2\overline{S}_2-C_3\overline{S}_3}{C_3\overline{S}_3}\times100\%=\varepsilon_2,\cdots,\frac{C_n\overline{S}_n-C_{n+1}\overline{S}_{n+1}}{C_{n+1}\overline{S}_{n+1}}\times100\%=\varepsilon_n$$

ε 为正值时表示拉钢轧制,为负值时表示堆钢轧制。考虑堆钢或拉钢后的连轧关系为

$$C_1\overline{S}_1=C_2\overline{S}_2\left(1+\frac{\varepsilon_1}{100}\right)=\cdots=C_n\overline{S}_n\left(1+\frac{\varepsilon_1}{100}\right)\left(1+\frac{\varepsilon_2}{100}\right)\cdots\left(1+\frac{\varepsilon_{n-1}}{100}\right) \qquad (3-60)$$

由上述公式,可推导出堆拉系数 K 与堆拉率 ε 的关系如下:

$$(K_n-1)\times100=\varepsilon_n \qquad (3-61)$$

经过以上连轧基本理论的讨论可知,从理论上讲,连轧时各机架的秒流量相等,连轧系数是恒定的,在考虑了前滑的影响后这种关系仍然存在。但当考虑了堆钢和拉钢操作后,实际上秒流量相等的情况和连轧常数已不存在,而是建立了新的平衡关系。在实际生产中采用张力轧制就是这个道理。

3.5 轧制过程中的横向变形——宽展

3.5.1 宽展及其实际意义

在轧制过程中,轧件厚度方向受到轧辊压缩作用,金属将按照最小阻力定律向纵向和横向流动。由移向横向的体积所引起的轧件宽度的变化称为宽展。一般将轧件在宽度方向线尺寸的变化,即绝对宽展直接称为宽展。虽然用绝对宽展不能准确反映变形的大小,但是由于它简单、明确,在生产实际中得到极为广泛的应用。

轧制中的宽展可能是希望的,也可能是不希望的。纵轧的目的是为了得到延伸,除了特殊情况外,应该尽量减小宽展,降低轧制功能消耗,提高轧机生产率。在孔型轧制中,掌握宽展变化规律,正确计算宽展尤为重要。

正确估计轧制中的宽展是保证断面质量的重要环节,若计算宽展大于实际宽展,孔型充填

不满,造成很大的椭圆度,如图3-21(a)所示。若计算宽展小于实际宽展,孔型充填过满,形成耳子,如图3-21(b)所示,以上两种情况均造成轧制废品。因此,正确地估计宽展对提高产品质量,改善生产技术有重要的作用。

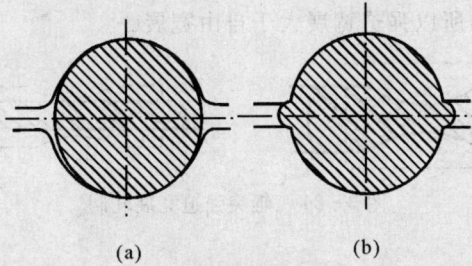

图 3-21　由于宽展估计错误产生的缺陷

(a) 未充满;　(b) 过充满

3.5.2　宽展分类

根据金属沿横向流动的自由度,宽展可分为自由宽展、限制宽展和强迫宽展。

1. 自由宽展

坯料在轧制过程中,被压下的金属质点横向移动时,具有向垂直于轧制方向两侧自由流动的可能性,此时金属流动除受接触摩擦的影响外,不受其他任何的阻碍和限制,如孔型侧壁、立辊等,结果明显地表现出轧件宽度上线尺寸的增加,这种情况称为自由宽展,如图3-22所示。自由宽展发生在变形比较均匀的条件下,如平辊上轧制矩形断面轧件,以及在宽度有很大余量的扁平孔型内轧制。

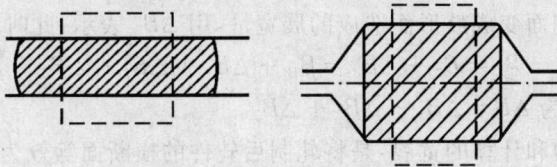

图 3-22　自由宽展轧制

2. 限制宽展

坯料在轧制过程中,金属质点横向流动时,除受接触摩擦的影响外,还受孔型侧壁的限制作用,因而破坏了自由流动条件,此时产生的宽展称为限制宽展。如在孔型侧壁起作用的凹型孔型中轧制时即属于此类宽展,如图3-23所示。由于孔型侧壁的限制作用,使横向移动体积减小,故所形成的宽展小于自由宽展。

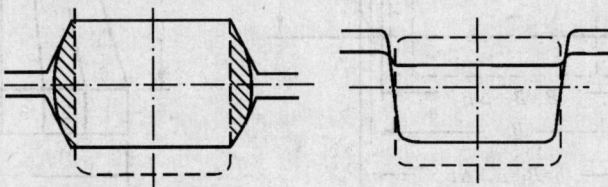

图 3-23　孔型限制宽展

3. 强迫宽展

坯料在轧制过程中,金属质点横向流动时,不仅不受任何阻碍,且受到强烈的推动作用,使轧件宽度产生附加的增长,此时产生的宽展称为强迫宽展,如图 3-24 所示。由于存在有利于金属质点横向流动的条件,所以强迫宽展大于自由宽展。

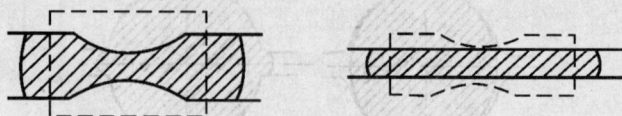

图 3-24   辊突强迫宽展轧制

3.5.3   宽展的组成

1. 宽展沿轧件横断面高度上的分布

由于轧辊与轧件的接触表面上存在着摩擦,以及变形区几何形状和尺寸的不同,因此沿接触表面上金属质点的流动轨迹在接触面附近的区域和远离的区域是不同的。它一般由以下几个部分组成:滑动宽展、翻平宽展和鼓形宽展,如图 3-25 所示。

滑动宽展是变形金属在与轧辊的接触面上,由于产生相对滑动使轧件宽度增加的量,以 ΔB_1 表示,若轧前轧件的宽度为 B_H,展宽后此部分的宽度 B_1 为

$$B_1 = B_H + \Delta B_1 \tag{3-62}$$

翻平宽展是由于接触摩擦阻力的作用,使轧件侧面的金属在变形过程中翻转到接触表面上,使轧件宽度增加,增加的量以 ΔB_2 表示,加上这部分展宽的量之后,轧件的宽度 B_2 为

$$B_2 = B_1 + \Delta B_2 = B_H + \Delta B_1 + \Delta B_2 \tag{3-63}$$

鼓形宽展是轧件侧面变成鼓形而造成的展宽量,用 ΔB_3 表示,此时轧件的最大宽度 B_3 为

$$B_3 = B_2 + \Delta B_3 = B_H + \Delta B_1 + \Delta B_2 + \Delta B_3 \tag{3-64}$$

显然,轧件的总展宽量为 $\Delta B = \Delta B_1 + \Delta B_2 + \Delta B_3$。

通常理论上所说的和计算的宽展,是将轧制后轧件的横断面等效为同一厚度的矩形之后,其宽度与轧制前宽度之差,即

$$\Delta B = B_h - B_H \tag{3-65}$$

因此,轧后宽度 B_h 是一个理想值,为便于工程计算经常采用理想值。

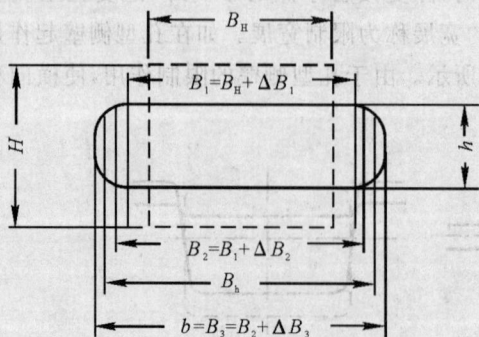

图 3-25   宽展沿轧件横断面高度分布

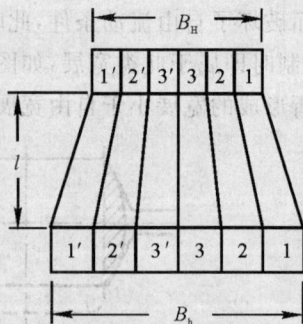

图 3-26   宽展沿宽度均匀分布的假说

2. 宽展沿轧件宽度上的分布

关于宽展沿轧件宽度分布的理论基本上有两种假说:第一种假说认为宽展沿轧件宽度均匀分布。这种假说主要以均匀变形和外区作用作为理论的基础。因为变形区内金属在变形前后彼此是同一整体,紧密连接在一起,因此对变形起着均匀作用,使沿长度方向上各部分金属延伸相同,宽展沿宽度分布自然是均匀的,它可用图 3-26 来说明。第二种假说认为变形区可分为四个区域,即在两边的区域为宽展区,中间分为前后两个延伸区,它可用图 3-27 来说明。

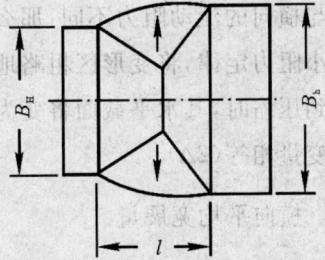

图 3-27 变形区分区图示

宽展沿宽度均匀分布的假说,对于轧制宽而薄的板材,宽展很小甚至可以忽略时,变形可以认为是均匀的。但在其他情况下,均匀假说与许多实际情况是不相符的,尤其是对于窄而厚的轧件更不适合,因此这种假说是有局限性的。

变形区假说也不完全准确,许多实验证明变形区中金属表面质点流动的轨迹并非严格地按所画的区间进行流动。但是能定性地描述宽展发生时变形区内金属质点流动的总趋势,便于说明宽展现象的性质和作为计算宽展的根据。

3.5.4　影响宽展的因素

影响宽展的因素实质可归纳为两方面:一是在高度方向移动体积;二是变形区内轧件变形的纵横阻力比,即变形区内轧件应力关系(为纵向压缩主应力,横向压缩主应力)。根据分析,变形区内轧件的应力状态取决于多种因素,这些因素是通过变形区形状和轧辊形状反映到变形区内轧件变形的纵横阻力比,从而影响宽展。

3.5.4.1　影响轧件变形的基本因素分析

1. 有接触摩擦时变形区形状的影响

当有接触摩擦力存在时,变形区内金属必须克服摩擦力才能向纵向延伸或向横向扩展。根据最小阻力定律,哪个方向的流动阻力小,将更多地向哪个方向变形。变形区形状是影响阻力分配的最主要因素。先来分析平锤头镦粗矩形六面体时的变形。就接触摩擦而言,可以认为轧制与镦粗是一致的。

当接触面非常光滑,可以忽略接触摩擦时,金属向纵向延伸和横向扩展的概率是相同的,将产生均匀变形。压下系数 η、宽展系数 β、延伸系数 μ 的确定见式(2-17)、式(2-18)、式(2-19)。根据体积不变原则:$\eta = \mu\beta$,假设平锤头镦粗矩形六面体时发生均匀变形,即 $\beta = \mu$,则 $\ln\beta = \ln\mu = \frac{1}{2}\ln\eta$,又因为

$$\ln\beta = \Delta b/B, \quad \ln\mu = \Delta l/L \tag{3-66}$$

故

$$\Delta b \approx \frac{B}{2}\ln\eta, \quad \Delta l \approx \frac{L}{2}\ln\eta \tag{3-67}$$

可见,当忽略接触摩擦时,宽展与延伸将分别与其宽度和长度成正比。

当有接触摩擦时,由于变形区长度和宽度不同,假设 $B \leqslant L$,其接触摩擦力也不同,即向纵向与横向的流动阻力不同,那么六面体的宽展量和延伸量也不再相等。如图 3-28 所示,根据最小阻力定律,将变形区粗略地分为四个金属流动方向不同的变形区域。当六面体高度方向受到压缩时,其水平截面将变为图中虚线所示的形状,六面体在水平截面横向与纵向最大尺寸改变量相等(2Δ)。

横向平均宽展量

$$\Delta b = 2\Delta - \frac{B}{L}\Delta \qquad (3-68)$$

纵向平均延伸量为 $\Delta l = \Delta$,则

$$\ln\beta = \Delta b/B = 2\Delta/B - \Delta/L \qquad (3-69)$$

$$\ln\mu = \Delta l/L = \Delta/L \qquad (3-70)$$

又因为 $\ln\mu + \ln\beta - \ln\eta = 0$,则

$$\Delta = \frac{B}{2}\ln\eta \qquad (3-71)$$

故

$$\Delta b = \left(B - \frac{B^2}{2L}\right)\ln\eta \qquad (3-72)$$

$$\Delta l = \frac{B}{2}\ln\eta \qquad (3-73)$$

$$\ln\beta = \left(1 - \frac{B}{2L}\right)\ln\eta \qquad (3-74)$$

$$\ln\mu = \frac{B}{2L}\ln\eta \qquad (3-75)$$

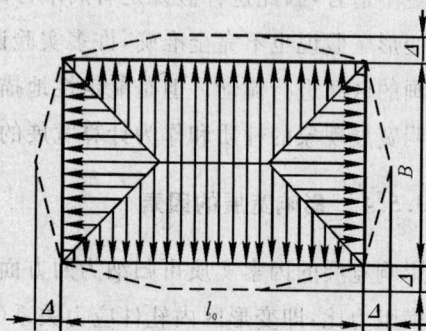

图 3-28 有接触摩擦条件下变形图示

总之,在 $B/L \leqslant 1$ 时可得如下结论:与无接触摩擦存在时的情况相比较,当有接触摩擦存在时,绝对宽展量 Δb 和对数宽展系数 $\ln\beta$ 增大,绝对延伸量 Δl 和对数延伸系数 $\ln\mu$ 减小;当 β 不变时,对于一定的 $\ln\eta$,绝对宽展量 Δb 随长度 L 的增大而增大;当 L 不变时,对于一定的 $\ln\eta$,绝对宽展量 Δb 随宽度 B 的增大而增大;当 B/L 增大时,对数宽展系数 $\ln\beta$ 减小,对数延伸系数 $\ln\mu$ 增大。

如果忽略辊面形状以及前后外端等的影响,可得如下结论:在轧制过程中,当变形区宽度与长度之比 $B/L \leqslant 1$ 时,与无接触摩擦存在的情况相比,其横向宽展量及宽展系数增大,纵向延伸量及延伸系数减小;压下量不变,若轧件宽度不变,变形区长度增加,宽展亦增加;压下量不变,若变形区长度不变,轧件宽度增大,则宽展量亦增大;当 B/L 逐渐增大时,宽展系数减小,延伸系数增大。

对于轧制过程中 $B/L \geqslant 1$ 的情况,将式(3-72)至式(3-75)中的符号 B 与 L,β 与 μ 对换,即得适合此种情况的公式如下:

$$\Delta b = \frac{L}{2}\ln\eta \qquad (3-76)$$

$$\Delta l = \left(L - \frac{L^2}{2\beta}\right) \ln\eta \qquad\qquad (3-77)$$

$$\ln\beta = \frac{L}{2B}\ln\eta \qquad\qquad (3-78)$$

$$\ln\mu = \left(1 - \frac{L}{2B}\right) \qquad\qquad (3-79)$$

对于 $B/L \geqslant 1$ 的情况:与无接触摩擦的情况相比,Δb 和 $\ln\beta$ 减小,Δl 和 $\ln\mu$ 则增大;绝对宽展量 Δb 与 L 成正比增加,当 L 为常数时,Δb 保持不变;与前种情况相同,B/L 比值增大时,$\ln\beta$ 减小而 $\ln\mu$ 增大。

2.轧辊形状的影响

与平锤头镦粗相比,变形区纵剖面为一圆弧,作用在金属表面的径向压力 P 的水平分量不等于零,其方向与轧制方向或纵向延伸方向相反,这将减小金属沿纵向的流动阻力,使其在轧制方向纵向延伸率增大,宽展相应减小,并且这种影响是显著的。

轧辊形状对于纵向与横向变形比关系的影响,可用工具形状系数 $K_G = W_x/W_y$ 加以考虑,式中,W_x 为纵向延伸阻力,W_y 为横向宽展阻力。

轧制变形区轧辊对轧件作用力如图 3-29 所示。由于前后滑区轧辊对轧件摩擦力方向相反,其影响也不同。在绝大多数轧制条件下,前滑区很小,可忽略此区域的影响,只考虑后滑区内轧件的受力状态,纵向延伸阻力等于径向压力 P 和摩擦力 T 的水平投影之和。假设径向压力 P 沿变形区整个弧段均匀分布,径向压力合力 P' 将位于对轧辊中心线成 φ 角的位置,有

$$\varphi = \alpha - \frac{\alpha - \gamma}{2} = \frac{\alpha + \gamma}{2} \qquad\qquad (3-80)$$

纵向延伸阻力为

$$W_x = T'_x - P'_x \qquad\qquad (3-81)$$

由于轧辊沿横向是平直的,横向宽展阻力为

$$W_y = T' \qquad\qquad (3-82)$$

将式(3-81)和式(3-82)代入 $K_G = W_x/W_y$ 中,对于变形区的后滑区得到

$$K'_G = \frac{T'_x - P'_x}{T'} \qquad\qquad (3-83)$$

因为 $\qquad P'_x = P'\sin\varphi = P'\sin\frac{\alpha + \gamma}{2}, \quad P'_x = T'\cos\varphi = P'f\cos\frac{\alpha + \gamma}{2}$

所以 $\qquad\qquad K'_G = \cos\frac{\alpha + \gamma}{2} - \frac{1}{f}\sin\frac{\alpha + \gamma}{2} \qquad\qquad (3-84)$

按此计算公式绘制 K_G 曲线如图 3-30 所示。由图可知,当 $0 < K_G < 1$ 时,说明轧辊形状对金属流动产生很大影响,它使金属流动纵向阻力一般小于横向阻力,极限情况是 $K_G = 1$,此时轧辊直径 D 无限大,相当于平面状态。据最小阻力定律,轧制过程中由于纵向阻力小,横向阻力大,延伸变形一般是大于宽展变形,K_G 越小,延伸越大,宽展越小。凡是能影响变形区形状和轧辊形状的各种因素都将影响变形区内金属流动纵横阻力比,自然也会影响纵向延伸和横向宽展。

$$\theta = (\alpha - \gamma)/2$$
$$\varphi = \theta + \gamma = (\alpha + \gamma)/2$$

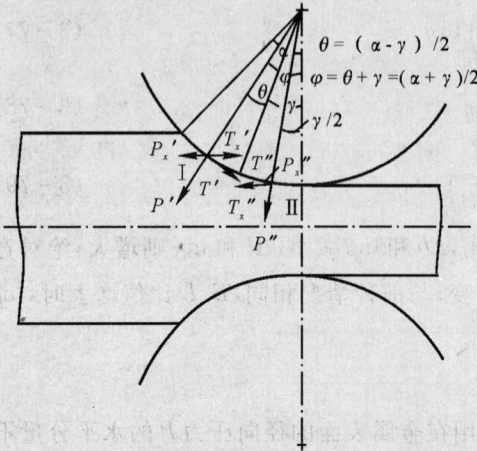

图 3-29 变形区各区域对延伸的阻力图示

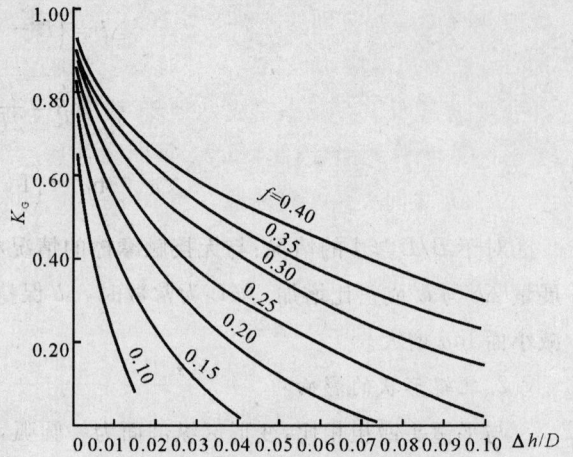

图 3-30 工具形状系数图

3.5.4.2 影响宽展的因素

在轧制过程中,厚度压缩金属主要实现延伸,还有一部分金属发生宽展,一般纵向延伸是主要变形。欲准确地确定延伸变形,必须首先明确宽展变形规律。

1. 相对压下量的影响

相对压下量 $\Delta h/H$ 是形成宽展变形的源泉,没有压下量就没有宽展,因此,压下量越大,宽展应越大。因为压下量的增加相当于增加了变形区长度,也就增加了变形区水平投影,使金属纵向流动阻力增加,同时,纵向压缩主应力加大了,根据最小阻力定律,金属横向运动趋势变大,宽展增加。另一方面,$\Delta h/H$ 增加,厚度方向被压缩,金属体积也增加,使 Δb 增加。实验结果如图 3-31 所示。

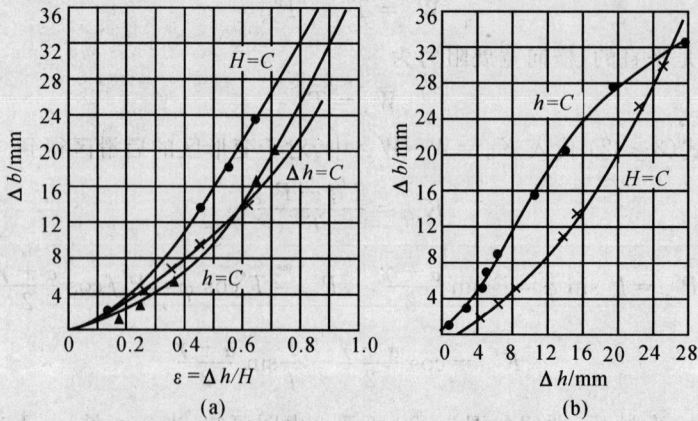

图 3-31 宽展与压下量的关系

(a) 当 $\Delta h, H, h$ 为常数,低碳钢,轧制温度为900℃,轧制速度为1.1 m/s时,Δb 与 $\Delta h/H$ 的关系;
(b) 当 H, h 为常数,低碳钢,轧制温度为900℃,轧制速度为1.1 m/s时,Δb 与 Δh 的关系

增加 $\Delta h/H$ 的方法有三种:轧件厚度 H 不变,出口厚度减小;出口厚度不变,来料厚度增加;来料厚度和出口厚度同时变化,但 Δh 不变。虽然 $\Delta h/H$ 增加,宽展都会增加,但这三种方

式变化程度是有区别的。图 3-31(a) 说明,当 $H=C$ 或 $h=C$ 时(C 表示常数),随着 $\Delta h/H$ 增加,Δb 增加速度快,而当 $\Delta h=C$ 时,Δb 增加速度较前述二者为缓慢。因为当 $\Delta h=C$ 时,Δb 增加主要通过 H 和 h 减小完成,变形区长度 L 不增加;但当 $H=C$ 或 $h=C$ 时,$\Delta h/H$ 增加会伴随变形区长度 L 增加,因此,$\Delta h=C$ 时增加速度缓慢。图 3-32 为相对压下率 $\Delta h/H$ 与宽展系数 $\Delta b/\Delta h$ 之间关系实验曲线。当 $\Delta h=C$ 时,$\Delta h/H$ 增加时,Δb 随之增加,$\Delta b/\Delta h$ 呈线性增加;当 $H=C$ 或 $h=C$ 时,$\Delta h/H$ 增加时,Δb 会增加,但同时 Δh 也在增加,因此,$\Delta b/\Delta h$ 开始增加较快,后来放缓($H=C$),甚至于逐渐下降($h=C$)。

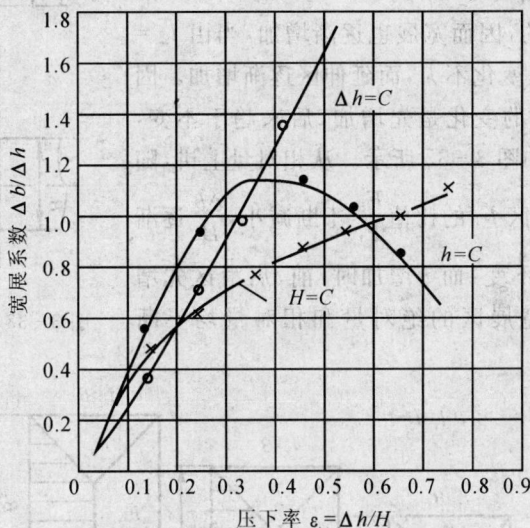

图 3-32　宽展系数与压下率的关系

2. 轧制道次的影响

在总压下量及其他条件一定的前提下,轧制道次增多会减少宽展量,见表 3-1。因为一道次轧制时变形区长度比多道次轧制时长,变形区形状系数 $l/\bar{b}$ 比值较大,所以宽展较大;而多道次轧制时,变形区形状系数 $l/\bar{b}$ 比值较小,所以宽展较小。因此不能只是从原料和成品的厚度来决定宽展,要按各道次分别计算宽展。

表 3-1　轧制道次与宽展量关系

轧制温度 /℃	道次数	$\Delta h/H/(\%)$	Δb/mm
1 000	1	74.5	22.4
1 085	6	73.6	15.6
925	6	75.4	17.5
920	1	75.1	33.2

3. 轧辊直径的影响

在其他变形条件一定的前提下,随着轧辊直径的增加,宽展增加。因为随着 D 增加,变形区长度增加,纵向阻力增加,由最小阻力定律,金属更易向宽度方向流动。实验结果如图 3-33 所示。

但辊径直径影响与轧辊形状影响相比,轧辊形状影响更显著。也就是说,轧辊形状影响一般更会使轧件延伸变形大于宽展变形。

4. 轧件宽度的影响

如前所述,可将接触表面的金属流动分成四个区域,即前、后滑区和左、右宽展区,假如变形区长度 l 一定,当轧件宽度 B 逐渐增加时,由 $l_1 > B_1$ 到 $l_2 = B_2$,如图 3-34 所示,宽展区是逐渐增加的,因而宽展也逐渐增加,当由 $l_2 = B_2$ 到 $l_3 < B_3$ 时,宽展区变化不大,而延伸区逐渐增加。因此,从绝对量上讲,宽展的变化是先增加,后来趋于不变,实验也证明了这一点,如图 3-35 所示。从相对量上讲,随着宽展区 F_B 和前、后滑区 F_1 的比值 $\frac{F_B}{F_1}$ 不断减小,$\frac{\Delta b}{B}$ 逐渐减小。同样,若 B 保持不变,而 l 增加时,前、后滑区先增加,而后接近不变,而宽展区的绝对量和相对量均不断增加。

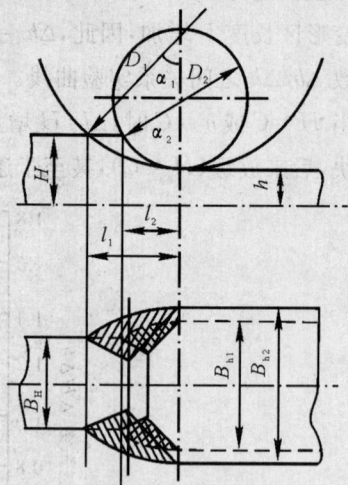

图 3-33 轧辊直径对宽展影响

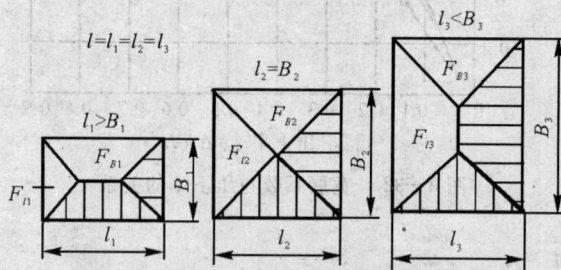

图 3-34 轧件宽度对变形区划分的影响

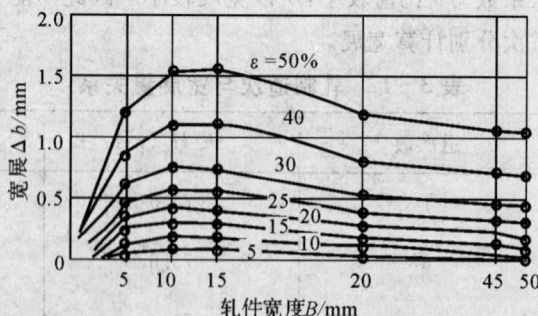

图 3-35 轧件宽度与宽展的关系

一般来说,当 $\frac{l}{B}$ 增加时,宽展增加,即宽展与变形区长度 l 成正比,而与其宽度 $\overline{B}$ 成反比。在轧制过程中变形区尺寸的比可表示为

$$\frac{l}{B} = \frac{\sqrt{R\Delta h}}{\dfrac{b + B}{2}} \tag{3-85}$$

该比值越大,宽展越大。$\dfrac{l}{B}$ 的变化实际上反映了纵横向阻力的变化,轧件宽度 $\overline{B}$ 增加,Δb 减小,当 B 很大时,Δb 趋于零,即 $B=b$,出现平面变形状态。轧制时通常认为,在变形区的纵向长度为横向长度的 2 倍时,会出现纵横变形相等的条件。此外,轧制时外端起着妨碍金属质点向横向移动的作用,也使宽展减小。

5. 摩擦因数的影响

在其他变形条件一定的前提下,随着摩擦因数增加,宽展增加。因为随着 f 增加,轧辊工具形状系数 K_G 增加,金属纵向流动阻力相对于横向流动阻力增加,由最小阻力定律,横向宽展更容易,宽展量增加。

又由于摩擦因数是轧制条件的复杂函数,可表示为

$$f = \psi(t, v, k_1, k_2) \tag{3-86}$$

式中,t 为轧制温度;v 为轧制速度;k_1 为轧辊材质及表面状态;k_2 为轧件的化学成分。

凡是影响 f 的因素都将引起宽展变化。

(1) 轧制温度的影响。由于热轧过程中,随着温度升高,氧化铁皮生成会使 f 升高。但当温度达到一定值后,氧化铁皮熔化又会使 f 降低。因此温度对宽展影响也由逐渐增大再逐渐减小。实验曲线如图 3-36 所示,相同钢种温升对宽展影响都有抛物线状分布趋势。

(2) 轧制速度的影响。轧件在高速轧制时,对摩擦因数影响显著,因为轧制速度的提高,会降低 f,从而减小宽展。实验曲线如图 3-37 示。

(3) 表面状态的影响。轧辊表面状态主要是指表面粗糙度。新的光辊较磨损后的轧辊摩擦因数低,宽展量小。磨损后通过辊面压花等方法增加 f 会使宽展增大。轧制中采用润滑手段会降低 f,使宽展减小。

(4) 轧件材质的影响。轧制材质不同的轧材,由于其氧化铁皮结构及物理机械性能不同,从而会影响轧件与轧辊间摩擦因数。一般情况下,碳钢摩擦因数低于合金钢与轧辊间摩擦因数,因此合金钢宽展比碳素钢大些。具体某种材质变化规律,应参考相应材质实验结果,若没有,应做实验确定。

按一般公式计算出来的宽展,很少考虑合金元素的影响,为了确定合金钢的宽展,必须在一般公式所求宽展值上乘以系数 m,即

$$\Delta b' = m\Delta b \tag{3-87}$$

式中,$\Delta b'$ 为合金钢的宽展;Δb 为按一般公式计算的宽展;m 为考虑到化学成分影响的系数,见表 3-2。

(5) 轧辊材质的影响。轧辊常用材质有铸铁、铸钢与锻钢。铸铁轧辊较钢辊摩擦因数低,宽展量亦较小。

表 3 - 2　　钢的化学成分对宽展的影响系数

组别	钢种	钢号	影响系数 m	平均数
I	普碳钢	10 号钢	1.0	
II	珠光体-马氏体钢	T7A（碳钢）	1.24	
		GCr15（轴承钢）	1.29	
		16Mn（结构钢）	1.29	
		4Cr13（不锈钢）	1.33	1.25 ~ 1.32
		38CrMoAl（合结钢）	1.35	
		4Cr10Si2Mo（不锈耐热钢）	1.35	
III	奥氏体钢	4Cr14Ni14W2Mo	1.36	1.35 ~ 1.46
		2Cr13Ni4Mn9（不锈耐热钢）	1.42	
IV	带残余奥氏体（铁素体，莱氏体）钢	1Cr18Ni9Ti（不锈耐热钢）	1.44	
		3Cr18Ni25Si2（不锈耐热钢）	1.44	1.4 ~ 1.5
		1Cr23Ni13（不锈耐热钢）	1.53	
V	铁素体钢	1Cr17Al5（不锈耐热钢）	1.55	
VI	带有碳化物的奥氏体钢	Cr15Ni60（不锈耐热合金）	1.62	

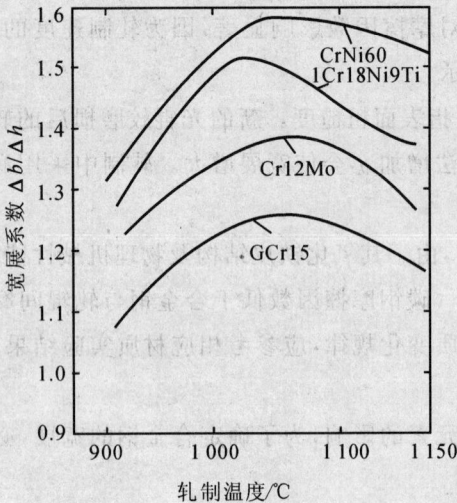

图 3 - 36　轧制温度与宽展系数关系

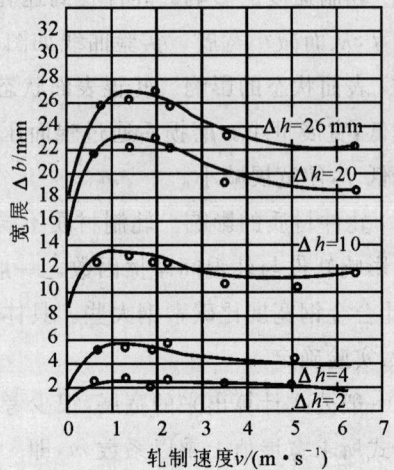

图 3 - 37　宽展与轧制速度关系

3.5.5　宽展的计算

当轧制较宽轧件时，宽展量不大，对尺寸精度影响不大。但一般轧件轧制时，其宽展量可能会达到几十毫米，这么大的宽展若不能准确确定，无法制定正确合理的轧制工艺规程。为此，研究人员进行了大量研究工作，建立了很多宽展计算公式，虽然还没有将所有影响因素变化规律都准确反映出来的统一的宽展计算公式,但已能将其主要影响因素准确反映出来,并在实践中得到证实和发展。

1. А. И. 采利柯夫公式

该公式是根据最小阻力定律和体积不变条件导出的,理论根据比较严密,计算结果比较切合实际,较适合于薄板轧制。当 $\Delta h / H < 0.9$ 时,有

$$\Delta b = C \Delta h \left(2\sqrt{\frac{R}{\Delta h}} - \frac{1}{f} \right) (0.138\varepsilon^2 + 0.328\varepsilon) \tag{3-88}$$

式中,ε 为压下率 $\Delta h / H$;C 为决定于轧件原始宽度和接触弧长的比值关系,其计算公式为

$$C = 1.34 \left(\frac{B}{\sqrt{R\Delta h}} - 0.15 \right) e^{0.15 - \frac{B}{\sqrt{R\Delta h}}} + 0.5 \tag{3-89}$$

C 值也可根据图 3-38 的曲线查出。

2. Б. П. 巴赫契诺夫公式

此公式根据金属流动体积与其消耗的功成正比关系导出。该公式考虑了摩擦因数、相对压下量、变形区长度及轧辊形状对宽展的影响,还考虑了轧件宽度及前滑的影响,对较宽变形区给出了满意结果。

$$\frac{V_{\Delta b}}{V_{\Delta h}} = \frac{A_{\Delta b}}{A_{\Delta h}} \tag{3-90}$$

式中,$V_{\Delta b}$,$A_{\Delta b}$ 为向宽度方向移动的体积与其所消耗的功;$V_{\Delta h}$,$A_{\Delta h}$ 为向高度方向移动的体积与其所消耗的功。则宽展可按下式求出:

$$\Delta b = 1.15 \frac{\Delta h}{2H} \left(\sqrt{R\Delta h} - \frac{\Delta h}{2f} \right) \tag{3-91}$$

3. S. 爱克伦德公式

该公式根据宽展量决定于压下量以及轧件与轧辊接触面上纵横阻力大小的原则导出。假设在接触面范围内,横向及纵向的单位面积上的单位功是相同的,在延伸方向上,假定滑动区为接触弧的 2/3,黏着区为接触弧的 1/3,公式计算结果与实际相符。

$$b^2 = 8m\sqrt{R\Delta h}\,\Delta h + B^2 - 2 \times 2m(H+h)\sqrt{R\Delta h}\ln\frac{b}{B} \tag{3-92}$$

$$m = \frac{1.6f\sqrt{R\Delta h} - 1.2\Delta h}{H+h} \tag{3-93}$$

摩擦因数 f 可按下式计算:

$$f = k_1 k_2 k_3 (1.05 - 0.0005\,t) \tag{3-94}$$

式中,k_1 为轧辊材质与表面状态的影响系数,其值见表 3-3;k_2 为轧制速度影响系数,其值如图 3-39 所示;k_3 为轧件化学成分影响系数;t 为轧制温度,℃。

表 3-3　轧辊材质与表面状态的影响系数 k_1

轧辊材质与表面状态	k_1
粗面钢轧辊	1.0
粗面铸铁轧辊	0.8

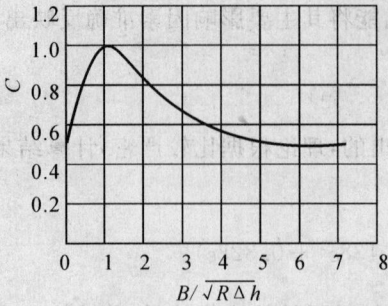

图 3-38　系数 C 与 $\dfrac{B}{\sqrt{R\Delta h}}$ 的关系

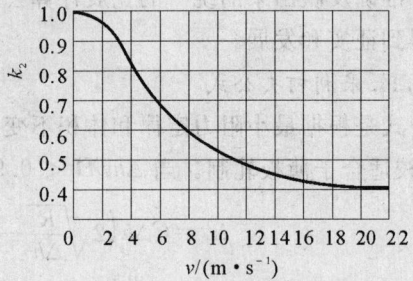

图 3-39　轧制速度影响系数

4. 古布金公式

古布金公式是由实验数据回归的经验公式,主要考虑了变形区形状和接触摩擦条件的影响,当 $f = 0.40 \sim 0.45$ 时,计算结果与实际相当吻合,在一定范围内是适用的。公式如下:

$$\Delta b = \left(1 + \frac{\Delta h}{H}\right)\left(f\sqrt{R\Delta h} - \frac{\Delta h}{2}\right)\frac{\Delta h}{H} \qquad (3-95)$$

5. 热滋公式

热滋公式是实用且简单的宽展公式,表述为

$$\Delta b = K_b \Delta h \qquad (3-96)$$

式中,K_b 为宽展系数,变化范围为 $0 \sim 1$,由实验确定。

6. 齐别克宽展公式

当 $H < B$ 时,有

$$\Delta b = C\sqrt{R(H-h)}\,\frac{H-h}{H} \qquad (3-97)$$

式中,$C = 0.35 \sim 0.45$。

7. 孔型中宽展的计算

考虑了变形区长度和轧前宽度及相对压下量对宽展的影响。利用平均高度法容易计算孔型中的宽展。方坯在椭圆孔中的宽展为

$$\Delta b_t = 0.4\sqrt{\overline{R}(H - \overline{h}_t)}\,\frac{H - \overline{h}_t}{H} \qquad (3-98)$$

椭圆在方孔中的宽展为

$$\Delta b_f = (0.3 - 0.5)\sqrt{\overline{R}(\overline{b}_t - \overline{h}_f)}\,\frac{\overline{b}_t - \overline{h}_f}{\overline{b}_t} \qquad (3-99)$$

3.6　孔型中轧制时宽展的特点及计算公式

3.6.1　孔型中轧制时宽展的特点

1. 沿轧件宽度上压缩不均匀

如图 3-40 所示,由于轧件各部分之间相互联系及外端的均匀作用,使宽度上的高向压缩不均匀的轧件获得一个共同的平均延伸系数,即

$$\bar{\mu} = \frac{l}{L} \tag{3-100}$$

由于 $\bar{\mu}$ 对轧件的任何部分均相同,高向变形的不均匀性完全反映在横向变形的复杂性上,在变形区中有三种变形条件同时存在,如图 3-40 所示。

第一种:形成 $\bar{\eta} = \bar{\mu}$ 区域,轧件高向压缩下来的体积全部纵向流动形成延伸,宽展消失,这是平面变形状态。

第二种:形成 $\bar{\eta} > \bar{\mu}$ 区域,此时 $\beta > 1$,产生正值宽展,即强迫宽展。

第三种:形成 $\bar{\eta} < \bar{\mu}$ 区域,此时 $\beta < 1$,产生负值宽展,呈现横向收缩现象。

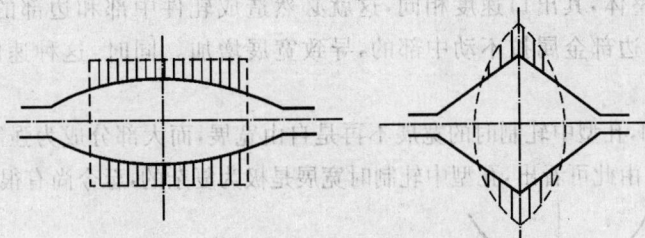

图 3-40 沿轧件宽度上压缩不均匀

2. 孔型侧壁斜度的影响作用

孔型侧壁斜度的作用主要是通过改变横向变形阻力影响宽展。在平辊轧制时,横向变形阻力仅为轴向上的外摩擦力,而在孔型中轧制时,横向变形阻力不仅决定于外摩擦阻力,还与孔型侧壁上的正压力有关,从而影响轧件的纵横变形比。如图 3-41 所示,以凹形孔型为例说明孔型侧壁对宽展的影响。由图 3-41(a)可知,在凹形孔型中的横向阻力为

$$W_z = N_z + T_z \tag{3-101}$$

该力比在平辊轧制时的横向阻力大,因此宽展减小,延伸增加。

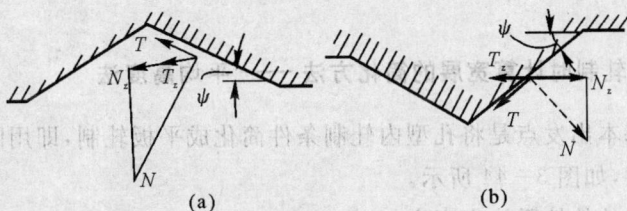

图 3-41 孔型侧壁斜度的影响作用

(a) 凹形孔; (b) 凸形孔

凸形孔型中孔型侧壁对宽展的影响如图 3-41(b)所示,如同凸形工具一样,在凸形孔型中的横向变形阻力为

$$W_z = T_z - N_z = N(f\cos\psi - \sin\psi) \tag{3-102}$$

可见,在凸形孔型中产生强迫宽展。

3. 轧件与轧辊接触的非同时性对宽展的影响

如图 3-42 所示,轧件与轧辊首先在 A 点局部接触,随着轧件继续进入变形区,B 点开始接触,直到最边缘的 C 点和 D 点。轧件沿变形区宽度与轧辊的这种非同时接触称为接触非同时性。如图 3-42 所示,轧件与轧辊接触由 A 点到 B 点,由于被压缩部分较小,纵向延伸困难,金属在此处可能得到局部宽展。当接触到 C 点时,压缩面积比未压缩面积大了若干倍,未受压缩

部分金属受压缩部分金属的作用而产生延伸,相反,压缩部分延伸受未压缩部分的抑制,但宽展增加得不太明显。当接近 D 点时,由于两侧部分高度很小,可得到大的延伸。

4.轧制时速度差对宽展的影响

当轧辊上刻有孔型时,轧辊直径沿宽度方向不再相同,如图 3-43 所示,在圆形孔型中,孔型边部直径为 D_1,孔型底部直径为 D_2,两者之差为

$$\Delta D = D_1 - D_2 = h - s \tag{3-103}$$

在同一转速下,D_1 的线速度 v_1 要大于 D_2 的线速度 v_2,这样就形成了速度差 $\Delta v = v_1 - v_2$,但由于轧件是一个整体,其出口速度相同,这就必然造成轧件中部和边部的相互拉扯,如果中部体积大于边部,则边部金属拉不动中部的,导致宽展增加。同时,这种速度差又会引起孔型磨损的不均匀。

从以上分析可知,孔型中轧制时的宽展不再是自由宽展,而大部分成为强制或限制宽展,并产生局部宽展或拉缩。由此可看出,孔型中轧制时宽展是极为复杂的,至今尚有很多问题未获解决。

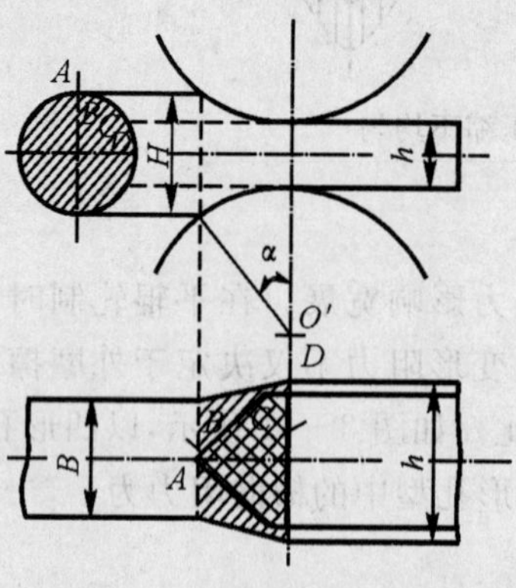

图 3-42　轧件与轧辊接触的非同时性 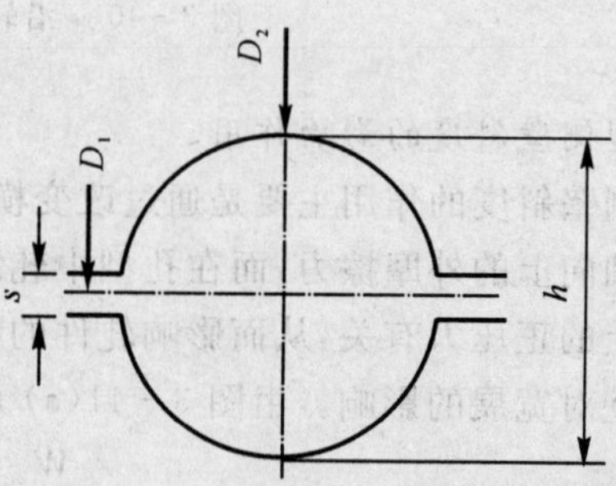　　图 3-43　轧辊直径不同的孔型产生的速度差

3.6.2　孔型中轧制时计算宽展的简化方法 —— 平均高度法

平均高度法的基本出发点是将孔型内轧制条件简化成平板轧制,即用同面积、同宽度的矩形代替曲线边的轧件,如图 3-44 所示。

未入孔型轧制前的轧件平均高度为

$$\overline{H} = \frac{F_0}{B} \tag{3-104}$$

轧制后轧件的平均高度为

$$\overline{h} = \frac{F}{b} \tag{3-105}$$

式中,F_0,B 分别为轧制前轧件横断面积和轧件宽度;F,b 分别为轧制后轧件横断面积和轧件宽度。

轧件的平均压下量为

$$\Delta\overline{h} = \overline{H} - \overline{h} = \frac{F_0}{B} - \frac{F}{b} \tag{3-106}$$

轧辊的平均工作直径为

$$\overline{D}_k = D_0 - \overline{h} = D_0 - \frac{F}{b} \quad 或$$

$$\overline{D}_k = D' - \left(\frac{F}{b} - s\right) \qquad (3-107)$$

式中，D_0 为轧辊原始直径；D' 为轧辊辊环直径；s 为辊缝值。

在箱形孔型中，轧辊工作直径为槽底直径，即 D_k，其与辊环直径 D' 的关系为

$$D_k = D' - (h - s) \qquad (3-108)$$

然后由任意宽展公式计算，显然，由于未考虑孔型中轧制的特点，求得的结果与实际必然有一定的出入。

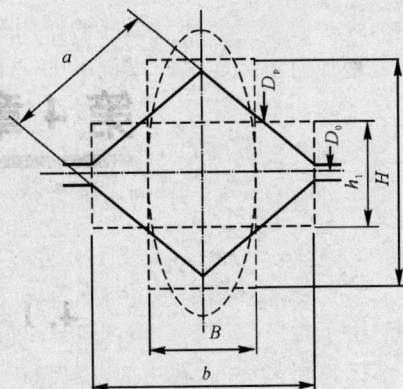

图 3-44 按平均高度法简化图解

复 习 题

1. 什么是前滑和后滑？轧制时为什么会产生这种现象？

2. 推导前、后滑与变形区参数和延伸系数 μ 的关系。

3. 什么是中性角？它是如何确定的？

4. 影响前滑的因素有哪些？它们是如何影响前滑的？

5. 前滑计算公式是如何推导出来的？有几种常用的计算前滑的公式？

6. 若轧辊圆周速度 $v = 3$ m/s，轧件的入辊速度 $v = 1$ m/s，轧件的延伸系数 $\mu = 1.8$，求前滑值。

7. 在某台轧机上轧制时，轧辊圆周速度 $v = 3$ m/s，轧件的延伸系数 $\mu = 1.5$，前滑值 $S_h = 5\%$，求轧件的入辊和出辊速度。

8. 在轧制薄板时，已知坯料截面尺寸为 $H \times B \times L = 4.4$ mm $\times 860$ mm $\times 10\,000$ mm，轧辊直径 $D = 950$ mm，压下量 $\Delta h = 1$ mm，轧件入辊速度 $v_H = 4.36$ m/s，摩擦因数 $f = 0.27$，忽略张力和宽展的影响，求前滑值。

9. 什么是连轧？实现连轧的条件是什么？

10. 什么是张力？什么是张力轧制？其在板带冷连轧中的作用是什么？

11. 设初始状态为：第 i 架的轧辊线速度 $v_{io} = 10$ m/s，$\sigma_s = 500$ MPa，无张力时前滑值为 $S_{iho} = 5\%$，$L = 4.2$ m，$E = 2.1 \times 10^5$ MPa，$a = 0.000\,2$，当第 $i+1$ 机架的入口速度 v'_{i+1} 作 1% 阶跃增加量时，求张力的动态变化。画出张力的动态变化过程。

12. 什么叫宽展？宽展分哪几种？各在什么情况下出现？

13. 宽展在轧制生产中有何意义？在轧制线材时，为什么有时头部充不满而尾部又有耳子？

14. 影响宽展的因素有哪些？它们是如何影响宽展的？

15. 孔型中轧制时宽展的特点是什么？

16. 有哪些因素影响变形区纵横阻力比？随纵横阻力比 K 的变化，宽展如何变化？

17. 在 $\phi300$ mm 轧机上热轧低碳扁钢，轧辊工作直径 $D = 300$ mm，轧制速度为 $v = 3$ m/s，轧制温度 $T = 1\,000$℃，轧辊材质为铸铁，该道次轧制前轧件的宽度 $B = 30$ mm，轧制前后轧件的厚度分别为 15 mm 和 10 mm，试计算该道次轧制后轧件的宽度。

第4章 轧制压力

4.1 轧制压力的概念

4.1.1 轧制压力的概念

轧制压力是指用安装在压下螺丝下的测压仪实测的总压力,即轧件给轧辊的总压力的垂直分量。只有在简单轧制条件下,轧件对轧辊的合力方向是垂直的,如图4-1所示。

在确定轧件对轧辊的合力时,首先应考虑接触区内轧件与轧辊间力的情况,轧件对轧辊的作用力有两个:一是与接触表面相切的摩擦应力的合力,称为摩擦力;二是与接触表面相垂直的单位压力的合力,称为正压力。这两个力在垂直于轧制方向上的投影之和,即平行轧辊中心连线的垂直力,通常称为轧制压力。若忽略轧件沿宽度方向接触应力的变化,假设轧件沿宽度方向接触面上的单位压力均匀分布,如图4-2所示,变形区内某一微分体上作用有轧辊对轧件的单位压力 p 和单位摩擦力 t,则可求出轧制压力为

$$P = \overline{B}(\int_0^l p\cos\theta \frac{\mathrm{d}x}{\cos\theta} + \int_{l_r}^l t\sin\theta \frac{\mathrm{d}x}{\cos\theta} - \int_0^{l_r} t\sin\theta \frac{\mathrm{d}x}{\cos\theta}) \tag{4-1}$$

式中,θ 为变形区内任意微分体对应的轧辊圆心角;$\overline{B}$ 为变形区内轧件的平均宽度,$\overline{B} = \dfrac{b+B}{2}$;$l_r$ 为中性面到出口断面的距离;l 为变形区长度;$\dfrac{\mathrm{d}x}{\cos\theta}$ 为轧件在变形区内某一微分体与轧辊的接触弧长。

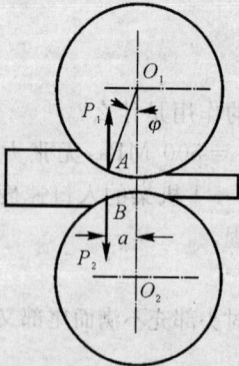

图4-1 简单轧制条件下轧制压力的方向　　图4-2 前滑区内作用于轧件微分体上的力

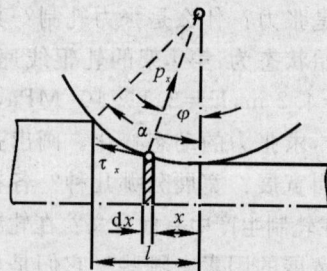

式(4-1)中等号右边第一项为各微分体上作用的单位压力 p 的垂直分量的和,第二和第三项分别为后滑区和前滑区各微分体上作用的单位摩擦力 t 的垂直分量的和。第二和第三项符号相反是因为前、后滑区摩擦力的方向相反。

由式(4-1)可看出，一般通称的轧制压力或实测轧制总压力，并非仅为轧制单位压力的合力，而是轧制单位压力、单位摩擦力的垂直分量之和与接触面积的乘积，但式中等号右边第二、第三项与第一项相比，其值很小，生产中可忽略不计，则

$$P = \overline{B}(\int_0^l p\cos\theta \frac{\mathrm{d}x}{\cos\theta}) \tag{4-2}$$

这样，轧制压力为微分体上的单位压力 p 与该微分体接触表面积之水平投影面积乘积的总和。

在工程上计算轧制压力时，常用单位压力的平均值 $\overline{p}$ 来代替 p，此时上式为

$$P = \overline{B}\overline{p}\int_0^l \mathrm{d}x = \overline{p}\,\overline{B}l = \overline{p}F \tag{4-3}$$

式中，$\overline{p}$ 为平均单位压力；F 为轧件与轧辊实际接触面积的水平投影，简称接触面积。

4.1.2　确定轧制压力在生产实践中的意义

轧制压力的确定在轧制理论研究和轧钢生产中都有重要意义。轧制压力是机械设备和电气设备设计中的原始数据，对于进行轧钢设备和零件的强度或刚度计算、主电机容量选择或校核轧制压力来说是必须事先掌握的参数。制定合理的轧制工艺规程、强化现有轧机工作、改进原有产品的生产工艺等都必须正确了解生产工艺中轧制压力的大小。因此从理论上研究单位压力沿接触弧上的分布规律，对正确计算轧制压力、轧制力矩，研究变形区内的应力和变形规律，使轧制理论精确化，具有十分重要的意义。不同的轧机，在不同轧制条件下轧制压力的波动范围很大，表4-1列出了几种轧机的最大轧制压力的经验数据。

表 4-1　几种轧机的最大轧制压力的经验数据

轧机类型	最大轧制压力/MN	轧机类型	最大轧制压力/MN
厚板轧机和板坯轧机（辊身长度 2 000 mm）	15～20	可逆式冷轧机（辊身长度 3 000 mm）	20～30
1 100～1 200 mm 初轧机	10～15	630 mm 连续式钢坯轧机	3～4
900～1 000 mm 初轧机	9～12	大型轧钢机	4～7
连续式薄板轧机（辊身长度 2 000 mm）粗轧机组	10～18	中型轧钢机	2～5
连续式薄板轧机（辊身长度 2 000 mm）精轧机组	12～16	小型轧钢机	1.5～4
连续式冷轧机（辊身长度 2 000 mm）	15～20	冷轧带钢（宽 300 mm）	3～3.5

4.2　计算单位轧制压力理论

正确计算轧制压力、轧制力矩，必须确定出合力作用点，知道单位压力沿接触弧上的的分布规律。另外，研究轧制变形区的应力与应变，也需要了解轧制单位压力和摩擦应力沿接触弧上的分布规律。

确定平均单位压力的方法有三种,第一种是建立在理论分析基础之上,用计算公式确定轧制单位压力的理论计算法。该方法是先确定变形区内单位压力分布形式及大小,然后再确定平均单位压力。最常用的方法就是工程法或平截面法。第二种是实测法,在轧钢机上放置专门设计的压力传感器,将力信号转换成电信号,通过放大或直接送往测量仪表把它记录下来,获得实测的轧制压力资料。由实测的轧制总压力除以接触面积,即为平均单位压力。第三种是经验公式和图表方法,即根据大量实测统计资料进行一定的数学处理,考虑主要影响因素,建立经验公式或图表。

以上三种方法各有优缺点,目前建立的计算公式很多,参数选用各异,每个公式都有其适用范围,在计算平均单位压力时,可以合理地选择使用。下面介绍一些最常用的理论计算法。

4.2.1　卡尔曼(T. Karman) 理论

1.卡尔曼单位压力微分方程式

卡尔曼理论主要建立在如下几点假设上:在变形区内变形与应力分布均匀,且无宽展;金属与轧辊接触表面为全滑动摩擦条件,符合库仑摩擦定律;金属变形抗力 K 沿接触弧长度为常数;忽略轧辊压扁及轧件弹性变形的影响。

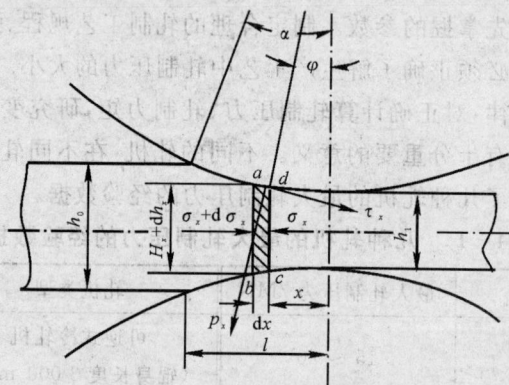

图 4-3　作用在轧件上的单位压力

在变形区取微元体积 $abcd$(见图 4-3),由力平衡条件写出平衡方程式:

$$(\sigma_x + \mathrm{d}\sigma_x)(h_x + \mathrm{d}h_x) - \sigma_x h_x - 2\left(p_x \frac{\mathrm{d}x}{\cos\varphi}\sin\varphi \pm \tau_x \frac{\mathrm{d}x}{\cos\varphi}\cos\varphi\right) = 0 \quad (4-4)$$

式中,φ 为 ad 弧切线与水平面所成夹角,即相对应的轧辊圆心角。＋表示后滑区,－表示前滑区。

建立单位压力 p_x 与应力 σ_x 之间的关系。引入平面变形条件下的塑性方程式:

$$\sigma_1 - \sigma_3 = 1.15\sigma_s = K \quad (4-5)$$

假设所考虑微元体上的主应力 σ_1 及 σ_3 为垂直应力和水平应力,则可写出

$$\sigma_1 = \left(p_x \frac{\mathrm{d}x}{\cos\varphi_x}\cos\varphi_x \pm t_x \frac{\mathrm{d}x}{\cos\varphi_x}\sin\varphi_x\right)\frac{1}{\mathrm{d}x} \quad (4-6)$$

上式等号右边的第二项与第一项比较其值较小,可予以忽略,于是得

$$\sigma_1 = p_x \quad 与 \quad \sigma_3 = \sigma_x$$

由此,根据式(4-5)得

$$p_x - \sigma_x = K \quad (4-7)$$

将此值代入式(4-4)中,则得单位压力的基本微分方程式为

$$\frac{\mathrm{d}(p_x - K)}{\mathrm{d}x} - \frac{K}{y}\frac{\mathrm{d}y}{\mathrm{d}x} \pm \frac{t_x}{y} = 0 \tag{4-8}$$

式中等号左边第三项前的正号表示后滑区,负号表示前滑区。

若忽略在变形区中从入口向出口轧件的加工硬化,不同的温度及变形速度的影响,K 值近似为常数,则式(4-8)变成如下形式:

$$\frac{\mathrm{d}p_x}{\mathrm{d}x} - \frac{K}{y}\frac{\mathrm{d}y}{\mathrm{d}x} \pm \frac{t_x}{y} = 0 \tag{4-9}$$

上式即是单位压力的卡尔曼方程的一般形式。要解这个方程还必须加入两个补充方程:几何方程和边界方程。前者是把 x 与 h_x 联系起来,后者是把 h_x 与 p_x 联系起来。不同的学者对这两个补充方程有不同的假设,因而就出现了不同的单位压力公式。

2. A. И. 采利柯夫单位压力公式

采利柯夫假设几何方程为一条直线,即用弦代替接触弧,则有

$$h_x = h_1 + \Delta h \frac{x}{l} \tag{4-10}$$

$$\frac{\mathrm{d}h_x}{\mathrm{d}x} = \frac{\Delta h}{l} \tag{4-11}$$

将式(4-10)和式(4-11)代入卡尔曼单位压力微分方程式,得

$$\frac{\mathrm{d}p_x}{\pm \delta p_x - K} = -\frac{\mathrm{d}h_x}{h_x} \tag{4-12}$$

式中,δ 为系数,$\delta = 2lf/\Delta h$。

对式(4-12)积分,得

$$\frac{1}{\delta}\ln(\pm \delta p_x - K) = \ln\frac{1}{h_x} + C \tag{4-13}$$

利用边界条件写出边界方程,定出积分常数。

在后滑区入辊处,有

$$h_x = h_0, p_x = K - q_0 = K(1 - q_0/K) = \xi_0 K \quad (q_0 \text{ 为后滑区单位张力})$$

在前滑区出辊处,有

$$h_x = h_1, p_x = K - q_1 = K(1 - q_1/K) = \xi_1 K \quad (q_1 \text{ 为前滑区单位张力})$$

将边界方程代入式(4-13),得出积分常数 C 值。

在后滑区,有

$$C = \frac{1}{\delta}\ln(\xi_0 \delta K - K) - \ln\frac{1}{h_0} \tag{4-14}$$

在前滑区,有

$$C = \frac{1}{\delta}\ln(-\xi_1 \delta K - K) - \ln\frac{1}{h_1} \tag{4-15}$$

把在后滑区和前滑区积分常数 C 代入式(4-13),得出采利柯夫单位压力公式:

在后滑区,有

$$p_x = \frac{K}{\delta}\left[(\xi_0 \delta - 1)\left(\frac{h_0}{h_x}\right)^\delta + 1\right] \tag{4-16}$$

在前滑区,有

$$p_x = \frac{K}{\delta}\left[(\xi_1 \delta + 1)\left(\frac{h_x}{h_1}\right)^\delta - 1\right] \tag{4-17}$$

当无张力时，$\xi_0 = \xi_1 = 1$，则式(4-16)和式(4-17)为

在后滑区

$$p_x = \frac{K}{\delta}\left[(\delta-1)\left(\frac{h_0}{h_x}\right)^{\delta}+1\right] \tag{4-18}$$

在前滑区

$$p_x = \frac{K}{\delta}\left[(\delta+1)\left(\frac{h_x}{h_1}\right)^{\delta}-1\right] \tag{4-19}$$

根据式(4-16)至式(4-19)绘制如图4-4所示的曲线，表明了各种因素对单位压力的影响。从这些曲线可以看出，单位压力随摩擦因数、压缩率和轧辊直径的增大而增大；随张力的增大而减小。

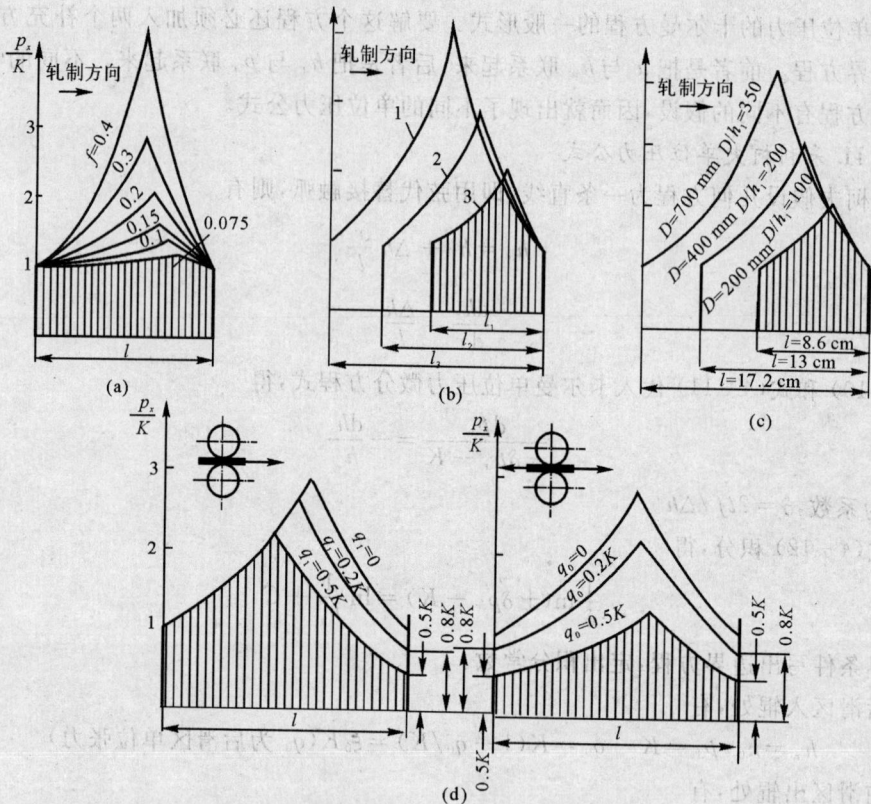

图4-4 各种因素对单位压力分布的影响

(a)摩擦对单位压力分布的影响($\varepsilon\% = 30\%$, $\alpha = 5°46'$, $h/D = 1.16\%$)；(b)压下量对单位压力分布的影响；
(c)辊径与厚度比值 D/h 对单位压力分布的影响；(d)张力对单位压力分布的影响

4.2.2 奥罗万(E. Orowan)理论

1.奥罗万单位压力微分方程式

卡尔曼单位压力微分方程式是根据均匀变形理论推导出来的，但实际上在变形区内各点应力与变形是不均匀的，同时轧件与轧辊间的摩擦只按全滑动来考虑也是不全面的。因此，奥罗万提出下面两点假设：用剪应力来代替接触表面的摩擦力；考虑到水平应力σ_x沿断面高向上分布不均匀，因此用水平应力的合力 Q 来代替σ_x(见图4-5)。

奥罗万单位压力微分方程式为

$$(Q+dQ) - Q - 2p_x R\,d\varphi\sin\varphi \pm 2\tau R\,d\varphi\cos\varphi = 0 \tag{4-20}$$

整理后得

$$\frac{\mathrm{d}Q}{2} = R(p_x \sin\varphi \mp f\cos\varphi)\mathrm{d}\varphi \tag{4-21}$$

2. 西姆斯(R. B. Sims)单位压力公式

西姆斯在奥罗万单位压力微分方程式的基础上又做了两点假设:将轧制看成是在粗糙的斜锤头间的镦粗,利用奥罗万对水平力 Q 分布规律的结论,即

$$Q = h_x\left(p_x - \frac{\pi}{4}K\right) \tag{4-22}$$

另外,沿整个接触弧都有黏着现象,取 $\tau = K/2$。同时又以抛物线来代替接触弧,即 $h_x = h_1 + R\varphi^2$,且取 $\sin\varphi \approx \varphi, \cos\varphi \approx 1$,将这些假定和几何方程代入式(4-21),并积分,并利用边界条件(无张力)可得

在后滑区入辊处,有　　　　　　$\varphi = \alpha, h_x = h_0, p_x = \dfrac{\pi}{4}K$

在前滑区出辊处,有　　　　　　$\varphi = 0, h_x = h_0, p_x = \dfrac{\pi}{4}K$

则得到西姆斯单位压力公式为

在后滑区,有

$$\frac{p_x}{K} = \frac{\pi}{4}\ln\frac{h_x}{h_0} + \frac{\pi}{4} + \sqrt{\frac{R}{h_1}}\tan^{-1}\sqrt{\frac{R}{h_1}}\alpha - \sqrt{\frac{R}{h_1}}\tan^{-1}\sqrt{\frac{R}{h_1}}\varphi \tag{4-23}$$

在前滑区,有　　　　$\dfrac{p_x}{K} = \dfrac{\pi}{4}\ln\dfrac{h_x}{h_1} + \dfrac{\pi}{4} + \sqrt{\dfrac{R}{h_1}}\tan^{-1}\sqrt{\dfrac{R}{h_1}}\varphi \tag{4-24}$

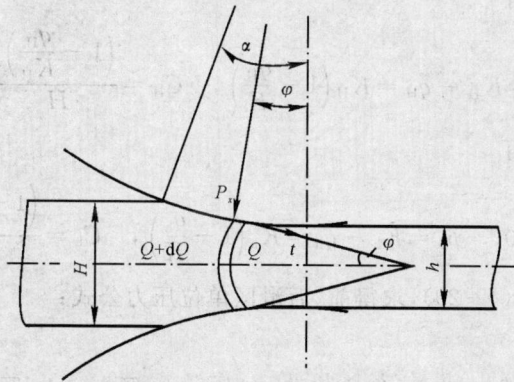

图 4-5　按奥罗万理论微元体上的作用力

3. 勃兰特-福特(D. R. Bland - H. Ford)单位压力公式

勃兰特-福特单位压力公式是以奥罗万单位压力微分方程为基础而求解的,又考虑到冷轧板带的特点,其假设有:① 接触弧保持圆柱形;② 接触弧上摩擦因数为常数,接触表面的摩擦条件为干摩擦,摩擦力为 $\tau_x = fp_x$;③ 轧件无宽展,符合平面变形的假设;④ 认为轧制时,轧件在变形区内产生均匀压缩,变形区中的垂直横断面在变形过程中保持平面,即认为 σ_x, σ_y 为主应力;⑤ 另 $p_x = \sigma_y$,采用 Mises 塑性条件,即 $p_x - \sigma_x = K$;⑥ 认为水平力远远小于垂直方向的

力,即 $\left(\dfrac{p_x}{K} - 1\right)\dfrac{\mathrm{d}}{\mathrm{d}_\varphi}(h_x K) = h_x K\dfrac{\mathrm{d}\left(\dfrac{p_x}{K}\right)}{\mathrm{d}\varphi}$,令 $\sin\varphi \approx \varphi, \cos\varphi \approx 1, 1 - \cos\varphi \approx \dfrac{\varphi^2}{2}$,则奥罗万微分

方程式简化为

$$\frac{\mathrm{d}Q}{\mathrm{d}\varphi} = D'P_x(\sin\varphi \mp f\cos\varphi) \tag{4-25}$$

式中，D'，R'分别表示弹性压扁后轧辊的直径和半径。

因为纵向水平应力 $\sigma_x = \dfrac{Q}{h_x}$，根据假设 ④ 和 ⑤，得

$$p_x = K + \sigma_x = K + \frac{Q}{h_x}$$

即

$$Q = h_x(p_x - K) \tag{4-26}$$

将式（4-26）代入奥罗万方程式中，则有

$$\frac{\mathrm{d}[h_x(p_x - K)]}{\mathrm{d}\varphi} = D'P_x(\sin\varphi \mp f\cos\varphi) \tag{4-27}$$

展开上式，并根据第 ⑥ 点假设，上式简化为

$$h_x K \frac{\mathrm{d}\left(\dfrac{p_x}{K}\right)}{\mathrm{d}\varphi} + \left(\frac{p_x}{K} - 1\right)\frac{\mathrm{d}(h_x K)}{\mathrm{d}\varphi} = D'P_x(\sin\varphi \mp f\cos\varphi) \tag{4-28}$$

根据假设 ①，$h_x = h + R'\varphi^2$，$\sin\varphi \mp f\cos\varphi \approx \varphi \mp f$，对上式积分得

$$p_x = CKh_x \mathrm{e}^{\pm 2f\sqrt{\frac{R'}{h}}\tan^{-1}\left(\sqrt{\frac{R'}{h}}\varphi\right)} \tag{4-29}$$

式中，等号右侧的指数中正号表示前滑，负号表示后滑。

根据边界条件，确定积分常数 C。

在后滑区入辊处，有

$$\varphi = \alpha, \quad p_x = K_\mathrm{H} - q_\mathrm{H} = K_\mathrm{H}\left(1 - \frac{q_\mathrm{H}}{K}\right), \quad C_\mathrm{H} = \frac{\left(1 - \dfrac{q_\mathrm{H}}{K_\mathrm{H}}\right)}{H}\mathrm{e}^{2f\sqrt{\frac{R'}{h}}\tan^{-1}\left(\sqrt{\frac{R'}{h}}\alpha\right)}$$

在前滑区出辊处，有

$$\varphi = 0, \quad p_x = K_h - q_h = K_h\left(1 - \frac{q_h}{K}\right), \quad C_h = \frac{\left(1 - \dfrac{q_h}{K_h}\right)}{h}$$

将积分常数代入式（4-29），求得前、后滑区单位压力公式：

在后滑区，有

$$\frac{p_x}{K} = \left(1 - \frac{q_\mathrm{H}}{K_\mathrm{H}}\right)\frac{K_\mathrm{H}h_x}{h}\mathrm{e}^{2f\sqrt{\frac{R'}{h}}\left[\tan^{-1}\left(\sqrt{\frac{R'}{h}}\alpha\right) - \tan^{-1}\left(\sqrt{\frac{R'}{h}}\varphi\right)\right]} \tag{4-30}$$

在前滑区，有

$$\frac{p_x}{K} = \left(1 - \frac{q_h}{K_h}\right)\frac{K_h h_x}{h}\mathrm{e}^{2f\sqrt{\frac{R'}{h}}\tan^{-1}\left(\sqrt{\frac{R'}{h}}\varphi\right)} \tag{4-31}$$

令 $\alpha_\mathrm{H} = 2\sqrt{\dfrac{R'}{h}}\tan^{-1}\left(\sqrt{\dfrac{R'}{h}}\alpha\right)$，$\alpha_{h_x} = 2\sqrt{\dfrac{R'}{h}}\tan^{-1}\left(\sqrt{\dfrac{R'}{h}}\varphi\right)$，则无前、后张力时，上两式分别如下：

在后滑区，有

$$p_x = \frac{K_\mathrm{H}h_x}{H}\mathrm{e}^{f(\alpha_\mathrm{H} - \alpha_{h_x})} \tag{4-32}$$

在前滑区，有

$$p_x = \frac{K_h h_x}{h} e^{f\alpha h_x} \qquad (4-33)$$

勃兰特-福特单位压力公式除了考虑轧制工艺参数 $\Delta h, H, h, f, q_H, q_h, K_H, K_h$ 对单位压力的影响外,还根据冷轧的特点考虑了轧制过程中轧辊弹性压扁对单位压力的影响。

4.2.3 斯通(M. D. Stone) 理论

1. 斯通单位压力微分方程式

斯通把轧制看成平行板间的镦粗(见图 4-6),得出单位压力微分方程式为

$$\frac{\mathrm{d}\sigma_x}{p_x} = \mp \frac{2\tau_x}{h_x} \qquad (4-34)$$

如果接触表面摩擦规律按全滑动来考虑,即 $\tau_x = fp_x$,并采用近似塑性条件 $p_x - \sigma_x = K$,则式(4-34)变成如下形式:

$$\frac{\mathrm{d}p_x}{p_x} = \mp \frac{2f}{h_x}\mathrm{d}x \qquad (4-35)$$

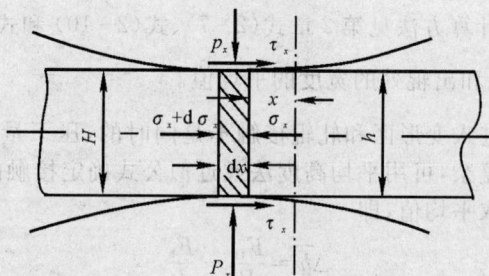

图 4-6 按斯通理论微元体上的作用力

2. 斯通单位压力公式

把式(4-35)积分,并利用边界条件得:

在后滑区入辊处,$x = \frac{l}{2}$, $h_x = h_0$,则

$$p_x = K\left(1 - \frac{q_0}{K}\right)$$

在前滑区出辊处,$x = -\frac{l}{2}$, $h_x = h_1$,则

$$p_x = K\left(1 - \frac{q_1}{K}\right)$$

得出斯通单位压力公式如下:

在后滑区,有

$$p_x = K\left(1 - \frac{q_0}{K}\right) e^{m\left(1-\frac{2x}{l}\right)} \qquad (4-36)$$

在前滑区,有

$$p_x = K\left(1 - \frac{q_1}{K}\right) e^{m\left(1+\frac{2x}{l}\right)} \qquad (4-37)$$

其中

$$m = \frac{fl}{\bar{h}}, \quad \bar{h} = \frac{h_0 + h_1}{2}$$

斯通单位压力公式是适合冷轧特点的公式,在冷轧薄板带时,考虑了轧辊弹性压扁对轧制压力的影响。

4.3　轧制压力的工程计算

工程上计算轧制压力时，常采用式（4-3），平均单位压力 $\bar{p}$ 可由下式决定：

$$\bar{p} = \frac{1}{F} \int_0^l p_x \, \mathrm{d}x \qquad (4-38)$$

式中，p_x 为轧制单位压力。

因此，工程上确定轧制压力归根结底在于确定两个基本参数：轧件与轧辊间的接触面积和平均单位压力。

4.3.1　接触面积的确定

接触面积的数值，在大多数情况下是比较容易确定的，因为它与轧辊和轧件的几何尺寸有关，通常可用下式确定：

$$F = l\bar{b} \qquad (4-39)$$

式中，l 为接触弧长度，其计算方法见第 2 章式（2-7）、式（2-10）和式（2-16）；$\bar{b}$ 为轧件平均宽度，$\bar{b} = \dfrac{B+b}{2}$，为轧件入辊和出辊处的宽度的平均值。

在孔型轧制时，轧件进入变形区和轧辊接触不是同时的，压下量也是不均匀的，这时接触面积不再是梯形，计算较复杂，可用平均高度法或近似公式确定接触面积。按平均高度法计算时，压下量和轧辊半径均取平均值，即

$$\Delta \bar{h} = \frac{F_\mathrm{H}}{B} - \frac{F_\mathrm{h}}{b} \qquad (4-40)$$

式中，F_H，F_h 分别为轧前和轧后轧件的断面积；B，b 分别为轧前和轧后轧件的最大宽度，如图 4-7 所示。

对轧制菱形、方形、椭圆形及圆形断面的轧件，可采用下列关系：

菱形轧件进菱形（见图 4-7(a)）：

$$\Delta \bar{h} = (0.55 \sim 0.60)(H - h) \qquad (4-41)$$

方形轧件进椭圆孔（见图 4-7(b)）：

$$\Delta \bar{h} = H - 0.7h \text{（扁椭圆）} \qquad (4-42)$$

$$\Delta \bar{h} = H - 0.85h \text{（圆椭圆）} \qquad (4-43)$$

椭圆轧件进方孔型（见图 4-7(c)）：

$$\Delta \bar{h} = (0.65 \sim 0.70)H - (0.55 \sim 0.60)h \qquad (4-44)$$

椭圆轧件进圆孔型（见图 4-7(d)）：

$$\Delta \bar{h} = 0.85H - 0.79h \qquad (4-45)$$

计算接触面积，可采用下面近似方法：

由椭圆轧成方形

$$F = 0.75b\sqrt{R(H-h)} \qquad (4-46)$$

由方形轧成椭圆形

$$F = 0.54(B+b)\sqrt{R(H-h)} \qquad (4-47)$$

由菱形轧成菱形或方形

$$F = 0.67b\sqrt{R(H-h)} \qquad (4-48)$$

式中，H,h 分别为轧前、后孔型中央位置轧件的高度；B,b 分别为轧前、后轧件断面最大宽度；R 为孔型中央位置的轧辊半径。

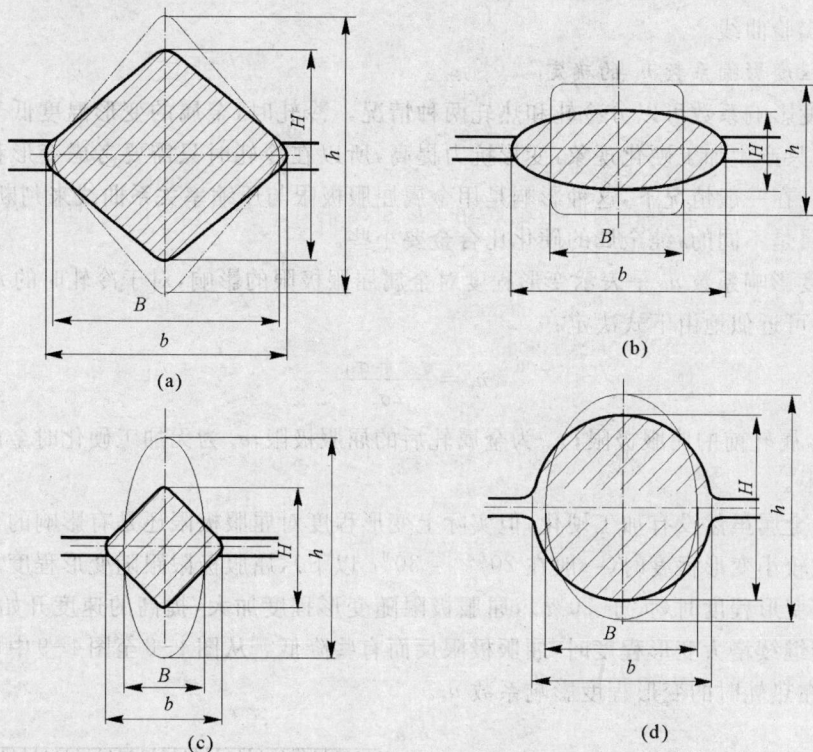

图 4－7 孔型中轧制时的压下量

4.3.2 平均单位压力的确定

平均单位压力的确定，由于它受很多因素的影响，计算起来比较复杂，但可以把这些影响因素归结为两大类：一类是影响金属机械性能的因素，主要是影响金属线性变形（简单拉压）抗力的因素；另一类是影响金属应力状态特性的因素，即接触摩擦力、外端和张力等。把这两类因素归结起来，平均单位压力为

$$\overline{p} = n_\sigma \sigma'_s \tag{4-49}$$

式中，n_σ 为应力状态影响系数；σ'_s 为金属真实变形抗力，它是指金属在当时的变形温度、变形速度和变形程度下的线性变形抗力。

4.3.2.1 金属实际变形抗力的确定

金属实际变形抗力与下列因素有关：

$$\sigma'_s = n_\varepsilon n_T n_u \sigma_s \tag{4-50}$$

式中，n_ε 为变形程度影响系数；n_T 为变形温度影响系数；n_u 为变形速度影响系数；σ_s 为在一定温度、速度和变形程度范围内测得的屈服极限。

1.金属及合金屈服极限 σ_s 的确定

有些金属压缩时的屈服极限比拉伸时大，如钢压缩时的屈服极限比拉伸时约大 10%；而有些金属压缩和拉伸时的屈服极限相同。因此，在选取 σ_s 时，一般最好用压缩时的屈服极限，因它与轧制变形较接近。另外,也有些金属在静态机械性能实验中很难测出 σ_s,尤其是在高温下更是困难,这时可以用屈服强度 $\sigma_{0.2}$ 来代替。式(4-50)中的 σ_s 是在特定条件下测得的,其值可查相关实验曲线。

2.变形程度影响系数 n_ε 的确定

变形程度影响系数可以分冷轧和热轧两种情况。冷轧时,金属的变形温度低于再结晶温度,因此金属只产生加工硬化现象,变形抗力提高,所以在冷轧时只需要考虑变形程度对变形抗力的影响。在一般情况下,这种影响是用金属屈服极限与压缩率关系曲线来判断,其变化规律对不同金属是不同的,纯金属的硬化比合金要小些。

变形程度影响系数 n_ε 是表示变形程度对金属屈服极限的影响,对于冷轧时的 n_ε 又称为加工硬化系数,可近似地由下式决定:

$$n_\varepsilon = \frac{\sigma_{s0} + \sigma_{s1}}{2\sigma_s} \tag{4-51}$$

式中,σ_{s0} 为金属轧前的屈服极限;σ_{s1} 为金属轧后的屈服极限;σ_s 为无加工硬化时金属静态拉压时的屈服极限。

热轧时,金属虽然没有加工硬化,但实际上变形程度对屈服极限还是有影响的。各种钢的实验表明,在较小变形程度时(一般在 20%～30% 以下),屈服极限跟随变形程度加大而剧烈提高;在中等变形程度时(大于 30%),屈服极限随变形程度加大,提高的速度开始减慢;在很多情况下,当继续增大变形程度时,屈服极限反而有些降低。从图4-8至图4-9中可查出铝合金和铜合金在热轧时的变形程度影响系数 n_ε。

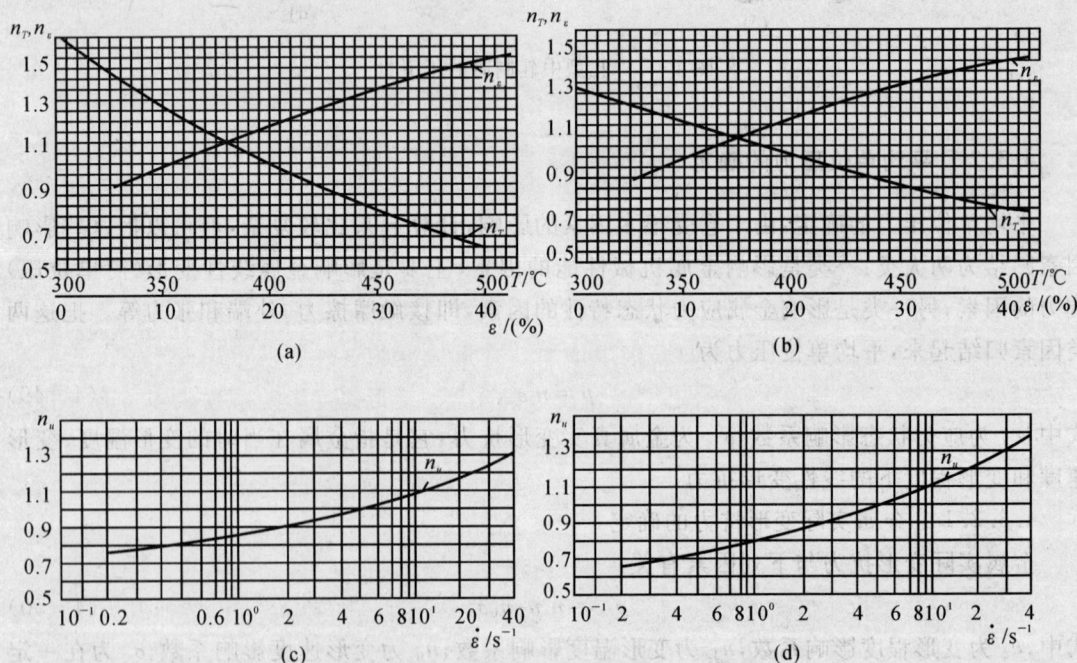

图4-8 纯铝和LF21变形温度、变形程度和变形速度影响系数

(a),(b) 纯铝和LF21的温度系数 n_T 和变形程度系数 n_ε;

(c),(d) 纯铝和LF21的变形速度系数 n_u

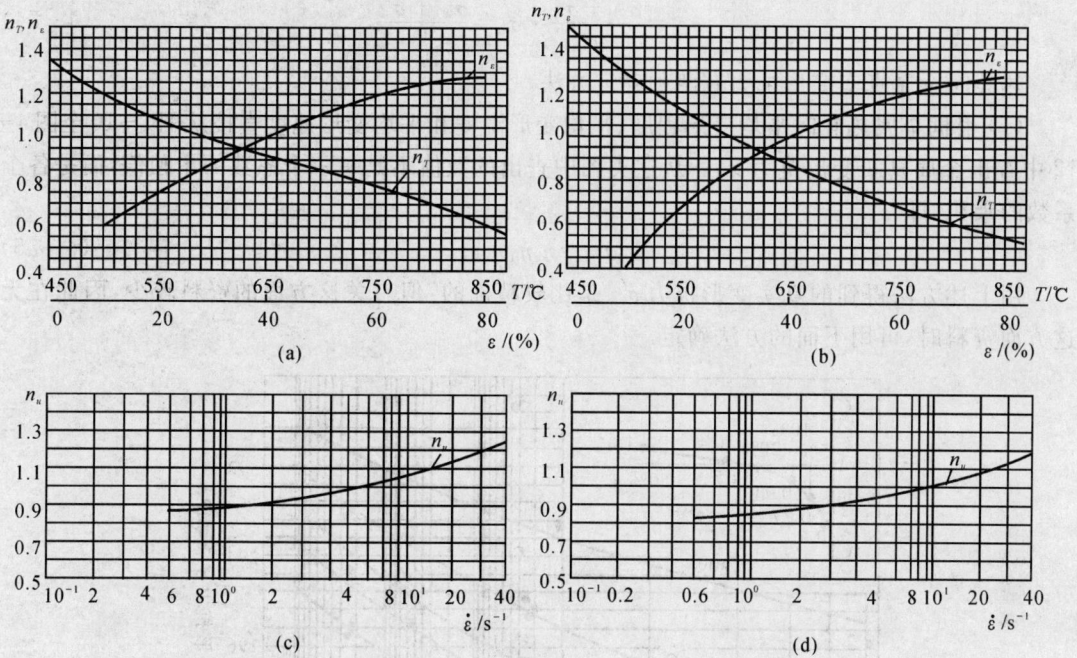

图 4-9　LF6 和 LY12 变形温度、变形程度和变形速度影响系数

(a),(b)LF6 和 LY12 的温度系数 n_T 和变形程度系数 n_ε；　(c),(d)LF6 和 LY12 的变形速度系数 n_u

3. 变形温度影响系数

轧制温度对金属屈服极限有很大影响。一般情况是随着轧制温度升高,屈服极限下降,这是由于金属原子间的结合力降低了。轧制温度对金属屈服极限的影响用变形温度系数 n_T 来表示,其值也可以由图4-8与图4-9查得。在确定温度影响系数时,一方面要有可靠的屈服极限与温度关系的资料;另一方面还要确定出金属热轧时的实际温度,即要确定热轧时温度的变化。

4. 变形速度影响系数 n_u 的确定

冷轧时由于金属以加工硬化为主,所以变形速度对屈服极限影响不大,可不考虑。但在热轧时,随变形速度的提高,金属屈服极限增加。变形速度的这种影响可用变形速度影响系数 n_u 来考虑。图4-8与图4-9给出了铝合金与铜合金的变形速度影响系数 n_u 与变形速度的关系曲线,可查得速度影响系数 n_u。图中的平均变形速度可由下式确定:

$$\bar{u} = \frac{v}{h_0}\sqrt{\frac{\Delta h}{R}} \tag{4-52}$$

5. 冷轧和热轧时金属真实变形抗力 σ'_s 的确定

冷轧时温度和变形速度对金属变形抗力影响不大,因此 n_T 和 n_u 可以近似取为1,只有变形程度才是影响变形抗力的主要因素,所以此时实际变形抗力 σ'_s 为

$$\sigma'_s = n_\varepsilon \sigma_s \tag{4-53}$$

因为

$$n_\varepsilon = \frac{\sigma_{s0} + \sigma_{s1}}{2\sigma_s}$$

因此

$$\sigma'_s = \frac{\sigma_{s0} + \sigma_{s1}}{2\sigma_s} \cdot \sigma_s = \frac{\sigma_{s0} + \sigma_{s1}}{2} \tag{4-54}$$

热轧时金属真实变形抗力有两种确定方法。

（1）根据金属热轧时平均变形程度、平均变形温度和平均变形速度直接从图4-10至图4-12中查出金属真实变形抗力 σ'_s。从这类图中查出的数值不是每一个系数的单独值，而是各个系数的乘积，即

$$\sigma'_s = n_\varepsilon n_T n_u \sigma_s \tag{4-55}$$

用上述方法得到的真实变形抗力 σ'_s 是比较精确的，但有关这方面的资料较少，因此在无这方面资料时，可用下面的方法确定。

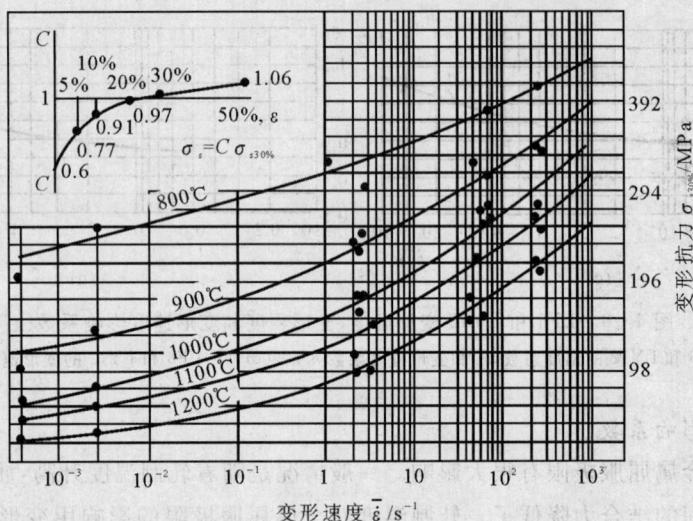

图4-10 不锈钢1Cr18Ni9Ti的变形温度、变形速度对变形抗力的影响（ε = 30%）

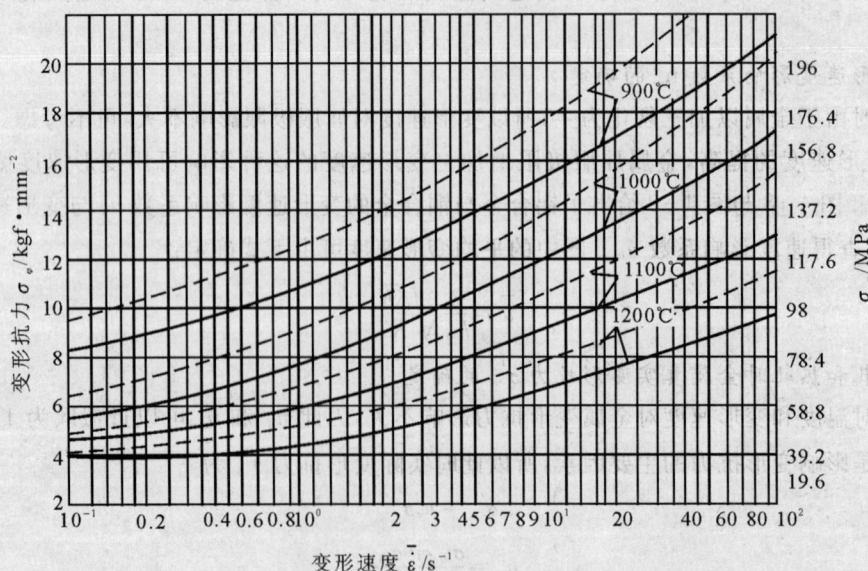

图4-11 40Cr钢变形温度、变形速度对变形抗力的影响

"—"ε = 20%；"----"ε = 40%

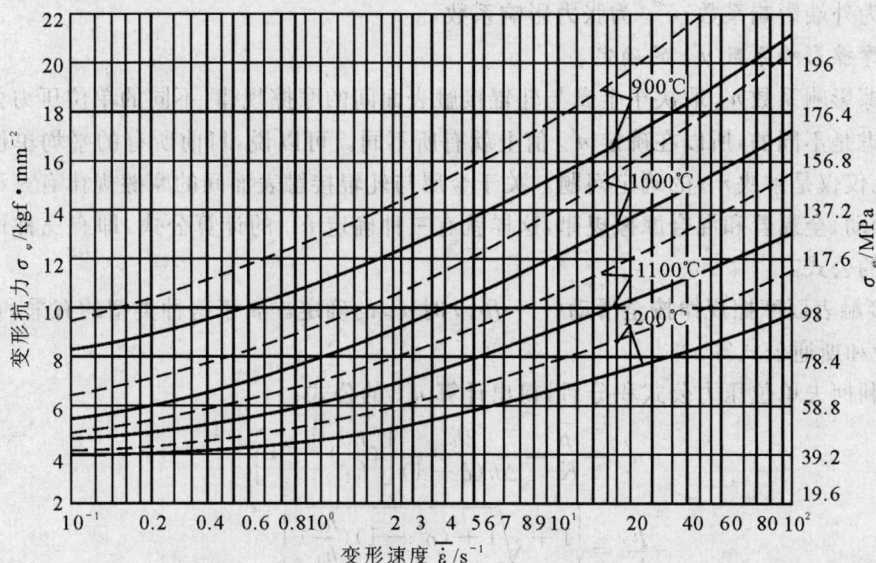

图 4-12 轴承钢 G Cr15 钢变形温度、变形速度对变形抗力的影响

"—"$\varepsilon = 20\%$;"…"$\varepsilon = 40\%$

(2)根据平均变形温度、平均变形程度和平均变形速度分别查出热轧时的变形温度影响系数、变形程度影响系数和变形速度影响系数,再乘以静态拉压时的屈服极限,即得出金属真实变形抗力 σ'_s。平均变形温度、平均变形程度和平均变形速度可按下面各公式进行计算:

平均变形温度

$$\overline{T} = \frac{T_0 + T_1}{2} = T_0 - \frac{\Delta T}{2} \tag{4-56}$$

式中,T_0,T_1 分别为本道次轧前和轧后金属的实际温度;ΔT 为本道次金属的温降。

平均变形程度

$$\overline{\varepsilon} = \frac{1}{l} \int_0^l \frac{h_0 - h_x}{h_0} \mathrm{d}x \tag{4-57}$$

如果 h_x 按抛物线规律变化,即 $h_x = h_1 + \frac{\Delta h}{l^2} x^2$,代入上式,积分后得

$$\overline{\varepsilon} = \frac{2}{3} \frac{\Delta h}{h_0} \tag{4-58}$$

如果 h_x 按直线规律变化,即 $h_x = h_1 + \frac{\Delta h}{l} x$,代入式(4-57),积分后得

$$\overline{\varepsilon} = \frac{1}{2} \frac{\Delta h}{h_0} \tag{4-59}$$

一般平均变形程度用式(4-58)计算较为合适。平均变形速度 $\overline{u}$ 可按式(4-52)计算。

4.3.2.2 应力状态系数 n_σ 的确定

应力状态系数 n_σ 对平均单位压力的影响常常比其他系数更大,因此准确地确定应力状态系数 n_σ 是很重要的。应力状态系数可写成下面四个系数的乘积,即

$$n_\sigma = n_\beta n'_\sigma n''_\sigma n'''_\sigma \tag{4-60}$$

式中,n_β 为中间主应力影响系数,当把轧制看成平面变形状态时,$n_\beta = 1.15\sigma_s$;n'_σ 为外摩擦影响

系数;n''_σ为外端影响系数;n'''_σ为张力影响系数。

1. 外摩擦影响系数 n'_σ 的确定

外摩擦影响系数 n'_σ 取决于金属与轧辊接触表面间的摩擦规律,不同的单位压力公式对这种规律考虑是不同的,所以在确定 n'_σ 值上就有所不同。可以说,目前所有的平均单位压力公式,实际上仅仅是解决 n'_σ 的确定问题。关于金属与轧辊接触表面间的摩擦规律有三种不同的看法:全滑动、全黏着和混合摩擦规律,这样就有三种确定 n'_σ 的计算公式,即有三种计算平均单位压力的公式。

(1) 接触表面摩擦规律按全滑动($\tau_x = f p_x$)时 n'_σ 的确定。属于这种类型的有采利柯夫、勃兰特-福特和斯通公式等。

将采利柯夫单位压力公式积分后,得出计算 n'_σ 的公式:

$$n'_\sigma = \frac{\overline{p}}{K} = \frac{2h_\gamma}{\Delta h(\delta-1)}\left[\left(\frac{h_\gamma}{h_1}\right)^\delta - 1\right] \tag{4-61}$$

$$\frac{h_\gamma}{h_1} = \left\{\frac{1+\sqrt{1+(\delta^2-1)(\frac{h_0}{h_1})}}{\delta+1}\right\}^{1/\delta} \tag{4-62}$$

为了计算方便,将公式(4-61)绘成曲线,如图4-13所示。根据压缩率 $\Delta h/h_0$ 和 δ 的值,便可以从图中查出 n'_σ 的值,从而可计算出平均单位压力 $\overline{p} = n'_\sigma K$。

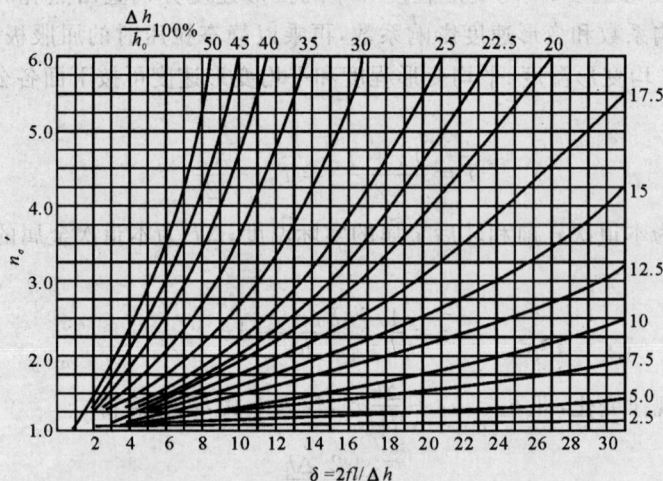

图4-13 n'_σ 与 δ 和 ε 的关系(按采利柯夫公式)

将斯通单位压力公式(式(4-37)和式(4-38))积分后,得出斯通平均单位压力公式为

$$n'_\sigma = \frac{\overline{p}}{K'} = \frac{e^m - 1}{m} \tag{4-63}$$

式中,m 为系数,$m = \frac{2fl}{h_0+h_1}$。

为了计算方便,表4-2给出 n'_σ 的值,根据 m 值便可从表中直接查出 n'_σ 的值。

以上两个公式从对接触表面摩擦规律考虑来看,它们适用于冷轧,尤其是后一个公式对冷轧薄板和带材更为适宜。

表 4 − 2 函数值 $n'_\sigma = \dfrac{e^m - 1}{m}$

m	0	1	2	3	4	5	6	7	8	9
0.0	1.000	1.005	1.010	1.015	1.020	1.025	1.030	1.035	1.040	1.045
0.1	1.051	1.057	1.062	1.068	1.073	1.078	1.084	1.089	1.095	1.100
0.2	1.103	1.112	1.118	1.125	1.131	1.137	1.143	1.149	1.155	1.160
0.3	1.166	1.172	1.178	1.184	1.190	1.196	1.202	1.209	1.215	1.222
0.4	1.229	1.236	1.243	1.250	1.256	1.263	1.270	1.277	1.284	1.290
0.5	1.297	1.304	1.311	1.318	1.326	1.333	1.134	1.347	1.355	1.362
0.6	1.370	1.378	1.386	1.493	1.401	1.409	1.417	1.425	1.433	1.442
0.7	1.450	1.458	1.467	1.475	1.483	1.491	1.499	1.508	1.517	1.525
0.8	1.533	1.541	1.550	1.558	1.567	1.577	1.586	1.595	1.604	1.613
0.9	1.623	1.632	1.642	1.651	1.660	1.670	1.681	1.690	1.700	1.710
1.0	1.719	1.729	1.739	1.749	1.760	1.770	1.780	1.790	1.800	1.810
1.1	1.820	1.832	1.843	1.854	1.865	1.876	1.887	1.899	1.910	1.921
1.2	1.933	1.945	1.967	1.968	1.970	1.990	2.001	2.013	2.025	2.037
1.3	2.049	2.062	2.075	2.088	2.100	2.113	2.126	2.140	2.152	2.165
1.4	2.181	2.195	2.209	2.223	2.237	2.250	2.264	2.278	2.291	2.305
1.5	2.320	2.335	2.350	2.365	2.380	2.395	2.410	2.425	2.440	2.455
1.6	2.470	2.486	2.503	2.520	2.536	2.583	2.570	2.586	2.603	2.620
1.7	2.635	2.652	2.667	2.686	2.703	2.719	2.735	2.752	2.769	2.790
1.8	2.808	2.826	2.845	2.863	2.880	2.900	2.918	2.936	2.955	2.974
1.9	2.995	3.014	3.032	3.053	3.072	3.092	3.112	4.131	3.150	3.170
2.0	3.195	3.216	3.238	3.260	3.282	3.302	3.322	3.346	3.368	3390
2.1	3.412	3.435	3.458	3.480	3.503	3.530	3.553	3.575	3.599	3.623
2.2	3.648	3.672	3.697	3.722	3.747	3.772	3.798	3.824	3.849	876
2.3	3.902	3.928	3.955	982	4.009	4.037	4.064	4.092	4.119	4.148
2.4	4.176	4.205	4.234	4.262	4.291	4.322	4.352	4.381	412	4.442
2.5	4.473	4.504	4.535	4.567	4.599	4.630	4.662	4.695	4.727	4.760
2.6	4.794	4.827	4.861	4.896	4.929	4.964	4.998	5.034	5.060	5.104
2.7	5.141	5.176	5.213	5.260	5.287	5.324	5.362	5.400	5.438	5.477
2.8	5.516	5.555	5.595	5.634	5.674	5.715	5.756	5.797	5.838	5.880
2.9	5.992	5.964	6.007	6.050	6.093	6.137	6.181	6.226	6.271	6.316

（2）接触表面摩擦规律按全黏着 $\tau_x = K/2$ 时 n'_σ 的确定。具有代表性的是西姆斯平均单位压力公式。对式（4-23）和式（4-24）积分后，得出西姆斯平均单位压力公式为

$$n'_\sigma = \frac{\overline{p}}{K} = \frac{\pi}{2}\sqrt{\frac{1-\varepsilon}{\varepsilon}}\tan^{-1}\sqrt{\frac{\varepsilon}{1-\varepsilon}} - \frac{\pi}{4} - \sqrt{\frac{1-\varepsilon}{\varepsilon}}\sqrt{\frac{R}{h_1}}\ln\frac{h_v}{h_1} + \frac{1}{2}\sqrt{\frac{1-\varepsilon}{\varepsilon}}\sqrt{\frac{R}{h_1}}\ln\frac{1}{1-\varepsilon}$$

$$(4-64)$$

为了计算方便，将公式（4-64）绘成曲线，如图4-14所示。根据 ε 和 $\dfrac{R}{h_1}$ 的值便可从图中查出 n'_σ 的值。从对接触表面摩擦规律考虑来看，西姆斯公式适用于热轧。

（3）接触表面摩擦规律按混合摩擦（有滑动又有黏着）时 n'_σ 的确定。

采利柯夫曾经注意到接触表面的摩擦规律比较复杂，只按全滑动或者全黏着来考虑显然是不全面的，因此他提出应按混合摩擦规律来考虑，既有滑动又有黏着，分段写出摩擦应力 τ_x 的方程式，并分段积分，得出平均单位压力公式才是较正确的。但在整个接触表面上的摩擦规律至今仍然是很不清楚的，因此准确地分段写出 τ_x 的变化规律还是不可能的。只能假定在黏着区内的摩擦应力 τ_x 都符合 $\tau_x = K/2$，而在滑动区内的摩擦应力都符合 $\tau_x = fp_x$，所以按混合摩擦规律来考虑 τ_x 的变化也是一种近似方法，只不过较全滑动或全黏着要全面一些。陈家民公式就是其中

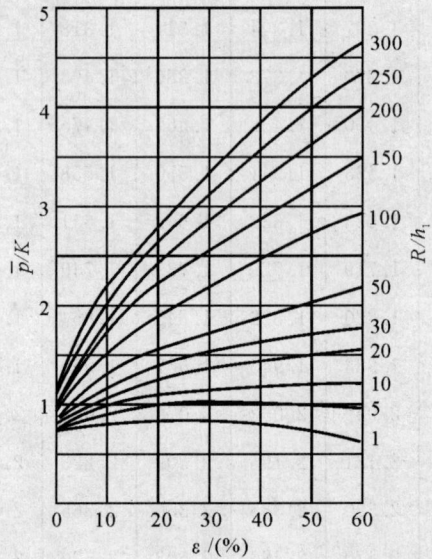

图4-14　n'_σ 与 ε 和 $\dfrac{R}{h_1}$ 的关系曲线（按西姆斯公式）

的一个，按照混合摩擦规律，即在滑动区取 $\tau_x = fp_x$，在黏着区取 $\tau_x = K/2$，并采用精确塑性条件导出了平均单位压力公式。为了便于计算，将公式绘成曲线，如图4-15所示。根据摩擦因数 f 和 $l/\overline{h}$ 之值可从图中直接查出 n'_σ。

应指出在这些平均单位压力公式中，要想找出一个普遍万能的公式适用于各种轧制条件是不可能的。当前主要应该验证现有各个公式的适用范围和确定各种类型轧机的实用计算公式，必要时可以根据大量的实测数据找出适用于一定条件下的实用经验公式。

2. 外端影响系数 n''_σ 的确定

外端影响系数 n''_σ 的确定是比较困难的，因为外端对单位压力的影响很复杂。在一般的轧制条件下，外端的影响都可忽略不计。实验研究表明，当 $l/\overline{h} > 1$ 时，n''_σ 接近于1；如在 $l/\overline{h} = 1.5$ 时，n''_σ 不超过1.04，而在 $l/\overline{h} = 5$ 时，n''_σ 不超过1.005。因此，在计算平均单位压力时，可取 $n''_\sigma = 1$，即不考虑外端的影响。

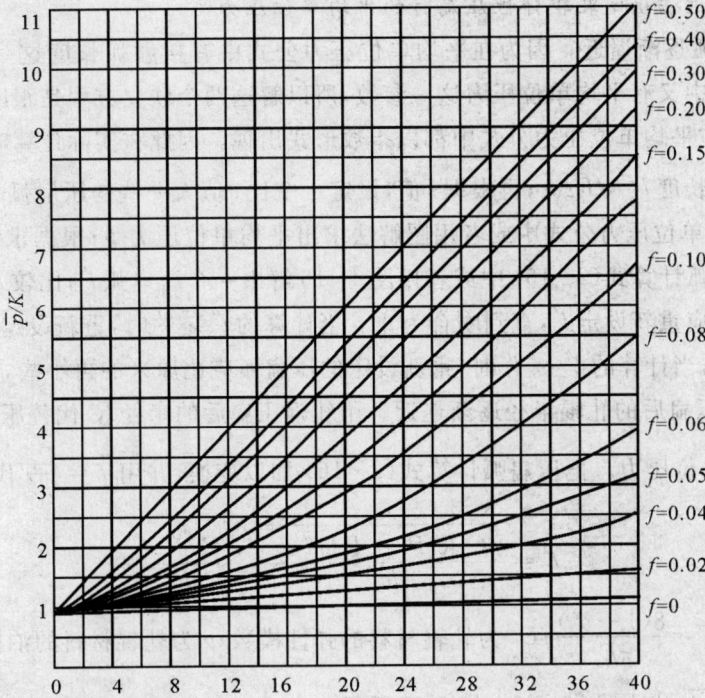

图 4-15　n'_o 与 f 和 $l/\bar{h}$ 的关系（按混合摩擦定律）

3. 张力影响系数 n'''_o 的确定

采用张力轧制能使平均单位压力降低,其降低值较单位张力的平均值 $\dfrac{q_0+q_1}{2}$ 大,而单位后张力 q_0 的影响又比单位前张力 q_1 影响大。带张力轧制能降低平均单位压力,一方面由于它能够改变轧制变形区的应力状态,另一方面它减小轧辊的弹性压扁。因此,不能单独求出张力影响系数 n'''_o。通常用简化的方法考虑张力对平均单位压力的影响,即把这种影响考虑到 K 里去,认为张力直接降低了 K 值。在入辊处其 K 值降低按 $(K-q_0)$ 来计算,在出辊处其 K 值降低按 $(K-q_1)$ 来计算,所以 K 值的平均降低值为

$$K'=\frac{(K-q_0)+(K-q_1)}{2}=K-\frac{q_0+q_1}{2} \tag{4-65}$$

应当指出,这种简化考虑张力对平均单位压力影响的方法,没有考虑张力引起临界面位置的变化。前面已经讨论过张力能引起临界角的改变,有张力和无张力时临界面的位置是不同的,所以单位压力分布图形也是不同的,因而对平均单位压力的影响也不同。这种把张力考虑到 K 值中去的方法是建立在临界面位置不变的基础上,只有在单位前后张力相等,即 $q_0=q_1$ 时,应用才是正确的,或者在 q_0 与 q_1 相差不大时应用,否则会造成较大的误差。

4.3.3　轧辊弹性压扁时平均单位压力的确定

由于轧辊在轧制过程中产生弹性压扁,使轧件出辊面向轧辊中心连线后面移动,引起接触弧长度增加,使平均单位压力发生变化,因此在计算平均单位压力时,必须考虑轧辊弹性压扁的影响。

1. 用逐渐逼近法确定轧辊弹性压扁时的平均单位压力

（1）用压扁弧逐渐逼近。因为在平均单位压力公式中有接触弧长度这一参数，而压扁弧长度的计算公式中又有平均单位压力这一参数，所以解这两个联立方程是很困难的，特别是接触弧这一参数，在平均单位压力公式中都以指数形式出现。因此在实际计算时，先计算轧辊无压扁时的接触弧长度 $l = \sqrt{R\Delta h}$；再根据 l 值，设定一个比 l 值大一些的压扁弧 l'；把所设定的压扁弧 l' 代入平均单位压力公式中或者用图解法求出平均单位压力 $\bar{p}$；根据求解出的平均单位压力 $\bar{p}$ 代入压扁弧计算式（2-16）中或者用图 4-16 解出一个压扁弧 l''；比较 l'' 与 l'，若不相吻合，相差很大，则应重新设定 l'，直到吻合为止。当计算的 $l'' \gg l'$ 时，重新设定的压扁弧比原来设定的再大一些；当计算的 $l'' \ll l'$ 时，重新设定的压扁弧应比原来的再小些。

（2）用轧辊压扁后的轧辊半径逐渐逼近。用轧辊压扁后的半径 R' 代替压扁弧进行逐渐逼近，以求解平均单位压力。把压扁弧计算式（2-16）加以变换，并用 $\bar{p} = \dfrac{P_t}{bl'}$ 代入，得

$$l' = \frac{\sqrt{C^2 R^2 P_t^2 + R\Delta h l' \, \overline{b^2}}}{bl'} + \frac{CRP_t}{bl'} \qquad (4-66)$$

式中，C 为常数，$C = \dfrac{8(1-v^2)}{\pi E_1}$；$E_1$ 为轧辊材料的弹性模数；v 为轧辊材料的泊松数。

将 $l' = \sqrt{R'\Delta h}$ 代入式（4-66）中，整理后得

$$\frac{R'}{R} = 1 + \frac{2CP_t}{b\Delta h} \qquad (4-67)$$

式中，P_t 为轧辊发生弹性压扁时的轧制力；R,R' 分别为轧辊未压扁和压扁后的半径。

C. 拉克将式（4-67）绘成曲线，如图 4-17 所示。可以用图解法计算 R' 和 P_t。用 R' 逐渐逼近法求解平均单位压力时，其计算步骤与用压扁弧逐渐逼近法一样。这时计算平均单位压力公式用勃兰特-福特公式较好，因为这个公式中用的参数是 R' 而不是 l'。

2. 斯通图解法

斯通把平均单位压力公式和西齐柯克压扁弧公式联立求解，并用图解方法计算压扁弧长度和平均单位压力。

把压扁弧计算式（2-16）变成如下形式：

$$l' = \sqrt{R\Delta t + (C\bar{p}R)^2} + C\bar{p}R \quad \left(C = \frac{8(1-v^2)}{\pi E}\right)$$

把上式等号两边同乘 $f/\bar{h}$ 使其变成 m 与 $\bar{p}$ 的关系，并用 l^2 代替 $R\Delta h$，则

$$\frac{fl'}{\bar{h}} = \sqrt{\left(\frac{fl}{\bar{h}}\right)^2 + \left(\frac{fCR}{\bar{h}}\right)^2 \bar{p}^2} + \frac{fCR}{\bar{h}}\bar{p}$$

整理后得

$$\left(\frac{fl'}{\bar{h}}\right)^2 - \left(\frac{fl}{\bar{h}}\right)^2 = 2\left(\frac{fl'}{\bar{h}}\right)\left(\frac{fCR}{\bar{h}}\right)\bar{p} \qquad (4-68)$$

根据斯通平均单位压力公式（4-63），在考虑张力影响时则写成

$$\bar{p} = K' \frac{e^{m'} - 1}{m'} \quad \left(m' = \frac{fl'}{\bar{h}}; \quad K' = K - \frac{q_0 + q_1}{2}\right)$$

将 $\bar{p}$ 代入式(4-68)得

$$\left(\frac{fl'}{\bar{h}}\right)^2 - \left(\frac{fl}{\bar{h}}\right)^2 = 2CR(e^{fl'/\bar{h}}-1)\frac{f}{\bar{h}}K'$$

或

$$\left(\frac{fl'}{\bar{h}}\right)^2 = 2CR(e^{fl'/\bar{h}}-1)\frac{f}{\bar{h}}K' + \left(\frac{fl}{\bar{h}}\right)^2 \qquad (4-69)$$

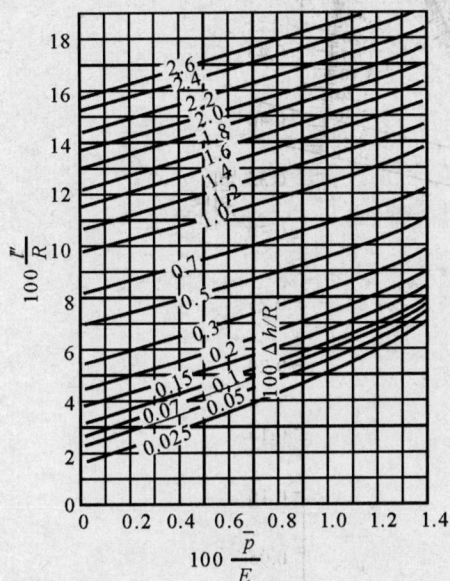

图 4-16 l''/R 与 $\Delta h/R$ 和 $\bar{p}/E$ 的关系

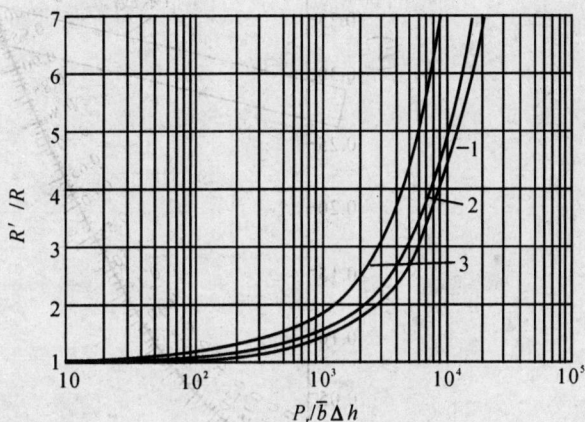

图 4-17 R'/R 图解曲线

1— 钢辊; 2— 冷硬铸铁辊; 3— 铸铁辊

如果设 $x=m'=\dfrac{fl'}{\bar{h}}, y=2CR\dfrac{f}{\bar{h}}K', z=\dfrac{fl}{\bar{h}}$，则式(4-69)变成

$$x^2 = (e^x-1)y + z^2$$

设 $f_1(x)=x^2, f_2(x)=e^x-1, f_3(y)=y, f_4(z)=z^2$，则上式为

$$f_1(x) = f_2(x)f_3(y) + f_4(z) \qquad (4-70)$$

为解该式，斯通作出了曲线，如图 4-18 所示，其中左边标尺为 $f_4(z)=z^2=\left(\dfrac{fl}{\bar{h}}\right)^2$，右边标

尺为 $f(y)=y=2CR\dfrac{f}{\bar{h}}K'$。图中曲线为 $x=\dfrac{fl'}{\bar{h}}$，此曲线又称为 S 型曲线。

应用图 4-18 时，先根据具体轧制条件计算出 z^2 和 y 值，并在 z^2 尺和 y 尺上找出相对应的两点，并连成一条直线，此直线称为指示线，指示线与 S 型曲线的交点即为所求的 $x=\dfrac{fl'}{\bar{h}}$ 值。

再根据 x 值可以解出压扁弧 l' 的长度，然后将 x 值代入斯通平均单位压力公式或者用表 4-1 解出平均单位压力 $\bar{p}$。用斯通图解法计算压扁弧和平均单位压力是比较方便的，它适用于冷轧带材和箔材。

T4.14

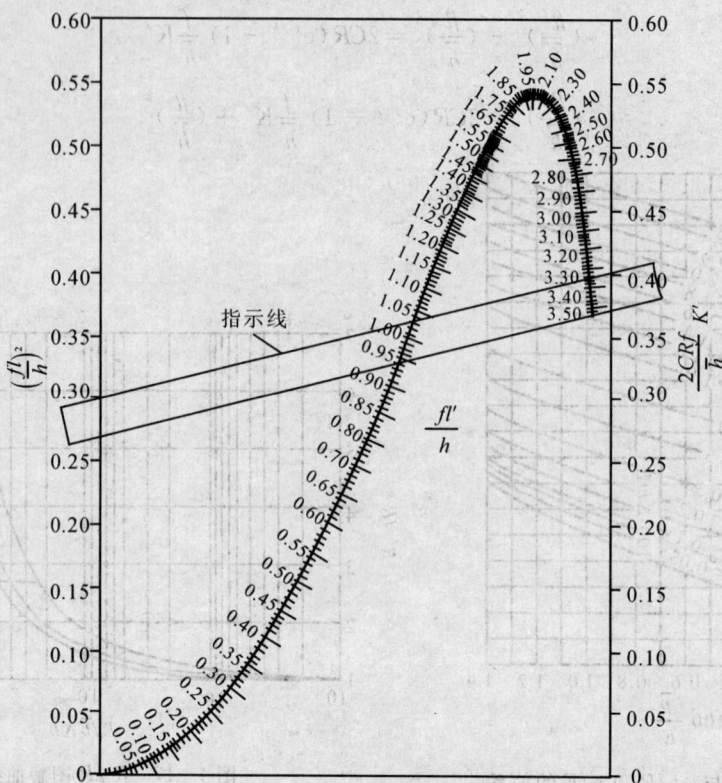

图 4-18　轧辊压扁时平均单位压力图解(斯通图解法)

4.4　轧制力计算实例

【例 1】　热轧紫铜板,其轧制条件如下:轧件宽度为 $B=500$ mm,轧件轧前厚度 $h_0=15$ mm,轧件轧后厚度 $h_1=11$ mm,轧辊直径 $D=500$ mm,轧制速度 $v=2$ m/s,轧制温度 $T_0=760℃$,轧制持续时间 $t=5$ s,求轧制力。

解　(1)K 值的计算。

1)计算平均变形程度,按式(4-58):

$$\bar{\varepsilon}=\frac{2}{3}\times\frac{\Delta h}{h_0}=\frac{2}{3}\times\frac{15-11}{15}=17.7\%$$

2)计算平均变形速度,按式(4-52)式:

$$\bar{u}=\frac{v}{h_0}\sqrt{\frac{\Delta h}{R}}=\frac{2\ 000}{15}\sqrt{\frac{4}{250}}=17.0\ \mathrm{s}^{-1}$$

3)平均变形温度,按公式:

$$\Delta T=2q_\varepsilon\frac{t}{h},\quad T=T_0-\frac{\Delta T}{2}$$

查有关手册得

$$2q_\varepsilon = 28, \quad \Delta T = 28 \times \frac{5}{13} = 10.8^\circ\text{C}, \quad T = 760 - \frac{10.8}{2} = 754.6^\circ\text{C}$$

根据 $\bar{\varepsilon}, \bar{u}$ 和 $\bar{T}$ 查该金属的变形抗力曲线,得 $\sigma'_s = 8.2$ MPa。

所以

$$K = \sigma'_s = 1.15 \times 8.2 = 9.43 \text{ MPa}$$

也可以根据 $\bar{\varepsilon}, \bar{u}$ 和 $\bar{T}$ 分别查出 n_ε, n_u, n_T 和 σ_s,再计算 σ'_s 和 K 值。

(2)计算接触面积。

$$F = \sqrt{R\Delta h}\,b = \sqrt{250 \times 4} \times 500 = 15\ 800 \text{ mm}^2$$

(3)计算应力状态系数 n'_σ 和平均单位压力 $\bar{p}$。

按西姆斯公式

$$\frac{R}{h_1} = \frac{250}{11} = 22.7; \quad \varepsilon = \frac{\Delta h}{h_0} = \frac{4}{15} = 26.7\%$$

根据 $\dfrac{R}{h_1}$ 和 ε 查图 4-14,得 $n'_\sigma = \dfrac{\bar{p}}{K} = 1.39$,所以

$$\bar{p} = n'_\sigma K = 1.39 \times 9.43 = 13.11 \text{ MPa}$$

(4)计算轧制力 P。

$$P = \bar{p}F = 13.11 \times 15\ 800 = 207.1 \text{ t}$$

也可用简化公式 $\bar{p} = \left(\dfrac{\pi}{4} + 0.25\dfrac{l}{h}\right)K$ 来计算平均单位压力,再求出轧制力。

【例2】 冷轧低碳钢板材时,合金钢轧辊直径为 $D = 2R = 600$ mm,坯料尺寸为 $H \times B \times L = 6\text{ mm} \times 100\text{ mm} \times 1\ 000\text{ mm}$,某道次压下量 $\Delta h = 3$ mm,设摩擦因数 $f = 0.1$,材料 $\sigma_s = 580$ MPa,对钢轧辊弹性模量 $E = 2.1 \times 10^5$ N/mm²,$\nu = 0.3$,试求轧制力 P。

解 用斯通图解法求解该轧制力。由于

$$l = \sqrt{R \times \Delta h} = \sqrt{300 \times 3} = 30 \text{ mm}, \quad \bar{h} = \frac{H + h}{2} = \frac{6 + 3}{2} = 4.5 \text{ mm}$$

则

$$z^2 = \left(\frac{fl}{h}\right)^2 = \left(\frac{0.1 \times 30}{4.5}\right)^2 = 0.44$$

而

$$c = \frac{8(1 - \nu^2)}{\pi E} = 1.1 \times 10^{-5} \text{ mm}^2/\text{N}$$

所以

$$y = \frac{2cRf}{\bar{h}}K = \frac{2 \times 1.1 \times 10^{-5} \times 300 \times 0.1}{4.5} \times 1.155 \times 580 = 0.1$$

由图 4-18 得

$$x = m' = \left(\frac{fl'}{h}\right) = \left(\frac{0.1 \times l'}{4.5}\right) = 0.75$$

则

$$l' = \frac{0.75 \times \bar{h}}{f} = \frac{0.75 \times 4.5}{0.1} = 33.75 \text{ mm}$$

查表 4 - 1 得

$$n'_\sigma = \frac{e^{m'} - 1}{m'} = \frac{e^{0.75} - 1}{0.75} = 1.491$$

（注：此处 n'_σ 也可由式（4 - 63）得出，不过考虑弹性压扁，接触弧长采用压扁后的弧长。）

此时，变形抗力 $K = 1.155 \times \sigma_s = 1.155 \times 580 = 669.9 \text{ MPa}$，则平均单位压力

$$\bar{p} = n'_\sigma K = 1.491 \times 1.155 \times 580 = 997.6 \text{ MPa}$$

求出轧制力为

$$P = \bar{p}Bl' = 997.6 \times 100 \times 33.75 = 3\,366.24 \text{ kN}$$

复 习 题

1. 已知在 $\phi860$ 轧机上热轧低碳钢板，轧制温度为 1 100℃，板宽 $B = 610 \text{ mm}$，轧制速度 $v = 2 \text{ m/s}$，此时变形抗力 $\sigma_s = 80 \text{ MPa}$，求轧制力。

2. 已知带钢轧前厚度 $H = 1.0 \text{ mm}$，轧后厚度 $h = 0.7 \text{ mm}$，平面变形抗力 $K = 500 \text{ MPa}$，平均张力 $q = 200 \text{ MPa}$，摩擦因数 $f = 0.05$，带宽 120 mm，在 $R = 100 \text{ mm}$ 的四辊轧机上轧制，求轧制力。

3. 已知 $\phi1\,200/\phi700 \text{ mm}$ 的四辊轧机工作辊转速为 80 r/min，轧制钢种为 45 钢，轧制温度为 1 040℃，轧件的横断面尺寸为 $H \times B = 20 \times 1\,000 \text{ mm}$，压下量为 $\Delta h = 6 \text{ mm}$，分别用采利科夫、西姆斯公式计算轧制力。

4. 在 $\phi1\,300/\phi400 \text{ mm} \times 1\,200 \text{ mm}$ 四辊冷轧机上，用 1.90 mm × 1 000 mm 的带坯轧成 0.38 mm × 1 000 mm 的带钢卷，钢种为 B_2F，第二道次由 $H = 1.0 \text{ mm}$ 轧成 $h = 0.5 \text{ mm}$，轧制速度为 5 m/s，前张力为 $5 \times 10^4 \text{ N}$，后张力为 $8 \times 10^4 \text{ N}$，摩擦因数 $f = 0.05$，分别采用采利柯夫、斯通公式计算轧制力。

第5章 传动轧辊所需力矩及功率

5.1 传动力矩的组成

轧制时主电动机轴上转动轧辊所必需的力矩由下面四部分组成：

$$M = \frac{M_z}{i} + M_m + M_k + M_d \qquad (5-1)$$

式中，M_z 为轧制力矩，即用于轧制变形的力矩；i 为轧辊与主电动机间的传动比；M_m 为克服轧制时发生在轧辊轴承、传动机构等的附加摩擦力矩；M_k 为空转力矩，即克服空转时的摩擦力矩；M_d 为轧辊速度变化时的动力矩。

组成转动轧辊力矩的前三项称为静力矩，即指轧辊作匀速转动时所需力矩。这三项对任何轧机都是必不可少的。在一般情况下，轧制力矩为最大，只有在旧式轧机上，由于轴承中的摩擦损失过大，有时附加摩擦力矩才有可能大于轧制力矩。在静力矩中，轧制力矩是有效部分，附加摩擦力矩和空转力矩是由于轧机零件和机构的不完善引起的有害力矩。

换算到主电动机轴上的轧制力矩与静力矩之比的百分数称为轧机的效率，其计算式为

$$\eta = \frac{\dfrac{M_z}{i}}{\dfrac{M_z}{i} + M_m + M_k} \times 100\% \qquad (5-2)$$

随轧制方法和轧机结构的不同（主要是轧机轴承构造），轧机的效率在很大的范围内波动，即 $\eta = 50\% \sim 95\%$。

动力矩只产生在轧辊不均匀转动时，如可调速的可逆式轧机，当轧制速度变化时，便产生克服惯性力的动力矩，其数值可由下式确定：

$$M_d = \frac{GD^2}{375} \frac{dn}{dt} \qquad (5-3)$$

式中，G 为转动部分的质量；D 为惯性直径；$\dfrac{dn}{dt}$ 为角加速度。

在转动轧辊所需力矩中，轧制力矩是最主要的。确定轧制力矩常用两种方法：按轧制力计算和利用能耗曲线计算。前者对板带材等矩形断面轧件计算较精确，后者用于计算各种非矩形断面轧件的轧制力矩。

5.2 辊系受力分析

5.2.1 简单轧制情况下辊系受力分析

在简单轧制情况下,作用于轧辊上的合力方向如图5-1所示,即轧件给轧辊的合力 P 的方向与两辊连心线平行,上下辊的 P 大小相等,方向相反。那么传动一个轧辊所需力矩应为

$$M_{1,2} = Pa \tag{5-4}$$

或

$$M_{1,2} = P\frac{D}{2}\sin\varphi \tag{5-5}$$

式中, a 为合力 P 到轧辊轴线的力臂; φ 为合力 P 作用点对应的圆心角; D 为轧辊直径。

传动两个轧辊所需力矩为

$$M = 2Pa \tag{5-6}$$

5.2.2 单辊驱动时辊系受力分析

单辊驱动通常用于叠轧薄板轧机,或者当二辊驱动轧制时,一个轧辊的传动轴损坏或电机发生故障时都可以出现这种情况。

在下辊驱动的情况下,轧件对上辊作用的合力若为 P_1,忽略上轧辊轴承的摩擦,因为上辊为非驱动辊且均匀转动,这只有在该辊上所有作用力对轧辊轴心力矩之和等于零时才可能,则 P_1 的方向应指向轧辊轴心,如图5-2所示。根据原始条件,轧件所受之力来自轧辊,轧辊均匀运动,下辊合力 P_2 应与 P_1 平衡,这只有在 P_2 与 P_1 大小相等($P_1 = P_2 = P$),且作用于一直线上而方向相反的情况下才有可能。下辊为驱动辊,其传动所需力矩可用力与力臂的乘积表示,即

$$M_2 = Pa_2 \tag{5-7}$$
$$a_2 = (D+h)\sin\varphi \tag{5-8}$$

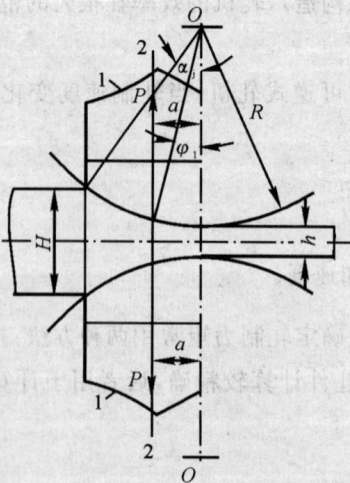

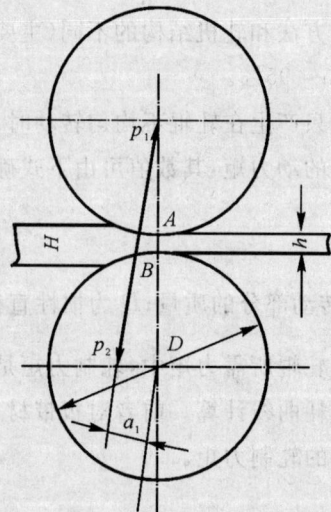

图5-1 简单轧制时作用于轧辊上的力的方向　　图5-2 下辊单独驱动时轧辊上力的方向
1—单位压力曲线; 2—单位压力图形重心线

5.2.3 具有张力作用时的辊系受力分析

假设带张力轧制进行条件与简单轧制过程相同,只是在轧件入口和出口处作用有张力 Q_H 和 Q_h,如图 5-3 所示。如果前张力 Q_h 大于后张力 Q_H,此时作用在轧件上的所有力为了达到平衡,轧辊对轧件合压力的水平分量之和必须等于两张力之差,即

$$2P\sin\theta = Q_h - Q_H \tag{5-9}$$

由此可以看出,在轧件上作用有张力轧制时,只有当 $Q_h = Q_H$ 时,轧件给轧辊的合压力 P 才是垂直的,在大多数情况下 $Q_h \neq Q_H$,合力的水平分量不可能为零。当 $Q_h > Q_H$ 时,轧件给轧辊的合压力 P 朝轧制方向偏斜一个 θ 角,如图 5-3(a)所示。当 $Q_h < Q_H$ 时,则 P 向轧制的反方向偏斜一个 θ 角,θ 角可根据式(5-9)求出,即

$$\theta = \arcsin\frac{Q_h - Q_H}{2P} \tag{5-10}$$

所以,当 $Q_h > Q_H$ 时,传动两个轧辊所需力矩(轧制力矩)为

$$M = 2Pa = PD\sin(\varphi - \theta) \tag{5-11}$$

由式(5-11)可看出,随 θ 角增加,传动两个轧辊所需力矩减小,当 θ 角增加到 $\theta = \varphi$ 时,$M = 0$,此时力 P 通过轧辊中心,整个轧制过程仅靠前张力来完成,更确切地说,是靠 $Q_h - Q_H$ 值来完成的,相当于空转轧辊组成的拉拔过程。

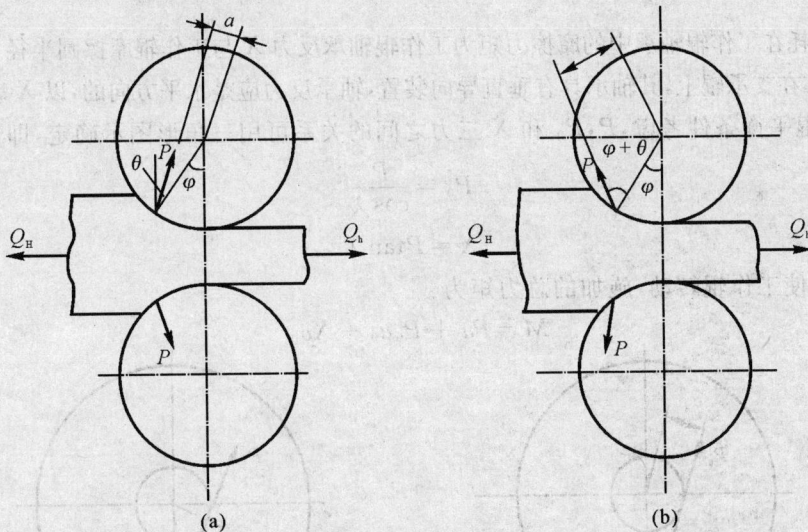

图 5-3 有张力时作用在轧辊上的力的方向

5.2.4 四辊轧机辊系受力分析

四辊轧机受力情况有两种,一种是电动机驱动两个工作辊;一种是电动机驱动两个支承辊。下面研究驱动两个工作辊时的受力情况,如图 5-4 所示。工作辊要克服下列力矩才能传动。

首先是轧制力矩,它与二辊式的情况完全相同,由总压力 P 与力臂的乘积确定,即 $M_z = Pa$。

其次是为使支承辊传动所施加的力矩,因为支承辊是不驱动的,工作辊给支承辊的合压力 P_0 应与其轴承摩擦圆相切,以便平衡于与同一圆相切的轴承反作用力。如果忽略滚动摩擦,可以认为 P_0 的作用点在两轧辊的连心线上,如图 5 - 4(a)所示。当考虑滚动摩擦时,P_0 的作用点将离开两轧辊的连心线,并向轧件运动方向移动一个滚动摩擦力臂 m 的数值,如图 5 - 4(b)所示。使支承辊传动的力矩为 $M_支 = P_0 a_0$。而

$$a_0 = \frac{D_工}{2} \sin \lambda + m \tag{5-12}$$

式中,$D_工$ 为工作辊辊身直径;λ 为力 P_0 与轧辊连心线之间的夹角;m 为滚动摩擦力臂,一般 $m = 0.1 \sim 0.3$ mm。

$$\sin \lambda = \frac{\varrho_支 + m}{\dfrac{D_支}{2}} \tag{5-13}$$

式中,$D_支$ 为支承辊辊身直径;$\rho_支$ 为支承辊轴承摩擦圆半径。

所以

$$P_0 a_0 = P_0 \left(\frac{D_工}{2} \sin \lambda + m \right) = P_0 \left[\frac{D_工}{D_支} \varrho_支 + m \left(1 + \frac{D_工}{D_支} \right) \right] \tag{5-14}$$

式中,等号右边第一项相当于支承辊轴中的摩擦损失,第二项是工作辊沿支承辊滚动的摩擦损失。

另外,消耗在工作辊轴承中的摩擦力矩为工作辊轴承反力 X 与工作辊摩擦圆半径 $\rho_工$ 的乘积。因为工作辊靠在支承辊上,其轴承具有垂直导向装置,轴承反力应是水平方向的,以 X 表示。

从工作辊平衡条件考虑,P,P_0 和 X 三力之间的关系可用三角形图示确定,即

$$P_0 = \frac{P}{\cos \lambda} \tag{5-15}$$

$$X = P \tan \lambda \tag{5-16}$$

显然,要使工作辊转动,施加的总力矩为

$$M = Pa + P_0 a_0 + X \rho_工 \tag{5-17}$$

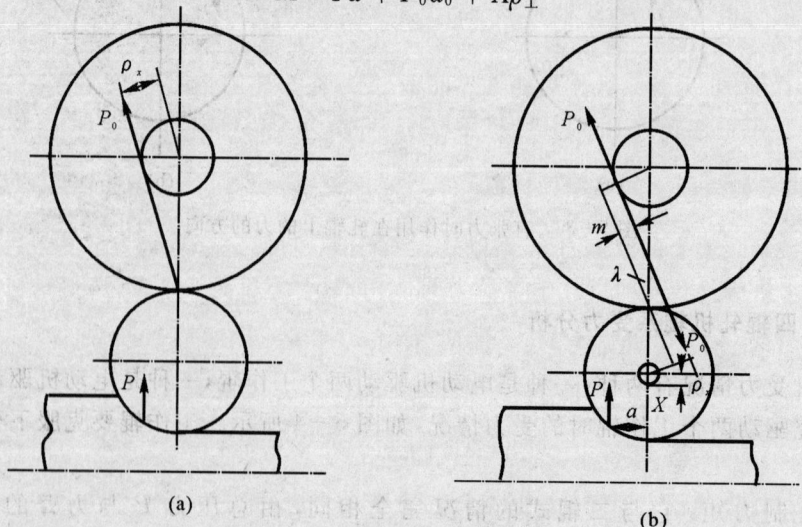

(a)

(b)

图 5 - 4 驱动工作辊时四辊轧机受力分析

5.3 轧制力矩的确定

5.3.1 按轧制力计算

该法是用轧件对轧辊的垂直压力 P 乘以力臂 a（见图 5-1），即

$$M_{z1} = M_{z2} = Pa = \int_0^l x(p_x \pm \tau_x \tan \varphi) \mathrm{d}x \qquad (5-18)$$

式中，M_{z1}，M_{z2} 为上、下轧辊的轧制力矩。

因为摩擦力在垂直方向上的分力相比很小，可以忽略。所以有

$$a = \frac{\int_0^l x p_x \mathrm{d}x}{P} = \frac{\int_0^l x p_x \mathrm{d}x}{\int_0^l p_x \mathrm{d}x} \qquad (5-19)$$

从式(5-19)可看出，力臂 a 实际上等于单位压力图形的重心到轧辊中心连线的距离。为了消除几何因素对力臂 a 的影响，通常不直接确定出力臂 a，而是通过确定力臂系数 ψ 的方法来确定，即

$$\psi = \frac{\varphi_1}{a_j} = \frac{a}{l_j} \quad \text{或} \quad a = \psi l_j$$

式中，φ_1 为合压力作用角，如图 5-5 所示；a_j 为接触角；l_j 为接触弧长度。

因此，简单轧制时，转动两个轧辊所需的轧制力矩为

$$M_z = 2Pa = 2P\psi l_j \qquad (5-20)$$

式中的轧制力臂系数 ψ 可根据大量实验数据统计，例如热轧铸锭时，$\psi=0.55\sim0.60$；热轧板带时，$\psi=0.42\sim0.50$；冷轧板带时，$\psi=0.33\sim0.42$。另外，E.C.洛克强和 T.瓦尔可维斯特等在实验机上进行了实验研究，结果表明：① 力臂系数 ψ 取决于比值 $\frac{l}{h}$，随着 $\frac{l}{h}$ 的增大，ψ 减小，轧制初轧坯时由 0.55 减小至 $0.35\sim0.3$，在热轧铝合金时由 0.55 减小到 0.45。② 钢种不同，轧件厚度不同，ψ 均有变化。对于低碳钢，$\psi=0.34\sim0.47$，对高碳钢及其他钢种，ψ 的变化范围较大。如对含碳 1.03% 的碳钢，$\psi=0.3\sim0.49$，对高速钢（W17.8%，Cr4.65%），$\psi=0.28\sim0.56$。在美国，力臂系数在热轧方坯时取 0.5，在热轧圆钢时取 0.6，在闭式孔型中轧制时取 0.7，在热带钢连轧机上，前几个机座取 0.48，后几个机座取 0.39。

5.3.2 按接触表面上的摩擦力计算

该法是用接触表面上的摩擦力 τ_x 乘以轧辊半径 R（见图(5-5)）。为了便于后面应用，在计算摩擦力时考虑弹性压扁时的轧辊半径为 R'，并取轧件宽度为 1 个单位，则轧制力矩为

$$M_{z1} = M_{z2} = \int_\gamma^a R\tau_x R' \mathrm{d}\varphi - \int_0^\gamma R\tau_x R' \mathrm{d}\varphi$$

或

$$M_{z1} = M_{z2} = RR'\left\{\int_\gamma^a \tau_x \mathrm{d}\varphi - \int_0^\gamma \tau_x \mathrm{d}\varphi\right\} \qquad (5-21)$$

如果轧件与轧辊接触表面间的摩擦规律按全滑动考虑，即 $\tau_x = fp_x$，则有

$$M_{z1} = RR'\left\{\int_\gamma^a fp_x \mathrm{d}\varphi - \int_0^\gamma fp_x \mathrm{d}\varphi\right\} = fRR'\left\{\int_\gamma^a p_x \mathrm{d}\varphi - \int_0^\gamma p_x \mathrm{d}\varphi\right\} \qquad (5-22)$$

如果按全黏着考虑,即 $\tau_x = \dfrac{K}{2}$,则有

$$M_{z1} = RR' \left\{ \int_\gamma^a \frac{K}{2} \mathrm{d}\varphi - \int_0^\gamma \frac{K}{2} \mathrm{d}\varphi \right\} = KRR' \left(\frac{a}{2} - \gamma \right) \tag{5-23}$$

如果按混合摩擦规律考虑,即滑动区 $\tau_x = fp_x$,黏着区 $\tau_x = \dfrac{K}{2}$,则有

$$M_{z1} = fRR' \left\{ \int_{\varphi_2}^a p_x \mathrm{d}\varphi - \int_0^{\varphi_1} p_x \mathrm{d}\varphi \right\} + \frac{K}{2} RR' \left\{ \int_{\varphi_2}^{\varphi_1} \mathrm{d}\varphi - \int_\gamma^{\varphi_1} \mathrm{d}\varphi \right\} \tag{5-24}$$

式中,φ_1 为在出辊方向黏着区与滑动区分界角;φ_2 为在入辊方向黏着区与滑动区分界角。

按接触表面摩擦力计算轧制力矩的公式有西姆斯公式和勃朗特-福特公式。

1. 西姆斯公式

西姆斯是按全黏着考虑摩擦规律的,此时单位宽度的轧制力矩为

$$M_{z1} = KRR' f\left(\frac{R'}{h_1}, \frac{\Delta h}{h_0} \right) \tag{5-25}$$

把式(5-23)和式(5-25)相比较便可确定函数 $f\left(\dfrac{R'}{h_1}, \dfrac{\Delta h}{h_0} \right)$ 的值。

$$f\left(\frac{R'}{h_1}, \frac{\Delta h}{h_0} \right) = \frac{a}{2} - \gamma \tag{5-26}$$

西姆斯将式(5-25)绘成如图 5-6 所示的图形。根据 $\dfrac{R'}{h_1}$ 和 $\dfrac{\Delta h}{h_0}$ 可以从图中直接查出 $f\left(\dfrac{R'}{h_1}, \dfrac{\Delta h}{h_0} \right)$ 的值。

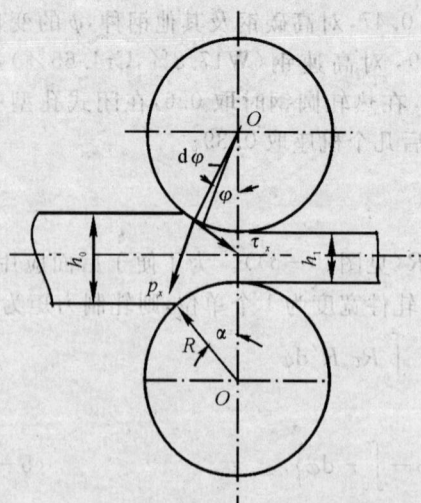

图 5-5　按摩擦力计算轧制力矩

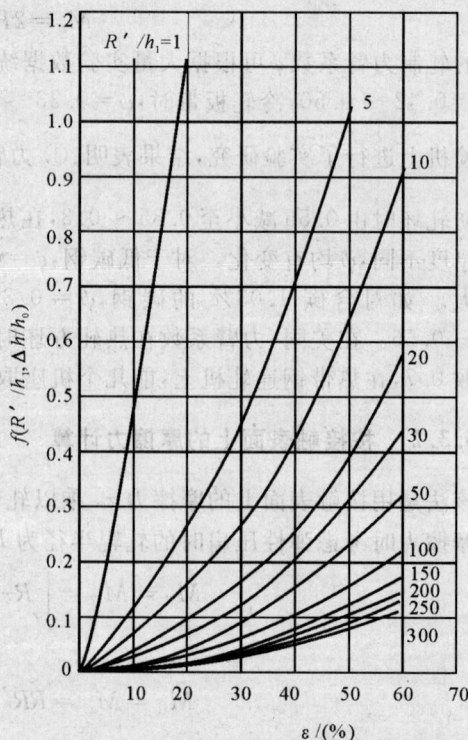

图 5-6　$f\left(\dfrac{R'}{h_1}, \dfrac{\Delta h}{h_0} \right)$ 与 $\dfrac{R'}{h_1}$ 和 ε 的关系

2. 勃兰特-福特公式

福特等把接触表面间的摩擦规律按全滑动来考虑，并且考虑有张力条件下的轧制力矩公式。轧制时轧件的水平力平衡条件为 $\sum x = 0$，则

$$2\left\{\int_0^a p_x R' \mathrm{d}\varphi \sin\varphi - \int_\gamma^a \tau_x R' \mathrm{d}\varphi \cos\varphi + \int_0^\gamma \tau_x R' \mathrm{d}\varphi \cos\varphi\right\} - (Q_1 - Q_0) = 0$$

所以

$$Q_1 - Q_0 = 2R'\left\{\int_0^a p_x \sin\varphi \mathrm{d}\varphi - \int_\gamma^a \tau_x \cos\varphi \mathrm{d}\varphi + \int_0^\gamma \tau_x \cos\varphi \mathrm{d}\varphi\right\}$$

如果取 $\cos\varphi \approx 1, \sin\varphi \approx \varphi, \tau_x \approx f p_x$，则上式变为

$$Q_1 - Q_0 = 2R'\left\{\int_0^a p_x \varphi \mathrm{d}\varphi - f\left(\int_\gamma^a p_x \mathrm{d}\varphi - \int_0^\gamma p_x \mathrm{d}\varphi\right)\right\}$$

因此

$$f\left(\int_\gamma^a p_x \mathrm{d}\varphi - \int_0^\gamma p_x \mathrm{d}\varphi\right) = \int_0^a p_x \varphi \mathrm{d}\varphi - \frac{Q_1 - Q_0}{2R'} \tag{5-27}$$

将式(5-27)的等号两边同乘以 RR'，得

$$fRR'\left(\int_\gamma^a p_x \mathrm{d}\varphi - \int_0^\gamma p_x \mathrm{d}\varphi\right) = RR'\left(\int_0^a p_x \varphi \mathrm{d}\varphi - \frac{Q_1 - Q_0}{2R'}\right) \tag{5-28}$$

把式(5-28)代入式(5-22)，得

$$M_{z1} = RR'\left(\int_0^a p_x \varphi \mathrm{d}\varphi - \frac{Q_1 - Q_0}{2R'}\right) \tag{5-29}$$

将式(5-29)中的单位压力 p_x 用勃兰特-福特单位压力公式代入，便得张力轧制时单位宽度的轧制力矩为

$$M_{z1} = RR'K\left(1 - \frac{q_0}{K}\right)\left\{\int_0^\gamma \frac{h_x}{h_1}\mathrm{e}^{f(H)}\varphi \mathrm{d}\varphi - \int_\gamma^a \frac{h_x}{h_1}\mathrm{e}^{f(H_1 - H)}\varphi \mathrm{d}\varphi\right\} - \frac{R}{l}(Q_i - Q_0)$$

取 $Q_0 = q_0 h_0, Q = q_1 h_1$，将上式积分后得

$$M_z = RK\Delta h\left(1 - \frac{q_0}{K}\right)f_5(a, \varepsilon, b) - \frac{R}{2}(q_1 h_1 - q_0 h_0) \tag{5-30}$$

为了能够直接按式(5-30)计算，福特等把函数 $f_5(a, \varepsilon, b)$ 绘成曲线，如图 5-7 所示。根据 a, ε 和 b 便可从图中查出函数 $f_5(a, \varepsilon, b)$ 之值，图中的 $B = \ln b$。

与轧制力计算公式一样，西姆斯轧制力矩公式适用于热轧，勃兰特-福特公式适用于冷轧。这两个公式计算出的轧制力矩均为一个轧辊的轧制力矩，总轧制力矩应是它的 2 倍。

5.3.3　轧辊弹性压扁时的轧制力矩

由于轧辊发生弹性压扁，轧制力臂 a 与轧辊未压扁时是不同的。实践证明，这时合压力作用点在压扁弧中点附近(见图 5-8)。

假设合压力作用点在压扁弧的中点上，则力臂，即合压力作用点到轧辊中心连线的距离为

$$a = \frac{l'}{2} - x_0 = \frac{1}{2}\left(\sqrt{R\Delta h + x_0^2} + x_0\right) - x_0 = \frac{1}{2}\left(\sqrt{R\Delta h + x_0^2} - x_0\right)$$

整理后，得

$$M_z = \overline{P}bR\Delta h \tag{5-31}$$

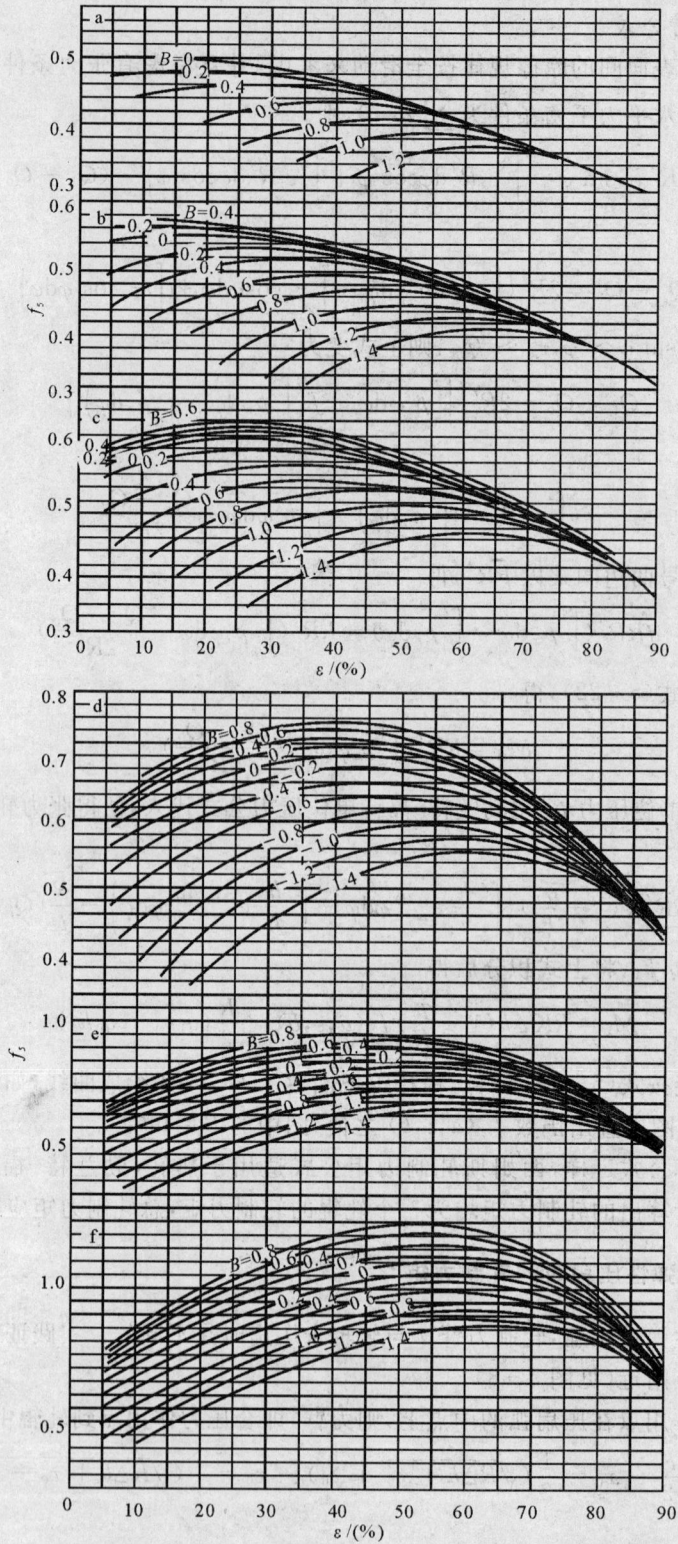

图 5-7 $f_5(a,\varepsilon,b)$ 与 a,ε 和 B 的关系

$a-a=0.5; b-a=0.75; c-a=1.0; d-a=1.5; e-a=2.0; f-a=2.5$

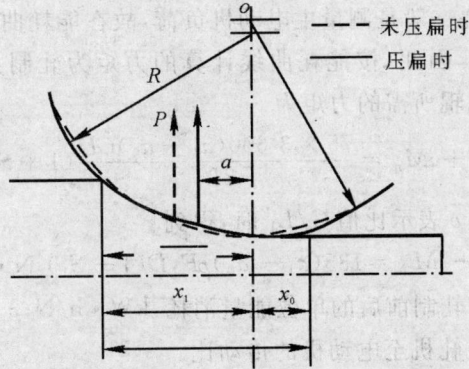

图 5-8 轧辊压扁时合压力作用点位置

5.3.4 按能量消耗曲线确定轧制力矩

轧制时所消耗的功 A 与轧制力矩 M_z 之间的关系可表示为

$$M_z = \frac{A}{\varphi} = A \frac{D}{2} \frac{1+S_1}{L_1} \qquad (\varphi = \frac{2L_1}{D(1+S_1)}) \tag{5-32}$$

式中，φ 为金属通过轧辊的时间内轧辊的转角；D 为轧辊直径；S_1 为前滑值；L_1 为从轧辊出来的金属长度。

在实际生产中，轧制功 A 常常通过实验确定，即测定主电动机在轧制某一产品时消耗的总能量和每一道次消耗的能量，一般以曲线形式给出这些测定数据。这种曲线表示一吨产品的能量消耗与总延伸系数的关系，或者表示一吨产品的能量消耗与轧件厚度减小的关系，这类曲线叫做能耗曲线（见图 5-9）。根据此图，轧件每通过一道时单位能耗等于两纵坐标 a_1 与 a_0 之差。因此，在每道中每吨产品的能量消耗为 $(a_1 - a_0)$ kW·h/N。

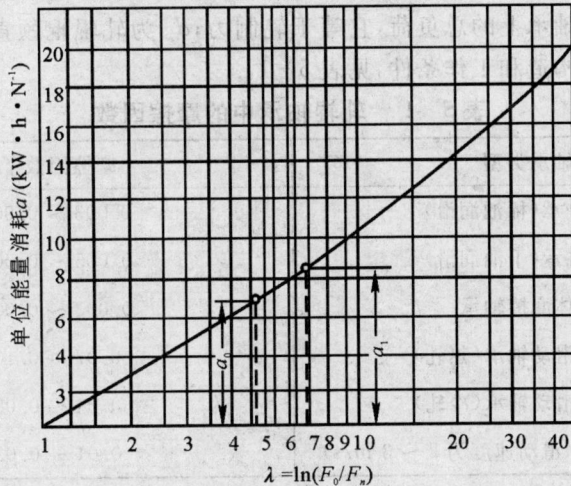

图 5-9 能耗曲线

本道次中消耗的总功为

$$A = 75 \times 3\,600(a_1 - a_0)G \text{ (kW·h)} \tag{5-33}$$

式中，G 为轧件质量，t。

因为轧制时的能量消耗一般是测量主电动机负荷,故在能耗曲线中还包括轧机轴承和传动机构等摩擦消耗的能量。因此,按能耗曲线计算的力矩为轧制力矩和附加摩擦力矩的总和。按式(5-33)得转动轧辊所需的力矩为

$$M_z + iM_m = \frac{75 \times 3\ 600(a_1 - a_0)GD}{2L_1}(1 + S_1) \qquad (5-34)$$

用轧件的断面积 F_1 和密度 ρ 表示比值 G/L_1 时,得到

$$M_z + iM_m = 135(a_1 - a_0)\rho F_1 D(1 + S_1)\ \text{N} \cdot \text{m} \qquad (5-35)$$

式中,$a_1 - a_0$ 为所计算道次轧制前后的单位能量消耗,kW·h/N;ρ 为轧件密度,t/m³;F_1 为轧件轧后断面面积,m²;i 为从轧机至电动机的传动比。

如果忽略前滑 S_1,则得

$$M_z + iM_m = 135(a_1 - a_0)\rho F_1 D \qquad (5-36)$$

由于能耗曲线是在现有的一定轧机上,在一定的温度、速度条件下,对一定规格的产品和钢种测得的,所以,实际用能耗计算轧制力矩时所采用的能耗曲线,应该最接近所计算的轧制条件(包括轧件的材质、轧件断面形状和尺寸,以及轧机的结构、轴承的型式、轧制温度及轧制过程等),否则将会出现很大误差。

5.4 附加摩擦力矩的确定

所谓附加摩擦力矩,是指克服摩擦力所需的力矩,此摩擦力是轧件通过轧辊时在轧机传动机构和轧辊轴承中产生的。组成附加摩擦力的主要部分是轧辊轴承中的摩擦力矩。对上下两个轧辊(共四个轴承)而言,此力矩值为

$$M_{m1} = \left(\frac{P}{2} \cdot \frac{d_1}{2}f_1\right) \times 4 = Pd_1f_1 \qquad (5-37)$$

式中,P 为作用在四个轴承上的总负荷,它等于轧制力;d_1 为轧辊辊颈直径;f_1 为轧辊轴承摩擦因数,它取决于轴承构造和工作条件,见表5-1。

表 5-1 轧辊轴承中的摩擦因数

轴承类型	摩擦因数 f_1
滚动轴承(稀油润滑)	0.003 ~ 0.004
滚动轴承(干油润滑)	0.005 ~ 0.008
液体摩擦轴承	0.003 ~ 0.005
金属衬滑动轴承(热轧)	0.07 ~ 0.10
金属衬滑动轴承(冷轧)	0.04 ~ 0.08
胶木衬滑动轴承(滑动速度为 2 ~ 3 m/s)	0.01 ~ 0.02

组成附加摩擦力矩的第二部分是轧机传动机构中的摩擦力矩,即减速机座、齿轮机座中的摩擦力矩。这个力矩一般根据传动效率便可确定,即

$$M_{m2} = \left(\frac{1}{\eta_1} - 1\right)\frac{M_z + M_{m1}}{i} \qquad (5-38)$$

式中，M_{m2} 为换算到主电动机轴上传动机构的摩擦力矩；η_1 为传动机构的效率，即从主电动机到轧机的传动效率，见表 5-2；M_z 为轧制力矩；M_{m1} 为轧辊轴承的摩擦力矩；i 为传动机构的传动比。

换算到主电动机轴上的附加摩擦力矩应为

$$M_m = \frac{M_{m1}}{i} + M_{m2} \tag{5-39}$$

或

$$M_m = \frac{M_{m1}}{i\eta_1} + (\frac{1}{\eta_1} - 1)\frac{M_z}{i} \tag{5-40}$$

对于四辊轧机其附加摩擦力矩等于式（5-40）中等号左边的第一项乘以工作辊和支承辊间的传动比，即

$$M_m = \frac{M_{m1}}{i\eta_1} \cdot \frac{D_1}{D_2} + (\frac{1}{\eta_1} - 1)\frac{M_z}{i} \tag{5-41}$$

式中，D_1，D_2 分别为工作辊和支承辊直径。

表 5-2　传动机构的效率 η_1

传动方式	η_1
梅花接轴	$0.94 \sim 0.96$
万向接轴	
倾角 $\theta \ll 3°$	$0.96 \sim 0.98$
$\theta \gg 3°$	$0.94 \sim 0.96$
考虑主机轴损失的多级减速机	$0.92 \sim 0.94$
皮带传动效率	$0.85 \sim 0.90$
一级齿轮传动	$0.95 \sim 0.98$

5.5　空转力矩的确定

空转力矩是指在空转时转动轧机一系列零件（轧辊、接轴、联轴器和齿轮等）所需的力矩，一般是根据转动的零件种类和重量及其轴承中的摩擦圆半径来计算。但由于这些转动的零件重量、轴承直径和摩擦因数以及它们转速不同，所以空转力矩应等于换算到主电动机轴上的转动每一个零件所需的力矩之和，即

$$M_k = \sum M_{k^n}$$

式中，M_{k^n} 为换算到主电动机轴上的转动每一个零件所需的力矩。

如果用零件在轴承中的摩擦圆半径与力来表示 M_{k^n}，则有

$$M_{k^n} = \frac{G_n f_n d_n}{2i_n}, \quad M_k = \sum M_{k^n} = \sum \frac{G_n f_n d_n}{2i_n} \tag{5-42}$$

式中，G_n 为零件的质量；f_n 为轴承中的摩擦因数；d_n 为辊颈直径；i_n 为主电动机与零件的传动比。

实际上，按式（5-42）计算空转力矩是很复杂的，通常还可按经验办法确定：

$$M_k = (0.03 \sim 0.05)M_e$$

式中，M_e 为主电动机额定转矩，对新式轧机系数可取下限，对旧式轧机系数可取上限。

5.6　静负荷图

为了校核和选择主电动机，以及计算轧机各部件强度，除了知道力矩的数值外，还需要知道力矩随时间的变化，这样就需要绘制图形。把力矩随时间变化的图称静负荷图。要画出静负荷图，首先要确定轧件在整个轧制时间内的传动静负荷（静力矩），其次确定各道次的轧制时间和间歇时间。

如前面所指出的，静力矩由下面三项组成：

$$M_j = \frac{M_z}{i} + M_m + M_k$$

每一道次的轧制时间 t_n，可由下式确定：

$$t_n = \frac{L_n}{\overline{v}_n}$$

式中，L_n 为轧件轧后长度；$\overline{v}_n$ 为轧件出辊平均速度，忽略前滑时，它等于轧辊圆周速度。

两道次间的间歇时间，可根据轧件送入轧辊所必须完成的各个动作（沿辊道的运送、轧辊的抬起与下降、轧机的逆转等）的时间来计算。

静负荷图的绘制，就是要画出一个轧制周期内负荷随时间的变化。一个轧制周期是指轧件从第一道次进入轧辊到最后一道离开轧辊和下一个轧件开轧时为止，经过这样一个轧制周期，负荷随时间的变化规律又重新出现。

一个轧制周期所需的时间为

$$t = \sum t_n + \sum t'_n$$

式中，$\sum t_n$ 为在一个轧制周期内的轧制时间之和；$\sum t'_n$ 为在一个轧制周期内轧制道次间的间歇时间之和。如图 5-10 所示给出了两类基本的静负荷图。

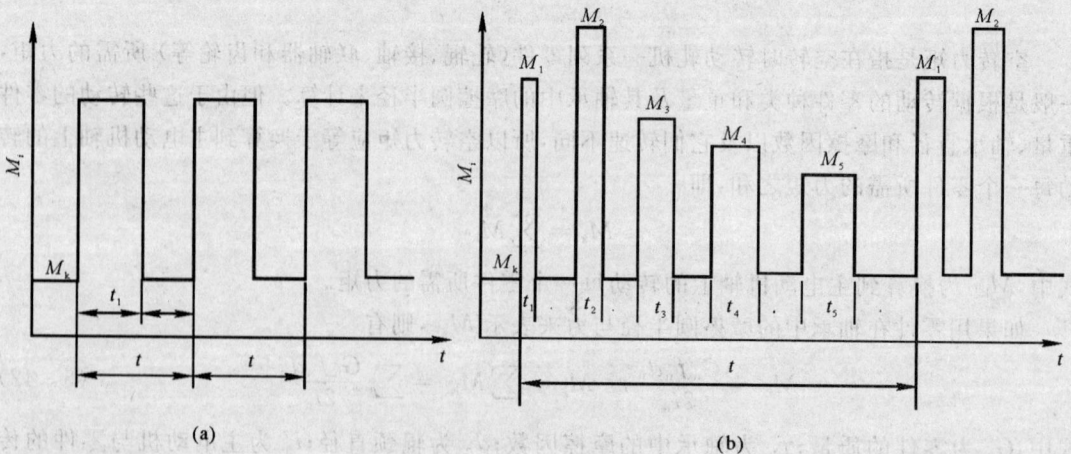

图 5-10　静负荷图
(a) 一个轧件只轧一道；(b) 一个轧件轧五道

5.7 可逆式轧机的负荷图

在可逆式轧机中,轧制过程是这样进行的:轧辊在低速下咬入轧件,然后提高轧制速度进行轧制,而在即将轧完时,又降低轧制速度,实现低速抛出(见图 5-11(a))。因此轧件通过轧辊的时间由三部分组成:加速时间、稳定轧制时间和减速时间。由于轧制速度在轧制过程中是变化的,所以负荷图必须考虑动力矩 M_d,此时负荷图是由静负荷与动负荷组合而成(见图 5-11(d))。

如果主电动机在加速期的加速度用 ω_a 表示,在减速期用 ω_b 表示,在各段时间内的转动总力矩可按下面公式计算。

咬入后加速期

$$M_2 = M_j + M_d = \frac{M_z}{i} + M_m + M_k + \frac{GD^2}{375}\omega_a \tag{5-43}$$

稳定速度期

$$M_3 = M_j = \frac{M_z}{i} + M_m + M_k \tag{5-44}$$

减速期

$$M_4 = M_j - M_d = \frac{M_z}{i} + M_m + M_k - \frac{GD^2}{375}\omega_b \tag{5-45}$$

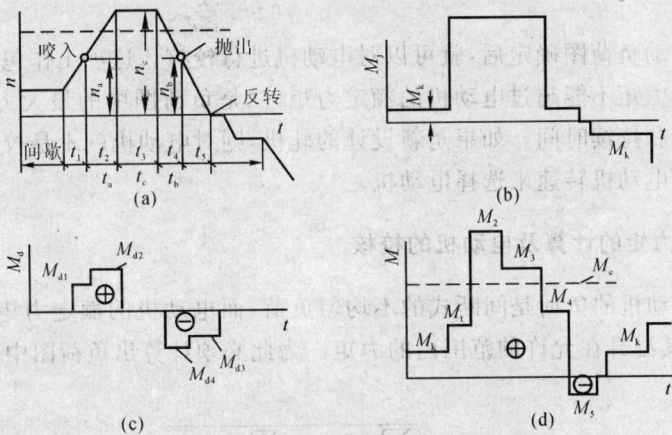

图 5-11 可逆轧机的轧制速度与负荷图

(a)速度图; (b)静负荷图; (c)动负荷图; (d)合成负荷图

同样,可逆式轧机在空转时也分加速期、稳定速度期和减速期。由直流电动机作主传动时,ω_a 和 ω_b 为常数,所以在空转时各轧制期间的总力矩计算如下:

加速期

$$M'_1 = M_k + M_d = M_k + \frac{GD^2}{375}\omega_a \tag{5-46}$$

稳定速度期

$$M'_3 = M_k$$

减速期

$$M_5 = M_k - M_d = M_k - \frac{GD^2}{375}\omega_b \tag{5-47}$$

加速度 ω_a 和 ω_b 的数值取决于主电动机的特性及其控制线路。对于初轧机经常取 $\omega_a = 30 \sim 80 \ \text{r/min}, \omega_b = 60 \sim 120 \ \text{r/min}$。

如果以 t_a, t_c 和 t_b 表示咬入后加速、稳定速度和减速期的时间,则一道次的总时间为

$$t = t_a + t_c + t_b$$

若咬入后加速、稳定速度和减速期轧辊的转速为 n_a, n_c 和 n_b,则有

$$t_a = \frac{n_c - n_a}{\omega_a}; \quad t_b = \frac{n_c - n_b}{\omega_b}$$

稳定速度期的时间根据轧件长度 L_1 而定。如图 5-11(a) 所示的 t_c 为轧件通过轧辊的时间有

$$t_c = \frac{60L_1}{\pi D n_c} - \frac{1}{n_c}\left(\frac{n_a + n_c}{2}t_a + \frac{n_b + n_c}{2}t_b\right) \tag{5-48}$$

空转时加速、减速期的时间为

$$t'_a = \frac{n_a}{\omega_a}, \quad t'_b = \frac{n_b}{\omega_b}$$

根据所计算的各个期间的总力矩和时间,可以绘制可逆式轧机的负荷图(见图 5-11(d))。

5.8　电动机的校核及功率计算

当电动机的传动负荷图确定后,就可以对电动机进行校核。这项工作包括两部分:一是由负荷图计算出等效力矩不能超过电动机的额定力矩;二是负荷图中的最大力矩不能超过电动机的允许过载负荷和持续时间。如果是新设计的轧机,则对电动机就不是校核,而是要根据等效力矩和所要求的电动机转速来选择电动机。

5.8.1　等效力矩的计算及电动机的校核

轧机工作时电动机的负荷是间断式的不均匀负荷,而电动机的额定力矩是指电动机在此负荷下长期工作,其温升在允许的范围内的力矩。为此必须计算出负荷图中的等效力矩,其计算公式为

$$M_{jum} = \sqrt{\frac{\sum M_n^2 t_n + \sum M'^2_n t'_n}{\sum t_n + \sum t'_n}} \tag{5-49}$$

式中,M_{jum} 为等效力矩,$N \cdot m$;$\sum t_n$ 为轧制周期内各段轧制时间的总和,s;$\sum t'_n$ 为轧制周期内各段间歇时间的总和,s;M_n 为各段轧制时间所对应的力矩,$N \cdot m$;M'_n 为对应各段时间的空转力矩,$N \cdot m$。

校核电动机温升条件为

$$M_{jum} \leqslant M_e \tag{5-50}$$

校核电动机的过载条件为

$$M_{max} \leqslant K_G M_e \tag{5-51}$$

式中,M_e 为电动机的额定力矩;K_G 为电动机的允许过载因数,对直流电动机 $K_G = 2.0 \sim 2.5$,

对交流同步电动机 $K_G = 2.5 \sim 3.0$；M_{max} 为轧制周期内最大的力矩。

电动机达到允许最大力矩 $K_G M_e$ 时，其允许持续时间在 15 s 以内，否则电动机温升将超过允许范围。

5.8.2　电动机功率的计算

对于新设计的轧机，需要根据等效力矩计算电动机功率，即

$$N = \frac{1.03 M_{jum} n}{\eta} \ (\text{kW}) \tag{5-52}$$

式中，n 为电动机的转速，r/min；η 为电动机到轧机的传动效率。

5.8.3　超过电动机基本转速时电动机的校核

当实际转速超过电动机的基本转速时，应对超过基本转速部分对应的力矩加以修正，即乘以修正系数。如果此时力矩图为梯形，如图 5-12 所示，则等效力矩为

$$M_{jum} = \sqrt{\frac{M_1^2 + M_1 M + M^2}{3}} \tag{5-53}$$

式中，M_1 为转速未超过基本转速时的力矩；M 为转速超过基本转速时乘以修正系数后的力矩，即

$M = M_1 \dfrac{n}{n_e}$，n 为超过基本转速时的转速，n_e 为电动机的基本转速。

校验电动机过载的条件为

$$\frac{n}{n_e} M_{max} \leqslant K_G M_e \tag{5-54}$$

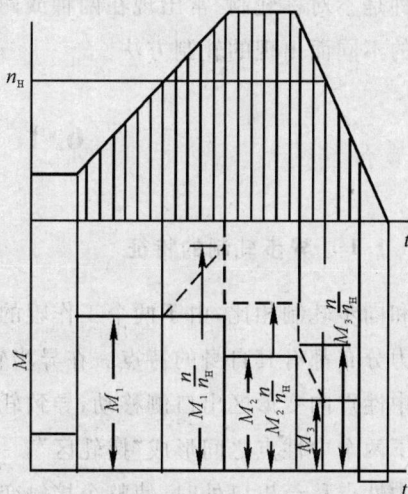

图 5-12　超过基本转速时的力矩修正图

复　习　题

1. 使用能耗曲线时应注意哪些问题？

2. 轧制时张力是如何改变轧制力矩的？是前张力的作用大，还是后张力的作用大，为什么？

3. 有一架二辊轧机，轧辊辊身直径 $D = 470$ mm，辊颈直径 $d = 265$ mm，轴承为滚动轴承，一级齿轮减速，减速比为 $i = 5.564$，在轧制某种钢材时的轧制力 $P = 1\,886$ kN，前张力为 $Q_h = 10.5$ kN，后张力 $Q_H = 0$，合力作用点角度 $\varphi = 4.75°$。求轧制力矩和摩擦力矩。

4. 有一架四辊轧机，工作辊辊身直径 $D_工 = 240$ mm，辊颈直径 $d_工 = 175$ mm，支承辊辊身直径 $D_支 = 455$ mm，辊颈直径 $d_支 = 260$ mm，传动工作辊、轴承皆为滚动轴承，滚动摩擦圆半径为 0.2 mm，在轧制某种钢材时某一道次的压下量为 $\Delta h = 5$ mm，轧制压力 $P = 1\,200$ kN，合力作用点角度为咬入角的一半，求传动工作辊所需力矩。

5. 某 ϕ650 开坯轧机的某个道次轧制力为 $P = 1\,300$ kN，轧辊工作直径 $D = 470$ mm，压下量 $\Delta h = 27.5$ mm，辊颈直径 $d = 380$ mm，轴承为胶木轴瓦，当轧机的传动效率为 $\eta = 0.93$，速比 $i = 4.5$ 时，求该道次的轧制力矩和附加摩擦力矩。

第6章 不对称轧制

根据加工工具的不对称和所加工材料性能的不对称性,不对称轧制可以分为三种情况。第一种是异步轧制,指在轧制过程中有意识地使两个工作辊具有不同的表面线速度。第二种是异径轧制,指在板带生产中,两个工作辊的辊面线速度基本相同,而直径与转速差别较大。第三种是不对称轧制,常出现在两种或两种以上的不同种材料的板的复合轧制中,指由于材料种类的不同而出现的轧制方法。

6.1 异 步 轧 制

6.1.1 异步轧制的特征

和同步轧制相比,由于两个工作辊的线速度不同,异步轧制时变形区金属质点的流动规律和应力分布都有其自身的特点。在异步轧制时,慢速辊侧的中性点向变形区入口侧移动,快速辊侧中性点向变形区出口侧移动,导致轧件与两个工作辊接触区的中性点不对称,这样自然就在上下两个中性点之间形成"搓轧区"。一种极端的状态是当慢速辊中性点移至入口处、快速辊侧中性点移至出口处时,使整个接触变形区成为所谓的"搓轧区",如图6-1所示,此种状态称为全异步轧制(PV)。当然这种情况在实际的生产中根本就不可能出现,这里只是为了形象地说明"搓轧区"。在实际生产中,中性点受到工作辊摩擦力等条件限制,移到出、入口处的条件要求苛刻,所以在生产中很少出现,由此,变形区就出现前、后滑区。这样,变形区就由后滑区、搓轧区和前滑区三部分组成,如图6-2所示,称为不完全异步轧制或半异步轧制(IPV)。

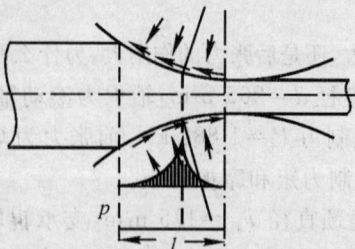

图6-1 搓轧区受力示意图

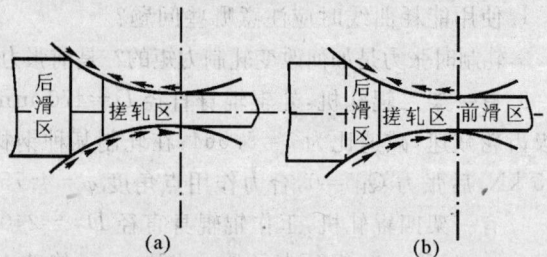

图6-2 变形区状态图
(a) 由后滑区和搓轧区组成; (b) 由后滑区、搓轧区及前滑区组成

变形区内搓轧区、前滑区和后滑区的大小主要取决于异速比(快速辊与慢速辊线速度之比)、轧件的道次延伸系数 μ 和轧件在慢速辊侧的前滑值。由于在不同的情况下,各区域在变形区内所占比例不同,为了简便计算可以把所占比例极小的区域忽略。

设 v 为普通轧制时轧辊的圆周速度；v_1 为异步轧制时快速辊的圆周速度，v_2 为异步轧制时慢速辊的圆周速度，v_θ 为轧件的水平速度。完全异步轧制时，对快速辊 $v_\theta < v_1 \cos\theta$，$v_0 = v_1$；对慢速辊 $v_\theta > v_2 \cos\theta$，$v_a = v_2 \cos a$（见图6-3）；不完全异步轧制时，对前滑区 $v_\theta > v_1 \cos\theta$，对后滑区 $v_\theta < v_2\cos\theta < v_1 \cos\theta$；对搓轧区快速辊 $v_\theta < v_1 \cos\theta$，$v_{\gamma_1} = v_1 \cos\gamma_1$；对搓轧区慢速辊 $v_{\gamma_2} = v_2 \cos\gamma_2$（见图6-4）。

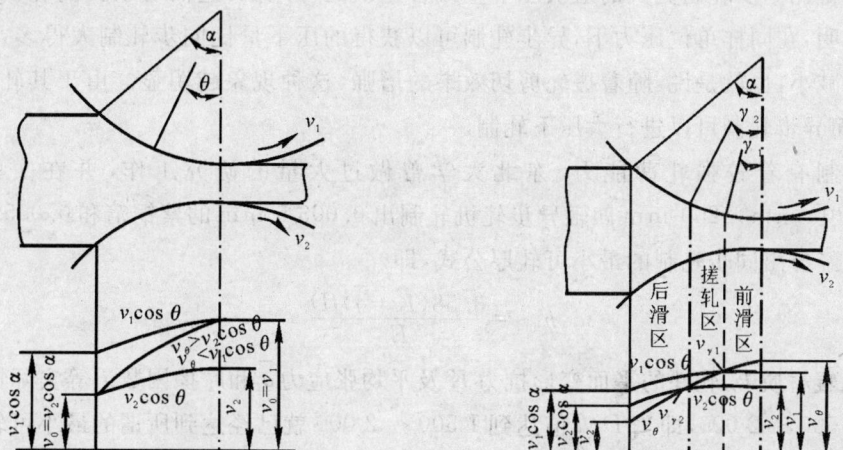

图6-3 全异步轧制时水平速度与辊速的关系　图6-4 不完全异步轧制时水平速度与辊速的关系

6.1.2 异步轧制压力的计算

由于异步轧制时变形区内存在着搓轧区，改变了变形区内金属受力状态，和同步轧制相比异步轧制的变形区内三向压应力状态减轻了，有利于变形的切应力状态加强了，这样一来平均单位压力减小了，从而使总轧制压力降低。大致有如下规律：在延伸系数一定的条件下，异速比越大，搓轧区在接触变形区中所占比例越大，切应力在变形中的作用越大，平均单位压力越小；当延伸系数和速比一定时，随着轧件厚度减小，更有利于变形的渗透，增加轧辊对轧件的搓拉效果，轧制压力降低幅度也就随之增大。变形区平均单位压力公式如下：

（1）当变形区主要由搓轧区组成时，平均单位压力为

$$\overline{p}_{\mathrm{I}} = \frac{K_0 + K_1}{2} - \frac{q_0 + q_1}{2} + \frac{a}{2}\left(\frac{\mu+1}{\mu-1}\right)\ln\mu_0 - a \tag{6-1}$$

式中，K_0，K_1 分别为变形区入、出口平面变形抗力；q_1，q_0 为前、后张力；$a = \sigma_s + b$，其中 b 为硬化指数，σ_s 为材料的屈服强度；$K_x = \sigma_s + b\varepsilon_x$，其中 ε_x 为任意断面处的变形量；$\mu_0 = H_0/H$，其中 H_0 为软态原料的厚度，H 为本道次的轧前厚度；$\mu = H/h$，h 为本道次轧后厚度。

（2）当变形区主要由搓轧区和后滑区两者组成时，平均单位压力为

$$\overline{p}_{\mathrm{II}} = \frac{1}{\mu-1}\left\{(i-1)\left[K_1 - q_1 + \frac{2b}{\mu_0\mu} + \frac{ai}{i-1}\ln i - a - \frac{b(i-1)}{\mu_0\mu}\right] + \right.$$

$$(\mu-i)\left[\frac{a}{\delta} - \frac{2b(\mu+i)}{\mu_0\mu(\delta+1)}\right] + \frac{1}{1-\delta}\left[K_0 - q_0 - \frac{a}{\delta} + \frac{2b}{\mu_0(\delta+1)}\right]\left[\frac{\mu - i\left(\frac{\mu}{i}\right)^\delta}{\mu-i}\right]$$

$$\tag{6-2}$$

式中，i 为异速比，$i = v_1/v_2$；$\delta = \dfrac{2fl}{\Delta h}$；$l$ 为变形区长度。

6.1.3 异步轧制的变形量和轧薄能力

搓轧区的存在使异步轧制时的轧制压力明显降低，因此，在相同的轧制压力下，通过异步轧制可以获得比同步轧制更大的道次压下量或者道次延伸系数，进而可以提高轧机的生产能力。实践证明，在同样单位压力下，异步轧制可以获得的压下量比同步轧制大得多，而且随着轧件厚度的减小，也就是说，随着搓轧剪切效果的增强，这种现象越明显。由于其轧制压力降低明显，从而异步轧制可以进行大压下轧制。

异步轧制有着较强轧薄能力，东北大学曾做过大量的研究工作，并在实验室使用 $\phi 90$ mm$/\phi 200$ mm$\times 200$ mm 四辊异步轧机轧制出 $0.003\,5$ mm 的紫铜箔和 0.005 mm 的钢箔。斯通曾经导出同步轧制的最小可轧厚公式，即

$$h_{min} = \frac{3.58(K - \bar{q})fD}{E}$$

根据轧辊材质 E、轧件的平面变形抗力 K 及平均张应力 $\bar{q}$ 和摩擦因数 f 等实际情况，可算出 $D/h = 1\,500 \sim 2\,000$，即当 D/h 值达到 $1\,500 \sim 2\,000$ 就已经达到所谓的最小可轧厚度，这个数据显然远低于上述东北大学所得的 D/h 值。由此证明，异步轧制的轧薄能力比同步轧制高得多。其轧薄能力强的根本原因是变形区内的搓轧区改变了轧件的应力状态，在搓轧区内有强烈的剪切变形存在，使异步轧制的轧薄能力大幅度提高。由于随着轧件厚度的减小，同步轧制时在变形区内的三向压应力状态越强，异步轧制则可以改变这种应力状态，有利于轧件的延伸变形，所以轧件越薄，其减小轧制压力的作用或效果越明显。

6.1.4 异步轧制的轧制精度

根据异步轧制的穿带及轧制特点的不同，可分为拉直式异步轧制和恒延伸式异步轧制，如图 6-5(a)，(b) 所示。

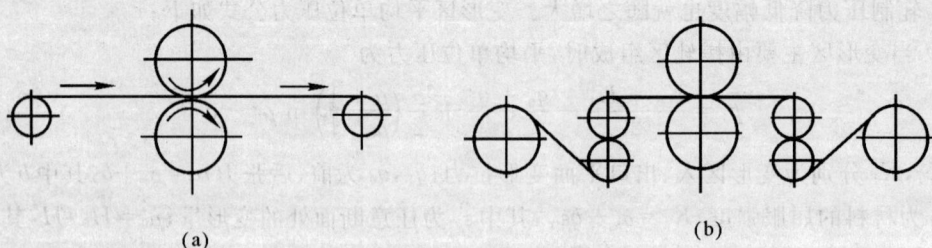

图 6-5   两种典型的异步轧制实现方式
(a) 拉直式； (b) 恒延伸式

1.恒延伸异步轧制的轧制精度

由体积不变定律，在忽略轧件的展宽的情况下，可得

$$\frac{v_{\mathrm{h}}}{v_{\mathrm{H}}} = \frac{H}{h} = \mu \tag{6-3}$$

当带材出口速度 v_h 与入口速度 v_H 比值保持不变,即延伸系数 μ 保持恒定时,可得出

$$\frac{\delta_\mathrm{H}}{H}=\frac{\delta_\mathrm{h}}{h}=C \tag{6-4}$$

$$\frac{\delta_\mathrm{H}}{\delta_\mathrm{h}}=\frac{H}{h}=\mu=C \tag{6-5}$$

由上述公式可明显看出,恒延伸轧制时,随着带材厚度的减小,相对厚度差保持不变,即绝对厚度差成等比例下降。这样一来,恒延伸轧制随着厚度的减小可以明显地提高轧制精度。而在常规轧制中,随着厚度的减小,受轧辊偏心、油膜厚度变化及变形抗力、厚度波动等因素的影响,其相对厚差是变化的。

2. 拉直异步轧制的轧制精度

影响带材轧制精度的主要因素有原料厚度、变形抗力、摩擦因数和轧辊偏心等,而原料厚度的波动是影响产品精度的最主要因素。由板带轧制的 $P-h$ 图得

$$\frac{\delta h}{\delta H}=\frac{1}{K/M+1} \tag{6-8}$$

在同种材料的情况下,由于异步轧制可以大幅度降低轧制压力,所以拉直异步轧制的塑性曲线斜率 M_y 要明显低于同步轧制的塑性曲线斜率 M_t,由式(6-8)可得

$$\frac{\delta h_\mathrm{y}}{\delta H_\mathrm{y}}<\frac{\delta h_\mathrm{t}}{\delta H_\mathrm{t}} \tag{6-9}$$

该式说明在原料厚度波动相同的情况下,异步轧制逐步消除或减轻原料在厚度上不均匀性的能力大于同步轧制,就其本质而言还在于异步轧制的接触变形区内有搓轧区存在。

6.1.5 异步轧制有关的参数的选择

实践证明,要保证异步轧制的稳定运行,异速比 i 不能过大,一般应小于1.4。异速比过大对稳定性不利,轧制过程中可能产生轧机振动现象,使轧件表面有横向的明暗相间的条纹,影响产品质量。因此,在拉直异步轧制中,要保持延伸系数 μ 大于异速比 i。另外,在轧制时,通常应保持前张力大于后张力。

6.2 异 径 轧 制

6.2.1 异径轧制的基本特征及优点

异径轧制(见图6-6)利用一个辊径很小、靠摩擦从属转动的工作辊,由其辊径小,轧件和轧辊的接触面积和单位压力就大幅降低,另外,轧制过程中小工作辊对轧件有楔入作用,在变形区内形成45°剪变形区,两者共同作用,使总的轧制压力和能耗大幅降低。采用大的工作辊来传递轧制力矩和提高咬入能力,同时还可以采用弯辊技术来控制板形。由于这些优点的存在使得异径轧制可在相同的原料和能耗的情况下,增大压下量、减少道次、提高轧机工作效率和轧薄能力,提高产品厚度精度和板形质量。

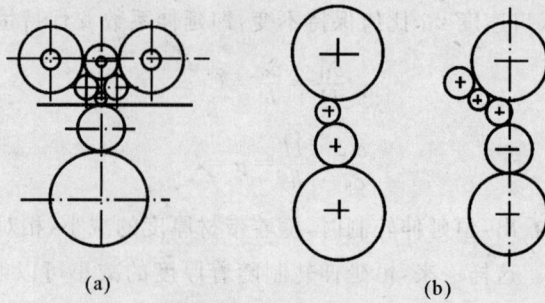

图 6-6 异径轧制示意图

（a）异径多辊式轧机示意图； （b）异径单辊传动示意图

6.2.2 异径轧制原理

异径轧制通过将一个从动的工作辊的直径大幅度减小,实现大幅度降低轧制压力和力矩的效果,及由此带来厚度精度提高、能耗降低的效果。如图 6-7 所示为 $\phi200$ mm 异径 5 辊轧机轧制低碳带钢轧制力的实测与理论曲线。从图中曲线可知,压力下降幅度随异径比值（$D_大 / D_小$）的增大而稳定地增大。和异步轧制相比,异径轧制降低轧制压力效果明显的原因主要在于变形区的长度,由于从动辊的直径大幅度减小和单位轧制压力显著降低使得轧件与轧辊辊面的接触面积大幅度减小,而两者也有相似之处,异步轧制的搓轧区内有剪变形,在异径轧制的变形区内也会出现剪切变形区。在相似的轧制条件下,轧制压下量相同时,异径轧制和对称轧制的变形区长度之比 $l_异 / l_对$ 随异径比值 x 的增大而减小。也就是有

$$l_异 / l_对 = \sqrt{2} / \sqrt{1+x} \qquad (6-10)$$

即随异径比 x 增大,$l_异 / l_对$ 比值减小。当异径比 $x=3$ 时,在同样压下量下,$l_异 = 0.7 l_对$,亦即接触弧长或接触面积减少了 30%。总压力等于接触面积乘单位压力,即使单位压力不变,仅接触面积就已稳定可靠地使总轧制压力下降了 30%。说明在同样单位压力的情况下,随着异径比增大,接触区大幅度减小,和对称轧制相比,可以使轧制压力减小的效果增大。随着异径比增大,小工作辊对轧件的楔入效果也随之增强,这方面还缺乏研究。

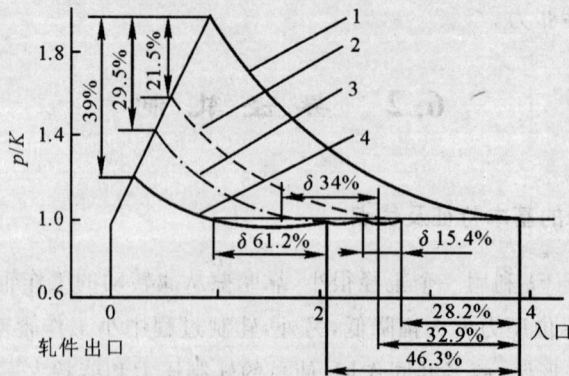

图 6-7 不同异径比值的应力状态系数

工作辊径的减小使变形区长度大幅度减小,使得金属流动的纵向摩擦阻力为之减小,从而大幅削弱了轧制变形区内金属的三向压应力状态,降低了其应力状态系数;减小一个工作辊的

直径,其咬入角增大,进而增大了正压力的水平分量,这又进一步改变了轧件的应力状态,减小了变形区内金属的应力状态系数;异径比增大,可以强化小工作辊对轧件的楔入作用,使应力状态系数进一步降低。

与对称轧制相比,当压下量不变时,异径轧制的大工作辊辊侧的咬入角有所减小($\Delta\alpha_1$),小辊咬入角大大增加($\Delta\alpha_2$),其增加量与减小量之比为

$$\Delta\alpha_2 / \Delta\alpha_1 = \sqrt{2(1+x)} + 1 \qquad (6-11)$$

可见,α_2 角的增加量是 α_1 角减小量的 $1 + \sqrt{2(1+x)}$ 倍。当 $x=3$ 时,$\Delta\alpha_2 = 2.83\Delta\alpha_1$。随异径比 x 的进一步增大,使 α_2 增大,甚至使小辊进入超咬入角轧制状态。此时小工作辊上正压力的水平分量增加大大降低了应力状态系数。这种分析可以通过变形区单位压力分布的计算来进一步从理论上得到证实。根据压力分布公式算出的不同异径比轧制时单位压力分布曲线如图 6-8 所示,由图可见,由于采用异径轧制,不仅单位压力峰值下降了 20% ~ 40%,而且使变形区内很长部分出现了拉应力成分,其应力状态系数小于 1,即其单位压力 p 值甚至比自然抗力 K 还要小。

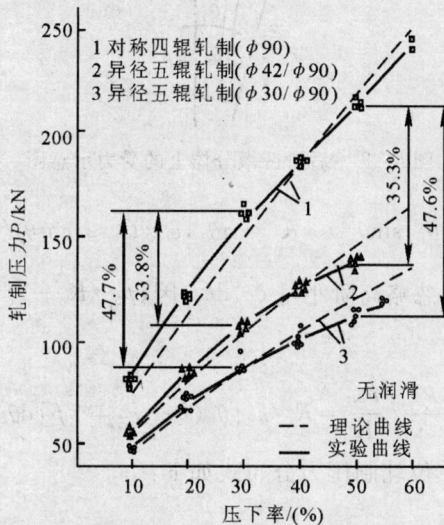

图 6-8 双辊传动不同异径比时轧制压力与压下率的关系

须要指出的是,理论计算和实验结果都表明,在双辊传动异径轧制时两个传动轴所担负传递的力矩并不相等,其中连接大工作辊的传动轴总是担负较小的力矩,其与总力矩的比值总是小于 0.5,在实验条件下,此比值在 0.3 ~ 0.45 之间。这种特点在设计异径轧机设备时应加以考虑。

6.2.3 异径轧制时轧制压力的计算

由于异径轧制比较适合于生产冷轧薄带的场合,可以提高冷轧机的作业能力和产品尺寸精度,降低能耗效果好,一般异径轧制压力计算公式的假设条件是以冷轧生产的条件为基础进行公式推导。

异径轧制时轧制压力的分析计算应考虑到异径的特点。但为便于理论分析,假设冷轧薄带时和两工作辊接触的变形区长度相等;变形区内各断面纵向速度和纵向应力沿轧件厚度均

匀分布;且两辊中性点在同一垂直平面上,即二中性角 γ_1 和 γ_2 所对应的弧长相等;接触面摩擦因数 f 为常数,摩擦力 t 遵从库仑定律,即 $t=fp$(p 为单位正压力);轧辊弹性压扁后仍为圆柱体,其辊径比 x 值不变,即 $x=R_1/R_2=R'_1/R'_2$。按此假设条件依据如图 6-9 所示的力平衡条件,列出力平衡方程式:

$$(\sigma_x+\mathrm{d}\sigma_x)(h_\theta+\mathrm{d}h_\theta)-\sigma_x h_\theta-p_{\theta_1}R_1\sin\theta_1\mathrm{d}\theta_1-p_{\theta_2}\sin\theta_2 R_2\mathrm{d}\theta_2\pm$$
$$p_\theta R_1 f\cos\theta_1\mathrm{d}\theta_1\pm p_\theta R_2 f\cos\theta_2\mathrm{d}\theta_2=0 \qquad (6-12)$$

式中,"+"为前滑区;"−"为后滑区;R_1,R_2 分别为大小工作辊辊径。

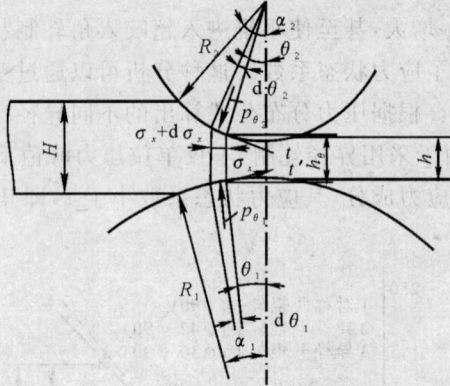

图 6-9　后滑区微分体上的受力示意图

取 $R_1/R_2=x$,$\sin\theta_1\approx\theta_1$,$\sin\theta_2\approx\theta_2=x\theta_1$,$\cos\theta_1\approx\cos\theta_2\approx1$ 并由假设条件 $p_{\theta_1}=p_{\theta_2}$,$p_{\theta_1}-K=\sigma_x$,代入上式。忽略高阶小量 $\mathrm{d}\sigma_x\mathrm{d}h_\theta$,因 $(p_{\theta_1}/K-1)\,\mathrm{d}(Kh_\theta)$ 远小于 $h_\theta K\mathrm{d}\dfrac{p_{\theta_1}}{K}$ 也忽略掉,得

$$\mathrm{d}\frac{p_{\theta_1}}{K}\Big/\frac{p_{\theta_1}}{K}=R_1/h_\theta\left[\theta_1(1+x)\mp2f\right]\mathrm{d}\theta_1 \qquad (6-13)$$

对此微分方程进行求解,得单位轧制压力分布式如下:

在前滑区,有

$$p_2=p_{\theta_1}=\frac{Kh_\theta}{h}(1-q_1/K)\,\mathrm{e}^{f\alpha_{h\theta}} \qquad (6-14)$$

在后滑区,有

$$p_1=p_{\theta_1}=\frac{kh_\theta}{H}(1-q_0/K)\,\mathrm{e}^{f(\alpha_{H\alpha}-\alpha_{h\theta})} \qquad (6-15)$$

式中,H,h 为带钢轧前、后的厚度;q_1,q_2 为带钢轧制的前、后单位张力;K 为带钢的变形抗力;$\alpha_{h\theta}$,$\alpha_{H\alpha}$ 是中间变量,其表达式为

$$\left.\begin{array}{l}\alpha_{h\theta}=2\sqrt{\dfrac{2R_1}{(1+x)h}}\arctan\sqrt{\dfrac{R_1(1+x)}{2h}}\theta_1\\[4mm]\alpha_{H\alpha}=2\sqrt{\dfrac{2R_1}{(1+x)h}}\arctan\sqrt{\dfrac{R_1(1+x)}{2h}}\alpha_1\end{array}\right\} \qquad (6-16)$$

对上式进行积分得总轧制压力为

$$P=R'_1 B\left(\int_0^{\gamma_1}p_1\mathrm{d}\theta_1+\int_{\gamma_1}^{\alpha_1}p_2\mathrm{d}\theta_1\right) \qquad (6-17)$$

式中,R'_1 为大工作辊弹性压扁后的半径;B 为带钢宽度;p_2,p_1 为前、后滑区单位轧制压力。

6.3 不对称轧制

不对称轧制主要出现在双金属复合板的轧制中。随着科学技术的迅猛发展,传统产业也得到深入发展,一批高新技术产业相继涌现,对材料的使用性能提出了更高、更苛刻的要求,单一金属或者合金在很多情况下很难满足工业生产对材料综合性能的要求;另外,地球上的稀贵金属在逐年减少,而市场对稀贵金属的需求量却不断增长。为了节约贵重金属材料、降低生产成本、适应可持续发展和节能降耗,国内外材料研究工作者正致力于研究和开发新型的金属材料——双金属或多金属复合材料。双金属复合材料是科学技术进步和适应当代生产而发展起来的跨学科的新兴领域。由于双金属的复合技术还处在技术研究阶段,对不同种金属的复合机理研究得较多,而对轧制压力的研究较少,这里只简单的介绍一下复合轧制的特点。

6.3.1 双金属复合轧制特征

在一般情况下,双金属复合轧制是将两种或两种以上的不同种金属板材复合到一起的轧制。大致的变形过程如图6-10所示,但从该图中看不出和普通单一材料的轧制有什么不同。实际上,不同种材料在相同的加工条件下,由于变形能力的不同会表现出不同的变形特征,变形抗力小的金属的变形速度会大于变形抗力大的金属,因此,也就产生了变形不一致的问题,变形快的金属牵引着变形慢的金属变形,同时变形慢的金属限制着变形快的金属变形。

轧件在对称轧制中,一般认为沿同一高度断面上质点变形均匀,其运动水平速度相同。显然,这一结论对于轧件不对称轧制时是不适用的。冷轧双金属复合板带时,除了在很有限的范围内轧件沿高度断面上的水平速度相等外,在其余的变形区内(不论是前滑区还是后滑区),轧件沿每一断面高度的速度均不相等,尤其是在出口侧,这种差别更为明显,如图6-11所示。

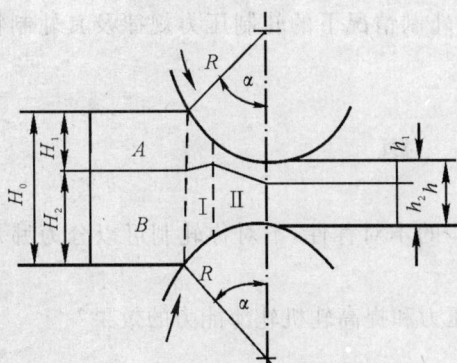

图6-10 双金属轧制复合变形示意图

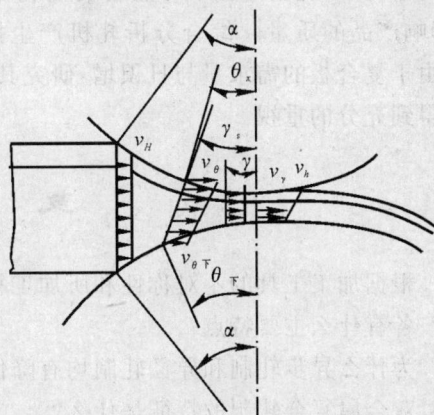

图6-11 变形区内金属流动速度图

6.3.2 双金属不对称轧制前滑特点

与单一金属轧制过程一样,双金属复合轧制也存在着前滑区和后滑区。与单一金属轧制不同的是,前滑过程对双金属复合强度有较大的影响,这一点已经为大量的研究工作所证实。

由于复合轧制和普通单一材料的轧制不同,其前滑值的确定方法也不同。由图 6-12 和图 6-13 可知变形率与前滑的关系:无论是硬态金属还是软态金属,前滑值 S_h 都是随变形率 ε 的增加而增加。无论变形率的大小,两种复合板轧制时,钢基材板的前滑都小于复合材板,这说明前滑与材料性能和摩擦因数有关。要减小前滑值必须适当控制变形率,而过小的变形率又不能实现复合轧制。由图 6-11 可知轧制速度与前滑的关系:轧制速度对前滑的影响很大,随轧制速度的提高,前滑值增加很快,尤其是对相对较硬的金属。当轧辊圆周速度一定时,与轧辊接触的双金属表面的前滑完全不同,且随着轧制速度的提高,两侧面的前滑值相差更大。尽管轧件很薄(轧后厚度仅有 $0.3\sim0.7$ mm),但两侧面的前滑值差却达 30% 以上。因此,在可能的情况下复合轧制应采用较小的轧制速度。

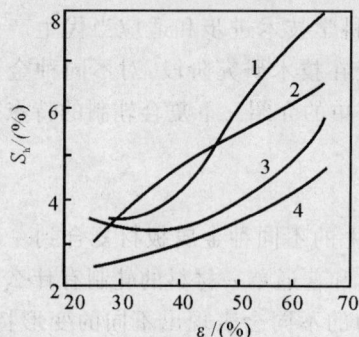

图 6-12　不对称轧制时变形率与前滑的关系
1—不锈钢;　2—铜;　3—不锈钢-钢复合板;
4—铜-钢复合板

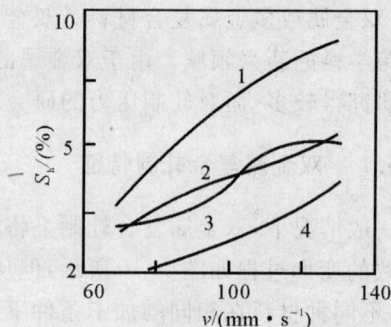

图 6-13　不对称轧制时变形速度与前滑的关系
1—不锈钢;　2—铜;　3—不锈钢-钢复合板;
4—铜-钢复合板

由于双金属在相同工艺条件下,抗力小的金属变形速度大,所以金属流出变形区后向硬金属侧翘曲。为了解决这种现象,一般采取对称组料,以实现对称轧制。在材料的变形抗力相差较大的情况下,轧制过程中可能会发生轧机振动现象,使轧件表面出现横向的明暗相间的条纹,影响产品的质量。综合分析轧机产生振动的原因有材料的变形抗力差、摩擦、有无张力等。由于复合板的需求量与日俱增,研究其不对称轧制情况下的轧制压力规律及其轧制特点必将得到充分的重视。

复 习 题

1. 根据加工工具的不对称性和所加工材料性能的不对称性,不对称轧制可以分为哪几种情况?各有什么主要特点?

2. 为什么异步轧制和异径轧制均有降低轧制压力和提高轧机轧薄能力的效果?

3. 双金属复合轧制的特征是什么?

4. 查阅资料,分析回答板带轧制过程中头部翘曲问题产生的原因。产生头部翘曲的原因属于哪种非对称轧制问题,并提出解决头部翘曲的措施。

第二篇　型材生产及孔型设计

第7章　型材生产

经过塑性加工成型,具有一定断面形状和尺寸的实心金属材料称为型材。型材品种规格繁多,广泛用于国防、机械制造、铁路、桥梁、矿山、船舶制造、建筑、农业及民用等各个部门。中国型材工业化轧制经过近百年发展,已经有一些企业拥有了代表国际先进水平的设备和工艺,产品质量也达到了国际先进水平,型材产量和品种逐年增加。

7.1　概　　述

7.1.1　型材的分类及特征

型材的种类繁多,不同型材相互区别最明显的是它们的断面形状,型材按断面形状不同,主要可分为简单断面型材、异型断面型材和周期断面型材,如图 7-1 所示。简单断面型材横截面没有明显的凸凹部分,外形比较简单,包括方、圆、扁、六角、角钢等;异型断面型材横断面具有明显的凸凹分支,成型比较困难,可进一步分为凸缘型材、多台阶型材、宽薄型材、局部特殊加工型材、不规则曲线型材、复合型材和金属丝材等,如工字钢、槽钢、H 型钢、钢轨、T 字钢、窗框钢和鱼尾板等;周期断面型材的断面尺寸沿轧材纵向呈周期性变化,产品主要有带肋钢筋、变断面轴、犁铧钢、变断面扁钢和机械零件用变断面轧件等。

按断面尺寸或单位长度质量可分为轨梁、大型材、中型材、小型材和线材。各种轧机轧制的型材规格划分如下:轨梁轧机生产的轨梁材有 38~75 kg/m 的重轨、24~63 号工字钢、直径 90~350 mm 圆钢。大型轧机生产的大型材有直径大于 100 mm 圆钢、边长大于 100 mm 的方钢、33~75 kg/m 钢轨、20~63 号工字钢和 18~40 号槽钢。中型轧机生产的中型材有直径 50~150 mm 圆钢、8~30 kg/m 轻轨、10~18 号工字钢和 8~20 号槽钢、8~16 号角钢。小型轧机生产的小型材有直径 9~65 mm 圆钢、5~8 号工字钢和槽钢、2~8 号角钢。线材轧机轧制的线材直径为 5~13 mm。

按生产方式可分为热轧型材、冷轧型材、弯曲型材、挤压型材、锻压型材、焊接型材和特殊轧制型材等。其中热轧型材是最主要的生产方式,可生产大多数断面的型材。冷轧成型可用于生产高精度型材,冷轧后产品的机械性能和表面质量均高于热轧产品,其生产产品精度可达3~4级,表面光洁度可达5~7级,可直接用于各机械零件。弯曲型材按其生产方式可分为冷拔、折弯、冲压和辊式弯曲四种。冷拔弯曲是将热轧带材经一系列模孔拉拔,弯曲成型材;折弯弯曲是在特殊弯曲机上将带材逐步弯曲成型材;冲压弯曲是将带材在压模内经冲压机模具压力弯曲成型材;辊式弯曲是将带钢连续通过旋转方向相反的轧辊,并在孔型中顺次改变其横断面形状成型材;冷弯型钢品种繁多,形状复杂,利用冷弯方法可以生产热轧无法生产的各种特薄、特宽和断面形状复杂的薄壁型材,国外冷弯型材品种规格已达万种以上。按冷弯型材断面形状可分为对称断面和不对称断面两类。根据冷弯型材的用途、生产设备和工艺的不同,冷弯型材可分为开口断面、闭口断面、半闭口断面冷弯型材,以及宽幅波纹板和冷弯钢板桩等。有色金属型材的主要生产方式是挤压,也可用轧制,以冷轧为主。

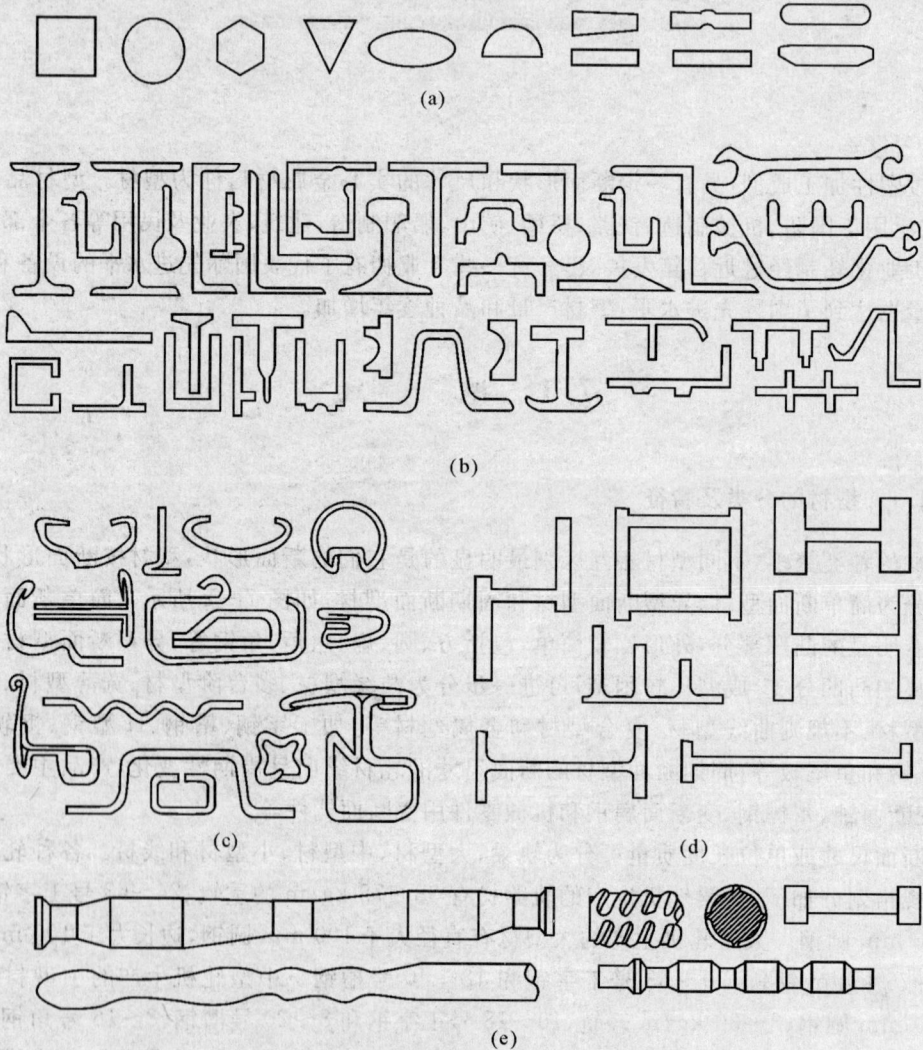

图 7-1 各种型材示意图

(a)简单断面型材; (b)复杂或异型断面型材; (c)弯曲型材; (d)焊接型材; (e)特殊断面型材

按应用范围可分为通用型材、专用型材和精密型材等。

按使用部门可分为铁路、汽车、造船、结构和建筑用型材,矿山、机械制造用异型材等。

7.1.2 型材的表示和规格范围

型材断面形状繁多,表示方法各不相同,部分产品的表示方法、尺寸规格及用途如表 7-1 所示。

表 7-1 部分型材的表示方法、尺寸规格及用途

品种	表示方法	尺寸范围 / mm	主要用途
圆钢	直径	10～350	钢筋、机械零件、无缝管坯
方钢	边长	4～250	机械零件
线材	直径	4.5～13.0	钢筋、二次加工丝坯料
扁钢	厚×宽	(3～60)×(10～240)	焊管坯、薄板坯、箍铁
弹簧扁钢	厚×宽	(7～13)×(63～120)	车辆板簧
六角钢	内接圆直径	7～80	机械零件、风铲、工具
角钢[注1]	高×宽	边(20×20)～(200×200) 不等边(25×16)～(200×125)	土木建筑、金属结构、铁塔、桥梁、车辆、造船
带肋钢筋	外径	12～40	建筑
H 型钢	高×宽	宽边 500×500,中边 900×300,窄边 600×200	建筑、矿山、桥梁、车辆、机械工程
工字钢[注2]	高×宽	(100～630×68～180)	建筑、矿山、桥梁、车辆、机械工程
钢板桩	有效宽度	U 型 500,Z 型 400,直线型 500	港口、堤坝、工程围堰
槽钢[注2]	高×宽	(50×37)～(400×104)	建筑、矿山、桥梁、车辆、机械工程
钢轨	单重	重轨 30～78 kg/m, 轻轨 5～30 kg/m, 起重机轨 80～120 kg/m	铁路、起重机、矿山、吊车
T 型钢	高×宽	(150×40)～(300×150)	建筑、矿山、桥梁、车辆、机械工程
Z 型钢	高度	60～310	建筑、矿山、桥梁、车辆、机械工程
球扁钢	宽×厚	(180×9)～(250×12)	船舰
矿用钢		工字钢、槽帮钢	矿山支护、矿山运输
钢轨附件	单位长质量	6～60 kg/m	钢轨垫板、接头夹板
异形材			车辆、机械、轻工、化工、船舶

注:1.等边角钢常以边长的 1/10 表示其型号,不等边以长边长/短边长的 1/10 表示型号。如 3 号角钢表示其边长为 30 mm。

2.工字钢和槽钢常以腰高的 1/10 表示其型号,如 10 号工字钢表示其腰高为 100 mm。

7.1.3　型材轧制的生产方式

型材轧制具有生产规模大、效率高、能耗少和成本低等特点,故轧制是型材生产的主要方式。型材轧制的方法有以下几种:

(1)普通轧法。一般在二辊或三辊轧机上进行轧制,孔型由两个或三个轧辊的轧槽所组成,可生产简单、异型和周期断面型材。

(2)多辊轧法。孔型由三个以上轧辊轧槽组成,减小了闭口槽的不利影响,可轧出凸缘内外侧平行的经济断面型材,轧制精度高,轧辊磨损、能耗、轧件残余应力均减少,如 H 型钢。图7-2为采用此方法轧制角、槽、T 型钢示意图。

(3)热弯轧法。将坯料轧成扁带或接近成品断面的形状,然后在后继孔型中趁热弯曲成型,可轧制一般方法不能生产的弯折断面型材(见图7-3)。

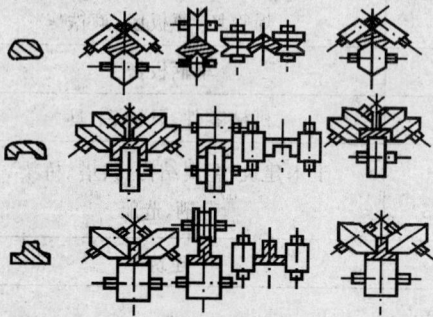

图7-2　多辊轧制法示意图

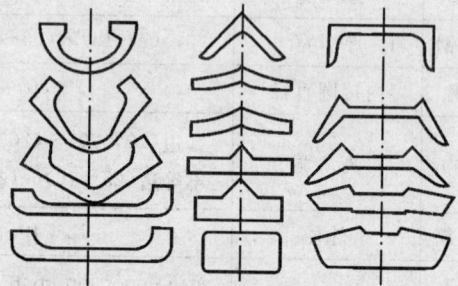

图7-3　热弯型材成型过程

(4)热轧-纵剖轧法。将较难轧的非对称断面产品先设计成对称断面,或将小断面产品设计成并联形式的大断面产品,以提高轧机生产能力,然后在轧机上或冷却后用圆盘剪进行纵剖(见图7-4)。

(5)热轧-冷拔(轧)法。先热轧成型,并留有加工余量,后经酸洗、碱洗、水洗、涂润滑剂、冷拔(轧)成材,可生产高精度型材,产品力学性能和表面质量均高于一般热轧型材。

(6)热冷弯成型法。它是以热轧或冷轧板带为原料,使其通过带有一定槽形而又回转的轧辊,使板带钢承受横向弯曲变形而获得所需断面形状的型材。

7.1.4　型材轧机及布置方式

不同型材要求在不同类型和布置方式的轧机上轧制,型材轧机按其作用和轧辊名义直径不同分为轨梁轧机、大型轧机、中型轧机、小型轧机和线材轧机等,如表7-2所示。

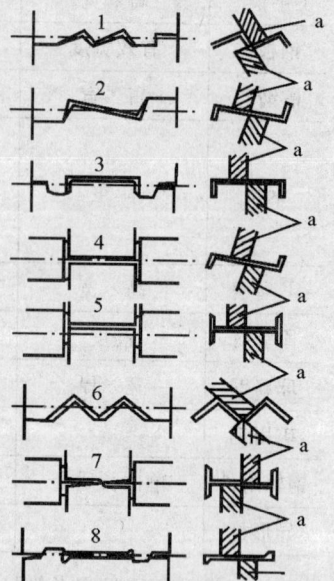

图7-4　热轧纵剖法
a—圆盘剪

表 7-2 各类型钢轧机及主要产品范围

轧机类型	轧辊名义直径/mm	主要产品范围
轨梁轧机	750～950	38 kg/m 以上重轨,20～60 号钢梁
大型轧机	650 以上	18～75 kg/m 钢轨,80～150 号方圆钢,22～63 号工字钢,槽钢
中型轧机	350～650	直径或边长 40～102 mm 圆钢,方钢,8～30 kg/m 轻轨,18 号工槽钢,13 号角钢
小型轧机	250～350	直径或边长 9～38 mm 圆、方钢
线材轧机	150～280	直径 5～13 mm 线材

　　型材轧机可分为二辊式、三辊式和万能轧机;按轧机排列和组合方式的不同分为 5 种基本布置形式:横列式、顺列式、棋盘式、半连续式和全连续式,如图 7-5 所示。各种轧机布置形式对产量、质量、技术经济效果等都有影响,实际生产中采取何种轧机和生产方式、布置形式,需视生产品种、规模及产品技术条件而定。

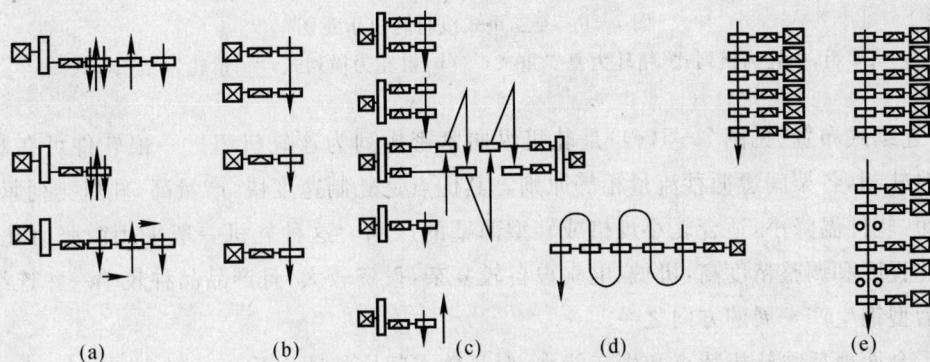

图 7-5 各种型材轧机的布置形式
(a)横列式; (b)顺列式; (c)棋盘式; (d)半连续式; (e)全连续式

　　(1)横列式布置(见图 7-5(a))分为一列式、二列式和三列式等。一列式布置的机架多为三辊轧机,进行多道次穿梭轧制。其优点是设备简单、造价低、建厂快、产品品种灵活,便于生产断面较复杂的产品。缺点是产品尺寸精度不高,品种规格受限制;轧制间隙时间长,轧件温降大,长度和壁厚受限制;不便于实现自动化。轧制时第一架轧机受咬入条件限制,希望轧制速度低一些,末架轧机为保证终轧温度及轧件首尾温差,又希望速度高一些,而各架轧机辊径差受接轴倾角限制不能过大,这种矛盾只有在速度分级后才能解决,从而促使横列式轧机向二列式、多列式发展。

　　(2)顺列式布置(见图 7-5(b))是将各架轧机顺序布置在 1～3 个平行纵列中,轧机单独传动,每架只轧一道,但不形成连轧。其优点是各架轧机速度可单独调整,能力得到充分发挥;轧辊 L/D 值在 1.5～2.5 之间,且机架多为闭口式,轧机刚度大,产品尺寸精度高;机械化、自动化程度高,调整方便。缺点是轧件温降较大,不适合轧小型或薄壁产品;机架数目多、投资大、建厂较慢。为弥补以上不足,可采用顺列式布置、可逆轧制,从而减少机架数和厂房长度。

（3）棋盘式布置(见图7-5(c))介于横列式和顺列式之间,前几架轧件较短时为顺列式,后几架精轧布置成两横列,各架轧机互相错开,两列轧辊转向相反,轧机可单独或两架成组传动,轧件在机架间靠斜辊道横移。这种轧机布置紧凑,适合中小型型钢生产。

（4）半连续式布置(图7-5(d))介于连轧和其他型式的轧机之间,一种是粗轧为连续式,精轧为横列式;另一种是粗轧为横列式或其他型式,精轧为连续式;常用于轧制合金钢或旧设备改造。目前一些小型车间采用的复二重式轧机也属于半连续式的一种(见图7-6)。轧件在前、后两架中实现连轧,在相邻两组之间用正围盘进行活套轧制,设备布置紧凑,调整方便,轧机采用多根轧制,产量较高。其缺点是由于多根轧制,辊跳不一,产品精度难以提高,轧件经正围盘转向180°,使轧制速度提高受到限制。

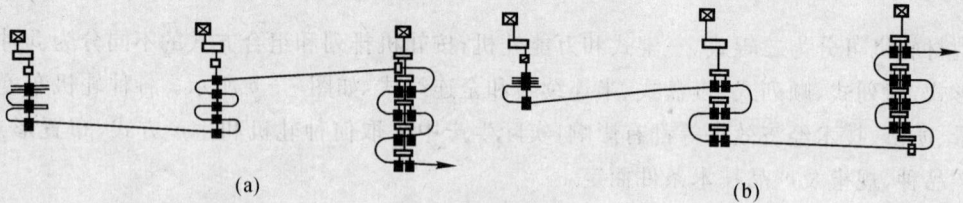

图7-6 复二重式线材轧机示意图
(a)粗、中轧为横列式,精轧为复二重式； (b)粗轧为横列式,中、精轧为复二重式

（5）连续式布置(见图7-5(e))是轧机纵向紧密排列为连轧机组。一根轧件可在数架轧机内同时轧制,各架间遵循秒流量相等原则。其优点是轧制速度快,产量高,轧机排列紧密,间隙时间短,轧件温降小,适合轧小规格或轻型薄壁的产品。这种轧机一般采用微张力轧制,要求自动化程度和调整精度高,机械、电气设备较复杂,投资较大,且产品品种较单一。连续式轧制是今后型钢生产发展的方向之一。

为了全面地反映轧机特点和生产能力,对具体车间应标明全称以示区别,例如:φ800二列式轨梁轧机,φ300连续式小型轧机等。其中轧机以轧辊名义直径(或传动轧辊的人字齿轮节圆直径)命名,轧辊直径一般指成品轧机而言。

7.1.5 型材生产工艺

一般热轧型材的生产工艺流程为坯料准备→坯料加热→轧制→锯切或剪断→冷却→矫直→表面清理→打捆→称重→包装→入库。

（1）坯料准备。由于型钢对材质要求一般并不特殊,在目前技术水平下几乎可以全部使用连铸坯。连铸坯断面形状可以是方形、矩形或异形坯。用连铸坯轧制普通型钢绝大多数可不必检查和清理,从这个角度说,大、中型型钢最容易实现连铸坯热装热送,甚至直接轧制。

（2）加热。现代化型材生产加热一般用连续式加热炉,保证原料加热均匀且避免水印对产品的不利影响。为提高加热质量,小型轧机可采用步进式加热炉。加热温度一般在1 050～1 220℃之间。

（3）轧制。型材轧制分为粗轧、中轧和精轧,粗轧将坯料轧成适当雏形中间坯,由于粗轧阶段轧件温度较高,应将不均匀变形尽可能放在粗轧阶段;中轧使轧件迅速延伸至接近成品尺寸;精轧为了保证产品尺寸精度,延伸量较小。

现代化型材生产对轧制过程的要求是:①由于粗轧一般在两辊孔型中进行,如果坯料全部使用连铸坯,炼钢和连铸生产希望连铸坯尺寸规格越少越好。但型钢成品尺寸规格越多,企业开拓市场能力越强,所以要求粗轧具有将一种坯料开成多种坯料的能力。粗轧既可以对异型坯进行扩腰扩边轧制,也可以进行缩腰缩边轧制,典型的例子是用板坯轧制 H 型钢。②对异型材,在中轧和精轧阶段尽可能使用万能孔型和多辊孔型,因其有利于轧制薄而高的边,并且容易单独调整轧件断面上各部分的压下量,有效减少轧辊不均匀磨损,提高尺寸精度。③到 20 世纪末,两辊孔型中异型材连轧在理论和实践上都尚未完全解决,但以轧制 H 型钢为主的万能轧机实现型钢连轧在设备和技术上都是成熟的。④对于绝大多数型材,在使用上一般都要求低温韧性好和具有良好的可焊接性,在材质上要求碳当量低。对这些钢材,实行低温加热和低温轧制可以细化晶粒,提高轧材力学性能。

(4)精整。型材轧后精整有两种工艺:一种是传统热锯切定尺和定尺矫直工艺;另一种是较新式的长尺冷却、长尺矫直和冷锯切工艺。

热锯用于锯切轻轨、工字钢、八角钢、六角钢、中空钢、管坯及大于 $\phi 50$ mm 的圆钢、7.5 号以上的角钢等。锯切温度以不低于 800℃ 为宜,若产品规格较大且材质较硬,则应大于 900℃,以减轻锯齿磨损。

冷却根据钢种、断面形状和尺寸及对产品组织性能的不同要求,有空冷、堆冷和缓冷等方法。空冷用于对冷却速度有特殊要求的钢材,如碳素钢、纯铁等。要求钢材在冷床上散开自然冷却,目的是防止钢材下冷床后在落垛、挂吊过程中产生严重弯曲,且有利于劳动条件改善;合金结构钢、碳素工具钢的型材用堆冷方法,堆冷时力求两端整齐,且不能受风吹水湿,拆堆时堆心温度不应大于 200℃;缓冷主要为防止白点与裂纹,如碳素工具钢、合金工具钢、高速钢钢材,入坑温度 ≥650℃、出坑温度 ≤150℃ 为宜。

型钢精整较突出之处就是矫直,矫直难度大于板材和管材,究其原因有以下几点:①冷却过程中由于断面不对称和温度不均匀造成的弯曲大。②型材断面系数大,需要的矫直力大,因此矫直机辊距必须大,致使矫直盲区大,在有些条件下对钢材使用造成很大影响。例如:重轨矫直盲区明显降低了重轨全长平直度。减少矫直盲区,在设备上采取的措施是使用变节距矫直机,在工艺上采取的措施是长尺矫直。

7.2 钢 轨 生 产

随着现代化铁路载重量不断增长,时速越来越高,对钢轨的强度、韧性和耐磨性等均提出了越来越高的要求。目前,世界各国普遍采用重型钢轨、无缝线路(焊接长轨)及提高重轨尺寸精度和平直度等方法,保证钢轨有较大的纵向抗弯截面模数,提高轨底宽度和轨腰高度,使钢轨单重达到 70 kg/m 以上,以重轨代替轻轨。

7.2.1 钢轨的种类及用途

世界各国对钢轨技术条件有不同要求,但钢轨横截面形状都是一样的。普通钢轨单位长度质量范围为 5~78 kg/m,起重机轨重可达 120 kg/m。根据用途不同,现代钢轨分为三类:①通常将 30 kg/m 以下的钢轨称为轻轨,常用规格有 9 kg/m,12 kg/m,15 kg/m,22 kg/m,

24 kg/m 和 30 kg/m 共 6 种;主要用于森林、矿山和盐厂等工矿内部的短途、轻载、低速专线铁路。②重量在 30 kg/m 以上的钢轨称为重轨,常用规格有 38 kg/m,43 kg/m,50 kg/m,60 kg/m 和 75 kg/m 共 5 种;主要用于长途、重载和高速干线铁路。③吊车轨,规格主要有 70 kg/m,80 kg/m,100 kg/m 和 120 kg/m 共 4 种。按钢轨力学性能通常将钢轨分为抗张强度不小于 800 MPa 的普通轨、抗张强度不小于 900 MPa 的高强轨和抗张强度不小于 1 100 MPa 的耐磨轨。

7.2.2 钢轨的生产工艺

钢轨的工作条件十分复杂和恶劣,技术要求是硬而不脆、韧而不断,这决定了钢轨生产工艺过程的复杂性。钢轨采用轨梁轧机进行生产,它是最大的型钢轧机,其轧辊名义直径为 $\phi750 \sim 950$ mm,除生产钢轨外,还可生产大型工槽钢、角钢、方圆钢、管坯、钢桩和其他大型异型钢材。

重轨是轨梁车间生产工艺最复杂的产品,在车间总产量中所占比重最大,工艺流程如图 7-7 所示。

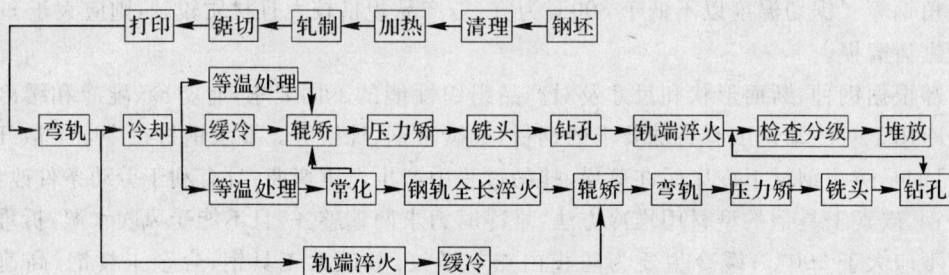

图 7-7　重轨的生产工艺流程

1. 坯料选择

坯料化学成分必须合乎要求,不允许存在内部或表面缺陷。坯料断面一般为矩形或异形,且有较大高宽比,使轨底得到充分的剧烈变形,有利于改变铸造组织和晶粒位向分布,提高钢轨质量。坯料长度应是轧后轧件长度定尺的整数倍,通常选用 4~6 个定尺(按 12.5 m 计算)。重轨坯一般要在温态(150~300℃)进行火焰清理。

2. 加热

因钢轨含碳量较高(0.67%~0.80%),为防止过热、过烧和脱碳,加热温度应低于 1 200℃。钢轨的终轧温度一般在 850~900℃之间,若终轧温度大于 950℃,成品内晶粒粗大,冲击韧性下降;若小于 850℃,钢轨内部易产生裂纹等缺陷。因此开轧温度在 1 140~1 180℃之间为宜。加热时间取决于钢坯尺寸及入炉温度和冷料的比例。

3. 轧制

轧制方法有常规轧法、多辊轧法和万能轧法。

(1) 常规轧法(见图 7-8(a))是传统轧法,按孔型配置方式不同分为直轧法和斜轧法两种。一般在三辊水平轧机上采用箱形-帽形-轨形孔型系统轧制。在咬入条件和电机能力允许条件下,帽形孔给予较大的切入量,使轨底得到充分加工,原垂直于轨底的结晶组织被切分和轧平后加强了轨底强度。轨形孔采用斜配置方式时,与直配置相比减少了孔型切槽深度,增大了轧辊强度,有利于加大变形量,而且还减少了辊径差和轧辊重车量,对增大轨底侧压量、提高孔型使用寿命均有利。目前多采用斜轧法。

(2)多辊轧法(见图7-8(b))的轧机由一对水平辊及一对立辊所组成,其轧辊轴线在同一垂直平面内,立辊可为主动或被动,但须保证辊面线速度与水平辊一致。在四辊轧机后,紧跟一架二辊水平轧机,作为辅助成型机架,主辅机架均为可逆式,在轧制中形成连轧。由于不存在闭口槽,且上下对称轧制,故产品尺寸精确,内部残余应力小,轨底加工好,轧辊磨损、电能消耗均减少,调整灵活,与常规轧法相比可提高产量1.8倍,作业率提高10%,轧辊消耗降低20%,因此,这种方法得到了很快的推广。

(3)万能轧法(见图7-8(c))是利用万能式钢轨轧机来轧制重轨,它也是一种多辊轧法,在提高经济效益和改善钢轨质量方面都是首屈一指的。从21世纪初出现到现在,世界上已有50余套万能式轧机,有些国家正在把一些横列式轨梁轧机改造成万能轧机。万能轧机的优点是:①用四个轧辊所组成的复杂断面孔型,使断面上各部分同时受到压缩,变形均匀,断面周围速度差小,轧件内应力小。②可用直径较小的轧辊轧出腿部较高、腰部较宽的工字钢,并可使其两腿内侧无斜度,这在普通轨梁轧机上难以做到。③腿部和腰部压缩量可单独进行调整,简化了轧制时轧机的调整。万能式钢轨轧机的组成一般由一架可逆开坯机,一架万能式精轧机和若干中间机组组成,每一中间机组又由一架万能式轧机和一架二辊辅助机座(轧边机)组成。万能式钢轨轧机(包括重轨轧机)有二列式、三列式或四列式纵列布置,近年也出现了多列连续布置的形式。

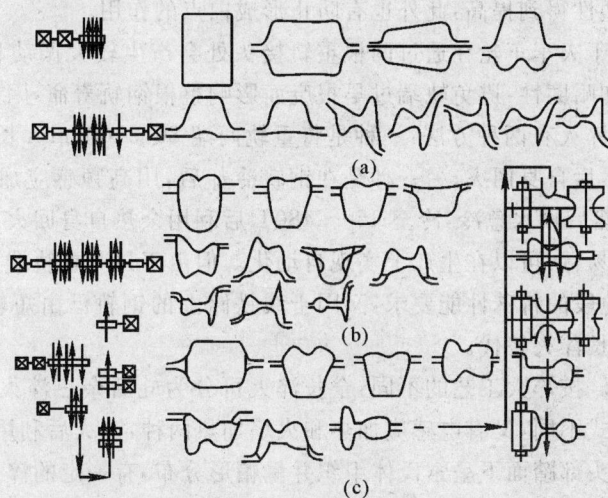

图7-8　重轨轧制方法

4.锯切、打印

钢轨精轧成成品后,热锯切成定尺,预留加工余量,并在端面进行打印。

5.弯轨

打印后,热态钢轨经弯轨机预先将钢轨两端向底部进行热弯,可减轻或消除重轨在冷矫时产生内应力,从而避免因轨头与轨底不对称变形而引起冷却后的钢轨两端向头部翘起的缺陷。

6.精整

(1)冷却。重轨轧后冷却分为自然冷却和缓冷两种。当炼钢厂采用无氢冶炼时,重轨轧后可直接在冷床上冷却。其他情况下,为去除钢轨中的氢及防止冷却过程氢析出造成白点缺陷,须将钢轨放在缓冷坑中冷却,或在保温炉中进行保温,以使氢从重轨中缓慢析出。采用自然冷却时,为使轧件冷却均匀,防止由于重轨头和轨底温度不均而产生收缩弯曲影响矫直质量,重轨在冷床上采用成组紧靠卧放和移送的方法,使相邻钢轨轨头和轨底接触,改善冷却条件。由于轨底底面任何轻微刮伤都会降低钢轨的疲劳强度和冲击韧性,所以在用磁力吊车将钢轨装入缓冷坑之前或送入矫直机之前的运送过程中,钢轨一般不允许直立。当冷却至200℃以下时,方可吊下冷床进行矫直。采用缓冷工艺时,重轨在冷床上冷却至磁性转变点温度以下便由侧卧翻正,用磁力吊车成排吊往缓冷坑或在等温炉中保温。使用缓冷坑的优点是不需热源,设备简单,但是装坑时间长,各层温度不一致,操作不方便,生产效率不高。等温处理方法是将400~550℃的钢轨装入链式等温处理炉,在550~600℃下保温2~3 h。这种方法的优点是产量高,易于机械化操作,但是设备费用大,温度不易控制。目前,由于采用氧气顶吹转炉冶炼法或真空脱气法等低氢冶炼法冶炼重轨钢,可消除钢中氢气,避免白点生成,有的企业已取消了缓冷工序。

(2)热处理。目前世界各主要钢轨生产国都在生产热处理钢轨。热处理有多种形式,国内使用较多的是等温处理、常化、轨端淬火和钢轨全长淬火,利用轧后余热淬火工艺在国外已得到广泛应用。

1)等温处理。其目的和缓冷的类似,也是为了防止白点的生成。

2)常化。实际就是正火处理,正火处理后的组织具有较好的综合力学性能,通常经常化处理后,钢轨的韧性与塑性得到提高,此外也有防止形成白点的作用。

3)轨端淬火。由于火车车轮在通过两根重轨接头处会产生较大振动和冲击,要求轨端应有足够的强度、韧性和耐磨性,避免轨端过早报废而影响整根钢轨寿命,因此轨端需要淬火,以提高其耐磨性。轨端淬火有两种方法:一种是将重轨两端80~100 mm长的一段利用轧后余热向轨端喷水淬火,然后自身回火;另一种是在钢轨冷却后,用高频感应加热方法将轨端快速加热至880~930℃,然后喷水急冷,冷至450~480℃后利用余热自身回火,所得组织为回火索氏体。这种方法简单易行,可以在生产上实现自动化。但由于只对重轨端局部淬火,钢轨还难以满足弯道、隧道等地段的特殊性能要求,又因干线铁路上的钢轨已由短轨焊接为长轨,轨端淬火已逐渐被钢轨全长淬火替代。

4)钢轨全长淬火。按淬火工艺的不同,全长淬火可分为轧后余热淬火和重新加热淬火两类。后者按其加热方式不同,又有电感应加热和火焰加热两种,淬火后利用自身余热回火。钢轨全长淬火要求重轨头部踏面下呈索氏体组织并呈帽形分布,有一定的淬透深度,各部冷却均匀,残余应力小,处理后重轨弯曲度小,便于矫直。经过钢轨全长淬火的重轨,其使用寿命比未经处理的重轨高2倍以上;利用轧后余热在线淬火是近十几年发展起来的一项钢轨热处理新技术,其设备置于轧制线上,利用终轧后的温度对重轨进行淬火。该工艺与离线再加热淬火相比,具有淬火速度快,生产能力高,节约能源,减少生产工序和生产操作人员,设备重量小,成本低,便于管理等优点。但这种方法要求生产节奏稳定,并能根据来料温度波动自动调节淬火时间和用水量,以保证得到稳定的组织和性能。

(3)矫直。冷却后(钢轨的矫直温度约为50℃),钢轨首先在5~9辊、辊距为900~1 400 mm的辊式矫直机上矫直。为防止轨内产生较大残余应力,只矫直一次,且不进行回矫。由于钢轨弯曲主要是在垂直方向,故大多采用立矫方法。如辊矫直后仍有残余弯曲时,可用压力矫直机给予补充矫直。

(4)轨端加工。轨端加工包括铣头、钻孔等工序,连同轨端高频淬火组成专用加工线。有的生产线采用高效能联合加工机床,用冷锯代替铣床,可同时进行锯头、钻孔和倒棱作业。

7.2.3 典型车间平面布置及设备

轨梁车间一般由原料跨、加热跨、轧机跨、精整跨及成品库等组成。轧线设备布置在多跨平行厂房内。如图7-9所示为某年产78万吨的现代化轨梁车间平面布置图,车间由开坯、第一、第二组粗轧机和精轧机组成。采用更换机架的方法,用四辊轧机生产H型钢,用二辊轧机生产重轨和其他型材。机架采用顺列布置形式,其主要设备性能如表7-3所示。

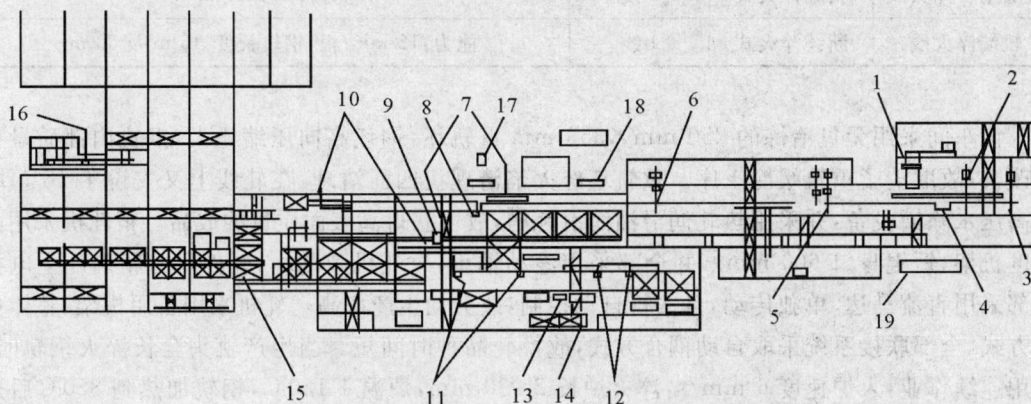

图7-9 某现代化轨梁车间平面布置

1—加热炉; 2—开坯机; 3—1号粗轧机; 4—热锯; 5—2号粗轧机; 6—精轧机; 7—热锯; 8—打印机; 9—辊式矫直机; 10,11—压力矫直机; 12—端面加工及钻孔; 13—轨头全长淬火加工线; 14—轨端淬火加工线; 15—冷锯; 16—喷丸机; 17—落锤试验机; 18—检验室

表7-3 某现代化轨梁车间设备技术性能

名称	型式	数量	说明
加热炉	步进式	1座	加热能力150t/h,尺寸23.5m×10.7m
开坯机及1号粗轧机	备用机架式	各1台	轧辊:ϕ1 050 mm及860 mm×2 500 mm, 辊环最大直径1 300 mm, 主电机:直流4 000 kW,(50~100) r/min
2号粗轧机组 U_1轧机 E_1S_1轧机	备用机架式	各2台1架或2架在线	轧辊:U_1轧机ϕ1 130/1 050mm,E_1S_1轧机ϕ950/780mm 辊身长2 200mm,辊环最大直径1 200mm 主电机:U_1轧机直流4 500kW,(85~180) r/min E_1S_1轧机直流1 500kW,(12~320) r/min
UF精轧机 SF轧机	备用机架式	各2台1架在线	轧辊:UF轧机ϕ1 060/990mm,SF轧机ϕ950/780mm 辊身长1 600mm,辊环最大直径1 200mm 主电机:UF,SF轧机直流2 000kW,(80~190) r/min

续 表

名称	型式	数量	说明
热锯	水平式	2 台	锯片直径 1 600 mm～1 800 mm,锯切速度 300～600 mm/s, 圆周速度 100 m/s
冷床	链式	3 台	20 m×25 m,最大负荷 120 t/床
辊式矫直机	可变节距悬臂	1 台	最大矫直能力:截面模数 537cm³(σ=490 MPa), 矫直速度(0.3～5) m/s,辊距 950～1 400 mm
冷锯	水平式	2 台	锯片直径 1 310 mm,电机 59 kW,900～1800 r/min, 进锯速度 0～1 400 mm/s,最大锯切尺寸 1 000 mm×440 mm
轨头全长淬火线	火焰淬火式	2 线	能力:360 mm/min
轨端淬火线	断续淬火式	1 线	能力:12 min/根,钢轨长度:15 m 及 50 m

该车间采用无氢冶炼的 250 mm×355 mm 重轨坯,钢坯高向压缩比大,钢轨内部质量得以改善,故取消了重轨缓冷工序。重轨坯经火焰清理机四面清理,在轧线上又安设了 18 MPa 的高压水除鳞设备,并采用热轧润滑油润滑轧槽,故可获得高表面质量的成品。精轧机采用高刚度机架、短辊身(1 600 mm),并全部采用滚动轴承,故轧机弹跳小,轧件尺寸精确。主电机全部采用直流马达、单独传动,且实行自动控制,故劳动生产率高。轧机采用备用机架、整体更换方式,全部联接系统采取自动耦合方式,故换轧品种时间短。当生产轨头全长淬火钢轨时,采用连续作业,入炉速度 6 mm/s,淬火炉长 2 930 mm,炉温 1 150℃,钢轨加热到850℃后进行连续水淬,然后进入长 3 400 mm 的回火炉,回火温度为 570℃。钢轨进入热处理炉时,轨头以下部分用水管冷却。炉内保持还原气氛以防止脱碳。车间采用进出口均有主动立辊的可变节距矫直机,可同时矫直钢轨的立弯和旁弯,作业线上设有压力传感器和冷金属探测器,测出重轨长度后定尺锯切。

7.3 大中型型材生产

7.3.1 大中型型材的种类及用途

大中型型材品种、规格繁多,广泛应用于国民经济各个领域,如机械制造、工业和民用建筑、公路和铁路桥梁、汽车、造船业、矿山支护、海洋工程和输电工程建设等。大中型型材按生产轧机及其所能生产的品种和规格进行分类,由于各类型钢轧机及其轧制的钢材品种和规格很难严格区分,其间常有交叉和重复,故目前的分类标准不是很绝对。大型型材一般包括圆钢(直径大于 100 mm)、方钢(边长大于 100 mm)、角钢(等边 18～25 号,不等边 18/11～20/12.5 号)、工字钢(20～63 号)、槽钢(18～40 号)以及重轨(单重 33～75 kg/m)。中型型材包括圆钢(直径 50～150 mm)、带肋钢筋(32～60 mm)、方钢(50～150 mm)、工字钢(10～18 号)、槽钢(8～20 号)、角钢(等边 8～16 号,不等边 8/5～16/10)以及轻轨(单重 8～30 kg/m)。

7.3.2 大中型型材的生产工艺

大型型材轧机的轧辊名义直径在 ϕ650 mm 以上,也可将辊径为 ϕ500～750 mm 的型钢轧机称为大型轧机,辊径为 $\phi 350 \sim 650$ mm 的称为中型轧机。由于大中型型钢分类时相互间没有绝对的界限,故大中型轧机间许多产品的生产工艺很接近。以中型型材为例,主要工艺流程如图 7-10 所示。

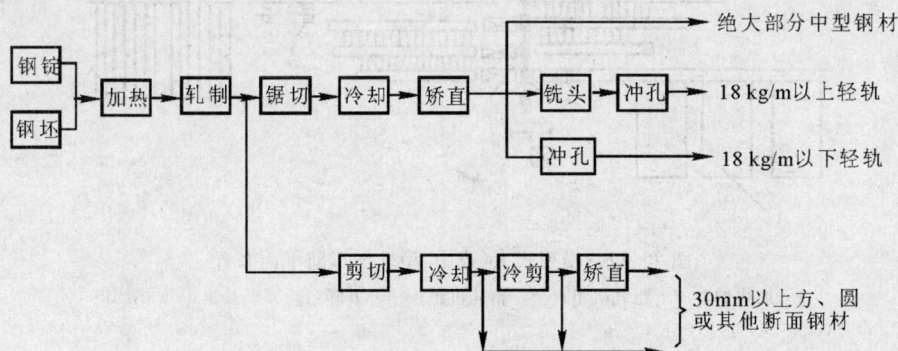

图 7-10　大中型钢材的生产工艺流程图

(1)原料选择。中型型材的坯料为连铸坯或轧制坯,钢种主要有碳素钢和合金钢。坯料规格一般为 250 mm×250 mm~400 mm×400 mm。

(2)轧制。大中型型材的粗轧采用孔型法进行生产,中轧、精轧则有孔型法和万能法两种。孔型法是传统的轧制方法,根据型材断面形状采用两个轧辊刻槽组成的孔型进行多道次轧制;万能法则由四个轧辊形成的孔型进行轧制。

(3)精整。①剪切。大中型型材在生产过程中采用剪切机(包括热剪机和冷剪机)和锯机(包括热锯和冷锯)来剪断轧件。剪切机主要用来切断简单断面型材,而锯机则用于切断复杂断面型材。现代化大中型型材车间一般采用轧件长尺冷却及矫直,有些为保证轧件的质量应采用冷锯进行切断。②冷却。轧件冷却用的冷床有多种形式:推钢挤压式、钢绳接钢式、链板运输式、多爪扒杆式、辊式、步进齿条式和步进翻转式等。为使钢材冷却均匀,弯曲度小,方钢宜采用步进翻转式冷床冷却。而圆钢及复杂断面钢则采用步进齿条式冷床冷却。若要提高产品定尺率和冷却效率,应采用步进齿条式冷床冷却。③矫直。轧件冷却后,可根据需要进行辊矫,辊矫可分为定节距和变节距两类,后者可矫直型材断面范围更大。而对于圆钢材,可采用斜辊矫直,斜辊矫直机辊子的倾斜角可在 $24° \sim 30°$ 内随被矫圆钢直径的增大而加大,从而使其矫直产品范围更为广泛。在辊矫完成后,若轧件仍有些弯曲,则可通过压力矫直进行补充矫直。

7.3.3　典型车间平面布置及设备

大中型轧机结构形式上有二辊式、三辊式、四辊万能孔型轧机、多辊孔型轧机、Y 型轧机、45°轧机和悬臂式轧机等。机架有开口式、闭口式、半闭口式、预应力及短应力线式,其主要布置形式有横列式(见图 7-11)、顺列式(见图 7-12)、棋盘式(见图 7-13),半连续式(见图 7-14)和连续式。其中半连续式和全连续式布置多见于近年新建或改建项目,也是目前发展的主要布置方式。连续式多采用水平辊和立辊交替排列的复合机组实现型材的无扭轧制,另外也出现了万能式连轧机组。

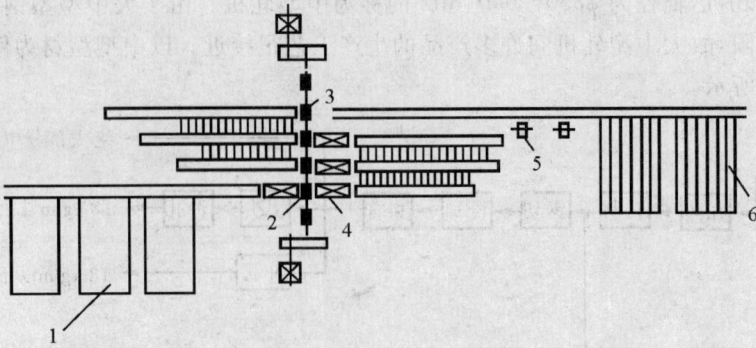

图 7 - 11 横列式大(或中)型轧钢车间平面布置

1—加热炉； 2—粗轧机组； 3—精轧机组； 4—升降台； 5—热锯； 6—冷床

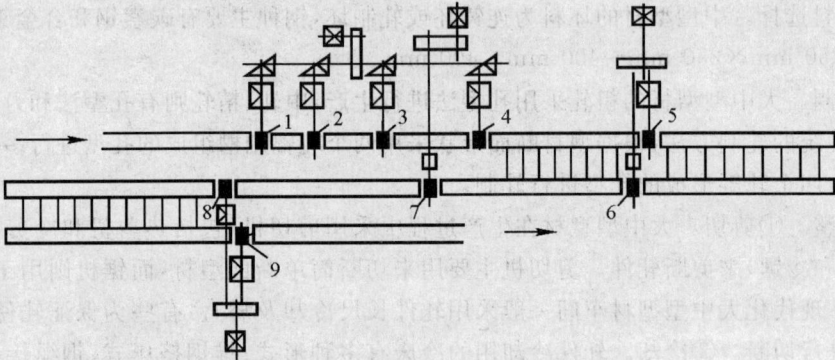

图 7 - 12 500 mm 顺列式大型轧机布置

1～4—600 mm 轧机； 5～9—500 mm 轧机

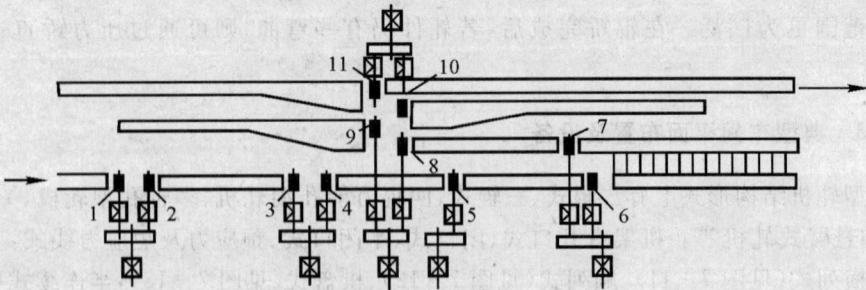

图 7 - 13 300 mm 棋盘式轧机布置

1～4—450 mm 轧机； 5～7—400 mm 轧机； 8～11—350 mm 轧机

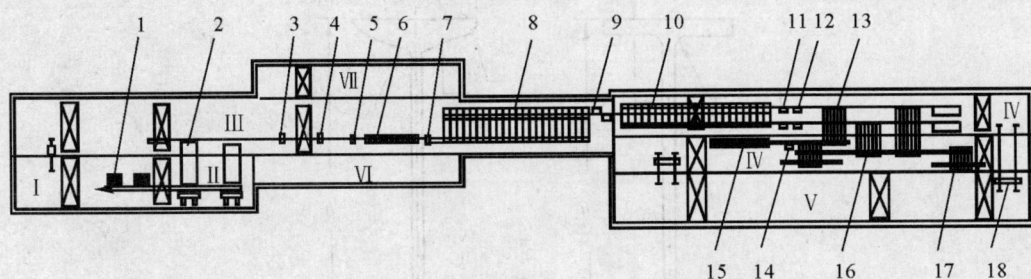

图 7-14 半连续式中型轧钢车间平面布置

1—上料台架； 2—加热炉； 3—ϕ750×1粗轧机； 4—ϕ750×1中轧机； 5—热锯机；
6—Hϕ650×6，Vϕ650×3精轧机； 7—飞剪； 8—冷床； 9—矫直机； 10—移送台； 11，12—冷锯机；
13—检验台架； 14—切头冷锯； 15—短尺精整； 16—堆垛机； 17—称重装置； 18—过跨小车

表 7-4 列出了部分大中型轧机的设计规模及产量。

表 7-4 部分大中型轧钢车间设计规模和产品方案

轧机名称		大型轧机		中型轧机			
轧机型式		普通型二列式	万能型多列可逆式	横列式	越野、布棋式	半连续式	连续式
轧机规格		800/650	1 050/U1 300 E850/U1 300	650×1/ 650×3	750×1/650×2 650×2/650×1	750×1/750×1 H650×6，V650×3	750×3，650×3 H650×6，V650×3
产品品种规格	工字钢 No.	16~28	20~63	10~16	10~16	10~24	10~24
	槽钢 No.	16~28	20~40	10~16	10~16	8~16	10~18
	角钢 No.	14~20	16~20	10~12	10~14	10~14	10~18
	圆钢/mm	60~120			60~80	50~80	
	方钢/mm	50~120			60~90	50~90	
	钢轨 (kg·m^{-1})	38~43			20~30	20~30	
设计规模 (万t·a^{-1})		60	80	15~25	30~50	50~80	80~120

注：U—万能轧机；E—轧边机。

7.4 H 型型材生产

H 型钢也称万能钢梁、宽边（缘）工字钢或平行边（翼缘）工字钢，其断面形状类似英文字母"H"，是一种合理的经济断面型材。H 型钢与普通工字钢断面形状的区别如图 7-15 所示，其特点是：①具有平行的腿部，即边部内侧和外侧平行或接近于平行，边的端部呈直角。在承受相同载荷情况下，比普通工字钢节约金属 10%~15%，在建筑上可使结构减轻 30%~40%，在桥梁上可减轻 15%~20%。②力学性能好，与工字钢相同单重时，其截面惯性矩、截面模量大，可获得优良的抗弯性能和稳定性能。③造型美观、加工方便、节约工时。

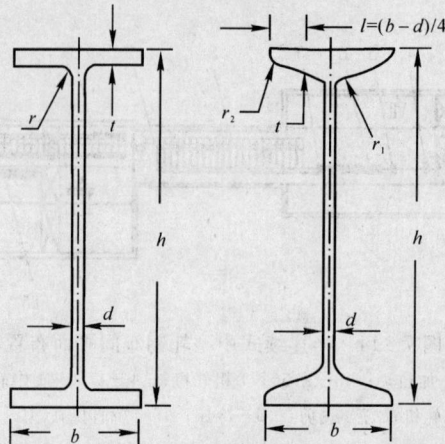

图 7-15　H 型钢与普通工字钢的区别

H 型钢的断面通常分成腰部和边（腿）部两部分，有时也称腹板和翼缘。国际上一般使用 4 个尺寸表示 H 型钢规格，即高度 h、宽度 b、腹板（腰）厚度 d 和翼缘（腿）厚度 t。其表示方法为：高度 h×宽度 b×腹板厚度 d×翼缘厚度 t。

7.4.1　H 型钢的种类及应用

（1）按产品边宽可分为宽翼缘（边）H 型钢（HW）、中翼缘（边）H 型钢（HM）、窄翼缘（边）H 型钢（HN）及薄壁 H 型钢。通常宽边 H 型钢边宽大于或等于腰高，中边 H 型钢边宽大于或等于腰高的 1/2，窄边 H 型钢边宽等于或小于腰高的 1/2。GB/T11263—2005 规定的热轧 H 型钢尺寸范围是 HW：100 mm×100 mm～500 mm×500 mm，HM：150 mm×100 mm～600 mm×300 mm，HN：100 mm×50 mm～1000 mm×300 mm，HT：100 mm×50 mm～400 mm×200 mm。

（2）根据使用要求和断面设计特性通常可分为梁型和柱型（或桩型）建筑构件用 H 型钢。目前世界上所生产的 H 型钢高度为 80～1 100 mm，腿（边）宽 46～454 mm，腰厚 2.9～78 mm，单重 6～1 086 kg/m。

（3）按尺寸规格可分为大、中、小号 H 型钢。通常将腰高在 700 mm 以上称为大号 H 型钢，腰高在 300～700 mm 称为中号 H 型钢，腰高小于 300 mm 称为小号 H 型钢。

（4）按生产方式可分为焊接 H 型钢和轧制 H 型钢，多以轧制为主。H 型钢应用广泛，用途完全覆盖普通工字钢，主要用于各种工业和民用建筑结构，如工业厂房、现代化高层建筑、大型桥梁、重型设备、高速公路、舰船骨架、矿山支护、地基处理、堤坝工程和各种机械构件等。H 型钢的出现使普通工字钢、槽钢和角钢三大结构型材用量发生了极大变化。在国外，H 型钢产量占工字钢生产总量的 80% 以上。据调查，日本 H 型钢产量占型钢总量的 50% 左右，而普通工字钢产量仅占型钢产量的 2.3%。H 型钢以建筑业需要量最大，占 60% 左右，其次是机械行业及桥梁制造业，分别占 20% 和 8%。

7.4.2　H 型钢轧机及其布置

万能轧机是生产 H 型钢的主体设备，每套机架数可为一架、二架、三架或多架。其布置形式可分为非连续式、半连续式和连续式。

非连续式布置可以是：①一架万能轧机和一架轧边机。因为轧机数量少，轧辊磨损较快，产品尺寸精度差。②两架万能轧机和一架轧边机。第一架万能轧机与轧边机组成中轧机组进行往复轧制若干道次后，再用第二架万能轧机精轧一道轧成成品。采用这种布置形式的轧机较多。③三架万能轧机和两架轧边机。产量比前者高一倍，通过调整辊缝可在同一套轧辊上生产不同腿厚、腰厚的非标准 H 型钢。这种布置形式的轧机也较多。

半连续布置在万能连轧机组前有一台或两台二辊可逆式开坯机，连轧机由 5～9 架万能轧机和 2～3 架轧边端机组成，万能轧机数目较多时分成两组。全连续式布置由 8～12 架连续布置的万能轧机和轧边机组成，适合于生产轻型结构和小尺寸 H 型钢及其他型材。

7.4.3 H 型钢的轧制方法

现代 H 型钢生产多在万能轧机中轧制，如图 7－16 所示，H 型钢腰部在上下水平辊之间进行轧制，边部则在水平辊侧面和立辊之间同时轧制成型。由于仅有万能孔型尚不能对边端施加压力，需要在万能机架后设置轧边端机，俗称轧边机，以便加工边端并控制边宽。实际生产中可以将万能轧机和轧边机组成一组可逆连轧机，使轧件往返轧制若干次，或者是几架万能轧机和 1～2 架轧边机组成一组连轧机组，每道次施加相应的压下量，将坯料轧成所需规格形状和尺寸产品。采用万能孔型轧机，在轧件边部，由于水平辊侧面与轧件之间有滑动，故轧辊磨损比较大，为了保证轧辊重车后能恢复到原来的形状，除成品孔型外，上下水平辊侧面及其相对应的立辊表面都有 3°～10°倾角。成品万能孔型，又称万能精轧孔，水平辊侧面与水平辊轴线垂直或有很小倾角，一般在 0°～0.3°，立辊呈圆柱状。

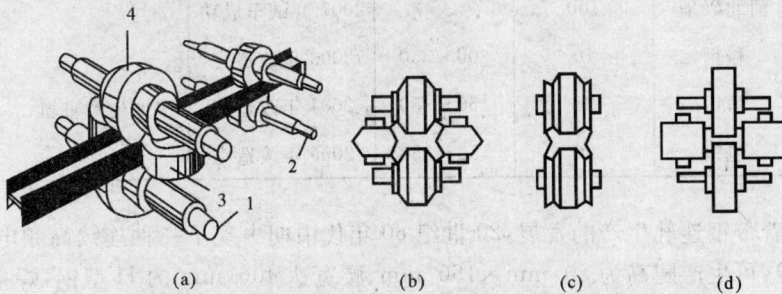

图 7－16 万能轧机轧制 H 型钢
(a)万能轧边端可逆连轧； (b)万能粗轧孔； (c)轧边端孔； (d)万能成品孔
1—水平辊； 2—轧边端辊； 3—立辊； 4—水平辊

万能轧机轧制 H 型钢，轧件断面可得到较均匀延伸，边部外侧轧辊表面速度差较小，可减轻产品内应力及外形上的缺陷。适当改变万能孔型中水平辊和立辊压下量，便能获得不同规格的 H 型钢。万能孔型轧辊几何形状简单，不均匀磨损小，寿命远高于两辊孔型，轧辊消耗大为减少。万能孔型轧制 H 型钢，可以方便地根据用户要求的产品尺寸量材使用，即同一万能孔型轧出的同一尺寸系列，除了腰厚和边厚变化外，其余尺寸均可固定，使产品规格数量大大增加，为用户选择最节材尺寸规格提供了方便。

截至 2000 年，世界上约有上百套万能型钢轧机，主要生产国有日本、美国、韩国、德国、法国及欧共体其他国家等。其中，由于在轧制中采用了连续轧制、高速轧制和计算机控制轧制等新技术，日本 H 型钢生产无论在产量还是质量上都名列世界前茅。据世界有关统计报告，近十几年来，日本 H 型钢年产量为 420～700 万吨，H 型钢产量占日本钢材总产量的 5.2%～

8.8%。在品种上,除常规 H 型钢产品外,还有腰部带波浪的浪腰 H 型钢、边部外侧带凸起花纹的 H 型钢等,以满足各种特殊条件下建筑构件需要。我国轧制 H 型钢始于 20 世纪 70 年代,采用二辊孔型加装立辊框架的方式生产腰高为 300 mm 的 H 型钢,以满足国内建设急需。到 20 世纪末,从德国和日本引进了具有国际先进水平的万能连轧 H 型钢生产线,可生产腰高700 mm,边宽 400 mm 和腰高 360 mm,边宽 200 mm 的 H 型钢。21 世纪我国对 H 型钢的潜在需求量为每年 500 万吨左右,随着国民经济的发展和轧机的不断改造,我国 H 型钢生产也将迅速发展。截至 2007 年,我国已建的 H 型钢生产线如表 7-5 所示。

表 7-5 我国已建的 H 型钢生产线

序号	企业名称	设计产量 万吨	生产规格 mm	投产日期	备注
1	马钢	110	200~800	1998.9	主体设备从德马克公司引进
2		50	100~400	2005.4	主体设备从意大利达涅利提供
3		100	150~350	1998.11	主体设备从日本新日铁引起
4	莱钢	15	50~120	2002 年搬迁	国产
5		100	250~900	2005.9	主体设备从德马克公司引进
6	日照	80	100~350	2004	引进意大利达涅利机组
7	河北津西	120	250~900	2006 上半年	主体设备从德马克公司引进
8	长治钢厂	60	100~260	2007.8 试车成功	引进德国设备
9	河北兴华	100		2007.9 试车成功	
10	鞍钢	10	200~350	2003 年改造完	
11	攀钢	30	150~350	2004 年改造完	主要生产重轨
12	包钢	20	150~350	2005 年改造完	

另外,随着带钢连轧生产的发展,20 世纪 60 年代中期出现了一种连续高频电阻焊接宽边工字钢生产线,可生产腿高为 50 mm×150 mm、腰宽达 406 mm 的 H 型钢,焊接速度为 9~16 m/min,每机组年产量为 6 万吨。最近安装的这类机组能生产 H 型钢腰宽达 1 680 mm。

7.4.4 H 型钢轧制生产工艺

目前各主要 H 型钢厂的工艺流程为连铸坯或钢锭→加热→(初轧机轧制钢坯→剪切)→开坯机轧制→锯切头尾→万能粗轧机轧制或型钢轧机轧制→精轧机轧制→冷却→辊矫→检查、分选(处理缺陷、切断、压力矫直)→检查、打印、堆剁→打捆→成品。

(1)坯料准备。连铸坯一般使用异型和板坯,初轧坯一般使用 400 mm×200 mm 以上的异型坯。

(2)加热。由于 H 型钢腰薄边厚,终轧后腰部和边部温度几乎相差 150℃,故要求坯料加热温度差尽量小,一般不超过 30℃。

(3)轧制。为保证腰、腿变形均匀,在设备安装上必须保证水平辊与立辊轴线在同一垂直平面内,且压下动作同步。

(4)精整。由于轧后 H 型钢边腿温度比腰部温度高,冷却过程中易造成残余应力和腰部波浪,实际生产中一般采用在成品轧机出口两侧向轧件腿部喷水,同时采用链式冷床立冷,立冷比平冷腿部散热条件好,利于轧件各部分温度均匀。一般采用8辊或9辊矫直机矫直,立矫辊间距 2 200 mm,同时还需要卧矫进行补充矫直。

7.4.5 典型车间平面布置及设备

如图 7-17 所示为某连轧 H 型钢生产车间。采用 532 mm×399 mm,长 10 m,重8.34 t 的初轧异型坯,可生产 100 mm×50 mm～500 mm×200 mm,长 120 m 的连轧 H 型钢,并且可用控制轧制生产低温用 H 型钢和高强度 H 型钢。该车间的生产特点为:15 机架全连轧,每架均由直流电机传动,采用最小张力控制,轧制速度可达 10 m/s;采用长尺冷却、长尺矫直、冷锯锯切,后步工序实现了连续化;矫直速度 450 m/min,冷锯锯切速度 350 mm/s;采用尺寸为 176 m×134.5 m×26 m 的自动立体仓库,每捆产品卸货速度达 8 s/捆;采用快速换辊机构,15 架轧机换辊仅需 50 min;全部计算机控制,轧机作业率 95% 以上,年产量 140～150 万吨。

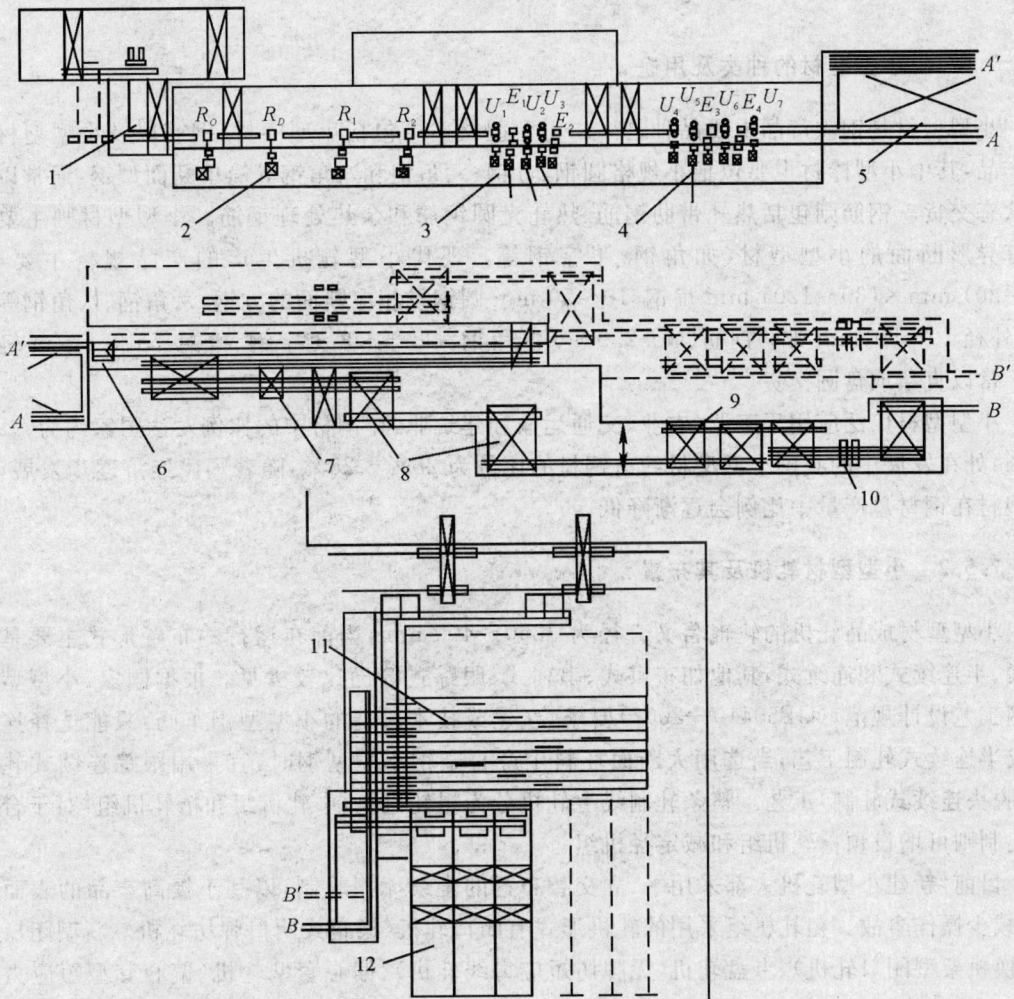

图 7-17 连续式 H 型钢轧制车间平面布置图

1—步进式加热炉; 2—粗轧机组; 3—中轧机组; 4—精轧机组; 5—长尺冷床; 6—辊式矫直机;

7—冷锯; 8—检查台; 9—分类台; 10—打捆机; 11—自动立体仓库; 12—普通仓库

如图 7-18 所示为某半连续 H 型钢轧制生产车间平面布置示意图。

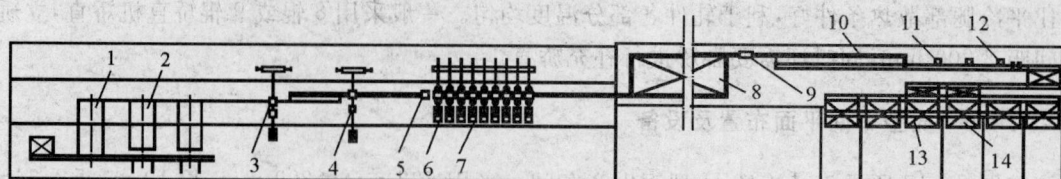

图 7-18 半连续式中型 H 型钢轧制车间平面布置图

1—钢坯返回收集台；2—步进式加热炉；3—1 号粗轧机；4—2 号粗轧机；5—切头剪；
6—万能精轧机；7—二辊轧边机；8—冷床；9—矫直机；10—过渡台架；
11—冷锯机；12—定尺机；13—堆垛打捆机；14—收集台架

7.5 小型型材生产

7.5.1 小型型材的种类及用途

小型型材是钢铁产品重要品种之一。小型型材主要包括小型棒材、钢筋以及小型型材三类产品，其中小型棒材主要包括小规格圆钢、方钢、六角钢和八角钢等简单断面型钢，通常以直条状态交货。钢筋则包括热轧带肋钢筋、热轧光圆钢筋和余热处理钢筋。小型型材则主要指具有异形断面的小型型材，如角钢、工字钢等。现代小型轧机生产的产品规格主要有：$(5\sim20)$ mm$\times(30\sim120)$ mm 扁钢、$10\sim50$ mm 圆钢及相应断面的方钢、六角钢、八角钢等棒材、外径 $10\sim50$ mm 带肋钢筋、No.2.5~6.3 角钢、No.5~8 工字钢、槽钢、5~8 kg/m 轻轨等。常以直条或盘圆交货。

小型型材广泛应用于工业、农业、交通运输和建筑业，在钢材中的比例发达国家约为 6％～12％，处在发展中的我国小型型材约占钢材的比例为 20％～25％，随着国民经济逐步发展，小型型材在钢材总产量中比例会逐渐降低。

7.5.2 小型型材轧机及其布置

小型型材成品轧机的轧辊名义直径为 $\phi250\sim400$ mm，当前在运行的布置形式主要是横列式、半连续式和连续式，其他如布棋式、串列式、跟踪式等已比较少见。根据国家《小型型钢轧钢工艺设计规范》(GB50410—2007)要求，新建或技术改造的小型型钢车间，只能选择连续式或半连续式轧制工艺；当选用大断面坯料生产合金钢小型型钢时，宜采用跟踪连续式轧制（或脱头连续式轧制）工艺。整条轧制线上轧机分为粗轧机组、中轧机组和精轧机组，对于合金钢轧制则可增设预精轧机组和减定径机组。

目前，新建小型轧机大都采用平、立交替布置的全线无扭轧制，以利于提高产品的表面质量、减少操作事故。粗轧机组采用的轧机形式有闭口轧机（换辊式闭口牌坊轧机）、新型闭口轧机（换机架型闭口轧机）、卡盘轧机（无牌坊短应力线轧机）、偏心套型轧机（偏心套型短应力线轧机）、悬臂轧机（辊环式悬臂轧机），但对于闭口轧机由于机架太大，不宜采用立式传动，只能采用平辊扭转轧制工艺。中轧机可采用除偏心套轧机外与粗轧机组相同形式的轧机，较先进的小型轧钢车间，中轧机组则多选无牌坊短应力线轧机、悬臂轧机或 Y 型轧机。精轧机组基本采用无牌坊短应力线轧机及换机架型闭口轧机两种形式。粗轧机组的前四种形式皆可采用更换整机架或换辊小车换辊,缩短换辊时间至 $5\sim10$ min,提高了轧制作业率。悬臂轧机的换辊则是更换带有辊环的锁紧装置(在轧辊间预先组装好),换辊时,需用专用的换辊液压小车或"三明治"换辊装置(见图 7-19)。无牌坊短应力线轧机则采用整机架更换。

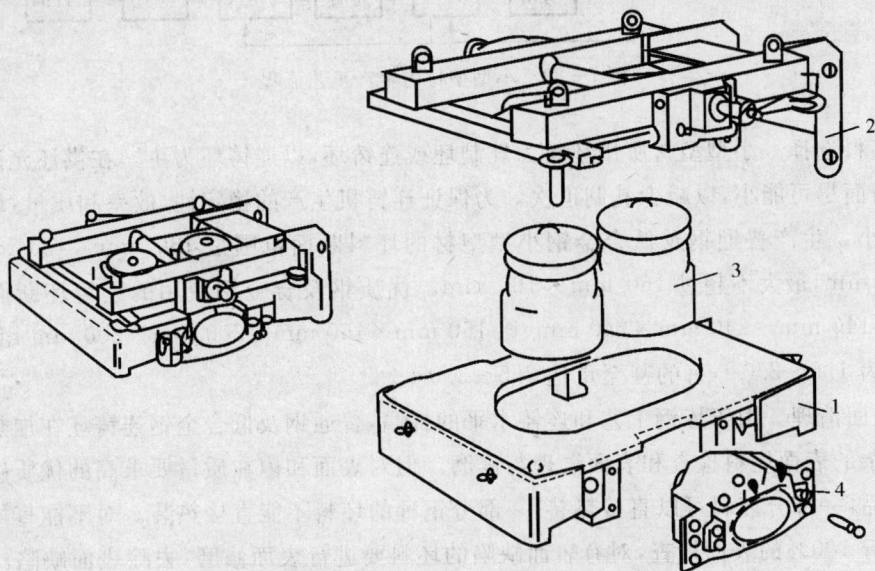

图 7-19 "三明治"结构示意图
1—导卫横梁; 2—吊夹具; 3—辊环和缩紧辊环装置; 4—进、出口导卫

现代全连续式小型轧机基本全采用速度可调的直流或交-交变频电机单独传动、微张力和无张力轧制。粗轧和中轧部分机架为微张力,中轧部分机架和精轧机组为无张力控制。为建立稳定的微张力,机架间距除以两机架间的轧制速度应不小于 0.8 s,实际应用为 $1.0\sim3.0$ s。为实现无张力轧制,保证产品尺寸精度,在中轧的部分机架和精轧机架间设有立式活套,活套多少与产品规格、孔型设计有关,一般设置 $6\sim10$ 个活套,甚至多达 12 个。

为提高现代小型型材轧机的产品尺寸精度,已推出了很多新的轧机机型,如摩根公司的RSM 和 TEKISUM 机组、德马克公司的 HPR(High-Precision Rolling,高精度轧制)定径机、达涅利公司的双模块 T·M·B 机组、柯克斯公司的三辊 RSB 及波米尼公司的悬臂式定径机等。这些设备的产品精度都能达到德国工业标准(DIN)公差的一半,小规格产品精度可达 ±0.1 mm。在该精度条件下,可实现"自由尺寸"轧制,即在特定孔型下实现多规格轧制,如可按 0.2 mm 的精度范围划分产品规格,该类规格产品可大大方便需冷拔精加工的客户。

7.5.3 小型型材生产工艺

小型型材断面小、长度大,因而轧制时散热快,温降严重,轧件头尾温差很大,这不仅使能耗增大,轧辊孔型磨损加快,而且头尾尺寸波动大。所以小型型材生产的关键是如何解决轧件温降快,头尾温差大的问题。其一般生产工艺流程如图 7-20 所示。

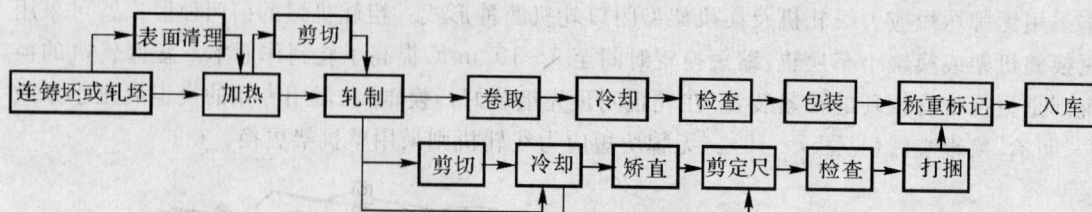

图 7-20　小型型材的生产工艺流程

(1)坯料选择。小型型材所用坯料为轧制坯或连铸坯,以连铸坯为主。在供坯允许的条件下,坯料断面尽可能小,以减少轧制道次。为保证连铸机生产的稳定性、效率和质量,坯料断面又不宜过小。生产普通钢及低合金钢小型型材的坯料断面范围是 130 mm×130 mm～150 mm×150 mm,最大不超过 160 mm×160 mm。优质钢及合金钢使用的连铸坯断面尺寸为 140 mm×140 mm～240 mm×240 mm,以 160 mm×160 mm～200 mm×200 mm 用得最多。坯料单重为 1.5～2.0 t,有的甚至重达 2.5～3.0 t。

(2)表面清理。由于炼钢工艺和连铸水平的提高,普通钢及低合金钢连铸坯在加热前不需要进行复杂的表面坯料检查和表面清理与修磨。但对表面和内在质量要求高的优质碳素钢和合金钢产品,一部分坯料可以直接热装,一部分钢种的坯料不能直接热装。对不能直接热装的坯料要进行 100% 的表面检查,对有表面缺陷的坯料要进行表面修磨,去除表面缺陷。对可直接热装的坯料,亦可能有一部分存在表面缺陷,对热探伤发现有缺陷的坯料也要从作业线上剔出,下线进行表面修磨。坯料检查清理一般包括如下工序:抛丸、超声波探伤、无损表面探伤、修磨等,其中抛丸主要是去除氧化铁皮,超声波探伤主要探测坯料的内部缺陷,而无损表面探伤则有荧光磁粉法、涡流法和漏磁法,坯料探伤主要采用荧光磁粉法,后两者多用于成品探伤。除对坯料进行局部修磨缺陷外,对不锈钢和部分要求严格的轴承钢要 100% 扒皮修磨;对高速钢要磨去尖锐的四角,以避免轧制时角部冷却过快而产生裂纹。

(3)加热。根据生产条件不同,小型型材的加热设备主要可选择推钢式和步进式两种加热炉。推钢式由于投资省、易于维护,以前常被用于现场生产。而步进式加热炉有步进梁式、步进底式及梁底组合式,这类加热炉操作灵活,加热质量好,近年来被广泛应用于生产现场。其中钢坯在步进梁式加热炉中可四面受热,加热均匀,加热效率高,故应用更广。

(4)轧制。随着小型型材生产向着连续、无扭、微张力或无张力轧制的方向发展,小型型材的轧制方式目前主要为连续式轧制。不采用切分轧制生产非合金钢及低合金钢时道次平均延伸系数约为 1.30～1.33,而生产合金钢时则道次平均延伸系数约为 1.25～1.28。整个轧制线轧机有 17 架、19 架或 21 架,也有 16 架、18 架、20 架、22 架的布置,近年多为偶数道次组合,且由 18 个机架组成的轧制线是最为典型的碳素钢小型轧机布置形式。在生产实践中,为解决因终轧温度过高而导致产品质量下降或螺纹钢成品孔型不能顺利咬入等问题而采用低温轧制技术。低温轧制不仅可以降低能耗,还可以提高产品质量,创造很高的经济效益。低温轧制规程有两种,一种是降低开轧温度,从 1 050～1 100℃降至 850～950℃,终轧温度与开轧温度相差不大,扣除因变形抗力增大导致电机功率增加的因素,节能可达 20% 左右。另一种是不仅降低开轧温度,而将终轧温度降低至再结晶温度(700～800℃)以下,除节能外还明显提高产品的力学性能,效果优于任何传统的热处理方法。有时在精轧机组前设置水冷设备以控制小型型材终轧温度,在精轧机组各机架间进行在线冷却,控制小型型材温度升高、终轧温度及组织稳定性。

(5)卷取。高效率的自动化加工设备(如汽车和标准件工业用的冷镦钢,轴承行业用的轴承钢等)需要大盘卷钢材,尺寸从 $\phi13$ mm 直至 $\phi55$ mm 的优质钢和合金钢棒材都可成卷生产。大盘卷生产设备包括卷取机前的喂入设备、两台加勒特卷取机、一套强制通风的盘卷运输机、一套钩式运输机及盘卷处理设备。某些钢种的产品在卷取后直接装有在线缓冷设备,对特殊用途钢(如奥氏体不锈钢)淬火。卷取机可在"干""湿"状态下轮流工作,为直接利用轧制余热进行淬火,卷取机可浸泡在水中工作。

(6)切断。型材轧后,直条交货的型材需进行倍尺切断和冷却后的定尺切断。切断方式可分为热剪切,冷剪切和热锯。一般简单断面型材(带肋钢筋、圆钢等)多采用剪切机进行剪切,根据现场生产经验,轧制线机组间飞剪的位置及台数对轧废率影响很大。目前飞剪主要被布置在 6 架、12 架、18 架及最后一架轧机后,以实现切头、尾及事故碎断。而对于大规格的合金钢棒材和需缓冷的棒材,以及异形断面型材则采用热锯切断。

(7)冷却。热轧后的型材采用不同的冷却制度对其组织、性能和断面形状有直接影响,型材的不同部位温度分布不同,导致冷却时温降不同,从而引起组织的不同变化。而冷却速度和相变时间不同,所得组织也会有差异。再者冷却不均易引起型材,特别是异形断面型材发生变形扭曲。所以,在轧后应根据钢材的钢种、形状、尺寸大小等特点,分别采用不同的冷却方法和工艺制度对型材进行冷却处理,冷却过程一般可分为三个阶段。第一阶段从型材的终轧温度到开始发生相变的温度,第二阶段是发生相变过程的冷却阶段,第三阶段则为相变完成后的冷却阶段。型材轧后控制冷却就是在每阶段中控制其开始冷却温度、终止冷却温度、冷却速度及冷却时间,来获得所需组织和性能。小型型材的冷却方式有自然冷却、缓冷和强制冷却。采用强制冷却时,通过增加通风设施(如风机)、强制水冷等方式进行。而对于需采用缓冷工艺的材料(如轴承钢、弹簧钢和某些结构钢),则应在冷床的入口或出口侧安装绝热罩,或采用缓冷坑进行冷却。

(8)矫直。轧件在冷床上冷却时,可依靠自身重量自动矫直,尤其圆钢、热轧带肋钢筋等简单断面型材冷却后有很好的平直度,不需要矫直即可交货。对于槽钢、角钢、工字钢等异型材,经冷床冷却后仍需进行矫直。以往的工艺需另设专门的异型材精整线,新式高产量多品种的小型轧机,在冷床后采用多条在线矫直机,轧件以整个冷床长度的倍尺长度进行多条矫直,随后采用剪刃带孔型的飞剪将轧件切成定尺交货。采用这种工艺使轧件头部咬入的次数大大减少,从而减少了事故的发生,提高了生产效率,同时由于不需进行轧件的中间堆存,大大减少异型材精整线的面积和操作人员。

(9)堆垛。直条交货的轧件在矫直和定尺剪之后利用堆垛机将预定根数的、成排的型材码放成紧密有序的方形或矩形钢材垛,然后送往打捆区打捆。

(10)打捆。直条交货的定尺成品轧件由打捆机进行捆扎包装,捆扎方式由型材种类决定,捆扎的匝数主要以钢材的长短而定。捆扎材料一般采用线材和带钢,虽捆扎带钢易于实现捆扎机械化,但由于带钢价格较贵,现多采用 $\phi5.5\sim6$ mm 的线材做为捆扎材料。

7.5.4　典型车间平面布置

根据国家《小型型钢轧钢工艺设计规范》(GB50410—2007)要求,新建或技术改造的小型型钢车间,只能选择连续式或半连续式轧制工艺。具体采取何种生产工艺,则应当根据轧钢车间的设计规模、产品方案、轧机性能及供坯条件等决定。半连续式适合产品规格范围宽、批量中等、优质和合金钢的生产,而全连续式则适合生产能力大、品种少、批量大的钢材生产。小型型材轧钢车间设计规模及产品方案如表7-6所示。

表 7-6　部分小型型钢车间设计规模和产品方案

轧机布置形式	半连续式	连续式
轧机架数和规格/mm	11~17 架 成品机架 $\phi260\sim280$	11~24 架 成品机架 $\phi300\sim350$
坯料断面尺寸/mm×mm	80×80~150×150(180×180)	120×120~160×160(200×200)
设计规模/(万 t·a^{-1})	20~40	30~60
轧制速度/(mm·s^{-1})	10~15	12~20
主要产品规格/mm	方钢、圆钢、热轧带肋钢筋、 六角钢 12~40; 槽钢 50~80;角钢 40~80; 扁钢 5~10×60~120	方钢、圆钢、热轧带肋钢筋、 六角钢 8~80; 槽钢 50~80(100); 角钢 50~80(100); 扁钢 4~15×20~150

小型型材生产车间一般由原料跨、加热跨、主轧跨、精整跨、成品跨、电气室和轧辊间等部分组成,典型合金钢棒材连续车间工艺平面布置图如图7-21所示。该车间可生产直条$\phi12\sim$75 mm 圆钢、12~50 mm 方钢、30 mm×5 mm~100 mm×30 mm 扁钢、13~47.5 mm 六角钢,设计年产量20 万 t。可轧制多种钢种:碳素结构钢、碳素工具钢、合金结构钢、合金工具钢、弹簧钢、滚动轴承钢、奥氏体不锈钢、马氏体不锈钢和高速钢。坯料规格为 120 mm×120 mm×4 000~5 000 mm,150 mm×150 mm×5 000 mm,200 mm×200 mm×5 000 mm。最高轧制速度为14 mm·s^{-1}。整条轧线由24架轧机组成,按平一立交替方式布置,粗轧与中轧之间采用脱头轧制,以适应高合金钢轧制生产。轧线上所有轧机均采用高刚度的短应力线轧机,轧件在整个轧制过程无扭转,并配合以微张力和无张力轧制,从而保证产品的尺寸精度和表面质量。为减少轧件的温降,在加热炉与粗轧、粗轧与中轧间设有保温辊道。在第6架、第12架、第16架、第20架轧机后分别装有1台飞剪,主要用于切头、切尾和出事故时对轧件进行碎断。在最后一架后安装的飞剪,则一般用于切倍尺,但对于需进行缓冷的钢种(如合金工具钢、马氏体不锈钢和高速钢),则需将轧件连续地切成定尺长度,以使轧材装入缓冷箱。在轧线布置水冷线主要实现不同钢种精轧产品的冶金和力学性能。

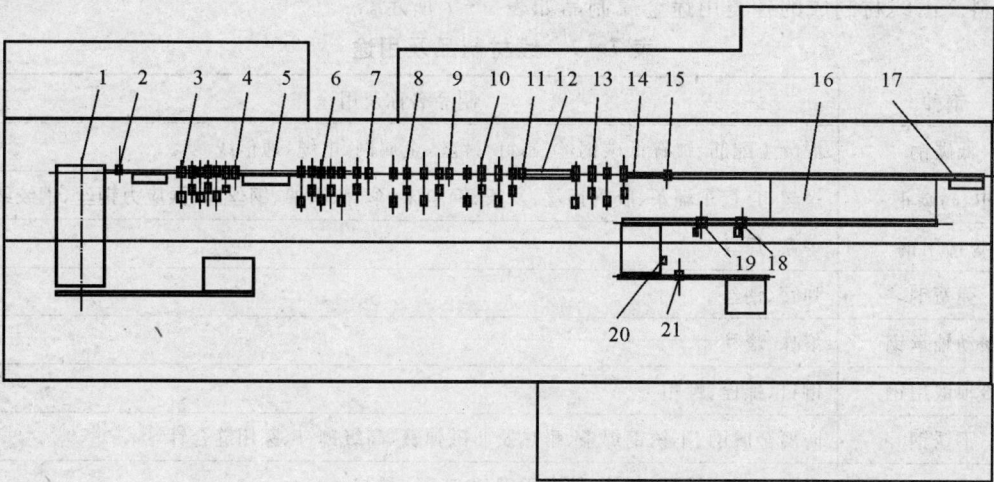

图 7-21　典型的小型合金钢棒材全连续生产车间平面布置图

1—步进梁式加热炉；　2—高压水除鳞机；　3—6 机架粗轧机组；　4,7,9,11—S6 切头飞剪；

5—保温辊道；　6—6 机架中轧机组；　8,10,13—4 机架第一、二、三精轧机组；　12,14—水冷装置；

15—倍尺飞剪；　16—齿条式冷床；　17—缓冷装置；　18—冷剪；　19—摩擦锯；　20—计数器；　21—打捆机

典型棒材半连续车间工艺平面布置图如图 7-22 所示。

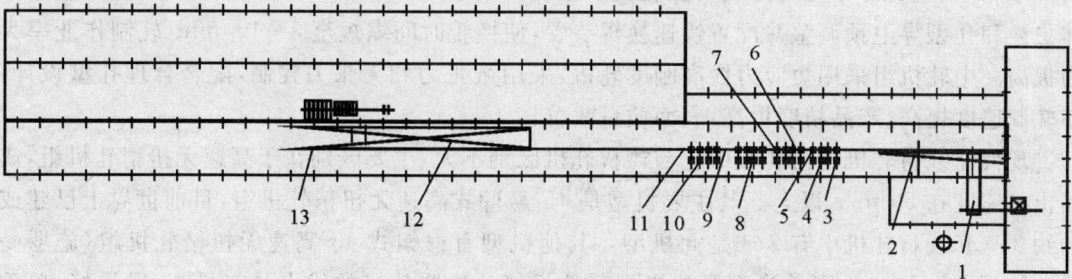

图 7-22　典型的小型棒材半连续生产车间平面布置图

1—加热炉；　2—粗轧机；　3,5,7,9,11—飞剪；　4—中轧机组；

6—第一精轧机组；　8—第二精轧机组；　10—水冷器；　12—冷床；　13—冷剪

7.6　线 材 生 产

线材是热轧材中断面尺寸最小的一种，断面形状有圆形、方形、螺纹等多种，其中最主要断面形状为圆形，一般以盘条状交货。如尺寸范围为 $\phi 5 \sim 25$ mm 的光面盘条及 $\phi 6 \sim 16$ mm 的螺纹盘条。线材钢种较多，主要有普通碳素钢线材、电焊条线材、优质钢线材和合金钢线材（包括各种工具钢、结构钢、弹簧钢、滚珠钢、不锈钢等）。线材断面更小，长度更长，故轧件散热更快，轧件头尾温差更大，如何控制轧降温降是线材生产的关键。

7.6.1　线材用途

线材用途非常广泛，可热轧后直接使用或作为锻造、拉拔、挤压、回转成型和切削等深加工的原料。由线材制成的各类用途金属制品如表 7-7 所示。

表 7-7　线材制品及用途

钢种	制品名称及用途
低碳钢	混凝土配筋、镀锌低碳钢丝、制钉、螺丝、金属网、电缆、通信线
中、高碳钢	螺丝、自行车辐条、胶管钢丝、发条、钢丝床、伞骨、衣架、钢丝绳、预应力钢丝、钢绞线
焊接用钢	焊条、焊丝
弹簧钢	弹簧、钢丝
滚动轴承钢	滚珠、滚柱
冷顶锻用钢	铆钉、螺栓、螺帽
不锈钢	防腐金属网、不锈钢焊条、耐热及非磁弹簧、高级铆钉、医用缝合针
工具钢	量具、刀具、模具、制针、钟表用钢丝、工具、琴弦
低合金钢	螺纹钢筋

7.6.2　线材轧机及孔型

目前,国内外线材生产均以连轧方式为主,分为粗轧、中轧、预精轧和精轧。新建线材轧机大都采用平、立交替布置的全线无扭轧机。粗轧机组采用易于操作和换辊的机架,进行机架整体更换和孔型导卫预调整并配置快速换辊装置,使换辊时间缩短至 5~10 min,轧制作业率大为提高。中轧机组采用短应力线高刚度轧机,采用微张力和无张力控制,配合合理孔型设计,使轧制速度提高,产品精度提高,表面质量改善。

现代化线材轧机的粗轧和中轧与棒材轧机区别不大,主要区别在于高速无扭精轧机组,成品出口速度在 50 m/s 以上。其主要机型是 45°悬臂式高速无扭精轧机组,目前世界上已建成的约 350 套线材轧机中有 2/3 是此机型。其他机型有框架式 45°高速无扭精轧机组(施罗曼式)、Y 型、德马克型、阿希洛型及泊米尼型轧机等。这些轧机的优点是产量高、质量好、单重大、精度高、细晶粒、少氧化、劳动条件好、全作业可实现计算机管理,缺点是造价昂贵。线材轧机高速轧制是通过小辊径、高转速得到的。小辊径可增大延伸,减少宽展量,降低轧制压力和轧制力矩。高速轧制能改善线材头、尾温度差,缩小公差范围,提高精度,增大盘重,并使性能均匀,降低成本,获得很高的经济效益。

1. 45°悬臂式高速无扭精轧机组

45°悬臂式高速无扭精轧机组(见图 7-23)用小辊径轧制,延伸率高,精轧机组平均延伸系数可达 1.258。传动轴与地面成 45°,最高轧制速度可达 70~102 m/s,四线轧制时年产量可达 100 万吨。这种轧机又具体分为外齿传动型(摩根型)和内齿传动型(克虏伯型)。该机组一般由 10 架组成,采用单线轧制,其直径公差和椭圆度公差可达 0.1~0.25 mm。用一台或两台 1 000 kW 直流电动机拖动,电机经增速器、三联齿轮箱、上下主轴、精密伞齿轮和斜齿轮带动轧辊。轧辊材质为碳化钨,耐磨性好,孔型形状不易变化,使成品精度较高,表面质量好。同时轧槽寿命长,每个轧辊重磨次数为 10~14 次,有的可达 30 次,每次重磨量为 0.5 mm,每磨一次可轧 1 000 t 以上,轧辊平均寿命达 2 000~2 500 t 线材。轧辊装拆采用快速液压工具,节省了换辊、换槽时间。轧辊无轴向调整,径向调整用偏心套对称地调整轧辊间隙,保证轧制线位置不变。轧辊支撑采用油膜轴承,占空间小,在高速下有优先的负载能力。设备强固、精度高、备件少。外形尺寸小,长度仅为 3 600 mm 左右。机组设有安全罩,可以通过其上的玻璃观看轧制情况,处理事故或更换辊环时,只须打开安全罩进行局部调整。45°悬臂式高速无扭精轧机是高速无扭线材轧机的代表,应用广泛,与散卷控制冷却配套成为现代线材车间的样板。

45°轧机的孔型系统如图 7 - 24 所示,常选椭-椭-圆、弧菱-弧菱-圆、椭-圆-椭圆、平-平-椭-圆等,轧件变形和孔型磨损都比较均匀。

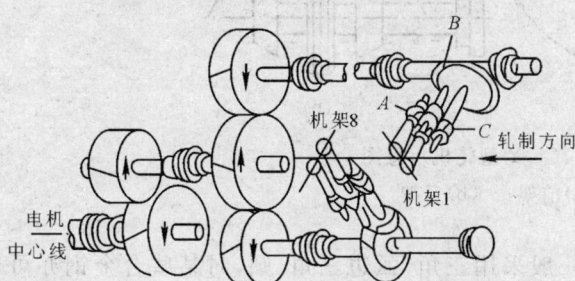

图 7 - 23 外齿传动式悬臂 45°连轧机
A,B—轧辊齿轮; C—主传动齿轮

图 7 - 24 45°线材轧机孔型系统
(a)椭-椭-圆; (b)弧菱-弧-菱圆;
(c)椭-圆-椭圆;(d)平-平-椭-圆

2.45°框架(施罗曼式)高速无扭精轧机组

施罗曼 45°轧机机架为闭口框架式,采用双支撑滚动轴承。传动轴与地面成 45°,各对轧辊互成 90°,轧制线固定不变,轧件在椭-椭孔型系统中实现无扭轧制,轧件免受扭转和导板刮伤。轧辊直径为 250 mm 左右,辊身长 290 mm,直径较大,延伸小。通常由 8 个机架组成,轧制速度达 50 m/s,生产率高。精轧机单线轧制,轧辊弹跳稳定,事故停机时,不受相邻轧线的影响。传动系统中减少了接轴与联轴器,降低了传动件振动,提高了产品尺寸公差精度,能达±0.1～±0.25 mm。但是减速箱与轧辊相连接的空心轴制造困难,寿命短。轧辊传动轴液压升降结构复杂,维修困难。精轧机组的占地面积比悬臂大得多。该轧机在结构和性能、轧制速度、微张控制、尺寸精度上均不及摩根 45°轧机,目前国外已不再制造,主要采用摩根 45°机组。

3.Y 型轧机

Y 型轧机(见图 7 - 25)是一种三辊式连轧机,每个机架有三个轧辊,下传动时,三个轧辊的布置像字母"Y",故称 Y 型三辊连轧机。该轧机类似于现代化钢管生产车间的三辊张力减径机,每个机架有三个互成 120°的圆盘状轧辊,若干机架紧凑、连续地布置在一起组成连轧机组。由于相邻机架轧辊方位相互错开,在轧制中轧件角部位置经常变化,故各部温度均匀,变形均匀,轧制中轧件六向受压,不会劈头,不需剪切,适合于低塑性金属轧制。同时,相邻机架轧辊中心线互相错开一个角度,可实现高速无扭转轧制,成品线速度达 50～60 m/s,且产品表面质量好,精度高,公差小,能达±0.1 mm。Y 型轧机整体传动,简化控制系统,易于实现自动化,结构紧凑,体积小,重量轻。该轧机应用广泛,可生产 ϕ40 mm 以下圆形和六角形棒材,也可生产 ϕ5～12 mm 线材。该轧机的缺点是要在特殊磨床上做整体孔型磨削加工,孔型磨损后,在轧制线上无法换辊,要整体更换组合体,需大量备用机架。另外,氧化铁皮不易去除。高速无扭线材轧制的工艺特点是采用单根、高速、无扭、恒微张力轧制,并向无头轧制或连铸连轧发展,还配有大压下量轧机、控制冷却、在线精整和立体库等。

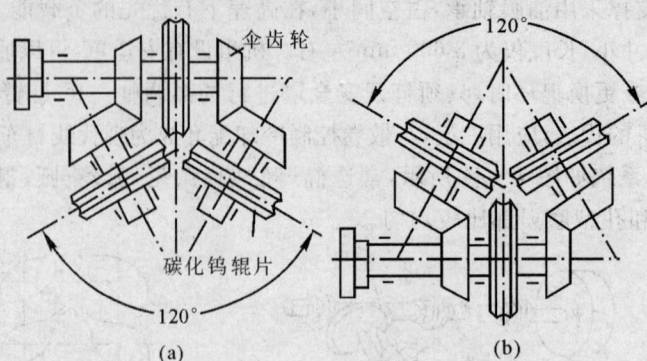

图 7-25　Y 型轧机示意图

（a）前架；　（b）后架

Y 型轧机的孔型系统（见图 7-26）一般采用三角-弧边三角-圆，对某些合金钢亦可采用弧边三角-弧边三角-圆孔型系统，孔型中前后道次变形均匀，各机架间的张力可控制在 2% 之内。

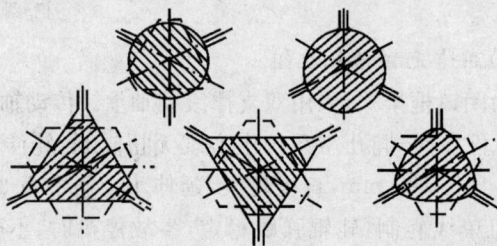

图 7-26　Y 型线材轧机孔型系统

7.6.3　线材生产工艺

线材断面形状简单，用量大，长度长，要求尺寸精度和表面质量高，适合进行自动化生产。我国线材总产量在钢材总量中比例较发达国家的比例高。随着国民经济逐步发展，预计我国线材在钢材总产量中比例会逐渐降低。

线材生产发展的总趋势是提高轧速，增加盘重，提高尺寸精度及扩大规格范围，同时向实现改善产品最终力学性能，简化生产工艺，提高轧机作业率的方向发展。目前，线材坯料断面尺寸扩大到边长为 150～200 mm，对于新建、扩建或改造项目根据《线材轧钢工艺设计规范》（GB50436-2007）要求，连铸坯断面不小于 135 mm×135 mm，坯料长度应根据断面尺寸和盘重要求确定。精轧出口速度一般为 100～120 m/s，随着飞剪剪切技术、吐丝技术和控冷技术的完善，还有继续提高的趋势，终轧速度达到 150 m/s 的研究已在进行中。

轧制技术的飞速发展及新式高速轧机的出现，使终轧速度不断提高，为增加线材盘重创造了有利条件。线材盘重增大，不仅能减少二次加工工序，降低成本，提高产量、作业率和提高金属收得率，而且使轧件由于咬入不顺造成的事故减少，轧机自动化水平提高。目前 1～2 t 已经是小盘重，很多轧机生产的盘重达到 3～4 t。由于这一原因，线材直径越来越粗，到 2000 年，国外已经出现直径 60 mm 盘卷线材。但是，增大盘重、减少线径同提高质量和精度之间存在一定矛盾。随着盘重加大，导致轧件长度和轧制时间增加，轧件终轧温度降低，头部和尾部温度差加大，从而引起头、尾尺寸公差加大，组织和性能不均。另外，线材断面小，总延伸系数大，轧制道次多，温降也大。因此，为节约能耗，提高产品质量，提高生产率，需要由钢坯一火成材。

线材生产的一般工艺流程为坯料准备→称重→加热→粗轧→（剪头）→中轧→剪头→精轧→水冷→卷取→空冷→（散卷冷却）→检验→收集→包装→收集（钩式运输）→称重→入库。

(1)坯料准备。在供坯允许的条件下，坯料断面积尽可能小，以减少轧制道次。为保证盘重，坯料要求尽可能长；另外，轧机轧制速度越高，盘重越大，要求坯料尺寸越大。所以，线材坯料细而长。目前生产线材坯料断面形状一般为方形，边长为 $120\sim150$ mm，最长为 22 m，以连铸坯为主。

由于线材成卷供应，不仅要对表面缺陷进行清除，而且还要对内部缺陷进行探伤。当采用常规冷装炉加热轧制工艺时，为保证坯料全长质量，一般钢材采用目视检查，手工清理的方法；对质量要求较严格的钢材，可采用超声波探伤、磁粉或磁力线探伤等进行检查和清理，必要时进行全面表面修磨；采用连铸坯热装炉或直接轧制时，必须保证无缺陷高温铸坯生产。对有缺陷的铸坯，可进行在线热检查和热清理，或通过检测形成落地冷坯，人工清理后，再进入常规轧制生产。

(2)加热。现代化线材轧制速度很高，轧制中温降较小，甚至还出现温度升高现象，所以加热温度较低。一般采用步进式加热炉，为适应热装热送和连铸直轧，也可采用电感应加热、电阻加热及无氧化加热等方式。

(3)轧制。随着线材生产向着连续、高速、无扭、微张力或无张力轧制的方向发展，轧制方式也由横列式向连续式发展。现代化线材车间机架数一般为 $21\sim28$ 架。生产实践中为改善经常出现因终轧温度过高而导致产品质量下降或螺纹钢成品孔型不能顺利咬入等问题，线材连轧机可实现低温轧制。低温轧制不仅可以降低能耗，还可以提高产品质量，创造很高的经济效益。低温轧制规程有两种，一种是降低开轧温度，从 $1\,050\sim1\,100\,℃$ 降至 $850\sim950\,℃$，终轧温度与开轧温度相差不大，扣除因变形抗力增大导致电机功率增加的因素，节能可达 20% 左右。另一种是不仅降低开轧温度，而且将终轧温度降低至再结晶温度（$700\sim800\,℃$）以下，除节能外还明显提高产品的力学性能，效果优于任何传统的热处理方法。有时在精轧机组前设置水冷设备以控制线材终轧温度，在精轧机组各机架间进行在线冷却，控制线材温度升高、终轧温度及稳定性。

线材在轧制时，轧件高度上尺寸由孔型控制，可以有保证，但宽度上尺寸却是计算出来或根据经验确定的，孔型不能严格限制宽度方向尺寸。另外，机架间张力和轧件头、尾尺寸差也会对轧件尺寸产生明显影响。为确保轧件尺寸精度，常见方法是采用真圆孔型和三辊孔型严格控制轧件高向和宽向尺寸，或在成品孔型后设置专门定径机组以及采用自动控制 AGC 系统。目前，线材尺寸精度达到 ±0.10 mm，发展目标是精度达到 ±0.05 mm。

线材轧机分粗、中、精轧三个机组，孔型系统选择也不相同。一般各延伸孔型系统，如平箱-立箱、六角-方、菱-方、椭圆-方、椭圆-圆都可用为粗轧孔型，但应满足粗轧要求。中轧孔型普遍采用椭-方系统。精轧一般采用椭-方系统，但在轧制高碳钢和合金钢时，也有采用椭-圆、椭-立椭孔型系统。线材轧制的孔型总延伸系数较其他钢材都大，一般平均延伸系数为 $1.28\sim1.32$，硬质线材取下限，软质线材取上限。生产中粗轧、中轧、精轧机组的平均延伸系数可分别取1.34～1.44,1.30～1.33,1.20～1.24。实行多道快速轧制时,平均延伸系数减小可有效减小轧件在中间道次出耳子和成品表面形成折叠。我国常用延伸系数如表7-8所示。宽展计算采用经验值,也可采用彼得洛夫齐别尔绝对宽展公式,各种孔型的经验宽展值如表7-9所示。

表7-8 线材生产常用延伸系数

原料断面尺寸/mm×mm	60×60	60×60	60×60	68×68	75×75	90×90
成品断面尺寸/mm	$\phi6.5$	$\phi6.5$	$\phi8.0$	$\phi6.5$	$\phi6.5$	$\phi6.5$
总延伸系数 $\mu_总$	107	107	143	70	165	242
道次	17	18	20	15	20	21
平均延伸系数 $\mu_{平均}$	1.316	1.296	1.328	1.282	1.291	1.299

表7-9 各种孔型宽展系数

孔型	宽展系数	孔型	宽展系数	孔型	宽展系数
椭-方	0.4～0.55	方-平箱	0.2～0.3	椭-圆	0.25～0.35(粗轧)
方-椭	0.6～1.6	平箱-立箱	0.25～0.35	椭-圆	0.45～0.5(精轧)
方-六角	0.4～0.75	菱-方	0.15～0.3	圆-椭	0.35～0.55(粗轧)
六角-方	0.3～0.5	方-菱	0.25～0.4	圆-椭	1～1.3(粗轧)

(4)冷却和精整。目前线材的冷却有两种方式:自然冷却和控制冷却。自然冷却包括堆冷和钩式冷却,堆冷已被淘汰,钩式冷却适用于成品线材速度为 $10～16\ m/s$,单重为 $100～200\ kg$ 的盘条的冷却,现已不能满足生产和用户需要,往往与控制冷却结合使用。

控制冷却是线材生产发展的方向,线材精轧后控制冷却一般分三步完成:一是轧后穿水冷却,使线材快冷到 $700～900\ ℃$,减少高温停留时间,减少二次氧化,防止变形奥氏体晶粒长大或阻止碳化物析出,为相变做组织上的准备;二是吐丝成圈后进行散卷冷却,以控制奥氏体向铁素体和珠光体的转变速度,保证线材的组织性能要求;三是相变后和成卷后的盘卷冷却,要尽可能保证各部位冷却均匀,盘卷成形,组织和性能均匀。目前现代化线材轧机常用的散卷冷却方式有斯太尔摩法、施罗曼法、沸水冷却法(ED法)、塔式冷却法(DP法)和流态层冷却法等,如图7-27至图7-31所示。这些冷却工艺都以铅浴处理为模式,在奥氏体钢的等温转变图上描绘各自的工艺路线,以求用最简便、经济的方法得到铅浴处理那样良好的效果。

斯太尔摩法是将轧出的线材(1 000 ℃左右),通过水冷套管快速冷却至相变温度785℃左右,经导向装置引入吐丝机,然后进行散卷冷却。根据钢种不同,通过控制鼓风机的送风量和运送速度,控制线材冷却速度。不同钢种可进行强迫风冷、自然空冷、加罩缓冷或供热球化退火,以控制线材组织性能。冷却后线材经集卷器收集,然后进行检查、打捆、入库。斯太尔摩法又可细分为标准型、慢冷型和延迟型斯太尔摩法三种,20 世纪 70 年代后所建大多是延迟型斯太尔摩法,其适应性广,工艺灵活。三种斯太尔摩法都可适应大规模生产的钢种,收到控制金属组织、改善使用性能、减少氧化铁皮的综合效果。斯太尔摩法的缺点是投资费用高,占地面积大。空冷区线材的降温主要靠冷风,线材质量受车间气温和温度影响较大。依靠风机降温,线材二次氧化严重。

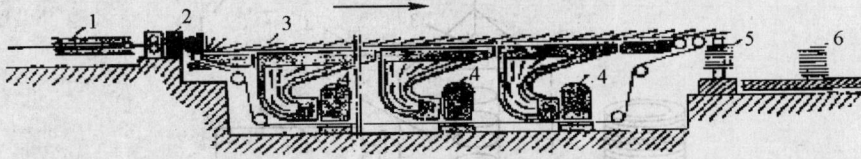

图 7-27　斯太尔摩控制冷却法

1—水冷套管；　2—吐丝机；　3—运输机；　4—鼓风机；　5—集卷器；　6—盘条

　　施罗曼法是在斯太尔摩控制冷却法的基础上发展而来的。为克服斯太尔摩法的缺点,通过改进水冷装置,强化水冷能力,得到更低的过冷温度,即得到更接近理想转变温度的过冷奥氏体,从而达到简化第二阶段控制、降低生产费用的目的。采用卧式成圈器,卷成的线圈立着进行水平移动,可使冷却更均匀且便于散热。这两项改进取消了卷线后风冷,冷却过程基本不受车间气温和温度影响,但冷却后线材质量不如斯太尔摩法易于保证。线材温度主要靠水冷保证,卷取后冷却类似正火,冷却能力弱,对线材冷却速度没有控制能力。施罗曼法为适应不同钢种,采用了不同的散卷冷却作业线,如图 7-28 所示为五种冷却工艺,第一种适于普碳钢,只经过水冷却垂直线圈和水平线圈进行空冷。第二种为低速空冷,线圈仅是水平状,适于冷却速度较慢的钢种。第三种适于某些需要缓冷的钢种,如高合金滚珠轴承钢,成圈后加保温罩,罩内可装烧嘴进行加热。第四种适于要求低温收集的钢种,在运输机后部加了冷却罩可喷水或蒸汽、空气的混合气。第五种主要用于处理奥氏体和铁素体钢,空冷后在辊道式连续退火炉内加热并保温,然后进入水冷池急冷。

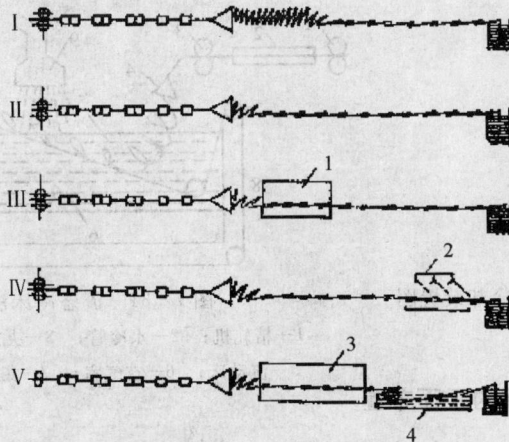

图 7-28　五种施罗曼控制冷却工艺流程

1—保温罩；　2—冷却罩；　3—连续式退火炉；　4—水冷池

　　沸水冷却法(ED 法)是将轧后线材经水冷至 850℃ 左右,依靠压紧辊送入卷线机,然后落入沸水槽中被卷成盘(见图 7-29)。线材从前端开始依次受到沸水冷却,卷取完成后依靠底板将盘条拖起,然后用推料机推到运输机上取出。

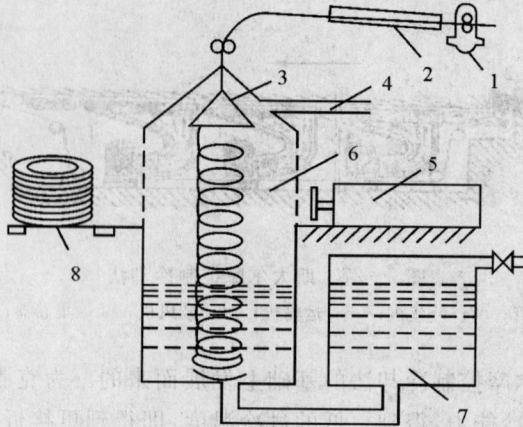

图 7-29 ED法控制冷却

1—精轧机；2—水冷段；3—卷线机；4—蒸汽出口；5—液压缸；6—浴槽；7—调节水箱；8—处理后盘条

塔式冷却法（DP法）是将轧后线材经水冷至850~650℃,卷取后置于垂直运动的链式运输机上,用钩子支撑自上而下运动,从垂直塔壁上的风孔吹入空气,使线材温度降至500℃以下,通过风量和运输机下降速度调节冷却速度,满足线材性能要求（见图7-30）。

流态层冷却法（见图7-31）是将轧后线材经水冷至750℃左右卷取,然后落在由锆砂作流态粒子的流态冷床上进行奥氏体分解相变,流态层的温度与奥氏体分解温度直接相关,此设备比较复杂。

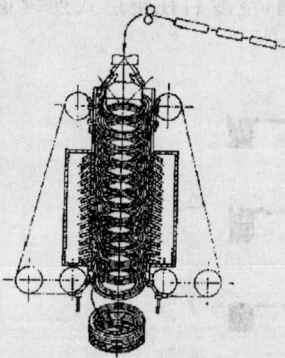

图 7-30 德马克八幡竖井冷却装置图

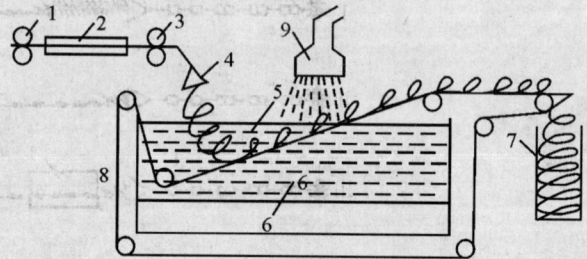

图 7-31 流态冷床法装置图

1—精轧机；2—水冷管；3—夹送辊；4—成圈器；
5—流动床；6—空气室；7—集卷筒；8—运输器

7.6.4 典型线材车间的平面布置

目前,我国线材生产正向半连续和全连续化方向发展,不但引进了平立交替全连轧线材轧机、45°悬臂式及Y型高速无扭精轧机组,而且也能制造45°悬臂高速无扭精轧机,各种短应力线的紧凑式连轧机及Y型轧机。全连续线材车间的工艺特点是从加热炉到粗轧机距离很近,当钢坯头部经过轧制进入卷线机时,尾部还在加热炉中加热,大大减少了轧件头尾温差,为提高卷重创造了条件。从粗轧到精轧全部连轧（只有中轧保持1~2个活套）,轧机由直流电机驱动,可调速,采用自动控制活套长度,减少了轧机之间的拉钢,提高了成品尺寸公差的精度。典型全连续线材车间的平面布置如图7-32至图7-34所示。

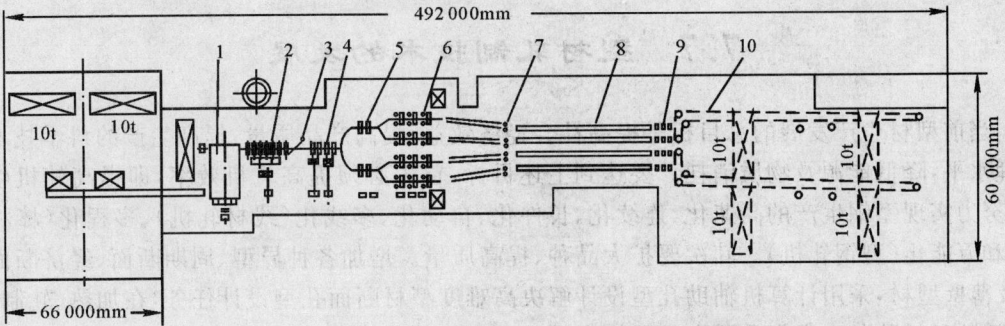

图 7-32　年产 100 万吨以上现代化线材车间

1—步进式加热炉；　2—粗轧机组；　3—切头剪；　4—中轧机组（一）；　5—中轧机组（二）；

6—飞剪；　7—精轧机组；　8—控制水冷带；　9—集卷器；　10—斯太尔摩线

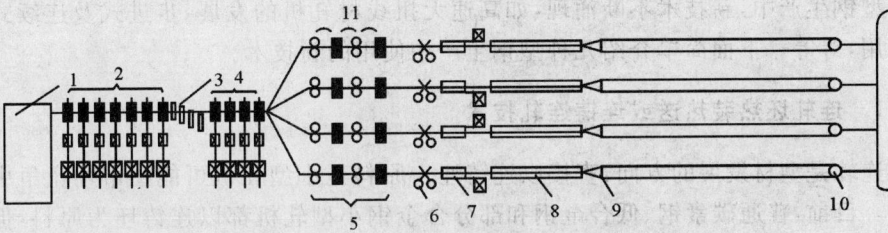

图 7-33　精轧机组为平立交替式的全连续线材车间

1—加热炉；　2—粗轧机组；　3—飞剪；　4—中轧机组；　5—平立交替式精轧机组；

6—飞剪；　7—卷取机；　8—运输机；　9—拆卷机；　10—钩式冷却机；　11—侧活套

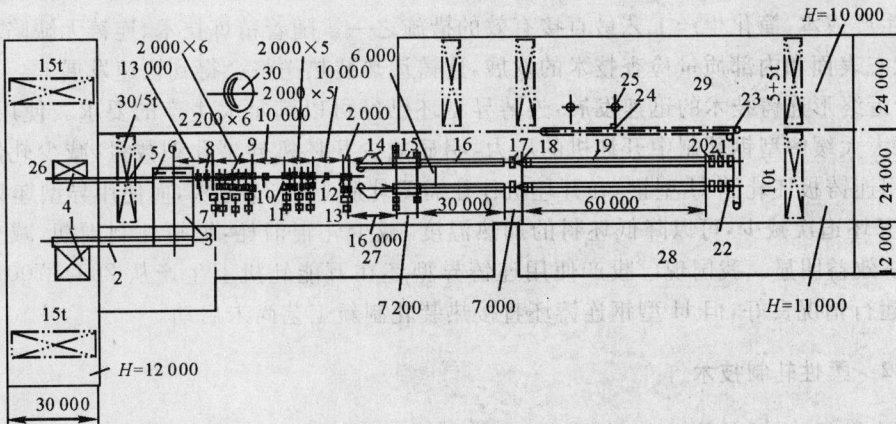

图 7-34　$\phi 450$ mm×7/300 mm×8/250 mm×8 连续式线材车间

（精轧机组为框架式 45°无扭机组）

1—装料台架；　2—装料辊道；　3—步进式加热炉；　4—返回料收集箱；　5—返回输送辊道；　6—炉内辊道；

7—分钢机；　8—夹钢机；　9—450 mm 粗轧机组；　10—回转式飞剪；　11—300 mm 中轧机组；　12—回转式飞剪；

13—300 mm 二中轧机组；　14—侧围盘；　15—框架式 45°无扭精轧机组；　16—水冷系统；　17—切头、尾剪；

18—成圈器；　19—输送链；　20—集卷机；　21—打捆机；　22—挂卷机；　23—钩式运输机；　24—卸卷机；

25—收卷机；　26—钢坯库；　27—主电室；　28—辅助间；　29—成品库；　30—氧化铁皮沉淀池

7.7 型材轧制技术的发展

当前型材生产发展的总目标是提高社会经济效益,提高产品质量,提高生产的科学技术及管理水平,降低能源及物质消耗。要达到上述目标,首先必须提高轧机效率,即提高轧机生产率,努力实现型钢生产的高速化、连续化、长件化、自动化、多线化(线材轧机)、多程化(棒材轧机)和万能化(型钢轧机)。其次要扩大品种、提高质量。增加各种异型、周期断面、经济断面型材及薄壁型材,采用计算机辅助孔型设计解决高难度型材断面孔型设计任务,在加热、轧制、检测、精整和包装各工序中采用先进的技术措施和检测手段。最后还要达到型材的性能高级化。提高型材的机械性能,满足建筑构件高强度,节约金属需要;提高拉拔性能,适应细规格钢丝生产要求;提高顶锻性能,满足紧固件结构钢冷镦机高生产率的冷加工生产要求;提高切削性能,适应高速切削与改善机件表面光洁度的需要;减少氧化铁皮,节约金属及酸的消耗。在实现上述目标的型钢生产中,新技术不断涌现,如高速无扭线材轧机的发展,步进式及连续式加热炉的广泛使用,等等。下面简单介绍几种型钢生产中使用的新技术。

7.7.1 连轧坯热装热送或连铸连轧技术

连铸连轧是型材发展的方向,直接以连铸坯为原料是小型轧机可能在市场竞争中存在的必要条件。目前,普通碳素钢、低合金钢和部分合金钢小型轧机都以连铸坯为原料,但连铸还是无法保证提供无缺陷坯料,需要在冷态下对坯料进行表面缺陷和内部质量检查。连铸坯在 $650\sim800\,^{\circ}\mathrm{C}$ 热装热送,可提高加热炉能力 $20\%\sim30\%$,比冷装减少坯料氧化损失 $0.2\%\sim0.3\%$,节约加热能耗 $30\%\sim45\%$,同时可减少或取消中间存储面积,减少设备和操作人员,缩短生产周期,加快资金周转,有巨大的经济效益。直接热装热送是当前小型和线材轧机节能降耗、减少生产成本、简化生产工艺最直接有效的措施之一。随着精炼技术、连铸无缺陷坯技术、坯料热状态表面和内部质量检查技术的发展,连铸坯热装热送将会得到快速发展。

由于近终形连铸技术的迅速发展,连铸异型坯已经可以满足大生产的要求。使用连铸异型坯可以大大缓解型钢轧制中开坯机的压力,明显减少开坯机异型孔型数量,减少轧制道次。例如:使用连铸板坯轧制 H 型钢,在开坯机往往需要轧制 $19\sim23$ 道次,而使用异型坯只需 $7\sim9$ 道次。开坯道次减少,可以降低坯料的加热温度,减少轧辊消耗,缩短轧制周期,减少切头、尾量,经济效益明显。我国现已投产使用连铸异型坯在万能轧机上生产从 $200\sim700\text{ mm}$ 的 H 型钢,运行情况良好,但 H 型钢连铸坯直接热装轧制新工艺尚未启动。

7.7.2 柔性轧制技术

对于小批量、多品种的生产,在规格和品种改变时,会增加轧机停留时间。柔性轧制技术利用无孔型轧制、共用孔型等手段迅速改变轧制规程,改变产品规格,减少了停机时间。随着三维轧制过程解析手段的进步,柔性轧制技术已经达到实用阶段。另外,长寿命、快速换辊技术的日趋成熟都为柔性轧制提供了条件。

7.7.3 控制轧制、控制冷却新技术

早在 20 世纪 80 年代,在阿姆斯特丹举行的世界钢铁会议上有专家指出:在轧钢技术方面,今后主要集中在控制轧制、加强冷却及棒线材无头轧制等三项技术上。可见控制轧制、控

制冷却技术在提高产品组织性能,降低钢材生产成本,提高企业经济效益上起着巨大的作用。控制轧制分为奥氏体再结晶型(又称Ⅰ型控制轧制或常规轧制,轧制温度>950℃)、奥氏体未再结晶型(又称Ⅱ型控制轧制或常化轧制,轧制温度为950℃~Ar₃)和奥氏体与铁素体两相区控制轧制(又称热机轧制,轧制温度<Ar₃)。热轧后控制冷却是利用相变强化提高材料强度,包括一次、二次和三次(空冷冷却)三个不同阶段。

目前在小型棒材生产中采用的控制轧制方式主要是低温轧制,一般粗、中轧采用Ⅰ型轧制,精轧可采用Ⅱ型或两相区控制轧制。中轧与精轧机组之间必须设有水冷箱,以准确控制轧件的精轧温度。这要求两个机组之间有足够的距离,保证轧件进入精轧机前断面温度分布均匀,根据轧件规格不同,一般为30~50 m。小型棒材生产中的控制冷却可单独使用,也可与控制轧制有机结合使用,取得控制冷却的最佳效果。目前广泛使用的是带肋钢筋及棒材的轧后余热淬火及自回火工艺。

为满足用户对高精度、高质量的要求,高速线材轧机得到发展,无扭精轧机组机型进一步改进。高速无扭线材轧制后往往跟着散卷冷却,一是工艺上需要和性能保证,二是为减少氧化铁皮。高线的控制冷却技术包括水冷和风冷,对大规格线材可采用水雾冷却。如美国斯太尔摩、英国阿希洛、德国施罗曼、意大利达涅利冷却工艺采用水冷加运输机散卷风冷(或空冷),另一种是水冷后不用散卷风(空)冷,而用其他介质或用其他布圈方式冷却,诸如ED和EDC沸水冷却法、流态床冷却、DP法竖井冷却及间歇多段穿水冷却等。

7.7.4 无头轧制

在传统轧制生产线上,坯料一根一根地由加热炉出来进入第一架轧机,坯料之间有一定的间隔时间。高速轧制的实现和连铸连轧技术的成熟刺激了棒、线材无头轧制技术的发展。无头轧制的优点是减少切损,棒、线材连轧需多次切头,第一次切头断面较大,不切头可提高成材率1%~2%;可达100%定尺;生产率提高;对导卫和孔型无冲击,不缠辊;尺寸精度高。据意大利达涅利公司测算,采用方坯无头轧制技术,焊接位置在出炉辊道上,进入粗轧机组前,年产38万吨棒、线材的车间,年增效益约1 600万元人民币。

要实现无头轧制,焊接部位具有与成品同样的品质是必要条件。日本钢管公司1992年着手研究开发棒、线材无头轧制技术,1997年设计制造了世界上第一条棒、线材无头轧制生产线,1998年3月投产,设备布局如图7-35所示。

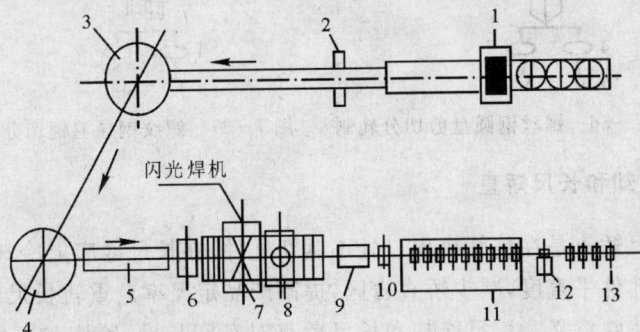

图7-35 东京制铁(株)高松工厂棒、线材无头轧制生产线
1—连铸机200×2; 2—火焰切割机; 3—1号回转台; 4—2号回转台; 5—进料台; 6—除鳞机;
7—闪光焊机; 8—除毛刺机; 9—感应加热炉; 10—夹送辊; 11—粗轧机组; 12—飞剪; 13—中间机组

该生产线采用连铸坯热送直接轧制,坯料为 $\phi 200$ mm 圆坯。轧制线进料台有高压水除鳞装置,清除焊接部位和焊机夹钳的氧化铁皮,焊机随钢坯一起运动,将前一根已进入粗轧机组轧制的坯料尾部和后一根刚从进料台出来的坯料头部焊接起来。焊接毛刺由布置在焊机后面的清毛刺装置清除,该装置也是移动的,随钢坯一起运动。感应加热炉在坯料通过的同时,将坯料快速加热到开轧温度。目前,除日本外,意大利等国的棒、线材无头轧制技术也已达到实用水平。

7.7.5 切分轧制

在轧制过程中,将一根钢坯利用孔型的作用(即将轧件用轧辊压出颈部)轧成具有两个或两个以上并联轧件,再利用切分设备(导板、切刀或圆盘剪)或孔型本身将并联轧件沿纵向切分成两根以上单根轧件的轧制方法称为切分轧制。其优点是:①大幅提高了粗轧机的生产能力。在不增加轧制台数,坯料大小不变或增大时,可用低的轧制速度获得高的生产率。②在不增加轧制道次的前提下,实现用小轧机轧制大坯料。③改变孔型结构,变不对称产品为对称产品。④扩大产品规格范围。⑤降低成本和能源消耗,在相同条件下,可将钢坯加热温度降低 40℃左右,燃料消耗可降低 15% 左右,轧辊消耗可降低 15% 左右。

目前切分轧制的主要方法是:用圆盘剪设备切分(见图 7-36),用导卫辊切分(见图 7-37)和利用轧件自身力偶切分轧制(见图 7-38)。前两种切分轧制的共同点是:棒材在其颈沿横向或纵向的方向被切分成两根。要求轧件先用轧辊压出颈部,再用导板、切刀或圆盘纵剪机沿其颈部切分成两根,而后利用导板将其完全分开,都是在成品前孔进行切分完毕,切分后的轧件只经过成品前孔及成品孔轧制。利用轧件自身力偶切分轧制不需要圆盘剪及导卫帮助切分,而轧件在切分孔型中利用自身的力偶旋转达到切分的目的。如图 7-38 所示是多线不用导板切分轧制技术与传统双线切分轧制法工艺流程的比较,多线切分将一根小方坯轧成扁材后,在 9 号孔型内轧出几个颈部,并在 10 号孔型中进一步轧细,然后在 11 号孔型内被纵向切分辊切开。

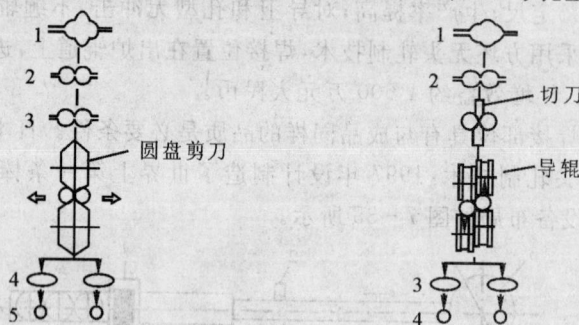

图 7-36 螺丝钢圆盘剪切分轧制　　图 7-37 螺纹钢导卫辊切分轧制

7.7.6 长尺冷却和长尺矫直

长尺冷却和长尺矫直是在精轧机出口处不锯切轧件,在长尺冷床上冷却后再进行矫直、锯切。其优点是提高轧件平直度,减少矫直盲区,提高产品定尺率。重轨长尺冷却和长尺矫直对提高产品质量具有特殊意义。长尺冷却和长尺矫直对车间长度、冷床和冷锯有专门要求。我国目前已有多套长尺冷却和长尺矫直生产线投入使用,但在大、中型型钢生产中采用该工艺的比例尚需进一步提高。

7.7.7　热弯型钢

热弯型钢是将钢坯先热轧成厚度不等并有适当凸凹的扁钢或异型断面型钢,在轧后余热状态下,连续弯曲成开口、半封闭式或封闭式的异型断面型钢。该工艺既可生产用热轧无法生产的型钢,也能生产用冷弯方法不能生产的型钢,而且利用余热成型,能耗小,材料塑性好,断面力学性能均匀,避免了冷弯加工硬化和弯曲处的微裂纹等。热弯型钢比冷弯型钢可节材10%左右,每年可节材几十万吨,加上节能,有明显的经济效益,值得大力进行研究和开发。热轧热弯不等壁厚矩形管与相同外形尺寸冷弯焊接钢管比较,断面上金属分布更合理,产品力学性能有所提高,同样可达到节约金属的目的。冷弯矩形管和热弯不等壁厚矩形管的形状及尺寸如图7-39所示。

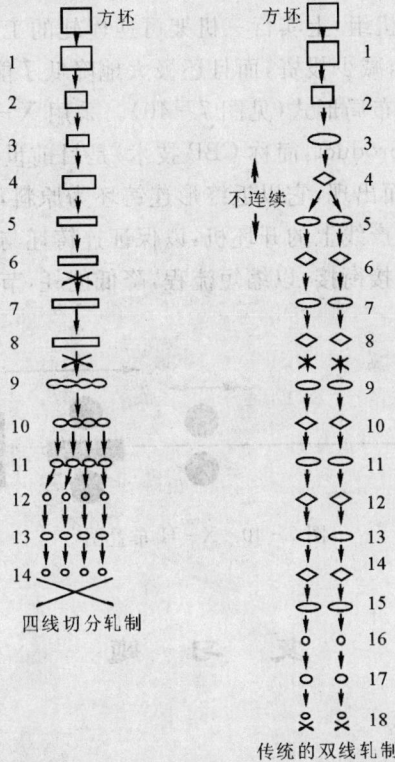

图 7-38　四线切分轧制与传统的双线轧制比较

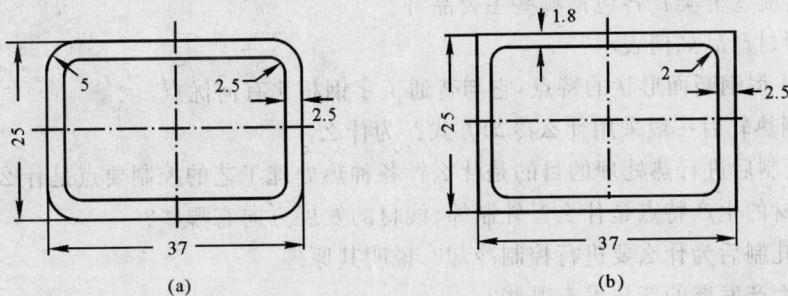

图 7-39　冷弯矩形管和热弯矩形管的形状及尺寸比较

(a)冷弯矩形管;　(b)热弯矩形管

7.7.8　H型钢生产新技术

H型钢新品种主要包括:耐侯H型钢、表面带涂层的耐腐蚀H型钢、外表面带凸棱H型钢、小残余应力H型钢、外部尺寸一定H型钢、以低屈服比和屈服点变化小为特征的高性能H型钢、腰厚与边厚之比小于1/3的薄腰H型钢、高焊接性能H型钢产品、高尺寸精度和形状精度H型钢产品等。在生产技术上实行高度自动化,并对整个生产线的多规格H型钢使用同一种坯料。对外部尺寸一定的H型钢,采用宽度可调的水平辊,用扩腰轧法和缩腰轧法进行生产。

为了获得更高的生产效率,降低工人的劳动强度,尽最大可能发挥设备的潜力,轧制中小型H型钢时,在三架轧机(两架万能机组和一架轧边机。万能机组中一个为X孔型,另一个为H孔型,H孔型的机组为精轧机组)上实行三机架可逆连轧的工艺方式,这种工艺方法被称为X-H法。它不但缩短了厂房,减少投资,而且还极大地降低了能耗。在采用X-H轧制法轧制H型钢时,常用可逆连轧的布局形式(见图7-40)。采用X-H轧制法的近终形短流程连铸连轧技术(Compact Beam product,简称CBP技术)是目前世界上生产H型钢最先进的技术,该技术随连铸技术的发展而出现,它以近终形连铸坯为原料,设置热装炉,用一架立辊轧边机代替了普通X-H轧制法生产线上的开坯机,以保证连铸坯与成品之间的衔接,从而实现万能轧制区与异型坯连铸区的直接衔接,以缩短流程,降低能耗,节省投资,降低成本。

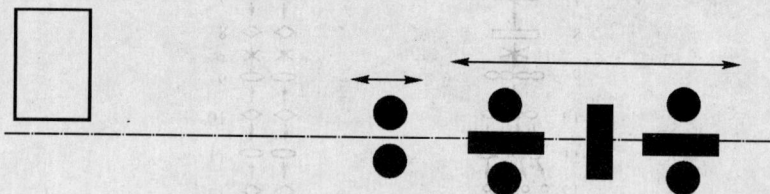

图7-40　X-H布置图

复　习　题

1. 型材生产的特点是什么?
2. 热轧型材轧机常见的布置形式和特点是什么?各布置形式的生产工艺有何不同?
3. 请说明根据什么参数确定型材轧机的大小。
4. 型材有哪些分类?各包括哪些主要品种?
5. 各种型材产品如何表示?
6. 试述H型钢断面形状的特点,它与普通工字钢相比有何优点。
7. H型钢热轧后一般采用什么冷却方式?为什么?
8. 钢轨轧制后进行热处理的目的是什么?各种热处理工艺的控制要点是什么?
9. 棒、线材的生产特点是什么?轧制棒、线材的发展方向有哪些?
10. 线材轧制后为什么要进行控制冷却?说明其原理。
11. 型材生产发展的新技术有哪些?

第8章 孔型设计基本知识

8.1 概　述

为得到所需断面形状、尺寸和性能的轧件，在轧辊上刻有凹入或凸出的槽子，这种刻在一个轧辊上的槽子叫做轧槽。通过轧辊轴线的平面为轧制面。由两个或两个以上轧辊上的轧槽在轧制面上组成的断面叫孔型。将钢锭或钢坯在变化的轧辊孔型中轧制而进行的设计和计算工作称为孔型设计。

孔型设计包括三方面内容：① 断面孔型设计。根据原料和成品断面形状和尺寸及对产品性能的要求和车间设备，确定孔型系统、轧制道次和各道次变形量，并设计各道次的孔型形状和尺寸，绘制孔型图。② 轧辊孔型设计。根据断面设计，确定设计孔型在各机架轧辊上的分配及配置，以保证轧件能正常轧制，操作方便，获得高质量产品的同时，要确保轧机的高产量。③ 轧辊辅件导卫或诱导装置的设计。诱导装置应保证轧件能按照所要求的状态进、出孔型，或者使轧件在孔型以外发生一定的变形，或者对轧件起矫正或翻转作用。

孔型设计是型钢生产中一项极其重要的工作，孔型设计应该做到：① 获得优质产品。即所轧产品断面形状应正确，断面尺寸在相关标准允许的公差范围之内，表面光洁，内部组织及力学性能符合要求。② 轧机生产率高。轧机生产率决定轧机小时产量和作业率。一般情况下，轧制道次越少越好，在电机和设备允许的条件下尽可能实现交叉轧制，以达到加快轧制节奏，提高小时产量的目的。③ 产品成本最低。孔型设计应保证轧制过程顺利，便于调整，减少切损和降低废品率。在用户无特殊要求的情况下，尽可能按负偏差进行轧制。同时，合理的孔型设计也应保证减少轧辊和电能消耗。④ 劳动条件好。孔型设计时除考虑安全生产外，还应考虑轧制过程易于实现机械化和自动化，轧制稳定，便于调整，轧辊辅件坚固耐用，装卸容易。

由于孔型设计目前还处于经验设计阶段，孔型设计合理与否主要取决于孔型设计者的经验和水平。为了正确解决上述问题，利用计算机辅助孔型设计是十分必要的，国内外已利用这种设计方法做出了最优化孔型设计。

8.2　孔型设计步骤

1.孔型设计的基本条件储备

（1）产品技术条件：包括产品断面形状、尺寸及其允许偏差，对产品表面质量、金相组织和性能的要求，对某些产品还应了解用户的使用情况及其特殊要求等。

（2）原料条件：包括已有钢锭或钢坯形状和尺寸，或者按孔型设计要求重新选定原料规格。

（3）轧机性能及其他设备条件：包括轧机布置、机架数、辊径、辊身长度、轧制速度、电机能力、加热炉、移钢和翻钢设备、工作辊道和延伸辊道、延伸台、剪机或锯机性能以及车间平面布置情况等。

2. 选择合理的孔型系统

选择孔型系统是设计的关键步骤之一。对于新产品，设计孔型之前应该了解类似产品的轧制情况及其存在问题，作为新产品孔型设计的依据；对于老产品，应了解在其他轧机上轧制该产品的情况及存在问题。在品种多、产量要求不高的轧机上应采用共用性大的孔型系统，这样可以减少换辊次数及轧辊的储备量。但在品种比较单一即专业化较高的轧机上应尽量采用专用的孔型系统，可以排除其他产品的干扰并使产量提高。

3. 总轧制道次数的确定

选择孔型系统后，必须首先制定轧制该产品的总轧制道次数及按道次分配变形量。当钢锭或钢坯断面尺寸已知时，如用矩形断面钢锭轧成矩形断面钢坯，则总压下量为

$$\sum \Delta h = (1 + \beta) \left[(H - h) + (B - b) \right] \tag{8-1}$$

式中，β 为宽展系数，$\beta = 0.15 \sim 0.25$；H, h 为轧制前、后轧件高度；B, b 为轧制前、后轧件宽度。

总轧制道次为

$$n = \frac{\sum \Delta h_c}{\Delta h_c} \tag{8-2}$$

式中，Δh_c 为道次平均压下量，$\Delta h_c = (0.8 \sim 1.0) \Delta h_{max}$。

在轧制型钢时，由于断面形状比较复杂，而且压下量不均匀，所以变形量通常用延伸系数来表示。当坯料和成品的横断面面积为已知时，总延伸系数为

$$\mu_\Sigma = \mu_1 \mu_2 \mu_3 \cdots \mu_n = \frac{F_0}{F_1} \frac{F_1}{F_2} \frac{F_2}{F_3} \cdots \frac{F_{n-1}}{F_n} = \frac{F_0}{F_n} \tag{8-3}$$

式中，$F_1, F_2, F_3, \cdots, F_{n-1}$ 为各道轧后的轧件横断面面积；F_0, F_n 为坯料和成品的横断面面积。

如果用平均延伸系数 μ_c 代替各道延伸系数，则

$$\mu_\Sigma = \mu_c^n \tag{8-4}$$

由此可以确定总轧制道次数为

$$n = \frac{\lg \mu_\Sigma}{\lg \mu_c} = \frac{\lg F_0 - \lg F_n}{\lg \mu_c} \tag{8-5}$$

轧制道次数应取整数，具体取奇数还是偶数则取决于轧机布置。平均延伸系数 μ_c 是根据经验或同类轧机用类比法选取。表 8-1 为我国某些轧钢厂生产各种产品时所采用的平均延伸系数和总延伸系数的数据，供设计时参考。

如有几种钢坯尺寸可以任意选择时，应根据轧机具体情况选择最合理的轧制道次，然后求出钢坯横断面面积和边长，再根据计算出的钢坯边长选择与其接近的钢坯尺寸。

4. 各道次变形量分配

分配各道次变形量应注意金属的塑性、咬入条件、轧辊强度和电机能力、孔型磨损等几个问题。影响道次变形量的因素很复杂，经常是各种因素综合起作用。

如图 8-1 所示是典型的变形系数按道次分配的曲线。轧制初期轧件温度高，金属的塑性、轧辊强度和电机能力不成为限制因素，而炉生氧化铁皮和咬入条件成为限制变形量的主要因

素,一般取较大值;随着炉生氧化铁皮的剥落,咬入条件得到改善,而此时轧件温度降低不多,故变形系数可不断增加,并达到最大值;随着轧制过程继续进行,轧件断面面积逐渐减小,轧件温度降低,变形抗力增加,轧辊强度和电机能力成为限制变形量的主要因素,因此变形系数降低;在最后几道中,为了减少孔型磨损,保证成品断面形状和尺寸精确度,应采用较小的变形系数。实际生产中应具体问题具体分析,如在连轧机上轧制时,延伸系数分配如图8-2所示。

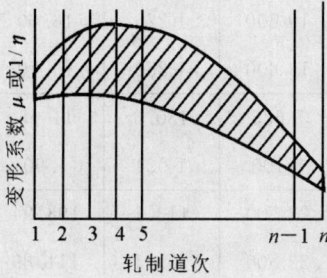

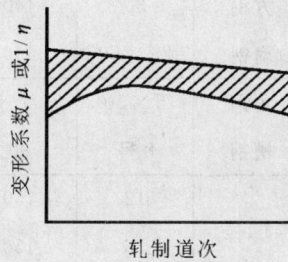

图8-1　变形系数按道次分配的典型曲线　　图8-2　连轧机上延伸系数按道次分配曲线

5. 确定轧件断面形状和尺寸

根据各道延伸系数确定各道次轧件横断面面积,然后按照轧件横断面面积及其变形关系确定轧件断面形状和尺寸。

表8-1　几种典型轧机轧制不同产品的延伸系数

| 轧机 | 产品 | | 锭坯 | 道次 | $F_{原}$ /mm² | $F_{成}$ /mm² | 总延伸系数 μ_Σ | 平均延伸系数 μ_c |
	名称	规格/mm	边长/mm					
750×1	方坯	120	480	19/21	230 000	14 400	15.97	1.157
		140	510	19/21	260 000	19 600	13.26	1.147
		220	550	19/21	300 000	48 500	6.18	1.101
630×1/	方坯	60	263	14	67 000	3 600	18.60	1.232
500×2/	方坯	68	263	14	67 000	4 624	14.42	1.210
400×4	板坯	9.8×240	263	15	67 000	2 450	27.30	1.247
515×2/ 450×2	槽钢	6.5号	90×120	9	10 800	751	14.40	1.345
		12号	120×160	11	19 200	1 569	12.25	1.256
515×2/ 450×2	角钢	8×56/90	90×120	9	10 800	1 113.3	9.70	1.287
	轻轨	18 kg	125×165	11	20 625	2 307	8.95	1.220
	工字钢	10号	110×140	11	15 400	1 430	10.76	1.241
	球扁钢	9号	90×105	11	9 450	703	13.43	.334
	电梯导轨	15 kg	125×165	9	20 625	1 923	10.73	1.302
	轮辋	106	110×140	9	15 400	961	16.04	1.361

续 表

轧机	产品		锭坯	道次	$F_原$ /mm²	$F_成$ /mm²	总延伸系数 μ_Σ	平均延伸系数 μ_c
	名称	规格/mm	边长/mm					
430×2/ 300×5	圆钢	30	120	4	14 400	706.9	20.40	1.240
	六角钢	24	140	14	19 600	499	39.28	1.299
	方钢	35	140	14	19 600	1 225	16.00	1.219
	扁钢	25×50	140	14	19 600	1 250	15.70	1.217
360×2/ 300×4	角钢	5×50	75	11	5 625	480.3	11.65	1.222
	槽钢	8 号	90	11	8 100	1 024	7.90	1.206
550×4/ 450×3/ 400×2/ 350×4/ 300×6	圆钢	12	150	19	22 500	113.1	198.94	1.321
		16	150	19	22 500	201.1	111.89	1.282
		20	150	17	22 500	314.2	71.61	1.286
		25	150	17	22 500	490.9	45.83	1.252
		32	150	15	22 500	804.2	27.98	1.249
500×1/ 400×5/ 350×2/ 320×6/ 280×8	线材	6.5	150	26	22 500	33.2	677.71	1.285
		8	150	24	22 500	50.3	447.32	1.290
600×4/ 480×5/ 360×4/ 275×4/ 210×10	高线	5.5	150	27	22 500	23.8	945.38	1.289
		8	150	25	22 500	50.3	47.31	1.277
		10	150	23	22 500	78.5	286.62	1.279
		11	150	21	22 500	95.0	236.84	1.297
		13	150	21	22 500	132.7	169.56	1.277

6.确定孔型形状和尺寸

根据轧件断面形状和尺寸确定孔型形状和尺寸,并构成孔型。有时孔型设计是根据经验数据直接确定及其构成,可不事先确定轧件尺寸。

7.绘制配辊图

把设计出的孔型按一定规则配置在轧辊上,并绘制配辊图。

8.校核

对咬入条件和电机负荷进行校核,必要时,也要对轧辊强度进行校核。

9.轧辊辅件设计

根据孔型图和配辊图设计导卫、检测样板等辅件并绘图。导卫装置是轧制任何断面型钢所不可缺少的诱导装置,其作用是使轧件正确送入孔型,并使轧件出轧辊时能以正确的方向向前运动,以防止轧件扭转、旁串,甚至缠辊。导卫装置有时还能起自动翻钢和调整作用,使轧制过程正常进行。导卫装置设计与安装的好坏,对产品的产量、质量有很大的影响,是型钢生产中重要的环节。

装在工作辊的入口处的导卫装置叫入口导卫装置,装在出口处的叫出口导卫装置。轧机的导卫装置通常包括横梁、导板、卫板、夹板、导板箱、托板、扭转导管、扭转辊、围盘、导管和其他诱导、夹持轧件或使轧件在孔型以外产生既定变形和扭转等的各种装置。导卫装置必须坚固、适用、结构简单、便于制造、安装和调整、表面光滑耐磨及共用性大。

8.3　孔型分类

1.按孔型用途分类

根据孔型在变形过程中的作用分为:① 延伸孔型(又叫开坯孔型或毛坯孔型)。其作用是减小坯料的断面积。常用的延伸孔型有箱形孔、方形孔、菱形孔、椭圆孔、六角孔等。② 成型孔型(即中间孔型、预轧或毛轧孔型)。除进一步减小轧件断面面积外,还进行粗加工,使轧件断面形状和尺寸逐渐接近于成品。轧制复杂断面型钢时这种孔型是不可缺少的,而且数量较多;轧制简单断面型钢时则较少或没有。它的形状决定于成品断面形状。③ 成品前或精轧前孔型。位于成品孔的前一道,它的作用是保证成品孔能轧出合格的产品,因此对它的形状和尺寸要求较严格,与成品孔十分接近。④ 成品孔型或精轧孔型。它是一套孔型系统的最后一个孔型,其作用是对轧件进行精加工,并使轧件具有成品要求的断面形状和尺寸(见图 8-3)。

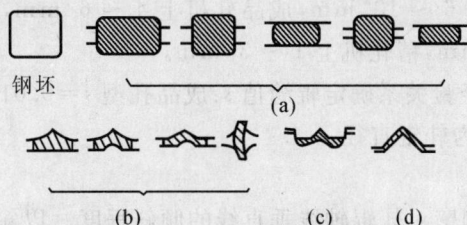

图 8-3　孔型按用途分类

(a) 延伸(或开坯)孔型;　(b) 预轧(或毛轧)孔型;　(c) 精轧前(或成品前)孔型;　(d) 精轧(或成品)孔型

2.按孔型形状分类

根据孔型形状可以分为简单断面孔型和复杂断面孔型(异型断面孔型)两大类。简单断面孔型包括箱(矩)形、方形、圆形、扁形、椭圆形、菱形和六角形等。常用于延伸孔型,轧制简单断面钢材时成品前孔或成品孔型。复杂断面孔型包括工字形、轨形、T 字形和槽形等。其用于异形断面钢材的预轧、成品前或成品孔型。

3.按孔型开口位置分类

轧辊辊缝直接在孔型周边上的孔型称为开口孔型,辊缝在孔型周边之外称为闭口孔型,介于两者之间称半开(闭)口孔型,亦称控制孔型(见图 8-4),常用于轧制凸缘型钢时控制腿部高度,存在一部分闭口腿,但辊缝与孔型相通。

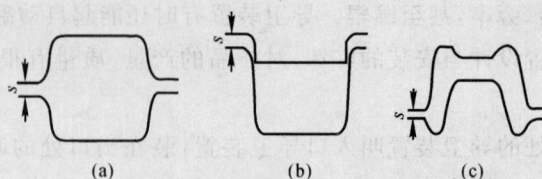

图 8-4 孔型按开口位置分类

(a) 开口孔型； (b) 闭口孔型； (c) 半开（闭）口孔型

8.4 孔型基本组成和各部分的作用

尽管孔型种类很多，外形也各有差异，但它们都是由辊缝、侧壁斜度、圆角、辊环、锁口（封口孔型）等几个基本部分组成（见图 8-5）。

1. 辊缝

两轧辊辊环之间的缝隙称为辊缝。轧制过程中除轧件产生塑性变形外，工作机架各部分将产生弹性变形，简称辊跳。辊跳增加了孔型的高度，在设计孔型时不考虑辊跳值就不可能轧出合格产品。辊缝值应大于辊跳值，如果辊缝值正好等于辊跳值，将引起附加能量消耗与轧辊的磨损。调整辊缝值可改变孔型的尺寸（如菱形、方形、椭圆形等），相对地减少轧槽刻入深度，提高轧辊强度，增加轧辊使用寿命。当孔型磨损时，可以用减小辊缝的方法使孔型恢复到原来高度。但辊缝值过大使轧槽变浅，起不到限制金属流动的作用，使轧出轧件形状不正确。

实际生产中通常根据轧辊直径来估计辊缝值。例如：在大中型轧机的开坯机上一般采用 $8 \sim 15$ mm，在毛坯机上用 $6 \sim 10$ mm，成品轧机上 $4 \sim 6$ mm，小型轧机的开坯机上 $6 \sim 10$ mm，毛轧机上 $3 \sim 5$ mm，精轧机上 $1 \sim 3$ mm。

同样也可以根据如下经验关系确定辊缝值 s：成品孔型 $s = 0.01D$，毛坯孔型 $s = 0.02D$，开坯孔型 $s = 0.03D$，其中 D 为轧辊直径。

2. 孔型侧壁斜度

孔型侧壁斜度指孔型侧壁对轧辊轴线垂直线的倾斜程度。以箱形孔型为例（见图 8-5），侧壁斜度 y 为

$$y = \tan \varphi = \frac{B_k - b_k}{2h_p} \times 100\% \tag{8-6}$$

式中，y 为孔型侧壁斜度；φ 为孔型侧壁倾斜角；B_k 为孔型槽口宽度；b_k 为槽底宽度；h_p 为孔型高度。有时侧壁斜度也可用角度表示。

孔型侧壁斜度的作用：① 使轧件容易进、出孔型。当孔型有侧壁斜度时轧件能方便而准确地送入孔型。② 轧件容易脱槽。如果孔型侧壁与轧辊轴线垂直，轧件进入孔型后因受压而宽展，变宽的轧件将被侧壁牢牢夹紧，易发生缠辊现象和断辊事故。有侧壁斜度会使轧件易脱槽。③ 对异型断面轧件来说，增大孔型侧壁斜度可增大腿部侧压量，提高孔型的变形量，减少道次。④ 当孔型磨损后进行再车削时，有侧壁斜度只要少量的重车深度就可以恢复孔型原来的尺

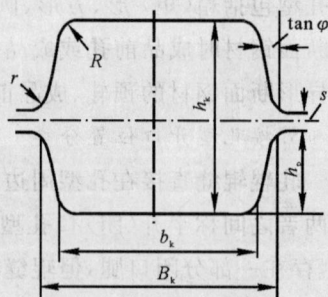

图 8-5 孔型组成

寸。如果没有侧壁斜度或斜度很小时,孔型不能恢复到原来的形状。孔型侧壁斜度越大,轧辊重车量越小,轧辊的使用寿命越长。重车时轧辊的车削量与孔型侧壁斜度的关系如图8-6所示。

$$D - D' = \frac{2a}{\sin \varphi} = \frac{2a}{\tan \varphi} \quad (当 \varphi 角不大时, \sin \varphi \approx \tan \varphi)$$

式中,a 为孔型侧壁磨损深度;D,D' 为轧辊重车前、后的直径。

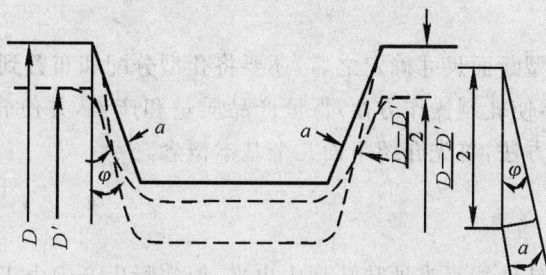

图8-6　侧壁斜度与轧辊车削量关系

当 a 相同时,侧壁倾角 φ 越大,为恢复孔型所需要的轧辊车削量($D-D'$)越小。实际生产中,在不影响质量的情况下应尽量采用大侧壁斜度。开坯用箱形孔型为 10% ~ 25%,最大不超过 30%;钢轨、槽钢成型孔型取 5% ~ 10%;闭口扁钢延伸孔型取 5% ~ 17%;成品孔型取 1% ~ 2%。

3. 孔型圆角

孔型角部除特殊要求外,一般均做成圆弧形(见图8-5),位于孔型内部的称内圆角,外部的称外圆角。

内圆角 R 的作用:① 防止因轧件角部急剧冷却而造成轧件角部的裂纹和孔型磨损不均。② 防止因尖角部分应力集中削弱轧辊强度。③ 通过改变内圆角半径,可以改变孔型实际面积和尺寸,从而改变轧件在孔型中的变形量和孔型充满程度,有时还对轧件局部加工起一定作用。

外圆角 r 的作用:① 当轧件进入孔型不正确时,外圆角能防止轧件一侧受辊环切割,即刮铁丝现象。② 当轧件在孔型中略有过充满,即出现"耳子"时,外圆角可使"耳子"处避免有尖锐的折线,防止轧件继续轧制时形成折叠。③ 对于异型孔型,增大外圆角半径会使轧辊的局部应力集中减少,增加轧辊强度。

根据孔型不同,内、外圆角可按经验取值,在轧制某些简单断面型钢时,成品孔孔型的外圆角半径可取小些,甚至可为零。

4. 辊环

隔开相邻两个孔型的轧辊凸缘称为辊环。有中间辊环和端辊环,其作用是承受金属给轧辊的侧压力,并为安装导板留有余地。位于轧辊两端的辊环还可以防止氧化铁皮落入轴承。

辊环宽度的取值原则为保证有足够强度;能安装下导板;合理利用辊身。钢轧辊辊环宽度应大于或等于轧槽深度之半;铸铁辊辊环宽度应大于或等于轧槽深度。初轧机边辊环宽度一般取 50 ~ 100 mm,轨梁与大型轧机取 100 ~ 150 mm,三辊开坯机取 60 ~ 150 mm,中小型轧机取 50 ~ 100 mm。

5. 锁口

采用闭口孔型以及轧制某些异型型钢时,为控制轧件断面形状,要使用锁口(见图 8-4)。在同一孔型中轧制几种厚度或高度差异较大的轧件时,其锁口长度必须大些,以防止轧制时金属流入辊缝。用锁口的孔型,其相邻孔型锁口一般上下交替出现。

8.5 孔型在轧辊上的配置

在孔型系统及各孔型断面尺寸确定之后,还要将孔型分配和布置到各机架轧辊上,这就是配辊。配辊应做到合理,使轧制操作方便,保证产品质量和产量,并使轧辊得到有效利用。为了正确掌握配置孔型的方法,首先介绍下面几个基本概念。

8.5.1 轧辊压力

在轧制过程中希望轧件能平直地从孔型中出来,但实际生产中由于受各种因素(如轧件各部分温度不均、孔型磨损及上下轧槽形状不同等)影响,轧件出孔后不是平直的。这不但给工人操作带来困难,影响轧机产量和质量,而且也会造成人身和设备事故。为了使轧件出孔后有一个固定方向,生产中常采用不同辊径轧辊。若上轧槽轧辊工作直径大于下轧槽轧辊工作直径,称为"上压力"轧制,反之称为"下压力"轧制。上下两辊工作直径差称为"压力"值。当采用"上压力"轧制时,由于上辊圆周速度大于下辊,则轧件出口后向下弯曲,故只需在下辊安装卫板。由于上卫板安装复杂,且使用上卫板时机架被堵塞,难于观察轧辊,因此在轧制型钢时大部分采用"上压力"。但在轧制异形断面钢材时,有时闭口槽在下辊,用"下压力"帮助轧件脱槽。在二辊可逆式初轧机、板坯初轧机或大型型钢轧机上,因为轧件较短,不易发生缠辊现象,且轧件出槽后会冲击和破坏辊道,采用"下压力"轧制可避免这种现象。孔型设计时"压力"值不应取得太大,其原因为:① 辊径差造成上、下辊压下量分布不均,上、下轧槽磨损不均。② 辊径差使上、下辊圆周速度不同,而轧件以平均速度出辊,造成轧辊与轧件之间的相对滑动,使轧件中产生附加应力。③ 辊径差会使轧机产生冲击负荷,容易损坏设备。

通常箱形延伸孔型"压力"值不大于 $(2\% \sim 3\%)D_0$,其他形状开口延伸孔型不大于 $1\%D_0$(D_0 为轧辊名义直径),对成品孔尽量不采用"压力"。

8.5.2 轧辊中线、轧制线和孔型中性线

1. 轧辊中线

上下两个轧辊轴线间距离的等分线称为轧辊中线。

2. 轧制线

配置孔型的基准线称为轧制线。当"压力"为零时,轧制线和轧辊中线重合;当配置"上(下)压力"时,轧制线在轧辊中线之下(上),两者的距离 x 可按压力大小来决定,如图 8-7 所示。

设采用的"上压力"为 m,已知

$$R_{k\perp} - R_{k\bar{\Gamma}} = \frac{m}{2}$$

由图 8-7 可知

$$R_{上} = R_c + x, \quad R_{k上} = R_{上} - \frac{H_c}{2}$$

$$R_{下} = R_c - x, \quad R_{k下} = R_{下} - \frac{H_c}{2}$$

那么　　　　　　　　　　　$$R_{k上} - R_{k下} = 2x$$

所以　　　　　　　　　　　$$x = m/4$$

即当采用"上压力"轧制时,轧制线在轧辊中线之下 $m/4$ 处,而采用"下压力"轧制时,轧制线在轧辊中线之上 $m/4$ 处。

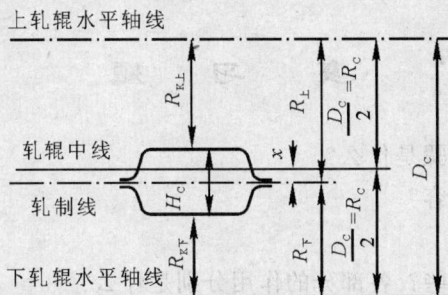

图 8－7　采用"上压力"孔型在轧辊上的配置

3. 孔型中性线

上、下轧辊作用于轧件上的力矩对于某水平直线相等,该水平直线称为孔型中性线。确定孔型中性线的目的在于配置孔型,即将它与轧辊中线重合时,上、下轧辊轧制力矩相等,使轧件出轧辊时能保持平直;若使它与轧制线相重合,则能保证所需"压力"轧制。

在简单对称孔型中,如箱形孔、圆形孔、椭圆形孔等,孔型中性线与孔型水平对称轴重合,即孔型中性线通过孔型高度的中心。对非对称孔型,即异形断面孔型,孔型中性线比较复杂,一般采用如下方法确定:① 重心法。先求出孔型面积重心,然后通过中心画水平直线,该直线就是孔型中性线。这是最常用的方法,但对水平轴不对称的孔型一般不能得到满意结果。② 面积相等法。该法认为孔型中性线是孔型面积的水平平分线。③ 周边重心法。把上下轧槽重心间距的等分线作为孔型中性线。④ 按轧辊工作直径确定孔型中性线。

8.5.3　孔型配置原则

(1) 孔型在各机架的分配原则是力求轧机各架轧制时间均衡。在横列式轧机上,由于前几道次轧件短,轧制时间也短,所以在第一架可以多布置几个孔型(道次)。当接近成品孔型时,由于轧件较长,应少布置孔型。

(2) 为了便于调整,成品孔必须单独配置在成品机架的一个轧制线上。

(3) 根据各孔型磨损程度及其对质量的影响,每一道次备用孔型数量在轧辊上应有所不同。如成品孔和成品前孔对成品表面质量与尺寸精确度有很大影响,在轧辊长度允许范围内应多配置。

(4) 咬入条件不好的孔型或操作困难的道次应尽量布置在下轧制线,如立轧孔、深切孔等。

(5) 确定孔型间距即辊环宽度时,应同时考虑辊环强度以及安装和调整轧辊辅件操作条件。

8.5.4　孔型配置步骤

（1）按轧辊原始直径画出上辊和下辊轴线。

（2）画出轧辊中线。

（3）在距轧辊中线 $x=m/4$ 处画轧制线。

（4）使孔型中性线与轧制线重合，绘制孔型图。

（5）确定孔型各处轧辊直径，画出配辊图。

复 习 题

1.孔型设计的目的及步骤是什么？

2.孔型设计包括哪些内容？

3.对孔型如何分类？

4.孔型的基本组成有哪些？各部分的作用分别是什么？

5.在进行孔型设计时，如何确定总的轧制道次数？制定各道次延伸率的原则是什么？

第 9 章　　延伸孔型设计

延伸孔型的作用是压缩轧件断面,为成型孔提供合乎要求的坯料。它对产品产量、质量有很大影响,但对产品最后形状影响不大。常见的延伸孔型系统有:箱形孔型系统、菱-方孔型系统、菱-菱孔型系统、椭圆-方孔型系统、六角-方孔型系统、椭圆-圆孔型系统和椭圆-立-椭圆孔型系统等。每种孔型系统具有各自的特点和适用范围,孔型设计时究竟采用哪种孔型系统要根据具体的轧机型式、轧辊直径、轧制速度、电机能力、轧机前后的辅助设备、原料尺寸、钢种、生产技术水平及操作习惯等确定。

9.1　延伸孔型系统

9.1.1　箱形孔型系统

箱形孔型系统一般用于轧制大、中型断面产品;适用于初轧机、大中型轧机的开坯机、连续式钢坯轧机、二或三辊开坯机、型钢轧机前几个延伸孔以及小型或线材轧机的粗轧机架。

箱形孔型系统的主要优点有:① 在轧件整个宽度上变形均匀,速度差小,孔型磨损较均匀。② 孔型切入轧辊较浅,轧辊强度高,允许采用较大的道次变形量。③ 在同一孔型内,通过调整上辊可以得到多种厚度轧件,减少孔型数量,减少换孔或换辊次数,提高轧机作业率。④ 轧件表面氧化 铁皮容易脱落,稳定性也较好(不易扭转)。⑤ 轧件无尖锐棱角,轧件断面温降较均匀。⑥ 操作方便,便于实现机械化操作。但是,由于箱形孔型的结构特点,孔型侧壁斜度较大,不能从箱形孔型中轧出几何形状精确的轧件,故不宜用来轧制成品和断面尺寸较小的方坯;轧件在孔型中只能受两个方向的压缩,轧件表面不易平直,甚至出现皱纹。

常见箱形孔型系统的组成方式如图 9-1 所示,应根据设备条件和对产品的质量要求选择轧制方式。轧件在箱形孔型中的延伸系数一般采用 1.15~1.4,平均可取 1.15~1.34。宽展系数 $\beta = 0~0.45$,不同情况下 β 的取值范围如表 9-1 所示。

表 9-1　轧件在箱形孔型中的宽展系数 β

轧制条件	中、小型开坯机轧制钢锭或钢坯			型钢轧机轧制钢坯	
	前 1~4 道轧锭	扁箱形孔型	方箱形孔型	扁箱形孔型	方箱形孔型
宽展系数 β	0~0.1	0.15~0.30	0.15~0.25	0.25~0.45	0.2~0.3

箱形孔分为立箱形孔型、方箱形孔型和矩形箱形孔型三种,其构成原则相同。如图 9-2 所示,孔型尺寸确定如下:孔型高度 h 等于轧后轧件的高度;孔型槽口宽度 $B_k = b + \Delta$,mm;孔型槽底宽度 $b_k = B - (0~6)$,mm。式中,b 为出孔型的轧件宽度;Δ 为展宽余量,可取 5~

12 mm，或更大；B 为来料宽度；或 $b_k=(1.01\sim1.06)B$。在确定 b_k 值时，最好使来料恰好与孔型槽底和两侧壁同时接触，或与接近孔型槽底的两侧壁先接触，以保证轧件在孔型中轧制稳定。

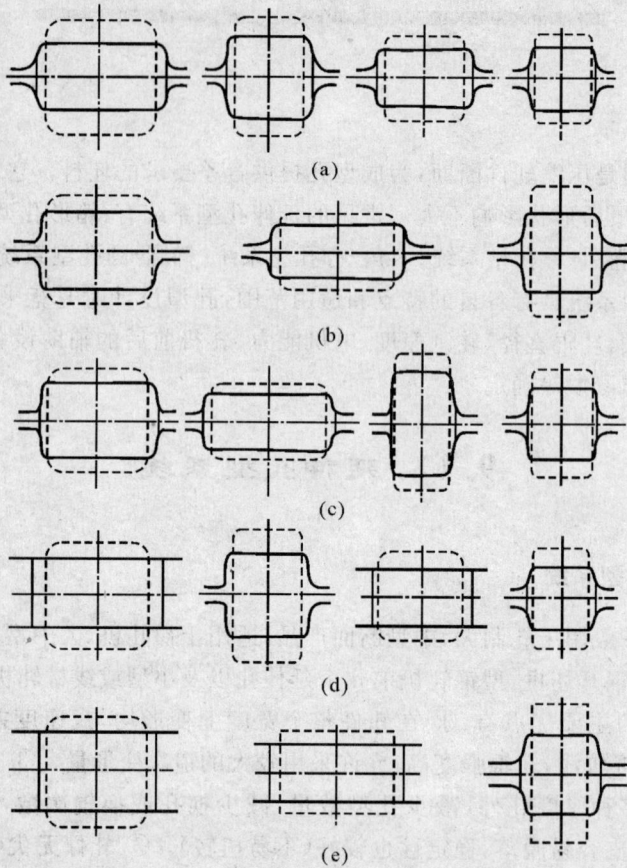

(a)

(b)

(c)

(d)

(e)

图 9-1　箱形孔型系统的组成方式

孔型的侧壁斜度 y 或 $\tan\varphi$，一般采用 $10\%\sim25\%$，个别情况可取 30% 或更大些。在初轧机和开坯机上有时采用双斜度箱形孔型。此孔型槽底处的侧壁斜度小于槽口处，其优点是改善咬入条件，使轧件进入孔型时稳定，并且给轧件宽展留有较大的余地。

内外圆角半径 R 和 r，通常取 $R=(0.1\sim0.2)h$；$r=(0.05\sim0.15)h$。

凸度 f，采用凸度的目的是使轧件在辊道上行进时稳定，避免轧件左右倾倒，同时也给轧件翻钢后在下一个孔型中轧制时多留一些展宽余量，防止轧件出"耳子"。凸度 f 的大小应视轧机及其轧制条件而定，如在初轧机上 f 值可取 $5\sim10$ mm；在三辊开坯机上 f 值可取 $2\sim6$ mm；一般按轧制顺序，前面孔型中的 f 值取大些，最后孔型无凸度。凸度的构成有三种形式（见图9-2），即折线形、弧线形和直线形。后者的平直段 b_t 根据孔型宽度 B_k 的大小，可取 $30\sim80$ mm，在开坯机上的前几个孔型中可用有平直段的凸度，对于防止产生"耳子"，双弧线形为好。在后几个孔型中可采用弧线形或折线形的凸度，或从前到后都用后两者。

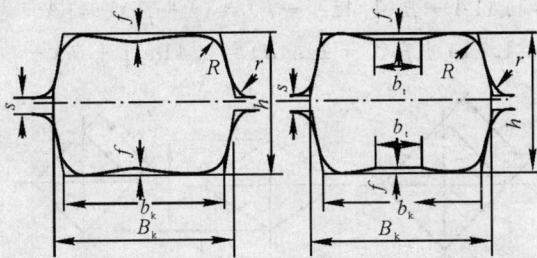

图 9-2 箱形孔型构成

9.1.2 菱-方孔型系统

菱-方孔型系统(见图 9-3)既可作为延伸孔型,也可用来轧制 60 mm × 60 mm ~ 80 mm ×80 mm 以下的方形断面成品。当作为延伸孔型使用时,最好接在箱形孔型之后。菱-方 孔型系统被广泛应用于钢坯连轧机、三辊开坯机、型钢轧机的粗轧和精轧道次。

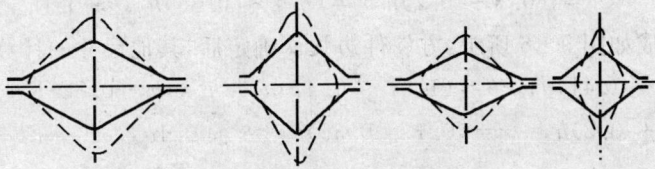

图 9-3 菱-方孔型系统

菱-方孔型系统的主要优点有:① 能得到形状和尺寸精确的方形断面。② 可通过孔型系统内中间方形孔型轧出不同尺寸的方钢或方坯,也可在同一方孔形中依靠调整轧辊的方法,得到尺寸相邻近的方形轧件,满足多规格要求,节约换辊时间,减少轧辊储备量。③ 调整和操作方便,孔型对轧件夹持力大,轧件容易咬入,轧制稳定,并简化了导卫板的制造,也便于导卫的安装和调整。④ 菱-方孔型系统可以使用较大延伸系数。⑤ 轧件各个面能得到良好加工,预防或减轻侧面产生裂纹,故表面质量好。但是,与同样尺寸箱形孔比较,轧辊切槽较深,降低了轧辊强度;沿孔型宽度方向辊径差和速度差较大,孔型容易磨损;轧件的角部位置固定,四角冷却较快,轧制过程中,容易在此处形成裂纹等缺陷;去除氧化铁皮能力较差。

在菱-方孔型系统中,无论是菱形孔还是方形孔,金属沿宽度方向变形都是不均匀的,最大变形量发生在孔型垂直中线上,往两边逐渐下降。一对菱-方孔型的延伸系数 μ 与菱形孔顶角 α 成正比,μ 越大则 α 也越大。但是 α 过大,轧件在菱形孔内不稳定,当 $\alpha > 100°$ 时,轧件在菱形孔中的稳定性逐渐下降,在其后的方形孔中轧件稳定性也会降低;当 $\alpha < 98°$ 时,轧件在孔型内稳定性较好,但孔型延伸系数很小,使轧制道次增加。一般常用的菱形孔的顶角 $\alpha = 90° \sim 120°$,当顶角 α 较大时,可采用小顶角圆弧半径,以增加稳定性。通常一对菱-方孔平均延伸系数 $\mu_c = 1.2 \sim 1.4$,最大可达 1.6,在相邻两孔中,菱形孔的延伸大于方孔的延伸。方形断面轧件在菱形孔型中延伸系数 μ_l 取决于菱形孔型宽高比 b/h 和宽展系数 β_l;菱形在方孔型中延伸系数 μ_f 取决于菱形件宽高比 b/h 在方孔型中宽展系数 β_f。方断面轧件在菱形孔型中宽展系数 $\beta_l = 0.3 \sim 0.5$;菱形断面轧件在方孔型中宽展系数 $\beta_f = 0.2 \sim 0.4$。

方轧件在菱形孔型中轧制时,方形和菱形轧件的尺寸如图 9-4 所示。即

$$b = 1.41A + \beta_1(1.41A - h) = (1 + \beta_1)1.41A - \beta_1 h$$
$$h = 1.41a + \beta_f(b - 1.41a) = 1.41a(1 + \beta_f) - \beta_f b$$

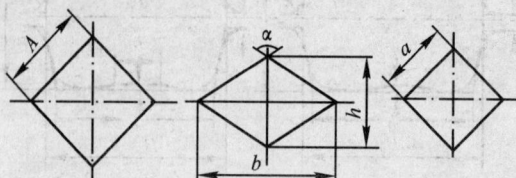

图 9-4   菱-方轧件尺寸确定

菱形孔型构成如图 9-5 所示,孔型主要尺寸 h 和 b 确定之后,其他尺寸的计算为

$$B_k = b\left(1 - \frac{s}{h}\right)$$

$$h_k = h - 2R\left[\sqrt{1 + \left(\frac{h}{b}\right)^2} - 1\right]$$

$$R = (0.1 \sim 0.2)h, r = (0.1 \sim 0.35)h, s \approx 0.1h$$

方形孔型的构成如图 9-6 所示,方轧件边长 a 确定后,其他尺寸的计算如下:

$$h = (1.4 \sim 1.41)a, \quad b = (1.41 \sim 1.42)a, \quad h_k = h - 0.828R, b_k = b - s$$
$$R = (0.1 \sim 0.2)h, \quad r = (0.1 \sim 0.35)h, \quad s \approx 0.1a, \quad F_f = a^2 - 0.86R^2$$

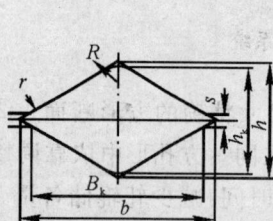

图 9-5   菱形孔型构成   图 9-6   方形孔型构成

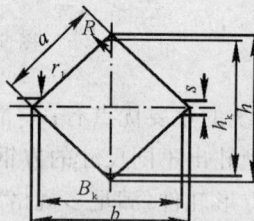

9.1.3   菱-菱孔型系统

菱-菱孔型系统(见图 9-7)主要用于中小型粗轧孔型。当产品品种规格较多时,可以在任一一个菱形孔内,往返轧制一次就可以获得各种尺寸的中间方坯。另外,轧制系统中有时要在奇数道次获得方坯,采用菱-菱系统作为过渡孔型。

菱-菱孔型系统优点为:① 用翻 90° 的方法能轧出不同断面尺寸轧件,任意一对孔型皆能轧出方坯;② 可将方形断面由偶数道次过渡到奇数道次,易于喂钢和咬入,对导板要求不严。但是,除具有菱-方孔型系统缺点外,在菱形孔型中轧出的方坯具有明显的八边形,钢坯在加热炉中运行时易产生翻炉事故;轧件稳定性较差;延伸系数较小。

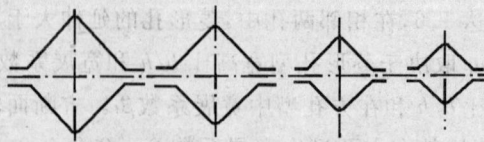

图 9-7   菱-菱孔型系统

菱-菱孔型系统宽展系数 $\beta_1=0.2\sim0.35$；延伸系数主要由孔型顶角 α 决定，生产中一般采用 $\alpha=97°\sim110°$，延伸系数常用 $\mu_1=1.25\sim1.45$。

菱-菱孔型系统根据内接圆直径或边长的关系进行设计（见图 9-8）。相邻两个菱形内接圆直径的关系如表 9-2 所示。相邻菱形边长之间的关系如表 9-3 所示。

表 9-2　相邻两个菱形内接圆直径的关系

直径关系	开坯机	型钢轧机的开坯孔型	精轧机
相邻两个菱形内接圆直径之比 D/d	$1.08\sim1.2$	$1.08\sim1.14$	$1.05\sim1.14$
相邻两个菱形内接圆直径之差 $(D-d)/\text{mm}$	$8\sim15$	$6\sim12$	$4\sim8$

表 9-3　相邻两个菱形边长的关系

边长关系	开坯机	型钢轧机的开坯孔型	精轧机
相邻菱形边长之比 A/a	$1.08\sim1.2$	$1.08\sim1.17$	$1.05\sim1.17$
相邻菱形边长之差 $(A-a)/\text{mm}$	$8\sim15$	$6\sim12$	$6\sim8$

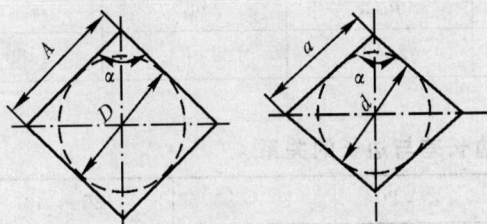

图 9-8　菱形内接圆的直径和边长

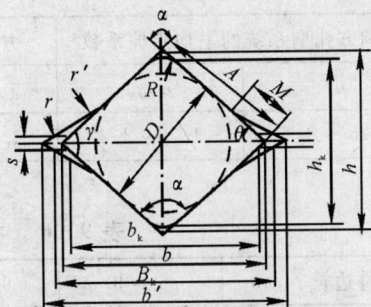

图 9-9　菱形或万能菱形孔型的构成

菱形孔型构成可按菱-方孔型系统中菱形构成方法，也可按万能菱形孔型构成，如图 9-9 所示，各孔型内接圆直径或边长及顶角确定后，可按如下方法确定其他尺寸：

扩张段长度 $M=(0.3\sim0.4)D$ 或 $M=(0.3\sim0.4)A$；

扩张角 $\theta=30°\sim40°$，通常用 $\theta=30°$；

侧壁圆弧半径 $r'=(1.0\sim2.0)D$ 或 $r'=(1.0\sim2.0)A$；

其他尺寸 $R=(0.15\sim0.2)D$ 或 $R=(0.15\sim0.2)A$，$r=(0.05\sim0.1)h$，$s=(0.12\sim0.16)D$ 或 $s=(0.12\sim0.16)A$。

9.1.4　椭圆-方孔型系统

椭圆-方孔型系统（见图 9-10）的延伸系数较大，能以较少轧制道次将轧件断面压缩到较小尺寸，所以在小型和线材轧机上应用较广。一般用其他孔型系统把坯料轧成 40 mm × 40 mm ~ 75 mm × 75 mm 以后再开始用椭圆-方孔型系统。

椭圆-方孔型系统的优点有：① 方轧件在椭圆孔型中的最大延伸系数可达 2.4，椭圆件在方孔型中延伸系数可达 1.8，因此，采用这种孔型系统可以减少轧制道次，提高轧制温度，在实现快速变形的同时降低了能耗和轧辊消耗。此外,减少了工作机架数目和轧机前后操作设备数量,减少了操作人员,降低了成本。② 轧制角部位置经常变化,没有固定不变的棱角,使轧件得到均匀冷却,保证断面温度均匀,有利于获得均匀组织产品。③ 轧件在多方向受到压缩,对提高产品质量有利。④ 轧件容易咬入,轧制稳定,易于操作和调整,导板安装简便。但是,轧件在方孔和椭圆孔内沿宽度方向变形很不均匀,导致槽孔磨损快,影响钢材质量;由于在椭圆孔型中延伸系数较方孔大,故椭圆孔型比方孔型磨损快,若用于连轧机,易破坏既定的连轧常数,从而使轧机调整困难。

椭圆件在方孔中的宽展系数 $\beta_f = 0.3 \sim 0.6$,常采用 $\beta_f = 0.3 \sim 0.5$。方件在椭圆孔中的宽展系数与方件边长之间的关系如表 9-4 所示。椭圆-方孔型系统常用的延伸系数及相邻方件边长差与边长的关系如表 9-5 和表 9-6 所示。

表 9-4   方件在椭圆孔型中的宽展系数与其边长的关系

方件边长 /mm	$6 \sim 9$	$9 \sim 14$	$14 \sim 20$	$20 \sim 30$	$30 \sim 40$
β_t	$1.4 \sim 2.2$	$1.2 \sim 1.6$	$0.9 \sim 1.4$	$0.7 \sim 1.1$	$0.55 \sim 0.9$

表 9-5   常用的延伸系数

椭圆方孔型系统的平均延伸系数		方件在椭圆孔型中的延伸系数		椭圆件在方孔型中的延伸系数	
μ_c	μ_{cmax}	μ_t	μ_{tmax}	μ_{tx}	μ_{fmax}
$1.25 \sim 1.6$	$1.7 \sim 2.2$	$1.25 \sim 1.8$	2.424	$1.2 \sim 1.6$	1.89

表 9-6   相邻方件边长差与边长的关系

方件边长 /mm	$6 \sim 9$	$9 \sim 14$	$14 \sim 20$	$20 \sim 30$	$30 \sim 40$
边长差 /mm	$1.5 \sim 2.5$	$2.5 \sim 4.0$	$2.5 \sim 6$	$5 \sim 10$	$6 \sim 12$

椭圆孔型的构成如图 9-11 所示:孔型宽度 $B_k = (1.088 \sim 1.11)b$,b 为椭圆轧件的宽度,相当于孔型的充满程度 $\delta = b/B_k = 0.9 \sim 0.92$,一般以 $\delta = 0.85 \sim 0.9$ 为好,辊缝 $s = (0.2 \sim 0.3)h$;椭圆孔型的圆弧半径 $R = \dfrac{(h-s)^2 + B_k}{4(h-s)}$;椭圆轧件断面面积近似为 $F = \dfrac{2}{3}(h-s)b + sb$;外圆角半径 $r = (0.08 \sim 0.12)B_k$。

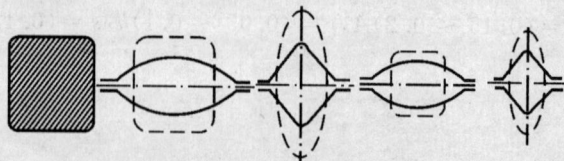

图 9-10   椭圆-方孔型系统

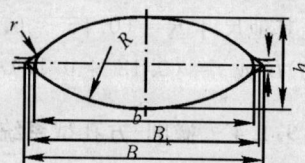

图 9-11   椭圆孔型的构成

9.1.5   六角-方孔型系统

六角-方孔型系统(见图 9-12)广泛应用于小型和线材轧机的粗轧机上,轧制方件边长为 17 mm×17 mm ～ 60 mm×60 mm 之间;常用在箱形孔型系统之后和椭圆-方孔型系统之前,组成混合孔型系统;在轧制小型钢材和线材时,用它代替椭圆-方孔型系统效果特别好。

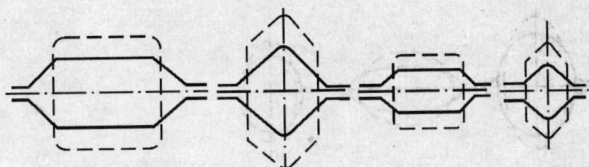

图 9-12 六角-方孔型系统

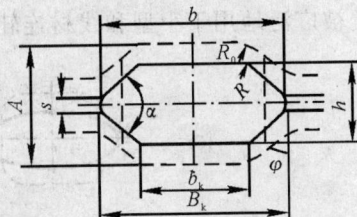

图 9-13 六角孔型构成

六角-方孔型系统除具有椭圆-方孔型系统的优点外,还有以下优点:① 轧件在孔型内变形比较均匀。② 单位压力小,能耗小,轧辊磨损也小。③ 轧件在孔型中稳定性好。但是,无升降设备和使用撬棒、夹钳操作的轧钢车间,采用此系统时送钢较费劲。

该孔型系统最突出的优点是变形均匀,延伸系数大,$\mu = 1.35 \sim 1.8$,常用 $1.4 \sim 1.65$。且方轧件进六角孔时,μ_1 必须大于 1.4,否则六角孔将充不满。此外,在轧制过程中,轧件角部位置经常变换,轧件冷却均匀。六角形轧件在方孔内轧制时延伸不均匀,导致轧件边缘部分延伸比中间大,因而引起强迫宽展。但由于侧壁斜度的限制,宽展量容易控制。为了使方轧件进入六角孔时变形均匀,孔型对方轧件不产生侧压,必须使槽底宽度近似等于方轧件边长。同时为使六角孔两侧充满良好,必须采用较大的压下量。因此,在六角-方孔型系统内轧制轧件断面大小有一定范围。有时因轧机能力小,不能采用较大的延伸系数,可以在六角孔前加一个平箱孔,进行预轧或增大进件圆角,以放大进件尺寸范围。六角-方孔型系统中宽展系数、延伸系数如表 9-7 和表 9-8 所示。

表 9-7 六角-方孔型系统的宽展系数

方件在六角孔型中的宽展系数 β_1		六角形轧件在方孔型中的宽展系数 β_f
$A > 40$ mm	$A < 40$ mm	
$0.5 \sim 0.7$	$0.65 \sim 1$	$0.25 \sim 0.7$,常用 $0.4 \sim 0.7$

表 9-8 六角-方孔型系统的延伸系数

平均延伸系数 μ_c	方件在六角孔型中的延伸系数 μ_1	六角形轧件在方孔中的延伸系数 μ_f
范围为 $1.35 \sim 1.8$,常用 $1.4 \sim 1.6$	$1.4 \sim 1.8$	$1.4 \sim 1.6$

六角-方孔型构成如图 9-13 所示,A 为来料边长,h 和 b 分别为轧件轧后的高度和宽度。根据六角-方孔型的充满程度 $\delta = b/B_k = 0.95 \sim 0.85$ 来确定 B;$\alpha \leqslant 90°$;$s = (0.2 \sim 0.3)h$;$R = (0.3 \sim 0.6)h$;$R = (0.4 \sim 0.5)h$;R 的确定原则是使孔型槽底的两侧圆弧和槽底同时与来料接触。方孔型的构成与椭圆-方孔型系统相同。

9.1.6 椭圆-立椭圆孔型系统

椭圆-立椭圆孔型系统(见图 9-14)主要用于轧制塑性极低的钢材。近年来,由于连轧机广泛使用,特别是在水平辊机架与立辊机架交替布置的连轧机和 45°轧机上,为了使轧件在机架间不进行翻钢,保证轧制过程稳定和消除卡钢事故,椭圆-立椭圆孔型系统代替椭圆-方孔型系统被广泛地用于小型和线材连轧机上。

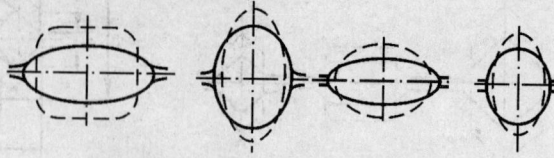

图 9-14 椭圆-立椭圆孔型系统

椭圆-立椭圆孔型系统的优点:① 轧件变形和冷却较均匀。② 轧件与孔型接触线长,轧件宽展较小。③ 轧件表面缺陷如裂纹、折叠等较少。但是,轧槽切入轧辊较深;孔型各处速度差较大,孔型磨损较快,电能消耗也因之增加。

轧件在立椭圆孔型中宽展系数 $\beta_l = 0.3 \sim 0.4$;轧件在平椭圆孔型中宽展系数为 $\beta_t = 0.5 \sim 0.6$。椭圆-立椭圆孔型系统延伸系数主要取决于平椭圆孔型宽高比,其比值为 $1.8 \sim 3.5$,平均延伸系数为 $1.15 \sim 1.34$。轧件在平椭圆孔型中延伸系数 $\mu_t = 1.15 \sim 1.55$,一般用 $\mu_t = 1.17 \sim 1.34$。轧件在立椭圆孔型中延伸系数为 $\mu_l = 1.16 \sim 1.45$,一般用 $\mu_l = 1.16 \sim 1.27$。

平椭圆孔型尺寸及其构成同椭圆-方孔型系统椭圆孔型。立椭圆孔型构成方法有两种,如图 9-15 所示,立椭圆孔型高宽比为 $1.04 \sim 1.35$,一般取 1.2。立椭圆孔型的高度 H_k 与轧出轧件的高度 H 相等,其宽度 $B_k = (1.055 \sim 1.1)B$,B 为轧出轧件宽度。立椭圆孔型弧形侧壁半径可取为 $R_1 = (0.7 \sim 1.0)B_k$ 和 $R_2 = (0.2 \sim 0.25)R_1$;外圆角半径 $r = (0.5 \sim 0.75)R_2$;辊缝 $s = (0.1 \sim 0.25)H_k$。

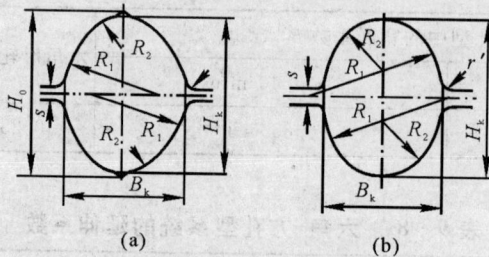

图 9-15 立椭圆孔型构成

9.1.7 椭圆-圆孔型系统

椭圆-圆孔型系统(见图 9-16)多用于轧制低塑性的合金钢,也用于轧制普碳钢的后几个延伸孔型,特别是现代化连续式线材轧机上 45° 无扭精轧机组的延伸孔型。

椭圆-圆孔型系统的优点:① 孔型与孔型间能平滑过渡,可防止产生局部应力,提高产品力学性能。② 由于轧件没有较尖的棱角,冷却较均匀,消除了轧制中产生裂纹的一些因素。同时,轧制中孔型有利于去除氧化铁皮。③ 在某些情况下,可在延伸孔中获得成品圆。但是,椭圆轧件在圆孔型中轧制不稳定,对导卫装置设计和安装要求严格;延伸系数小;轧件在圆孔型中容易出"耳子"。

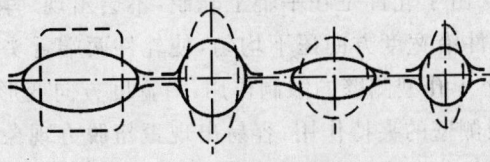

图 9-16　椭圆-圆孔型系统

椭圆-圆孔型延伸率一般不超过 $1.3 \sim 1.4$。轧件在椭圆孔型中延伸系数为 $1.2 \sim 1.6$,轧件在圆孔型中延伸系数为 $1.2 \sim 1.4$。轧件在椭圆孔型中宽展系数为 $0.5 \sim 0.95$,轧件在圆孔型中宽展系数为 $0.3 \sim 0.4$。

椭圆孔型的构成与椭圆-方孔型系统中的椭圆孔相同。圆孔型构成如图 9-17(a) 所示:

孔型高度 $h_k = 2\sqrt{\dfrac{F_y}{\pi}} = 2R$,式中,$F_y$ 为圆断面轧件断面面积;

孔型宽度 $B_k = 2R + \Delta$,式中,Δ 为展宽留的余量,可取 $1 \sim 4$ mm;

圆孔型扩张半径 $R' = \dfrac{B_k + s^2 + 4R^2 - 4R(s\sin\theta + B_k\cos\theta)}{8R - (\sin\theta + B_k\cos\theta)}$;

孔型扩张角 $\theta = 15° \sim 30°$,通常取 $30°$;

外圆角半径 $r = 2 \sim 5$ mm;辊缝 $s = 2 \sim 5$ mm。

圆孔型的另一种构成方法如图 9-17(b) 所示,$\theta = 20° \sim 30°$,常取 $30°$。这种构成方法与前一种的区别在于用切线代替用 R' 的圆弧连接。切点对应的扩张角为

$$\theta = \alpha + \gamma = \arccos\left[\frac{2R}{\sqrt{B_k^2 + s^2}}\right] + \arctan\left(\frac{s}{B_k}\right) \tag{9-1}$$

这种构成方法多用于高速线材轧机和连续式棒材轧机圆孔型设计。

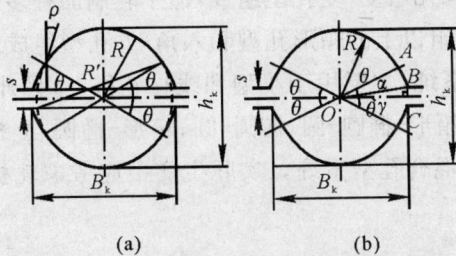

(a)　　　　　(b)

图 9-17　圆孔型构成

9.1.8　无孔型轧制

无孔型轧制即在不刻轧槽的平辊上,通过方矩变形过程,完成延伸孔型轧制,减小断面到一定程度,再通过数量较少的精轧孔型,最终轧制成简单断面轧件。其主要用于开坯、延伸孔型系统、中小型二辊可逆式轧机及连轧机粗轧、中轧机组中。无孔型轧制法轧件在上、下两个平辊辊缝间轧制,辊缝高度即为轧件高度,轧件宽度为自由宽展后轧件宽度,无孔型侧壁作用。

其区别于孔型轧制法,有以下优点:① 由于轧辊无孔型,改轧产品时可通过调节辊缝改变压下规程,提高轧机作业率。② 由于轧辊不刻轧槽,轧辊辊身能充分利用,轧件变形均匀,轧辊磨损量小且均匀,轧辊使用寿命可提高 $2 \sim 4$ 倍。③ 轧辊车削量小且车削简单,节省了车削

工时,减少轧辊加工量。④ 由于轧件是在平辊上轧制,不会出现"耳子"、充不满、孔型错位等孔型轧制中的缺陷。⑤ 轧件沿宽度方向压下均匀,使轧件两端舌头、鱼尾区域短,切头、切尾小,成材率高。⑥ 由于减小了孔型侧壁的限制作用,沿宽度方向变形均匀。但是,由于轧制是在平辊间轧制,失去了孔型侧壁的夹持作用,容易出现歪扭脱方现象。如果脱方严重,将影响轧制正常进行;经多道次平辊轧制后,轧件角部易出现尖角,此轧件进入精轧孔型容易形成折叠;如果无孔型轧制是在水平连轧机上进行,则轧件在机架间要扭转90°,此时由于轧件与导卫板接触而容易产生刮伤,且加剧了脱方和尖角等缺陷。

无孔型轧制的孔型设计基础是精确计算宽展量、掌握自由面变形特性、轧件歪扭脱方的产生及表面金属流动特点等。计算宽展量可用 S. 艾克隆德公式、Б. Л. 巴赫契诺夫公式及筱仓公式。无孔型轧制法孔型设计分两部分:精轧孔型设计和粗轧、延伸孔型设计。精轧孔型设计与通常孔型轧制法精轧孔型设计相同,粗轧、延伸孔型设计可采用部分或全部无孔型轧制法进行,选择道次数依轧机特点、产品规格、操作水平及导卫等辅助设施情况而定。无孔型轧制法压下规程的设计原则为:按咬入条件、最大允许轧制压力、电机功率控制各道次压下量;用宽展公式精确计算道次宽展量,编制压下规程,计算每道轧件尺寸;防止歪扭脱方;防止尖角;设计贯通型导板。

9.1.9 混合孔型系统

为了提高轧机产量和成品质量,在生产条件允许范围内一般尽量采用较大断面原料,需要多道次轧制。由于轧机类型、坯料尺寸和成品规格不同,型钢轧机上很少采用单一的延伸孔型系统,而是采用混合孔型系统。常用的混合孔型系统有:箱形-菱-方孔型系统,由一组以上的箱形孔型和菱-方孔型组成,一般用于三辊开坯机和中小型轧机的开坯机;箱形-菱-菱孔型系统,由一组以上的箱形孔型和几组菱-菱孔型组成,适于轧制品种多、批量不大的合金钢;箱形-六角-方混合孔型系统,由一组以上的箱形孔型和六角-方孔型组成,主要用于开坯机上;箱形-六角-方-椭圆-方混合孔型系统,主要用于小型和线材轧机上;另外还有箱形-六角-方-椭圆-立椭圆(圆)混合孔型系统;箱形-椭圆-圆-椭圆-圆、箱形-椭圆-立椭圆-椭圆-圆-椭圆-圆、箱形-双弧椭圆-圆-椭圆-圆等混合孔型系统。实际生产中应考虑轧机布置形式和原料大小,选择合适的孔型系统。

9.2　延伸孔型系统的设计原则

几乎每一种产品成品孔前都要设置一定数量的延伸孔型,且整个孔型系统中延伸孔占的比例很大,所以合理地设计延伸孔型十分重要。延伸孔型系统一般间隔出现等轴断面孔型(方或圆孔型),设计时可利用这一特点,首先设计出各等轴断面的尺寸,然后根据相邻两个等轴断面轧件的断面形状和尺寸设计中间轧件的断面形状和尺寸,再根据已确定的轧件断面形状和尺寸构成孔型。

9.2.1 等轴断面轧件设计

将延伸孔型系统分成若干组,按组分配延伸系数,即

$$\mu_{\Sigma} = \mu_1\mu_2\mu_3\cdots\mu_n = \mu_{\Sigma 2}\mu_{\Sigma 4}\cdots\mu_{\Sigma i}\cdots\mu_{\Sigma n} \qquad (9-2)$$

式中，$\mu_{\Sigma i}$ 为一组从等轴断面到等轴断面孔型的总延伸系数，且

$$\mu_{\Sigma i} = \frac{F_{i-2}}{F_i} = \mu_{i-1}\mu_i \qquad (9-3)$$

则可求出各中间等轴断面轧件的面积和尺寸。若等轴断面轧件为方形时，相邻方轧件的边长为

$$a = \frac{A}{\sqrt{\mu_{\Sigma i}}} \qquad (9-4)$$

式中，A，a 为相邻方轧件的边长（见图 9-18）。

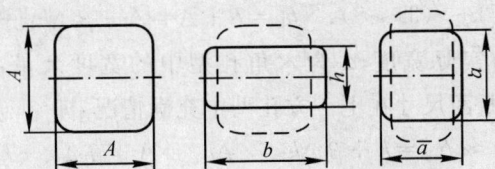

图 9-18　中间孔型内轧件断面尺寸的确定

9.2.2　中间轧件断面设计

中间轧件断面指两个方轧件之间的轧件，可为矩形、菱形、椭圆形或六角形等，其尺寸的设计根据轧件在孔型中的充满条件进行，以箱形孔型（见图 9-18）为例，中间矩形轧件的尺寸应同时保证在本孔和下一孔中正确充满，即

$$\beta_2 = \frac{b-A}{A-h}, \quad \beta_1 = \frac{a-h}{b-a}$$

式中，β_2，β_1 为轧件在中间孔型和后一方孔型中的宽展系数（宽展量 Δb 和压下量 Δh 之比）。

由上述条件可求出轧件在中间孔型的宽度 b 和高度 h 为

$$b = \frac{A + A\beta_2 - \alpha\beta_2 - \alpha\beta_2\beta_1}{1 - \beta_1\beta_2}$$

$$h = \frac{\alpha + \alpha\beta_1 - A\beta_1 - A\beta_2\beta_1}{1 - \beta_1\beta_2}$$

同理可确定箱形孔型、菱-方、椭-方、六角-方、椭圆-圆及混合孔型系统中各孔型的轧件尺寸，然后根据轧件尺寸构成孔型。已知方形断面尺寸 A 与 a，用以下经验方法确定中间轧件断面尺寸：

（1）矩形。设在两已知方形断面间过渡矩形孔型中的压下量为 Δh_1，则得暂定的矩形孔型尺寸为

$$b = A + \beta_1\Delta h_1, \quad h = A - \Delta h_1$$

但需符合 $h = a - \beta_2\Delta h_2$（$\Delta h_2 = b - a$），对暂定矩形在后一方孔型中的充满情况进行校核。式中，β_1，β_2 为矩形与方形孔型的宽展系数。

（2）菱形。菱形尺寸计算方法与矩形类似，为简化计算以尖角处压下量为准，暂定菱形尺寸为

$$b = 1.41A + \beta_1\Delta h_1, \quad h = 1.41A - \Delta h_1$$

然后按 $h = 1.41a - \beta_2 \Delta h_2 (\Delta h_2 = b - 1.41a)$，核算后一方孔型中的充满情况。式中，$\beta_1$，$\beta_2$ 为菱形与方形孔型中的宽展系数。

（3）椭圆。作为延伸孔型，暂定尺寸为

$$h = (2.5 \sim 5)a, \quad b_k = b + \Delta = A + \beta_1 \Delta h_1 + \Delta$$

式中，b 为在椭圆孔型中轧件的实际宽度，$b = A + \beta_1 \Delta h_1$；$\Delta$ 为椭圆孔型中的宽度余量，$\Delta = b_k - b$，通常取 $3 \sim 5$ mm。暂定椭圆尺寸是否合理，须视轧件在下一方孔型中充满情况而定，即

$$h_{ak} = b_{ak} = h + \beta_2 \Delta h_2 + (0 \sim 2) \quad (\Delta h_2 = b - h_{ak})$$

式中，β_1，β_2 为椭圆与方形孔型的宽展系数；h_{ak}，b_{ak} 为后一方孔型切槽的高度与宽度。

（4）六角。与椭圆孔型方法类似，六角形的尺寸为

$$h = a - (3 \sim 8), \quad b_k = b + \Delta = A + \beta_1 \Delta h_1 + \Delta$$

式中，b 为在六角形轧件的实际宽度；Δ 为六角孔型中的宽度余量，$\Delta = b_k - b$，通常取 $0 \sim 4$ mm。 校核暂定六角形断面尺寸在下一方孔型中充满情况，即

$$h_{ak} \approx b_{ak} = h + \beta_2 \Delta h_2, \quad \Delta h_2 = A + \beta_1 \Delta h - h_{ak}$$

式中，β_1，β_2 为六角与方形孔型的宽展系数，$\beta_2 = 0.5$，当 A 大于 40 mm 时，$\beta_1 = 0.5 \sim 0.7$，当 A 小于 40 mm 时，$\beta_1 = 0.45 \sim 1.0$。

9.3　设　计　实　例

延伸孔型设计的方法主要有理论计算和经验数据计算两种，实际上理论计算也离不开大量经验数据。下面结合实例说明两种方法的应用。设计内容：在 $\phi 400$ mm $\times 2/\phi 250$ mm $\times 5$ 横列式小型轧机上轧制 $\phi 15$ mm 圆钢，设计其延伸孔型。已知方坯边长 $a_0 = 100$ mm；第一列轧制速度 $v_1 \approx 2.2$ m/s，轧辊材质全部为铸钢；第二列轧制速度 $v_2 \approx 5$ m/s，轧辊材质全部为冷硬铸铁。

9.3.1　经验系数法

1.孔型系统的选择

孔型系统选择与轧机布置（见图 9-19）和轧件断面大小密切相关。对本例来讲，原料断面尺寸较大，首先采用一对箱形孔型；之后采用菱-方孔型系统（也可采用六角-方孔型系统）；当轧件断面尺寸在 40 mm $\times 40$ mm ~ 60 mm $\times 60$ mm 之间时采用六角-方孔型系统；轧件断面小于 40 mm $\times 40$ mm 时，采用椭圆-方孔型系统。所以，粗轧孔型系统由箱形、菱-方、六角-方、椭圆-方组成。精轧孔型系统为方-椭圆孔型系统（亦可选用圆-椭圆孔型系统）。

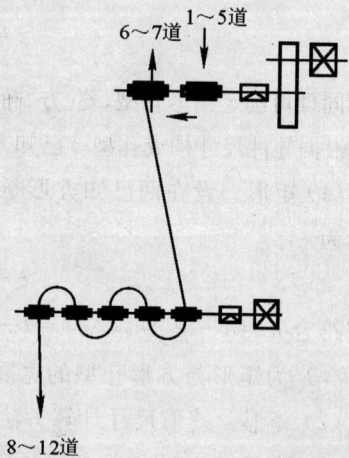

图 9-19　$\phi 400$ mm $\times 2/\phi 250$ mm $\times 5$ 横列式轧机

2. 轧制道次的确定

总延伸系数为

$$\mu_{\sum} = \frac{F_0}{F_n} = \frac{100 \times 100}{3.14 \times \left(\frac{15}{2}\right)^2} = 56.6$$

参考有关厂的延伸系数经验，取平均延伸系数 $\mu_c = 1.4$，则轧制道次数为

$$\mu = \frac{\ln \mu_{\sum}}{\ln \mu_c} = \frac{\ln 56.6}{\ln 1.4} = 11.99$$

由轧机布置应取偶数道次，取 $n = 12$。根据圆钢精轧孔型设计（详见后续内容）确定第 10 道方孔的边长 $a = 16$ mm。

3. 延伸系数的分配

延伸孔型系统由一对箱形孔型、一对菱-方孔型、一对六角-方孔型和两对椭-方孔型系统组成。粗轧总延伸系数为

$$\mu_{\sum} = \frac{100^2}{16^2} = 39.1$$

各对的延伸系数为

$$\mu_{\sum 2} = 1.69, \quad \mu_{\sum 4} = 1.65, \quad \mu_{\sum 6} = 2.56, \quad \mu_{\sum 8} = 2.44, \quad \mu_{\sum 10} = 2.25$$

4. 确定各方形断面尺寸

按式（9-4）计算各方形轧件断面尺寸为

$$a_2 = \frac{100}{\sqrt{1.69}} = 77 \text{ mm}, \quad a_4 = \frac{77}{\sqrt{1.65}} = 60 \text{ mm}, \quad a_6 = \frac{60}{\sqrt{2.56}} = 37.5 \text{ mm},$$

$$a_8 = \frac{37.5}{\sqrt{2.44}} = 24 \text{ mm}, \quad a_{10} = \frac{24}{\sqrt{2.25}} = 16 \text{ mm}$$

5. 确定各中间扁轧件断面尺寸

（1）第 1 孔型（矩形箱孔型）。根据本题条件，轧件在第 1 孔和第 2 孔中的宽展系数取 $\beta_z = 0.3$，$\beta_a = 0.25$；设矩形轧件高 $h_1 = 69$ mm，则

$$b_1 = a_0 + (a_0 - h_1)\beta_z = 100 + (100 - 69) \times 0.3 = 109.3 \text{ mm}$$

验算轧件在第 2 孔（方箱型孔型）的充满情况：

$$b_2 = h_1 + (b_1 - a_2)\beta_a = 69 + (109.3 - 77) \times 0.25 = 77.1 \text{ mm}$$

轧件在第 2 孔型轧后宽度为 77.1 mm，与需要得到的 77 mm 相差甚小，故设定 $h_1 = 69$ mm 是合适的。否则需重新设定 h_1。

（2）第 3 孔型（菱形孔型）。菱形孔型实际高度和孔型槽口宽度与顶角圆弧半径和辊缝值的大小有关，首先按轧件几何对角线计算变形，之后再按轧件实际变形验算孔型充满程度。

按轧件几何对角线计算菱形孔的高与宽。设 $\beta_l = 0.35$，$\beta_f = 0.3$；菱形孔几何高度 $h'_3 = 70$ mm，则

$$b_3 = 1.41 a_2 + (1.41 a_2 - h'_3)\beta_l = 1.41 \times 77 + (1.41 \times 77 - 70) \times 0.35 \approx 120 \text{ mm}$$

计算菱形孔实际高度 h_{k3} 和槽口宽度 b_{k3}。设菱形孔顶角圆弧半径 $R = 13$ mm，辊缝 $s = 8$ mm，则

$$h_{k3} = h - 2R\left[\sqrt{1 + \left(\frac{h}{b}\right)^2} - 1\right] = 70 - 2 \times 13 \times \left[\sqrt{1 + \left(\frac{70}{120}\right)^2} - 1\right] = 65.9 \text{ mm}$$

$$b_{k3} = b\left(1 - \frac{s}{h}\right) = 120 \times \left(1 - \frac{8}{70}\right) = 106.3 \text{ mm}$$

计算第 4 孔(对角方孔)孔型尺寸,设 $R = 12$ mm,$s = 8$ mm,则

$$h'_4 = 1.4a_4 = 1.4 \times 60 = 84 \text{ mm}$$

$$h_{k4} = h'_4 - 0.83R = 84 - 0.83 \times 12 = 74 \text{ mm}$$

$$b'_4 = 1.4a_4 = 1.4 \times 60 = 84 \text{ mm}$$

$$b_{k4} = b'_4 - s = 84 - 8 = 76 \text{ mm}$$

验算方轧件在菱形孔型中的充满度:菱形孔来料高度 H_2 和宽度 B_2 为

$$H_2 = B_2 = 1.4a_2 - 0.83R_2 = 1.4 \times 84 - 0.83 \times 15 = 95.4 \text{ mm}$$

此时,轧件在菱形孔轧后实际宽度 b_3 为

$$b_3 = B_2 + (H_2 - h_{k3})\beta_l = 95.4 + (95.4 - 65.9) \times 0.35 = 105.7 \text{ mm}$$

轧件宽度 b_3 小于 b_{k3},其充满度为 105.7/106.3 = 0.99。

验算菱形轧件在第 4 孔型中轧制时的充满程度:

$$b_4 = h_{k3} + (b_3 - h_{k4})\beta_f = 65.9 + (105.7 - 74) \times 0.3 = 75.4 \text{ mm}$$

第 4 孔型轧件轧后宽度比槽口宽度小,其充满程度为 75.4/76 = 0.99,故前面设定的菱形孔型尺寸是合适的。

(3) 第 5 孔型(六角孔型)。取 $\beta_l = 0.7$,$\beta_f = 0.5$。设 $h = 29$ mm,则轧件在第 5 孔型轧后的轧件宽度为

$$b_5 = a_4 + (a_4 - h_5)\beta_l = 60 + (60 - 29) \times 0.7 = 81.7 \text{ mm}$$

验算轧件在第 6 孔型的充满程度:计算第 6 孔型(对角方孔)尺寸,设 $R = 7$ mm,$s = 5$ mm,则

$$h'_6 = 1.4a_6 = 1.4 \times 37.5 = 52.8 \text{ mm}$$

$$h_{k6} = h'_6 - 0.83R = 52.8 - 0.83 \times 7 = 47 \text{ mm}$$

$$b'_6 = 1.42a_6 = 1.42 \times 37.5 = 53.2 \text{ mm}$$

$$b_{k6} = b'_6 - s = 53.2 - 5 = 48.2 \text{ mm}$$

轧件在第 6 孔中的实际宽度为

$$b_6 = h_5 + (b_5 - h_{k6})\beta_f = 29 + (81.7 - 47) \times 0.5 = 46.4 \text{ mm}$$

轧件宽度 b_6 比 b_{k6} 小 1.4 mm,此时孔型的充满程度为 46.4/48.2 = 0.96,故认为六角形孔型设计是合格的。

(4) 第 7 孔型(椭圆孔型)。取 $\beta_t = 1.0$,$\beta_f = 0.4$,设 $h_7 = 20$ mm,则轧件在第 7 孔型的轧后宽度为

$$b_7 = a_6 + (a_6 - h_7)\beta_t = 37.5 + (37.5 - 20) \times 1.0 = 55 \text{ mm}$$

验算轧件在第 8 孔型中的充满程度:计算第 8 孔型尺寸,设 $R = 5$ mm,$s = 4$ mm,则

$$h'_8 = 1.4a_8 = 1.4 \times 24 = 33.6 \text{ mm}$$

$$h_{k8} = h'_8 - 0.83R = 33.6 - 0.83 \times 5 = 29.5 \text{ mm}$$

$$b'_8 = 1.42a_8 = 1.42 \times 24 = 34.1 \text{ mm}$$

$$b_{k8} = b'_8 - s = 34.1 - 4 = 30.1 \text{ mm}$$

轧件在第 8 孔型中的实际宽度为

$$b_8 = h_7 + (b_7 - h_{k8})\beta_f = 20 + (55 - 29.5) \times 0.4 = 30.2 \text{ mm}$$

轧件宽度 b_8 比 b_{k8} 大 0.1 mm,一般来说应小于 b_{k8},但大的数值很小,故可以认为椭圆孔设

计是合适的。否则需要重新设定椭圆高度,重复以上设计步骤,直到第8孔型的轧件宽度 b_8 小于 b_{k8},且孔型充满程度不宜小于 95% 为止。

(5) 第 9 孔型(椭圆孔型)。第 9 孔型设计方法与步骤同第 7 孔型,其结果为 $h_9=13$ mm,$b_9=35$ mm。

以上各中间孔型仅计算了轧件的高与宽,而相应孔型尺寸计算可按各延伸孔型构成方法进行,此处略去。

6. 小结

采用经验系数法设计的关键是正确选择宽展系数,可参考如下原则:在其他条件相同时,轧件温度越高,宽展系数越小;轧辊材质影响,钢轧辊取较大宽展系数;轧件断面越大,宽展系数越小;其他条件相同时,轧制速度越高,宽展系数越小;轧制钢种的影响,普碳钢宽展系数小,合金钢宽展系数大。

9.3.2　B. K. 斯米尔诺夫法

B. K. 斯米尔诺夫法利用总功率最小的变分原理得到轧件在简单断面孔型中轧制时的宽展公式,即

$$\beta = 1 + c_0 \left(\frac{1}{\eta} - 1\right)^{c_1} A^{c_2} a_0^{c_3} a_k^{c_4} \sigma_0^{c_5} \psi^{c_6} \tan \varphi^{c_7} \qquad (9-5)$$

式中,β 为宽展系数,$\beta = b/B$;A 为轧辊转换直径,$A = D_* / H_1$;a_0 为轧件轧前的轴比,$a_0 = H_0/B_0$;a_k 为孔型轴比,$a_k = B_k/H_1$;η 为压下系数的倒数,$\eta = h/H$(h,H 为轧后和轧前轧件高度);δ_0 为轧件在前一孔型中的充满程度,$\delta_0 = B_1/B_k$(B_1 为前一孔型中轧件宽度);ψ 为摩擦因数,其值如表 9-9 所示;$\tan\varphi$ 为箱形孔型侧壁斜度;$c_0,\cdots,c_7$ 为与孔型系统有关的常数,其值如表 9-10 所示,对箱形孔型 $c_7=0.362$,其他孔型 $c_7=0$。各种延伸孔型 D_*,H_1,B_k,B_k 的表示方法如图 9-20 所示。

表 9-9　普碳钢、低合金钢和中合金钢在光滑表面轧辊上变形时不同孔型系统的摩擦因数 ψ

轧件在不同温度时的 ψ 值　温度 /℃　轧件	> 1 200	1 100 ~ 1 200	1 000 ~ 1 100	900 ~ 1 000	< 900
矩形-箱形孔,矩形-平辊,圆形-平辊	0.5	0.6	0.7	0.8	1.0
方-菱,菱-方,菱-菱	0.5	0.5	0.6	0.7 ~ 0.8	1.0
方-椭,方-平椭,方-六角,圆-椭,立椭-椭,椭-圆,平椭-圆,六角-方,椭-椭,椭-立椭	0.6	0.7	0.8	0.9	1.0

注:轧制高合金钢和轧辊表面粗糙或磨损时,上述指数 ψ 增加 0.1(这种修正只对计算变形时有用)。

表 9 – 10   B. K. 斯米尔诺夫公式中各系数值

孔型系统	c_0	c_1	c_2	c_3	c_4	c_5	c_6
箱形孔型	0.071 4	0.862	0.746	0.763			0.160
方-椭圆	0.337	0.507	0.316		— 0.405		1.136
椭圆-方	2.242	1.151	0.352	— 2.234		— 1.647	1.137
方-六角	2.075	1.848	0.815		— 3.453		0.659
六角-方	0.948	1.203	0.368	— 0.852		— 3.450	0.629
方-菱	3.090	2.070	0.500		— 4.850	— 4.0865	1.543
菱-方	0.972	2.010	0.665	— 2.458		— 1.300	— 0.700
菱-菱	0.506	1.876	0.695	— 2.220	— 2.220	— 2.730	0.587
圆-椭	0.227	1.563	0.591		— 0.852		0.587
椭-圆	0.386	1.163	0.402	— 2.171		— 1.324	0.616
椭-椭	0.405	1.163	0.403	— 2.171	— 0.789	— 1.324	0.616
立椭-椭	1.623	2.272	0.761	— 0.582	— 3.046		0.486
椭-立椭	0.575	1.163	0.402	— 2.171	— 4.265	— 1.324	0.616
方-平椭	0.134	0.717	0.474		— 0.507		0.357
平椭-方	0.693	1.286	0.368	— 1.052		— 2.231	0.629
箱-平辊	0.041 7	0.862	0.555	0.763			0.455
圆-平辊	0.179	1.357	0.291				0.511
六角-六角	0.3	1.203	0.368	— 0.852		— 3.450	0.629

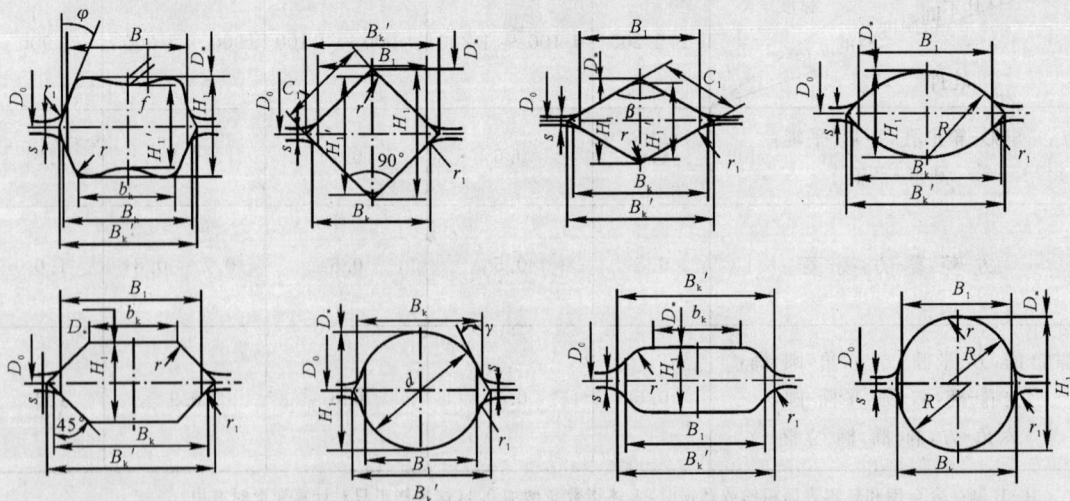

图 9 – 20   各延伸孔型相关系数的表示

1. 第 1 孔型（箱形孔型）

设 $H_1 = 70\ \text{mm}$，则

$$\frac{1}{\eta_1} = \frac{H_0}{H_1} = \frac{100}{70} = 1.429$$

$$A = \frac{D_0 - H_1}{H_1} = \frac{400 - 70}{70} = 4.714$$

$$a_0 = H_0/B_0 = 100/100 = 1$$

设第 1 道轧件温度为 1 150℃，则 $\psi = 0.6$，取 $\tan\varphi = 0.2$，则

$$\beta_1 = 1 + 0.071\ 4 \times (1.377 - 1)^{0.862} \times 4.714^{0.746} \times 0.6^{0.16} \times 0.2^{0.362} = 1.056$$

第 1 道轧后轧件宽度为

$$B_1 = \beta_1 B_0 = 1.056 \times 100 \approx 106\ \text{mm}$$

验算轧件在第 2 孔型中的充满情况：第 2 孔型的计算参数为

$$\frac{1}{\eta_2} = \frac{B_1}{H_2} = \frac{106}{77} = 1.377$$

$$A = \frac{D_0 - H_2}{H_2} = \frac{400 - 70}{77} = 4.195$$

$$a_0 = B_1/H_1 = 106/77 = 1.514$$

$$\psi = 0.6, \quad \tan\varphi = 0.2$$

$$\beta_2 = 1 + 0.071\ 4 \times (1.377 - 1)^{0.862} \times 4.195^{0.746} \times 1.514^{0.763} \times 0.2^{0.16} = 1.095$$

$$B_2 = \beta_2 H_1 = 1.095 \times 70 \approx 76.7\ \text{mm}$$

轧件宽度比应得宽度小 0.3 mm，故 $H_1 = 70\ \text{mm}$ 是合适的。

2. 第 3 孔型（菱形孔型）

设 $H_3 = 74\ \text{mm}$，$a_k = 1.6$，$\delta_0 = 0.85$，$\psi = 0.6$，来料实际高度和宽度为

$$H_2 = B_2 = 1.41 \times a_2 - 0.83 \times R = 1.41 \times 77 - 0.83 \times 15 = 96.2\ \text{mm}$$

则

$$\frac{1}{\eta_3} = \frac{H_2}{H_3} = \frac{96.2}{74} = 1.3$$

$$A = \frac{D_0 - H_3}{H_3} = \frac{400 - 77}{74} = 4.405$$

$$\beta_3 = 1 + 3.09 \times (1.3 - 1)^{2.07} \times 4.405^{0.5} \times 1.6^{-4.85} \times 0.85^{-4.865} \times 0.6^{1.543} = 1.042$$

$$B_3 = \beta_3 B_2 = 1.042 \times 96.2 \approx 100.2\ \text{mm}$$

验算轧件在第 4 孔型中的充满情况：

$$\frac{1}{\eta_4} = \frac{B_3}{H_4} = \frac{100.2}{1.41 \times 60} = 1.184$$

$$A = \frac{D_0 - H_4}{H_4} = \frac{400 - 1.41 \times 60}{1.41 \times 60} = 3.728$$

设菱形孔型的长轴为

$$B'_k = b_3/0.85 = 100.2/0.85 = 118\ \text{mm}$$

则菱形孔型的实际高度为

$$h_{k3} = h - 2R\left[\sqrt{1 + \left(\frac{h}{b}\right)^2} - 1\right] = 74 - 2 \times 13 \times \left[\sqrt{1 + \left(\frac{74}{118}\right)^2} - 1\right] = 69.3\ \text{mm}$$

$$a_0 = \frac{b_3}{h_{k3}} = \frac{100.2}{69.3} = 1.446$$

取 $\delta_0 = 0.85$，$\psi = 0.6$，则 $\beta_4 = 1.027$，$B_4 = 71.1$ mm。

第 4 孔型的 $B_4 = 76$ mm，$B_4/B_{k4} = 0.94$，故第 3 孔型的设计是合适的。

3. 第 5 孔型（六角孔型）

设 $H_5 = 30$ mm，则

$$\frac{1}{\eta_5} = \frac{a_4}{H_5} = \frac{60}{30} = 2$$

$$A = \frac{D_0 - H_5}{H_5} = \frac{400 - 30}{30} = 12.333$$

取 $a_k = 3.0$，$\psi = 0.8$，则 $\beta_5 = 1.319$，$B_5 = 79$ mm。

验算轧件在第 6 孔型中的充满情况：

$$\frac{1}{\eta_6} = \frac{B_5}{H_6} = \frac{79}{1.41 \times 37.5} = 1.494$$

$$A = \frac{D_0 - H_6}{H_6} = \frac{400 - 1.41 \times 37.5}{1.41 \times 37.5} = 6.565$$

$$a_0 = \frac{b_5}{h_5} = \frac{79}{30} = 2.633$$

取 $\delta_0 = 0.9$，$\psi = 0.8$，则 $\beta_6 = 1.443$，$B_6 = 43.3$ mm。

该孔型槽口宽度为 47.8 mm，$B_6/B_{k6} = 0.91$，故设计是合理的。

4. 第 7 孔型（椭圆孔型）

设 $H = 20$ mm，则

$$\frac{1}{\eta_7} = \frac{a_6}{H_7} = \frac{37.5}{30} = 1.875$$

$$A = \frac{D_0 - H_7}{H_7} = \frac{400 - 20}{20} = 19$$

取 $a_k = 3.0$，$\psi = 0.9$，则 $\beta_7 = 1.508$，$B_7 = 56.6$ mm。

验算轧件在第 8 孔型中的充满情况：

$$\frac{1}{\eta_8} = \frac{B_7}{H_8} = \frac{56.6}{1.41 \times 24} = 1.673$$

$$A = \frac{D_0 - H_8}{H_8} = \frac{250 - 1.41 \times 24}{1.41 \times 24} = 6.388$$

$$a_0 = \frac{B_7}{h_7} = \frac{56.6}{20} = 2.83$$

取 $\delta_0 = 0.9$，$\psi = 0.9$，则 $\beta_8 = 1.282$，$B_8 = 25.6$ mm。

$B_8 = 25.6$ mm $< B_{k8} = 30.1$ mm，且 $25.6/30.1 = 0.85$。为改善第 8 孔型的充满度，取 $H_7 = 21$ mm，$B_7 = 56$ mm。

5. 第 9 孔型（椭圆孔型）。

第 9 孔型设计方法与第 7 孔型相同，其结果为 $H_9 = 13$ mm，$B_9 = 35$ mm。

如图 9-21 所示是某厂采用 100 mm $\times 100$ mm 方坯轧制 $\phi 15$ mm 圆钢的延伸孔型图。由上述两种方法计算结果可知，各中间扁轧件尺寸非常接近，而且与实际孔型相差甚小，说明两种设计方法都是有效的。经验设计法要求设计者正确选择宽展系数,比较困难,第二种方法不需设计者有丰富经验。但这两种方法工作量都较大,若能将后一种方法编成程序,在计算机上进行计算,就可以发挥其优点,提高孔型设计的速度和精度。孔型设计一定要考虑轧机的调整,为了使轧机调整方便,在保证获得各方形轧件的条件下,调整各中间轧件(扁轧件)的尺寸,所以设计各中间扁轧件孔型时一定要留有调整余地。

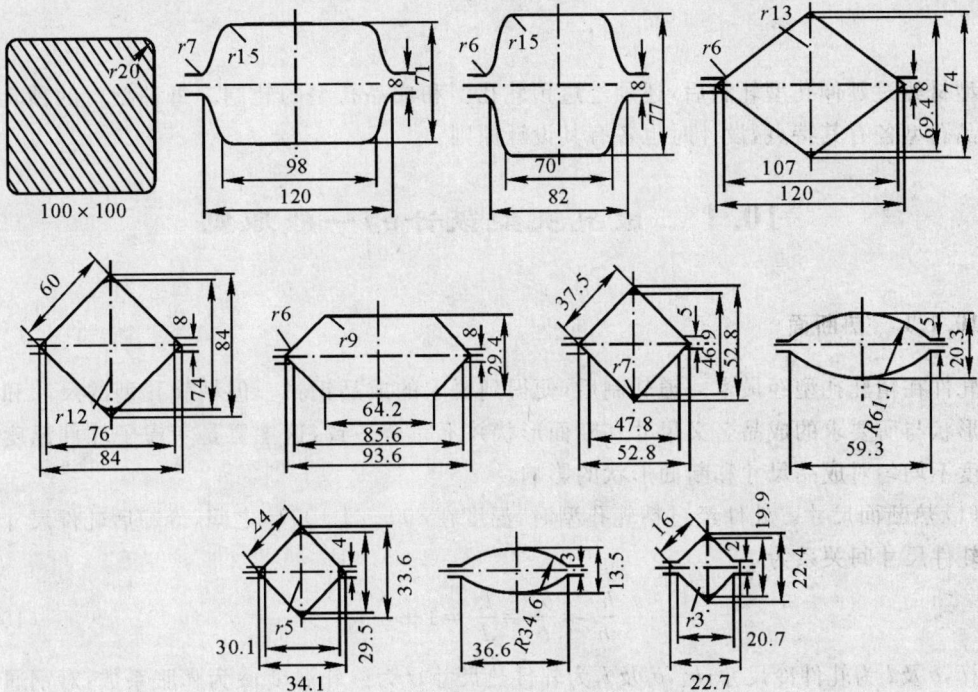

图 9-21　轧制 φ15 mm 圆钢延伸孔型图

复　习　题

1. 常见的延伸孔型有哪些? 各有何特点? 组成孔型的基本参数有哪些?

2. 以 59 mm×59 mm 方坯在横列式 φ300 mm 轧机上经两只箱形孔轧成 46 mm×46 mm 的方坯,计算孔型尺寸。

3. 在 φ450 mm 轧机上将 89 mm×89 mm 方坯用菱、方孔型轧成 54 mm×54 mm 方坯,计算孔型尺寸。

第 10 章　　型钢孔型设计

型材经过延伸孔型轧制后,还须经过预轧孔型和成品孔型的轧制。每种型材的预轧孔型和成品孔型各有其特点,设计时也各有其设计原则。

10.1　成品孔型设计的一般原则

10.1.1　热断面

轧件在精轧孔型经最末一道轧制后,便得到要求的成品钢材。但精轧孔型的尺寸和热断面的形状与所要求的成品名义尺寸和断面形状并不完全一致,这主要是考虑了轧件温度和断面温度不均匀对成品尺寸和断面形状的影响。

(1)热断面尺寸。轧件经过精轧孔型时,温度在 $800 \sim 1~100$℃ 之间,冷却后轧件尺寸与高温时轧件尺寸间关系为

$$\frac{h_r}{h} = \frac{b_r}{b} = \frac{l_r}{l} = 1 + \alpha t \tag{10-1}$$

式中,h,b 及 l 为轧件冷尺寸;h_r,b_r 及 l_r 为轧件热尺寸;t 为终轧温度;α 为膨胀系数,对钢通常采用 $\alpha = 0.000~012$。为简化计算,将不同轧制温度下的 $1 + \alpha t$ 列于表 10-1 中。

表 10-1　不同温度下 $1 + \alpha t$ 值

热轧温度 /℃	$1 + \alpha t$	热轧温度 /℃	$1 + \alpha t$
800	1.010	1 100	1.013
900	1.011	1 200	1.014 5
1 000	1.012		

因此,欲使冷却后轧件断面尺寸精确,就必须根据不同终轧温度,使孔型断面的主要线尺寸是成品尺寸的 $1.010~0 \sim 1.014~5$ 倍。

(2)热断面形状。轧件在成品孔型中轧制时,其断面各部分的温度并不完全一致,在某些条件下,这种温度差将影响冷却后轧件的断面形状。例如,在轧制方钢时,菱形断面轧件在进入精轧孔型之前,其锐角部位的温度已较钝角部位低,如图 10-1 所示,因此轧出的方钢其水平轴温度高于垂直轴,当然冷却后水平轴的收缩量也大于垂直轴,因而冷却后的断面形状变得不够正确。但是,如果设计精轧孔型时预先采取一些措施,使其水平轴略大于垂直轴,就可以防止上述现象发生。同时由于方钢的精轧孔型在使用中顶角部位磨损较快,磨损后的顶角小于 90°,如图 10-2 所示,因此从延长孔型的使用寿命上来看,也是水平轴略大于垂直轴为宜。按

照这种要求往往是将其顶角做成 $90°30'$，而不是 $90°$。

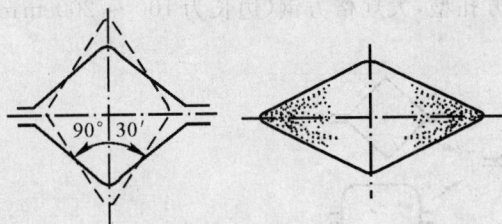

图 10-1　温度不均对方形断面的影响

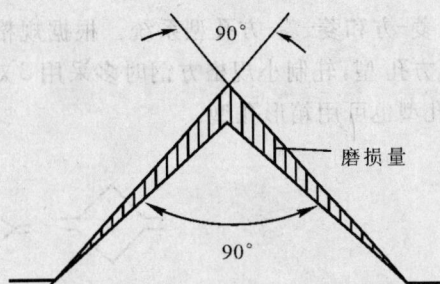

图 10-2　顶角磨损对方形断面的影响

10.1.2　公差与负公差轧制

由于生产技术与设备条件所限，同时在工作中设备不断被磨损，特别是孔型磨损，这些都会影响成品尺寸的精确程度，为使在轧制条件不断变化的情况下仍能轧出合格成品来，每种轧制产品都允许较其公称（或名义）尺寸有一定范围的误差——公差。它的大小是根据钢材的用途与当前生产技术和发展水平，由国家有关部门颁发的标准来决定，个别产品也可由供求双方共同协商。

但是有了公差就可能使成品单位长度质量增加。例如 10 号角钢标准质量为 $15.1\ \mathrm{kg/m}$，在接近最大负公差时质量为 $13.6\ \mathrm{kg/m}$，在接近最大正公差时则达 $16.6\ \mathrm{kg/m}$，多消耗的金属约占其公称质量的百分比为

$$\frac{16.6-13.6}{15.1}\times100\%=20\%$$

多消耗这部分金属除了加重结构质量之外，并没有其他什么好处。因此，除一些有特殊工艺要求的产品必须按正公差轧制外，一般情况下允许按负公差轧制。

综上所述，成品孔型设计的一般程序为：① 根据终轧温度确定成品断面热尺寸。② 考虑负偏差轧制和轧机调整，从热尺寸中减去部分（或全部）负偏差或加上部分（或全部）正偏差。③ 必要时还要对以上计算出的尺寸和断面形状加以修正。

10.2　方钢孔型设计

10.2.1　方钢轧制方法

方钢有圆角方钢和尖角方钢两种，其方断面尺寸通常为 5 mm × 5 mm ～ 250 mm × 250 mm。对方钢成品的外观要求：棱角明显，断面端正，表面光洁。为节约金属，有时要按负公差轧制。

轧制方钢的精轧孔型系统如图 10-3 所示。方案 1 的特点是成型过程所需道次少，但在成品孔型中压下量不够大时，仅靠一个中间菱孔（精轧前孔型）不足以保证成品的棱角要求，尤其是尺寸较小的方钢。方案 2 则采用两个中间菱形，可在一定程度上减轻上述缺点，并有利于提高成品精度，因此多用于轧制较小断面的方钢。为减少换辊次数和轧辊储备，提高轧机有效

作业率,实际生产中方钢与圆钢都共用延伸孔型,如图 10-4 所示。方钢的精轧孔型系统有两种:菱-方和菱-菱-方孔型系统。根据规格大小、轧机布置和尺寸精度要求通常采用 1 ~ 3 对菱-方孔型,轧制小规格方钢时多采用 2 对菱-方孔型,大规格方钢(边长为 100 ~ 200 mm)精轧孔型也可用箱形孔型。

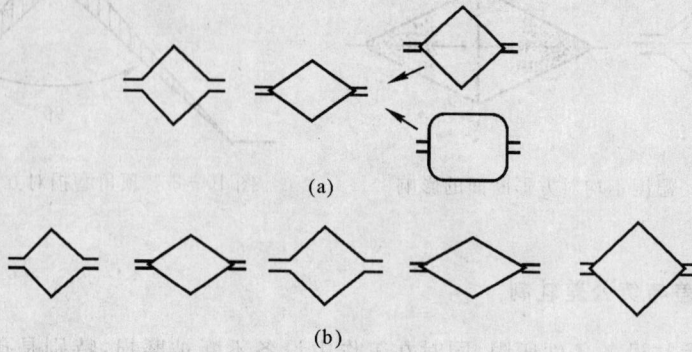

图 10-3　轧制方钢孔型系统

(a)方案 1;　(b)方案 2

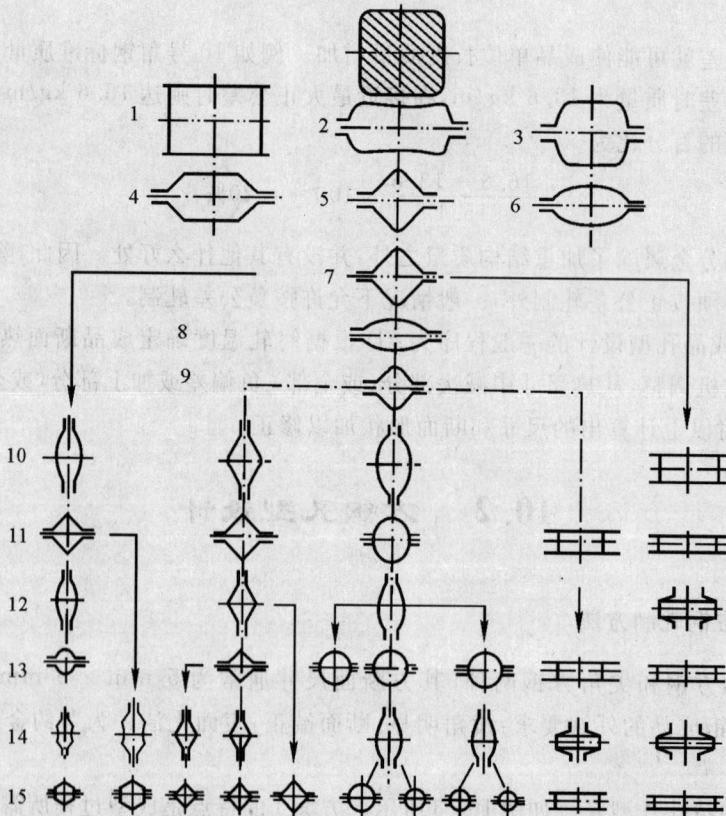

图 10-4　连续式小型轧机典型孔型系统

1 ~ 9—延伸孔型;　10 ~ 15—方、圆、扁和六角钢的精轧前孔和精轧孔

10.2.2　成品孔(K1)设计

成品孔如图 10-5 所示。

(1) 成品方孔边长为

$$a = (1.010 \sim 1.013)[a_0 - (0 \sim 1)\Delta_-] \qquad (10-2)$$

也可按公称尺寸给定,即

$$a = a_0$$

式中,a_0 为方钢边长的公称尺寸;Δ_- 为方钢边长最大负公差的绝对值。

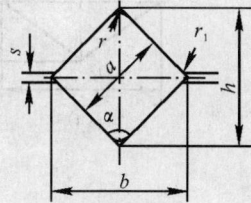

图 10-5　方钢成品孔(K1孔)

　　显然,按公称尺寸给定,由于热膨胀冷缩的存在,实际上也就是按负公差或部分负公差设计。特别要注意,不能按正公差设计。因为方钢成品孔辊缝一般都用得较小,由于轧机弹跳变形,按正公差设计的成品孔型调整困难,尤其当槽子磨损时,无法通过轧机调整来获得合格产品,这样槽子利用率很低,轧辊消耗增大。

　　(2) 成品方孔对角线。在设计成品方孔时,水平对角线和垂直对角线是有差别的。一般水平对角线要大于垂直对角线,这是由于终轧后水平方向轧件收缩大一些。另外,水平对角线取大一些,也可减少造成方钢耳子形成耳子,便于调整,因此,方钢成品孔的顶角要大于 90°。

其尺寸一般按经验公式给出,即 $h = 1.41a$,$b = 1.42a$;$\alpha = 2\arctan\dfrac{b}{h}$。

　　(3) 其他尺寸。构成成品孔方孔的其他尺寸可按经验给出。辊缝 s 和槽口倒角 r_1 不宜取得过大。方钢成品孔 $s = (0.008 \sim 0.011)D$(D 为轧辊名义直径),通常可按表 10-2 选取。槽口倒角 $r_1 = 0$ 或 $r_1 = (0.05 \sim 0.08)a$;一般地说,轧机弹跳值大的取大一些。当使用规圆机时,可取 $r_1 = 0$。顶角 $r = 0$ 或 $r = (0.04 \sim 0.06)a$。

表 10-2　方钢成品孔型辊缝值 s

A(或 d)/mm	$6 \sim 12$	$12 \sim 18$	$18 \sim 25$	$25 \sim 30$	$32 \sim 50$	$60 \sim 80$
s/mm	1	1.5	2	2.5	$3 \sim 4$	$4 \sim 5$

10.2.3　成品再前孔(K3)的设计

成品再前孔孔型(见图 10-6)主要尺寸是确定其边长 A,即

$$A = (1.16 \sim 1.29)a$$

式中,a 为成品方孔边长。

其宽度(b)、高度(h)的求法与成品孔相同。

辊缝 s、顶角 r、槽口倒角 r_1 均由经验给定如下:

$$s = (0.105 \sim 0.22)a, \quad r = (0.07 \sim 0.2)a, \quad r_1 = (0.12 \sim 0.22)a$$

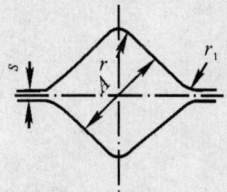

图 10-6　成品再前孔(K3孔)

10.2.4 成品前孔（K2）的设计

成品前孔是菱形孔型，它是直接影响轧制质量的关键孔型。目前常用菱形孔型的构成方法有三种：普通菱形孔、加假帽菱形孔及凹边菱形孔（见图 10-7）。

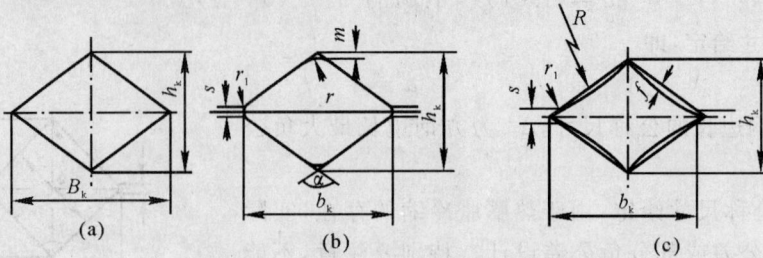

图 10-7　成品前孔（K2孔）

(a) 普通菱形孔；　(b) 加假帽菱形孔；　(c) 凹边菱形孔

(1) 普通菱形孔。其尺寸可由相邻两个方孔的边长来确定，即

$$b_k = K_b A - 0.47a \tag{10-3}$$

$$h_k = K_h a - 0.47A \tag{10-4}$$

式中，A 为 K3 孔边长；a 为成品方孔边长；$K_b = 1.94 \sim 1.85$（小规格取小值）。$K_h = 1.76 \sim 1.85$（小规格取小值）；辊缝 $s = 1.5 \sim 2$ mm（小规格取小值）。

(2) 加假帽菱形孔。b_k，h_k 和 s 值的求法和普通菱形孔相同。假帽高度 $m = 0.5 \sim 2.5$ mm（大规格取大值）；$\alpha = 90°$；顶角 $r = (0.08 \sim 0.20)\alpha$；槽口倒角 $r_1 = (0.2 \sim 0.5)\alpha$。假帽处可用圆弧连接。半径 $R = 30 \sim 40$ mm 或取小一些。应该指出，假帽取得太高，成品水平对角有耳子；反之，成品水平对角又充不满。

(3) 凹边菱形孔。凹边尺寸取 $f = 0.6 \sim 1$ mm；R 可由作图法或计算求得，其他尺寸同前。

$$R = \frac{(h_s - s)^2 + b_k + 16f^2}{32f} \tag{10-5}$$

10.2.5 方钢孔型设计举例

已知轧机辊径为 310 mm，转速 $n = 337$ r/min，轧制 16 mm × 16 mm 方钢。

(1) 成品孔 K1 设计：

$$b = 1.42a = 1.42 \times 16 = 22.74 \text{ mm}$$

$$h = 1.41a = 1.42 \times 16 = 22.6 \text{ mm}$$

$$\alpha = 2\arctan \frac{b}{h} = 2\arctan \frac{22.74}{22.6} = 90.5° \text{ mm}$$

$s = 1$ mm；槽口倒角 $r_1 = 0$；顶角 $r = 0.04 \times 16 = 0.6$ mm。孔型图如图 10-8(c) 所示。

(2) 成品再前方孔 K3 设计：

$$A = 1.19a = 1.19 \times 16 = 19 \text{ mm}$$

$$b = 1.42A = 1.42 \times 19 = 26.8 \text{ mm}$$

$$h = 1.42A = 1.42 \times 19 = 26.8 \text{ mm}$$

$$s = 0.125a = 0.125 \times 16 = 2 \text{ mm}$$

$$r_1 = 0.3a = 0.3 \times 16 \approx 5 \text{ mm}$$

$$r = 0.075a = 0.075 \times 16 \approx 1.2 \text{ mm}$$

考虑到围盘操作,给 3° 斜配,孔型图如图 10-8(a) 所示。

(3) 成品前菱形孔 K2 设计:

$$b_k = (1.85 \sim 1.94)A - 0.47a = 1.93 \times 19 - 0.47 \times 16 = 29.3 \text{ mm}$$

$$h_k = (1.76 \sim 1.85)a - 0.47A = 1.8 \times 16 - 0.47 \times 19 = 19.8 \text{ mm}$$

$$s = 1.5 \text{ mm}, \quad r = 0.125a = 0.125 \times 16 \approx 2 \text{ mm}$$

其形状采用一种相似的成品菱形孔,即在槽口处用一较大圆弧连接的菱形,即 $r_1 = 1.5$ mm。考虑到反围盘操作,给 8° 斜配,孔型图如图 10-8(b) 所示。

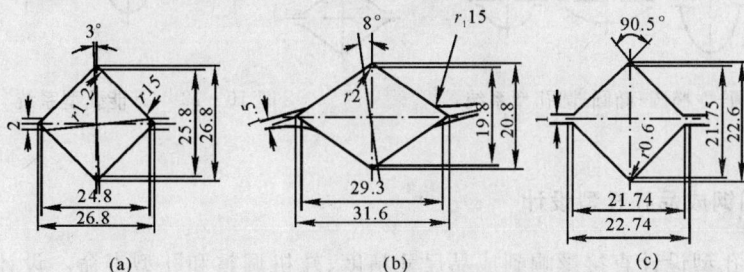

图 10-8　16 mm 方钢孔型系统

(a) 成品再前孔 K3;　(b) 成品前孔 K2;　(c) 成品孔 K1

10.3　圆钢孔型设计

10.3.1　圆钢孔型系统轧制

圆钢精轧孔型通常有 4 种:① 方-椭圆-圆孔型系统(见图 10-9)。这种孔型系统的优点是延伸系数较大;方轧件在椭圆孔型中可以自动找正,轧制稳定。但是方轧件在椭圆孔中变形很不均匀;轧件断面上可能出现局部附加应力;孔形磨损严重。这种孔型系统广泛用于生产小型圆钢(ϕ5 ~ 20 mm)。② 圆-椭圆-圆孔型系统(见图 10-10)。这种孔型系统的优点是轧件变形和冷却均匀;成品表面质量好,成品尺寸比较精确;共用性较好。但是延伸系数较小;椭圆件在圆孔型中轧制不稳定。这种孔型系统广泛用于小型和 ϕ40 mm 以下圆钢生产和高速线材轧机的精轧机组。③ 椭圆-立椭圆-椭圆-圆孔型系统(见图 10-11)。这种孔型系统的优点是轧件变形均匀;成品表面质量好;椭圆件在立椭圆孔型中能自动找正,轧制稳定。但是延伸系数小;容易出现中心部分疏松。这种孔型系统一般用于轧制塑性较低的合金钢或小型和线材连轧机。④ 万能孔型系统(见图 10-12)。万能孔型系统由方-平箱-立孔(又称万能孔)-椭圆-圆五个孔型构成。其优点是共用性强;轧件变形均匀;易于去除轧件表面的氧化铁皮,成品表面质量好。但是延伸系数小,道次多;立轧孔型轧出的方形不够正确,且轧制不稳定,容易产生扭转现象。这种孔型系统适用于轧制 $\phi 18 \sim 200$ mm 圆钢。

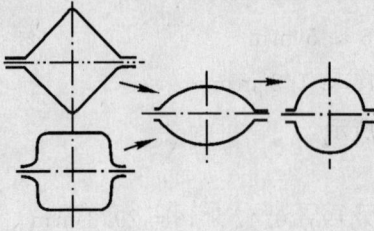

图 10-9　方-椭圆-圆孔型系统

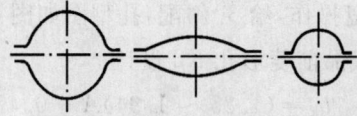

图 10-10　圆-椭圆-圆孔型系统

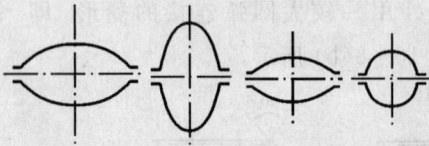

图 10-11　椭圆-立椭圆-椭圆-圆孔型系统

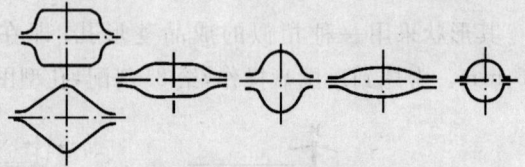

图 10-12　万能孔型系统

10.3.2　圆钢成品孔孔型设计

圆钢成品孔孔型设计直接影响到成品尺寸精度、轧机调整和孔型寿命。设计时考虑使椭圆度变化最小,并能充分利用所允许的偏差范围,保证调整范围最大。圆钢成品孔形状采用带有扩张角的圆孔型。目前广泛使用的成品孔构成如图 10-13(a) 所示。

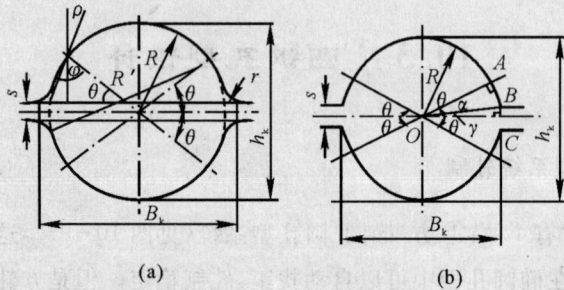

(a)　　　　　(b)

图 10-13　圆钢成品孔构成

基圆半径　　　　　$R = 0.5[d - (0 \sim 1.0)\Delta_-](1.007 \sim 1.02)$

式中,d 为圆钢公称直径或标准直径;Δ_- 为允许负偏差;$1.007 \sim 1.02$ 为热膨胀因数,具体数值如表 10-3 所示。

表 10-3　不同钢种热膨胀因数

钢种	普碳钢	碳素工具钢	滚珠轴承钢	高速钢
热膨胀因数	$1.011 \sim 1.015$	$1.015 \sim 1.018$	$1.018 \sim 1.02$	$1.007 \sim 1.009$

成品孔宽度　　　　　$B_k = [d + (0.5 \sim 1.0)\Delta_+](1.007 \sim 1.02)$

式中，Δ_+ 为允许正偏差；成品孔扩张角一般可取为 $\theta=20°\sim30°$，常用 $\theta=30°$；成品孔扩张半径 R' 按以下步骤确定：

（1）先确定出侧角 ρ。

$$\rho=\arctan\frac{B_k-2R\cos\theta}{2R\sin\theta-s} \qquad (10-6)$$

（2）当 $\rho=\theta$ 时，只能在孔型两侧用切线扩张；当 $\rho<\theta$ 时，按下式确定扩张半径的值。

$$R'=\frac{2R\sin\theta-s}{4\cos\rho\sin(\theta-\rho)} \qquad (10-7)$$

（3）当 $\rho>\theta$ 时，调整 B_k，R 和 s 值，使 $\rho\leqslant\theta$ 或者调整 θ 角，使 $\rho=\theta$，并用切线扩张（见图 10-13(b)）。此时有

$$\gamma=\arctan\frac{s}{B_k}$$

$$\alpha=\arccos\frac{R}{OB}=\arccos\frac{2R}{\sqrt{B_k+s^2}}$$

则

$$\theta=\alpha+\gamma=\arccos\frac{2R}{\sqrt{B_k+s^2}}+\arctan\frac{s}{B_k} \qquad (10-8)$$

高速线材轧机扩张角的取值范围如表 10-4 所示。此时，$B_k=2R/\cos\theta-stan\theta$；辊缝 s 根据所轧圆钢直径 d 按表 10-5 选取；外圆角半径 $r=0.5\sim1$ mm。

表 10-4　扩张角取值范围

成品直径 /mm	5.5	6.5	7	8	9	10	12	14
扩张角 $\theta/(°)$	30	30	25	25	20	20	20	20

表 10-5　圆钢成品孔辊缝 s 与 d 的关系

d/mm	$6\sim9$	$10\sim19$	$20\sim28$	$30\sim70$	$70\sim200$
s/mm	$1\sim1.5$	$1.5\sim2$	$2\sim3$	$3\sim4$	$4\sim8$

10.3.3　精轧孔型设计

1. 方-椭圆-圆孔型系统

椭圆-方精轧孔型的构成如图 10-14 所示，其尺寸与成品圆钢的关系如表 10-6 所示。椭圆孔型内外半径 $R=\frac{(h_k-s)^2+B_k}{4(h_k-s)}$；$r=1.0\sim1.5$ mm；辊缝 s 参照表 10-5 选取，当 $d<34$ mm 时，$s=1.5\sim4$ mm；当 $d>34$ mm 时，$s=4\sim6$ mm。要注意 s 值与 R 值相对应，使 $s<(\frac{1}{0.707}R-\frac{0.414}{0.707}r)$，保证获得正确方形断面；方孔型构成高度 $h=(1.4\sim1.41)a$；方孔型构成宽度 $b=(1.41\sim1.42)a$，求出的轧件宽度 b 应小于轧槽宽度 B_k，使 $\frac{b}{B_k}\leqslant0.95$ 或 $\frac{b}{B_k}=0.95\sim0.85$，否则应对孔型尺寸做相应修改；内外圆角半径 $R=(0.19\sim0.2)a$；$r=(0.1\sim0.15)a$；宽展系数 β 如表 10-7 所示。

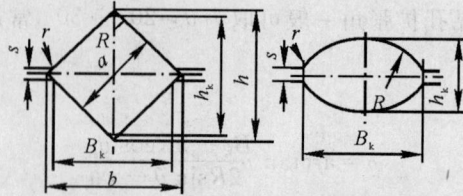

图 10-14 椭圆方孔型尺寸

表 10-6 椭圆和方孔型的构成尺寸与成品圆钢直径 d 的关系

成品规格 d/mm	成品前椭圆孔型尺寸与 d 的关系		成品前方孔边长 a 与 d 的关系
	h_k/d	B_k/d	
$6 \sim 9$	$0.70 \sim 0.78$	$1.64 \sim 1.96$	$(1.0 \sim 1.08)d$
$9 \sim 11$	$0.74 \sim 0.82$	$1.56 \sim 1.84$	$(1.0 \sim 1.08)d$
$12 \sim 19$	$0.78 \sim 0.86$	$1.42 \sim 1.70$	$(1.0 \sim 1.14)d$
$20 \sim 28$	$0.80 \sim 0.83$	$1.34 \sim 1.64$	$(1.0 \sim 1.14)d$
$30 \sim 40$	$0.86 \sim 0.90$	$1.32 \sim 1.60$	$d+(3 \sim 7)$
$40 \sim 50$	约 0.91	约 1.4	$d+(8 \sim 12)$
$50 \sim 60$	约 0.92	约 1.4	$d+(12 \sim 15)$
$60 \sim 80$	约 0.92	约 1.4	$d+(12 \sim 15)$

表 10-7 轧件在椭圆-方孔型中宽展系数 β

d/mm	β		
	成品孔型	椭圆孔型	方孔型
$6 \sim 9$	$0.4 \sim 0.6$	$1.0 \sim 2.0$	$0.4 \sim 0.8$
$10 \sim 32$	$0.3 \sim 0.5$	$0.9 \sim 1.3$	$0.4 \sim 0.75$

确定出方轧件边长 a 和轧件在成品孔型和椭圆孔型中宽展系数 β 后,根据压下量和宽展系数关系确定椭圆件的高度和宽度,再根据轧件尺寸考虑孔型的充满度来确定椭圆孔型尺寸。

2. 圆-椭圆-圆孔型系统

椭圆孔型尺寸按表 10-6 中的尺寸关系确定:圆钢直径 $d=8 \sim 12$ mm 时,椭圆前圆孔型基圆直径 $D=h_k=(1.18 \sim 1.22)d$;圆钢直径 $d=13 \sim 30$ mm 时,$D=h_k=(1.21 \sim 1.26)d$,其形状同成品孔,也带有 $30°$ 的扩张角;圆-椭圆精轧孔型中宽展系数 β 按表 10-8 选取。

表 10-8 轧件在圆椭圆精轧孔型中宽展系数 β

孔型	成品孔型	椭圆孔型	圆孔型	椭圆孔型	
				$d=15 \sim 20$ mm	$d=20 \sim 25$ mm
β	$0.3 \sim 0.5$	$0.8 \sim 1.2$	$0.4 \sim 0.5$	$0.85 \sim 1.2$	$0.50 \sim 0.85$

3.椭圆-立椭圆-椭圆-圆孔型系统

成品前椭圆孔型尺寸按表 10-6 确定,立椭圆孔型尺寸参照椭圆-立椭圆孔型系统设计方法确定。

4.万能(通用)孔型系统

(1)万能孔型的共用性。一组万能精轧孔型共用性程度依圆钢直径而异,如表 10-9 所示,D 和 d 分别为轧制一组中最大和最小圆钢直径,$D-d$ 值越大,设计立压孔高宽比将越小,轧件在立压孔中越不稳定,$D-d$ 最好不超过表中数据。

表 10-9　一组万能精轧孔型的共用程度

圆钢直径 /mm	$14 \sim 16$	$16 \sim 30$	$30 \sim 50$	$50 \sim 80$	> 80
相邻圆钢直径差($D-d$)/mm	2	3	$4 \sim 5$	5	10

(2)成品前椭圆孔型设计。成品前椭圆孔型的构成尺寸如表 10-10 所示。孔型的高度 h_k 按最小圆钢直径 d 确定;宽度 B_k 按最大圆钢直径 D 确定,初设计时,h_k 值最好小些,以便调整和修改;辊缝 s 取 $s \leqslant 0.01D_0$,D_0 为轧辊直径;孔型内外圆弧半径 R 和 r 取法同前所述。

表 10-10　椭圆孔型尺寸 h_k 和 B_k 与 D 和 d 的关系

圆钢直径 /mm	$14 \sim 18$	$18 \sim 32$	$40 \sim 100$	$100 \sim 180$
h_k/d	$0.75 \sim 0.88$	$0.80 \sim 0.9$	$0.88 \sim 0.94$	$0.85 \sim 0.95$
B_k/D	$1.5 \sim 1.8$	$1.38 \sim 1.78$	$1.26 \sim 1.50$	$1.22 \sim 1.40$

(3)立轧孔型设计。立轧孔型的构成如图 10-15 所示。高度 h_k 按所轧最小圆钢直径 d 确定;宽度 B_k 按最大直径 D 确定。立轧孔型主要构成尺寸 h_k 和 B_k 与 D 和 d 的关系如表 10-11 所示,设计立轧孔时注意使 $h_k > B_k$,且 h_k 大于立轧孔型任一方向的尺寸,保证轧制稳定;其他尺寸 $R \approx 0.75h_k$ 或 $R = (0.7 \sim 1)d$;$R' \approx R/3$;$\varphi = 30\% \sim 50\%$。

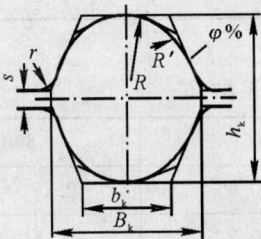

图 10-15　立轧孔型构成

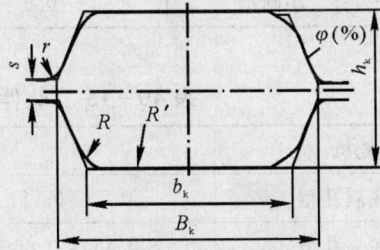

图 10-16　扁孔型构成

(4)扁孔型设计。扁孔型构成如图 10-16 所示,扁孔型最好做成弧形槽底,方轧件进入弧底扁孔型能自动找正,轧件在孔型中变形比较均匀,轧件侧面少或无折纹。

表 10-11　立轧孔型尺寸 h_k 和 B_k 与所轧圆钢 D 和 d 的关系

圆钢直径 /mm	$14 \sim 18$	$18 \sim 32$	$40 \sim 100$	$100 \sim 180$
h_k/d	$1.17 \sim 1.23$	$1.25 \sim 1.32$	$1.2 \sim 1.3$	$1.15 \sim 1.25$
B_k/D	$1.14 \sim 1.25$	$1.15 \sim 1.2$	$1.05 \sim 1.1$	$1.0 \sim 1.06$

扁孔型主要构成尺寸与所轧圆钢直径的关系如表 10-12 所示。槽底弧形半径 $R' = (2 \sim 5)D$；内、外圆角半径 $R = (0.05 \sim 0.2)B_k$；$r = (0.15 \sim 0.2)B_k$；孔型侧壁斜度 $\phi = 30\% \sim 50\%$，较大的侧壁斜度易轧出水平轴尺寸最大的扁轧件，轧件在立压孔型中轧制较为稳定。

表 10-12　扁孔型尺寸 h_k 和 B_k 与所轧圆钢 D 和 d 的关系

圆钢直径 /mm	14~18	18~32	40~100	100~180
h_k/d	0.7~0.9	1.0~1.1	0.9~1.0	0.96~1.0
B_k/D	2.1~2.3	1.65~1.8	1.35~1.69	1.45~1.5

（5）方孔型设计。它是指对角方孔型或箱方孔型的设计，槽底为平直的，无凸度。方孔型中轧出的轧件尺寸用其边长 a 表示。a 与所轧圆钢直径的关系如表 10-13 所示。

表 10-13　边长 a 与所轧圆钢直径的关系

圆钢直径 /mm	14~32	40~100	100~180
$a/\left(\dfrac{D+d}{2}\right)$	1.26~1.47	1.2~1.4	1.2~1.37

（6）校核。除方孔型外各孔型尺寸都是按经验数据确定的，为保证轧制顺利及成品质量，需进行校核，即要求轧件轧后宽度应小于孔型槽口宽度，即 $b < B_k$。校核或计算轧件在各孔型中的宽度可根据方件边长 a 从扁孔型开始直到成品孔型为止。轧件在万能精轧孔型中的宽展系数 β 如表 10-14 所示，轧件在各种扁孔型中的宽展系数如表 10-15 所示。

表 10-14　轧件在万能精轧孔型中的宽展系数 β

孔型		成品孔型	椭圆孔型	立压孔型	扁孔型
β	大圆钢	0.22~0.3	0.5~0.8	0.2~0.3	0.4~0.6
	小圆钢	0.3~0.5	0.6~0.9	0.2~0.3	0.5~0.75

表 10-15　轧件在扁孔型中的宽展系数 β

轧机	330	580	800
弧底扁孔型	0.5~0.75	0.45~0.65	0.45~0.6
平底扁孔型	0.45~0.65	0.4~0.5	0.35~0.5
光辊	0.45~0.65	0.4~0.5	0.35~0.5

10.3.4　圆钢孔型设计实例

某 $\phi400\ \text{mm}/250\ \text{mm} \times 5\ \text{mm}$ 小型轧钢车间分别由两台交流电机传动，成品机架速度为 6.5 m/s。试设计轧制 $\phi20\ \text{mm}$ 圆钢的精轧孔型（分别为 K1，K2，K3）。

根据题意可采用方-椭圆-圆孔型系统或圆-椭圆-圆孔型系统，考虑到变形均匀，使用围盘，确定采用圆-椭圆-圆孔型系统。

国家标准 GB702—86 规定：$\phi20\ \text{mm}$ 圆钢允许偏差为 $\pm0.5\ \text{mm}$，则成品孔型尺寸为

$$B_k = [d + (0.5 \sim 1.0)\Delta_+](1.007 \sim 1.02) = [20 + 0.7 \times 0.5] \times 1.011 = 20.6\ \text{mm}$$

$$h_k = [d - (0 \sim 1.0)\Delta_-](1.007 \sim 1.02) = (20 - 0.9 \times 0.5) \times 1.011 = 19.8 \text{ mm}$$

取 $s = 2$ mm，$\theta = 30°$，则

$$\rho = \arctan \frac{B_k - 2R\cos\theta}{2R\sin\theta - s} = \arctan \frac{20.6 - 19.8 \times \cos 30°}{19.8 \times \sin 30° - 2} = 23.6°$$

因为 $\rho < \theta$，故可求出 R' 为

$$R' = \frac{2R\sin\theta - s}{4\cos\rho\sin(\theta - \rho)} = \frac{19.8 \times \sin 30° - 2}{4 \times \cos 23.6° \times \sin(30° - 23.6°)} = 19.3 \text{ mm}$$

参照表 10-6，成品前椭圆孔型尺寸为

$$h_k = (0.80 \sim 0.83)d = 0.80 \times 20 = 16 \text{ mm}$$
$$B_k = (1.34 \sim 1.64)d = 1.6 \times 20 = 32 \text{ mm}$$

取辊缝 $s = 3$ mm，则椭圆半径 R 为

$$R = \frac{(h_k - s)^2 + B_k}{4(h_k - s)} = \frac{(16 - 3)^2 + 32^2}{4 \times (16 - 3)} = 23 \text{ mm}$$

椭圆前圆孔型的基圆直径 D 为

$$D = h_k = (1.21 \sim 1.26)d = 1.25 \times 20 = 25 \text{ mm}$$

其他尺寸的确定与成品孔类相同。按设计尺寸画出各个孔型如图 10-17 所示。

验算精轧孔型的充满情况。在一般情况下成品圆钢直径大时，宽展系数取下限，反之则取上限。取椭圆孔型中宽展系数 $\beta_f = 0.7$，成品孔型中宽展系数 $\beta_y = 0.35$。椭圆轧件的尺寸为

$$h = 16 \text{ mm}$$
$$b = 25 + (25 - 16) \times 0.7 = 31.3 \text{ mm}$$

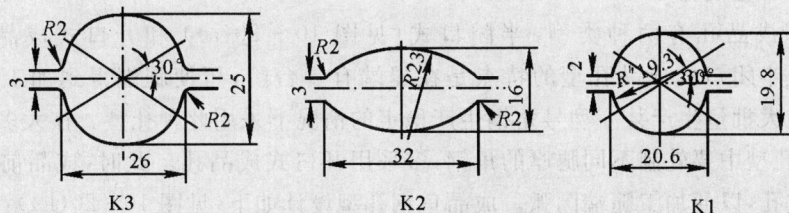

图 10-17 轧制 ϕ20 mm 圆钢精轧孔型图

成品孔型中轧件尺寸为

$$h = 19.8 \text{ mm}$$
$$b = 16 + (31.3 - 19.8) \times 0.35 = 20 \text{ mm}$$

椭圆孔型充满度为 $31.3/32 = 0.98$，充满程度太大。取椭圆孔型的充满度为 0.9，则椭圆孔型的 $B_k = 31.3/0.9 = 34.8$ mm。再根据 $h_k = 16$ mm；$B_k = 34.8$ mm，计算椭圆圆弧半径为

$$R = \frac{(h_k - s)^2 + B_k}{4(h_k - s)} = \frac{(16 - 3)^2 + 34.8^2}{4 \times (16 - 3)} = 26.54 \text{ mm}$$

10.4 角钢孔型设计

10.4.1 角钢孔型系统轧制

角钢可采用多种孔型系统，使用最广泛的是蝶式孔型系统，其又可分为带立轧孔的蝶式孔

型系统(见图 10-18)和不带立轧孔的蝶式孔型系统(见图 10-19)。

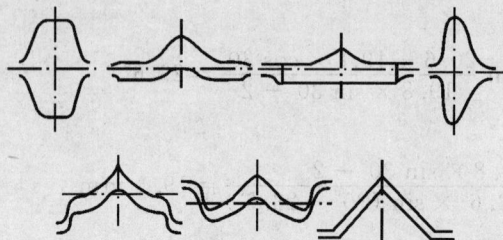

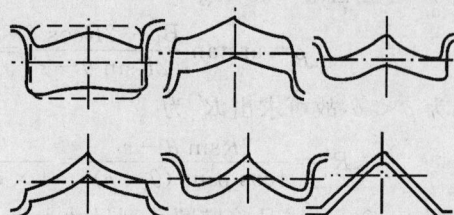

图 10-18　带立轧孔的蝶式孔型系统　　　图 10-19　无立轧孔的蝶式孔型系统

　　带立轧孔的蝶式孔型系统的优点是可使用开口切入孔,且切入孔可共用;成品表面质量好。但是,立轧孔切槽深,轧辊强度差,寿命短;开口切入孔易切偏,造成两腿长度不等;需人工翻钢,劳动强度大。此系统目前用于生产 2～2.5 号角钢的横列式轧机。

　　不带立轧孔的蝶式孔型系统使用闭口切入槽,保证两腿切分的对称性;上、下交替开口的蝶式孔成型和加工腿端;易实现机械化操作。

　　此外,还有几种在特定条件下使用的孔型系统。如要求用较小坯料轧出较大规格角钢时,正规轧法轧不出要求的腿长,可利用"对角"轧法或"W"型蝶式孔型系统等。

10.4.2　等边角钢孔型设计

1.成品孔孔型设计

　　等边角钢成品孔有两种类型,半闭口式(见图 10-20(a))和开口式成品孔型(见图 10-20(b))。半闭口式成品孔型的特点是在腿端有一台阶,可使腿端得到加工并可控制腿长。一般只在大批量生产某一型号角钢生产稳定的情况下采用此种孔型。在大多数轧钢车间中,一个成品孔型中要轧制不同腿厚的角钢,多采用开口式成品孔。此时,成品前孔应设计成上开口式蝶式孔,以便加工腿端圆弧。成品角钢孔型设计如下(见图 10-20(b)):

　　腿厚 d_{k1} 等于同号角钢最薄腿厚。

　　腿长 $L_{k1}=(L+\Delta_+)(1.011～1.015)$,式中,$L$ 为成品角钢标准腿长,Δ_+ 为腿长正偏差。

　　腿长余量(或锁口长度)$C_{k1}=2d+(2～7)$ mm,式中,d 为成品腿厚。要求调整 C_{k1} 使 $B_{k1}>B_{k2}$,在 $B_{k1}>B_{k2}$ 条件下,C_{k1} 应取小值,$B_{k1}=2(L_{k1}+C_{k1})$。

　　跨下圆角半径 r_{k1} 等于成品标准圆弧半径。

　　成品孔顶角 $\varphi=90°～90°30'$,中小号角钢取 90°,大号角钢取 90°30'。

　　辊缝 s 最小值应大于轧辊弹跳值,最大值应在调整 $s=0$ 时,上下轧槽不接触,即 $s<\sqrt{2}d_{k1}$。

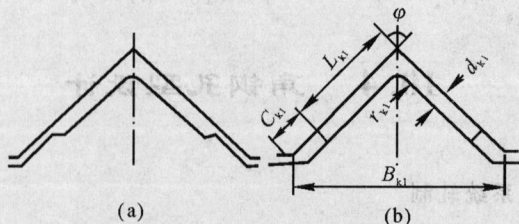

(a)　　　　(b)

图 10-20　成品角钢孔型

2.蝶式孔型设计

蝶式孔型常用两种设计方法和画图方法:蝶式孔中心线固定法和蝶式孔上轮廓线固定法(见图10-21)。当大中号角钢由切深孔向成品前精轧蝶式孔过渡时先选用第一种方法设计几个蝶式孔,然后过渡到第二种蝶式孔。小号角钢直接用第二种方法设计。

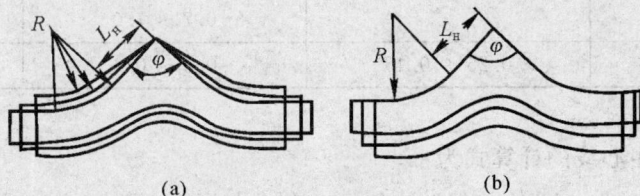

图 10-21 蝶式孔型设计方法

(a) 中心线固定法; (b) 上轮廓线固定法

(1)蝶式孔基本参数计算。 成品前蝶式孔(K2 孔)顶角 φ 等于成品孔顶角,即
$\varphi_{k2} = \varphi_{k1} = 90° \sim 90°30'$。

K2 孔的 L_H 如果较大,蝶式孔窄而高,腿长波动小。但轧辊切槽高,强度降低,重车次数少;反之,蝶式孔扁而宽,轧辊切槽浅,强度高。一般选 $L_H = (0.15 \sim 0.45)L$,轧制小号角钢可取上限,轧制大号角钢除非轧辊强度限制,不宜选择过小 L_H 值;取值范围如表 10-16 所示。

表 10-16 角钢蝶式孔参数

规格	参数		
	L_H	R	水平段长度/mm
2 ～ 3.6 号	$(0.4 \sim 0.55)L$	$(0.58 \sim 0.63)L$	0 ～ 4.5
4 ～ 6.3 号	$(0.3 \sim 0.4)L$	$(0.35 \sim 0.63)L$	0 ～ 20
7.5 ～ 12 号	$(0.4 \sim 0.42)L$	$(0.55 \sim 0.60)L$	12 ～ 18

圆弧段半径 R。由半径为 R 的圆弧连接直线段向水平段过渡。当 R 较大时,过渡平缓,孔型高度增加;当 R 较小时,过渡剧烈,孔型高度减小,进成品孔时圆弧段上表面受拉严重,腿长不稳定。一般选取 $R = (0.5 \sim 0.75)L$。

蝶式孔腿厚 d_k。逆轧制方向,按前一孔型腿厚压下量或压下系数确定,各蝶式孔中压下系数或压下量如表 10-17 所示。最小压下系数对于小号角钢 $1/\eta = 1.15 \sim 1.2$,对于大号角钢 $1/\eta = 1.1$,逆轧制方向压下系数或压下量递增。各腿厚的计算式为

$$d_{ki} = d_{ki-1} + \Delta d_{ki-1} = 1/\eta_{i-1} \cdot d_{ki-1} \quad (i = 1, 2, \cdots, n) \tag{10-9}$$

表 10-17 蝶式孔型中压下系数和压下量

孔型	K1	K2	K3	K4	K5	K6	K7
$1/\eta_i = \dfrac{d_{ki+1}}{d_{ki}}$	1.10 ～ 1.37	1.13 ～ 1.73	1.20 ～ 1.57	1.27 ～ 1.9	1.31 ～ 1.48	1.27 ～ 1.52	1.3 ～ 1.45
Δd/mm	0.5 ～ 2	1 ～ 5	2 ～ 7	3 ～ 18	4 ～ 22	6.5 ～ 9	15 ～ 25

蝶式孔中心线长度 l_{k2}。$l_{k2} = l_{k1} - \Delta l_{k1}$,式中,$\Delta l_{k1}$ 为轧件在成品孔型中心线长度的宽展

量,$\Delta l_{k1} = \beta_1 \Delta d_{k1}$,各孔型中宽展系数按表 10 - 18 选取;轧件在成品孔中的宽展系数大于在蝶式孔中宽展系数,正确估计角钢轧制时各道宽展,是孔型设计的一个重要环节。

表 10 - 18　角钢各孔型中宽展系数 β

角钢规格	大型角钢	中型角钢	小型角钢
成品孔		$0.7 \sim 1.0$	$0.7 \sim 1.5$
蝶式孔	$0.25 \sim 0.45$	$0.3 \sim 0.4$	$0.3 \sim 0.6$

其他各蝶式孔中心线的计算式为

$$l_{ki} = l_{ki-1} - \Delta l_{ki-1} \quad (i=1,2,\cdots,n) \tag{10-10}$$

$$\Delta l_{ki-1} = \beta_{i-1} \Delta d_{ki-1} \quad (i=1,2,\cdots,n) \tag{10-11}$$

蝶式孔水平段中心线长度 l_{bi}。中心线水平段长度为中心线长度减去其直线及圆弧部分长度。K2 孔水平段长度 $l_{b2} = l_{k2} - (L_H - 0.5d_{k2}) - (R + 0.5d_{k2})\pi/4$,其他孔水平段长度为

$$l_{bi} = l_{ki} - (l_{zi} + l_{Ri}) \tag{10-12}$$

式中,l_{zi} 为各蝶式孔中心线直线段长度;l_{Ri} 为各蝶式孔中心线圆弧段长度。

(2)各蝶式孔型构成。

1)上轮廓线固定蝶式孔构成如图 10 - 22 所示。所谓上轮廓线固定蝶式孔即蝶孔上轮廓线保持固定。

首先确定 A,B,C,D,E,F 各点的位置,即画定点图。由图 10 - 22 可知,在 $\triangle AFC$ 中,有

$$AF = CF = R + L_H, \quad \angle AFC = 90°$$

则 $\qquad AC = \sqrt{2}(R + L_H)$

在 $\triangle AmE$ 中 $\quad AE = \sqrt{R^2 + L_H^2}$

而 $\qquad CE = AE$

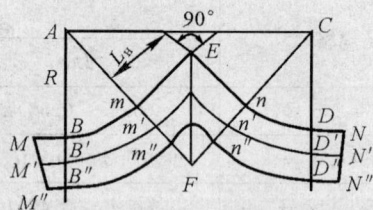

图 10 - 22　上轮廓线不变蝶式孔构成图

上轮廓线固定蝶式孔的画法(以 K2 孔为例说明作图步骤):

① 取线段 $AC = \sqrt{2}(R + L_H)$,画水平线,确定 A,C 两点位置;

② 分别以 A,C 为圆心,以 AE,CE 为半径画弧相交于点 E;

③ 过 A,C 作垂线,取 $AB = CD = R$,连接 AB,CD 并延长;

④ 分别以 A,C 为圆心,以 $(R + L_H)$ 为半径画弧,相交于点 F,连接 AF,CF;

⑤ 过 E 点向 AF,CF 作垂线,相交于 m,n;

⑥ 在 AF,CF 上取 $mm' = m'm'' = nn' = n'n'' = d_{k2}/2$;

⑦ 过 m',m'',n',n'' 作 Em,En 的平行线,相交 EF 于 $E'E''$;

⑧ 分别以 A,C 为圆心,以 $R,(R + d_{k2}/2),(R + d_{k2})$ 为半径画圆弧 $Bm,B'm',B''m'',nD$, $n'D',n''D''$;

⑨ 分别过 B,B',B'' 和 D,D',D'' 作水平线,并取 $B'M' = D'N' = l_{b2}$;

⑩ 过 M',N' 作侧壁斜度为 y 的斜线。

其他各蝶式孔型按上述步骤,只改变腿厚 d_{ki} 和水平段长度 l_{bi} 即可。

2)中心线固定蝶式孔型构成如图 10 - 23 所示。所谓中心线固定蝶式孔型即各蝶式孔中

心线长度不变。其画法与上轮廓线固定法相似,但顶角由成品孔向前逐渐变大。

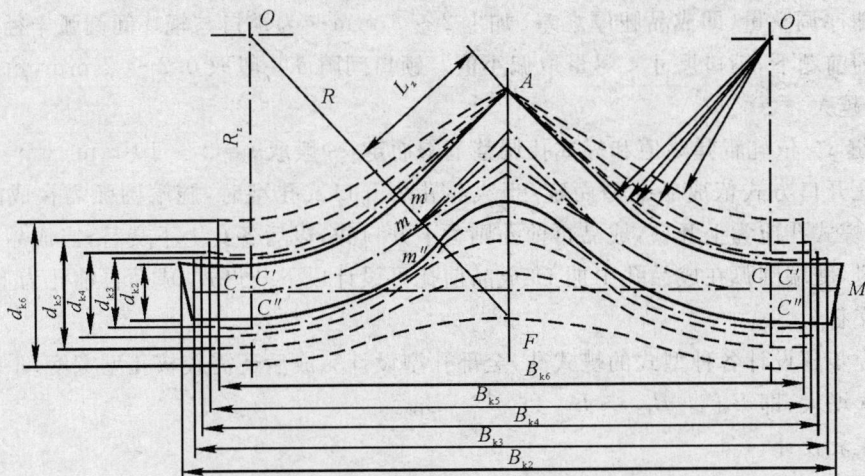

图 10-23　中心固定蝶式孔型的构成图

3) 蝶式孔其他尺寸确定。

① 腿端圆弧半径 r_1 和 r_2。图 10-24 表示上下开口蝶式孔腿端圆弧半径 r_1 和 r_2 的位置。$r_1 = (1/2 \sim 1/3)d_k$;$r_2 = 0 \sim 2$ mm;经验不足时,r_1 取偏大值。对上开口蝶式成品前孔,为保证成品腿端圆弧半径,取成品前 K2 孔腿端圆弧半径 $r_1 = r_0 + \Delta d_{k1}$,式中,$r_0$ 为成品腿端圆弧半径。

② 内跨圆角半径 r_k。逆轧制方向递增,K2 孔与成品角钢内跨圆弧半径之差不能过大,中小号角钢一般取 $r_{ki+1} = r_{ki} + (1 \sim 2)$ mm,但必须保证轧件在成品孔和成品前孔顶角压下系数大于腿后压下系数,即

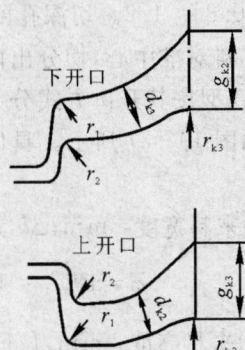

图 10-24　蝶式孔腿端和跨间圆弧

$$\frac{g_{ki+1}}{g_{ki}} > \frac{d_{ki+1}}{d_{ki}} \tag{10-13}$$

而顶角高度 g_k 与圆弧半径 r_k 有如下关系:

$$g_k = 2(r_k + d_k) - r_k \tag{10-14}$$

当相邻两个孔型跨间圆弧半径之差增大到一定值时,出现不稳定轧制状态。为了增加顶角高度 g_k,可通过加假帽实现,如图 10-25 所示,假帽高度 f 和边长 a 一般取值为

$$f = 1.5 \sim 2 \text{ mm}, \quad a = 15 \sim 25 \text{ mm}$$

③ 腿端斜度。腿端斜度从成品前孔开始逆轧制方向依次增大。一般取成品前孔腿端斜度 $y = 5\%$,其他蝶式孔 $y = 10\% \sim 15\%$。

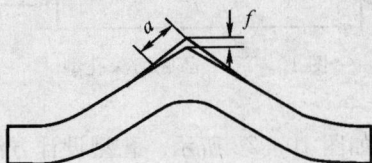

图 10-25　蝶式孔假帽图

图 10-26　蝶式孔锁口斜度

— 187 —

④ 锁口。锁口尺寸如图 10-26 所示,锁口高度 $z=t+r$,式中,t 为锁口的直线段部分,等于蝶式孔腿厚调整量(即成品腿厚之差)加上 $2\sim3$ mm;r 为锁口与辊环间圆弧半径。在满足调整要求的前题下,锁口尺寸 z 尽量取偏小值。锁口间隙 δ 一般取 $0.2\sim2$ mm,角钢号数越大,则取值越大。

⑤ 辊缝 s。依轧辊弹跳值和蝶式孔调整范围而定,一般取 $s=2\sim10$ mm。

蝶式孔开口方式依成品孔型而定,当成品孔为开口式孔型时,腿端圆弧需在成品前孔加工,成品前蝶式孔应为上开口,成品再前孔则为下开口式,以后各孔上下交替;当成品孔为半开口式孔型时,腿端圆弧在成品孔中加工,成品前孔可设计成下开口式,成品再前孔为上开口式,以后上下交替。

按以上步骤设计各种型式的蝶式孔,全部孔型设计完成后还需校核孔型宽度 B_k 是否顺轧制方向依次增大,即 $B_{k1}>B_{k2}>B_{k3}>\cdots>B_{kn}$。

3. 切深孔设计

轧制角钢的第一个蝶式孔型称为切深孔型或切分孔型,其作用是把方坯或矩形坯切成角钢的雏形。如果在深切孔中切出来的两条腿长不等,在其后蝶式孔型中难以纠正,因此要求切深孔轧制稳定,对称切分。切深孔型的变形特点是大变形量、严重不均匀变形和大宽展,宽展系数可取 $0.8\sim1.2$。切深孔的设计要点:尽量使进入切深孔型中的坯料先与切深孔侧壁接触,保证坯料对准中心,切分出两条长度相等的腿。

切深孔型按其开口方式分为开口和闭口两种,中小号角钢也可采用平底切深孔,亦称蝶式切深孔,如图 10-27 所示。具体设计方法如下:

$$B_1=B+\Delta b$$

式中,B 为来料宽度,mm;Δb 为宽展量;$\Delta b=\beta\Delta h$,mm。

$$\varphi=100°\sim120°,\quad h_1/h'_1=1.30\sim2.10,\quad h_1=H/\frac{1}{\eta}$$

式中,H 为来料高度,mm;$1/\eta=1.3\sim2.1$。

$$b=2h'_1\tan(\varphi/2),\quad R_1=R+(0\sim5)\text{mm}$$

式中,R 为蝶式孔腿部弯曲部分的圆弧半径。

$$t=2\sim3\text{ mm},\quad r_1=(1/3\sim1/2)h_1,\quad s=6\sim8\text{ mm}$$

$$r=3\sim6\text{ mm},\quad r_2=1\sim3\text{ mm},\quad y=16\%\sim20\%$$

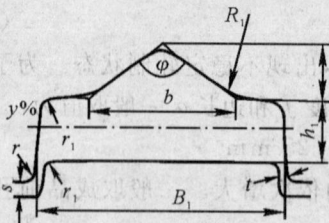

图 10-27　平底切深孔型

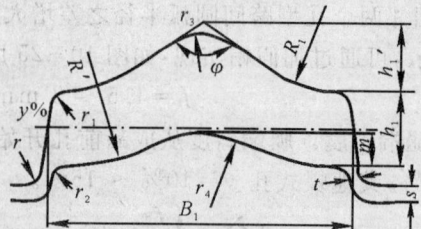

图 10-28　凸底切深孔型

轧制中号角钢可采用下槽底为凸形的切深孔型,如图 10-28 所示。孔型设计方法如下:

$$B_1=B+(0\sim2)\text{mm},\quad \varphi=100°\sim110°$$

$$h_1/h'_1 = 1.2 \sim 2.9, \quad h_1 = H / \frac{1}{\eta}$$

式中，$\frac{1}{\eta} = 1.4 \sim 1.9$。

$$R_1 = R + (0 \sim 5) \text{ mm}, \quad R' = R + h_1, \quad t = 2 \sim 3 \text{ mm}, \quad s = 8 \sim 10 \text{ mm}$$

$$r = 3 \sim 6 \text{ mm}, \quad r_1(1/4 \sim 1/2)h, \quad r_2 = 1 \sim 3 \text{ mm}, \quad r_3 = 20 \sim 30 \text{ mm}$$

$$r_4 = 30 \sim 40 \text{ mm}, \quad y = 15 \sim 30\%, \quad m = (1/4 \sim 1/5)h_1$$

为使切深孔充满良好，应保证其前的延伸孔型具有较大调整范围，最好设有立辊孔。切深孔应有足够的压下系数，使顶角充满良好。

4. 立轧孔型设计

角钢立轧孔用于带立轧孔的蝶式孔型系统中，使用较少。其作用是加工腿端，控制腿长，镦出顶角。其设计方法如下（见图 10-29）：

孔高：$H_i = B'_{i-1} - \Delta b'_{i-1}$，其中，$B'_{i-1}$ 为下一道（顺轧制方向）蝶式孔宽；$\Delta b'_{i-1}$ 为下一道蝶式孔宽展量，取 $\Delta b'_{i-1} = 0 \sim 4$ mm。

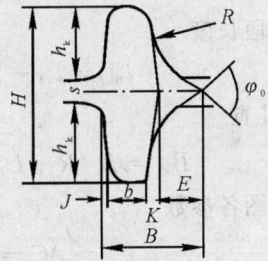

图 10-29　角钢立轧孔型

孔宽：由 J, b, K, E 组成，$b_i = d'_{i-1} + \Delta h'_{i-1}$，式中 d'_{i-1} 为下一道蝶式孔腿厚，mm；$\Delta h'_{i-1}$ 为下一道蝶式孔的压下量，mm。J, K 的作用是减少轧辊重车量和使轧件容易脱槽。一般取 $J = 1 \sim 2$ mm，$K = 1 \sim 3$ mm。为提高轧制稳定性，取顶角高度 $E + K$ 等于或小于蝶式孔高度；取顶角 φ_0 比下一蝶式孔顶角大 $2° \sim 4°$。

弯曲段圆弧半径 R 比下一道蝶式孔圆弧半径稍大。

立轧孔垂直压下量取 $6 \sim 8$ mm，侧压取 $0 \sim 7$ mm。

10.4.3　角钢孔型设计实例

某 $\phi 300$ mm $\times 5$ 一列式小型轧机，用 90 mm $\times 90$ mm $\times 1$ 200 mm 钢坯生产 50 mm $\times 50$ mm $\times 5$ mm 等边角钢，腿长允许偏差 $\Delta = \pm 0.8$，腿厚允许偏差 $\Delta' = \pm 0.4$，轧制道次 $n = 11$，平均延伸系数 $\mu_c = 1.293$，试设计孔型。

(1) 孔型系统选择。根据题意，选择不带立轧孔的蝶式孔型系统，平底闭口切深孔切深前设一立轧辊，控制切深坯料宽度。

(2) 成品孔设计。

$$d_{kl} = d = 5 \text{ mm}$$

$$L_{kl} = (L + \Delta_+)(1.011 \sim 1.015) = (50 + 0.8)(1.011 \sim 1.015) = 51.6 \text{ mm}$$

$$\varphi = 90°, \quad r_{kl} = 5.5 \text{ mm}, \quad c_{kl} = 9 \text{ mm}$$

$$B_{kl} = 2(L_{kl} + c_{kl}) = 1.41 \times (51.6 + 9) = 85.5 \text{ mm}$$

(3) 蝶式孔设计。以 K2 孔为例介绍设计过程，其他孔型计算如表 10-19 所示。

查表 10-16，计算 L_H, R：

$$L_H = (0.3 \sim 0.4)L = 15 \sim 20 \text{ mm}; \quad 取 L_H = 18 \text{ mm}$$

$$R = (0.35 \sim 0.63)L = 17.5 \sim 31.5 \text{ mm}; \quad 取 R = 18 \text{ mm}$$

顶角 $\qquad \varphi = 90°$

腿厚 $\qquad d_{k2} = d_{k1} + \Delta d_{k1} = 5 + 1.3 = 6.3 \text{ mm}$

成品中线长度 $\qquad l_{k1} = L_{k1} - d_{k1}/2 = 51.6 - 2.5 = 49.1 \text{ mm}$

轧件在 K1 孔宽展量 $\qquad \Delta l_{k1} = \beta_1 \Delta d_{k3}$

查表 10 - 18，$\beta_1 = 0.7 \sim 1.5$，取 $\beta_1 = 1.35$；则 K2 中心线长为

$$l_{k2} = l_{k1} - \beta_1 \Delta d_{k1} = 49.1 - 1.35 \times 1.3 = 47.34 \text{ mm}$$

直线段长度

$$l_{zk2} = L_H - 0.5 d_{k2} = 18 - 0.5 \times 6.3 = 14.85 \text{ mm}$$

弯曲段长度

$$l_{Rk2} = L_H - 0.5 d_{k2} = 18 - 0.5 \times 6.3 = 14.85 \text{ mm}$$

$$l_{Rk2} = \frac{\pi}{4}(R + 0.5 d_{k2}) = \frac{3.14}{4} \times (18 + 0.5 \times 6.3) = 16.61 \text{ mm}$$

水平段长度

$$l_{bk2} = l_{k2} - l_{zk2} - l_{Rk2} = 47.34 - 14.85 - 16.61 = 15.88 \text{ mm}$$

K2 孔宽

$$B_{k2} = \sqrt{2}(R + L_H) + 2 l_{bk2} = \sqrt{2} \times (18 + 18) + 2 \times 15.88 = 82.66 \text{ mm}$$

定点图各参数

$$AC = \sqrt{2}(R + L_H) = \sqrt{2} \times (18 + 18) = 50.9 \text{ mm}$$

$$AE = EC = \sqrt{R^2 + L_H^2} = \sqrt{18^2 + 18^2} = 25.46 \text{ mm}$$

跨间圆弧半径 $\qquad r_{k2} = 7 \text{ mm}$

辊缝 $\qquad s_2 = 5 \text{ mm}$

腿端斜度 $\qquad y = 10.5\%, \quad r_1 = 2 \text{ mm}, \quad r_2 = 1 \text{ mm}$

锁口长度 $\qquad z = 5 \text{ mm}$

间隙 $\qquad \delta = 1 \text{ mm}$

    按上述计算结果可画出 K2 孔型图，按上轮廓线固定法画出其他各蝶式孔型图，孔型图如图 10 - 30 所示。

    (4) 验算。首先验算 K1，K2，K3 孔顶角压下系数是否大于腿厚压下系数。

$$g_{k1} = \sqrt{2}(r_{k1} + d_{k1}) - r_{k1} = 1.414 \times (5.5 + 5) - 5.5 = 9.35 \text{ mm}$$

$$g_{k2} = \sqrt{2}(r_{k2} + d_{k2}) - r_{k2} = 1.414 \times (7 + 6.3) - 7 = 11.81 \text{ mm}$$

$$g_{k3} = \sqrt{2}(r_{k3} + d_{k3}) - r_{k3} = 1.414 \times (9 + 8) - 9 = 15.04 \text{ mm}$$

$$g_{k2}/g_{k1} = 11.81/9.35 = 1.263$$

$$g_{k3}/g_{k2} = 15.04/11.81 = 1.273$$

$$d_{k2}/d_{k1} = 6.3/5 = 1.260$$

$$d_{k3}/d_{k2} = 8/6.3 = 1.270$$

可以看出 $g_{k2}/g_{k1} > d_{k2}/d_{k1}$，$g_{k3}/g_{k2} > d_{k3}/d_{k2}$，孔型设计合理。

验算槽口宽度，由图 10 - 30 可见 $B_{k1} > B_{k2} > B_{k3} > B_{k4} > B_{k5}$，孔型设计合理。

表10-19　90 mm×90 mm×1 200 mm 钢坯轧制 50 mm×50 mm×5 mm 等边角钢孔型设计计算参数

孔型号	孔型形状	腿厚(高度) d_k/mm	压下量 Δd_k/mm	宽展量 Δl_k/mm	宽展系数(单腿) β	中心线长(宽度) l_k/mm	直线段长 l_H/mm	直线段长曲线半径 R/mm	中心线直线长 l_z/mm	中心线曲线长 l_R/mm	中心线水平段长 l_b/mm	孔宽 B_k/mm	辊缝 s/mm	侧边斜度 y/(%)	顶角 φ/(°)	AE/mm	AC/mm
K1	角钢	5	1.3	1.76	1.35	49.1						85.5	5		90		
K2	蝶形	6.3	1.7	0.45	0.3	47.34	18	18	14.85	16.61	15.88	82.7	5	10.5	90	25.46	50.9
K3	蝶形	8	2.5	0.85	0.34	46.625	18	18	14.00	17.28	15.345	81.6	5	10.5	90	25.46	50.9
K4	蝶形	10.5	4	1.44	0.36	45.775	18	18	12.75	18.26	14.765	80.4	6	12.2	90	25.46	50.9
K5	蝶形	14.5	6.5	3.25	0.5	44.335	16	18	8.75	19.83	15.755	79.6	6	14	90	24.08	48.07
K6	切深	21	18			78		21					8	18	110		
K7	立轧	72	16	4	0.2	39							8				
K8	平箱	36	20	8	0.4	88							8				
K9	平箱	80	20	4	0.2	56							8				
K10	平箱	52	20	6.0	0.3	100							8				
K11	平箱	72	18	4.5	0.25	94.5							8				

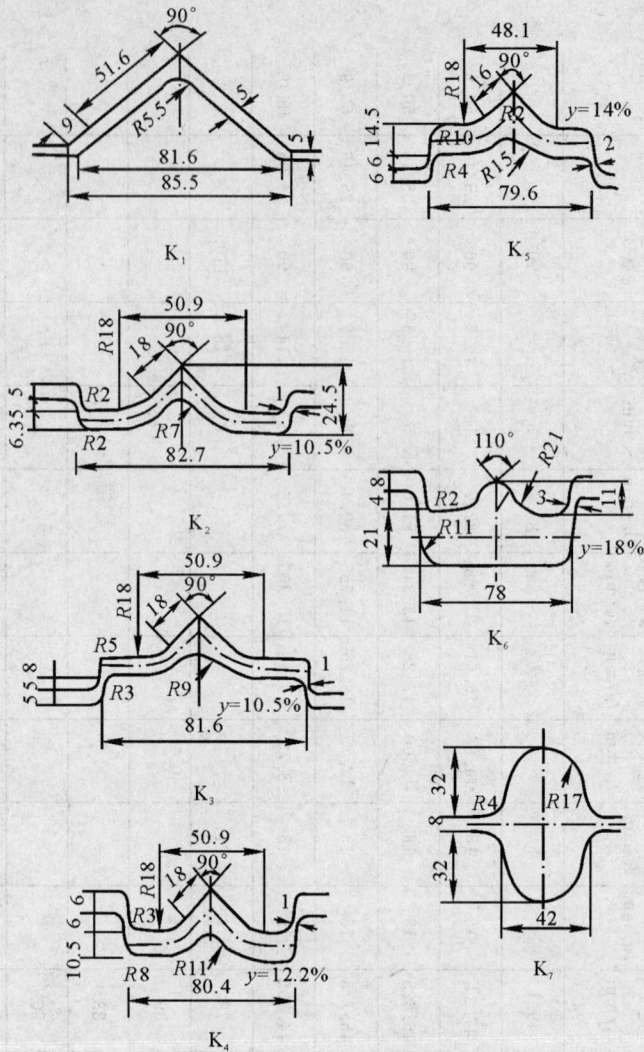

图 10-30 50 mm×50 mm×5 mm 角钢孔型图

10.5 工字钢孔型设计

异形钢材区别于简单断面钢材的主要特征是断面形状复杂,共同特点是具有腿部(或边部、凸缘)和腰部,且腿与腿之间互相垂直,或者成一定的角度,如工字钢、槽钢、钢轨、窗框钢等。因为这些断面都有腿和腰,也称凸缘断面型钢。轧制这种型钢的最大困难是如何得到薄而高的腿,因此,研究金属在凸缘轧槽中的变形对大多数异形钢材的孔型设计有指导意义。异形孔型中金属变形的特点主要有直压和侧压、金属在凸缘轧槽中的受力分析、拉缩与增长、不对称变形等。

工字钢种类有热轧普通工字钢、轻型工字钢和宽平形腿工字钢(H型钢)。工字钢的规格用腰宽的厘米值表示,我国热轧普通工字钢的腰宽为 $100\sim630$ mm,表示为 No.10~No.63,腿内侧壁斜度为 1:6。

10.5.1　轧制工字钢的孔型系统

轧制工字钢的孔型系统有：① 直轧孔型系统（见图 10-31）指工字钢孔型两个开口腿同时处于轧辊轴线同一侧，腰与轧辊轴线平行的孔型系统。② 直腿斜轧孔型系统（见图 10-32）指工字钢孔型两个开口腿不同时处于腰部的同一侧，腰与水平轴线有一夹角。③ 混合孔型系统是根据轧机的特点，为充分发挥各系统的优点，采用两种以上的组合系统。④ 特殊轧法是充分利用不均匀变形和孔型设计技巧，轧制用通常轧制方法难以轧出的合乎要求的工字钢。

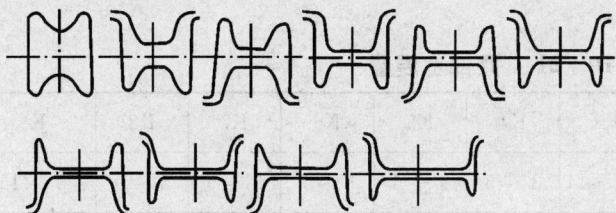

图 10-31　直轧孔型系统　　　　图 10-32　直腿斜轧孔型系统

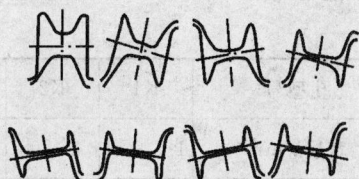

10.5.2　工字钢孔型设计参数计算

1. 断面划分

将工字钢断面划分为 5 个部分，即一个腰部和 4 个腿部（见图 10-33）。

腰部面积按矩形计算，$F_y = Bd$；腰部面积占总面积的百分比可由国家标准查到。

腿部面积按梯形计算，$F_t = 0.5(a+b)h$，均不考虑圆弧。

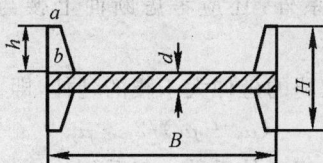

图 10-33　工字钢断面划分

2. 坯料选择

钢坯断面尺寸选择主要考虑满足成品腿高要求，当采用直轧孔型系统时，钢坯高度 H_0 和成品高度 H 的关系为 $H_0 = (2 \sim 2.2)H$；当用直腿斜轧孔型系统时，$H_0 = (1.8 \sim 2.0)H$；当用弯腿斜轧孔型系统时，方坯的断面面积为 $F_0 = (1.46 \sim 1.48)HB$。

3. 轧制道次确定

各种规格的工字钢所用轧机和轧制道次如表 10-20 所示，适合直轧法轧制普通工字钢和轻型工字钢，采用弯腿斜轧孔型系统时，轧制道次可减少 1 ~ 3 道。

表 10-20　各种工字钢的轧制道次及所用轧机辊径

工字钢规格 No.	10 ~ 12	12 ~ 18	18 ~ 27	24 ~ 63
异型孔型的道次数	6 ~ 8	7 ~ 9	8 ~ 11	9 ~ 15
辊径 /mm	350 ~ 500	400 ~ 650	500 ~ 950	600 ~ 950

4. 腰部压下量和宽展量

限制工字钢腰部压下量 Δd 的主要因素除咬入、电机能力、轧件表面质量等外，还有工字钢边部内侧壁斜度。当采用直轧孔型系统时，轧件边部内侧壁斜度越小，所允许的腰部压下量也越小。轧制普通工字钢时，其成品内侧壁斜度为 1：6，成品孔型中腰部压下量一般为 0.5 mm。成品前孔中的 Δd 可取 1～2 mm。其他孔型中 Δd 按等差级数或相似等差级数逐渐增加，但应校核咬入条件、轧辊强度和电机能力。

确定各孔腰部的宽展量根据不同情况选取（见表 10-21）。一般大号工字钢取大值，小号取小值。

表 10-21　腰部宽展量

孔型号	K1	K2	K3	K4	K5	K6	K7	K8	K9
宽展 /mm	1.5～3	2～4	2.5～4	3～5	4～6	5～7	5～9	5～9	5～15

对于弯腿斜轧孔型系统，宽展量根据钢坯宽度而定。若钢坯较宽，除成品孔外，其他各孔可不给宽展或少量宽展。在深切孔中可采用负宽展。

5. 延伸系数分配

延伸系数分配原则是在粗轧孔高温条件下尽量采用大的延伸，沿轧制顺序逐渐减少。成品孔延伸系数 $\mu_{k1}=1.05～1.15$，成品前孔延伸系数 $\mu_{k2}=1.15～1.25$，其他各孔延伸系数大约为 1.3～1.8。采用弯辊斜轧法时，成品孔延伸系数取 1.05～1.12，切深孔取 1.3～1.5。孔型系统平均延伸系数取 1.25～1.35，大号工字钢取下限，小号取上限。在设计工字钢孔型时，除考虑总体延伸满足上述关系外，还应考虑断面上腰与腿部延伸分配，尽可能保证腰不拉腿。

采用直轧孔型系统时，总是取腿的延伸大于腰的延伸，即

$$(\mu_k + \mu_b)/2 > \mu_y$$

其差值为 0.02～0.05。大号工字钢延伸系数一般采用 $\mu_k > \mu_b$，中、小号工字钢延伸系数按下列关系分配：成品孔和成品前孔 $\mu_k \geqslant \mu_y = \mu_b$，其他各工字孔型 $\mu_k \geqslant \mu_y \geqslant \mu_b$ 或 $(\mu_k + \mu_b)/2 > \mu_y$。

采用斜轧孔型系统时，由于开口腿斜度较大，允许有较大的延伸。同时为减小闭口腿的楔卡，闭口腿采用较小的延伸，两腿的延伸差值大于直轧法，一般为

$$\mu_k - \mu_b = 0.03～0.15$$

轧制小号工字钢时，除成品孔和成品前孔外，其他孔腰和腿的延伸系数用下面关系：

$$\mu_y \geqslant (\mu_k + \mu_b)/2$$

对大部分工字形孔型都可采用 $\mu_y = (\mu_k + \mu_b)/2$。

6. 拉缩与增长

受到外摩擦、速度差、变形不均匀及延伸差和开口腿侧压影响，将引起开口腿增长和闭口腿拉缩。正确计算拉缩量和增长量是保证成品腿高的关键。目前，拉缩量和增长量一般选取经验值（见表 10-22）。采用直轧和弯腿斜轧孔型系统，切深孔内腿总高减缩量为腰部压下量的 30%～40% 和 12%～20%。腰越薄减缩率越大。

表 10-22　拉缩量 Δh_b 和增长量 Δh_k 的经验值

工字钢规格 No.	直轧孔型系统				弯轧孔型系统			
	成品孔		其他各孔		成品孔		其他各孔	
	Δh_k/mm	Δh_b/mm	Δh_k/mm	Δh_b/mm	Δh_k/mm	Δh_b/mm	Δh_k/mm	Δh_b/mm
$11 \sim 18$	$0 \sim 0.5$	$4 \sim 5$	$0.1 \sim 0.5$	$5 \sim 6$	$0.5 \sim 1$	$2 \sim 6$	$1 \sim 5$	$3 \sim 6$
$20 \sim 30$	$0 \sim 1$	$5 \sim 8$	$0 \sim 1$	$6 \sim 8$	$0.5 \sim 1$	$3 \sim 7$	$1 \sim 5$	$4 \sim 7$
30 以上	$0 \sim 1.5$	$7 \sim 8$	$0 \sim 1.5$	$7 \sim 10$	$1 \sim 1.5$	$4 \sim 8$	$1 \sim 5$	$5 \sim 8$

7. 腿部侧压量分配

工字钢孔型设计时应遵守增加开口腿侧压,减少闭口腿侧压的原则。设计时相邻两孔型开闭口槽上下交替,即由开口槽轧出的开口腿进闭口槽,由闭口槽轧出的闭口腿进开口槽(见图 10-34),当第 $i-1$ 道轧件进第 i 道孔型轧制时,开闭口槽的侧压有如下关系:

当开口腿进闭口槽时,应使 $a_{ki-1} = a_{bi} - (0.4 \sim 1)$ mm,闭口腿尖无侧压。闭口腿根允许有一定的侧压,即 $(b_{ki-1} - b_{bi}) > 0$,以上关系适用于直轧孔型系统。在斜轧孔型系统中,应符合下列关系:对腿尖 $a_{ki-1} = a_{bi} - (0.2 \sim 0.9)$ mm,对靠近成品孔的腿根 $b_{ki-1} = b_{bi} - (0.2 \sim 0.5)$ mm。

当闭口腿进开口槽时,无论是直轧还是斜轧系统,都应满足下列关系:

$$b_{bi-1} - b_{ki} > a_{bi-1} - a_{ki}; \quad a_{bi-1}/a_{ki} > b_{bi-1}/b_{ki}$$

即腿根绝对压下量大于腿尖绝对压下量,腿根相对压下系数小于腿尖压下系数。目的是为了使开口腿斜度逐渐减小和防止腿根拉腿尖的现象产生。

8. 孔型结构

各孔型尺寸计算出来后,直轧系统或直腿斜轧系统可直接画出孔型图。但对弯腿斜轧系统,因为腰与轧辊轴线有一倾角,且各孔型中开、闭口腿对腰的夹角不同,一般从 K3 或 K4 孔开始将腿做成对腰有一外张角 $92° \sim 100°$,逆轧制方向逐渐增加。其构成方法是开口腿进入闭口槽时张角不变,而闭口腿进入开口槽时张角逐渐减小或不变,从一个孔进入下一个孔时,张角可减小 $2° \sim 8°$。

腰的中心线与轧辊轴线倾角主要取决于闭口槽内侧壁斜度,应使闭口槽外侧壁斜度稍大于内侧壁斜度。成品孔和成品前孔倾角为 $3° \sim 5°$,其他各孔逆轧制方向逐渐增大,最大可达 $20°$。

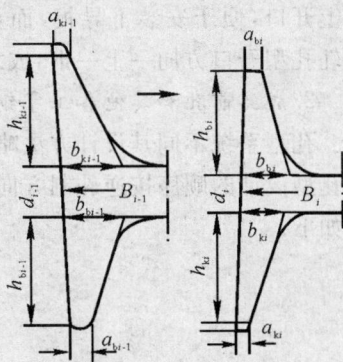

图 10-34　工字钢孔型尺寸

10.5.3　工字钢孔型设计步骤

1. 成品孔孔型设计(见图 10-35)

(1) 成品孔孔型宽 B_{k1}。考虑节约金属和轧辊磨损,B_{k1} 按负偏差设计,即

$$B_{k1} = [B - (0.5 \sim 1)\Delta_-](1.012 \sim 1.014) \qquad (10-15)$$

(2) 腰厚 d_{k1}。随轧辊调整而变化,d_{k1} 按负偏差设计,即

$$d_{k1} = d - \gamma$$

（3）腿的总高度 H_{k1}。随辊缝调整而变化,腰厚尺寸调整到标准值时,腿高不超过正偏差。随着孔型磨损,辊缝不断调小,腿高不断变短,腿高按正偏差设计。设计大号工字钢时,腿高为

$$H_{k1} = h_{kk1} + h_{bk1} + d_{k1} = (H + \delta - \gamma)(1.012 \sim 1.014)$$

开口腿长度 h_{kk1} 和闭口腿长度 h_{bk1} 相等,即

$$h_{kk1} = h_{bk1} = (H_{k1} - d_{k1})/2$$

设计小号工字钢时,因腿高拉缩量较小,可按标准尺寸设计,即

$$H_{k1} = h_{kk1} + h_{bk1} + d_{k1} = H(1.012 \sim 1.014)$$

（4）腿厚允许偏差为 $\pm \Delta_t$,一般采用负偏差轧制,即

$$t_{k1} = t - \Delta_t$$

或

$$t_{k1} = (t - \Delta_t)(1.012 \sim 1.014)$$

（5）腿尖尺寸 a 和腿根尺寸 b。

$$a_{kk1} = a_{bk1} = t_{k1} - 0.5 h_{kk1} y$$

$$b_{kk1} = b_{bk1} = t_{k1} + 0.5 h_{kk1} y$$

式中,y 为腿的内侧壁斜度。

（6）各处圆弧。

$$R_{k1} = R, \quad R_{tk1} = 0.5 \sim 1 \text{ mm}, \quad R_{tk1} = R_t$$

（7）孔型外侧壁斜度。 直轧法时取 0.5％～1.5％；万能机架或斜轧孔型时均取腰和腿外侧壁垂直；斜轧腰与轧辊轴线倾角为 3°～5°；

（8）孔型开口方向。直轧系统成品孔采用上开口,便于安装下导板,而且轧制稳定；斜轧孔型开口方向一上一下,成对角布置。

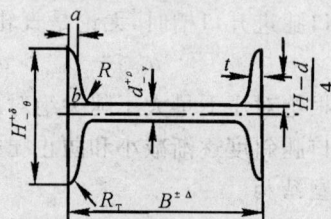

图 10-35　工字钢成品断面尺寸和允许偏差

2.成品前孔和其他各工字钢孔型设计方法

孔型系统不同其设计方法略有不同。成品孔和成品前孔构成尺寸如图 10-36 所示。工字钢孔型设计的顺序按逆轧制方向进行,成品前孔根据成品孔设计,直轧法成品前孔孔型设计方法如下：

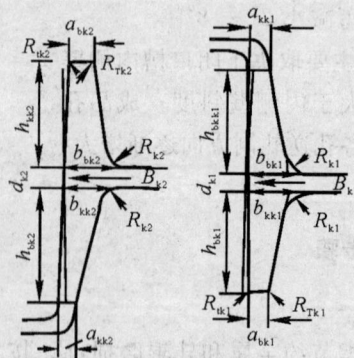

图 10-36　成品孔和成品前孔构成尺寸

（1）确定 K2 孔腰部压下量并计算腰厚。由成品孔计算方法,则 K2 孔腰厚 $d_{k2} = d_{k1} +$

Δd_{k1}；其他孔类同。

（2）确定 K2 孔腰部宽展并计算腰部宽度。根据工字钢型号，查表 10-21 确定各孔宽展量，并计算各孔腰部宽度 $B_{k2} = B_{k1} - \Delta B_{k1}$；其他孔类同。

（3）计算各孔腰部面积和腰部延伸系数。$F_{yk2} = d_{k2}B_{k2}$；$F_{yk1} = d_{k1}B_{k1}$；$\mu_{yk1} = F_{yk2}/F_{yk1}$；其他孔类同。

（4）确定腿部延伸系数并计算开、闭口腿面积。根据前述的腰部延伸系数与腿部延伸系数的关系，则腿部面积可求出：$F_{bk2} = F_{kk1}\mu_{kk1}$；$F_{kk2} = F_{bk1}\mu_{bk12}$；其他孔类同。

（5）计算腿高。根据经验，工字钢型号大小，轧机型式等确定开口腿的增长量 Δh_{kk1} 和闭口腿的拉缩量 Δh_{bk1}，可计算开口和闭口腿高度 $h_{kk2} = h_{kk1} + \Delta h_{bk1}$；$h_{bk2} = h_{kk1} - \Delta h_{kk1}$；其他孔类同。

（6）确定腿根和腿尖厚度。开口腿尖厚度 $a_{kk2} = a_{kk1} - (0.4 \sim 1)\mathrm{mm}$；开口腿根厚度 $b_{kk2} = \dfrac{2F_{kk2}}{h_{kk2}} - a_{kk2}$。闭口腿厚度根据闭口腿面积及以下关系求出：

$$a_{bk2} + b_{bk2} = 2F_{bk2}/h_{bk2}$$
$$b_{bk2} - b_{kk1} > a_{bk2} - a_{kk1}$$
$$a_{bk2}/a_{kk1} > b_{bk2}/b_{kk1}$$

找到满足上述等式和不等式的腿尖厚度 a_{bk2} 和腿根厚度 b_{bk2} 即为所求；其他孔类同。

（7）侧壁斜度。闭口腿外侧壁斜度取 2%，开口腿外侧壁斜度取 4% ~ 8%；

（8）圆弧半径。首先算出成品孔各圆弧半径与闭口腿厚的比例系数 c，再按相同比例确定各孔圆弧半径，即 $c = R_{k1}/b_{bk1}$，$c_{\mathrm{T}} = R_{Tk1}/a_{bk1}$，$c_t = R_{tk1}/a_{bk1}$，则 $R_{k2} = cb_{bk2}$，$R_{Tk2} = c_{\mathrm{T}}a_{bk2}$，$R_{tk2} = c_t a_{bk2}$；其他孔类同。

按上述关系确定的圆弧半径到中轧和粗轧系统可适当扩大 1 ~ 5 mm，但应使 $R_t + R_T < a_b$，以便闭口槽底有一平直段。

（9）其他尺寸。孔型的锁口长度为 10 ~ 15 mm 左右，外圆角半径取 5 ~ 10 mm 左右，辊缝 s 应小于腰厚，以保护轧槽。

直腿斜轧法孔型设计与直轧法相同，只是在配辊时腰与水平轴线旋转一角度。弯腿斜轧法的孔型设计步骤与直轧法相同，但在选取参数时要考虑弯腿斜轧的特点。弯腿斜轧孔型在构成孔型时，闭口槽的高度 h_b 按闭口槽根部厚度中间作垂线的高度，开口槽的高度 h_k 如图 10-37 所示。闭口槽外侧壁斜度可取 2‰ ~ 23‰，开口槽外侧壁斜度可取 10‰ ~ 47‰。

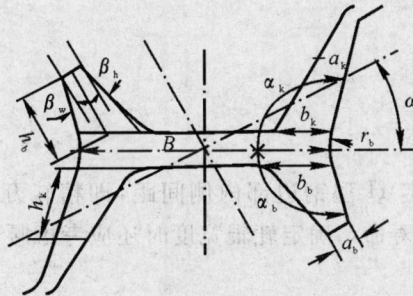

图 10-37　弯边斜轧孔型的构成和配置

3.切深孔型设计

切深孔型及其尺寸如图10-38所示。设计切深孔型不仅要保持 $\mu_y > \mu_k > \mu_b$，同时必须使腿高的增长与腰部的减薄保持一定的关系。用直轧法时,切深孔型中腿部总高的减缩量可取腰部压下量的 $30\% \sim 37\%$,即 $H_{i-1} - H_i = (0.3 \sim 0.37)(d_{i-1} - d_i)$。用弯边斜轧法时,腿部的减缩量较小,可取腰部压下量的 $12\% \sim 15\%$,即 $H_{i-1} - H_i = (0.12 \sim 0.15)(d_{i-1} - d_i)$。不论用直轧法或用斜轧法,设计切深孔型时,轧制顺序前面的总腿高的减缩量取上述数据的下限,而后面的取上限。开口腿进闭口槽时轧件腿部有一定的拉缩量,闭口腿进开口槽时有一定的增长量。直轧法时 $\Delta h_k = 1 \sim 2$ mm,弯边斜轧法时 $\Delta h_k = 5 \sim 10$ mm。

根据上述原则和轧件在工字孔型中轧制的不对称性确定出各切深孔型的腰厚和腿高尺寸之后,用作图法画出所有切深孔,然后反复修正,保证按接触点计算的咬入角不超过最大允许咬入角及电机不超过负荷。

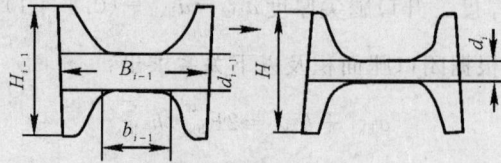

图 10-38　切深孔型及尺寸

10.6　H 型钢孔型设计

凡是腿内侧无斜度的工字钢统称 H 型钢。其具有工字钢无法比拟的优良力学性能,在工业和民用建筑上被广泛应用。在工业发达国家,有用 H 型钢取代工字钢的趋势,在我国,尽管 H 型钢尚未大量生产,但可以预计,随着我国国民经济的发展和轧机的不断改进,我国也会成系列地生产 H 型钢。

H 型钢的特点是两腿内侧无斜度,腿端平直,腿高和腰宽之比(H/B)为 $0.3 \sim 1.0$,范围较大。其规格为 $H = 46 \sim 560$ mm,$B = 80 \sim 1\ 200$ mm。可根据不同用途选用不同的 H/B 值。

H 型钢的轧制方法按历史顺序可分为:利用普通二辊或三辊式型钢轧机的轧制法;利用一架万能轧机的轧制法;利用多机架万能轧机的轧制法,目前,这种方法在世界上被普遍采用。二辊或多辊轧机轧制的孔型设计方法如上节所述,本节主要讨论四辊万能轧机上 H 型钢孔型设计。

10.6.1　H 型钢孔型设计

1. 成品孔型

成品孔型设计主要是确定 H 型钢边部内侧间距,即精轧万能孔型的水平辊宽度,如图 10-39(a)所示。为提高轧辊寿命,确定轧辊宽度时还应考虑腰部高度和腿部厚度方向上的公差。

$$W_h = (h - 2 \times t_f + \Delta_+ - \delta_-)(1.012 \sim 1.014)$$

式中,Δ_+ 为腰部高度上的正偏差;δ_- 为腿部厚度上的负偏差。轧辊侧壁斜度一般取 $0.25°$。

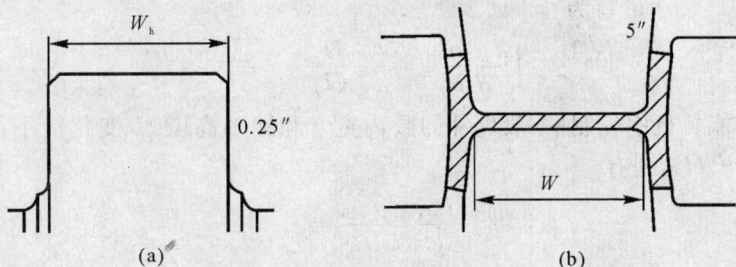

图 10-39 万能轧机孔型
(a)成品孔型; (b)万能粗轧孔型

2.万能粗轧孔型

成品孔型前的万能粗轧孔型设计主要也是确定水平辊宽度,如图 10-39(b) 所示。通常 $W=W_h-(2\sim5)$ mm,生产中常用 $W_h-W=(2.7\sim4.3)$ mm。轧制小规格 H 型钢时,取下限,轧辊侧壁度取 $4°\sim6°$。

若采用多个万能孔型时,则各万能孔型的宽 $W_i=W=W_h$。

3.轧边孔型

轧连机孔型的水平辊宽度 $W_e=W$,或 $W_e=W-(0.5\sim1.0)$ mm;其侧壁斜度与相对应的万能粗轧机侧壁斜度相同;轧边机孔型的槽底斜面应与侧壁夹角为 $90°$,如图 10-40 所示。轧边机孔型深度 h_e 为

$$h_e=(b-r-2S)/2$$

式中,b 为成品热状态下的边高;r 为腿厚正偏差;S 为轧件腰部与水平辊间的间隙,一般取 $0.5\sim5$ mm。

为避免水平辊与轧件腰部间接触,有时将轧边机孔型的上下水平辊车成如图 10-40 所示的虚线部分,其 $S=5$ mm。

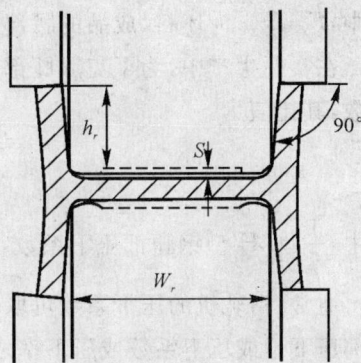

图 10-40 轧边孔型

10.6.2 H 型钢压下制度

H 型钢也是一种凸缘型钢,其孔型设计也要遵循凸缘型钢孔型设计的基本原则。对大号工字钢,因其腰部面积大于腿部面积,故其腰部对腿部的拉伸能力大。为获得标准要求的成品腿高,全部孔型设计中都应使腿部延伸系数大于腰部延伸系数,必须采用异型坯。小号工字钢,虽然其腰部面积小于腿部面积,但为保证腿部正确充满,也要遵循腿部延伸系数大于腰部延伸系数的原则。在用万能轧机轧制 H 型钢时,上述原则一样适用,即应使轧件腰部与腿部延伸相等。若腰部延伸系数比腿部大得多,则腰部会出现边浪。实际设计中为保证腿长,往往让腿部延伸系数稍大于腰部,即相对压下量腿部要略大于腰部 $2\%\sim4\%$,但腿部延伸系数比腰部过大,会造成撕裂。在万能轧机中,因为道次延伸系数 $\mu=l/L$,按体积不变规律有

$$\frac{F_{yn-1}}{F_{yn}}=\frac{F_{tn-1}}{F_{tn}}=\mu \qquad (10-16)$$

式中,F_{yn-1},F_{yn} 为轧前与轧后腰部面积;F_{tn-1},F_{tn} 为轧前与轧后腿部面积。

若腰部面积用腰厚 d 和腰内宽 b 表示,则 $F_y=db$;腿部面积用腿厚 t 和腿高 H 表示,则

$F_t = tH$，则式（10-16）可写为

$$\frac{d_{n-1}b_{n-1}}{d_n b_n} = \frac{t_{n-1}H_{n-1}}{t_n H_n} = \mu \tag{10-17}$$

由于是在万能轧机中轧制，一般轧件的腰内宽 b 和腿部高度 H 变化很小，可以近似认为 $b_{n-1} \approx b_n$，$H_{n-1} \approx H_n$，则有

$$\frac{d_{n-1}}{d_n} = \frac{t_{n-1}}{t_n} = \mu$$

即

$$\frac{d_{n-1}}{d_n} = \frac{t_{n-1}}{t_n} = 常数 \tag{10-18}$$

说明可用腰厚和腿厚之比这一常数代替轧制过程中腰部延伸等于腿部延伸的均匀变形条件。用万能机架轧制 H 型钢时，从粗轧到最后轧出成品都应遵循这一条件，它反映了在万能轧机上轧制 H 型钢变形的客观规律，也是计算压下规程的基础。

按上述关系，当所轧 H 型钢规格已定时，坯料断面的计算式为

$$F_{y0}/F_{t0} = F_{yn}/F_{tn} \tag{10-19}$$

式中，F_{y0}，F_{yn} 为坯料、成品的腰部面积；F_{t0}，F_{tn} 为坯料、成品的腿部面。

在实际生产中，为了克服腿部拉缩，制定压下规程时，往往腿部压下系数略大于腰部压下系数，其比值为

$$\frac{1}{\eta_t} \Big/ \frac{1}{\eta_y} = 1.002 \sim 1.028$$

式中，$\frac{1}{\eta_t}$ 为 H 型钢腿部压下系数，$\frac{1}{\eta_t} = \frac{t_{i-1}}{t_i}$；$\frac{1}{\eta_y}$ 为 H 型钢腰部压下系数，$\frac{1}{\eta_y} = \frac{d_{i-1}}{d_i}$。

通常，精轧机的压下系数可取 $1.05 \sim 1.1$，其余道次可取 $1.1 \sim 1.5$。在确定出各道次的腰部压下量或压下系数或压下率之后，则可分别求出各道次轧件腰部厚度，同时根据上述原则确定出各道次轧件边部厚度。

在轧边孔型或轧边道次中，轧件边部的压下量较小，由于仅轧制边端，若边部压下量较大，会使边部压弯，因此压下量一般为 5 mm 左右或更小。

轧件在万能孔型中轧制时，轧件的边高会有变化，轧件边部在万能孔型轧制时的增长量 ΔB_u 为自然增长量 ΔB_t 与强迫增长量 ΔB_{et} 之和，即

$$\Delta B_u = \Delta B_t + \Delta B_{et}$$

从一个万能孔型轧制道次到另一个万能孔型轧制道次时，轧件边部的 ΔB_t 为

$$\Delta B_t = b_0 \Delta t \sqrt{b_0 R_v} / (b_0^2 + t_0 t_1)$$

式中，$\Delta t = t_0 - t_1$，t_0 和 t_1 分别为腿部轧前厚度与轧后厚度；b_0 为翼缘轧前宽度；R_v 为立辊半径。

从轧边道次到万能轧制道次时，轧件边部除自然增长量外，由于轧件边部在轧边道次中，边部附近有局部增厚，因此在万能轧制道次中轧制时，轧件边端处有强迫增长量：

$$\Delta B_{et} = k \Delta h_e t_0 / \lambda$$

式中，k 为系数，一般取 $0.5 \sim 0.7$；λ 为轧件在 U 孔型中的延伸系数；Δh_e 为轧件在轧边孔型中的总边高压下量。

根据上述原则，可确定出各道次的轧件尺寸及压下规程。

目前,为提高产量,H 型钢的生产方式多采用连轧方式。为保证产品质量和生产的正常进行,首先要对各道次轧件断面变化进行准确计算,合理确定延伸系数与轧机转速,否则会使轧件在机架间产生过大的张力或推力,这不仅引起轧件尺寸的变化,也会造成堆钢或拉钢事故。因此要实现 H 型钢连轧,必须遵循连轧的基本原则,即下述 3 个方程式:

为保证轧制正常,必须满足轧件通过每一架轧机的秒体积流量不变,即

$$B_1 h_1 v_1 = B_2 h_2 v_2 = \cdots = B_n h_n v_n = Bhv = C \tag{10-20}$$

式中,B 为宽度;h 为轧件厚度;v 为轧件速度;C 为秒体积流量,是一个常数。

必须保证轧件在前一机架的出口速度等于后一机架的入口速度,即

$$v_{\text{出}i} = v_{\text{入}i+1} \tag{10-21}$$

要求在轧制过程中保持前机架的前张力等于后机架的后张力,即保持恒张力。有

$$q_i = 常数 \tag{10-22}$$

上述基本方程是连轧的理想状态,实际生产中是处于一种动态平衡状态中,平衡是相对的,有条件的,微小的外扰量和调节量,都会导致平衡的破坏。

为保证 H 型钢的机械性能、尺寸精度、表面状态及产品指标,现代 H 型钢轧机均由计算机控制系统有效地控制生产工艺过程,只需向计算机输入各种轧制工艺数学模型即可。

10.7　连轧孔型设计

10.7.1　连轧基本原理

根据连轧机布置、各机架间距离及轧件断面大小,可采用拉钢或堆钢轧制,用拉钢率或堆钢率表示

$$\psi_i = \frac{C_i - C_{i-1}}{C_{i-1}} \times 100\% \tag{10-23}$$

式中,C_i,C_{i-1} 为顺轧制过程第 i,$i-1$ 架连轧常数;ψ_i 为正值称为拉钢率,反之为堆钢率。也可用堆拉钢系数表示

$$\varphi_i = \frac{C_i}{C_{i-1}} \tag{10-24}$$

φ_i 大于 1 为拉钢,小于 1 为堆钢。精轧孔型间拉钢率一般为 $0.5\% \sim 1.5\%$;中型轧机间为 $1\% \sim 3\%$;粗轧孔型间为 $1.5\% \sim 3.5\%$;多槽轧制取上限,单槽或双槽轧制取下限。

目前,线材和棒材轧制多采用连轧,存在 3 种连轧状态:① 自由轧制状态。即各机架秒流量相等,即 $\mu_\Sigma = \mu_1 i_{n\Sigma} D_{kn}/D_{k1}$,式中,$i_{n\Sigma} = n_n/n_1$。对单独传动的连续式轧机、万能型钢连轧机均可按自由轧制状态的方法进行孔型设计。② 拉钢轧制。顺轧制方向,每一道的秒流量都大于前一道的秒流量,即 $\mu_\Sigma = \mu_1 \dfrac{i_2}{\varphi_2} \dfrac{i_3}{\varphi_3} \cdots \dfrac{i_n}{\varphi_n} \dfrac{D_{kn}}{D_{k1}}$,式中,$i_n = n_n/n_{n-1}$。③ 堆钢轧制。顺轧制方向,每一道的秒流量都小于前一道的秒流量,机架之间形成活套。活套长度的计算公式为

$$L_n = \left(v_n - \frac{v_{n+1}}{\mu_{n+1}}\right)\left(\frac{l_n - l_0}{v_n}\right) \tag{10-25}$$

式中,l_n 为第 n 道轧件的长度;l_0 为轧件从第 n 道到第 $n+1$ 道咬入时所通过的距离。

线棒材轧制中,有活套形成条件时均可采用堆钢轧制,有利于保证断面尺寸精度。

连轧孔型设计时,精确计算宽展十分重要。中、精轧机采用乌萨托夫斯基公式和筱仓恒樹公式,中小型连轧机的计算公式为

$$\Delta b = \frac{\Delta h}{H_c + h_c}\left(\sqrt{R_{kc}\Delta h_c} - \frac{\Delta h_c}{2f}\right) \tag{10-26}$$

式中,Δh_c 为平均压下量;H_c,h_c 为轧件轧前、后平均高度;R_{kc} 为用平均高度法确定的轧辊工作半径;f 为轧辊与轧件的接触摩擦因数。

线材连轧机精轧机组对连轧常数非常敏感,宽展计算误差大于 5% 对连轧关系有着关键性的影响。确定精轧宽展公式时,一定要用相应条件下实际坯料尺寸校核,并进行修正。

10.7.2 连轧孔型设计方法与步骤

1. 单独传动的连轧机

按一般孔型设计方法进行设计之后,根据各机架连轧常数确定各机架的轧辊转数为

$$n_i = \frac{C_n}{F_i D_{ki}} \tag{10-27}$$

2. 集体传动的线棒材连轧机

(1) 根据成品规格确定热轧状态成品轧件的断面尺寸、面积和连轧常数。

(2) 根据轧辊转速和堆拉钢系数确定各机架孔型中轧件延伸系数和轧后轧件面积如下:

$$\mu_n = \frac{i_n}{\varphi_n}\frac{D_{kn}}{D_{kn-1}}; \quad \cdots; \quad \mu_2 = \frac{i_2}{\varphi_2}\frac{D_{k2}}{D_{k1}}$$

$$\mu_1 = \mu_\Sigma \left/ (\mu_2\mu_3\cdots\mu_n)\right.$$

$$F_{n-1} = \mu_n F_n; \quad \cdots; \quad F_2 = \mu_3 F_3; F_1 = \mu_2 F_2$$

坯料断面积和尺寸可根据第一孔型形状、尺寸和咬入条件、轧辊强度、电极能力来确定。

(3) 根据各中间方轧件面积确定中间方轧件边长。

(4) 根据中间方边确定孔型尺寸。

(5) 按两方夹一扁的设计方法计算中间扁轧件形状和尺寸。

(6) 根据中间扁轧件形状和尺寸设计孔型形状和尺寸。

(7) 根据各道轧辊和轧件尺寸计算各道次轧辊工作直径 D_k。

(8) 计算各架轧机连轧常数 $C_i = F_i n_i D_{ki}$。

(9) 计算各架轧机间的堆拉钢系数,与设定值进行比较,若相差过大,则通过修改孔型和轧辊直径的方法修正连轧常数,直至满意为止。

(10) 画出孔型图和配辊图。

复 习 题

1. 采用 60 mm × 60 mm 方坯生产 ϕ16 mm 圆钢,按较高精度生产,允许偏差为 ± 0.25 mm,轧辊直径为 310 mm,转速为 337 r/min,轧制线速度 $v=6$ m/s,成品采用立辊规圆机,轧机为两列布置,计算各精轧孔的孔型尺寸。

2. 轧辊直径 310 mm,转速 337 r/min,轧制 16 mm×16 mm 方钢,设计各精轧孔的孔型尺寸。

3. 在 $\phi400/\phi250$ 横列式小型轧机上轧制 5 mm × 25 mm 扁钢的孔型设计。已知:轧件材质为普碳钢,终轧温度为 $t=900℃$,第一列轧机:轧辊直径 $D=430$ mm,轧制线速度 $v=$

2.2 m/s,轧辊材质为铸钢。第二列轧机:轧辊直径 $D=270$ mm,轧制线速度 $v=5$ m/s,轧辊材质为冷硬铸铁。

4.5～6 mm×63 mm×63 mm角钢孔型设计。采用90 mm×90 mm方坯,截面积 $F=8\,100$ mm²,轧制道次 $n=11$,平均延伸系数 $\mu_c=1.27$,腿长公差为 ±1.5 mm,腿厚公差为 $^{+0.5}_{-0.7}$ mm,内跨半径 $r=7$ mm。

5.在一列式 4 mm×600 mm 大型轧机上,轧制 No.10 工字钢,成品尺寸公差根据GB706—65(见图10-39)。设计其孔型,选用坯料断面尺寸为145 mm×95 mm 矩形坯。

第三篇　板带材生产

第11章　概　　述

板带产品外形扁平,宽厚比大,单位体积的表面积也很大。通常称剪切成定尺长度单张供应的为板材,成卷供货的称为带钢或板卷。板材主要尺寸是厚度 H、宽度 B 与长度 L;带钢及板卷一般只标出厚度 H、宽度 B,再附加卷重 G,实际长度通过卷重换算。板带材表面积大,包覆能力强,可根据需要剪裁、弯曲、冲压或焊接成各种构件和制品。板带材几何外形特征通过宽厚比(B/H)显示,B/H 越大,越难保证良好板形和较窄公差范围。B/H 可达 5 000 以上,甚至上万,现代发达国家板带钢产量所占比重一般在 45%～65%,甚至达 67% 以上,在国民经济各部门广泛使用且地位突出。

11.1　分类方法

板带材按规格一般可分为中厚板、薄板和极薄带材(箔材)三类。各国分类标准不尽相同,其间并无固定的明显界限。在我国习惯上称 4～20 mm 厚的板材为中板,20 mm 以上称厚板,60 mm 以上称特厚板(初轧板坯除外)。而对 0.1～4 mm 的冷轧和热轧板带,单片的称薄板,成卷的称带钢。宽度在 650 mm 以上的称宽带钢,不足 650 mm 的称窄带钢。厚度 4～60 mm,宽度在 200 mm 以下的热轧钢材在我国称扁钢,0.02～0.1 mm 的冷轧带称薄带,0.02 mm 以下的带材称箔材,钢铁箔材习惯称为超薄带。

板带钢按用途可分为造船板、锅炉板、桥梁板、压力容器板、焊管坯等热轧板,以及汽车板、镀锡板、镀锌板、电工钢板、屋面板、酸洗板等热轧和冷轧薄板带等,有关品种可参看国家标准。

板带钢按轧制方法不同分为剪边钢板与齐边钢板。剪边钢板的最后宽度经剪切决定,而齐边钢板由带立辊钢板轧机轧出,轧后不剪纵边。

11.2　产品技术要求

由于板带材有共同的外形特征,类似的使用要求,相近的生产条件,对它们的技术要求也有共同之处,概括起来就是"尺寸精确板形好,表面光洁性能高"。

板带材尺寸包括长、宽、厚,尺寸精度主要指厚度精度。因为厚度一经轧出无法像长度和宽度那样有剪切余地,厚度又决定着轧材性能参数和轧制工艺难度,所以厚度一定要精确控制,若可能尽量采用负公差轧制,可以大幅节约金属。

所谓板形,直观讲是指板材的翘曲程度。板形精度要求高,就是指板形要平坦,无浪形、瓢曲等缺陷。例如,普通中厚板,其瓢曲程度每米长不得大于 15 mm,优质板不大于 10 mm,普通薄板原则上不大于 20 mm。国标对板形要求比较严格,实现起来也比较困难,轧制力、来料凸度、热凸度、轧辊凸度、板宽、张力等各种因素变化都会对板形产生影响。

板带材多被用于构件外表面,不仅从美观上要求其光洁整齐,由于易受外部环境影响,也需保证表面质量。表面不得有气泡、结疤、拉裂、刮伤、折叠、裂缝、夹杂和压入氧化铁皮,因为这些缺陷不仅会损坏外观形象,而且还会降低性能或成为产生破裂和锈蚀的发源地,或成为应力集中的薄弱环节。例如,硅钢片的光洁度会直接影响磁性感应;深冲钢板表面氧化铁皮会使冲压件表面粗糙甚至开裂,并使冲压工具很快磨损报废。对于不锈钢等特殊用途板带钢,对其表面还有特殊技术要求。

板带钢的性能主要要求板带材具有较高机械性能、工艺性能和某些特殊钢板的特殊物理化学性能。一般结构钢板只要求具备良好工艺性能,如冷弯和焊接性能,对机械性能一般要求不严格。但对应用于重要环节的甲类结构钢板,要求保证机械性能,满足一定的强度和塑性要求,对于重要用途的结构钢板在性能上要有较好的综合性能,即除了有良好的工艺性能,还要有一定强度和塑性,而且有时还要求保证一定化学成分,保证良好焊接性能、冲击性能、冲压性能,一定晶粒组织及组织均匀性等,造船板、锅炉板、桥梁板、高压容器板、汽车板、低合金结构板以及优质碳素钢板等都属于这一类。一般锅炉钢板,除了满足一定强度、塑性和冲击韧性外,还要求具有均匀化学成分和细小结晶组织。为了减少锅炉钢板在工作中发生时效陈化现象,还必须进行时效敏感性试验,极力降低氧和氮含量以减少时效陈化危害。造船和桥梁钢板,除了必须具备良好工艺性能和常温机械性能外,还要求有一定低温冲击性能。有些特殊用途钢板,例如合金板、不锈钢板、硅钢片、复合板等,要求有高温性能、低温性能、耐酸、耐碱、耐腐蚀性能等,有的还要求一定物理性能,如电磁性能等。

11.3　板带轧制技术发展

11.3.1　板带轧制技术的发展过程

在轧制过程中同时存在着轧件变形和轧机变形。但我们希望轧件易变形而轧机难于变形。板带钢轧制的突出特点是轧制压力极大,因而发展轧件变形而控制轧机变形成为左右板带轧制技术发展的关键。要使板带钢轧制易于变形有两个途径:一是努力降低板带钢本身的变形抗力(内阻);二是设法改变轧件变形时的应力状态,努力减少应力状态影响系数,即减小外摩擦对金属变形的阻力(外阻)。至于控制轧机的变形则包括增强和控制机架的刚性和辊系刚性、控制和利用轧辊的变形及采用各种控制措施。

1.轧制技术围绕降低内阻的发展

降低内阻最有效的措施就是加热并在轧制过程中抢温、保温,使轧件具有较高而均匀的轧制温度。板带钢最早是在单机架和双机架上进行往复热轧的,早在 1728 年,英国威尔士(Wales)就能用轧制方法生产锡板了,其生产工艺是采取往复成块热轧方法,这种方法统治了板带钢生产长达 200～300 年之久。对于轧制厚度 4 mm 以下的薄板,由于散热面积很大,使轧件温度下降十分迅速,且温度波动很大,温度降低会影响其变形的继续,温度不均会致使轧制力波动和轧机弹跳加大,继而引起板厚及板形不良,因此为生产这种薄板一般采用叠轧方法。但这种方法金属消耗大,产品质量低,劳动条件差,生产能力小,因此只适宜轧制不太长且不太薄的钢板,这显然满足不了对板带材的需求。为了克服这些缺点,争取轧制长度长的、质量好的带钢,出现了成卷连续轧制方法。

最早成卷连轧方法出现在 1892 年英国,但由于当时技术水平限制,轧速太低,轧件温降太快,未获成功。直到 1926 年美国 Pemnsyliania Putter 建成第一套连续热轧机,它能生产带钢宽度达 914.4 mm。为进一步节省能源、材料和劳动力,板带材连铸连轧发展迅速。已经实施的有向加热炉内直接装入高温连铸坯的热装法和不用加热炉直接进行轧制的直送轧制法等。日本新日铁于 1981 年 6 月投产了世界上第一条由连铸至热带轧制的直接连续生产线,它的生产程序非常简单,只包含氧气顶吹转炉生产、连铸和轧钢过程。自 1989 年世界上第一台工业化生产线投产到现在,已有 36 条生产线相继投产,其工艺技术已经步入第三代,其特征是与传统流程嫁接,实现长流程连续生产,用高炉—转炉更纯净钢水作原料,已成功轧制出厚度为 0.8 mm 的薄带钢产品,在很大程度上可以取代冷轧产品。

无头轧制技术也是目前热轧带卷生产一大亮点,其代表为日本川崎钢铁公司。该公司于 1996 年 3 月在新建 2050 热轧带钢轧机上成功应用了热带无头轧制技术,并已生产出 0.76 mm 热轧带钢。实践表明,无头轧制技术能稳定地生产出常规热轧方法所不能生产的宽薄带钢及超薄热轧带钢,并能应用润滑轧制及强制冷却技术生产具有新材料性能的高新技术产品。

2.轧制技术围绕降低外阻的发展

尽管热轧板带生产工艺在不断提高,但由于热轧过程中温度、速度等不定因素的影响,使轧制压力波动无法避免,从而影响到板厚及板形波动。同时,由于热轧过程中不可避免地有氧化铁皮产生,自然会影响到表面质量,特别是当轧制薄板带产品时(一般 1 mm 以下)。由于很难保证热轧温度,致使变形抗力迅速增加,轧制压力升高,轧制过程难以继续。而且由于轧制过程都是钢对钢的过程,轧制压力很大,变形不仅发生在板带上,轧辊也会受到板带反作用力,产生弹性变形,在轧制工艺中称之为"弹跳",它是不可避免的轧制现象。由于热轧辊"弹跳"较大,其可轧制的最小板带厚度是有极限值的,太薄的带材是无法轧制的。上述因素的存在都是"冷轧"存在的必然性条件。就冷轧生产而言,不仅内阻大,而且外阻更大,此时应致力于降低外阻的影响。主要措施就是减小工作辊直径、采用优质轧制润滑液和采取张力轧制,以减小应力状态影响系数。其中最活跃的方法是减小工作辊直径,由此出现了从二辊到多辊各种板带轧机。

板带生产最初采用二辊轧机,为了减小轧制压力,就需减小轧辊直径,但为了让轧机减小弹跳,又必须有足够强度和刚性,就需要增大辊径。增大辊径,又使轧制压力急剧增加,弹跳亦随之增大,以致在辊径与板厚之比(D/h)达到一定值后,就会使轧件延伸根本不可能继续。为了解决这一矛盾,只得采用大直径支承辊提高轧机强度和刚性以增加压下率;采用小直径工作辊降低轧制力,并进一步减小变形热和摩擦热引起的温升,减小轧制压力波动,获得精度高的产品。支持辊与工作辊并用,很好地解决了上述主要矛盾,因此,于 1864 年出现了劳特式三辊轧机,1870年出现了四辊轧机,以后为了不断减小工作辊径,并同时提高轧辊刚性,又陆续涌现出各种多辊轧机,如图11-1所示,多辊轧机多采用支承辊驱动,工作辊被动,但往往会降低轧机咬入能力和传递力矩;不对称异径轧机采用一个游动的小工作辊负责降低轧制压力,用另一个主动的大直径工作辊传递力矩和提供咬入能力;为了降低金属轧辊间摩擦力从而实现降低轧制压力的目的,采用的方法之一就是异步轧制。异步轧制技术是使上下工作辊转速不同,从而使上下两辊对接触表面上摩擦力大小相等,方向相反,对整个变形区而言,大大减轻或消除了摩擦力对应力状态有害影响,使轧制压力大为降低,板带厚度精度和轧机轧薄能力都大大提高。1971年苏联发明了拨轧异步轧机,1977年日本建成了IPV式四辊异步轧机。

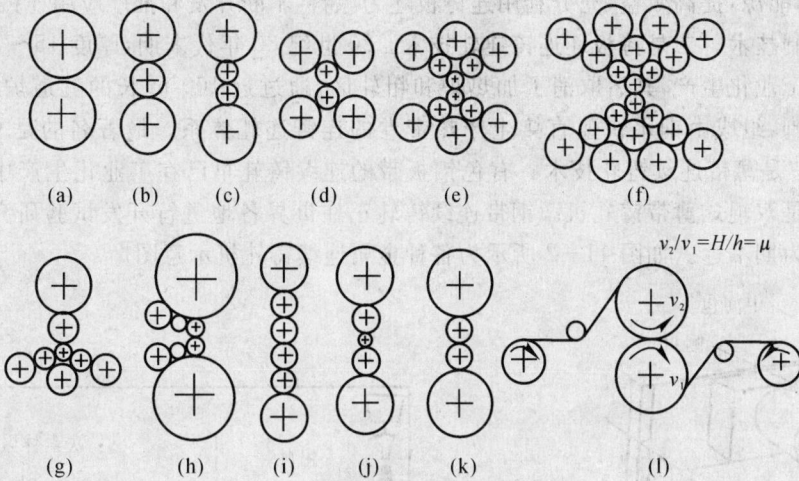

图 11-1 各种轧机结构示意图

(a)二辊式; (b)三辊式; (c)四辊式; (d)六辊式; (e)十二辊式; (f)二十辊式; (g)不对称辊式;

(h)偏八辊式; (i)HC轧机; (j)异径五辊及泰勒轧机; (k)异径四辊; (l)异步二辊

轧制过程中采用润滑手段不仅可以通过降低摩擦因数减小轧制压力,同时还能使轧件表面质量得到改善,轧辊消耗减少,生产率提高,降低成本。不仅在冷轧时需采用润滑,在热轧过程中采用润滑也越来越受到重视,日本应用润滑已有25年历史,现有多家工厂在研究热轧润滑生产应用。在欧洲,轧制润滑油生产厂商正在与钢厂合作研究高速钢轧辊和热轧润滑这一课题。热轧中采用润滑除了上述作用外,还具有减少氧化铁皮压入,改善轧辊表面状态作用。瑞典SSAB钢厂采用热轧润滑使轧制压力减少最多达36.3%。

3.轧制技术围绕控制轧机变形的发展

近20年,板带材轧制已进入高精度轧制阶段,为获得横向和纵向厚度高精度和板形高精度,采取了控制轧机刚性和轧辊变形的控制技术。由此出现了很多以控制厚度和板形为目的的新技术和新轧机。

为了提高板带的厚度精度,一般是增大轧机牌坊和辊系的刚性,如增大牌坊立柱断面、加大支持辊直径、采用多辊及多支撑点的支持辊、提高轧辊材质的弹性模量及辊面硬度等,同时为提高板带厚度精度,要求轧机刚性可控。

轧机刚性不管如何提高,轧机的变形只能减小而不能完全消除。因而在提高轧机刚性的同时,必须控制和利用这种变形,以减小其对板厚的影响。目前板带纵向厚度自动控制问题已基本解决。近年着重开发研究横向厚度和板形控制技术。控制板形和横向厚度差的传统方法是正确设计辊型和利用调辊温及压下来控制辊缝实际形状,但反应缓慢而且能力有限。为进行有效控制,近代广泛采用了"弯辊控制"技术。为进一步改善板形,又出现了 VC 技术、CVC 及 HVC 技术和 HC 轧机、PC 轧机等。

11.3.2 板带生产技术发展的主要趋势

1. 热轧板带材短流程、高效率化

这方面的技术发展主要体现在三个层次:一是常规生产工艺的革新。为简化工艺,缩短生产流程,节约能源,提高效益,充分利用连铸板坯为原料,不断开发和推广应用连铸板坯直接热装和直接轧制技术。二是薄板坯连铸连轧技术。20 世纪 80 年代末期,厚度 15～75 mm 的宽薄板坯实现工业化生产,其后取消了加热炉和粗轧区,通过近 100 m 长的隧道炉进入精轧机进行直接轧制,组成由钢水快速直接生产热带卷的连铸连轧体系。最著名的是 CSP 工艺和 ISP 工艺。三是薄带连续铸轧技术。有色铝板带的连续铸轧早已在工业化生产中推广应用,用得最多的是双辊式薄带铸轧机。钢带连续铸轧正在世界各地进行开发试验研究,预计实现工业化生产为期不远。如图 11-2 所示为各种金属连续铸轧机示意图。

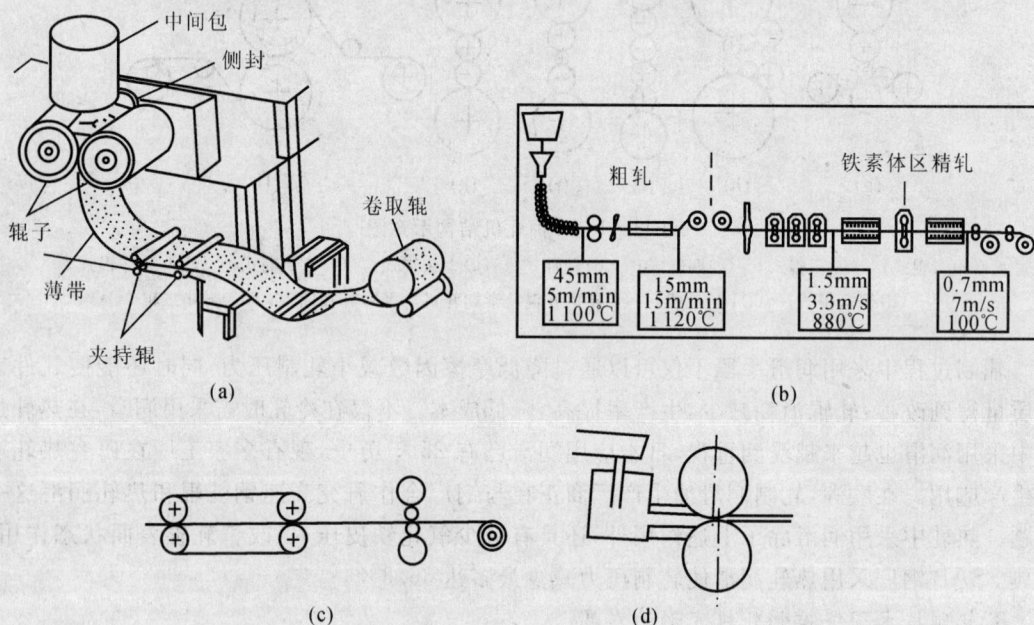

图 11-2 铸轧与连铸-连轧示意图

(a)带材双辊直接铸轧; (b)薄板坯连续铸轧,连铸-连轧生产线; (c)双带式铸轧机; (d)铝板铸轧机

2. 生产过程连续化

近代,热轧生产过程实现连续铸造板坯和连铸连轧生产,冷轧为缩短生产周期、提高产量和质量,不仅实现了无头轧制及酸洗和冷轧的联合,而且实现了酸洗—冷轧—脱脂—退火—精整的全过程大联合,实现了完全连续化生产。

3. 采用自动控制不断提高产品精度和板形质量

在板带材生产中,产品的厚度精度和平直度是反映板带质量的两项重要指标。由于液压压下厚度自动控制和计算机控制技术的采用,板带纵向厚度精度已基本满足。但横向厚度和板形的控制技术仍不足,亟待开发研究。为此近代各种高效控制板形的轧机、装备和方法不断涌现。

4.开发研究不对称轧制技术

不对称轧制包括轧制速度的不对称、轧辊直径的不对称、驱动的不对称及轧制材料与辊面摩擦因数的不对称等多种情况。不对称轧制适于轧制硬质薄轧件,可大幅降低轧制压力,增大压下量,使轧件轧得更薄,提高厚度精度,减少薄边率。

5.发展合金钢轧制及控轧控冷与热处理技术

利用锰、硅、钒、钛、铌等微合金元素生产低合金钢种,配合连铸连轧、控轧控冷和热处理工艺,可显著提高钢材综合性能。

复　习　题

1.什么是推动板带轧制方法与轧机型式演变的主要矛盾?

2.简述板带产品轧制技术的发展过程。

3.减少和控制轧机变形主要有哪些方法?

第12章 热轧板带材生产

热轧板带材生产,按产品类别、生产工艺及设备特点一般分为热轧中厚板生产和热轧薄板带钢生产。前者通常是生产定尺长度板片状产品,后者主要生产带卷。但随着板带生产工艺不断发展,已有越来越多产品被轧成带卷状即板卷,轧出的带材也越来越薄。

12.1 原料选择及连铸与轧制衔接工艺

12.1.1 原料的选择

一般热轧板带钢生产常用的原料有铸锭、轧坯及连铸坯三种,有时中、小型企业还采用压铸坯。各种原料的优劣比较如表 12-1 所示。通过比较可知,采用连铸坯是发展的方向,现正在迅速推广,而以钢锭作为原料的老方法,除某些特殊钢种以外,已处于淘汰之势。原料种类、尺寸和重量的选择,不仅要考虑其对产量和质量的影响,而且要综合考虑生产技术经济指标的情况及生产的可能条件。为保证成品质量,原料应满足一定技术要求,尤其是表面质量的要求。

表 12-1 热轧板带钢所用的各种原料的比较

原料种类	优 点	缺 点	适用情况
钢锭	不用初轧开坯,可独立进行生产	金属消耗大,成材率低,不能中间清理,压缩比小,偏析重,质量差,产量低	无初轧及开坯机的中小型企业及特厚板生产
轧坯	压缩比大并可中间清理,故钢板质量好,成材率比用扁锭时高,钢种不受限制,坯料尺寸规格可灵活选择	需要初轧开坯,使工艺和设备复杂化,消耗和成本增大,比连铸坯金属消耗大得多,成材率小	大型企业钢种品种较多及规格特殊的钢坯,生产厚板且可用横轧方法
连铸坯	总的金属消耗小,节约6~12%以上的金属,不用初轧,简化生产过程及设备,降低消耗及降低成本约10%,比初轧坯形状好,短尺少,成分均匀,坯的尺寸和重量大,生产规模可大可小,节省投资及劳动力,易自动化	目前尚只适用镇静钢,钢种受一定限制,受压缩比限制,不适于生产厚板,受结晶限制,钢坯规格难灵活变化,连铸工艺要求较严,难掌握	适于大、中、小型联合企业品种较简单的大批量生产,受压缩比限制,适于生产厚度不太厚的板带钢
压铸坯	总金属消耗小,质量比连铸坯好,组织均匀致密,表面质量好,设备简单,投资少规格变化灵活性大	生产能力较低,不太适合于大企业大规模生产,连续化自动化较差	适于中、小型企业及特殊钢生产

12.1.2　连铸与轧制衔接工艺

1. 连铸工艺

连续铸钢(Continuous Steel Casting)简称连铸,是将钢水连续注入水冷结晶器,待钢水凝成硬壳后从结晶器出口连续拉出,经喷水冷却,全部凝固后切成坯料或直送轧制工序的铸造坯料,称为连续铸坯。与传统的铸锭法相比,连续铸坯具有增加金属收得率、节约能源、提高铸坯质量、简化工艺、改善劳动条件、便于实现机械化和自动化等优点。连铸生产的正常与否,不但影响到炼钢生产任务的完成,而且也影响到轧材的质量和成材率。

目前,连铸机已在钢厂广泛采用,形式多种,用途各异,对连铸机的叫法也很不一致。按照所浇铸的断面形状可把连铸机分为板坯连铸机、带坯连铸机、小方坯连铸机、大方坯连铸机、圆坯连铸机、异形(如工字形和八角形)断面坯连铸机等。按照铸坯厚度,当铸坯厚度大于150 mm时称为常规板坯连铸机;当铸坯厚板为90～150 mm时,称为中厚度板坯连铸机;当铸坯厚度为40～90 mm时,称为薄板坯连铸机;当铸坯厚为25 mm左右时,称为带坯连铸机;当铸坯厚度为10 mm左右时,称为薄带连铸机;当铸坯厚度小于3 mm时,称为极薄带连铸机,目前,连铸极薄带最薄可达到0.15～0.3 mm。

按铸坯运行的轨迹连铸机可分为立式、立弯式、垂直-多点弯曲形、垂直-弧形、多半径弧形(椭圆形)、水平式及旋转式连铸机(见图12-1)。立式连铸机出现最早,其优点是钢中夹杂易于上浮排除,凝壳冷却均匀对称,不受弯曲矫直应力,适用于裂纹较敏感钢种的连铸,但缺点是设备高度大,建设投资大,且钢水静压力大易使钢坯产生鼓肚变形,铸坯断面和长度都不能过大,拉速也不宜过高。立弯式连铸机为降低设备高度,将完全凝固的铸坯顶弯成90°后,在水平方向出坯,消除了定尺长度的限制,降低了设备的投资,但缺点是铸坯受弯曲矫直应力,易产生裂纹。弧形连铸机大大降低了设备的高度,仅为立式的1/2～1/3,投资少,操作方便,利于拉速的提高,但缺点是存在设备对弧较难,内外弧冷却欠均匀,弯曲矫直应力较大及夹杂物在内弧侧聚集的缺点,对钢水纯净度要求更高。椭圆形连铸机为分段改变弯曲半径,设备更低,称为超低头铸机。垂直-弧形和垂直-多点弯曲形连铸机采用直结晶器并在其下部保留2 mm左右的直线段,使铸机的高度增加不多,但有利于克服内弧侧夹杂物富集的缺点。水平式铸机设备高度更低,更轻便且投资少,但尚不能制成大规模生产适用机型。目前世界各国弧形铸机占主导地位,达60%以上。其次为垂直-多点弯曲形。板坯和方坯多采用垂直弧形,而垂直-多点弯曲形则呈增加趋势。

完成连铸过程所需的设备叫连铸成套设备。连铸设备主要由钢包、中间包、结晶器(一次冷却)、结晶器振动装置、二次冷却和铸坯导向装置、拉坯矫直装置、切割装置、出坯装置(运输辊道)等部分组成。以如图12-2所示的弧形连铸机为例说明连铸的工艺流程。由炼钢炉出来的合格钢水注入钢包内,经炉外精炼处理后被运到连铸机的上方,钢水通过钢包底部的水口再注入中间包内。中间包水口的位置被预先调好以对准下面的结晶器。打开中间包塞棒或滑动水口(或定径水口)后,钢水流入强制水冷的铜模——结晶器内。结晶器是无底的,在注入钢水时,必须先装上一个"活底",它同时也起到引出铸坯的作用,这个"活底"称为引锭杆。在结晶器内钢水沿其周边迅速冷却凝固成钢壳。同时,钢水前部与伸入结晶器底部的引锭杆头部凝结在一起。引锭杆的尾部夹持在拉坯机的拉辊中,当结晶器内钢水升到要求的高度,结晶器下端出口处坯壳有一定厚度时,同时启动拉坯机和结晶器振动装置。拉坯机以一定速度把引锭杆(牵着铸坯)从结晶器拉出。为防止铸坯壳被拉断漏钢和减少结晶器中拉坯阻力,在浇铸过程中既要对结晶器内壁润滑又要它作上下往复运动。铸坯被拉出结晶器后,为使其更快地散热,需进行喷水冷却,称为二次冷却。通过二次冷却铸坯液芯逐渐凝固。这样铸坯不断被拉出,钢水连续地从上面注入结晶器,便形成了连续铸坯的过程。当铸坯通过拉坯机、矫直机(立式和水平式连铸不需矫直)后,脱去引锭杆。完全凝固的直铸坯由切割设备切成定尺,经运输辊道送入后续工序。

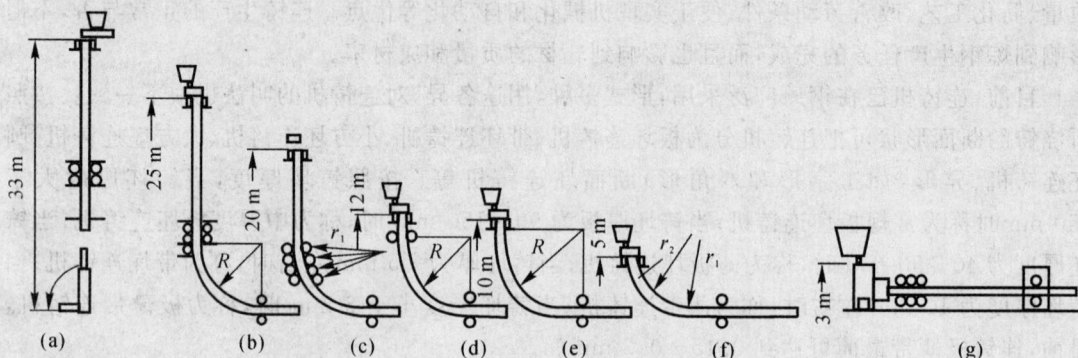

图 12-1　连铸机机型示意图

(a)立式连铸机;　(b)立弯式连铸机;　(c)直结晶器多点弯曲连铸机;　(d)直结晶器弧形连铸机;

(e)弧形连铸机;　(f)多半径弧形(椭圆形)连铸机;　(g)水平式连铸机

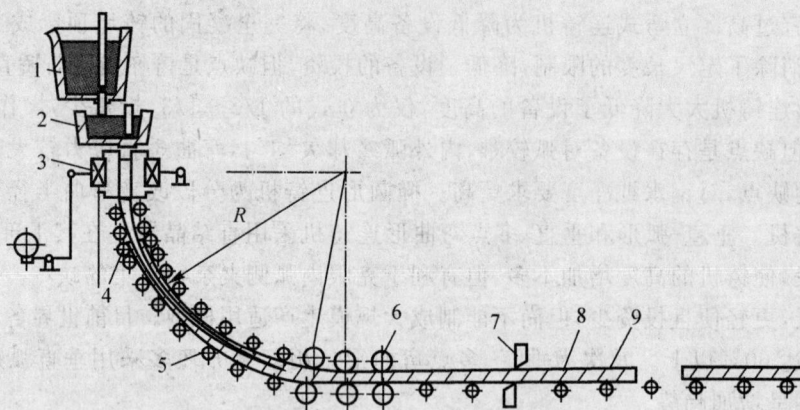

图 12-2　弧形连铸工艺流程和设备

1—钢包;　2—中间包;　3—结晶器及振动装置;　4—搅拌器;　5—二冷区支导装置;

6—拉矫机;　7—切割装置;　8—辊道;　9—铸坯

2. 连铸与轧制衔接模式

钢铁生产工艺流程正在朝着连续化、紧凑化、自动化的方向发展。实现钢铁生产连续化的关键之一是实现钢水铸造凝固和变形过程的连续化,亦即实现连铸-连轧过程的连续化。连铸与轧制的连续衔接匹配问题包括产量的匹配、铸坯规格的匹配、生产节奏的匹配、温度与热能的衔接与控制、钢坯表面质量与组织性能的传递与调控等多方面的技术,其中产量、规格和节奏匹配是基本条件,质量控制是基础,而温度与热能的衔接调控则是技术关键。

从温度与热能利用着眼,钢材生产中连铸与轧制两个工序的衔接模式一般有如图 12 - 3 所示的五种类型:方式 1 为连续铸轧工艺,铸坯在铸造的同时进行轧制,方式 1 称为连铸坯直接轧制工艺(Continuous Casting-Direct Rolling,简称 CC-DR),高温铸坯不需进加热炉加热,只略经补偿加热即可直接轧制。方式 2 称为连铸坯直接热装轧制工艺(Continuous Casting-Direct Hot Charge Rolling,简称 CC-DHCR 或 HDR),或可称高温热装炉轧制工艺,铸坯温度仍保持在 A_3 线以上奥氏体状态装入加热炉,加热到轧制温度后进行轧制。方式 3,4 为铸坯冷至 A_3 甚至 A_1 线以下温度装炉,也可称为低温热装工艺(Continuous Casting-Hot Charge Rolling,简称 CC-HCR),方式 2,3,4 皆须进入正式加热炉加热,故亦可统称为连铸坯热装(送)轧制工艺。方式 5 即为常规冷装炉轧制工艺。

在连铸机和轧机之间无正式加热炉缓冲工序的称为直接轧制工艺。只有加热炉缓冲工序且能保持连续高温装炉生产节奏的称为直接(高温)热装轧制工艺。低温热装工艺,则常在加热炉之前还有缓冷坑或保温炉缓冲,即采用双重缓冲工序,以解决铸、轧节奏匹配与计划管理问题。从金属学角度考虑,方式 1 和 2 都属于铸坯热轧前基本无相变的工艺,其所面临的技术难点和问题也大体相似:它们都要求从炼钢、连铸到轧制实现有节奏的均衡连续化生产。故我国常统称方式 l(1')和 2 两类工艺为连铸-连轧工艺(Continuous Casting-Continuous Rolling,简称 CC-CR)。

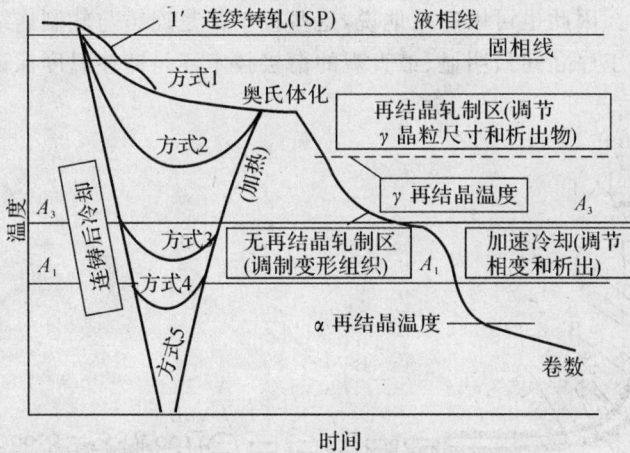

图 12 - 3 连铸与轧制的衔接模式

12.1.3 连铸-连轧工艺的主要优点

连铸坯热送将连铸与轧钢两大工序相连接,实现了连续化生产,向短流程、高效率、节能、节省投资、减少环境污染方面跨进了一大步。连铸坯热送热装和直接轧制工艺的主要优点主要表现在以下几方面:

(1)利用连铸坯冶金热能,节约能源消耗。其节约能量与热装或补偿加热入炉温度有关,例如:铸坯在 500℃热装时,可节能 0.25×10^6 kJ/t,可减少燃耗 30% 左右;600℃热装时可节能 0.34×10^6 kJ/t;800℃热装时可节能 0.514×10^6 kJ/t,至少可降低燃耗 50%。即入炉温度越高,则节能越多。而直接轧制可比常规冷装炉加热轧制工艺节能 80%~85%。

(2)提高成材率,节约金属消耗。在连铸坯热送工艺中,由于实现了无缺陷铸坯的生产,取消了传统工艺中的表面缺陷火焰清理,可使金属收得率增加 2%。其次,传统工艺冷装炉加热产生的氧化铁皮损失为 1%,热装炉时降为 0.5%～0.7%,加热时间缩短也减少了氧化铁皮的产生。例如高温直接热装(DHCR)或直接轧制,可使成材率提高 0.5%～1.5%。

(3)简化生产工艺流程,减少厂房面积和运输各项设备,节约基建投资和生产费用。

(4)大大缩短生产周期。从投料炼钢到轧出成品仅需几个小时,直接轧制时从钢水浇铸到轧出成品只需十几分钟,增强生产调度及流动资金周转的灵活性。

(5)提高产品的质量。大量生产实践表明,由于加热时间短,氧化铁皮少,CC-DR 工艺生产的钢材表面质量要比常规工艺的产品好得多。CC-DR 工艺由于铸坯无加热炉滑道冷却痕迹,使产品厚度精度也得到提高,同时能利用连铸连轧工艺保持铸坯在碳氮化物等完全固溶状态下开轧,将会更有利于微合金化及控轧控冷技术作用的发挥,使钢材组织性能有更大的提高。

12.1.4　实现连铸−连轧的主要技术环节

实现连铸−连轧即 CC－DR 和 CC－DHCR 工艺的主要技术关键包括:①高温无缺陷铸坯生产技术;②铸坯温度保证与输送技术;③自由程序(灵活)轧制技术;④生产计划管理技术;⑤保证工艺与设备可靠性的技术等多项综合技术。如图 12－4 所示为连铸−连轧工艺与主要技术示意图,由图可见,要实现连铸与轧制有节奏地稳定均衡连续化生产,这 5 个方面的技术都必须充分发挥作用。因此也可以广义地说,这些技术都是连铸与轧制连续生产的衔接技术。其中在连铸与轧制两工序之间最明显、最直观的衔接技术还是铸坯温度保证与输送技术。

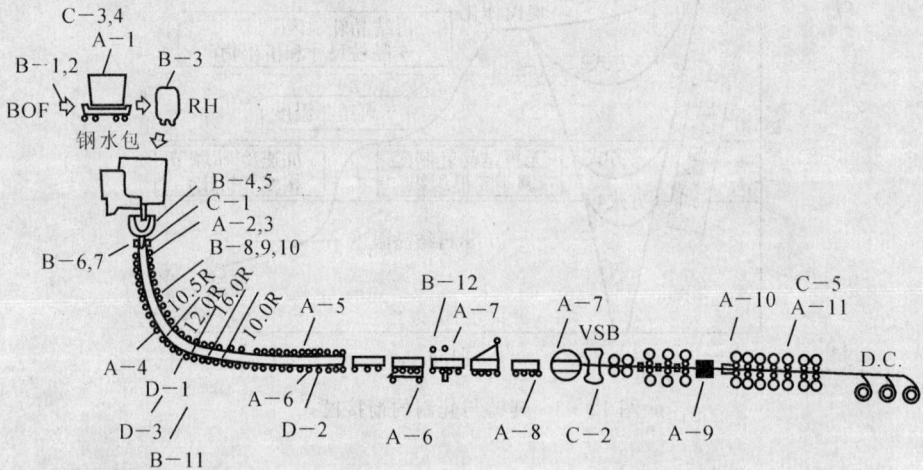

图 12－4　连铸坯直接轧制(CC－DR)工艺与技术

(A)温度控制

1—钢水转运 600 m;　2—恒高速浇铸;　3—首块及末块板坯测量;　4—雾化柔性二次冷却;5—液面前端位置控制;
6—铸机内部及辊道周围绝热;　7—短运送线及转盘;　8—边部温度补偿器(ETC);　9—边部质量补偿器(EQC);
10—加厚中间坯;　11—高速穿带;

(B)质量控制

1—转炉出渣孔堵塞;　2—成分控制:P,S,O_2;　3—真空处理(RH);　4—钢包-中间包-结晶器保护;
5—加大中间包;　6—结晶器液面控制;　7—适当渣粉;　8—缩短辊子间距;　9—四点矫直;
10—压缩铸造;　11—计算机系统判断质量;　12—毛刺清理装置

(C)成形过程控制

1—高速改变结晶器宽度;　2—VSB 宽度大压下(5 道);　3—生产制度计算机控制系统;　4—减少分级数

(D)成形可靠性控制

1—辊子在线调整检查;　2—辊子冷却;　3—加强铸机及辊子强度

1. 无缺陷铸坯生产技术

连铸坯质量的好坏决定了铸坯在加热之前是否需要精整,是影响金属收得率和成本的重要因素,同时是铸坯热送和直接轧制的前提条件。根据连铸坯缺陷特征,通常连铸坯出现的缺陷如表12-2所示。

(1)连铸坯的纯净度,指钢中夹杂物的含量、形态和分布。影响钢水纯净度的因素有钢液的原始状态、二次精炼和钢液的运输。为此除了保证钢水的纯净外,还应选择合适的精炼方式,采用保护浇铸,降低钢中夹杂物含量。

(2)表面缺陷,如振动痕迹、表面裂纹、表面夹渣、气孔和气泡、表面增碳和偏析、凹坑和重皮、切割端面缺陷等。

(3)内部缺陷,如内部裂纹、偏析条纹、断面裂纹和中心星状裂纹、中心疏松、中心偏析、非金属夹杂物等。

(4)外形缺陷,指连铸坯的形状不规矩,尺寸误差不符合规定要求,如鼓肚与菱变等。

其中对连铸坯热装影响最大的是表面裂纹缺陷。在传统工艺中,为清除铸坯表面缺陷,可在铸坯精整区进行热清理。而在连铸坯热装轧制工艺中,为保证铸坯进炉温度,无法对铸坯表面进行热清理。

表 12 - 2　连铸坯的缺陷分类

分　类	连铸坯缺陷		分　类	连铸坯缺陷	
纯净度	非金属夹杂物		内部裂纹和偏析条纹		皮下裂纹
表面缺陷	表面裂纹	表面纵裂纹	内部缺陷		中间裂纹
		角部纵裂纹			矫直和压下裂纹
		表面横裂纹		断面裂纹和中心星状裂纹	
		角部横裂纹		中心疏松	
		星状裂纹		中心偏析	
	表面夹渣		形状缺陷	鼓肚变形	
	气孔和气泡			菱形变形	
	凹陷和重皮			椭圆变形	

实现无缺陷连铸坯生产的关键是冶炼和连铸工艺的改进。为防止连铸坯裂纹的产生,从根本上说就是要尽可能增加钢的抗裂性,避免或减缓各种内应力和外应力,消除可能造成应力集中的薄弱部位。为此,应采取的主要技术措施有以下几种:

(1)适当调整钢种成分,严格控制 S,P,O,N 等杂质含量。

(2)采用炉外精炼及真空处理技术,进行脱气除硫,进一步提高钢水纯净度。

(3)采用全程保护浇注,以保证钢的纯净度,并稳定控制结晶器内液面波动,以利于增加坯壳的厚度和均匀性,减少表面裂纹和夹渣的形成。

(4)增大中间罐容量和钢液深度,设置挡渣墙,促进夹杂上浮排除。调整钢液温度,实现低过热度浇注,并采用连铸电磁搅拌技术以扩大等轴晶带,减小中心疏松和偏析。

(5)改善连铸二冷制度,采用气-水喷雾冷却,实行弱冷、均冷的二冷工艺,并进一步提高矫直温度以抑制氮化物析出,以防止裂纹缺陷的产生等。

（6）提高连铸设备的对弧精度、加强坯壳支托（如二冷辊分段配置、细辊密排等），采用压缩铸造、轻压下和多点矫直等技术，以减小和分散各种变形应力，防止裂纹产生。

随着炼钢和连铸技术的不断进步，大部分的普通碳素钢连铸坯已基本达到无缺陷的要求。但对某些要求较高的特殊钢连铸坯，还应在切断之后进行热检测和热清理。例如，可用各种探测仪检测出铸坯缺陷性质，以联动火焰清理对缺陷进行热清理，同时反馈了解产生缺陷的工艺因素，并及时修正。各国钢厂使用的热检测方法中，表面质量检测主要采用光学法、感应加热法和涡流法，而内部缺陷的检测则主要采用超声波和电磁超声波方法。

2.铸坯温度保证与输送技术

为保证铸坯热装，尤其是直接热装，必须设法使铸坯保持较高的温度，即以充分利用铸坯内部的冶金潜热为主，其次才是靠外部加热。对于铸坯热装工艺主要是使铸坯保持较高的连铸机出坯温度和输送途中绝热保温两个方面。

为确保 CC-DR 工艺要求，其板坯所采用的一系列温度保证技术如图 12-5 所示。由图可知，保证板坯温度的技术主要是在连铸机上争取铸坯有更高更均匀的温度（保留更多的冶金热源和凝固潜热）、在输送途中绝热保温及补偿加热等。

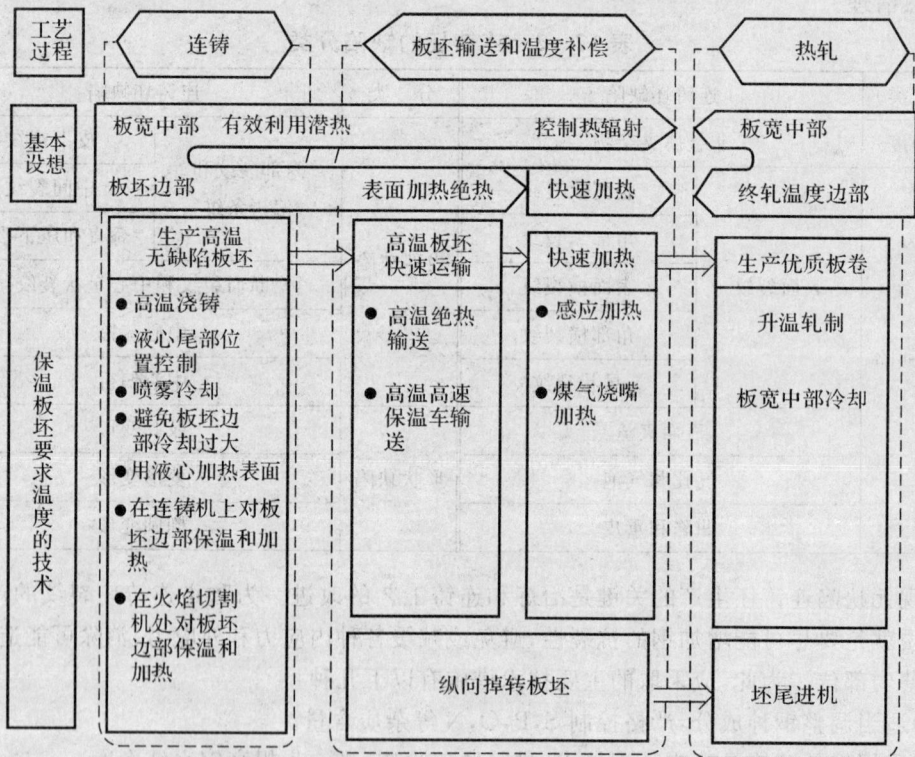

图 12-5　铸坯温度保证技术

（1）争取铸坯保持更高更均匀的温度，用液芯凝固潜热加热表面的技术。在连铸机上尽量利用来自铸坯内部潜热主要靠改变浇注速度和冷却制度来加以控制。由于改变浇注速度要受到炼钢能力的配合和顺利拉坯的限制，故变化冷却制度便成为控制钢坯温度的主要手段。一些工厂采取在二冷段上部强冷以防鼓肚和拉漏，在中部缓冷或喷雾冷却以调整凝固长度，在下部绝热保温利用液芯潜热对凝固外壳进行复热,并利用连铸机内部的绝热进行保温。这就是"上部强冷,下部缓冷,利用水平部液芯进行凝固浴热复热"的冷却制度。通过采用这种制度及保温措施,可使连铸出坯温度比一般连铸的大约高出 120～180℃。

为了使铸坯在凝固终点处具有较高的表面温度,必须将铸坯凝固终点控制在连铸机冶金长度的末端处,为此采用电磁超声波检测的方法(E‐MUST)对凝固终端进行检测与控制,精度可达到±0.5 m。对于要严格控制氮化物和碳化物析出的钢种,还必须留意保持容易冷却的铸坯边角部也有较高的温度,可在二冷段减少边角冷却,甚至在铸机下部或切割机前后设置边角部温度补偿加热器和尽热罩,来保持所要求的边角部温度。

在不采用直接轧制工艺的常规连铸中,板坯的边角部温度远比中心部位低,在距离液面50 m 处边部要比中部低约 300℃。为了保证铸坯边角部温度较高且均匀,在二冷段对宽度方向的冷却也进行了控制。即在容易冷却的边部减少冷却水量,在中部适当加大水量,用不均匀的人工冷却来抵偿不均匀的自然冷却。同时还使板坯中部冷却区段的宽度与其总宽度之比保持一定。这样,由于板坯宽度变化引起的边部温度差也就可以消除。但边角部的温度只靠液芯复热尚不能满足要求。还必须在铸机下部乃至切断机前后,另外采用板坯边角部温度补偿器和绝热罩才能得到所要求的边角部温度。从而使板坯各处温度达到均匀,以满足直接轧制的要求。

(2)连铸钢坯的输送保温技术。在连铸生产过程中,为了减少铸坯边角部的散热,在二次冷却区的后面对铸坯的两侧采取了保温措施,即用保温罩将铸坯的两侧罩起来。经保温措施后,铸坯两侧表面的温度可达到 1 000℃以上。

为了防止连铸坯在出连铸机以后的转运过程中散热降温,近间隔输送通常使用带保温罩的绝热辊道。这种辊道用绝热材料包覆了铸坯 50% 的表面,具有较好的保温性能。而远间隔输送则采用高速铸坯保温车,这种保温车除具有保温功能外,还使铸坯均热的能力。在输送间隔超过 1 000 m 时,高速铸坯保温车与保温辊道相比,输送速度快 3 倍,输送时间缩短了2/3,保温效果提高 8 倍。两者具体性能比较如表 12‐3 所示。

表 12‐3　在板坯运距超过 1 000 m 时辊道和运输车的比较

项　目	辊　道	运输车
运输速度	最高 90 m/min 平均 70 m/min	最高 250 m/min 平均 200 m/min
距离	1 000 m	1 000 m
时间	14.5 min	5 min
绝热效果(传热系数 h)	平均 $h=81×4.18$ kJ/(m²·h·℃)	平均 $h=10×4.18$ kJ/(m²·h·℃)
距板坯边部 40 mm 处的温度降	平均−180℃	平均−4℃
板坯剪切断面的温度降	大	小
氧化铝沉淀	有	无

对于连铸坯低温热装轧制工艺,铸坯在装进加热炉之前往往还采用保温坑进行铸坯保温,使铸坯在装炉之前有更长的等待时间,给生产计划以更大的灵活性。

(3)板坯边部补偿加热技术,可采用如下几种技术:

1)连铸机内绝热技术已被广泛采用,以提高板坯边部温度,这种绝热技术与烧嘴加热技术相结合,就可以防止板坯边部过分冷却。该项技术对必须严格控制氮化铝(AlN)沉淀的钢种特别有效。另外,与常规连铸相比其板坯边部温度提高约 200℃。

2)在火焰切割机附近采用板坯边部加热装置。如果在火焰切割前对铸态的板坯加热,则其边部可被来自板坯中间部分的热量有效加热,从而防止氮化铝在边部沉淀,而且其纵向横向温度的不均匀分布可得到缓解。另外,热轧前的边部加热效率也得到提高,而且包括火焰切割前后板坯边部加热所需能量在内的总能耗还可降低,因此可以缩短边部加热系统的长度。板坯边部可以采用电磁感应加热或煤气烧嘴加热。电磁感应加热装置开、关快速灵便、加热快、效率高、操作维修方便、环境污染少、铁皮损失小,在 CC - DR 工艺中最适于用做板坯边部补偿加热器。这种感应补偿加热器由三个电磁感应线圈组成,它们分别安装在铸坯边部的上面、侧面和下面,当感应电流通过线圈时所产生的热量可高效率地加热铸坯的边角部。此法加热铸坯边角部非常灵便,可按照所需要的温度进行加热。使用这种电磁感应加热装置,可在铸坯的输送速度为 4 m/min 的情况下,使铸坯的边角部平均升温 110℃以上。煤气烧嘴加热系统需要较小的设备,在远距 DR 工艺中,该系统也能适用于板坯边部温度下降较大而要求输入较高热量的情况,但设备维护不方便,污染较重,劳动条件较差,氧化铁皮损失较大。

3. 自由程序(灵活)轧制技术

连铸坯热送将炼钢、连铸与轧钢连接为一个统一的生产体系,必须保证实现炼钢→连铸→轧钢的同期连续生产,即要求连铸与连轧之间的衔接和柔性化生产,需尽可能减少因更换铸坯、产品规格品种、轧辊、导卫装置和改变轧制工艺及事故处理的时间,以保证生产过程的节奏和连续性。这在扁平材连铸坯热装轧制工艺中包括有灵活变更宽度技术、自由规程轧制技术等。

(1)灵活变更宽度技术。结晶器在线调宽技术已在很多钢厂得到广泛应用。一般采用微机控制结晶器的调宽过程,结晶器可按照事先设定的程序自动进行调宽,达到设定的宽度以后即自动停止。调宽速度一般不小于 30 mm/min,可达 64 mm/min 以上,且在调宽过程中连铸机的拉速能稳定在 1.6 m/min。连铸机虽可进行铸坯调宽,但一则其能力有限,二则为了稳定浇注作业,稳定炼钢与连铸的节奏均衡匹配及减少锥形板坯长度,还应尽量减少结晶器宽度的调节变化,而将调节板坯宽度规格的主要任务交给轧钢完成。为此,在轧钢厂要设立调宽轧机、调宽压力机或立辊轧边机,以实现宽度大压下轧制。有的工厂还利用粗轧机组的立辊和使用中间机架(精轧前的 M 机架)的立辊进行轧边,提供一种宽度自动控制(AWC)的功能,使轧制因结晶器宽度改变而形成的锥形板坯时,板带钢的宽度得到较精确的控制。

(2)自由规程轧制技术。在传统连铸与轧钢生产中,连铸与轧钢是两个独自进行生产计划治理的车间。在连铸车间浇铸相同宽度、相同钢种的板坯时必须严格按序号浇铸。在轧钢车间,由于受到轧辊磨损的限制,必须按每套轧辊先轧宽板后轧窄板的程序进行生产,即所谓的"塔形计划"。但在实行连铸坯热装轧制时,炼钢→连铸→轧钢三者连成一体,服从于同一的生产计划,轧钢不能按传统的先宽后窄的生产规程独自安排计划,而必须服从炼钢与连铸的计划安排。产品必须是宽窄相混,进行所谓"锯齿形"生产,即进行板宽无规则变化的或程序自由的生产。

为了实现自由规程轧制,必须大力减少轧辊的磨损,延长轧辊的使用寿命,保证板带的板形和厚度精度质量。板宽边部的温度比中部要低,而宽度方向的金属活动在边部又较大,因此与板带边部接触的轧辊表面局部磨损也较大。为了解决轧辊不均匀磨损问题,在轧制中采用多种技术,以便磨损得以分散,使其影响缩小。

1)改进轧辊材质,减少轧辊磨损:开发新钢种轧辊(高碳高速钢轧辊等)及采用热轧润滑以减少轧辊磨损,降低轧制压力。

2)采用在线磨辊(ORG)技术,以及时修复不均匀磨损的辊型。

3)在轧制中采用窜辊技术(即移动工作辊的技术,简称 HCW 或 WRS),以使磨损得以分散,其影响得以缩小。HCW 移动工作辊的轧制技术首先是日本日立制作所开发,并于 1982年开发并很快得到推广应用(见图 12-6(a))。以后日本川崎钢铁公司又进一步开发应用了 K-WRS 技术(见图 12-6(b),(c)),其不同点只是将工作辊做成锥形再进行轴向移动。窜辊技术都是除工作辊做轴向移动以外,还配有强力弯辊装置以便能同时控制板形与厚度精度质量。

这些轧制技术不仅特别适用于连铸连轧生产,而且适用于常规热轧板、带生产。它们不仅可以减少和均化轧辊磨损,延长轧辊使用寿命,灵活轧制任意宽度的板带,而且可明显提高带钢的板形平坦度和厚度精度质量。WRS 轧机开发的新轧制法如图 12-6 所示:图(a)为往复移动法,即使带凸度的工作辊轴向移动,防止因轧辊局部磨损而导致带钢表面出现局部高点或凸峰,使轧辊保持均匀磨损的外形和热凸度,以便能进行随意计划轧制,这就是 HCW 轧制技术;图(b)为锥体调节法,即一侧车成锥度的工作辊作轴向移动,以减少凸度和边部减薄。图(c)为锥体振荡法,即一侧车成锥度的工作辊辊作短行程的振荡串动,以减少带钢凸度,并防止轧制带钢边缘产生异常磨损。HCW 轧机和 WRS 轧机都是除工作辊作轴向移动以外,还配有工作辊弯辊装置。

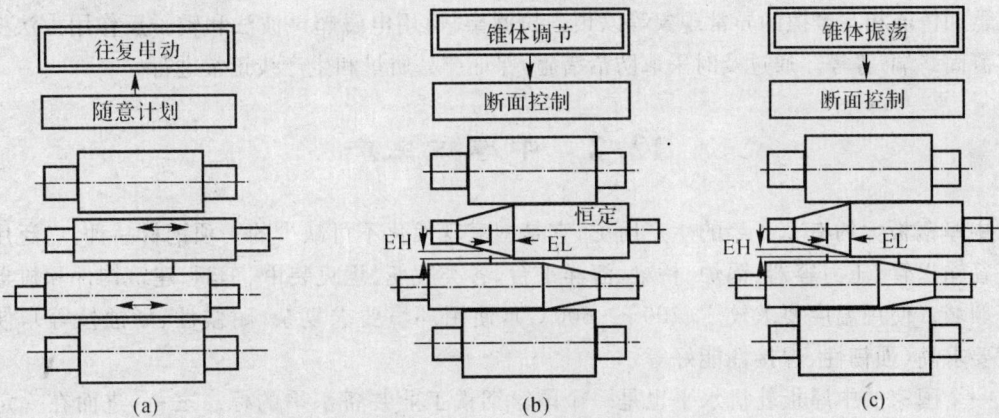

图 12-6　移动工作辊的轧制技术
(a)HCW 技术(平辊)；　(b),(c)K-WRS 技术(辊身-端锥形)

4)自动控制及快速换辊技术:随着连铸-直接轧制和 SFR 轧制技术的实现,产品品种多样化,产品精度质量严格化,从而使热带轧制作业更趋复杂,这就更加要求有精确的设定和监视,要求全面计算机自动控制,并实现超过人类感觉器官的、对各设备运动状况的监视,实现对产品各种指标的迅速而准确的判断,才能维持连续而稳定的生产。为了维持连续而稳定的生产,必须尽量减少轧机设备的事故和停工时间,必须采用最快的速度换辊和变换产品规格和钢种,当然快速操作要求自动化,自动化才能保证快速度。

4. 生产计划管理技术

实现连铸坯直接热装轧制,炼钢-连铸-热轧都须准时而稳定地在相同的时序中进行,一处失事,则全线受影响。因此工序节奏匹配和生产计划治理十分重要,需实行一体化生产治理。生产计划控制分为生产计划和实现控制两个主要阶段。在生产计划阶段通过研究订货目录、工序限制条件、生产标准、订货和交货时间等,制定出最佳生产计划;要安排好炼钢、连铸和轧钢等所有各机组的定期维修和零部件更换时间,做到停工时间最短,各项设备协调良好。现正通过引进人工智能来开发更先进的生产计划治理控制系统的技术。在实现控制阶段有生产执行治理系统,由于在连铸坯直接热装轧制工艺中从炼铁、炼钢直至轧钢是一种动态的物料流程控制系统,这种生产执行治理系统应该能做到:①能预先综合地制定计划,控制物料流量;②以分钟为单位精确显示一组物料的时间表,并能模拟适当的物流线,从而能及时修订或更换时间表;③针对执行时间表,对有关设备、操纵和质量项目进行实现进展的实时检查。通过对每一组物料制度的时间表,使我们能够对于连续通过几个生产工序的物料建立正确的控制制度。

5. 保证工艺与设备可靠性的技术

为了稳定维持连铸坯热装轧制生产线正常运行,必须保证每一工序的操纵和设备事故降到最低限度,使各项电气机械设备都能稳定可靠地连续运行。设备的可靠性比较容易理解,所谓工艺的可靠性包括了产量与质量的可靠性及生产持续时间的可靠性。所有这些都应靠设备诊断和工艺诊断技术来保证。要定期进行连铸机离线设备诊断和维护。对于在线的各种机电设备,特别是支撑和冷却设备都应经常进行细致的在线诊断检查,以便利用浇铸间隙时间进行检验。要利用安装在关键部位的各种传感器直接检查铸流情况和进行工艺诊断,例如用振动传感器探测结晶器和铸流相互摩擦的异常现象等以预告拉漏事故;用电磁超声波法和辊子反作用力法探测铸坯凝固终端;等等。通过及时采取防治措施,保证产品质量和生产线正常进行。

12.2 中厚板生产

中厚钢板大约有 200 年的生产历史,它是国家现代化不可缺少的一项钢材品种,广泛用于大直径输送管、压力容器、锅炉、桥梁、海洋平台、各类舰艇、坦克装甲、车辆、建筑构件和机器结构等领域。使用温度要求较广(200 ~ 600℃),使用环境要求复杂(耐候性、耐蚀性等),使用强度要求高(强韧性、焊接性能好等)。

一个国家的中厚板轧机水平也是一个国家钢铁工业装备水平的标志之一,进而在一定程度上也是一个国家工业水平的反映。随着我国工业的发展,对中厚钢板产品,无论从数量上还是从品种质量上都已提出更高的要求。目前日本的厚板轧机性能和生产技术在世界上居于领先地位,产量约占钢板生产的 20%,最低水平轧机的宽度都在 4 000～5 000 mm 之间,而多数轧机都在 5 000 mm 以上。截至 2008 年我国中厚板轧机已达到 59 套,但绝大多数轧机宽度都在 2 000～3 000 mm,产能为每年 5 553 万吨,2010 年我国中厚板轧机产能达到 6 500～7 000万吨。宝钢 5 000 mm、沙钢 5 000 mm、鞍钢 5 500 mm 宽厚板轧机分别于 2005 年、2006 年、2008 年建成投产。

12.2.1 中厚板轧机型式

中厚板轧机的型式不一,二辊可逆式轧机于 1850 年前后最早用于生产中厚板。1864 年美国创建了第一台生产中厚板的三辊劳特式轧机。1891年,美国钢铁公司霍姆斯特德厂,为了提高钢板厚度的精度,投产了世界上第一套四辊可逆式厚板轧机。20世纪70年代,轧机又加大了级别,主要是建造5 000 mm以上的特宽型单机架轧机,以满足航母和大直径长运输天然气所需管线用板需要。近年来,中厚板轧机的质量和生产技术都大大提高了,因此用于中厚板轧制的轧机主要有三辊式劳特轧机、二辊可逆式轧机、四辊可逆式轧机和万能式轧机等几种型式,如图12-7所示。旧式二辊可逆式和三辊劳特式轧机由于辊系刚性不够大,轧制精度不高,已被淘汰。

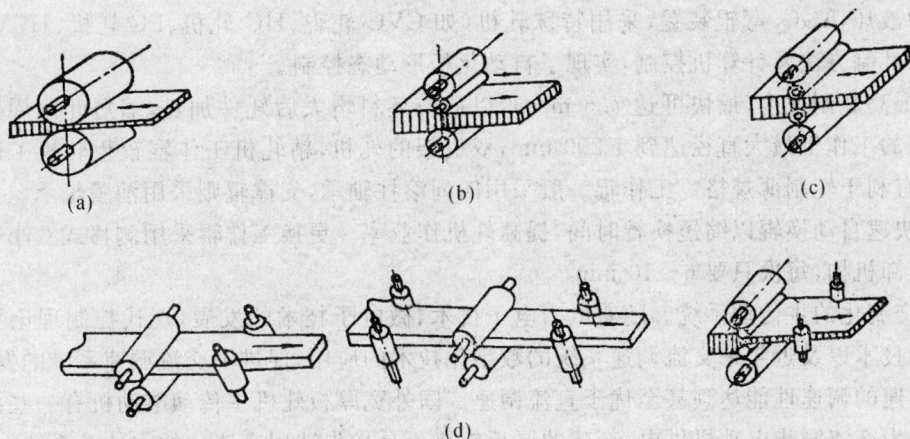

图12-7　各种中厚板轧机
(a)二辊可逆式轧机;　(b)三辊劳特式轧机;　(c)四辊可逆式轧机;　(d)万能式轧机

　　四辊可逆式轧机是现代应用最广泛的中厚板轧机,适于轧制各种尺寸和规格中厚板,尤其是宽度较大,精度和板形要求较严的中厚板。这种轧机兼备二辊与三辊轧机的特点,支撑辊与工作辊分工合作,既降低了轧制压力,又大大增强了轧机刚性。

　　万能式轧机是在板带一侧或两侧带有一对或两对立辊的可逆式轧机。由于立辊的存在,可以生产齐边钢板,不再剪边,降低了金属消耗,提高了成材率。但理论和实践证明,立辊轧边只是对于轧件宽厚比(B/H)值小于60~70,例如热连轧粗轧阶段的轧制才能产生作用;对于B/H值大于60~70,立辊轧边时钢板很容易产生横向弯曲,不仅起不到轧边作用,反而使操作复杂,易造成事故。而且,立辊和水平辊还难以实现同步运行,要同步又必然会增加辅助电器设备的复杂性和操作上的困难,许多学者认为"投资大、效果小、麻烦多"。

　　中厚板轧机是轧钢设备中的主力轧机之一,当代新型中厚板车间的特点是轧钢机趋于大型化、强固化,轧机的产量高、质量好、消耗低,并向连续化、自动化方向发展,不断取得技术进步。其主要特点主要表现在以下几方面:

　　(1)除特厚或特殊要求小批量的产品仍采用大扁钢锭、锻压坯或压铸坯外,一般均用连铸坯做原料。原料和成品板规格范围加大,最大板坯重为42.8 t,最大钢锭重为110 t。成品钢板的宽度可达5 350 mm,长度最长为63 mm,钢板的最大厚度为700 mm,钢板的最大单重为85 t。

　　(2)采用计算机控制装出炉的多段步进式、推钢式加热炉进行坯料加热,通过延长炉体,改进砌筑结构,强化绝热及利用废气余热等措施(特别是采用蓄热式加热炉),不仅提高了炉子的寿命,而且降低了能耗。

（3）采用高强度机架,以满足控制轧制和板形控制的要求。增强刚度、强固化轧机的措施:增大牌坊立柱断面,加大支撑辊直径,加大牌坊重量。为实现控制轧制要求,轧制力已由过去的 30～40 MN 增至 80～108 MN;新型宽厚板轧机支撑辊直径,由过去的 1 800～2 000 mm 加大到 2 100～2 400 mm;牌坊立柱断面,由 6 000～8 000 cm² 增加到 9 000～11 000 cm²;每扇牌坊单重,由 3.6 MN 增加到 4.5 MN;轧机刚度由 5～8 MN/mm 增加到 10.4 MN/mm,主电机功率最大为 2×10 900 kW。

（4）为了提高钢板的精度和成材率,板形控制已成为中厚板轧机一项不可缺少的新技术。广泛采用液压 AGC、弯辊装置、采用特殊轧机(如 CVC 轧辊、HC 轧机、PC 轧机、HCW 轧机等)、特殊轧制方法及计算机控制,实现了自动化板形动态控制。

（5）提高轧制速度(最快可达 7.5 m/s),以适应坯料增大后轧件加长,缩短轧制周期。宽厚板轧机的工作辊最大直径达到 1 200 mm,双机架的轧机,精轧机工作辊较粗轧机工作辊直径小些,有利于轧制薄规格。工作辊一般采用四列滚柱轴承,支撑辊则采用油膜轴承。

（6）快速自动换辊以缩短换辊时间,提高轧机作业率。更换工作辊采用侧移式双小车和管子自动拆卸机构,每次只要 6～10 min。

（7）交流化的主传动系统。随着电力电子技术、微电子技术的发展,现代控制理论特别是矢量控制技术以及近年来交流调速系统的数字化技术的应用,促进了交流调速系统的发展,目前交流调速的调速性能达到甚至优于直流调速。国外宽厚板轧机主传动电动机有一些由直流电动机改为交流同步电动机供电,新建的厚板轧机更是优先选用交流化的主传动系统。

（8）控制轧制与快速冷却相配合,已能生产出调质热处理所要求的钢板。采用步进式或圆盘式冷床,以减少钢板划伤,提高钢板表面质量。切边以滚切式双边剪为主,头尾及分段横切采用滚切剪。双边剪每分钟剪切次数可达 32 次,定尺每分钟可达 24 次,以满足高产的要求。在线超声波无损自动探伤,除了具有连续、轻便、成本低、穿透力强和对人体无害,能再现钢板内部缺陷,能确定其准确位置,可以发现其他方法不能探出的细小缺陷。

（9）计算机应用在宽厚板轧机上,既提高了产量又提高了质量。目前,测温、测压、测厚、测长、测板形、超声波探伤等自动化手段齐全,从板坯仓库开始,加热炉、轧机、矫直机、冷床、剪切线、辊道输送、吊车输送、打印和喷字标志检查以及收集堆垛,已全面实现了自动化,将整个车间操作情报系统、过程计算机、管理计算机以及所有的自动化设备,有机地结合起来,使车间消耗和定员大大减少。

12.2.2　中厚板轧机布置及中厚板车间

中厚板轧机组成一般有单机架、双机架和连续式等型式。

1. 单机架轧机

一个机架既是粗轧机,又是精轧机,在一个机架上完成由原料到成品的轧制过程,称之为单机架轧机。单机座布置的轧机可以选用任何一种厚板轧机,由于粗精轧在一架上完成,产品质量较差,轧辊寿命短,但投资省、建厂快,适用于产量要求不高,对产品尺寸精度要求较宽的中型钢铁企业。如图 12-8 所示是单机座 4 200 mm 厚板车间平面布置简图。轧机是一台四辊万能轧机,轧辊尺寸 $\phi980/1\ 800\times4\ 200$ mm,立辊直径 $\phi1\ 000$ mm,辊身长 1 100 mm。年产量 40～60 万吨,以合金钢为主。该车间有均热炉一座,轧机后有热剪机和七辊热矫直机,矫直后的钢板经过冷却、检查、修磨、剪切成一定尺寸。对于需要热处理的钢板,可进行调质处理、常化处理等。

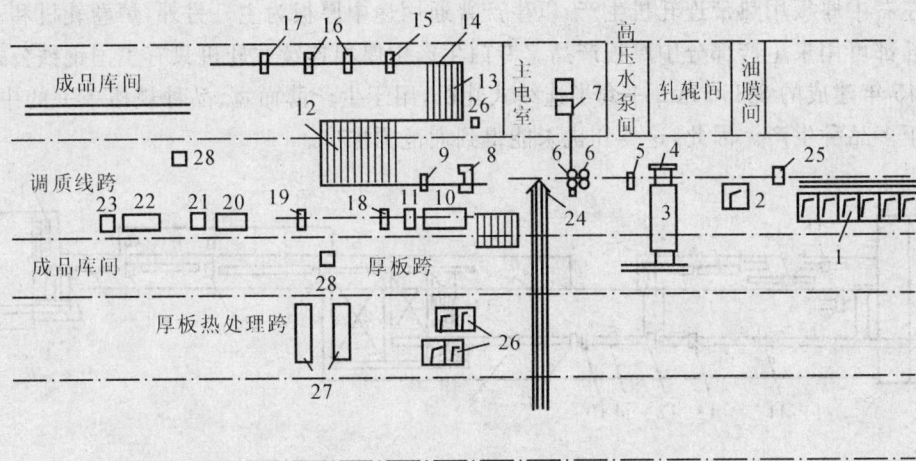

图 12-8 单机架 4 200 mm 厚板车间平面布置简图

1—均热炉; 2—车底式炉; 连续式炉; 4—出料料; 5—高压除鳞箱; 6—4 200 mm 万能轧机;
7—发电机-电动机组; 8—热剪; 9—热矫直机; 10—常化炉; 11—压力淬火机; 12—冷床;
13—翻板机、检查修磨台; 14—辊道; 15—双鞭剪; 16—定尺剪; 17—打印机;
18—热矫直机; 19—冷矫直机; 20—淬火炉; 21—淬火机; 22—回火炉;
23—淬火机; 24—收集装置; 25—运锭小车; 26—缓冷坑;
27—外部机械化炉; 28—翻板机

2. 双机架轧机

双机架轧机是把粗轧和精轧两个阶段不同任务和要求分别放到两个机架上完成,其布置形式有横列式和纵列式两种。由于横列式布置因钢板横移易划伤,换辊较困难,主电室分散及主轧区设备拥挤等原因,新建轧机已不采用,全部采用纵列式布置。与单机架形式相比,不仅产量高,表面质量、尺寸精度和板形都较好,并可延长轧辊寿命,缩减换辊次数等。双机架轧机组成形式有四辊-四辊、二辊-四辊和三辊-四辊式三种。20 世纪 60 年代以来,新建轧机绝大多数为四辊-四辊式,以欧洲和日本最多。这种形式轧机粗精轧道次分配合理,产量高,可使进入精轧机轧件断面较均匀,质量好;粗精轧可分别独立生产,较灵活。其缺点是粗轧机工作辊直径大,轧机结构笨重复杂,投资增大。应指出,美国、加拿大和我国仍保留着相当数量的二辊-四辊式轧机。

由于各生产车间工艺及设备不同,车间布置各有特色。如图 12-9 所示是日本住友金属鹿岛厚板厂车间平面布置图。该厂采用双机架四辊可逆式轧机,粗轧机轧辊尺寸为 $\phi1 010/2 000×5 340$ mm,电机容量为 $2×4 500$ kW,$40/80$ r/min 直流电动机,轧制力达 $90 000$ kN;精轧机工作辊为 $\phi1 000×4 724$ mm,支撑辊为 $\phi2 000×4 579$ mm,主传动为两台 $5 000$ kW,$50/100$ r/min 直流电动机,面积达 $13 7780$ m^2,年产 192 万吨。

3. 连续式、半连续式、3/4 连续式布置

连续式、半连续式、3/4 连续式布置是一种多机架生产带钢的高效率轧机,目前成卷生产的带钢厚度已达 25 mm 或以上,因此许多中厚钢板可在连轧机上生产。但由于用热带连轧机轧制中厚板时板不能翻转,板宽又受轧机限制,致使板卷纵向和横向性能差异很大。同时又需

大型开卷机,钢板残余应力大,故不适用于大吨位船舶上作为船体板,也难满足 UOE 大直径直缝焊管用。因此,用热带连轧机生产中厚板是有一定局限性的。但由于其经济效益显著,仍有 1/5 左右中厚板用热带连轧机生产,以生产普通用途中厚板为主。另外,炉卷轧机和薄板坯连铸连轧都可用来生产部分中厚板产品。专门生产中厚板连续式轧机只有美国钢铁公司日内瓦厂 1945 年建成的 3 350 mm 一套半连续式轧机,用于生产薄而宽、品种规格单一的中厚板,不适合于多品种生产。因此,这类轧机未能得到大范围推广。

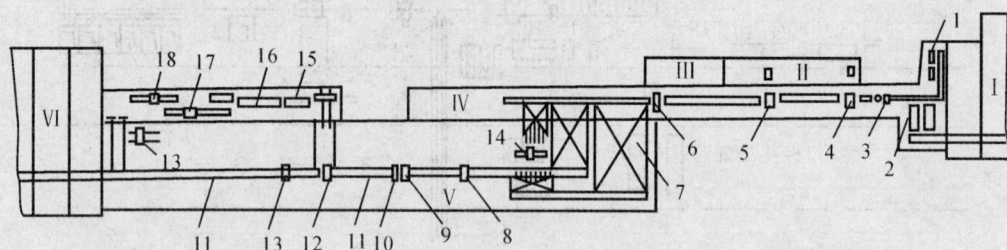

图 12-9 日本住友金属鹿岛厚板厂平面布置图

（Ⅰ）板坯场； （Ⅱ）主电室； （Ⅲ）轧辊间； （Ⅳ）轧钢跨； （Ⅴ）精整跨； （Ⅵ）成品库
1—室状炉； 2—连续式炉； 3—高压水除鳞； 4—粗轧机； 5—精轧机； 6—矫直机； 7—冷床；
8—切头剪； 9—双边剪； 10—剖分剪；ˊ11—堆垛剪； 12—定尺剪； 13—超生波探伤设备；
14—压平机； 15—淬火机； 16—热处理炉； 17—涂装机； 18—抛丸设备

12.2.3　中厚板生产工艺

中厚板生产的工艺流程基本分为原料的选择、加热、钢板的轧制、精整、后部处理（探伤、热处理）等工序。一般的生产工艺流程如图 12-10 所示。

1. 原料的选择与加热

选择合理的原料种类、尺寸和保证其质量是钢板优质高产的基础。中厚板轧制所用的原料主要有扁锭、初轧板坯、连铸坯、压铸坯等。发展趋势是使用连铸坯 。原料的尺寸即原料的厚度、宽度和长度。它直接影响着轧机的生产率、坯料的成材率以及钢板的力学性能。原料尺寸的选择原则是:为保证板材的组织性能应该具有足够的压缩比,因此原料的厚度尺寸在保证钢板压缩比的前提下应尽可能小。不同的原料压缩比的大小也不相同,一般认为连铸坯的压缩比为 3~5 左右(也有资料认为应大于 8),扁锭的压缩比为 6,而模铸的初轧坯由于已在初轧机上变形,在中厚板轧机上的压缩比可不受限制。随着炼钢技术的发展,钢质的提高,连铸坯质量也不断提高,压缩比在逐渐减小。原料的宽度尺寸应尽量大,使横轧操作容易。原料的长度尺寸应尽可能接近原料的最大允许长度。原料尺寸的选择还需满足轧机设备和加热炉的各种限制条件,并且也要照顾到炼钢车间的生产。

原料加热的目的是使轧制原料在轧制时有好的塑性和低的变形抗力。对于某些高合金钢钢锭,加热还可以使钢中化学成分得到均匀扩散。中厚板用的加热炉有连续式加热炉、室式加热炉和均热炉三种。均热炉用于由钢锭轧制特厚钢板;室式炉用于特重、特厚、特短的板坯,或多品种、少批量及合金钢的坯或锭;连续式加热炉适用于品种少批量大的生产。近年来用于板坯加热的连续式加热炉主要是推钢式和步进梁式连续加热炉两种。提供优质的加热板坯除要选择合理的加热炉型外,还要靠合理的热工制度来保证,它包括确定加热温度、加热速度、加热时间、炉温制度及炉内气氛等。合理的热工制度就是要能提供满足轧机产量需要、温度均匀、不产生各种加热缺陷、表面氧化铁皮最少的钢坯,同时能使燃料比耗最低。即加热温度、加热速度、加热时间、炉温制度及炉内气氛等,保证提供优质的加热板坯。

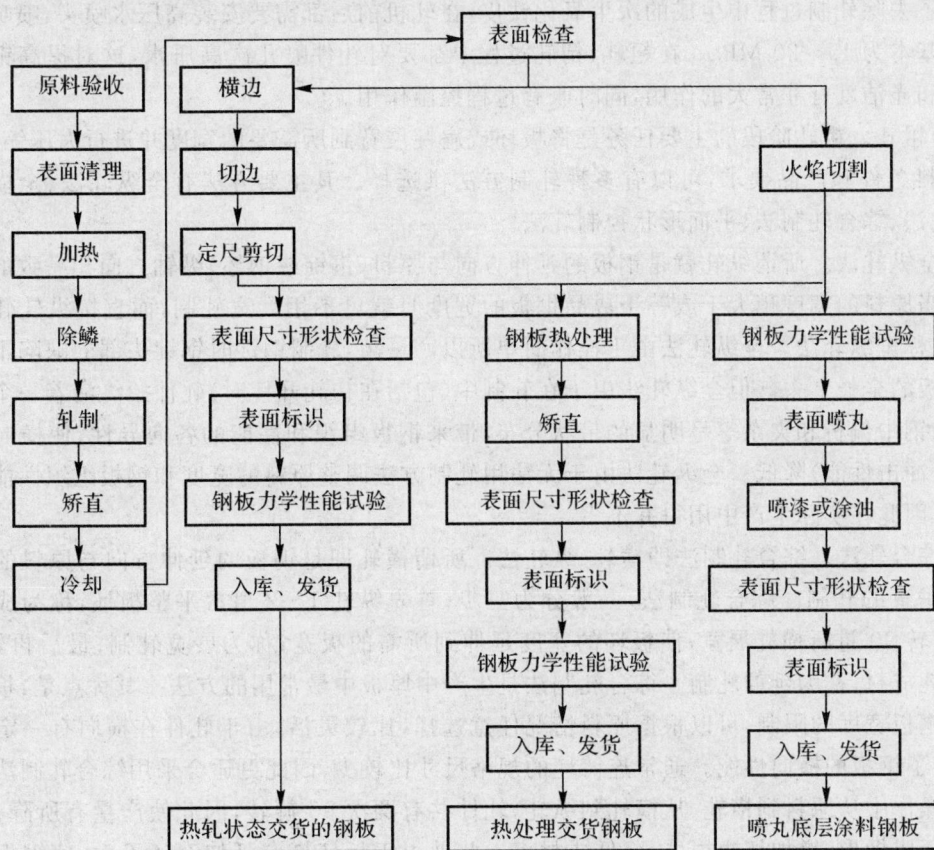

图 12-10　中厚板生产工艺流程

2.轧制

轧制是在轧机上完成钢板成型和钢板力学性能控制的主要过程。通常中厚板的轧制过程分为除鳞阶段、粗轧阶段(整形、宽展、延伸)和精轧阶段(延伸与质量控制)。

(1)除鳞。除鳞是将在加热时生成的初生氧化铁皮(一次氧化铁皮)和轧制过程中形成的二次氧化铁皮去除干净,以免压入钢板表面形成表面缺陷。初生氧化铁皮要在轧制开始阶段去除,因为这时氧化铁皮尚未压入钢中,易于去除。

清除氧化铁皮的方法很多,在旧的中厚板轧机上曾经采用投入竹枝、荆条、食盐等方法去除初生氧化铁皮,但效果不好,以后也曾经采用专门的二辊轧机、立辊轧机给钢坯(或钢锭)以小的变形量使氧化铁皮与金属分离,然后用高压水或高压空气将氧化铁皮冲去。这种方法虽然可以获得较好的清除氧化铁皮效果,但是投资较大。现代化的中厚板轧机上已经普遍采用造价低廉的高压水除鳞箱,它能满足清除初生氧化铁皮的需要。用高压水泵将高压水供给除鳞箱,水压一般在 18~25 MPa 以上。对合金钢板因氧化铁皮与钢板间结合较牢,要求高压水压力取高值。喷水除鳞是在箱体内完成的,起到安全和防水溅的作用。除鳞装置的喷嘴可以根据板坯的厚度来调整喷水的距离,以获得更好的效果。在以钢锭为原料的中厚板厂采用立辊轧机还是有必要的。一是立辊可以挤破钢锭外表面的初生氧化铁皮,然后再用高压水冲去,这比单用高压水去除氧化铁皮效果更好;二是立辊还起到去除钢锭锥度的作用。

为了去除轧制过程中生成的次生氧化铁皮,在轧机前后都需要安装高压水喷头,喷嘴的出口压力基本为 $15 \sim 20$ MPa。在粗轧、精轧过程中都要对轧件喷几次高压水,这对提高钢板表面质量和光洁度有非常大的作用,同时兼有过程控温作用。

(2)粗轧。粗轧阶段的主要任务是将板坯或扁锭展宽到所需要的宽度并进行大压缩延伸。根据原料条件和产品要求,可以有多种轧制方法供选择。其主要方法有全纵轧法、全横轧制法、角轧法、综合轧制法、平面形状控制轧法。

1)全纵轧法。所谓纵轧就是钢板的延伸方向与原料(钢锭或钢坯)纵轴方向相一致的轧制方法。当原料的宽度稍大于或等于成品钢板的宽度时就可不用展宽轧制,而直接纵轧轧成成品,所以称全纵轧法。全纵轧法由于操作简单所以产量高,轧制钢锭时钢锭头部的缺陷不致扩展到钢板的全长上去。但全纵轧法由于在轧制中(包括在初轧开坯时)轧件始终沿着一个方向延伸,使钢中偏析和夹杂等呈明显的带状分布,带来钢板组织和性能的各向异性,使横向性能(尤其是冲击性能)降低。全纵轧法由于无法用轧制方法调整原料的宽度和钢板组织性能的各向异性,因此在实际生产中用得并不多。

2)综合轧法。综合轧制法即横轧-纵轧法。所谓横轧即是钢板的延伸方向与原料的纵轴方向相垂直的轧制。综合轧制法,一般分为三步:首先纵轧 $1 \sim 2$ 道次平整板坯,称为成型轧制;然后转 $90°$ 进行横轧展宽,使板坯的宽度延伸到所需的板宽,称为展宽轧制;最后再转 $90°$ 进行纵轧成材,称为延伸轧制。综合轧制法是生产中厚板中最常用的方法。其优点是:板坯宽度不受钢板宽度的限制,可以根据原料情况任意选择,比较灵活,由于轧件在横向有一定的延伸,改善了钢板的横向性能。通常连铸坯的规格尺寸比较少,因此更适合采用综合轧制法。但此法在操作中从原料到横轧、从横轧到纵轧,轧件共有两次 $90°$ 旋转,因此使产量有所降低,并易使钢板成桶形,增加切边损失,降低成材率。此外由于板坯横向延伸率还不大,使钢板组织性能各向异性改善还不够明显,横向性能仍然容易偏低。

3)角轧-纵轧法。使钢板纵轴与轧辊轴线呈一定角度送入轧辊进行轧制。送入角一般在 $15 \sim 45°$ 范围内,每一对角线轧制 $1 \sim 2$ 道后,更换为另一对角线进行轧制。角轧-纵轧法优点是轧制时冲击小,易于咬入,板坯太窄时,还可防止轧件在导板上"横搁"。其缺点是需要拨钢,操作麻烦,使轧制时间延长,降低了产量;同时,送入角和钢板形状难以控制,使切损增大,成材率降低,劳动强度大,难于实现自动化,故只在轧机较弱或板坯较窄时才用这种方法。

4)全横轧法。将板坯从头至尾用横轧方法轧成成品,称为全横轧法。这种方法只有当板坯长度大于或等于钢板宽度时才能采用。若以连铸坯为原料,则全横轧法与全纵轧法一样,会使钢板组织性能产生明显各向异性;但当用初轧坯为原料时,全横轧法优于全纵轧法,这是由于初轧坯本身存在纵向偏析带,随着金属横向延伸,轧坯中纵向偏析带的碳化物夹杂等沿横向铺开分散,硫化物形状不再是纵轧的细长条状,呈粗短片状或点网状,片状组织随之减轻,晶粒也较为等轴,因而大大改善了钢板横向性能,显著提高了钢板横向塑性和冲击韧性,提高了钢板综合性能合格率;另外,全横轧比综合轧制法更容易得到更整齐的边部,钢板不成桶形,减少了切损,提高了成材率;再有,由于减少了一次转钢时间,以及连续同向轧制,使产量有所提高。因此,全横轧法经常用于初轧坯为原料的厚板厂,使由坯料—初轧坯—板材总变形中,其纵横变形之比趋近相等。

5)平面形状控制轧法。平面形状控制技术就是成品钢板的矩形化技术,基本思想是对轧制终了的钢板平面形状进行定量预测,然后根据"体积不变定理",换算成在成型轧制或展宽轧制最末道次上给予的板厚超常分布,在轧制阶段,这个超常限区分布量将用于轧件的矩形度。

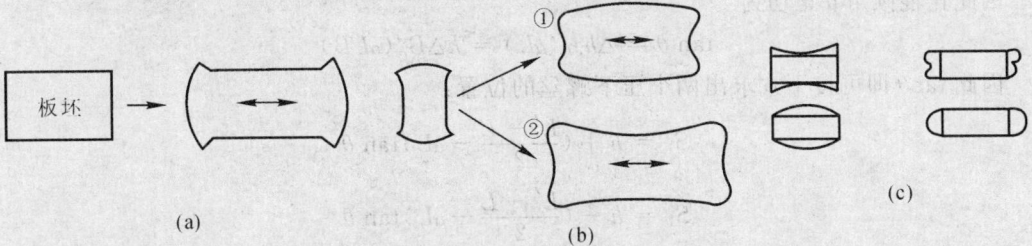

图 12-11　轧制过程平面形状变化
(a)除鳞及成形阶段;　(b)展宽阶段;　(c)伸长轧制阶段

平面形状控制是针对中厚板轧制的变形特点进行的,如图 12-11 所示。在除鳞及成型阶段,钢板头尾部出现舌状,侧边出现凹形(见图 12-11(a));在展宽阶段,当成型轧制压下率大,而展宽轧制压下率小的情况下,头尾部呈凹形,侧边呈凸形;反之,头尾部仍呈凹形,侧边也呈凹形(见图 12-11(b));在伸长轧制阶段,可能出现板形形状如图 12-11(c)所示。这些现象发生都是由于纵横变形不均引起的,致使轧后钢板平面形状不是矩形,造成钢板头、尾及侧边切损增加,降低成材率。为了保证成品钢板平圆形状矩形化,提高成材率,涌现了多种中厚板平面形状控制轧制方法:

①厚边展宽轧制法(MAS)。这种方法是日本川崎制铁公司开发的,以控制辊缝开度改变轧材厚度的一种方法。原理如图 12-12 所示,虚线为未实施 MAS 钢板形状,实线为实施 MAS 以后钢板形状。它是根据每种尺寸钢板在终轧后桶形平面变化量,计算出粗轧展宽阶段坯料厚度变化量,以求最终轧出钢板平面形状矩形化,成材率提高 4.4%。

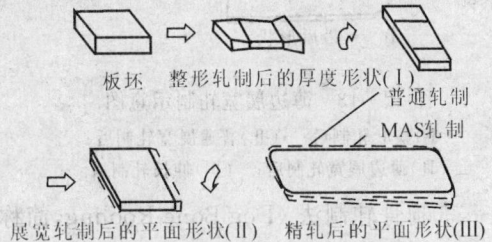

图 12-12　厚边展宽轧制法原理
(Ⅰ)成形轧制后;　(Ⅱ)展宽轧制后;
(Ⅲ)伸长轧制后

MAS 法控制的技术关键是:准确的前滑计算;两种斜面(厚-薄、薄-厚);不同的前滑规律;要求两斜面对称,否则出现侧弯(camber);准确估计和控制斜面,凸起部分恰好补足角部缺少的金属(考虑不同的延伸比和展宽比)。

②薄边展宽轧制法。薄边展宽轧制法也称差厚展宽轧制法,将展宽轧制后的不均匀变形量折算成轧辊水平倾斜角度。在展宽轧制后,紧接着倾斜轧辊,追加两道次变形,对板坯的两边进行轧制,使薄边展宽轧制后的板坯形状接近矩形,以消除轧制与展宽阶段不均匀变形而形成的头尾异形。然后将轧件转动 90°,延伸轧制为四边较为平直的平面形状。日本川崎制铁公司千叶厚板厂采用这种方法提高了 1%成材率。

轧制过程如图 12-13 所示,工作原理如图 12-14 所示,其中图 12-14(a)和图12-14(c)分别为未实施和已实施薄边展宽轧制后板坯板宽方向与横截面形状特征。在展宽轧制中平面形状出现桶形,端部宽度比中部要窄 ΔB,令窄部的长度为 αL(其中 α 为系数,取 0.1～0.12;

L 为板坯长度即轧件宽度),若把此部分展宽到与中部同宽,就可以得到矩形,纵轧后边部将基本平直。为此将轧辊倾斜一个角度 θ,在端部多压 Δh_e 的量,让它多展宽一点,使其成矩形,取微分单元 dx 加以考虑(令 $B=1$),由相似三角形及体积不变原则可求得 Δh_e 为

$$\Delta h_e = h \Delta B / B$$

因此轧辊倾角 θ 正切为

$$\tan \theta = \Delta h_e / (\alpha L) = h \Delta B / (\alpha L B)$$

因此 $\tan\theta$ 即可按下式求出两个压下螺丝的位置:

$$S_1 = h + \left(\frac{L'-L}{2} - \alpha L \right) \tan \theta$$

$$S_1 = h - \left(\frac{L'-L}{2} - \alpha L \right) \tan \theta$$

式中,l' 为两压下螺丝中心距;其余符号如图 12-14 所示。

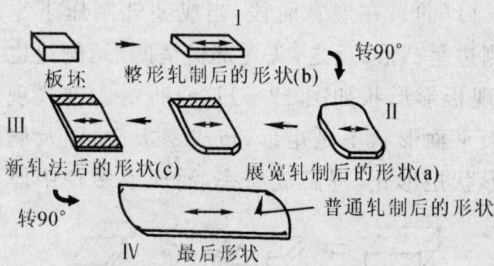

图 12-13 薄边展宽轧制示意图
(Ⅰ)整形轧制后; (Ⅱ)普通展宽轧制后;
(Ⅲ)薄边展宽轧制后; (Ⅳ)伸长轧制后

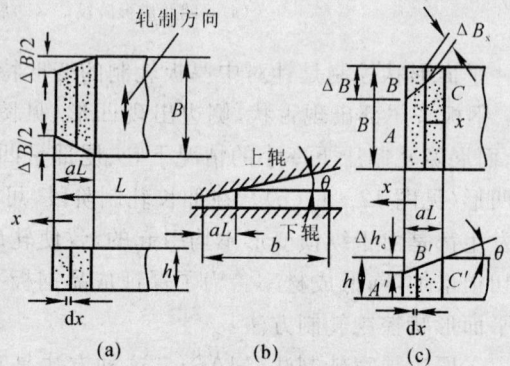

图 12-14 薄边展宽轧制原理图
(a)展宽轧制后形状; (b)轧辊倾斜轧端部;
(c)新工艺

③狗骨轧制法(Dog Bone Rooling,简称 DBR 法)。狗骨轧制法是日本钢管富田研究所开发的一种平面形状控制轧制技术。该技术是将预测到长度方向的平面形状变化量补偿到宽度方向的厚度截面上。将轧件先轧成两边厚、中间薄的"狗骨"形状,然后再沿坯料的宽度方向一直进行延伸轧制,直到轧出成品钢板,其过程如图 12-15 所示。它与 MAS 轧制法基本相同,是在宽度方向上变化伸长率改变断面(沿原料的长度)形状,从而达到平面形状矩形化的目的。所不同的是,在考虑 DB 量(即轧件前后端加厚部分的长度和减少的压下量)时,考虑了 DB 部在压下时的展宽。日本钢管公司福田厚板厂采用此法使切损减少65%,成材率提高2%。

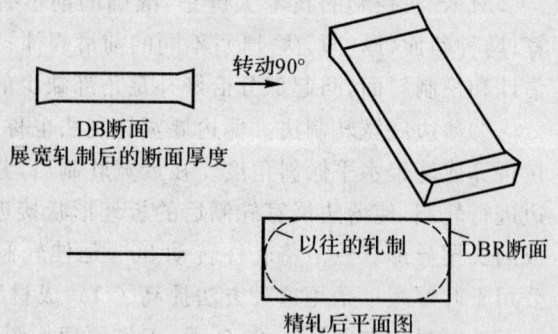

④立辊轧边法。这种轧制方法原理如图 12-16 所示。板坯成型轧制后转 90°横向轧边,展宽轧制后再转 90°进行纵向轧边,然后进行伸长轧制。由于宽厚比等方面的

图 12-15 狗骨轧制法
(虚线为未实施该法轧制钢板形状)

原因,立辊的使用范围受到限制。功能:使平面形状接近矩形,控制边部形状,减少重叠,提高宽度精度。其特点:辊身配置孔型,可以垂直升降,在成型阶段,使用带孔型的部分控制边部的形状,减少折叠;在展宽和精轧道次,采用平辊身控制宽度,它与 MAS 法配合使用可以很好地控制钢板的平面形状,实现无切边轧制。新日铁名古屋厚板厂采用立辊轧边法使厚板成材率提高 3%,达到 96.8%。

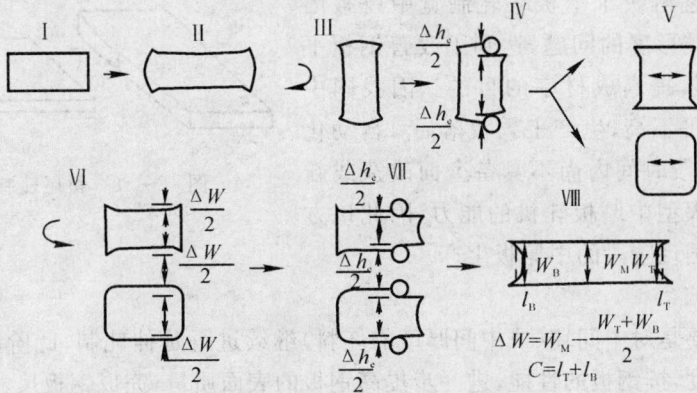

图 12-16　立辊轧边法示意图

(Ⅰ)板坯;　(Ⅱ)成形轧制;　(Ⅲ)转 90°;　(Ⅳ)横向轧边;　(Ⅴ)展宽轧制;
(Ⅵ)转 90°;　(Ⅶ)纵向轧边;　(Ⅷ)伸长轧制

⑤咬边返回轧制法。采用钢锭作为坯料时,在展宽轧制完成后,根据设定咬边压下量确定辊缝值。将轧件一个侧边送入轧辊并咬入一定长度,停机,轧辊反转退出轧件,然后轧件转过180°将另一侧送入轧辊并咬入相同长度,再停机轧机反转退出轧件,最后轧件转过 90°纵轧两道消除轧件边部凹边,得到头尾两端都是平齐的端部,原理如图 12-17 所示。

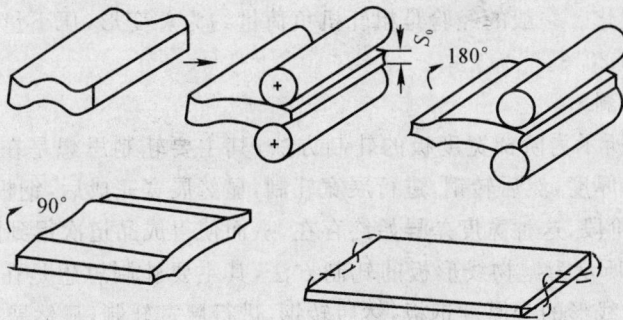

图 12-17　咬边返回法示意图

(虚线为未实施该法轧制的钢板形状)

⑥留尾轧制法。该方法是我国舞阳钢铁公司厚板厂采用的一种方法。由于坯料为钢锭,锭身有锥度,尾部有圆角,致使成品钢板尾部较窄,增大了切边量。留尾轧制法工作原理如图12-18 所示,钢锭纵轧到一定厚度以后 ,留一段尾部不轧,停机轧辊反转退出轧件,轧件转过90°进行展宽轧制,增大了尾部宽展量,减少了切损,使成材率提高 4%。

⑦立辊挤头尾法。该方法是我国秦皇岛首钢板材有限公司最新发明的轧制方法。在横轧

展宽至倒数第二道轧完后,启动立辊,将板坯停在立辊轧机处,使用动态立辊测量板坯长度尺寸,然后向立辊前部送钢。根据实测板坯长度及展宽比等,设定立辊压下量,并启动立辊轧机进行挤头尾轧制。挤头尾完成后,继续使用四辊轧机进行最后一道横轧。该工艺解决了窄板坯轧制宽中厚板因宽展比大而形成鼓形度的问题,达到了改善钢板平面形状,减少切损,提高成材率的目的。因我国中厚板轧机装配水平不高,生产工艺较落后,自动化控制程度低,在一段时间内尚不具备全面改造或新建高水平现代化大型中厚板轧机的能力,因此该方法尤其适用于我国现阶段的中厚板生产。

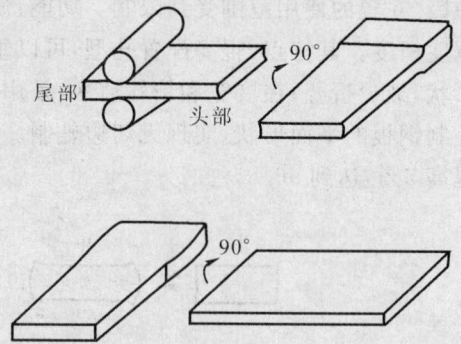

图 12-18 留尾轧制法示意图

3. 精轧阶段

精轧阶段主要是对中间坯(或中间厚度的坯料)继续进行延伸轧制,此阶段的轧制重点是保证钢板的平直度,按钢板的性能,进一步提高钢板的表面质量,完成钢板尺寸的精确控制。

精轧阶段与粗轧阶段的划分,通常与机架的布置有关。单机架布置时,精轧阶段与粗轧阶段划分不明显;双机架布置时第一机架称为粗轧机——粗轧阶段,第二机架称为精轧机——精轧阶段,粗轧机和精轧机之间的阶段划分与负荷(压下量)的分配是中厚板生产系统中较为系统、复杂的技术问题,它涉及工艺布置、主机设备能力、原料尺寸、产品规格、控制轧制等多方面的因素。两机架负荷分配与优化要充分、深入地分析和掌握各种因素在不同条件下时各机架轧制规程编排的影响。在编排两机架轧制规程时,一是要均衡各道次负荷,避免和减少尖峰负荷的出现,同时留有一定的余量,确保主机设备的安全运行;二是要尽可能地做到双机架轧制负荷均衡化及轧制节奏的紧凑化,使双机架的轧制能力与其他在线主要设备能力相匹配,从而实现生产效能的最大化。一般的经验是粗轧机负荷量约为总变形(压下量)的 80%,精轧机的负荷约为总压下量的 20%。

4. 异形钢板的轧制

如图 12-19(a)所示为阶梯宽度板的轧制方法,其主要轧制思想是在成型阶段最后一个道次将钢板轧成阶梯厚度,然后转钢,进行展宽轧制,显然展宽完成后,钢板前部和后部宽度存在明显差异,在精轧阶段,这种宽度差异始终存在,从而使得成品道次得到阶梯宽度板。

如图 12-19(b)所示为抛物线形板的轧制方法,其主要轧制思想是在成型阶段最后一个道次将钢板轧成抛物线形的变厚度钢板,然后转钢,进行展宽轧制,显然展宽完成后,钢板前部和后部呈抛物线形状,在精轧阶段,这种抛物线形状始终存在,从而使得成品道次得到抛物线形宽度板,如果抛物线形状控制合理,可能得到椭圆形或圆形钢板。

如图 12-19(c)所示为连续变宽度板的轧制方法,其主要轧制思想是在成型阶段最后一个道次将钢板轧成连续变厚度钢板,然后转钢,进行展宽轧制。显然展宽完成后,钢板沿长度方向宽度连续变化,在精轧阶段,这种宽度变化始终存在,从而使得成品道次得到连续变宽度钢板。

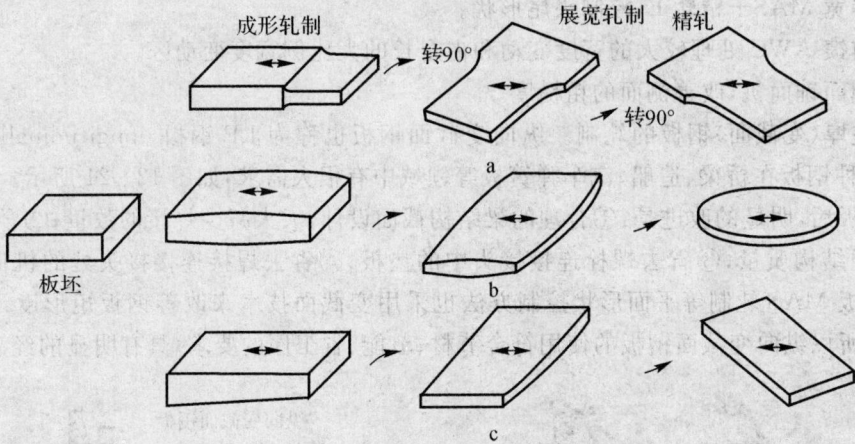

图 12-19　异形钢板的轧制

(a)阶梯宽度板轧制；(b)抛物线形板；(c)连续变宽度板

5.无切边轧制技术

日本研制了无切边厚板生产技术来轧制切边钢板,每边切边量可控制在 20 mm 以下,采用铣边加工方式,如图 12-20 所示。无切边轧制技术的要点有以下几点：

(1)成型道次孔型立辊,消除侧边折叠。

(2)成型 MAS＋展宽 E 控制,控制展宽轧制结束时的宽度形状。

(2)精轧中往返进行立轧和平轧,液压立辊 AWC,提高宽度精度。

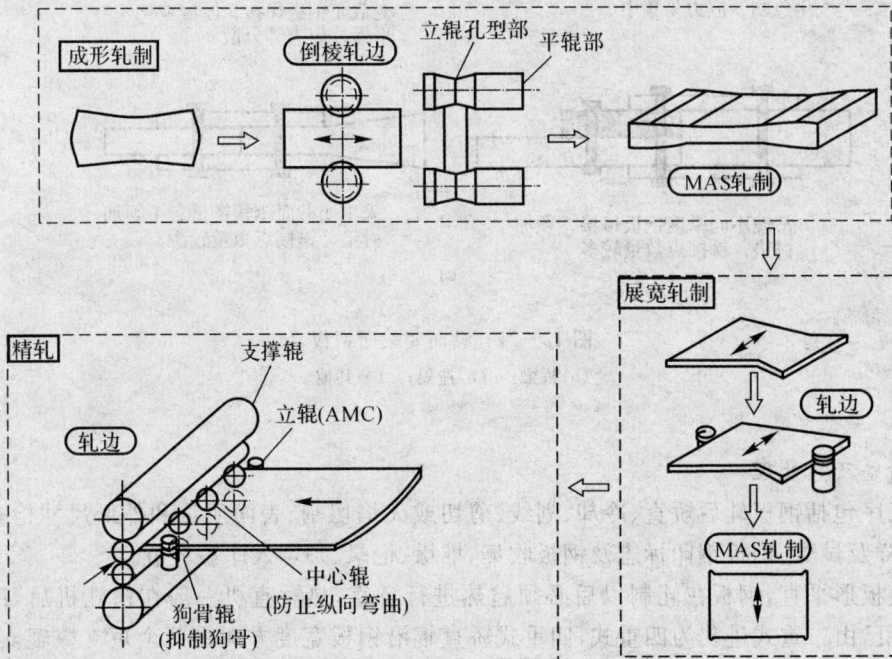

图 12-20　无切边轧制

（3）展宽 MAS＋精轧 E，控制头尾形状。

（4）前馈 AWC 处理较大的宽度变动和占全长的大比例宽度变动区。

（5）侧面铣面机，改善侧面的粗糙度。

（6）差厚（变截面）钢板的轧制。纵向变截面钢板也称为 LP 钢板（longitudinally profiled plate），这种钢板在桥梁、造船、汽车弹簧板等领域中有很大需求，如图 12-21 所示。采用纵向变截面钢板后，明显的改进是：①合理的梁结构截面设计，大大减少焊接的数量；②合理的板厚选择，减轻结构质量；③省去螺栓连接接头中的垫板；④省去焊接连接接头处的机械加工等。另外中厚板 MAS 轧制等平面形状控制方法也采用变截面技术来改善钢板矩形度，提高轧件成材率。所以纵向变截面钢板的使用符合节材、节能、省工序的要求，具有明显的经济效益。

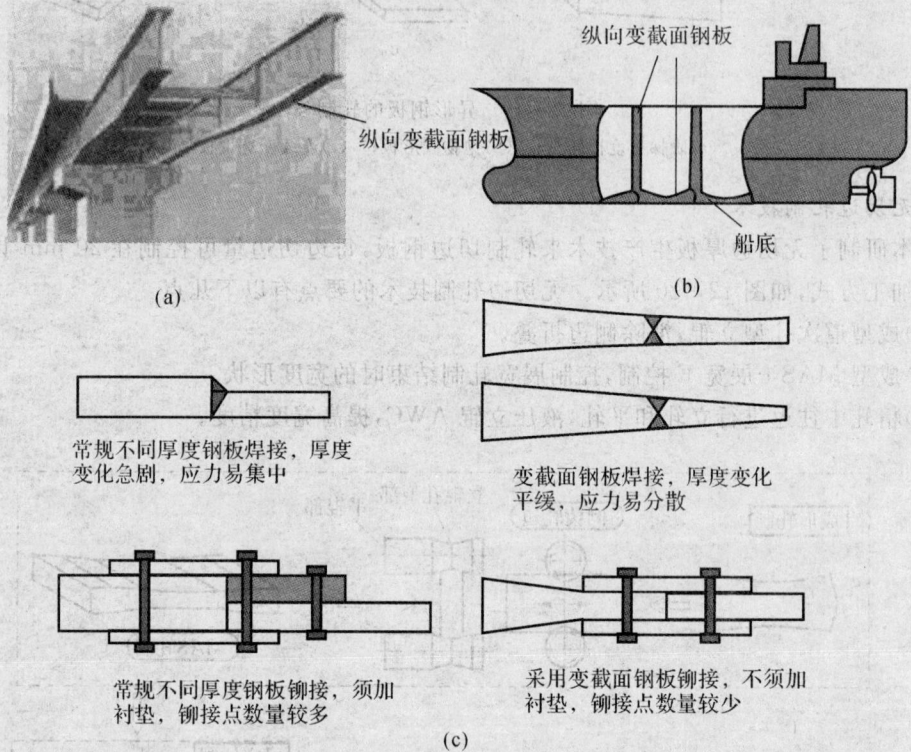

（a）

纵向变截面钢板

纵向变截面钢板

船底

（b）

常规不同厚度钢板焊接，厚度变化急剧，应力易集中

变截面钢板焊接，厚度变化平缓，应力易分散

常规不同厚度钢板铆接，须加衬垫，铆接点数量较多

采用变截面钢板铆接，不须加衬垫，铆接点数量较少

（c）

图 12-21 纵向变截面钢板
（a）桥梁； （b）造船； （c）其他

6. 精整及热处理

该工序包括钢板轧后矫直、冷却、划线、剪切或火焰切割、表面质量和外形尺寸检查、缺陷修磨、取样及试验、钢板钢印标志及钢板收集、堆垛、记录、判定入库等环节。

为使板形平直，钢板在轧制以后必须趁热进行矫直，热矫直机一般在精轧机后，冷床前。热矫直机已由二重式进化为四重式，四重式矫直辊沿钢板宽度方向由几个短支撑辊支撑矫直辊，以防止矫直力使矫直辊严重挠曲。冷矫直机一般是离线设计的，它除了用于热矫直后补充矫直外，主要用于矫直合金钢板，因为合金钢板轧后往往需要立即进行缓冷等处理。

矫直后钢板仍有很高温度，在送往剪切线之前，必须进行充分冷却，一般要冷却到150℃～

200℃。圆盘式及步进式冷床冷却均匀,且不损伤板表面,近年来趋于采用这两种冷床。中厚板厂在冷床后都安装有翻钢机,其作用是为了实现对钢板上下表面质量检查,是冷床系统必备工艺设备。但此方法虽可靠却效率低,同时又是在热辐射条件下工作,工作环境差。现在已有厂家在输送辊道下面建造地下室进行反面检查。

钢板经检查后进入剪切作业线,首先进行划线,即将毛边钢板剪切或切割成最大矩形之前应在钢板上先划好线,随后切头、切定尺和切边。圆盘剪目前一般用于最大厚度为 20 mm 钢板,适用于剪切较长钢板;新设计现代化高生产率厚板车间,大都采用双边剪,剪切厚度达40～50 mm钢板。日本采用一台双边剪与一台横切剪紧凑布置的所谓"联合剪切机",不仅大大节约了厂房面积(仅需传统剪切线的 15%),而且可使剪切过程实现高度自动化。

因钢板牌号和使用技术要求的不同,中厚钢板热处理工艺也不一样。常用热处理方法有正火、退火及调质。正火处理以低合金钢为主,通常锅炉和造船用钢板正火温度为 850～930℃,冷却应在自由流通空气中均匀冷却,如限制空气流通,会降低其冷却速度,达不到正火目的,有可能变为退火工艺;如强化空气冷却速度,有可能变成风淬工艺。正火可以得到均匀细小晶粒组织,提高钢板综合机械性能。退火目的主要是消除内应力,改善钢板塑性;调质处理主要是用淬火之后中温或高温回火取得较高强度和韧性的热处理工艺。

12.2.4 中厚板轧机压下规程设计

1. 概述

中厚板轧制规程设计是中厚板轧制制度最基本的内容,直接关系到轧机的产能、产品的质量和设备的安全运行。轧制规程的中心内容就是根据产品的技术要求、原料的条件、生产设备的能力,确定由一定的坯料轧制成所要求钢板的变形制度,也就是确定所需采用的轧制方法、轧制道次及每道次的变形量大小、空载辊缝的大小,以及相应的速度制度、温度制度。在完成上述工作之后,还必须根据轧机的具体条件,进行设备强度验算和电机能力校核,并检查工艺参数是否合理。

轧机的布置形式不同,所采用的压下规程也不同,例如厚板轧机压下规程大致可以分为三个阶段:成型阶段,采用小压下量,获得较为精确的钢板尺寸,为后续的宽度控制和平面形状控制作准备;轧制展宽阶段,采用角轧或横轧将板坯轧制到所要求的宽度;伸长阶段,采用合理的压下量,使钢板迅速达到所要求的厚度,并保证板形要求。

2. 轧制规程的设计条件

轧制规程的设计基本上是受原料条件、产品要求、设备条件、工艺制度四个方面的限制。设备条件主要指轧制电机的能力(最大功率、最大力矩)、轧机的最大轧制力、轧辊的强度。产品条件主要指钢板性能和尺寸精度的要求。在这些限制条件下,确定压下规程并计算出轧机的辊缝及轧辊转速的设定值,缩短轧制周期,提高板形的矩形度,确保成品钢板的尺寸精度。轧制规程的计算与这几方面的相互关系如图 12－22 所示。

3. 压下规程设计原则及要求

中厚板的轧制规程主要包括压下制度、速度制度、温度制度和辊型制度。压下制度主要是确定轧制道次及每道次的压下量。速度制度则是在主电机加、减速度一定的前提下,确定每道次的咬入速度、抛出速度及最大的轧制速度。而温度制度则是确定开轧温度、终轧温度以及各道次轧制过程中的温度变化。辊型制度是根据使用的原料和轧制的品种,考虑轧辊的弹性弯曲、热膨胀及磨损等确定合理的辊型,使轧制过程钢板保持平直,以得到横断面厚度均匀的产品。其中主要是压下规程,它直接关系轧机产量和产品质量。因此合理的压下制度既要充分发挥设备潜力,提高产量,又要保证质量,并且要操作方便,设备安全。

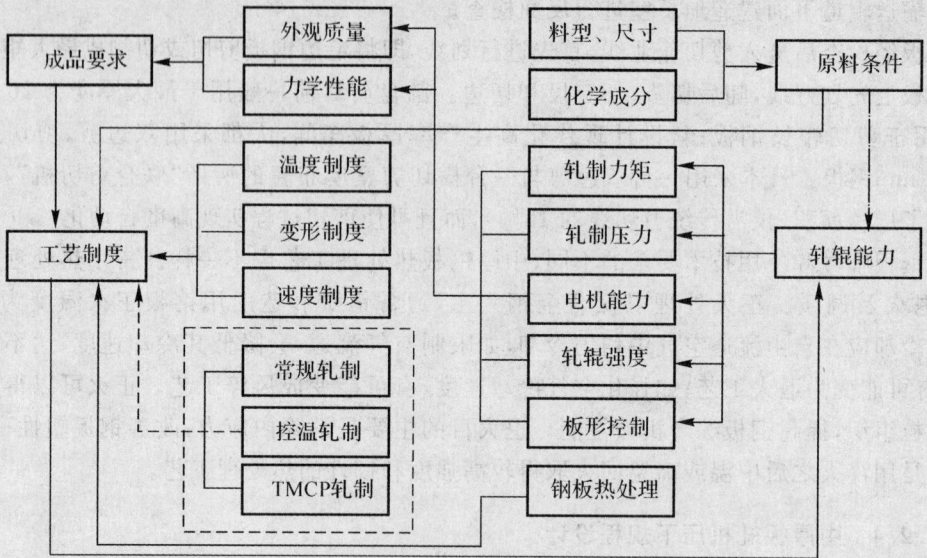

图 12-22　轧制规程排定的关联因素

充分发挥设备潜力,提高产量的主要途径就是提高道次压下量,减少轧制道次。单位压下量的提高受到下列条件的限制。

(1)金属塑性。一般板坯或连铸坯轧制中厚板时,不存在塑性条件限制压下量问题,但在轧制钢锭或某些特殊钢种时需考虑。实践证明,道次压下率允许超过 50%,则金属塑性就不是限制压下量主要因素。

(2)咬入条件。根据平辊自然咬入条件可确定每道次压下率 Δh:

$$\Delta h = D(1 - \cos\alpha_{\max}) = D\left[1 - \frac{1}{\sqrt{1 + f^2}}\right] \tag{12-1}$$

式中,f 为摩擦因数;D 为轧辊直径;$\alpha_{\max}$ 为允许的咬入角。

(3)轧辊强度。中厚板轧制多数道次中,轧辊强度通常是限制压下量的主要因素。为满足轧辊强度条件,金属对轧辊总压力必须小于轧辊强度所决定的最大允许压力,由此决定最大允许压下量 $\Delta h_{\max}$:

$$\Delta h_{\max} = \frac{1}{R}\left(\frac{P_{\max}}{\bar{p}B}\right)^2 \tag{12-2}$$

式中,$\bar{p}$ 为平均单位压力;R 为轧辊半径;B 为钢板宽度;$P_{\max}$ 为轧辊的最大允许压力。

在四辊轧机上由于支撑辊辊身强度很大,$P_{\max}$ 还往往取决于支撑辊辊颈的弯曲强度。按驱动辊辊颈的许用扭转应力计算的最大允许轧制压力为

$$P_{\max} = \frac{0.4d^3[\tau]}{\sqrt{R\Delta h}} \tag{12-3}$$

式中,d 为驱动辊辊颈直径;$[\tau]$ 为轧辊许用扭转应力。

由于四辊轧机附加摩擦力矩很小,若忽略不计,从轧辊辊颈强度出发,近似可得最大允许轧制力矩 M_{max} 为

$$M_{max} \approx P_{max} \sqrt{R\Delta h} = 0.4d^3[\tau] \tag{12-4}$$

由此可见,Δh 越大,则轧制力矩越大,故在压下量大的初轧道次一般应考虑最大允许轧制力矩的限制因素。

（4）主电机能力。正常情况下,主电机功率不应是限制压下量因素。由于生产技术的发展和轧机产量不断提高,旧轧机上可能出现主电机能力不能适应的情况。

$$M_{max} \leqslant \lambda M_H \tag{12-5}$$

$$M_P = \left[\frac{\sum M_n^2 t_n + \sum M_n'^2 t_n'}{\sum t_n + \sum t_n'} \right]^{\frac{1}{2}} \leqslant M_H \tag{12-6}$$

式中,M_{max} 为轧制周期内最大力矩;λ 为过载系数,直流电机为 $2.0 \sim 2.5$,交流同步电机为 $2.5 \sim 3.0$;M_H 为主电机额定力矩;M_P 为等效力矩;$\sum t_n$ 为轧制周期内各段轧制时间总和;M_n 为各段轧制时间对应力矩;M_n 为各段间隙时间对应力矩。

在满足上述条件限制基础上,压下量分配常用方法有中间道次有最大压下量和压下量随道次逐渐减小两种方法。二辊和四辊可逆式轧机经常采用第二种方法,当压下量在开始道次不受咬入条件限制,平轧前除鳞比较好及坯料尺寸较精确时,轧制开始可以充分利用高温采用大压下量,以后随轧件温度下降压下量逐渐减小。但要注意,压下量,特别是精轧阶段,对成品钢板质量有重要影响。如果开始时道次压下量过大则不能很好地除鳞,造成表面不良;最后道次压下量过大,得不到良好板形和尺寸精度;如果整个轧制过程压下量分配不当,会导致终轧温度过高或过低,从而影响成品机械性能。因此,一般要求在精轧阶段成品道次和成品前道次给以小一些的压下量,但必须大于临界变形量,以防晶粒粗大,降低板带性能。

4.道次温度的确定

精确地计算出各道的轧制温度是为了准确计算轧制压力,进行轧辊强度、主电机能力的校核。因此,轧制温度的计算是制定轧制工艺制度的基本内容之一。

高温时的轧件温降可按辐射散热计算,认为对流和传导所散失的热量大致可以与变形功所转换的热量相抵消。轧件逐道温降可由下列近似式计算:

$$\Delta t = 12.9Z/h \, (T_1/1\,000)^4 \tag{12-7}$$

式中,Δt 为道次间的温降;T_1 为上一道次轧件的绝对温度,K;Z 为轧制时间;h 为前一道次轧件的厚度。

有时简化计算,在中厚板轧制的温降计算中亦可用恰古诺夫公式:

$$\Delta t = (t_1 - 400)(Z/h)/16 \tag{12-8}$$

式中,t_1 为前一道次轧件温度,℃。

5.速度制度的确定

中厚板轧机有两种速度制度,一是轧辊转向不变的定速轧制速度,用于三辊劳特式轧机。二是轧辊转向转速变化的可逆式轧制速度制度,用于二辊和四辊可逆式轧机。

（1）可逆式轧机的速度图。可逆式轧机的轧制速度制度图可采用三角形速度图或梯形速度图。梯形速度图（见图 12-23）是轧辊转速随时间变化的曲线图形像梯形。轧辊咬入轧件之前,由零开始加速运转为空转加速期（$0-t_1$）;以某转速（n_1）咬入轧件之后,继续进行加速,为

加速轧制期($t_1 - t_2$);轧辊到达某转速(n_2)后停止加速,为等速轧制期($t_2 - t_3$);等速轧制延续一定时间后,主电机开始减速,轧完轧件后,以转速 n_3 抛出轧件,为减速轧制期($t_3 - t_4$);轧辊继续减速至零,为空转减速期($t_4 - t_5$)。随后,重新向反方向启动进行下一道轧制。三角形速度图(见图 12-24)无等速轧制期,即($t_2 - t_3$)为零,由加速轧制直接过渡到减速轧制的速度图。

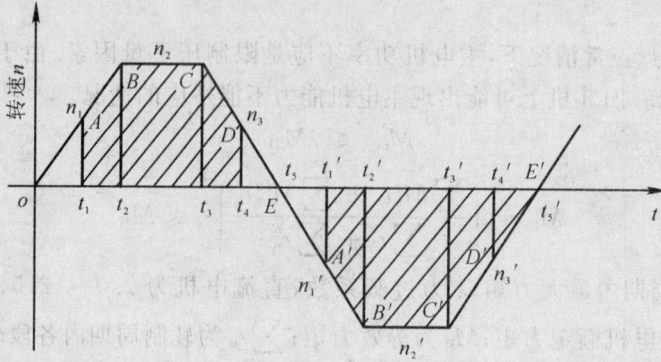

图 12-23 梯形速度图

(2) 合理速度制度的确定。可逆式轧机速度制度的确定包括速度图的选用、各道次的咬入和抛出转速、最高转速及纯轧时间和间隙时间。

转速的确定(咬入转速 n_1、抛出转速 n_3、最高转速 n_2)必须考虑到在可逆式轧机上的压下制度和轧制条件,对于各道次来讲不是恒定的,根据各道次的压下制度可轧件长度来确定各道次的转速。各道次的纯轧时间可由各道轧件轧后的长度 l、角加速度 a、角减速度 b、轧辊直径 D 等确定。三角形速度图下的纯轧时间为

图 12-24 三角形速度图

$$t_z = \frac{n_2 - n_1}{a} + \frac{n_2 - n_3}{b} \qquad (12-9)$$

梯形速度图的纯轧时间由加速轧制时间 t_1,匀速轧制时间 t_2,减速轧制时间 t_3 三部分组成,即

$$t_z = t_1 + t_2 + t_3 \qquad (12-10)$$

其中 $t_1 = (n_2 - n_1)/a$;$t_3 = (n_2 - n_3)/b$

$$t_2 = [60l/\pi d + n_1^2/2a + n_3^2/2b - (a+b)n_2^2/2ab]/n_2$$

可逆轧制的间隙时间取决于轧辊由上一道的抛出转速逆转到下一道咬入转速所需的时间;完成轧辊压下调整的时间;轧件从轧辊间抛出再返回进入轧辊间的时间。间隙时间应大于三者中最长的时间。

6. 制定压下规程的步骤

制定压下规程的方法很多,一般为理论方法和经验方法两大类。通常在中厚板生产中用经验法制定压下规程,其基本步骤为:根据产品要求和生产条件选择合适的坯料种类和尺寸规

格;按经验法确定轧制方式和各道次压下量;逐道校核咬入能力;制定速度制度,计算各道次轧制时间(包括纯轧时间和间隙时间),并据此计算各道次轧件温度;选择合适的轧制压力计算公式计算轧制压力、轧制力矩和总力矩;校核轧辊等部件强度、电机功率和板形;根据校验结果、对照制定规程的原则和要求对规程进行修正。

7. 中厚板轧制规程设计示例

已知原料尺寸为 250 mm × 1 550 mm × 3 200 mm,钢种为 16 Mn,产品规格为 40 mm × 3 000 mm × L mm,轧机为双机架布置,粗轧机 ϕ980/1 800 mm × 4 245 mm,精轧机 ϕ1 020/2 000 mm × 3 500 mm,精轧机最大允许轧制力为 6 000 t,轧制力矩为 2 × 280 t·m,主电机功率为 2 × 5 750 kW,转速为 0 ~ 50 ~ 120 r/min,额定转速下过载系数为 2.5,开轧温度为 1 150℃,进入精轧机前待温到 900℃(此时轧件尺寸为 90 mm × 3 150 mm × 3 748 mm)。制订精轧机压下规程。

(1)确定轧制方法。原料在粗轧机上经横轧达到了产品所需的宽度后转 90° 进行纵轧,进入精轧机后可全部采用纵轧。

(2)采用经验法分配压下量,再进行校核和修订。按经验分配各道压下量如表 12-4 所示。

(3)校核咬入能力。热轧钢板的最大咬入角为 15° ~ 20°,由表 12-4 可见各道咬入顺畅。

表 12-4　中厚板轧制压下规程设计(精轧机)示例

(粗轧机轧出的轧件尺寸:90 mm × 3 150 mm × 3 748 mm,成品尺寸:40 mm × 3 000 mm × L m)

道次	轧制方法	轧件尺寸			压下量		变形区长度 /mm	咬入角 /(°)
		h/mm	b/mm	l/mm	(Δh)/(%)	$(\Delta h/H)$/(%)		
1	纵轧	80	3150	4 918	10	11.1	71.4	8.28
2		70	3 150	5 620	10	12.5	71.4	8.28
3		62	3 150	6 345	8	11.4	63.9	7.40
4		54	3 150	7 285	8	12.9	63.9	7.40
5		46	3 150	8 551	8	14.8	63.9	7.40
6		40	3 150	9 833		13.0	55.3	6.41
7		40	3 150	9 833	平整			

轧制速度			轧制时间 s	间隙时间 s	轧制温度 ℃	变形速率 s^{-1}
咬入 /(r·min^{-1})	稳速 /(r·min^{-1})	抛出 /(r·min^{-1})				
30	50	20	1.99		850	4.4
30	50	20	2.21	6	847	5.0
30	50	20	2.49	6	844	5.1
30	50	20	2.78	6	840	5.8
30	50	20	3.15	4	837	6.7
30	50	20	3.65	4	833	6.7
40	50	50	2.90		831	

续 表

屈服强度/MPa	系数	平均单位压力/MPa	轧制压力/t	力 矩			
				摩擦力矩/(t·m)	空转力矩/(t·m)	轧制力矩/(t·m)	总力矩/(t·m)
155	0.97	150.4	3 382	13.8	11.2	217	242.0
158	1.09	172.2	3 874	15.9	11.2	249	276.1
161	1.00	161.0	3 239	11.9	11.2	186	209.1
165	1.04	171.6	3 452	12.6	11.2	198	221.8
167	1.08	180.4	3 629	13.2	11.2	207	231.4
170	1.08	183.6	3 199	10.1	11.2	159	180.3

（4）确定各道轧制速度。采用梯形速度图，根据经验资料取平均加速度 $a = 40$ $(r·min^{-1})/s$，平均减速度 $b = 60$ $(r·min^{-1})/s$。间隙时间的确定，根据经验资料在四辊轧机上往复轧制，不用推床对中时理论上 t_0 应等于轧机调压下所需时间，实际上可取 $t_0 = 2 \sim 2.5$ s。若需定心时，当 $L \leqslant 8$ m 时取 $t_0 = 6$ s，当 $L > 8$ m 时取 $t_0 = 4$ s。本例咬入角较小，所以咬入速度取较大值：$n_1 = 30$ r/min。为节省轧件的往返时间，除最末一道的抛出速度可选用最高抛出速度 $n_3 = n_2$ 外，其他各道的抛出速度都取较小值：$n_3 = 20$ r/min。最高轧制速度的确定从保证轧机安全考虑可取到电机的额定转速。各道轧制速度和间隙时间的选取见表 12 - 4。

（5）确定轧件各道次轧制时间。由式（12-10）计算各道纯轧时间，总轧制时间 $t_j = t_z + t_0$。

（6）轧制温度的确定。各道次轧件温度按式（12-8）计算。

（7）计算各道次变形程度。各道次压下率 $\varepsilon_1 = (\Delta h_1 / H) \times 100\%$。

（8）计算各道次平均变形速率：

$$\dot{\varepsilon} = 2V (\Delta h/R)^{\frac{1}{2}} /(H + h) \qquad (12 - 11)$$

式中，R 为轧辊半径；V 为轧辊线速度，取各道次最高速度；H, h 为轧制前后轧件厚度。

（9）计算各道次平均单位压力。由各种压力公式计算热轧产品的平均单位压力，使用较多的是采利可夫公式、西姆斯公式的简化式、志田茂公式和爱克隆德公式。本例选用志田茂公式计算：

$$p_{cp} = Kn \qquad (12 - 12)$$

式中，K 为材料强化屈服强度，其值可从资料中查出（见图 12 - 25）；n 为应力状态系数，$n = 0.8 + (0.45\varepsilon + 0.04)[(R/H)^{1/2} - 0.5]$。

（10）计算各道次总压力。计算公式为 $P = blp_{cp}$，式中，b 为轧件宽度；l 为变形区长度。

（11）计算各道次传动力矩。本例忽略动力矩。

以上的计算结果列于表 12 - 4。

（12）电机及轧辊强度校核。由式（12 - 2）至式（12 - 6）进行校核，校核结果表明初步制定的压下规程能满足电机能力和轧辊强度要求。

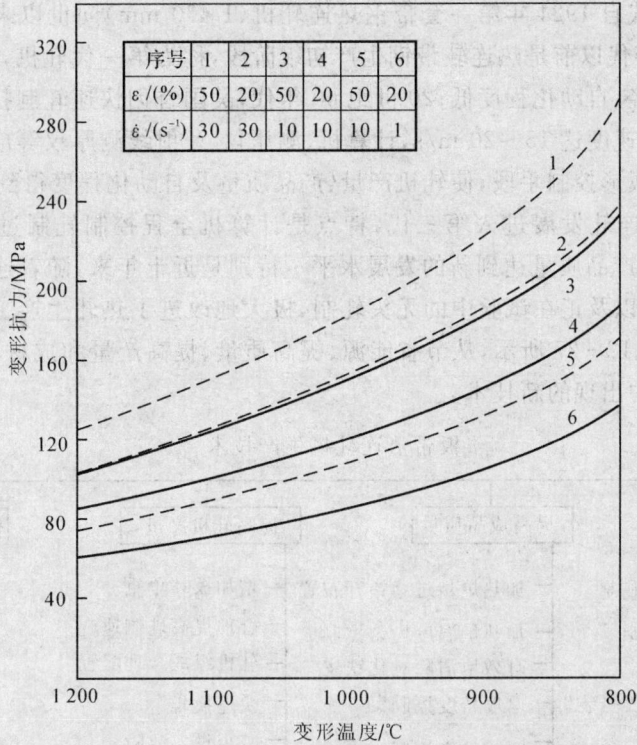

图 12-25　16Mn 钢变形温度与变形抗力的关系

12.3　热连轧薄板带钢生产

热轧板带钢广泛用于汽车、电机、化工、造船等工业部门,同时作为冷轧、焊管、冷弯型钢等生产原料,其产量在钢材总量所占比重最大,在轧钢生产中占统治地位。在工业发达国家,热连轧板带钢占板带钢总产量的 80% 左右,占钢材总产量的 50% 以上。

12.3.1　热轧板带材生产方式

当前热轧板带主要有两种生产方式,即传统热连轧和薄板坯(中厚板坯)连铸连轧。

1. 传统热连轧方式

一般将 20 世纪 80 年代以前的热带钢连轧称为传统带钢热连轧,年产量可达 300 万吨以上。目前我国有半数左右带钢是通过这种方式生产的,典型的传统热连轧方式如图 12-26所示。

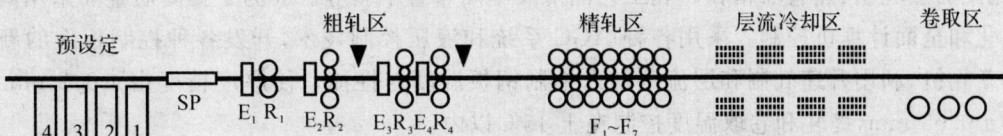

图 12-26　典型传统热连轧生产线布置

1~4—1 号至 4 号步进式连续加热炉;　SP—除鳞机;　E_1~E_4—立辊机架;　R_1~R_4—粗轧机架;

F_1~F_7—精轧机架

传统热连轧方式自1924年第一套带钢热连轧机(1 470 mm)问世以来,其发展已经历了三代。20世纪50年代以前是热连轧带钢生产初级阶段,称为第一代轧机,主要特征是轧制速度低、产量低、坯重轻、自动化程度低;20世纪60年代,美国首创快速轧制技术,使带钢热连轧进入第二代,其轧制速度达15~20 m/s,计算机、测压仪、X射线测厚仪等应用于轧制过程,同时开始使用弯辊等板形控制手段,使轧机产量、产品质量及自动化程度得到进一步提高;20世纪70年代,带钢热连轧发展进入第三代,特点是计算机全程控制轧制过程,轧制速度可达30 m/s,轧机产量和产品质量达到新的发展水平。特别是近十年来,随着连铸连轧紧凑型、短流程生产线的发展,以及正在试验中的无头轧制,极大地改进了热轧生产工艺。同时,还出现了很多新技术,如图12-27所示,从节省能源、提高质量、提高产量和成材率四个方面综合了热连轧板带材生产中出现的新技术。

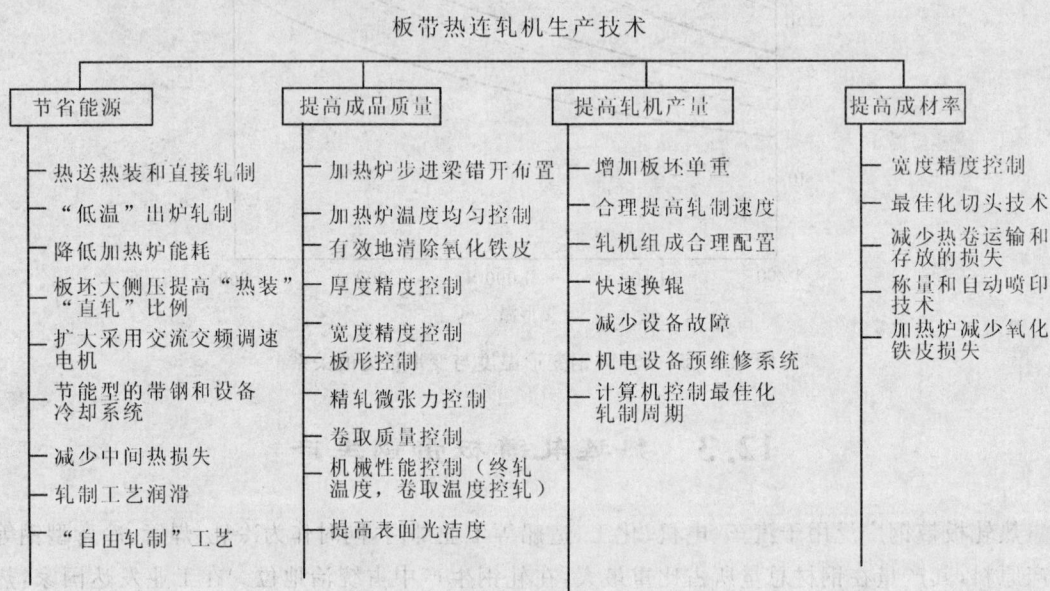

板带热连轧机生产技术

节省能源	提高成品质量	提高轧机产量	提高成材率
热送热装和直接轧制	加热炉步进梁错开布置	增加板坯单重	宽度精度控制
"低温"出炉轧制	加热炉温度均匀控制	合理提高轧制速度	最佳化切头技术
降低加热炉能耗	有效地清除氧化铁皮	轧机组成合理配置	减少热卷运输和存放的损失
板坯大侧压提高"热装""直轧"比例	厚度精度控制	快速换辊	称量和自动喷印技术
扩大采用交流交频调速电机	宽度精度控制	减少设备故障	加热炉减少氧化铁皮损失
节能型的带钢和设备冷却系统	板形控制	机电设备预维修系统	
减少中间热损失	精轧微张力控制	计算机控制最佳化轧制周期	
轧制工艺润滑	卷取质量控制		
"自山轧制"工艺	机械性能控制（终轧温度,卷取温度控轧）		
	提高表面光洁度		

图12-27 板带热连轧生产新技术

现代热连轧机的发展趋势和特点是:①为了提高产量而不断提高速度,加大卷重和主电机容量、增加轧机架数和轧辊尺寸、采用快速换辊及换剪刀装置等,使轧制速度普遍超过15~20 m/s,甚至高达30 m/s以上,卷重达45 t以上,产品厚度扩大到0.8~25 mm,年产可达300~600万吨。②当前降低成本,提高经济效益,节约能耗和提高成材率成为关键问题,为此迅速开发了一系列新工艺新技术。突出的是普遍采用连铸坯及热装和直接轧制工艺、无头轧制工艺、低温加热轧制、热卷取箱和热轧工艺润滑及车间布置革新等。③为了提高质量而采用高度自动化和全面计算机控制。采用各种AGC系统和液压控制技术,开发各种控制板形的新技术和新轧机,利用升速轧制和层流冷却以控制钢板温度与性能。使厚度精度由±0.2 mm提高到±0.05 mm,终轧和卷取温度控制在±15℃以内。

2.薄板坯(中厚板坯)连铸连轧方式

薄板坯(中厚板坯)连铸连轧方式自1990年得到实际应用以来发展很快,截至2005年底,世界建成的薄(中厚的)板坯连铸连轧生产线达到近40套。薄板坯连铸连轧的铸坯厚度为

50～90 mm,连铸与轧制设备间多采用隧道式辊底炉连接。其工艺特点如下:

(1)针对不同钢种和所需带钢厚度,选择生产不同厚板坯;

(2)结晶器内冷却强度大,柱状晶短,铸态组织晶粒细化;

(3)辊底式加热炉可以灵活掌握板坯的加热工艺;

(4)选用板卷箱可以减少中间坯温降,缩短预精轧机和精轧机之间的距离;

(5)精轧机组采用与普通精轧机组上相似的轧制速度进行轧制;

(6)可增设近距离地下式卷取机用于生产较薄带钢。

中厚板坯连铸连轧的铸坯厚度为 100～150 mm,连铸与轧制设备间多采用步进梁式加热炉连接。其工艺特点如下:

(1)连铸生产效率与连轧生产节奏匹配较好;

(2)可浇的钢种显著多于薄板坯连铸机,具有钢种灵活性

(3)生产厚规格的带钢不存在压缩比不足问题;

(4)适于传统热带钢连轧线改造;

(5)适于提高带材质量,扩大品种。

实践证明,无论哪种形式的连铸连轧生产线,都具有三高(装备水平高、自动化水平高、劳动生产率高)、三少(流程短工序少、布置紧凑占地少、环保好污染少)和三低(能耗低、投资低、成本低)的优点。

12.3.2　热轧带钢生产的工艺过程

传统热连轧机生产过程包括坯料选择和轧前准备、加热、粗轧、精轧和冷却及飞剪、卷取等工序。

1. 板坯的选择和轧前准备

热轧带钢生产所用的板坯主要是连铸板坯,只有少量尚存初轧机的冶金工厂采用初轧坯。

板坯的选择主要是板坯的几何尺寸和重量的确定。板坯的厚度选择要根据产品厚度,考虑板坯连铸机和热轧带钢轧机的生产能力。板坯厚度增大可以增大板卷的重量和提高轧机的产量,但会增加轧制道次。引起机座数目增加。因此,热连轧带钢板坯厚度要选择适当,一般为 150～250 mm,最厚为 300～350 mm。板坯的宽度选择决定于成品宽度,一般板坯宽度比成品宽度大 50 mm 左右。目前板坯宽度可达到 2 300 mm。板坯长度取决与板坯重量和加热炉宽度。加热炉内单排加热时,最大板坯长度达到 9～14 m,而双排加热时,板坯长度应比单排加热板坯长度的 1/2 稍小一些。

目前,趋向于增大板坯的重量,增大板坯重量可以提高产量和成材率,有利于轧制自动化,但增大板坯重量将延长粗轧机座之间的距离和粗轧机组与精轧机组之间的距离,同时还要考虑终轧温度和前后允许的温度差,以及卷取机所能容许的板卷最大外径等。通常热连轧带钢的板卷重量为 20～30 t,最重达 45 t。板卷单位宽度的重量不断提高,一般可达到 15～25 kg/mm,最终可达到 36 kg/mm。

板坯的轧前准备包括板坯的清理和板坯加热工序。板坯加热的送坯方式主要有板坯冷装炉、板坯热装炉、直接热装炉和直接轧制四种。板坯入炉前要进行检查,对板坯有表面缺陷的要进行清理,采用冷装炉,对无缺陷板坯才能采用后三种方式装炉。

关于板坯加热工艺及其所采用的连续加热炉型式,基本上与中厚板相类似,但由于板坯较

长,故炉子宽度一般比中厚板要大得多,其炉膛内宽达 $9.6 \sim 15.6$ m。为了适应热连轧机产量增大的需要,现代连续式加热炉,无论是热滑轨式或步进式,一方面都采用多段(6 段以上)供热方式,以便延长炉子高温区,实现强化操作快速烧钢,提高炉底单位面积产量;另一方面尽可能加大炉宽和炉长,扩大炉子容量。为了增加炉长,最好采用步进式炉,它是现代热连轧机加热炉的主流。

板坯一般加热到 $1\,200 \sim 1\,250$℃出炉,部分碳素钢和某些低合金钢采用"低温出炉"工艺,其出炉温度约为 $1\,100$℃。

2. 粗轧

粗轧机组的作用是将加热好的板坯经过除磷、定宽、水平辊和立辊轧制,将不同规格的板坯轧成厚度为 $30 \sim 60$ mm,宽度不同的精轧坯,并保证精轧坯要求的温度。

(1)除磷。板坯在加热过程中,表面上会生成 $2 \sim 5$ mm 厚的氧化铁皮(炉生氧化铁皮)。这些氧化铁皮必须在轧制前清除干净,否则会影响带钢的表面质量和加速轧辊磨损。现代热连轧带钢都设有高压水除磷箱,除磷箱是一个基本封闭的箱体,箱体的前后装有链条,箱内上下各装有两排集水管,其上下高压水喷嘴同时喷射高压水除磷。上排集水管的高度可调,当板坯厚度变化时,电动机经蜗轮蜗杆减速器调整上积水管的位置。喷嘴的喷水方向迎着板坯前进方向与水平成 $15°$ 角,高压水产生的水平分力,将氧化铁皮冲出板坯边缘以外。链条的作用是防止高压水和氧化铁皮散射,使其只能落入地沟。高压水的压力通常为 $15 \sim 16$ MPa,每个高压喷嘴水流量为 91 L/min。

为将炉生氧化铁皮清除干净和清除在高温轧制时产生的再生氧化铁皮,在粗轧机组的各机架前后都设有高压水集成管组成的高压水除磷装置。

(2)定宽。热连轧带钢由于采用连铸坯,而坯连铸机改变板坯的宽度比较复杂,因此,为了满足热轧带钢品种规格的不同需要,在粗轧阶段必须设有定宽工序。

为改变板坯的宽度,以前采用在粗轧机组前设置一台强大的立辊轧机,其道次压下量可达到 $50 \sim 100$ mm。为使立辊侧压板坯保持稳定,通常把立辊都做成带有孔型的,这样对板坯产生夹持作用,如图 $12-28$(a)所示。由于立辊的侧压量过大会在板坯两边部位产生较大凸起,造成后面水平辊轧制道次宽展量增大。所以在以后的万能机座的立辊上轧制也要完成一定的定宽任务。

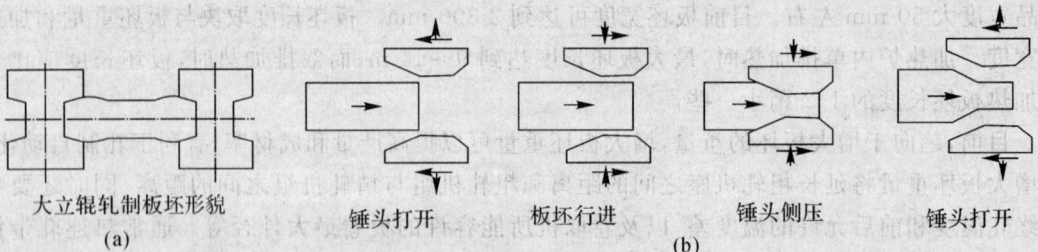

图 $12-28$ 板坯定宽示意图
(a)大立辊轧制定宽; (b)压力机定宽

定宽压力机是一种新型的在线调整板坯宽度设备,它采用两个侧压模块在板坯前进中连续不断的施加侧压量减宽,其原理如图 $12-28$(b)所示。与大立辊侧压相比其优点是:①定宽机一次侧压量大。一次给予板坯的侧压减宽量可以达到 350 mm。②侧压减宽效率高。立辊侧压由于局部变形引起的"狗骨"在水平轧制时增加道次宽展量,降低侧压效率。定宽压力机切入深度大,产生的"狗骨"较小,并且距离边部较远,水平轧制宽展量较小,侧压减宽效率达到90%～95%。③板坯头尾形状好。由于"狗骨"现象变小,使精轧坯的头部舌形和尾部"鱼尾形"减小,减少了切头切尾损失。④连铸坯的宽度种类减少。采用定宽压力机可以使连铸坯的平均宽度的进级量为200～220 mm,如日本某厂采用定宽压力机后,连铸坯板宽种类由原来的19种减少到7种,使连铸机的产量提高了25%。

(3)粗轧机。粗轧设备主要由粗轧除鳞设备、定宽压力机、立辊轧机、水平轧机、保温罩、热卷取箱等组成。辅助设备有工作辊道、侧导板、测温仪、测宽仪等。粗轧机位于加热炉之后,精轧机之前。经加热炉加热好的板坯,用出钢装置推出到出炉辊道上,送到除鳞设备除去板坯表面上的一次氧化铁皮。随后,板坯由定宽压力机或立辊轧机调宽、控宽,由粗轧水平轧机轧成适合于精轧机的中间坯。轧制过程中产生的氧化铁皮,由粗轧机前后高压水除鳞装置清除。板坯宽度精度的控制主要在粗轧机。粗轧机常用的板坯宽度控制方式为宽度自动控制(AWC)。

板坯经高压水除鳞以后,接着进入二辊轧机轧制(此时板坯厚度大,温度高,塑性好,抗力小,故选用二辊轧机即可满足工艺要求)。随着板坯厚度的减薄和温度的下降,变形抗力增大,而板形及厚度精度要求也逐渐提高,故须采用强大的四辊轧机进行压下,才能保证足够的压下量和较好的板形。为了使钢板的侧边平整和控制宽度精确,在以后的每架四辊粗轧机前面,一般都设置有小立辊进行轧边。

现代热带连轧机的精轧机组大都是由6～8架组成,并没有什么区别,但其粗轧机组的组成和布置却不相同,这正是各种形式热连轧机主要特征之所在。根据产量、板卷重量和投资等诸多方面因素决定粗轧机的数量和布置形式。粗轧机的布置形式主要有全连续式,3/4连续式、半连续式和其他形式。

1)全连续式。粗轧机通常由4～6架不可逆式轧机组成,前几架为二辊式,后几架为四辊式。全连续式粗轧机的布置形式主要有两种:一种是全部轧机呈跟踪式连续布置;另一种是前几架轧机为跟踪式,后两架为连轧布置。如图12-29(a)所示。全连续式粗轧机在一、二代热轧带钢轧机中居多,因受当时的控制水平和机械制造能力的限制,粗轧机轧制速度较低,且都是以断面大、长度短的初轧板坯为原料,所以轧机产量取决于粗轧机的产量。全连续式粗轧机每架轧机只轧一道,轧件沿一个方向进行连续轧制,生产能力大,因此在当时发展较快。

随着粗轧机控制水平的提高和轧机结构的改进,粗轧机的轧制速度提高了,生产能力增大了,粗轧机的布置形式也发生了很大变化,相继发展3/4连续式和半连续式。相比之下,全连续式粗轧机的优点就不明显了,而且其生产线长、占地面积大、设备多、投资大、对板坯厚度范围的适应性差等缺点更加突出,所以近期建设的粗轧机已不再采用全连续式。

我国热轧宽带钢粗轧机布置中仅梅钢1 422 mm机组为全连续式,且最后两架不连轧。

2)3/4连续式。3/4连续式把粗轧机由六架缩减为四架,在粗轧机组内设置1～2个可逆式轧机,可逆式轧机可以放在第二架,也可以放在第一架,前者优点是大部分铁皮已在前面除去,使辊面和板面质量好些,但第二架四辊可逆轧机的换辊次数比第一架二辊可逆式要多2倍。一般还是倾向于前者。3/4连续式较全连续式所需设备少,厂房短,总的建设投资要少,生产灵活性也稍大些,但可逆式机架的操作维修要复杂些,耗电量也大些。对于年产量300万吨左右规模的带钢厂,采用连续式一般较为适宜。3/4连续式粗轧机的典型布置如图12-29

（b）（c）所示。

我国热轧宽带钢粗轧机采用3/4连续式布置的有宝钢2 050 mm、武钢1 700 mm。

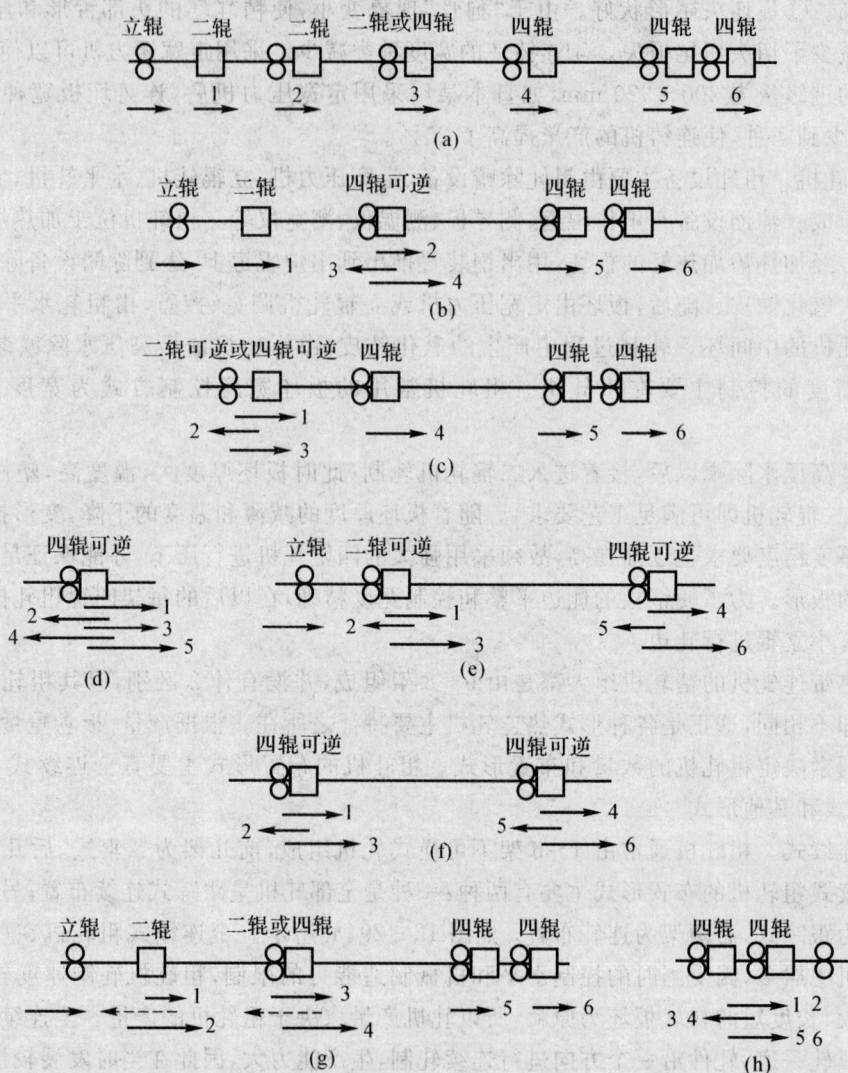

图12-29 粗轧机的典型布置图

（a）全连续式；（b）可逆轧机在第二架3/4连续式；（c）可逆轧机在第一架3/4连续式；
（d），（e），（f）半连续式粗轧机；（g）空载返回式；（h）紧凑式

3）半连续式。半连续式粗轧机由1～2架可逆式轧机组成。半连续式粗轧机常见有三种布置形式：①由1架四辊可逆式轧机组成（见图12-29(d)）。②由1架二辊可逆式轧机和1架四辊可逆式轧机组成（见图12-29(e)）；③由2架四辊可逆式轧机组成（见图12-29(d)）。

半连续式粗轧机与连续式粗轧机相比，具有设备少、生产线短、占地面积小、投资省等特点，且与精轧机组的能力匹配较灵活，对多品种的生产有利。近年来，由于粗轧机控制水平的提高和轧机结构的改进，轧机牌坊强度增大，轧制速度也相应提高，粗轧机单机架生产能力增大，轧机产量已不受粗轧机产量的制约，从而半连续式粗轧机发展较快。

我国热轧宽带钢粗轧机采用半连续式布置的有宝钢 1 580 mm、鞍钢 1 780 mm、攀钢 1 450 mm、武钢 2 250 mm。

4)其他形式。以上 3 种粗轧机的布置形式是基本布置形式。此外,粗轧机常用的还有空载返回式(见图 12-29(g))和紧凑式(见图 12-29(h))等一些布置形式。

为了减少粗轧机架,有的连续式轧机第一或第二架设计成下辊可以利用斜楔自由升降借以实现空载返回再轧一道,以减少轧机数目,可成为空载返回连续式轧机。对一般连续式轧机,空载返回再轧的操作方法只是当其他粗轧机架发生故障或损坏时才采用。

紧凑式的粗轧机采用两架粗轧机串列紧密布置可逆式连轧机,两机架中心距 5.8 m,前中后配有三对大立辊,可侧向大压下量轧制。板坯在两机架中连轧并可往复三次轧六道次,其总压下量可达 200 mm 以上。在精轧机飞剪机前设一台带卷箱,降低带坯头尾温差,大大缩短了轧制线。由第一座加热炉中心线至第一台卷取机中心线全长仅为 255 m,而国外第三代轧机的同样轧制线全长为 658 m。使总的轧制时间缩短,高效节能,产量大,减少投资,这样方案有利于对老机组改造。但控制复杂,且机架间距小,设备维护检修困难。

在粗轧机组最后一个机架后面,设有带坯测厚仪、测宽仪、测温装置及头尾形状检测系统,利用此处较好的测量环境和条件,得出必要的精确数据,以便作为计算机对精轧机组进行前馈控制和对粗轧机组与加热炉进行反馈控制的依据。

保温装置位于粗轧与精轧之间,用于改善中间带坯温度均匀性和减小带坯头尾温差。采用保温装置,不仅可以改善精轧机的中间带坯温度,使轧机负荷稳定,有利于改善产品质量,扩大轧制品种规格,减少轧废,提高轧机成材率,还可以降低加热板坯的出炉温度,有利于节约能源。近年来,很多工厂还采用在输送辊道上安置绝热保温罩或补偿加热炉(器),或在轧件出粗轧机组之后采用热卷取箱进行热卷取等新技术。

采用保温罩可降低加热炉出坯温度达 75℃,从而提高成材率 0.15%,节约燃耗 14%,还可提高板带末端温度约 100℃,使板带温度更加均匀,可轧出更宽、更薄、重量更大及精度、性能、质量更高的板卷,并可使带坯在中间辊道停留达 10 min 而仍保持可轧温度,便于处理事故,减少废品,提高成材率。

为防止板料在轧制过程中其横向边角部的温降,还研究成功了多种在精轧机入口处加热板坯边角部的技术,主要有电磁感应加热法、煤气火焰加热法和保温罩加热法等。

粗轧机与精轧机中间设热卷取箱,可实现粗轧后在入精轧机之前进行热卷取,以保存热量,减少温度降,保温可达 90% 以上。实现首尾倒置开卷,以尾为头喂入轧机,均化板带的头尾温度,可以不用升速轧制而大大提高厚度精度,并起储料作用,这样可增大卷重,提高产量;可延长事故处理时间约 8~9 min,从而可减少废品及铁皮损失,提高成材率;可使中间辊道缩短约 30%~40%,节省厂房和基建投资。因此在热轧带钢生产中采用热卷取箱是发展的方向。采用这些新技术都可使板坯加热与出炉温度得以降低。若采用低温轧制技术使板坯出炉温度由 1 250℃ 降至 1 150℃,可节能,并减少烧损和提高成材率。

3. 精轧

由粗轧机组轧出的带钢坯,经百多米长的中间辊道输送或热卷取箱到精轧机组进行精轧。精轧组的布置比较简单,如图 12-30 所示。一般由切头飞剪机、精轧高压水除鳞箱、精轧机组、机架间活套、快速换辊、轧辊在线磨削等装置组成。

精轧机是热带钢连轧线上的核心设备,主要进行对带钢的厚度减薄和板形控制,精轧是决定产品质量的主要工序。轧机的各种先进技术几乎都集中在精轧机组上,如 AGC 系统,弯辊系统、新型板形控制手段（PC 轧机、CVC 轧机、WRB 轧机等、工作辊轴移（WRS 技术）、精轧机间低惯量活套装置、在线磨辊装置（ORC)等。

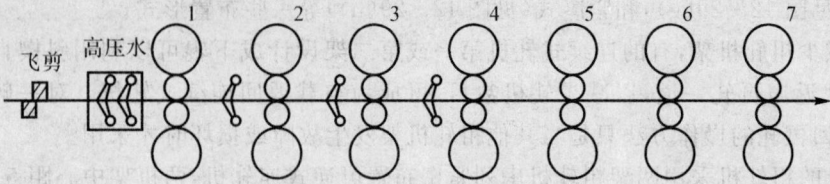

图 12-30 精轧机组布置简图

板坯经粗轧机轧后,中间坯厚度一般为 50 mm,特殊产品也有到 60 mm。

带坯在进入精轧机之前,首先要进行测温、测厚并接着用飞剪切去头部和尾部。切头的目的是为了除去温度过低的头部以免损伤辊面,并防止"舌头""鱼尾"在机架间的导卫装置或辊道缝隙中。有时还要把轧件的后端切去,以防后端的"鱼尾"或"舌头"给卷取及其后的精整工序带来困难。

剪切后的带坯经过精轧除鳞箱,用 15～17 MPa 高压水清除带坯表面的氧化铁皮然后进入精轧机组,轧制成要求的带钢尺寸。对于一些特殊品种,例如硅钢、不锈钢、冷轧深冲钢等,中间坯在进入精轧机组前,一般对带坯边部进行加热,使带坯在横断面上中部和边部温度均匀一致,从而获得金相组织和性能完全一致的带钢,同时也避免了边部温度低造成的边裂和边部对轧辊的严重不均匀磨损。

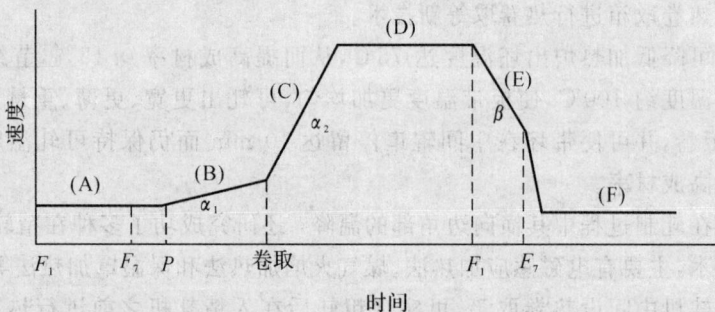

图 12-31 一般精轧速度图

带坯除去氧化铁皮后,经侧导板导入精轧机,并依次通过精轧机组各轧机,获得所要求的带钢厚度。现在一般的精轧速度变化如图 12-31 所示的形式。图中(A)段从带钢进入 F_1～F_7 机架,直至其头部到达计时器设定值 P 点(0～50 m)为止,保持恒定的穿带速度;(B)段为带钢前端从 P 点到进入卷取机为止,进行较低的加速;(C)段从前端进入卷取机卷上后开始到预先给定的速度上限为止,进行较高的加速,此加速主要取决于终轧温度和提高产量的要求;(D)达到最高速度后,至带钢尾部离开减速开始机架(F_1)为止,维持最高速度;(E)带钢尾端离开最末机架后,到达卷取机前要使带钢停住,但若减速过急,则会使带钢在输出辊道上堆叠,因此当尾端尚未出精轧机组之前,就应提前减速到规定的速度;(F)带钢离开最末架(F_7)以后,立即将轧机转速回复到后续带钢的穿带速度。总之,由于采取升速轧制,可使终轧温度控制得更加精确和使轧制速度大为提高,现在末架的轧制速度一般已由过去的 10 m/s 左右提高到 24 m/s,最高可达 30 m/s。

精轧机前后设有入口侧导板、入口出口卫板、轧辊冷却水及机架间冷却水装置、除鳞水装置、在线磨辊装置(ORG)、热轧工艺润滑装置等。除在线磨辊装置属于(PC)轧机专配设备外,其他装置均属所有热带轧机的共有装置。精轧机导卫装置布置上、下工作辊入口侧的卫板上,由液压缸驱动。在线磨辊装置的主要功能是消除轧制中轧辊表面的不均匀磨损,保持轧辊表面光洁平滑,实现自由程序轧制。

活套装置设置在两架精轧机之间,它的作用是对带钢头部进入下机架时产生的活套量起支撑作用;轧制中通过活套装置的角位移变化吸收秒流量波动时引起的套量变化,保持轧制状态稳定;对机架间的带钢施加一定的张力值,保持恒定小张力轧制。活套装置有三种形式:气动型、电动型、液压型,目前使用最普遍的是电动型和液压型。我国热带轧机精轧机组的活套装置有液压型和电动型。活套装置要求响应速度快、惯性小、启动快且运行平稳,以适应瞬间张力变化。气动型活套装置现已基本淘汰。电动型活套装置为减小转动惯量,提高响应速度,由过去带减速机改为电机直接驱动活套辊,电机也由一般直流电机改为特殊低惯量直流电机。有的厂家为进一步提高活套响应速度,精轧机活套采用了液压型活套,由液压缸直接驱动活套辊,如武钢 2 250 mm 精轧机活套为液压活套。

精轧机间带钢冷却装置简称机架间冷却装置。该装置的主要功能是控制终轧温度,保证精轧机终轧温度控制在 ±20℃ 之内。机架间冷却装置是布置在机架出口侧的上下两排集管,集管上装有喷嘴,每根集管的流量为 100~150 m³/h,水压一般与工作辊冷却水相同。也有的轧机将集管布置在轧机入口侧。为了防止冷却水进入下一机架,在冷却集管处还安装了一个侧喷嘴,清扫带钢表面的水和杂物等。

在精轧机组中采用润滑轧制的目的是为了降低轧制力,减少轧制能耗,减少轧辊磨损,降低辊耗,改善轧辊表面状态,提高带钢表面质量。

轧制时润滑油的供油方式有两种:一是直接供油,二是间接供油。直接供油是润滑油通过毛毡之类物品将油涂在轧辊上,或者通过喷嘴将油直接喷在轧辊表面上,工作辊、支撑辊均可喷油,直接供油法耗油量大。间接供油方式是采用油水混喷方式或蒸汽雾化喷吹方式。蒸汽雾化是用高压蒸汽将轧制油雾化,经喷嘴向轧辊表面喷涂。雾化方式的油浓度为 7%~10%。油水混喷方式是在供油管的中途加入水,使油水混合,将混合后的油水用喷嘴喷向轧辊表面。油水混喷油浓度为 0.1%~0.8%。润滑油喷嘴与轧辊冷却水必须用刮水板分开(即入口上下卫板分开)。喷嘴安装位置在入口侧,混合油水为过滤水,润滑油因轧辊材质不同应有区别。一般前 3 架为一种油,后 4 架为另一种油。

4. 轧后冷却及卷曲

(1)轧后冷却。热轧带钢的终轧温度一般为 800~900℃,卷取温度通常为 550~650℃ 从精轧机末架到卷取机之间必须对带钢进行冷却,以便缩短这一段生产线。从终轧到卷取这个温度区间,带钢金相组织转变很复杂,对带钢实行控制冷却有利于获得所需的金相组织,改善和提高带钢力学性能。

常用的带钢冷却装置有层流冷却、水幕冷却、高压喷水冷却等多种形式。高压喷水冷却装置结构简单,但冷却不均匀、水易飞溅,新建厂已很少采用。水幕冷却装置水量大、控制简单,但冷却精度不高,有许多厂在使用。层流冷却装置,设备多、控制复杂,但冷却精度高,目前广泛使用。

层流冷却装置布置如图12-32所示，主要由上集管、下集管、侧喷、控制阀、供水系统及检测仪表和控制系统组成。层流冷却的水压稳定，水流为层流，通常采用计算机控制，控制精度高，冷却效果好。

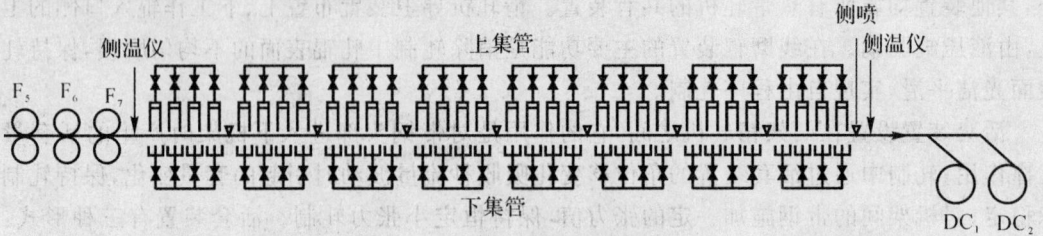

图12-32　层流冷却装置布置示意图

层流冷却系统依据带钢钢种、规格、温度、速度等工艺参数的变化，对冷却的物理模型进行预设定，并对适应模型更新，从而控制冷却集管的开闭，调节冷却水量，实现带钢冷却温度的精确控制。通常层流冷却装置分为主冷却段和精调段。典型的冷却方式有前段冷却、后段冷却、均匀冷却和两段冷却。冷却方式如图12-33所示。

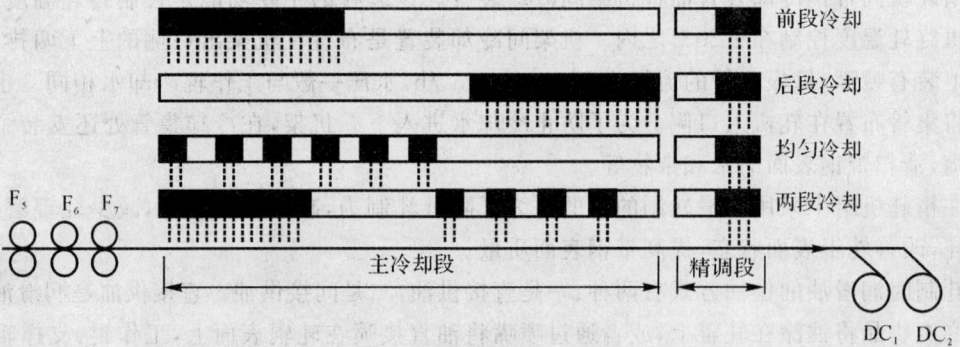

图12-33　典型的层流冷却方式

（2）卷取。卷取机位于精轧机输出辊道末端，由卷取机入口侧导板、夹送辊、助卷辊、卷筒等设备组成。它的功能是将精轧机组轧制的带钢以良好的卷形，紧紧地无擦伤地卷成钢卷。卷取机的数量一般2～3台就能满足生产要求。

卷取的作用主要有两点：控制轧机出口张力和将带材卷取成卷，卷取机的作业过程如图12-34所示：带钢头部进入卷取机前，输出辊道、夹送辊、助卷辊、卷筒均以不同的速度超前率进行运转。带钢头部进入夹送辊后，借助上下夹送辊的力量，迫使带钢头部向下弯曲，并沿着导板进入由助卷辊及导板和卷筒形成的间隙前进，同时，借助卷筒和助卷辊的超前率，输出辊道、夹送辊、作用，将带钢紧紧地缠绕在卷筒上。当头部在卷筒上缠紧后（大约3～4圈），助卷辊速度降为零，卷筒的速度基本与带钢速度相同，同时，保持一定的张力值进行卷取。

当带钢尾端由精轧机抛出时，输出辊道、夹送辊则以滞后于带钢速度运转，使之保持一定的张力，防止带钢折叠，同时，助卷辊升速、下降压住钢卷，保证抛钢后的尾部带钢卷得同样整齐与紧密。卷取结束后，卸卷小车上升，托住钢卷后，助卷辊打开，卷筒收缩，端部支撑打开，卸卷车移动,将钢卷移出卷取机。移出卷取机后的钢卷,有的立即打捆,有的在后面运输机上打捆,有的翻转成立卷放到钢卷运输机上运输,有的则以卧式钢卷直接送到钢卷运输机上。

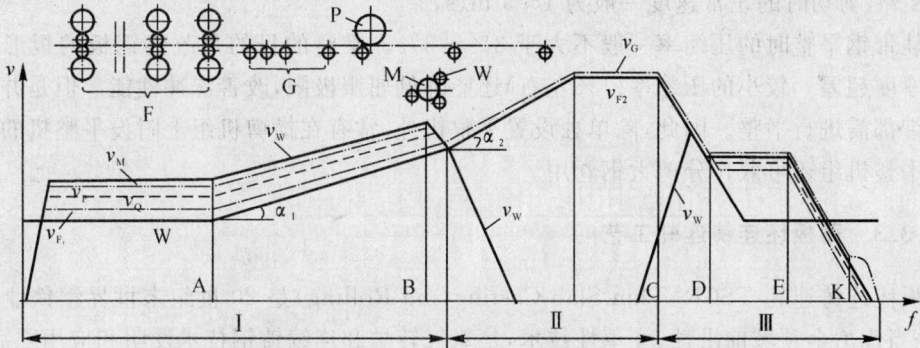

图 12-34　1700 热轧带钢卷曲速度制度

a_1—第一加速度;　a_2—第二加速度;　F—精轧机;　G—输出辊道;　P—张力辊;　M—卷筒;

W—助卷辊;　A—带头出 F;　B—带头卷上 M;　C—带尾接近 F;　D—带尾出 F;

E—带尾接近 P;　K—带尾出 P

5.精整工序

热轧带钢精整设备主要有平整、分卷、横剪和纵剪等机组,也有设置常化、退火等热处理设施及翻板检查等装置的。一般常化、退火等热处理工艺和翻板检查都是单张进行的。平整、分卷、横剪和纵剪根据产量需要,可以单独自成机组,也可组成联合机组,如带平整机的横剪机组,如图 12-35 所示。

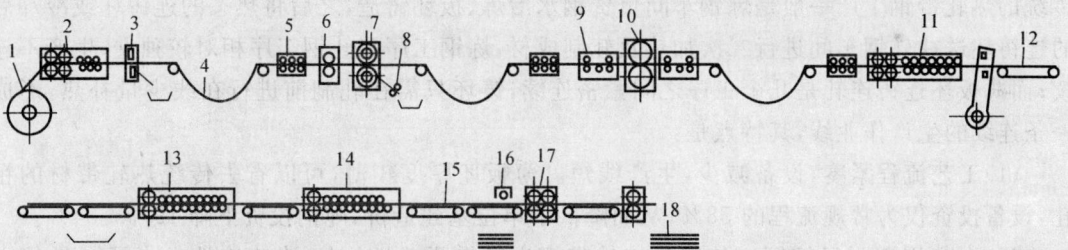

图 12-35　带平整机组的横剪机组

1—开卷机;　2—直头机;　3—切头剪;　4—活套;　5—侧导辊;　6—夹送辊;　7—圆盘剪;　8—碎边剪;

9—张紧辊;　10—平整机;　11—带矫直机的飞剪;　12—剪头运输带及试样收集;　13—厚板成品矫直机;

14—薄板成品矫直机;　15—检查运输带及次品垛板台;　16—滚印机;　17—涂油机;　18—成品垛板台

联合机组的优点在于减轻了设备重量,简化了工艺流程,节省了中间仓库面积。但由于机组的加长,设备的增多,使穿带过程相应复杂,穿带时间相对增长,因此也给机组作业率和产量带来了一定的影响。

横剪机组的剪切厚度应与轧机产品规格相适应,一般横剪机组由于飞剪和矫直机等设备性能的限制,厚度范围限于 2.5~4 倍之间。近年来,由于飞剪结构的改进,剪刃间隙可根据剪切厚度灵活调节,使飞剪的适应性大大提高,在分别设置矫直厚带和薄带的矫直机后,机组的剪切厚度范围可扩大到 6 倍左右。但由于横剪钢板的需要量较大,因此应多分设剪切较厚和较薄带钢的机组。

为满足电焊管、冷弯型钢等机组对带钢宽度的要求,一般都设有纵剪机组,除剪边外,尚可分剪成不同数量和宽度的带钢卷。纵剪机组的速度较横剪机组略高,除了穿带速度一般定为 0.5 m/s 外,剪切时的正常速度一般为 1~3 m/s。

热轧带钢平整时的压缩率一般不大于 3%~5%。平整的目的是改善钢板的板形和消除局部的厚度超差。较小的压缩率(1%左右)还能降低屈服极限,改善深冲性能。但是并非所有热轧钢带都需进行平整。因此,除单独设置平整机外,常有在横剪机组上附设平整机的。单独设置的平整机组还可兼作分剪大钢卷用。

12.3.3 薄板坯连铸连轧工艺

薄板坯连铸连轧 TSCR(Thin Slab Casting and Rolling)是 20 世纪末世界钢铁业的最新成就,是当代冶金领域前沿性、变革性技术,是氧气转炉和连续铸钢技术发明和应用之后,炼钢生产的第三次革命,是钢铁工业近年来最重要的技术进步之一。

自 1989 年德国西马克公司在美国纽柯厂建成第一条薄板坯连铸连轧的热轧板生产线以来,西马克公司已建成投产 22 条 32 流薄板坯连铸连轧生产线,截至 2005 年底,全世界已有 50 多条薄(中厚)板坯连铸连轧生产线投产或在建。与传统的生产工艺相比,直接将连铸和轧制工艺紧密结合可显著提高企业经济效益。从原料至最终产品,吨钢投资能够下降 19%~34%,吨材成本能够降低 600~800 元人民币,生产周期可缩短十倍至数十倍,厂房面积、金属消耗、热能消耗和电耗分别是常规流程和的 22%,66%,40%,80%。

1.薄板坯连铸连轧生产线的铸轧设备配置

薄板坯连铸连轧工艺与传统的热轧带钢相比,在技术和经济等方面具有非常大的优越性。传统的热轧带钢生产一般是炼钢车间负责钢水冶炼、板坯铸造,之后将热态的连铸坯或冷却后的连铸坯送往轧钢车间进行二次加热及轧制成材,炼钢工序和轧钢工序相对较独立,生产不连续;而薄板坯连铸连轧是几个工序之间紧密连续,铸坯只需在轧制前进行在线少量补热,形成一条连续的生产作业线,其特点是:

(1)工艺流程紧凑,设备减少,生产线短。薄板坯厚度较薄,可以省去传统热轧带材的粗轧,设备投资仅为常规流程的 58%,从而降低了单位基建造价,吨钢投资下降 19%~34%。

(2)生产周期明显缩短。传统热连轧带钢生产需要 5 h 左右,连铸连轧省去了大量的中间倒运及停滞时间,从钢水冶炼到热轧成品输出,仅需 0.5~1.5 h,从而减少了流动资金的占用。

(3)节约能源,提高成材率。由于取消了坯料轧前的二次加热,吨钢能耗下降 50%,成材率提高约 2%~3%,降低了生产成本,其成本只相当于传统热轧带钢的 70% 左右。

(4)产品的尺寸精度高,性能稳定、均匀。适合生产薄及超薄规格的热轧板卷,产品的附加值高,从而实现高的经济效益。

根据不同的薄板坯连铸连轧工艺技术思路,连铸连轧生产线的设备配置也有所不同。铸轧设备配置主要有以下几种:

1)只有精轧机的薄板坯连铸连轧生产线。在这种轧制线上,多数由 4~6 架工作机座构成热带钢连轧机组,这种生产线可以称为薄板坯连铸连轧生产线的基本形式。

其布置简图如图 12-36 所示。图 12-36(a)给出的是摆动连续式加热炉。图 12-36(b)给出的是平移连续式加热炉,前者由于摆动关系,使得相邻炉子之间的炉墙呈弧线状,增大了密封难度,后者由于是平移运动,相邻炉墙关系紧凑,端面炉墙形状简单,炉子密封性能好,现场多选取平移式的。但是后者移动所需能耗大于前者。这种配置的生产线铸坯厚度约为50～70 mm,设计年产量大多在150万吨,产品最小厚1.0 mm。

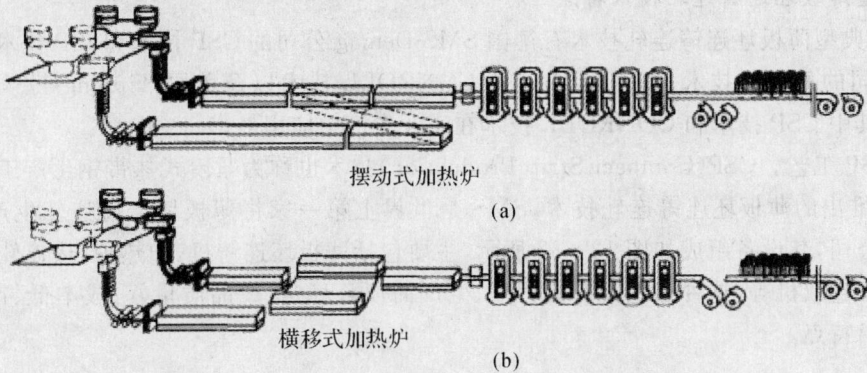

摆动式加热炉

(a)

横移式加热炉

(b)

图 12-36　单机组双流连铸薄板坯连铸连轧生产线配置
(a)摆动连续式加热炉；　(b)平移连续式加热炉

2)单流连铸机与粗、精轧机组的薄板坯连铸连轧生产线配置。这种生产线连铸坯,厚度大多数为70～90 mm,设计年产量多在150万吨,产品最小厚度为0.8～1.2 mm。

3)双流连铸机与粗、精轧机组的薄板坯连铸连轧生产线配置。这种配置受到了大多数用户的欢迎,已经成为薄板坯连铸连轧生产线的主流配置。这是由于这类轧钢设备具有强大的轧制压力,允许采用厚度较大的铸坯,或者可以用于轧制难变形产品,如铁素体温度区轧制等产生高轧制力的产品。由于生产线采用双流连铸机配置,其年产量高达250万吨。

4)步进梁加热炉配置的薄板坯连铸连轧生产线。这类配置方式的主要优点就是利用加热炉大的钢坯存储量,来增大连铸与连轧之间的缓冲时间。缓冲时间的大小取决于步进炉内钢坯的存放量,一般设计上可以为考虑缓冲时间取 1.5～2 h 为宜。

(5)单流单机座炉卷轧机(Tippins Smsung Process,TSP)。这是一种将中厚板坯连铸机与一台或者两台斯特克尔(Steckel mill)轧机组合在一起构成的薄板坯带钢生产线。它适合多品种、低投资目的而设置的配置方式。采用单机座炉卷轧机,铸坯厚度为50～70 mm,最小产品厚度1.5 mm,设计年产万量为50万吨。TSP工艺的原料厚度达到100～150 mm,成品厚度减薄到1.2 mm,设计年产量达到200万吨。这类设备上装备有液压宽度自动控制的轧边机。但是这类设备最大的缺点就是带钢表面粗糙度不好,原因是由于无精轧机组,加快了轧辊表面糙化速度。

(6)无头连铸连轧(Endless Casting Rolling,ECR)工艺生产线的理想配置。这是一种无头连铸连轧生产工艺生产线的配线的理想配置。对于采用ECR配置,为了克服工作机座换辊周期与连铸机水口寿命不一致的矛盾,工艺线上可以采用两台连铸机,其中用一备一,供坯连铸机处在工作状态时,另一台处在检修状态。两台连铸机同处在生产线同一纵线的前后位置。由于动态变规格技术已经比较成熟,所以铸坯尺寸按着成品规格要求和设备能力来决定。连轧机组由 7 或 8 座工作机座组成,其中总是有一台轧机处在动态换辊状态,即倘若一台轧机需要更换其工作辊时,按照压下规程要求,它的工作由相邻的一台工作机座承担,任务切换由计算机自动控制。切换完毕,待换辊机座工作辊脱离轧机,由换辊小车完成换辊操作。当然,要实现 ECR 正常操作,离不开完善的辅助设备和检测装置的硬件支持,更需要有优化的生产计划调度系统的软件支持。

2.典型薄板坯连铸连轧技术特点

目前,典型薄板坯连铸连轧技术有德国 SMS-Demag 公司的 CSP 技术和 ISP 技术、意大利 Danieli 公司的 FTSR 技术、奥钢联 VAI 的 CONROLL 技术以及美国 Tippings 公司的 TSP 技术等。其中 CSP 技术和 CONROLL 技术在工业生产中应用最广。

(1)CSP 工艺。CSP(Compact Strip Production)技术也称为紧凑式热带钢生产工艺,是由 SMS 公司推出的薄板坯连铸连轧技术,SMS 是世界上第一家将薄板坯连铸连轧生产方式变为现实的公司,其设备组成如图 12-37 所示,主要包括薄板坯连铸机、加热炉、热连轧机、层流冷却和地下卷取机等,这种工艺具有流程短、生产简便且稳定、产品质量好、成本低、市场竞争力强等突出特点。

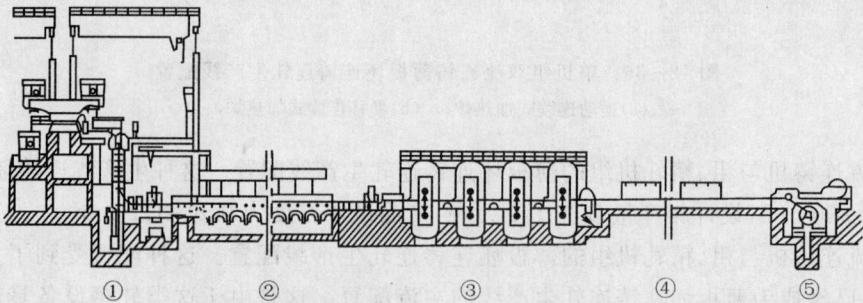

图 12-37　CSP 生产工艺流程

①—薄板坯连铸机;　②—隧道式加热线;　③—热带钢精轧机;　④—层流冷却线;　⑤—地下卷取机

CSP 技术的主要特点是采用立弯式铸机、漏斗形结晶器,初始铸坯很薄,一般为 40~50 mm,一般未采用液芯压下,连铸机后部设辊底式隧道炉作为铸坯的加热、均热及缓冲装置,采用 5~6 架精轧机,成品带钢最薄为 1~2 mm。近年中铸机的产量已从初期的 80~90 万吨提高到 150 万吨。为了提高生产能力和改进铸坯质量,铸坯的厚度根据用户情况有所增加,并采用了液芯压下技术。从钢种上看,CSP 工艺生产线可生产碳素钢、一般结构钢、深冲钢及硅钢等。

CSP 工艺的核心是 SMS-Demag 开发的漏斗形铸模。随着第二代的开发,产品配置和产品质量得到进一步改善,所生产的钢种数量不断增加,如生产奥氏体和铁素体不锈钢以及电工钢,高精度的控轧控冷工艺使微合金细晶粒结构钢和微合金管线钢的生产成为可能,第二代生产线采用双流连铸,年生产能力已达到 250~300 万吨。

(2)ISP 工艺。ISP(In Line Stripe Production)工艺是由德国曼乃斯曼-德马克冶金技术公司(MDH)与意大利丹涅利(Finarvadi)公司合作研制的。典型的 ISP 工艺流程如图 12-38 所示,该工艺生产线可生产深冲钢、结构钢、高碳钢、管线钢 及不锈钢等。

ISP 生产线的特点如下:

1)采用矩形平板结晶器及扁平薄型浸入式水口、直结晶器弧形铸机。

2)生产线结构紧凑。不使用长的均热炉,均热炉总长仅 180 m,钢水变成热轧带卷仅需

20～30 min。

3)采用液芯压下和固相铸轧技术,可生产厚 15～25 mm、宽 650～1 330 mm 的薄板坯,如不进精轧机,可作为中板直接外售。

4)二次冷却采用气雾冷却或空冷,有助于生产较薄断面且表面质量高的产品。

5)采用的铸轧技术和二冷气雾冷却方式等使 ISP 生产线能耗少流程热量损失小,节能效果明显。

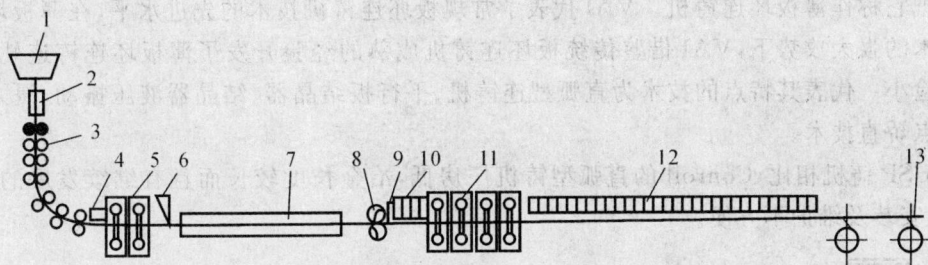

图 12-38　典型的 ISP 工艺流程

1—中间包;　2—结晶器;　3—扇形段;　4,10—高压水除鳞机;　5—2～3 架预压下轧机;

6—切断剪;　7—克雷莫那感应加热炉;　8—热卷箱;　9—切头剪;　11—4～5 架精轧机;

12—输出辊道和层流冷却;　13—常规地下卷取机

(3)FTSR 工艺。达涅利公司推出的灵活式薄板坯连铸 FTSR(Flexible Thin Slab Rolling)技术是在 CSP 和 ISP 之后,它借鉴前者的技术,并且具有自已特色的技术。典型的 FTSR工艺流程如图 12-39 所示。FTSR 工艺生产线可生产低碳钢、超低碳钢、包晶钢、中碳钢、高碳钢、合金钢、高强度低合金钢、硅钢及不锈钢。

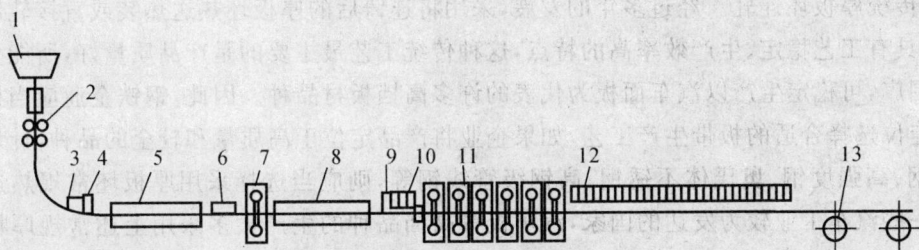

图 12-39　典型的 FTSR 工艺流程

1—中间包;　2—结晶器;　3—高压水除鳞机;　4—切断剪;　5—辊底式隧道加热炉;　6—粗轧高压水除鳞机;

7—带立辊粗轧机;　8—加热炉;　9—切头剪;　10—精轧高压水除鳞机;　11—5～6 架精轧机;

12—输出辊道和层流冷却装置;　13—常规地下卷取机

H²(High Reliability High Flexibility)结晶器是 FTSR 技术的心脏,又称长漏斗形结晶器,其漏斗形状贯穿整个结晶器,延长至扇形 0 段;漏斗形结晶器上部空间大,有利于浸入式水口的设计。它具有 CSP 结晶器的优点,但又减少了铸坯的变形率,有利于生产包晶钢等一些裂纹敏感性钢种,并有利于提高拉速。采用直结晶器、弧形铸机及液芯压下,应用一套液穴长度控制软件系统,通过所浇钢种、铸坯断面、中包温度、拉速、结晶器冷却及二冷等参数来测算和控制铸坯液穴长度,并合理分配各扇形段的压下,使最终的压下点接近液穴的末端,以减少偏析及中心疏松,提高铸坯质量。

FTSR 工艺按不同的要求,铸坯出结晶器厚为 $50\sim90$ mm,,经液芯压下后为 $35\sim70$ mm,半无头轧制时,最薄的产品可达到 $0.7\sim0.8$ mm,单流铸机生产线年生产能力可达 160 万吨,双流铸机年生产 200 万吨。

(4)Conroll 工艺。Conroll 工艺是奥地利 VAI 开发的中等厚度板坯连铸技术,其工艺布置图如图 12-40 所示,铸坯厚度较大($75\sim25$ mm),通常为 100 mm,成品最薄为 1.7 mm,冶金界也把它称作薄板坯连铸机。VAI 代表了常规板坯连铸机技术的先进水平,在薄板坯连铸连轧技术的强大攻势下,VAI 借鉴传统板坯连铸机成熟的经验开发了薄板坯连铸连轧技术,技术风险小。代表其特点的技术为直弧型连铸机、平行板结晶器、结晶器液压振动、浸入式水口及多点矫直技术。

与 CSP 铸机相比,Conroll 的直弧型铸机厂房低,冶金长度较长而且有继续发展的空间。但拆卸、安装及维护不方便。

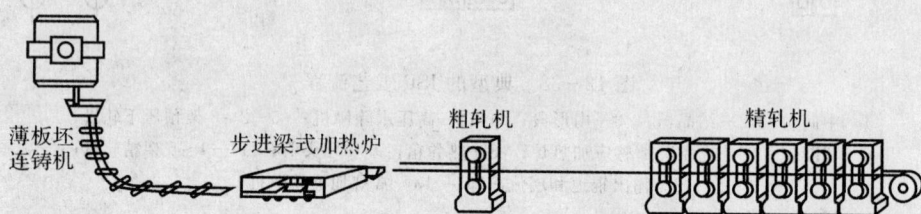

图 12-40 VAI 的 Controll 生产线工艺布置

3.不同工艺方案的选择

生产工艺有以下几种:

(1)传统厚板坯连轧。经过多年的发展,采用将连铸后的厚板坯热送热装或直接轧制的传统工艺,具有工艺稳定、生产效率高的特点,这种传统工艺最主要的是产品质量好,所能生产的钢种范围广,可稳定生产以汽车面板为代表的许多高档板材品种。因此,钢铁企业应当根据自身产品定位选择合适的板带生产工艺,如果企业将产品定位于高质量和较全的品种,计划生产超深冲钢、高强度钢、奥氏体不锈钢、高钢级管线钢等,则应当选择采用厚板坯常规热连轧工艺。在一些汽车工业较为发达的国家,汽车板等高档品种的生产大多采用上述常规厚板坯经粗、精轧的生产工艺。因为压缩比问题及薄规格连铸坯内部质量问题,薄板坯连铸连轧生产线只能生产中低档及薄规格产品,对于轿车板等高级钢板的生产还在试验阶段。

(2)薄板坯连铸连轧。因为薄板坯连铸连轧的板坯薄,厚度小,经简单补温即可直接进行精轧,省去了加热和粗轧工序,具有流程短、设备质量轻,投资小的特点,是经济型的热连轧宽带钢生产线。该种布置的生产线成品带钢的厚度范围是典型的热连轧宽带钢生产线。该种或布置的生产线成品带钢的厚度范围是 1.0 mm 或 $0.8\sim12.7$ mm。按其板形板厚控制技术水平,较适合生产 1.5 mm 以下薄规格热轧板。目前市场对这种薄规格热轧产品需求每年都以 6% 的速度增长,而且部分产品可代替冷轧板,因此具有较大的发展潜力。如果企业将生产产品的钢种定位于一般品种,主要希望增大薄规格带钢产量和追求较低的投资和生产成本,那么采用薄板坯连铸连轧工艺应该是首选。

现阶段薄板坯连铸连轧与最初的设计思路相比有 4 个重大变化:①不再强调板坯越薄越

好,一般采用厚度为 70 mm 左右铸坯;②连铸机的垂直段加长至 8 m 以上;③板坯宽度为 1 560 mm 以上;④轧线布置采用初轧＋精轧机组的方式。事实证明,薄板坯太薄,虽然减少了轧机的压力,但整条生产线的产量和产品质量都受到不利影响。

(3)中厚板坯连铸连轧。中厚板坯连铸连轧采用坯厚为 150 mm 左右的中厚板坯,其工艺介于常规板坯生产工艺和薄(中)板坯连铸连轧工艺之间,该工艺方案的配置可采用两种:①配备 1 台连铸机,连铸能力小于轧机能力,年产量最多为 300 万吨;②配备 2 台连铸机,铸机、轧机能力匹配较好,接近于常规工艺,生产规模可达 400～450 万吨。但总投资增加,铸轧协调及生产组织和管理有一定难度。

目前,一些研究和少量生产试验表明,将连铸坯厚度增至 90～130 mm 即可生产高级钢种,当铸坯厚度达 130 mm 以上,甚至可以生产汽车板,而且具有投资省、成本低的优势。但高档产品的生产对板坯表面质量要求很高,我国宝山钢铁公司用于轿车面板轧制用的连铸板坯修磨率为 30%,高钢级管线板(X70 级以上)修磨率为 100%,这说明虽然连铸工艺技术不断完善,但仍然不能保证所生产的连铸坯 100% 无缺陷,高附加值品种还有相当数量的连铸板坯轧制前需离线修磨,这在连铸直接轧制方式下,给生产组织带来极大不便,不能发挥连铸连轧的技术优势。因此,采用中等厚度板坯连铸连轧生产高档产品还有待于生产工艺的进一步发展和成熟。

12.3.4　非连轧热轧薄板带钢生产

高速连铸连轧方法是当前板带生产主要方向,但不是唯一的。宽带钢轧机投资大,建厂慢,生产规模太大,受到资源等条件限制,在竞争中不如中小轧机灵活。随着发展中国家兴起,废钢日益增多和较薄板坯铸造技术的提高,中小型企业板带生产又日益得到重视和发展。

1. 炉卷轧机

炉卷轧机采用 1～2 机架可逆轧制多道次,轧机前后设有卷取炉。粗轧阶段为单片轧制,将板坯厚度轧至大于等于 25 mm;精轧阶段,厚度小于 25 mm 轧件出轧机后,进入卷取炉边轧边卷,可保证带钢温度均匀,如图 12-41 所示。该轧机主要优点是轧制过程中可以保温,因而可用灵活的道次和较少的设备投资(与连轧相比)生产出各种热轧板卷,适于生产批量不大而品种较多的,尤其是加工温度范围较窄的特殊钢带。其缺点是因氧化铁皮和轧辊表面粗糙影响带钢表面质量。但现代炉卷轧机除汽车外板和镀锡原板等对表面质量要求特别高的产品外,均能生产;现代炉卷轧机收得率可达 96%～97%(连轧机≥98%)。目前世界上仍有约 20 台轧机在生产。

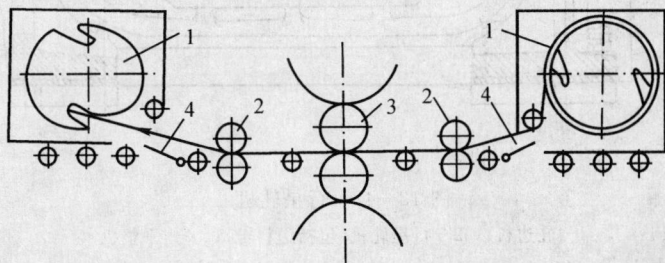

图 12-41　炉卷轧机轧制示意图

1—卷取机;　2—拉辊;　3—工作辊;　4—升降导板

炉卷轧机按布置形式主要有1架带立辊可逆式四辊粗轧机加1架前后带卷取炉可逆式四辊精轧机组成的2机架带钢炉卷轧机;双机架前后带卷取炉,中间设立辊串列布置可逆式四辊粗轧机组成的双机架炉卷轧机。这两种轧机都用于生产碳素钢或不锈钢带;还有1架机前带立辊,前后带卷取炉的可逆式四辊粗、精轧机。该轧机适用于生产钢板和钢板卷。

2.行星轧机

行星轧机是一种特殊轧机,最早工业性轧机于1950年在法国正式建成,迄今国外行星轧机约有30余台,主要分布于美国、加拿大、英国、日本等国家,可生产板带宽度达1 780 mm。国内自20世纪60年代以来相继建立了约10台行星轧机,从辊系结构上可以分为双行星轧机和单行星轧机两种形式。

(1)双行星轧机。从结构上看,双行星轧机由上下两个直径较大的支撑辊和围绕支撑辊的很多对小直径工作辊组成。工作辊轴承分别嵌镶在位于支撑辊两侧轴承座圈套内,两个支撑辊由主电机驱动,其转动方向与轧制方向一致。工作辊一方面随座圈围绕支撑辊作行星式公转,另一方面又靠其与支撑辊间摩擦进行自转,如图12-42所示。森吉米尔型、普拉茨尔式以及钳式行星轧机都属于双行星轧机。从应用情况看,由于设备复杂,生产事故多,作业率低,能够正常使用的很少。

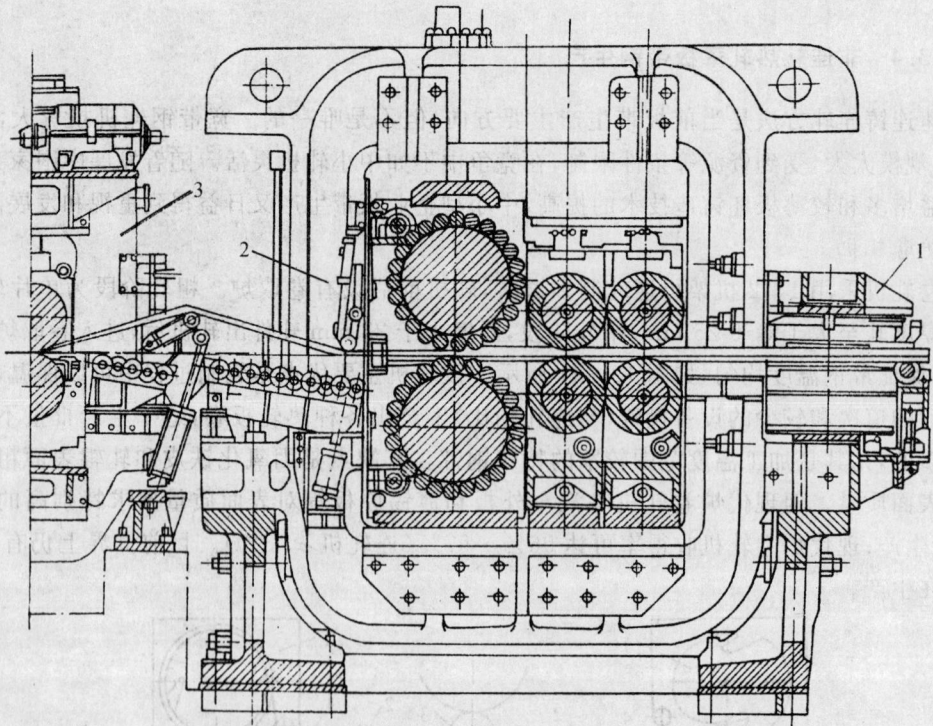

图12-42 行星轧机

1—轧边机; 2—行星轧机(包括送料辊); 3—平整机

(2)单行星轧机。单行星轧机只采用一个行星辊与另一个平辊进行轧制。为克服双行星轧机弱点,日本从20世纪50年代开始研制单行星辊轧机。国内外生产和实践证明,单行星辊轧机与双行星辊轧机比较,主要优点是取消了上下行星辊的同步系统,由于同步系统失调而造成的事故可以根本消除。

12.3.5　热连轧板带钢轧制规程设计

1. 确定连轧机压下规程的基本原则

(1)坯料选择。为提高产量一般采用大坯重,板坯厚度为 150 mm～250 mm～350 mm。如果初轧机组架数多,速度高,可选取较厚板坯,反之,选取较薄板坯;板坯宽度一般比成品带钢宽 50～100 mm,为 500～2 000 mm;板坯长度受加热炉膛宽度及轧件温度降限制,为 9～12 m,最长达 15 m。为减少板坯尺寸规格种类,宽度采用 100 mm 进位,厚度为 50 mm 进位。

(2)压下量分配。粗轧机组轧制时,轧件温度高,塑性好,厚度较厚,长度不长,应尽量利用此有利条件采用大压下量轧制。考虑到粗轧机组与精轧机组在轧制节奏和负荷上的平衡,粗轧机组变形量一般应占总变形量的 70%～80%,其最大压下量主要受轧辊强度条件限制;为保证精轧机组终轧温度,应尽可能提高粗轧机组轧出的带坯温度,一方面应尽可能提高开轧温度,另一方面应尽可能减少粗轧道次和提高粗轧速度,以缩短延续时间,减少轧件温降;为简化精轧机组调整,粗轧机组轧出的带坯厚度应尽可能缩小,并且不同厚度的数目也应尽可能减少。许多轧机,不论板坯及带钢厚度如何,粗轧机组轧出的带钢厚度是固定的,当采用不同厚度板坯时,可改变粗轧机组压下量;当轧制不同厚度带钢时,可改变精轧机组压下量。一般在粗轧机组上,可将厚 120～300 mm 板坯轧制成厚 20～40 mm 带坯,第一道考虑咬入及来料厚度差,不能给以最大压下量,中间道次应以设备能力允许的最大压下量轧制,最后道次为控制出口厚度和带坯板形,应适当减小压下量。

精轧机组压下量分配原则与粗轧机组大体相同,分配方法采用经验法或能耗分配法。按能耗情况推出各机架轧出厚度,必须找出能量消耗,即功率与轧出厚度(压下量)之间的定量关系,这就是所谓的单位能耗曲线。该曲线主要靠工厂实测资料绘制的。一般根据在生产条件下实际测得的电压与电流,求出轧制时实际所需要功率,再经过加工整理,绘成所轧规格的能耗曲线。单位能耗(单位小时产量的轧制功耗)的计算公式为

$$w = \frac{N}{Q} = \frac{UI}{Q \times 10^3} \quad (\text{kW} \cdot \text{h/t}) \tag{12-13}$$

式中,U 为主电机电压,V;I 为主电机电流,A;Q 为轧机小时产量,t/h,即

$$Q = 3\ 600\ v\ b\ h\ \gamma$$

式中,v,γ 为轧制速度及带钢密度;b,h 为带钢宽度和厚度。

为计算方便,有人还力图将能耗曲线算式化,日本今井一郎提出如下算式:

$$w_i = w_0(u_i^m - 1) \tag{12-14}$$

$$m = 0.031 + \frac{0.21}{h}$$

根据 $\mu_\Sigma = \frac{H}{h}$,$\mu_i = \frac{H_i}{h_i}$,$w_i = a_i w_\Sigma$,可推导出

$$h_i = \frac{Hh}{[h^m + a_i(H^m - h^m)]^{\frac{1}{m}}} \tag{12-15}$$

式中,μ_i,w_i 为 i 机架的累积延伸系数及累积能耗;μ_Σ,w_Σ 为总延伸系数及总能耗;a_i 为第 i 机架的累积能耗分配系数或负荷分配比,即

$$a_i = \sum_{j=1}^{i} w_i / \sum_{j=1}^{n} w_i = w_i / w_\Sigma$$

根据能耗曲线资料,给出各架 a_i 的值,即可算出各架的厚度 h_i 值。

用能耗曲线进行负荷分配的方法,各厂并不一样,常用的有:① 等功耗分配法,即保持每架轧机所消耗的功率相等。对热连轧机组,在前几架电机容量相等时,用作初分配的方法;② 等相对功率分配法,当连轧机组各机架主电机容量并不相等时,按照各架轧机的相对电机容量进行分配,设精轧机组的总功率 N_Σ 为 $\sum_{i=1}^{n} N_i$,相应的单位能耗为 w_Σ,则应分配到各架轧机的能耗应为 $w_i = w_\Sigma \dfrac{N_i}{N_\Sigma}$,对于各架轧机的主电机来说,就是等相对负荷分配的原则;③ 负荷分配系数或负荷分配比法。这是根据生产实践的能耗经验资料总结归纳出来的比较实用和可靠的方法,在生产中经常被采用。负荷分配比是指累积负荷分配比(有时也指单道负荷分配比),根据分配比即可求出板带轧后厚度和压下量。各轧机有各自标准的负荷分配比。

(3)速度制度。热连轧带钢速度制定原则与中厚板轧制相似,速度图可选用三角形或梯形。无论何种速度图,粗轧机组确定咬入转速时应考虑咬入条件,当咬入不限制压下量时,根据间隙时间确定。如第一道待钢和第二道等待立辊侧压时可以高速咬入,第二道间隙时间短则低速咬入。抛出速度根据该道后间隙时间确定,如第一道后由调整压下螺丝所决定的间隙时间较少,若抛出速度过高,则由辊道制动和返回时间可能超过调整压下螺丝所需时间而使间隙时间延长,生产率下降,因此,应采用低的咬入速度。第二道后,由于立辊需要侧压,可用较高抛出速度。第三道后,若轧件进入下一机座轧制,可用最高轧制速度抛出。

制定精轧速度制度主要有穿带及抛尾过程加减速制度,选择末架最大轧制速度以及计算各架转速及调速范围。近代带钢热连轧机精轧一般采用二级加速和一级减速轧制方法,即带钢在精轧机以 $10 \sim 11$ m/s 左右恒速运转下进行穿带,并在卷取机实现稳定卷取后,开始进行第一次加速,待精轧速度增至某一数值使设备接近于满负荷运转前,开始第二级加速。当轧机转速达到稳定轧制阶段最大转速时加速结束。当带钢尾部离开第三架时,轧机以一级减速度减速至咬入速度等待下一根带钢轧制。第一级加速度数值较高,目的是迅速提高轧制速度,使设备尽快接近满负荷运转,以求最高产量,一般为 $0.5 \sim 1.5$ m/s²。第二级加速度为温度加速度,利用加速轧制时变形热给带钢以温度补偿,减少后继金属与带钢头部温差,此加速度值较前者低,一般为 $0.025 \sim 0.125$ m/s²。如果带钢尾部以 15 m/s 以上速度高速抛出,会产生很大的冲击,甚至有时造成带钢撕裂,为避免此情况发生,一般在带尾到达第四架或第五架时使整个连轧机组连同输出辊道与卷取机一并以较大减速度($0.5 \sim 1$ m/s²)减速,使带钢尾部在 15 m/s 以下速度抛出。

精轧机组末架轧制速度决定着轧机产量和技术水平,目前普遍超过 20 m/s,一般薄带钢为了保证终轧温度用高轧制速度,轧制宽度较大及强度较高带钢时,考虑设备负荷增大和电动机功率增加,应采用低一些轧制速度。精轧机组各架速度应满足体积不变条件,即

$$h_1 V_1 = \cdots = h_i V_i = \cdots = h_n V_n \qquad (i = 1, 2, \cdots n)$$

或 $$h_1 V_1 (1 + S_1) = \cdots = h_i V_i (1 + S_i) = \cdots = h_n V_n (1 + S_n) \qquad (12-16)$$

式中,i 为机架号;h_i 为第 i 架出口板带厚度;V_i 为第 i 架出口速度;S_i 为 i 架的前滑值。

精轧机组各架转速确定除应满足体积不变外,还应有较大的调速范围,以保证不同品种

要求。

（4）逐道温降确定。热连轧带钢轧制温降的计算公式为

$$\Delta t_2 = T_1 - \frac{T_1}{\sqrt[3]{1 + 0.025\,7k_1\,\dfrac{Z}{h}\left(\dfrac{T_1}{1\,000}\right)^3}} \qquad (12-17)$$

式中，Δt_2 为前道次轧制到后道次轧制温降；k_1 为系数，粗轧取 1.5，精轧取 2.0。

带坯在中间辊道冷却也按辐射散热计算。进入精轧第一架温度 T_1 为

$$T_1 = \frac{T_0}{\sqrt[3]{1 + 0.038\,6\,\dfrac{Z}{h}\left(\dfrac{T_1}{1\,00}\right)^4}} \qquad (12-18)$$

终轧温度 T_n 为

$$T_n = \frac{T_1}{\sqrt[3]{1 + 0.051\,5\,\dfrac{S_0(n-1)}{V_n h_n}\left(\dfrac{T_1}{1\,000}\right)^4}} \qquad (12-19)$$

式中，T_0 为粗轧轧完绝对温度。

当确定了初轧机组、精轧机组的压下规程和速度制度后，则热轧带钢的轧制规程已初步确定。表 12-5 列出 1700 热轧带钢（3/4 连续式）的一个轧制规程。

表 12-5　1700 热带钢连轧机（3/4 连续式）轧制规程之一

参　　数	粗轧机组						精轧机组						
	立	1	2	3	4	5	1	2	3	4	5	6	7
入口厚度 H/mm	250	250	200	140	85	45	25	12.5	7	4.4	3	2.22	1.75
出口厚度 h/mm	250	200	140	85	45	25	12.5	7	4.4	3	2.22	1.75	1.5
压下量 $\Delta h/mm$	(50)	50	60	55	40	20	12.5	5	2.6	1.4	0.78	0.47	0.25
相对压下量 $\varepsilon/(\%)$	4.76	20	30	39.3	47	44.5	50	44	37.1	31.8	26	21.2	14.3
宽度 b/mm	1 000	1 000	1 000	1 000	1 000	1 000	1 000	1 000	1 000	1 000	1 000	1 000	1 000
长度 l/m	9.45	11.8	16.9	27.8	52.5	94.5	189	333	540	790	1 065	1 350	1 580
咬入速度 $v_y/m \cdot s^{-1}$	0.96	1.2	1.2	1.2	1.2	3.0	2.16	2.14	3.41	5	6.75	8.57	10
最大速度 $v_d/m \cdot s^{-1}$	1.92	2.4	2.4	2.4	2.5	3.0	2.16	3,86	6.14	9.0	12.1	15.4	18
工作辊直径 D/mm	1 000	1 150	1 150	1 150	1 150	950	730	730	730	730	730	730	730

2.热连轧机组轧制规程设定步骤（以 1700 热连轧机的精轧机组为例）

（1）输入给定的数据。带坯的厚度和宽度由粗轧机最后一架 R_4 后面的 γ 射线测厚仪激光电测宽仪测得。进入精轧机组的带坯厚度，一般可根据成品厚度有规定的表格查出。成品厚度、终轧温度等根据技术要求皆有一定目标值作为输入给定数据。

（2）确定轧制总功率。当精轧温度和钢种已知时，利用能耗曲线确定由带坯轧成成品所需的总轧制功率。

（3）负荷分配。机组总功率消耗得到后，可以根据具体设备条件和原则要求，采用上述负荷分配方法确定产品在各机架上的负荷分配比。例如，轧制厚 2.7 mm、宽 1 000 mm 的产品时，

Iそれ

进行各机架的负荷分配,如表 12-6 所示。

表 12-6　轧制规程计算值

（带坯：$H=30$ mm, $h=2.7$ mm, $B=1\,000$ mm,低碳钢）

机架号	1	2	3	4	5	6	7
单道负荷分配比 /(%)	14	14	18	17	14	13	10
累积负荷分配比 /(%)	14	28	46	63	77	90	100
累积能耗 /(kW·h·t⁻¹)	5.6	11.2	18.4	25.2	30.8	36	40
轧出厚度 /mm	18.5	12.6	7.5	5.2	3.8	3	2.7
压下量 /mm	11.5	6.5	4.5	2.3	1.4	0.8	0.3
压下率 /(%)	38.5	35.5	37.5	31	27	21	10

（4）确定各机架出口厚度。根据各机架的负荷分配比,计算出各机架的累积能耗,由图 12-43 和图 12-44 即可查出对应的各机架轧出厚度,或用公式计算出各机架的出口厚度。

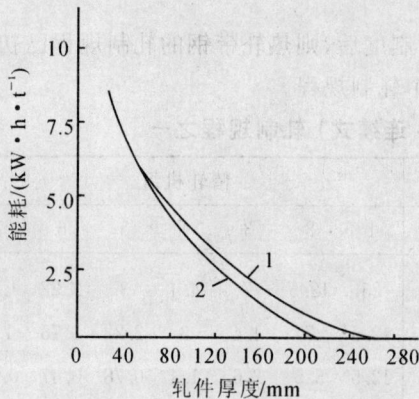

图 12-43　精轧机能耗曲线　　图 12-44　粗轧机能耗曲线

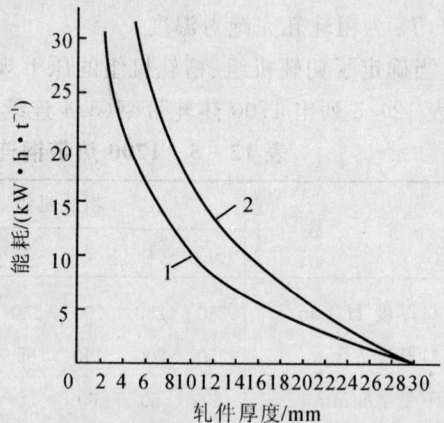

（5）确定最末架 F_7 的出口速度 v_7 和各机架的穿带速度和轧制速度。精轧末架轧制速度应该在电机能力允许的条件下,根据最大产量来决定。末架的穿带速度依带钢厚度不同在 4～10 m/s。带钢厚度减小,穿带速度增加。其他各机架的穿带速度和轧制速度则根据秒流量的原则（式(12-16)）确定。

（6）功率校核。各机架轧制速度确定后,用能耗曲线进行功率校核。各机架所需的功率为

$$N_i = 3\,600(w_i - w_{i-1}) \cdot V$$

式中, w_i 为 i 架的单位能耗; V 为金属秒流量。按此计算的各架所需功率,校验各架电机能力是否超过负荷,应使计算的值小于电机的额定功率。

（7）轧制压力的计算。计算方法基本上与中厚板规程相似。为计算平均单位压力,必须计算金属变形抗力和应力状态影响系数,而为了计算金属变形抗力,又必须计算各架轧制温度、变形程度、变形速度和考虑轧辊压扁影响的变形区长度等。

在热连轧带钢时,由于单位压力较大,故计算轧辊半径时必须考虑弹性压扁的影响。考虑压扁以后的轧辊半径 R' 的计算式为

$$R' = R\left(1 + \frac{2CP_0}{b\Delta h}\right)$$

$$C = 8(1 - \nu^2)/\pi E$$

式中，E，ν 为轧辊材料的弹性模数及泊松系数。

压扁后的变形区长度为　　　　　　　　　　$l' = \sqrt{R'\Delta h}$

（8）各机架空载辊缝值的设定。在轧制过程中，轧辊和机架部件必然产生一定的弹性变形，通常称为轧机弹跳。轧机的弹跳反映到钢带上，就使原来设定的压下量减小，轧出厚度增厚；同时由于轧辊弯曲变形，使钢带的板形发生变化，从而造成辊缝设定和轧机调整上的困难。由于轧机的弹跳，应使轧出的钢带厚度 h 等于原来的空载辊缝值加上弹跳值，轧机弹跳值按弹性变形与应力成正比的关系，则

$$h = S_0 + P/K$$

式中，S_0 为空载辊缝值，mm；K 为轧机刚性系数，kN/mm；P 为轧制压力，kN。

实践表明，轧机的弹性变形与轧制压力并非完全的线性关系，而是在压力小时呈曲线关系，只有当压力增大到一定值以后，才呈线性关系。因此在压力小时，引起的变形很难精确确定，这使辊缝的实际零位很难确定。为消除非线性区的影响，使辊缝有一个确定的零位作为轧机调整的共同工作点，对轧机进行"零位调整"。所谓零位调整就是在开动压下电机轧辊预先压靠到一定程度，然后将此时的辊缝值时定为零位，即将示数器拨到"零位"，以后轧制过程即以此零位作为各道次共同工作的基础，进行压下调整。由图 12-45 可得出

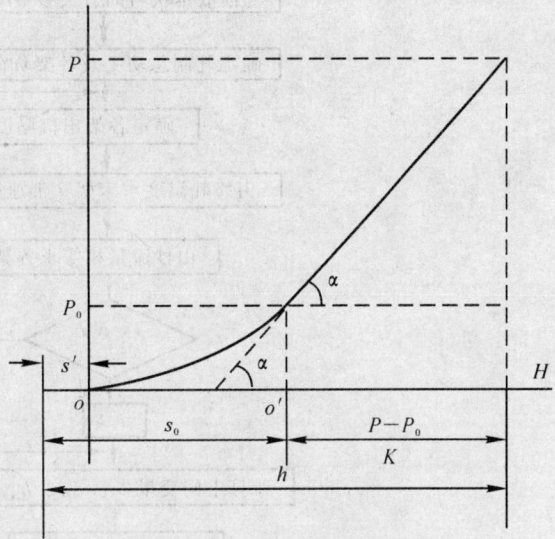

图 12-45　轧机的零位调整

$$h = S_0 + \frac{P - P_0}{K}; \quad S_0 = h - \frac{P - P_0}{K}$$

式中，P，P_0 为轧制压力及零位调整时的预压靠力，kN；S_0 为考虑零位调整的空载辊缝，mm；h 为带钢轧后厚度，mm。

用上式计算空载辊缝的精度不高。为提高预报精度，实际控制还需要加以修正和补偿：①轧机刚度补偿：由于轧机刚度也依所轧板带宽度 B 而变化，故实际轧机刚度应等于 $[K - \beta(L - B)]$，其中 L 为辊身长度，β 为该轧机的宽度修正系数，β 与 K 均可根据实测预先求出；②油膜厚度补偿：由于在油膜轴承中油膜厚度随轧制速度和轧制压力而变化，即当加速时油膜厚度变厚，压力增大时油膜变薄，因此须以调零时的轧辊转速 N_0 和轧制压力 P_0 为基准，用下式对油膜进行修正：

$$\delta = C\left(\sqrt{N/P} - \sqrt{N_0/P_0}\right)\frac{D}{D_0}$$

式中，N，P 为实际轧制时轧辊转速及轧制压力；D_0，D 为标准轧辊直径和实际轧辊直径；C 为

常数。

压下的零位还经常由于轧辊热膨胀和磨损而发生变化,从而影响到带钢厚度。对于这种变化,可根据每个带卷的实测厚度误差,用自学习反馈来监视修正。故往往将此修正项称为测厚仪常数项。因此实际的压下位置设定值应为

$$S_0 = h - \frac{P - P_0}{K - \beta(L - B)} + \delta + G$$

式中,δ,G 为油膜厚度修正项及测厚仪常数项。

综上所述,带钢热连轧轧制规程设定计算流程框图如图 12-46 所示。

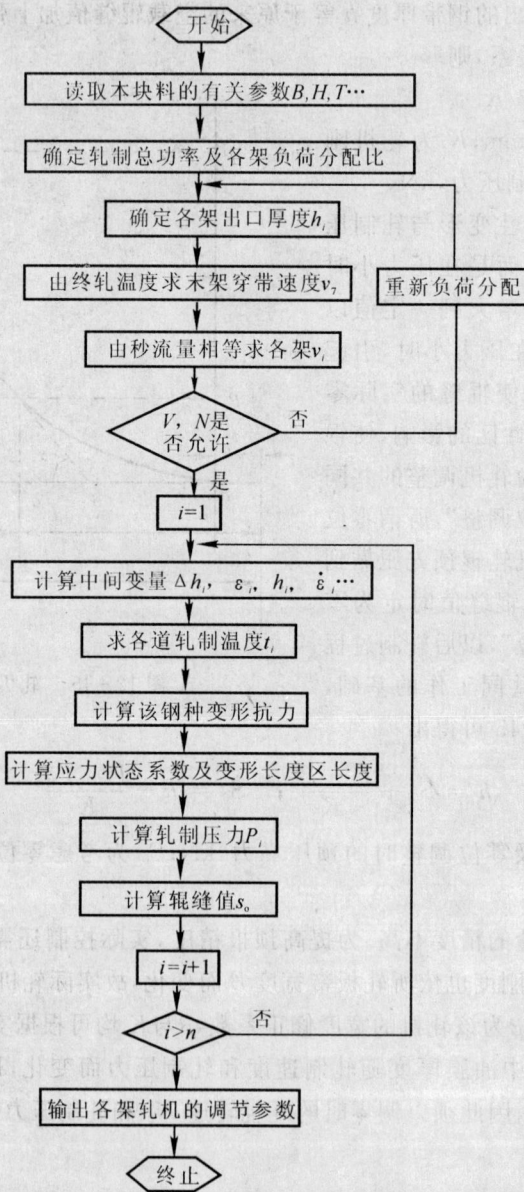

图 12-46   热带钢连轧轧机轧制规程设定计算流程框图

12.4　热轧板带组织与性能控制

12.4.1　控制轧制与控制冷却的特点

材料的性能由材料的组织决定,材料的相组成、各相的比例、相的形貌、分布特点都决定材料的性能,近代轧制工艺不仅改变钢材的形状、尺寸,而且对改变材料组织和性能有积极有效的作用。

控制轧制和控制冷却技术是适应高强度低合金钢(HSLA)的发展而产生和发展的。用于桥梁、造船、高压容器、管线及车辆等方面的高强度低合金钢,不仅要求具有较高的强度,还要求有较好的韧性、成型性和焊接性能。早期的高强度低合金钢的化学成分是按强度设计的、而对焊接性能、成型性及抗脆性断裂性能没有给予重视。自从第二次世界大战中全焊接结构舱发生脆断事故以来,战后对造船用钢及其他结构用钢,通常采取提高 Mn/C 比,用铝脱氧及进行常化处理等措施来获得较高的断口韧性。但一些国家如比利时、瑞典等钢铁厂当时没有热处理设备,故在工业生产上首次采用控制轧制来代替常化处理,解决了钢的脆断问题,造就确立了控轧控冷技术的原始基础。

20 世纪 70 年代以来,控轧控冷技术越来越受到重视,并在生产中得到了广泛的应用。近年来,国内外新建的中厚板轧机和热带轧机大都按控轧要求设计,允许承载能力大、刚性好、配置有完善的测试仪表及控制系统的控冷装置,能精确地控制工艺参数,满足各种控轧控冷工艺要求,生产出性能优良的各种板材。与此同时,有关控轧控冷应用基础研究日益深入,进一步指导和推动了控轧控冷技术的发展和应用。

控制轧制与控制冷却工艺二者结合在一起的技术多称为 TMCP(Thermo-Mechanical Control Process) 工艺。就是在调整钢材化学成分的基础上,通过对轧制过程中的温度制度、变形制度和轧后冷却制度等进行有效控制,显著改善钢材微观组织,获得具有良好综合力学性能的钢铁材料。TMCP 工艺适用于占钢材总量中比重最大的几乎所有结构钢品种,可以说是 20 世纪钢铁界最伟大的科技进步成就之一。

目前,钢的控轧控冷工艺即 TMCP 工艺作为提高钢材强韧综合性能的重要手段,越来越被广泛地应用于各种类型的轧钢工业生产中。它之所以被国内外许多轧钢厂所采用,是因为它具有如下优点:

(1)代替常化、节约能源、能直接生产综合性能优良的许多专用板,如造船锅炉、桥梁、汽车大梁板等、能降低生产成本。

(2)有效改善一般热轧钢板的强度和韧性,充分挖掘普通钢种的性能潜力。

(3)与正火的同等强度级别钢相比,能降低钢的合金含量,并且可以降低碳当量,提高焊接性能。

(4)可以简化传统的生产工序,减少人力、物力的消耗,降低生产成本,提高产品竞争力。

(5)在保持同等性能的前提下,可以适当地提高钢板的终轧温度,或者采用轧制道次和机架之间的冷却工序来加快中间坯冷却,以减少待温时间,提高生产效率,所以在控轧的基础上提高产量。

12.4.2 控制轧制

控制轧制(Controlled Rooling)的任务是通过加热温度,轧制过程中各个道次的轧制温度、压下量等轧制参数的控制与优化来进行奥氏体状态的控制,为后面冷却过程得到细小的相变组织等积累条件。控制轧制的要点是奥氏体状态的控制,主要包括奥氏体晶粒尺寸的大小,内含能量的高低,内部缺陷的多少等。控制轧制工艺参数对再结晶过程的影响、晶粒细化、性能影响的关系如图 12 - 47 所示。

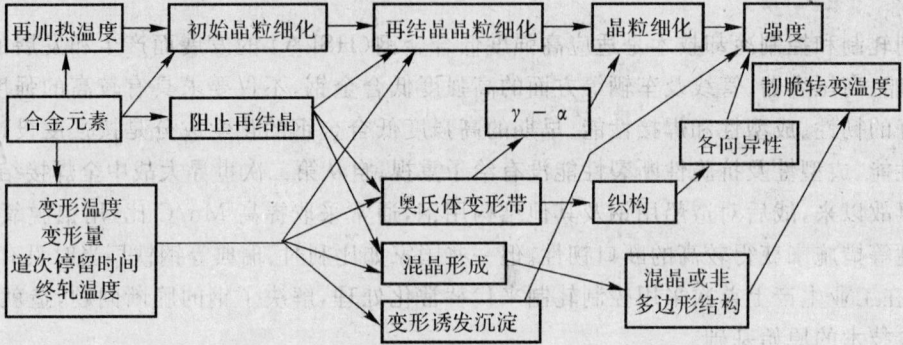

图 12 - 47　控制轧制工艺参数作用图

关于控制轧制的分类方法目前尚不统一,但多数将控制轧制分为奥氏体再结晶控制轧制(又称为 I 型控制轧制)、奥氏体未再结晶区控制轧制(又称为 II 型控制轧制)和奥氏体和铁素体(III 型)区控制轧制,如图 12 - 48 所示。

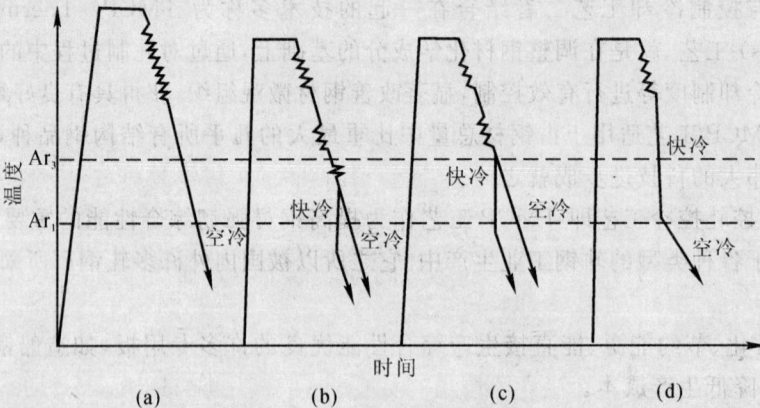

图 12 - 48　控制轧制示意图

(a) 普通热轧工艺; (b) 三阶段控制轧制工艺(I 型 + II 型 + (A + F) 两相区)和控制冷却工艺;

(c) 两阶段控制轧制工艺(I 型 + II 型)和控制冷却工艺;

(d) 高温再结晶型(I 型)控制轧制工艺和控制冷却工艺

奥氏体再结晶区控制轧制的主要目的是通过对加热时粗化的初始 γ 晶粒反复进行轧制——再结晶使之得到细化,从而使 $\gamma \rightarrow \alpha$ 相交后得到细小的 α 晶粒。并且,相变前 γ 晶粒越细、相变后的 α 晶粒也变得越细。把钢相变前的 γ 晶粒直径和相变后 α 的晶粒直径之比称为 γ / α

变换比。当 γ 晶粒粗大时,此比值远远大于 1,即由 1 个 γ 晶粒可以产生几个 α 晶粒。当相变前的 γ 晶粒细小时,该 γ/α 变换比接近于 1,所以,在仅仅由于再结晶 γ 晶粒细化而引起的 α 晶粒细化方面存在一个极限。γ 再结晶区域轧制是通过再结晶使 γ 晶粒细化,从这种意义上说,它实际上是控制轧制的准备阶段。γ 再结晶区域通常是在约 950℃ 以上的温度范围。

在奥氏体未再结晶区进行控制轧制时,γ 晶粒沿轧制方向伸长,在 γ 晶粒内部产生变形带。此时不仅由于晶界面积的增加,提高了的 α 形核密度,而且也在变形带上出现大量的 α 晶核。这样就进一步促进了 α 晶粒的细化。另外,以伸长 γ 晶粒在板厚方向的短直径作为 γ 晶粒的直径,通过计算 γ/α 求变换比时,此值随未再结晶区的总压下率的上升开始变大,取极限值,其极大值接近于 2。刚进入未再结晶区轧制之前的 γ 晶粒越细,γ/α 变换比的极大值越小,达一定值后又迅速收敛。总之,随未再结晶区的总压下率的增加,伸长的 γ 晶粒在厚度方向的尺寸变小。所以,相变后的 α 晶粒随着未再结晶区总压下率的增加变细。如果钢相变前的 γ 晶粒度和未再结晶 γ 晶粒的伸长程度相同,则 γ/α 相变温度越低,相变后的 α 晶粒越细。γ 未再结晶的温度区间一般为 950℃ ~ Ar_1。

在 Ar_3 以下的 (γ+α) 两相区轧制时,未相变的 γ 晶粒更加伸长,在晶内形成变形带。另一方面,已相变后的 α 晶粒在受到压下时,于晶粒内形成亚结构。在轧后的冷却过程中前者发生相变形成微细的多边形晶粒,而后者因回复变成内部含有亚晶粒的 α 晶粒。因此,两相区轧制材料的组织为大倾角晶粒和亚晶粒的混合组织。

12.4.3　控制冷却

控冷(Controlled Cooling)早期用于淬火提高强度,于 20 世纪 60 年代后期将层流冷却与微量元素强化相结合在热带轧机上控制带钢材质。中厚板轧机控冷是从 20 世纪 70 年代中期由管线板生产开始。

控制冷却技术是利用轧材余热进行热处理的技术,特别是对于中厚板生产,更是提高钢板综合性能的一种有效而又经济的生产方法,目前已成为钢板轧后冷却的主要发展模式。控制冷却的任务是开始与终止冷却温度、冷却速度、冷却模式等冷却参数的控制与优化来对钢的相变过程进行控制,从而达到最终需要的组织和性能。其控制的关键点是对奥氏体相变条件的控制(开始温度(过冷度)、冷却速率、终止温度等)及如何保持钢板各个部位的均匀冷却。

控制冷却过程是通过控制轧制后三个不同冷却阶段的工艺参数,来得到不同的相变组织。这三个阶段称为一次冷却,二次冷却利三次冷却。

一次冷却是指从终轧温度到 Ar_3 温度范围内的冷却,其目的是控制热变形后的奥氏体晶粒状态,阻止奥氏体晶粒长大和碳化物析出,固定由于变形引起的位错,增大过冷度,降低相变温度,为 γ → α 相变做准备,一次冷却的起始温度越接近终轧温度,细化奥氏体晶粒和增大有效晶界面积的效果越明显。

二次冷却是指钢材经一次冷却后进入由奥氏体向铁素体相变和碳比物析出的相变阶段,控制相变开始冷却温度、冷却速度和终止温度等,通过控制这些参数,达到控制相变产物的目的。

三次冷却或空冷是指对相变结束到室温这一温度区间的冷却参数的控制。

利用钢板热轧后的余热,进行在线控制冷却,在保证板材要求的板形尺寸规格的同时,可控制和提高板材的综合力学性能。利用轧后控制冷却技术除能满足控制性能和板形要求以外,还可节约能源，降低成本，提高生产能力，从而增加经济效益。近些年来，世界许多国家对钢板热轧后控制冷却技术，也就是其冷却方式、冷却装置、冷却系统与控制以及冷却工艺对钢板性能的影响规律等问题进行了一系列的研究工作。

控冷并非简单技术，往往容易出现钢板的不均匀冷却与瓢曲。冷却装置应根据轧后钢板的厚度和温度，采用计算机控制喷水量、喷水时间及上下喷水量之差异，以确保其快冷的均匀性。冷却装置应做到钢板长度、宽度、厚度、头尾及边部稳定而均匀地冷却，冷却后钢板材质偏差小，不能变形，保持板形良好，残余应力小，大量连续生产，在线生产中可靠性高，采用计算机高精度控制。

12.4.4 中厚钢板组织与性能控制

中厚板控制轧制是在热轧过程中通过对金属加热制度、变形制度和温度制度的合理控制，使热塑性变形与固态相变相结合，以获得细小的晶粒组织，使钢材具有优异综合力学性能的轧制工艺。

控制轧制工艺是在保证产品成型的基础上，根据产品性能的要求而制定的。因此控制轧制工艺与一般的热轧工艺有所不同，其主要区别是对铸坯加热制度、轧制温度制度及对轧制道次变形量等的严格控制。

1. 铸坯加热温度的控制

铸坯在加热炉内的加热制度对钢板最终性能有很大的影响。铸坯低温加热工艺已经成为目前控轧的必要技术之一。1963 年开发的 X52 含 Nb 钢再加热温度为 1 170℃，这是世界上第一次在工业生产中采用低温加热的控轧。当钢材加热温度超过 1 000℃ 以后，随加热温度的升高奥氏体晶粒呈显著的增大趋势。因此，对普碳钢加热温度宜控制在 1 050℃ 或更低些；对含铌或钛的微合金化钢，考虑到合金元素的充分固溶，可将加热温度控制在 1 150℃ 左右。低温加热可以使钢坯在较细化的奥氏体晶粒的温度下进行热变形，从而使起始晶粒尺寸减小，并降低粗轧过程中的轧制温度。这两种因素都会提高粗轧最后阶段的再结晶晶粒尺寸的细化程度和均匀性，因而可以显著提高中厚钢板的低温韧性和强度水平。同时，降低板坯加热温度，还可缩短轧制过程中的待温时间，有效提高轧机生产能力。

2. 轧制温度

热轧工艺条件中对钢材的组织和力学性能影响最大的是轧制温度。在控制轧制中所采用的轧制温度是依所采用的控制轧制类型而异。终轧温度对 TMCP 钢板的力学性能有重要影响。在奥氏体轧制区时，终轧温度越高，奥氏体晶粒越粗大，转变后的铁素体晶粒亦越粗大，并易出现魏氏组织，对钢的性能不利。因此，要求最后几道次的轧制温度要低。一般要求终轧温度尽可能接近奥氏体开始转变温度，起到相似于正火的作用。对一般低碳结构钢约在 830℃ 或者更低些。轧制含 Nb 钢时，由于 Ar₁ 下降到 720℃ 左右，故终轧温度可控制在 750℃ 左右。对 16 Mn 钢也理应如此确定。当采用（γ＋α）两相区控制轧制时，也要根据对钢材性能的不同要求而确定其终轧温度。

3. 道次变形量的控制

在奥氏体再结晶区控轧，道次变形量必须大于再结晶临界变形量，以确保发生完全再结晶，防止出现异常粗大的奥氏体晶粒的形成。

在奥氏体未再结晶区控轧，加大道次变形量，可以增加奥氏体晶粒中的滑移带和位错密度,增大有效晶界面积,为铁素体相变形核创造有利条件。含 Nb 钢在未再结晶区总压下率为 55% 时,不同轧制道次和不同道次变形量对奥氏体晶粒具有变形带的晶粒比例和晶界密度有明显影响。随着道次减少,道次变形量加大,具有变形带的晶粒比例增大,晶界密度也增大。这有利于形成细小分散铁素体组织。

在两相区轧制的钢板强度和韧性变化取决于轧制温度和压下量相互影响的结果。有资料表明,在 850℃ 以下当总压下率为 47% 时,随着终轧温度的下降,σ_s 增加。在两相区的高温区进行轧制,韧性比在单相奥氏体区轧制时好,达到最佳,但是随着两相区终轧温度的降低,钢的韧性恶化。

一般经验表明,在奥氏体再结晶区每道次 10% 的变形量,总变形量为 60%;在非再结晶区大于 45%～50% 的总变形量有利于晶粒细化。在 $\gamma + \alpha$ 两相区 10% 的变形量可以提高强度,而且可以形成弱的(100)织构。

在轧制含 Nb 钢时,由于 Nb(C,N) 的析出,约从 950℃ 起,可认为奥氏体晶粒变形后基本上不发生再结晶。因此在 γ 区从 950℃～750℃ 的温度范围内多道次轧制的变形量对晶粒细化能起到叠加效应,也就是要有足够的总变形量。而可以不需要过分强调道次压下量。因加工温度区间放宽(约 200℃),有足够的加工时间,可以根据设备的允许负荷选用适宜的道次数和每道次压下量。这使 Π 型控制轧制在生产实际中易于付诸实施。但是也必须注意缩短道次间隙时间,尤其在低温侧(如 850℃ 至 Ar_1)。若变形速度缓慢,拖延时间太长,对 Nb 而言等于析出处理,因而减少或丧失推迟再结晶的效应。

含 Nb 钢在 950～750℃(没有再结晶)间的总变形量一般要求不小于 50%,最好接近 70%,因小的变形量易产生贝氏体和极大的铁素体混晶组织。对低碳 Mn-Mo-Nb 钢其总变形量甚至要达到 85%。

总的来讲,控轧控冷工艺中对控制轧制工艺的控制要点为

(1) 尽可能的降低加热温度,即将开始轧制前奥氏体晶粒微细化。

(2) 使中间温度区的轧制道次最优化,通过反复轧制反复再结晶使奥氏体晶粒微细化。

(3) 加大奥氏体在未结晶区的积累压下量,增加奥氏体每单位体积内的晶界面积和变形带面积。

4. 控制冷却

在现代化的中厚板生产中,冷却已不是单纯意义上的成品钢的冷却,而是贯穿于整个中厚板生产过程中,是一个不可缺少的工艺环节,它对轧制和成品钢板的性能、外观质量有着极为重要的作用,冷却的方式主要有自然的空气冷却、强制的风冷却、水冷却和气雾冷却。冷却主要用于轧制过程中的轧件冷却(轧制道次间的控温、中间坯料的冷却)、轧后钢板的加速冷却和成品钢板的冷却。

轧后钢板的加速冷却是控制轧后钢板的冷却速度从而改善钢材组织和性能的工艺,为了细化铁素体晶粒、减少珠光体片层间距、阻止碳化物在高温下析出,以提高析出强化的效果而采用控制冷却工艺。中厚板控冷装置种类繁多,形式多种多样,有单一 ACC,有 ACC 和 DQ 共用,有 ACC 和 DQ 分开,也有预留将来上 DQ 的可能性。

通过控制冷却,可以对冷却过程的相变进行控制,实现相变强化、细晶强化以及沉淀强化等多种强化方式的有效结合,可以在降低合金元素含量或碳含量的条件下,进一步提高钢材的强韧性,并获得合理的综合性能;利用轧后控制冷却能够满足控制性能和板形的要求,同时可

以节约能源、降低成本、提高生产能力。

综上所述，对轧制过程中的轧件控制冷却，是保证控制轧制中温度变形制度、实现不同钢板轧制方式的重要保障。通常情况下，轧制道次间轧件的降温采用机前或机后辊道轧件游动降温、旁通辊道游出游动降温、粗轧机与精轧机之间轧件的冷却装置（见图 12-49）。

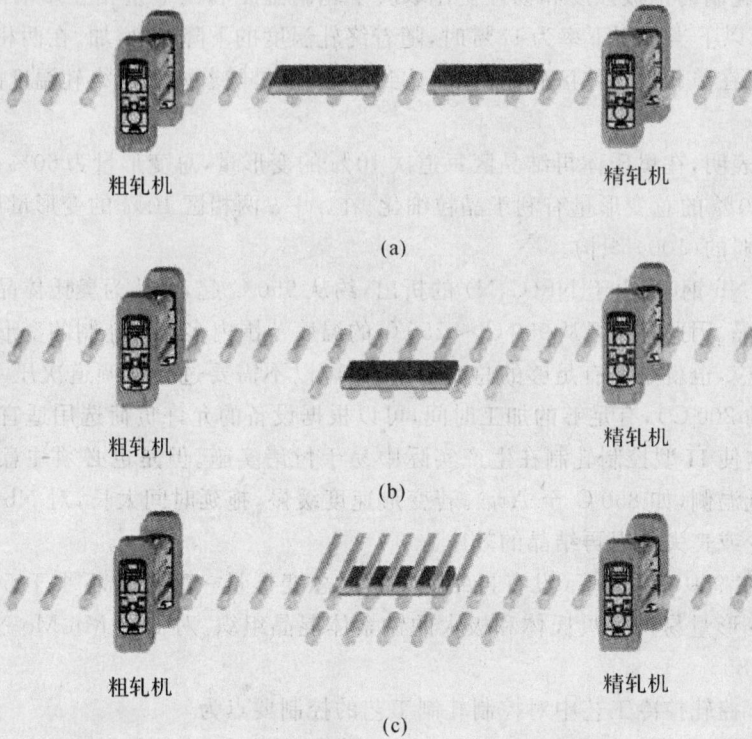

粗轧机　　　　　　　　　　精轧机

(a)

粗轧机　　　　　　　　　　精轧机

(b)

粗轧机　　　　　　　　　　精轧机

(c)

图 12-49　轧制过程中轧件几种控制冷却方式
(a) 粗轧机与精轧机之间轧件的游动冷却；　(b) 粗轧机与精轧机之间轧件的移出游动冷却；
(c) 粗轧机与精轧机之间轧件的喷水冷却

为了提高生产效率，生产中经常进行交叉轧制，即利用某钢板待温的时间，进行后序钢坯的第一阶段轧制，当后续钢坯开始待温时，再轧制前序钢板的第二阶段。根据坯料尺寸和成品规格不同，采用交叉轧制的具体形式有一待一轧、两待一轧、三待一轧等。在确定合理的钢坯出炉时刻（或相邻两块钢坯出炉时间间隔）后利用交叉轧制可以在保证钢板性能要求的前提下，显著提高轧机的利用率。例如，宝钢 5 000 mm，轧机为了减少控轧工艺对产量的影响，采用多块钢交叉轧制工艺及中间喷水冷却。

5. 中厚板控制轧制和控制冷却工艺参数控制原则

控轧控冷工艺控制的关键点是"奥氏体状态的控制"和进一步的"由这种状态受到控制的奥氏体发生的相变的控制"。如图 12-50 所示即是 TMCP 工艺与最终产品组织控制示意图。轧后空冷的热机械轧制（TMR）获得的一般是铁素体＋珠光体组织，ACC（加速冷却）工艺后获得的是铁素体＋珠光体、铁素体＋贝氏体或铁素体＋回火贝氏体组织，DQ（直接淬火）工艺后则可以得到马氏体组织。

通过工艺措施控制最终的产品组织和性能，关键的前提条件之一是钢的化学成分。为更好地发挥 TMCP 的作用,工艺控制应很好地与化学成分匹配,即合金设计必须与轧制工艺相结合。在实际生产操作中,由于 TMCP 工艺中有许多参数都可以调节,如轧制中的轧制温度制度、压下制度,冷却制度中的开冷温度、加速冷却前的冷却方式等,都是重要的控制参数。所以 TMCP 工艺在具体实施过程中有非常多的可变性和控制方式,但所有的控制方式都是围绕控制产品最终的组织和性能。

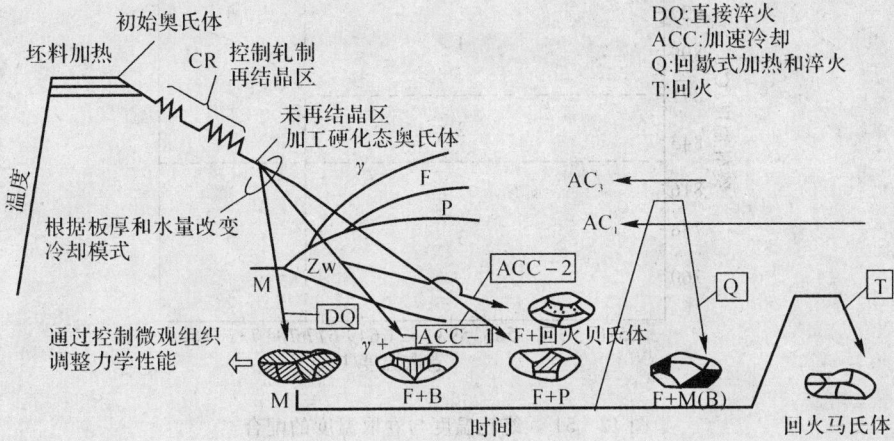

图 12-50 TMCP 工艺与最终产品组织

12.4.5 热轧薄板的组织与性能控制

1. 带钢组织性能控制

热轧板带钢常温状态的组织性能除了受材料本身化学成分的影响之外,很大程度上取决于轧制过程中的变形制度和冷却制度。通过控制轧制及轧后工艺参数,如变形量分配、终轧温度、卷取温度、冷却速度等,可以控制产品的晶粒度、析出、相变、微结构形态等组织结构特征和屈服强度、抗拉强度、伸长率、断面收缩率、韧性等力学性能参数。

为了使金属易于加工成型,保证热轧成品带钢尺寸精确、板形良好、有高的组织性能和机械性能,并使连轧机具有很高的生产能力。在轧制之前必须将板坯加热到所要求的温度,然后在整个轧制过程中,又要采用不同的轧制速度、加速度和调节机架间冷却水以及层流冷却的水流量与水压力等才能达到上述目的。

在热连轧带钢生产中不易控制轧制道次,却较方便控制温度,尤其是轧后的冷却速度和卷取温度控制。为得到细小而均匀的铁素体晶粒,希望终轧温度稍高于 Ar_3,因为要低于此温度,铁素体将受到加工变形,经过缓冷回复及再结晶退火而粗化,结果得到不均匀的混晶组织,而使强韧性变坏。此外,终轧温度和卷取温度过低,还会产生残余应力,使钢板变硬,不仅使卷取和冷轧加工困难,而且厚度和性能也难达到要求。但终轧温度和卷取温度过高,又会使晶粒粗大,容易使机械性能变坏,同时影响冷轧钢板的晶粒度,使冷轧塑性变坏及深冲性能下降。卷取温过高还容易产生坚实的氧化铁皮,使酸洗困难。实验表明,在轧制低碳钢板时,终轧温度应在 Ar_3 以上,卷取温度应在 Ar_1 以下,这样可以得到均匀而等轴的细晶粒和弥散度较高的碳化物相,这相当于图 12-51 的 1 区。若卷取温度较高,将生成均匀的粗晶组织,同时碳化物会产生相当程度的聚集,对钢板性能不利,这相当于图中的 4 区。图中 2 区为 Ar_3 以下终轧极低温卷取时,由于铁素体经受加工变形,使表面出现铁素体粗晶,因而形成不均匀的晶粒组织。若在此条件下高温卷取,便会生成很不均匀的粗晶组织(见图中 5 区)。终轧温度再低,将出现被延伸的铁素体晶粒,在低温卷取后仍保留于钢中(见图中 3 区),或者在高温卷取时,由于自身回火产生再结晶而形成粗晶组织(见图中 6 区)。

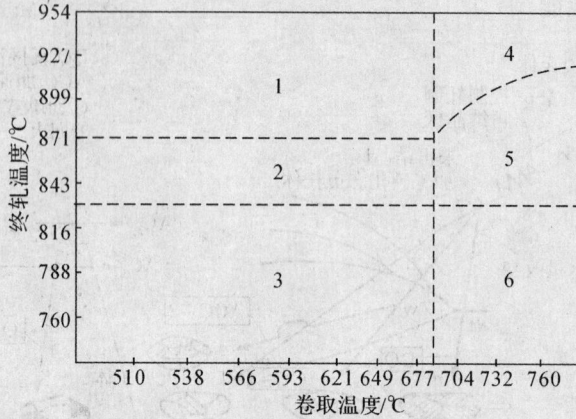

图 12-51 终轧温度与卷取温度的配合

1— 均匀细晶粒、碳化物很细; 2— 表层粗的不均匀晶粒; 3— 出现冷加工引起的拉长晶粒;
4— 均匀晶粒; 5— 不均匀晶粒; 6— 晶粒很粗

2. 热连轧带钢生产线温度测量

在热轧生产过程中,温度是一个极为重要的工艺参数,准确地预报各个环节的温度变化是实现热连轧机计算机控制的重要前提,轧制温度的预报是否准确,对其整个设定计算具有非常重要的意义。板坯在加热炉中加热时,是通过炉内的高温介质将热量传输到板坯表面,然后再由表面往中心传导。而在轧制过程中,轧件中所含的热量又会被低温的冷却水和空气,以及被与热轧件相接触的轧辊所带走。此外,金属在变形时还会产生一部分变形热。所以在轧制过程中温度的变化是一个很复杂的过程,既有辐射传热和对流传热,又有热传导传热。热轧过程中的温度,主要是指开轧温度、终轧温度和卷取温度等。这些温度对金属在各个机架中的变形抗力、轧制压力、成品的金相组织、晶粒度、机械性能以及带钢的表面状态等都有直接的影响。例如百分之一的温度预报误差就有可能导致百分之二到百分之五的轧制压力预报误差。因此为满足控温要求,热轧生产线需有实测温度进行监控。

如图 12-52 所示为某热连轧带钢生产线温度测量及控制设施简图,图中在出炉口、粗轧机组中间(R_1 之后)、粗轧 R_4 之后、精轧飞剪之前、精轧 F_7 之后及卷取机之前共 6 处设置测温点,其中最重要的是粗轧机 R_4 之后的测温点,因为此处测温条件较好,板坯厚度适中,表面干净,无水汽障碍,测量结果较准确,一般用此温度作为基础对加热温度进行反馈控制和对终轧温度、卷取温度及层流冷却速度进行前馈控制。加热炉前的测温点一般只用来监控出炉板坯,防止温度过低的板坯送出轧制。由于此处板坯氧化铁皮太厚,测温不可能准确,所以不能用来实测出炉温度。精轧飞剪之前的测温点,对于测定精轧入口温度是十分重要的,但由于在中间辊道上产生的次生氧化铁皮而妨碍准确测温,故精轧开轧温度一般常采用粗轧出口处的实测温度通过温降数学模型来计算确定,而精轧入口前的温度计只作校核计算用。精轧机组后面的测温点为终轧温度的实测点。卷取机前的温度计为卷取温度的实测点。可见测温点只安装在关键位置,而且有些点实测精度还不高,因此要确定轧件在任一位置的实际温度,便只能以某一处的实测温度为基础,通过数学模型来进行计算。同时又可以根据实测温度来不断修正数学模型及调整加热温度、轧制规程(速度)和冷却水量,以实现对终轧温度和卷取温度的自动控制。

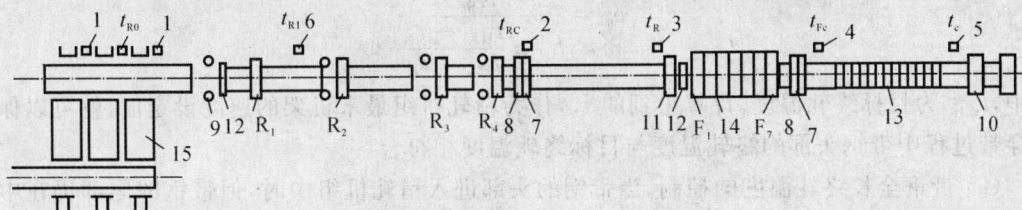

图 12-52　热连轧带钢生产线温度测量及控制设施简图

1～6— 测温点;　7— 测宽仪;　8— 测厚仪;　9— 大立辊;　10— 卷曲机;　11— 飞剪;　12— 高压水除鳞;
13— 层流冷却;　14— 机架间喷水;　15— 加热炉;　$R_1 \sim R_4$— 粗轧机组;　$F_1 \sim F_7$— 精轧机组

3. 终轧温度的控制

终轧温度对带钢的组织和性能有非常重要的影响。从板坯出炉到带钢轧制结束,中间要经过运输和轧制两大环节。带钢的终轧温度取决于带钢的材质、加热温度、板坯的厚度、运输时间、压下制度、速度制度以及冷却水的压力、流量与温度等一系列因素。其中带钢的材质、板坯的厚度、运输时间和压下制度等,在原料与成品带钢情况确定了的条件下是一些较稳定的因素。而加热温度、机架间冷却水的压力和流量以及速度制度等可以作为对终轧温度进行控制的手段。但是由于冷却水量与终轧温度之间的定量关系较难确定,所以实际上被应用于控制终轧温度的主要因素是加热温度和速度制度。

现在就以 1 700 mm 热连轧机的精轧机组的终轧温度控制为例,以带钢头部温度与带钢全长温度,来说明终轧温度控制的基本方法。

(1) 带钢头部终轧温度的控制。带钢头部终轧温度控制的目的,在于把带钢头部离开精轧机组时的温度控制在所要求的允许波动范围之内。

首先应控制板坯的加热温度,为此,可根据所轧制带钢的标准速度规程,按照温降方程式来反算精轧机组入口处带钢的温度 $t_{F入}$,然后再以 $t_{F入}$ 反算粗轧机组出口处和入口处的温度,最后反算出板坯所需要的加热温度。这里包括了两次轧制过程温降和两次辊道运输温降的计算。由于上述温降过程是在相当长的时间和空间范围内完成的,在此范围内,可能出现各种干扰,特别是轧制速度和运输时间的波动很难精确计算,这就必然会影响到所要求加热温度的精确计算。因此,往往采用一些简单的经验公式近似地来计算板坯的加热温度 $t_{加}$。所要求的加热温度 $t_{加}$ 也可以按照板坯和成品带钢的规格,根据生产经验列成表格形式,供生产时直接选取。

由于所要求的加热温度与加热炉中的实际加热温度之间不可避免地会有偏差,按照上述方法确定的要求,对板坯进行的加热显然不能精确地保证要求的终轧温度,为此,应在生产过程中实测带坯的温度,以实测的温度值作为进一步控制终轧温度的依据。在热连轧轧机上,测温点一般设在粗轧机组的出口处(因为在这里,带坯表面上的氧化铁皮已去除干净,新生的二次氧化铁皮又尚未生成,这时带坯已较薄,断面温度分布比较均匀),在此处测得的带坯温度与带坯实际温度比较接近。然后再以粗轧机组出口处的实测温度 t_R 作为依据,首先计算出精轧机组入口处的温度:

$$t_{F入} = 100 \left[\left(\frac{t_{R出} + 273}{100} \right)^{-3} + \frac{6\varepsilon\sigma\tau}{100c_p\gamma h} \right]^{-1/3} - 273$$

然后再以上式求出的 $t_{F入}$ 作为依据,推导出用于控制温度的速度表达式为

$$v_n = \frac{-K_{精} L}{h_n \ln \dfrac{t_{目标} - t_水}{t_{F入} - t_水}}$$

式中,$t_{目标}$ 为目标终轧温度。计算得到的 v_n 作为精轧机组最末机架的速度设定值,就可以保证在穿带过程中带钢头部的终轧温度与目标终轧温度相符合。

（2）带钢全长终轧温度的控制。当带钢的头部进入精轧机组中时,但带钢的尾部仍在中间辊道上,即尾部在空气中冷却的时间比头部长,因而引起带钢尾部的终轧温度低于带钢头部的终轧温度。若带坯越长,精轧入口速度越低,则带钢头部与尾部进入精轧机的时间差越大,它们的终轧温度差也越大。

为了减少或消除带钢头尾终轧温度差,使带钢全长上的终轧温度均匀,可以采用轧机同步加速的方法,即当带钢头部离开精轧机后,整个精轧机组连同输出辊道和卷取机逐渐增速的方法。因此,不仅缩短了带钢头部与尾部进入精轧机组的时间差,而且减少了带钢头尾温度差。由于带钢的轧制速度逐渐增加,后进入精轧机的带钢在机组中的散热时间短,使得因塑性变形与接触摩擦所产生的热量引起带钢温升,能与各种方式散失热量造成的带钢温度降相互抵消,因而就可以使得带钢全长上的终轧温度保持恒定,或在允许范围内波动。假若在轧制过程中带钢尾部的温升超过了温降,则带钢尾部的终轧温度有可能高于带钢头部的终轧温度。

为了在实际的轧制过程中,控制带钢全长上的终轧温度,一般最常用的方法就是控制精轧机组各架轧机的加速度。现代化的热连轧机终轧温度的允许波动范围一般定为 $\pm 10 \sim 15℃$,当从精轧机组出口处的测温仪检测到的终轧温度在所要求的允许波动范围之内时,轧机便以预先规定的加速度进行升速轧制,借此来保持终轧温度恒定。若实测的终轧温度低于所要求的允许范围的下限时,便将控制信号反馈给轧机的加速度控制系统,使轧机的加速度增加。若实测的终轧温度高于所要求的允许范围的上限时,便使加速度变为零。

为了提高轧机的生产能力,一般将加速度控制在 $0.5 \sim 1.0$ m/s² 以上。但实践表明,为了控制终轧温度,轧机的加速度只能限制在范围 $0.05 \sim 0.2$ m/s² 之内,否则带钢的终轧温度将沿长度从头部至尾部逐渐升高。为了克服这一缺点,因此提出了既充分地发挥轧机的加速度能力来提高轧机的生产能力,而又不出现带钢终轧温度从头部至尾部逐渐升高的现象,现在有的联合应用调节机架间冷却水量的方法来控制终轧温度。

4. 带钢卷曲温度的控制

（1）带钢卷取温度控制的目的。带钢卷取温度是影响成品带钢性能指标的重要工艺参数之一。不同规格的带钢在精轧机组中的终轧温度一般约为 $800 \sim 900℃$,而高取向硅钢终轧温度为 $980℃$,但是为了获得良好的性能质量,必须将卷取温度控制在 $550 \sim 700℃$,而高取向硅钢的卷取温度为 $520℃$,若带钢由精轧机组中出来的速度为 20 m/s,输出辊道长度为 120 m 时,则带钢由精轧机组到卷取机也只要 6 s 就够了,要求在 6 s 内就要将带钢的温度降低 $200 \sim 350℃$,有的要降低将近 $460℃$,因此,必须采用高效率的冷却装置才有可能。所以卷取温度控制的目的就是将带钢从比较高的终轧温度冷却到所要求的卷取温度,使带钢获得良好的组织性能和机械性能。

卷取温度和终轧温度一样,对带钢的金相组织影响很大,是决定成品带钢加工性能、力学

性能、物理性能的重要工艺参数之一。卷取温度控制,本质上是热轧带钢生产中的轧后控制冷却,而轧后控制冷却影响产品质量的主要因素是冷却开始和终了的温度(冷却开始温度基本上就是终轧温度)、冷却速度以及冷却的均匀程度。

卷取温度应在 670℃ 以下,约为 600 ~ 650℃,在此温度段内,带钢的金相组织已定型,可以缓慢冷却,而缓慢冷却对减小带钢的内应力也是有利的,过高的卷取温度,将会因卷取后的再结晶和缓慢冷却而产生粗晶组织及碳化物的积聚,导致力学性能变坏,以及产生坚硬的氧化铁皮,使酸洗困难,但如果卷取温度过低,一方面使卷取困难,且有残余应力存在,容易松卷,影响成品带卷的质量;另一方面,卷取后也没有足够的温度使过饱和的碳氮化合物析出,影响轧材性能。因此,将带钢卷取温度控制在由钢的内部金相组织所确定的范围内,是带钢质量的又一关键控制措施。

(2)带钢卷取温度控制的几种控制模型。影响冷却效果的因素很多,但是其中主要的因素是带钢的运行速度、带钢的厚度和带钢在精轧机组出口处的温度。为了使控制模型既反映其特定的规律,而又能避免繁杂的计算,因而根据控制模型的基本式,在实际控制时可将它演变为三种控制模型,即前馈控制模型、精轧温度补偿控制模型和反馈控制模型。

1)前馈控制模型。所谓前馈控制模型,就是当带钢头部尚在精轧机组中轧制时,就根据本带钢的各项目标值计算所需冷却水段数目的模型,并将它前馈给冷却控制装置进行控制。在实际采用的前馈控制模型中,考虑控制阀有反应滞后等现象,为了防止因各影响因素的实际值与目标值的偏差而导致卷取温度过低,以致无法对反馈的方法进行修正。因此将卷取温度目标值提高 ΔT,即以 $T_{CA} + \Delta T$ 作为目标卷取温度,此时前馈控制模型如下:

$$N_{FF} = \left\{ P_i + R_i(v - v_i) + \left[a_1(T_{FA} - T_{FS}) - (T_{CA} + \Delta T - T_{CAS}) \right] \frac{hv}{Q} \right\} a_2$$

式中,N_{FF} 为前馈控制时冷却水段数;a_1 为终轧温度变化对卷取温度的影响系数,$a_1 = 0.8$;T_{FS} 为带钢在精轧机出口侧的标准温度;T_{FA} 为实测带钢终轧温度;T_{CA} 为卷取目标温度;T_{CAS} 为对给定厚度的卷取带钢目标温度标准值;h 为带钢厚度;Q 为综合传热,相当于一段的冷却水量所带走的热量;a_2 为水温补偿系数;v 为带钢速度(轧制速度或卷取机卷取带钢的圆周速度);v_i 为对给定厚度的轧制基准速度;R_i 为带钢速度影响系数;P_i 为标准条件下预喷射的设定段数。

按上式计算得到的预定冷却水段数,在带钢头部留在精轧机组中轧制时即输出给冷却装置,并在冷却段的前部给出,它便构成前段冷却区。

2)精轧温度补偿控制。当带钢头部离开精轧机组,已得到了带钢头部的实测终轧温度时,按下式计算冷却水的前馈补偿量,并立即输出给冷却段的后部,以便使带钢头部能得到补偿量为

$$N_{FFT} = a_1 a_2 \frac{hv}{Q}(T_F - T_{FA})$$

式中,a_1,a_2 为系数。

3)反馈控制模型。当带钢头部到达卷取机前的测温仪处,已检测到了带钢头部的实测卷取温度时,则按下式计算冷却水的反馈补偿量,并立即输出给冷却段的后段:

$$N_{FB} = (T_C - T_{CA}) \frac{hv}{Q} a_2$$

式中,N_{FB} 为冷却水的反馈补偿量;T_C 为反馈控制时的卷取实测温度平均值。

(3)卷取温度控制方案。带钢卷取温度控制的基本方案有前段冷却、后段冷却、带钢头尾

不冷却等。

1) 带钢前段冷却控制方式。如图 12-53 所示实质上是以前馈控制为主体，而补偿控制和反馈控制为辅的一种冷却控制方式。前馈控制就是根据精轧机组终轧温度的预设定值和卷取温度目标值，反馈控制信号来接通前段冷却水集管，对带钢进行冷却。前段冷却用于带钢厚度在 1.7 mm 以上的普通碳素钢或者有急冷要求的高级硅钢的冷却。

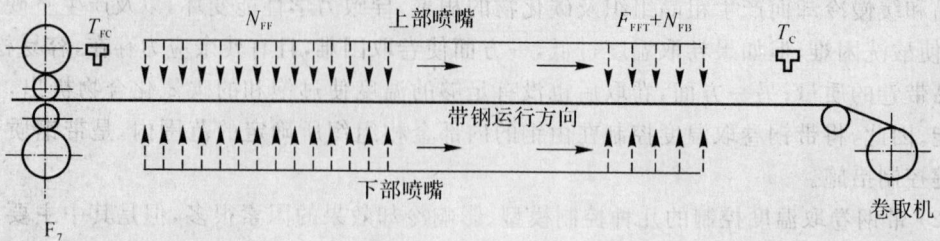

图 12-53　前段冷却方式

2) 带钢后段冷却控制方式。这种控制方式如图 12-54 所示，是在层流冷却装置的后段（即靠近卷取机的那一侧），将前馈控制、补偿控制和反馈控制作为一个整体，用上部喷水集管从卷取机侧向带钢逆流的方向增减喷水集管的方法，即冷却水从上部喷出，下部不喷水，喷水量是 N_{FF}，N_{FFT}，N_{FB} 的总和。后段冷却用于带钢厚度小于 1.7 mm 的碳素钢和低级硅钢的冷却。

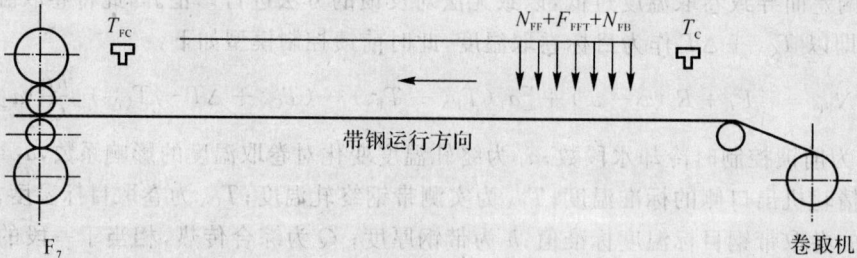

图 12-54　后段冷却方式

3) 带钢头尾不冷却控制方式。这种控制方式是不断跟踪带钢头部和尾部在输出辊道上的位置（每隔 0.5 s 计算一次），一般在头尾部约 10 m 的长度上不喷水。此控制分为带钢头部不喷水、带钢尾部不喷水及带钢头部、尾部均不喷水三种方式。该控制方案是使硬质带钢及厚带钢（约 8 mm 以上）尾部在卷取机上便于卷取而采用的。

5. 热轧板带钢组织、性能的预测和控制

热轧带钢组织性能预测如果与控制技术相结合，可以提高性能控制命中率和缩短反复调试的过程，通过精确的预报和控制，甚至可以省掉轧后的取样检验工序，所以精确的组织性能预测是一项生产中急需的新技术。

用于热轧板带钢组织、性能的预报的计算机模型由初始态模型、析出模型、热轧模型、组织性能模型所组成，模型的相互关系示意图如图 12-55 所示。

以上数学模型的建立可以有三种方法：

（1）理论方法。根据各种经典的公式，经过简化和假定，根据生产情况确定边界条件加以计算推导。

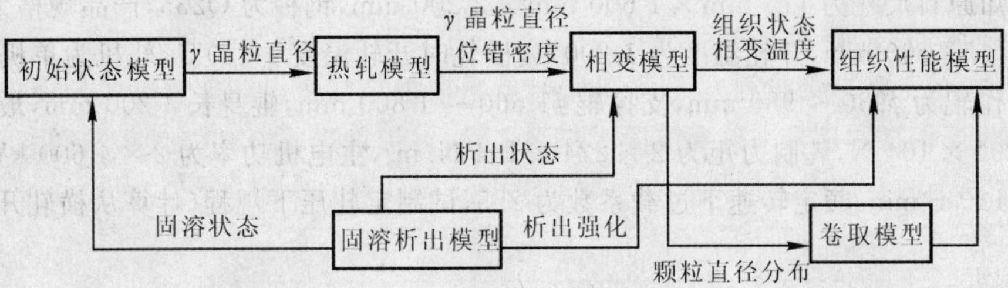

图 12-55　组织、性能预报模型

（2）模拟试验方法。通过模拟试验，获取微合金元素的固溶和析出特征及力学性能。找出工艺参数显微组织力学性能的关系。

（3）统计回归方法。组织性能模型给出力学性能与化学成分因素和组织因素的关系，大多是采用生产中搜集大量工艺参数和性能的数据进行统计回归，得到性能与工艺参数的关系式，因此统计的范围不同得到的模型也不同。

复　习　题

1. 连铸与轧制衔接模式有哪几种？

2. 什么是连铸坯直接轧制工艺，有何特点？

3. 连铸坯热送热装和直接轧制的主要优点有哪些？

4. 实现连铸连轧的主要技术环节有哪些？

5. 保证板坯的温度技术主要体现在哪几方面？

6. 除鳞的作用是什么？

7. 什么叫展宽轧制？

8. 在中厚板轧制的间隙时间内应完成哪些任务？

9. 中厚板轧机有哪几种型式？各有哪些特点？

10. 中厚板轧机的双机架布置有哪些特点？

11. 中厚板轧制过程分哪几个阶段？粗轧阶段有哪几种轧制方式？

12. 制定中厚板轧制规程的原则和方法是什么？简述制定压下规程的步骤。

13. 中厚板轧机的速度制度如何确定？

14. 叠轧薄板生产工艺有哪些特点？

15. 炉卷轧机和行星轧机生产带钢有哪些特点？

16. 热带钢量轧机的粗轧机组有哪几种布置形式？各有什么特点？

17. 卷取机速度与精轧机末架机架速度如何配合？

18. 什么是升速轧制，有什么好处？

19. 如何分配粗轧机组和精轧机组的压下量？

20. 实现薄板坯连铸连轧的主要条件是什么？

21. 薄板坯连铸连轧存在哪些问题？

22. 连铸连轧生产中的主要新技术有哪些？

23.已知原料尺寸为 115 mm×1 600 mm×2 200 mm,钢种为 Q235,产品规格为 8 mm×2 900 mm×17 500 mm,开轧温度为 1 200℃,横轧时开轧温度 1 120℃,轧机为单机架四辊可逆轧机,工作辊为 ϕ930～980 mm,支撑辊 ϕ1 660～1 800 mm,辊身长 4 200 mm,最大允许轧制力为 4 200×104 N,轧制力矩为 2×224×104 N.m,主电机功率为 2×4 600 kW,转速为 0～60～120 r/min,额定转速下过载系数为 2.5,试制定轧压下规程(计算从横轧开始)。

第 13 章 冷轧板带材生产

当薄板带材厚度小到一定程度时,由于保温和均温的困难,很难实现热轧,并且随着钢板宽厚比值增大,在无张力热轧条件下,要保证良好板形也非常困难。采用冷轧方法可以很好地解决这些问题。

所谓冷轧带钢,是指在再结晶温度以下轧制的带钢。一般冷轧钢的轧制不需要预热,但对于塑性比较差的材料有时需要预热,其预热温度不能超过再结晶温度。在冷轧过程中,有变形功和摩擦功转化的热量,使被轧制的带钢温度升高,虽然可进行工艺冷却,但有时带钢的温升仍可达 200℃以上,甚至更高,不过这一温度仍低于再结晶温度。

与热轧方法生产带钢相比,冷轧方法生产带钢有以下优点:

(1)可以生产厚度更薄的带钢。热轧由于轧制过程温度降低和氧化铁皮生成,轧制 1.0 mm 以下的带钢比较困难。冷轧方法则不存在上述问题,因此可以生产很薄的板带,乃至超薄板带产品。

(2)带钢的板厚和板形精度高。热轧带钢由于冷却不均匀造成带钢的纵向和横向厚度不匀。冷轧方法生产带钢,温度对带钢厚度的影响可以不必考虑,而且带钢冷轧机的板厚和板形控制技术比热轧制带钢轧机水平更高、更完善。因此,冷轧带钢板厚和板形质量远高于热轧带钢。

(3)带钢的表面质量好。热轧带钢由于氧化铁皮的影响,表面质量比较差。而冷轧带钢生产,在轧制前经过酸洗工序除掉氧化铁皮,轧辊的硬度和精度高,并有良好的工艺润滑,因此冷轧带钢表面十分光洁。尤其是轧后进行气体保护的光亮退火,可以得到非常好的表面质量。同时,冷轧带钢还可以根据生产镀涂层薄板的要求进行轧辊打毛控制轧制带钢表面的粗糙度。

(4)带钢的力学性能好。冷轧带钢比热轧带钢具有更细密的金相组织,加之进行不同的热处理方法,可以获得不同要求的力学性能。

冷轧带钢的生产成本比热轧带钢高 10% 左右,投资费用比热轧带钢高 20%～25%。但是,冷轧带钢的质量好,在相同用途的情况下可节约金属 30% 左右。冷轧带钢比热轧带钢的用途更广泛,因此也就获得迅速的发展。

冷轧带钢产品广泛地应用于汽车制造业、电工制造业、精密仪器制造业、食品包装、不锈钢制品、家电制造、金属制品及冷弯制品等。因此,冷轧带钢的品种和规格繁多,成品的物流去向宽广、用户的多样性又促使冷轧带钢的生产工艺非常的复杂。

13.1 冷轧带钢的发展状况

1. 冷轧带钢产品质量提出了更严格的要求

由于汽车制造、制罐业、精密仪器和精密焊管行业的发展,对冷轧带材产品的尺寸精度、板形、表面质量和性能都提出了更高要求。

(1)在尺寸精度方面,冷轧带钢的尺寸要求无论是纵向还是横向厚度的偏差均小于$\pm 10~\mu m$,并有向小于厚度的1%发展的趋势。这就要求现代化的冷轧机上配备完善的厚度自动控制系统,包括高精度的测量装置、测量精度误差要小于$\pm 2~\mu m$;高响应的液压压下装置,响应速度要高达$3~ms$;合理的高精度控制模型以及计算控制系统。

(2)在板形精度方面,如汽车板的要求达到小于$10I$,镀锡板的要求更高,达到小于$5I$,这就要求带钢冷轧机不仅是具有板形控制功能强的HC,CVC和ZB系列新轧机;而且要求都配有倾辊调整、液压弯辊、轧辊分段等快速调节辊型手段;同时还要求设置板形自动检测系统,实现对板形的自动控制。

(3)在表面质量方面,不仅要求冷轧带钢表面光洁,还要求具有一定的物理和化学性能。比如汽车覆盖件所需要的烘烤硬化高强度钢板;为防止金属被腐蚀、延长冷轧带钢制品的使用寿命而生产的镀层(镀锡和镀锌等)和涂层(涂塑和涂漆等)钢板。

(4)在带钢性能方面,对冷轧带钢性能的要求越来越高。如冷轧带钢需要量最大的汽车制造业,既需要冲压性能特别高的超深冲"无间隙原子钢"钢板(IF)作为覆盖件,又需要含磷高强度冷轧板制作车身,冷轧钢板的性能要求促使轧后退火工序的技术发展,冷轧生产还有双金属或多层金属板。

2. 在生产规模和生产能力上向着大型化、连续化、高速化发展

冷轧带钢的生产规模近年来不断扩大,其产量从几万吨,发展到上百万吨,甚至达到年产量200万吨以上。而且产品品种包括冷轧带卷、冷轧板、镀锡板、镀锌板、涂层板、压型板等多种规格的产品,使冷轧带钢的生产规模异常庞大。为满足生产工艺和产品品种的要求,由于酸洗、冷轧、热处理、平整、镀涂层、剪切线机包装等生产工序的机组组成数十条生产线,进行连续化作业,而且把多道生产工序连接起来,组成更加集中的连续化、自动化的生产线。如酸洗和轧制机组的组合,酸洗、轧制和连续退火机组的组合,镀、涂层机组和剪切机组的组合等。这些机组都采用了高度的自动化和计算机控制,摆脱了人工密集型生产,使各机组的生产达到高速化。目前,现代盐酸酸洗工艺段速度达到$360~m/min$以上,连轧机出口速度最高到$45~m/s$,连续退火机组工艺段的速度最高达到$880~m/min$。这些机组的诞生,无疑将提高机组作业率,提高生产率,稳定产品质量,提高金属的收得率,缩短生产周期,提高企业的生产效益。

13.1.1 冷轧机类型及特点

1. 单机座可逆式轧机

单机座可逆式冷轧机的工作机座有四辊式、HC六辊式和多辊式等。四辊式的设备组成如图13-1所示。由于工作机座由前、后卷取机和开卷机组成。这种机型设备简单,重量轻,进行单卷生产灵活,更换产品的品种规格容易。特别适用于批量小,品种多,厚度在$0.2\sim3.5$ mm范围的生产,年产量在$10\sim15$万吨。但这种形式的轧机轧制速度低(一般在$10\sim15~m/s$),而且生产过程不稳定,产品质量难于控制,金属成材率低,难于实现自动化。在我国有一大批中小型企业采用这种轧机形式。

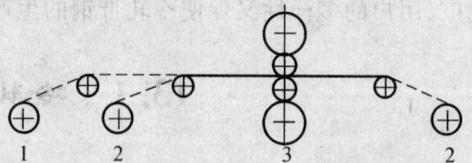

2. 常规冷连轧机

常规冷连轧机串联布置$2\sim6$架工作机座,采

图13-1 四辊式单机座可逆式冷轧机

1—开卷机; 2—卷取机; 3—四辊轧机

用四辊轧机、HC轧机系列、CVC轧机系列和多辊轧机系列。如图13-2(a)所示为其布置形式。这种形式的轧机有较高的机械化和自动化,轧制速度可达30 m/s以上。一般四机座连轧机用于生产汽车板和薄铁板,生产规格宽,生产效率高。六机座连轧机用于生产薄铁皮。多辊轧机的连轧最多用双机座,这主要是由于多辊轧机工作辊直径小,产品厚度小,变形区的热传导差,容易引起轧制带材的厚度不均匀,采用连轧机也不可能增加轧制速度。

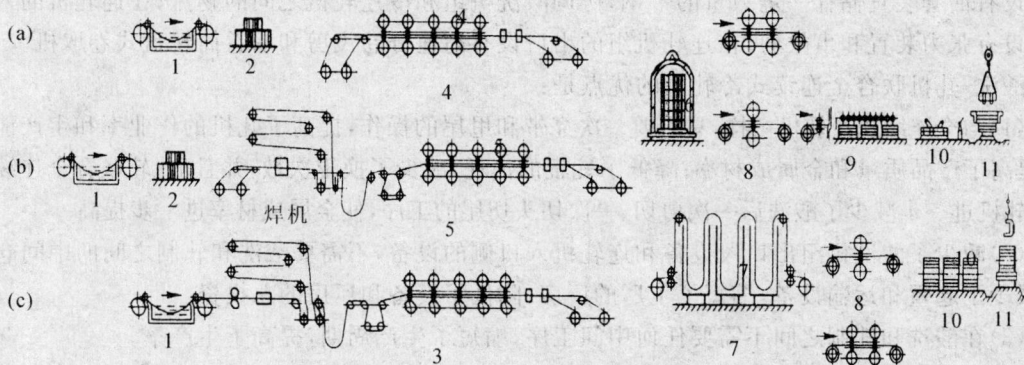

图13-2 现代冷连轧生产方法
(a)五机架常规冷连轧; (b)全连续式冷轧机; (c)酸洗-轧机联合全连续式冷轧机
1—酸洗; 2—酸洗板卷; 3—酸洗轧制联合机组; 4—双卷双拆冷连轧机; 5—全连续轧制机;
6—罩式退火炉; 7—连续退火炉; 8—平整机; 9—自动分选横切机组; 10—包装; 11—交库

20世纪70年代,常规冷轧机得到迅速发展,成为当时冷轧带材生产的主要机型。但是这种形式的冷轧机仍是属于单卷生产,每一卷都要进行穿带、甩尾的轧制操作,影响了轧机速度、降低了生产率,影响了轧辊的磨损和使用寿命。由于生产过程不确定,产品质量也不高,成材率也比较低。虽然人们在常规冷连轧机的设备和自动化方面进行了大量的研究工作,许多技术应用得比较好,但始终不能消除单卷轧制的生产方式带来的不好影响。

3.全连续式冷轧机

为了解决常规冷连轧机单卷轧制的影响,出现了无头轧制的全连续式冷轧机,如图13-2(b)所示。在常规冷轧机的基础上,头部在开卷机后面设有剪断机、焊接和张力装置,在尾部设置了高速飞剪并增设1台卷取机。酸洗后的带钢经切头、切尾由焊接机接起来,连续不断地被送入连轧机组。为了协调开卷过程中的头部处理与连轧机的物流,设有可储存足够数量带钢的活套装置;张力装置可视;1号机座具有比较大稳定后张力;带钢经过连轧机轧制之后,高速飞剪进行分卷剪切;两台卷取机交替工作,保证连轧机高速连续工作。

全连续式冷轧机实行无头轧制,甩掉了单卷轧制的生产方式,其优点是:

(1)实行无头轧制不需要每个带卷的穿带和甩尾操作,大大缩短了生产间隙时间,提高了轧机的生产率。

(2)轧机自动化程度高,生产过程稳定,产品质量稳定,金属成材率提高了1%。

(3)减少了带头、带尾对轧辊冲击的磨损,降低了轧辊消耗。

(4)虽然设备投资提高了10%~15%,但生产效益高,带钢的生产成本降低。

全连续式冷轧机的出现是冷轧带钢生产技术的重大突破,使轧机设备的利用率可达80%~86%,轧机生产能力提高了30%~50%,最高产量达200~250万吨/a。

4.酸洗-轧机联合全连续式冷轧机

把酸洗机组与连续冷连轧机近距离布置在同一条生产线上,组成酸洗-轧机联合全连续式冷轧机,简称酸-轧连续式冷轧机,如图13-2(c)所示。

这套轧机由平槽酸洗工艺及设备的连续式酸洗机组和五机架冷连轧机组成。在2个机组之间设有活套装置储存一定数量的带钢,协调酸洗机组和冷连轧机之间的物流;在连轧机的入口侧设有张力装置和事故剪,在连轧机组的出口设有高速分卷飞剪和双卷筒转盘式卷取机。

酸洗-轧机联合全连续式冷轧机的优点是:

(1)与全连续式冷轧机一样,只需要一次穿带和甩尾的操作,提高了轧机的作业率和生产能力;提高了产品质量和金属成材率;降低了轧辊的消耗,减少了换辊次数;并且酸-轧联合全连续式冷轧机进一步减少了酸洗后一次剪切、一次切头切尾的工序,使金属成材率进一步提高。

(2)减少了酸洗机组出口段设备和连轧机入口侧的设备,不需要酸洗和轧制之间的中间仓库,减少了起重和运输设备,缩短了工厂的厂房,降低了设备和厂房的总投资。

(3)在酸洗和轧制之间不需要任何中间工序,缩短了生产周期,提高了生产率。

(4)由于生产的连续化和自动化,减少了操作人员。

酸洗-轧机联合全轧连续式冷轧机对生产管理、操作及维护检修提出了更高的要求。因为高水平的生产管理和组织是大型连续化、自动化机组的生产保证,任何的操作失误所造成的后果,都将对全作业线带来影响,只有高水平的设备维护检修才能保证最低的故障率,发挥出联合机组的优势;对热轧带卷提出了更为严格的要求,不允许有严重缺陷的热轧带卷进入联合机组。

5.酸洗-轧机-退火联合全连续式冷轧机

在酸洗-轧机联合全连续式冷轧机的基础上,又将带钢冷轧后的连续退火机组近距离布置在生产线上,组成酸洗-轧机-退火联合全连续式冷轧机,即完全联合式冷轧机。在1986年日本新日铁公司改建一套这种轧机。如图13-3所示,该轧机将酸洗、轧制、退火和平整工序组合在一条生产线上,它标志着带钢冷轧机的生产技术从轧机设计、生产组织、自动控制和计算机技术进入了一个全新的阶段。

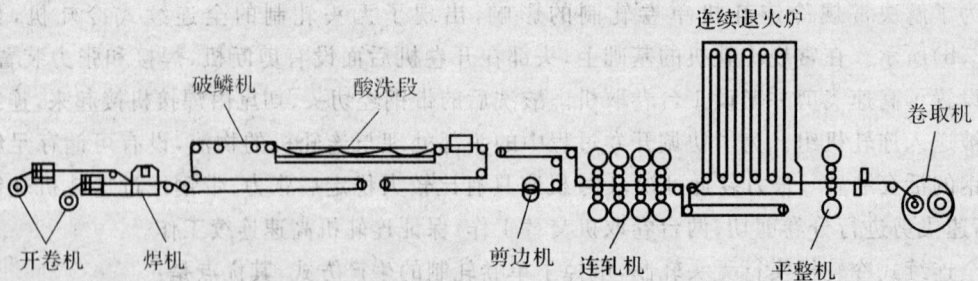

图13-3 酸洗-轧制-退火-平整联合全连续式冷轧机

由于连续退火机组工艺段的速度比较低,最高也没有超过15 m/s,因此,限制了酸洗-轧机-退火联合全连续式冷轧机的生产速度。机组速度仅达600 m/min,所以影响了这种联合全连续式冷轧机的推广,目前全世界只有两套,还有一套建在美国的内陆钢铁公司。但从生产周期上看,以前从酸洗到最终成品各工序组单独设置时的生产周期为 12 天,而酸洗-轧机-退火联合全连续式冷轧机的生产周期仅为 20 min 左右,因此随着科学技术的发展,这种轧机将会得到较大发展。

13.2 冷轧工艺特点

与热轧板带生产工艺相比,冷轧板带轧制工艺特点主要表现在以下三方面:

13.2.1 加工硬化对轧制过程影响显著

在冷轧过程中,轧后金属晶粒被破碎,但由于轧制温度低,晶粒不能在轧制过程中产生再结晶回复,使加工硬化,变形抗力增大,塑性降低,容易产生破裂。在这种情况下若继续进行轧制,为克服由于加工硬化导致的增大的变形抗力,轧制压力必须相应提高;再继续,变形抗力继续增大,塑性继续降低,脆裂可能性更大,如此反复。当钢种一定时,冷轧变形量大小直接影响着加工硬化剧烈程度,当变形量达到一定值,加工硬化超过一定程度后,一般不能再继续轧制,否则会轧出废品。因此在冷轧时制定压下规程,决定变形量,必须知道金属加工硬化程度。一般在冷轧过程中,当具有 60%~80% 总变形量后,必须通过再结晶退火或固溶处理等方法对轧材进行软化热处理,使之恢复塑性,降低变形抗力,以利于继续轧制。生产过程中完成每次软化热处理之前完成的冷轧工作通常称为一个"轧程"。在一定轧制条件下,钢质越硬,成品越薄,所需的轧程越多。由于退火使工序增加,流程复杂,并使成本大大提高,而多次退火也不会对一般钢种最终性能产生多大影响(除非特殊要求钢种,如硅钢),因此一般希望能在一个轧程内轧出成品厚度,以获得最经济生产过程。

由于加工硬化,成品冷轧板带材在出厂之前一般需要进行一定的热处理,使金属软化,全面提高冷轧产品综合性能,或获得所需的特殊组织和性能。

13.2.2 冷轧中采用工艺冷却与工艺润滑(工艺冷润)

在冷轧过程中,由于金属变形及金属与轧辊间摩擦产生的变形热及摩擦热,使轧辊及轧件都会产生较大温升。辊面温度过高会引起工作辊淬火层硬度下降,并有可能促使淬火层内发生残余奥氏体组织分解,使辊面出现附加组织应力,甚至破坏轧辊,致使轧制不能正常进行;另外,辊温反常升高及分布或突变均可导致辊形条件破坏,直接有害于板形与轧制精度。轧件温度过高,会使带钢产生浪形,造成板形不良,一般带钢正常温度希望控制在 90~130℃。但实际生产中温度很容易高于 200℃,出现这种情况应停止生产。为了不使辊和轧件温度过高,并获得良好温度分布,冷轧时要用正确冷却与润滑方法进行轧制。

(1)工艺冷却。实践与理论研究表明,冷轧板带钢变形功约有 84%~88% 转变为热能,使轧件与轧辊温度升高。变形发热率又正比于轧制平均单位压力、压下量和轧制速度,因此为保持正常轧制,必须加强冷轧过程中的冷却。水是比较理想的冷却剂,与油相比,水的比热容比油约大 1 倍,热传导率为油的 3 倍多,挥发潜热为油的 10 倍以上(见表 13-1),因此水比油有优越的吸热性能,且成本低廉,大多数轧机采用水或以水为主要成分的冷却剂。只有某些特殊轧机,如 20 辊箔材轧机,由于工艺冷却与轧辊轴承润滑共用一种物质才采用全部油冷,此时为保证冷却效果,需要供油量足够大。应该指出,水中仅含百分之几的油类就会使吸热能力约下降三分之一,因此,轧制薄规格产品高速冷轧机冷却系统往往是以水代替水油混合液(乳化液),以显著提高冷却能力。

增加冷却液在冷却前后温度差也是充分提高冷却能力的重要途径。在老式冷轧机冷却系统中,冷却液只是简单地喷浇在轧辊和轧件之上,因而冷却效果较差。现代冷轧机采用高压空气将冷却液雾化,或者采用特制高压喷嘴喷射,大大提高了吸热效果,并节省冷却液用量。因为冷却液在雾化过程中本身温度下降,产生的微小液滴在碰到温度较高的辊面或板面时往往即时蒸发,借助蒸发潜热吸走热量,使整个冷却效果大为改善。但在采用雾化冷却技术时一定要注意解决机组有效通风问题,以免恶化操作环境。另外,现代冷轧冷却已远远不是单纯为了降温,往往与板形控制相结合,冷却过程要控制板带温度分布,以获得板形良好的高精度板带材。

表 13-1　水与油吸热性比较

种类	比热容/(J·(kg·K)$^{-1}$)	热导率/(W·(m·K)$^{-1}$)	沸点/℃	挥发潜热/(J·K^{-1})
油	2.093	0.146 538	315	209 340
水	4.197	0.548 47	100	2 252 498

(2)工艺润滑。轧制过程进行润滑可以降低轧辊与轧件间摩擦力,从而降低轧制压力,不仅有助于保证实现更大压下,而且还可使轧机能够经济可行地生产规格更小产品。此外,采用有效工艺润滑,直接对冷轧过程发热率以及轧辊温升起到良好影响;在轧制某些产品时,采用工艺润滑还可以起到防止金属黏辊作用。实践证明,使用润滑剂后,可使单位压力减少25%~30%,轧制道次减少24%~44%。通常润滑方式有两种:一是靠近轧辊辊身安装润滑油管,沿辊身有效长度均匀分布若干小油孔,此法多用于生产量不大的非可逆小型冷轧机;二是用泵将大量润滑剂循环喷射到轧辊上进行润滑和冷却,现代冷轧机多用此法。

冷轧板带常用的润滑剂有棕榈油等天然油脂、矿物油以及乳化液。天然油脂润滑效果优于矿物油,是由于在分子构造与特性上有质的差别所致。因此,用天然油脂作为润滑剂时其最小可轧厚度优于用矿物油作润滑剂。生产实际表明,在现代冷轧机上轧制厚度在 0.35 mm 以下白铁皮、变压器硅钢板以及其他厚度较小而钢质较硬品种时,在接近成品一二道次中必须采用润滑效果相当于天然棕榈油的工艺润滑剂,否则,即使增加道次也难以轧制出所要求产品厚度。棕榈油虽然润滑效果好,但来源短缺,成本昂贵,不可能被广泛应用。事实上,使用其他天然油脂,只要配制适当,也可达到接近棕榈油的润滑效果。例如一些冷轧机用棉子油生产冷轧硅钢板和白铁皮,效果良好;用豆油或菜籽油甚至氢化葵花籽油也同样能满足要求;国外有些工厂还使用一些以动植物为原料经过聚合制成的组合冷轧润滑剂,即"合成棕榈油",其润滑效果甚至优于天然棕榈油。

矿物油化学性质比较稳定,不像动植物油那样容易酸败,而且来源丰富,成本低廉。如果能设法使其润滑性能达到天然油脂,则采用矿物油为润滑剂是冷轧工艺润滑的重要发展方向。纯矿物油润滑剂缺点是所形成的油膜比较脆弱,不能承受冷轧中较高的单位压力。当然与植物油一样,也可以研制出"合成矿物油",以提高润滑能力。

为了提高润滑性能,常在润滑油中添加极压剂和油性强化剂后使用。油性剂可以使金属表面有取向地吸附极性基形成油性薄膜而防止与金属表面直接接触,达到减少摩擦的效果;极压剂可以因金属摩擦面上的摩擦热和变形热产生热分解,并与金属产生化学反应,生成热稳定润滑膜。目前大多采用反应比较缓慢磷子极压剂。

　　润滑油通常以百分之几浓度与水混合成乳化液的状态使用。一般是 $15\%\sim25\%$ 可溶性油,$75\%\sim85\%$ 水和少量无水碳酸钠配制成混合乳状润滑剂。冷轧中采用乳化液,同时具有润滑和冷却作用,节约用油量,并且使用后可以回收再利用,因此得到广泛使用。但轧制过程中轧件不断受到金属碎屑、氧化铁皮碎末等污染,净化是一大难题。近年来发展了一种采用离心分离与磁性分离相结合的高效净化系统,并且采用自动反冲式过滤器,当滤网因堵塞出现两面压差较大时采用蒸汽反冲排污,大大提高了乳化液净化效率。

　　如图 13-4 所示,轧制时采用不同的润滑剂轧制效果明显不同。当冷轧机工作辊直径为 $\phi88$ mm,带钢原始厚度为 0.5 mm,用水做工艺润滑剂时,带钢厚度轧至约 0.18 mm 时就难于再轧薄了。采用棕榈油作润滑剂时,则可用 4 道轧至 0.05 mm 厚度。为便于比较各种工艺润滑剂的润滑轧制效果,设棕榈油的润滑效果为 100,润滑性能较差的水作为零(图中右侧坐标,称为"润滑效果指标"),则由图可知各种润滑剂润滑效果。

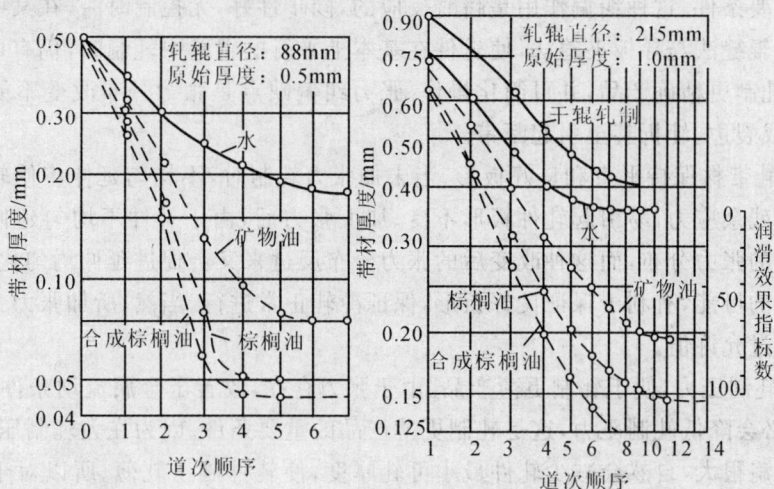

图 13-4　各种润滑剂轧制效果比较图

　　典型五机架冷连轧机共有三套冷润系统,对厚度为 0.4 mm 以上产品,第一套为水系统,第二套为乳化液系统,第三套为清净剂系统。由酸洗线送来原料板卷表面上已涂上一层油,足够供连轧机第一架润滑用,故第一架用普通冷却水即可;中间各架采用乳化液系统;末架可喷清洗剂以清除残留润滑油,使轧出成品带钢不经电解清洗而不出现油斑,这种产品有"机上净"板带之称。

13.2.3　冷轧中采用张力轧制

　　在冷轧过程中,特别是在成卷冷轧带钢(包括平整)轧制过程中,实行"张力轧制"是冷轧过程的一大特点。

1. 张力轧制

　　所谓"张力轧制"指轧件在轧辊中辗轧变形是在一定前张力与后张力作用下进行。习惯上把作用方向与轧制方向相同的张力称为前张力,作用方向与轧制方向相反的张力称为后张力。对于单机可逆式轧机,所需张力由位于轧机前后的张力卷筒提供,连续式冷连轧机各机架之间张力则依靠控制各机架轧制速度产生。

带材在任意时刻的张应力为

$$\sigma_z = \sigma_{z0} + \frac{E}{l_0}\int_{t_0}^{t_1}\Delta v dt \qquad (13-1)$$

张力 Q_z 为

$$Q_z = A\sigma_{z0} + \frac{AE}{l_0}\int_{t_0}^{t_1}\Delta v dt \qquad (13-2)$$

式中，l_0 为带材上 a,b 两点间的原始距离；σ_{z0} 为带材原始张应力；Δv 为 b 点速度与 a 点速度之差；t_0,t_1 为对应于 a,b 两点的轧制时刻；E 为带材的弹性模量；A 为带材横截面积。

2. 张力作用

(1) 自动调节带钢横向延伸，使之均匀化，从而起到纠偏作用。在张力作用下，若轧件出现不均匀延伸，则沿轧件宽度方向的张力分布将会发生相应变化。延伸大的一侧张力自动减小，延伸小的一侧张力自动增大，结果使横向延伸均匀化。横向延伸均匀是保证带钢出口平直，不产生跑偏的必要条件。这种纠偏作用是瞬时反应的，同步性好，无控制时滞，在某些情况下完全可以代替凸形辊缝法与导板夹逼法，使轧件在基本上平行的辊缝中轧制时，仍有可能保证稳定轧制，有利于轧制更精确产品，并可简化操作。张力纠偏缺点是张力分布改变不能超过一定限度，否则会造成裂边、轧折甚至引起断带。

(2) 使所轧带材保持平直和良好板形。当未加张力轧制时，不均匀延伸将使轧件内部出现分布不均匀的残余应力，易引起轧件板形不良。加上张力后，由于轧件不均匀延伸将会改变沿带材宽度方向的张力分布，而这种改变后的张力分布反过来又会促进延伸均匀化，大大减轻了板面出现浪皱的可能，有利于保证良好板形，保证冷轧正常进行。当然，所加张力大小也不应使板内拉应力超过允许值。

(3) 降低轧制压力，便于轧制更薄产品。由于张力存在，改善了金属流动条件，有利于轧件延伸变形，势必会降低轧制压力，这是轧制更薄产品的重要条件。因为在大轧制压力条件下，轧辊辊面弹性压扁很大，自然会减少轧件最小可轧厚度，使轧件难于轧薄。所以对于轧制薄带钢来说，张力是不可缺少的条件。实践证明，后张力减少单位压力的效果较前张力更为明显。较大的后张力可使单位压力减少 35%，前张力仅能达 20%。因此，在可逆式冷轧机上通常采用后张力大于前张力的轧制方法，同时还可以减少断带可能性。

(4) 可以起适当调整冷轧机主电机负荷的作用。当轧制高强度带钢时，有时会出现主电机能力不足现象，在这种情况下，可以采用前张力大于后张力轧制方法，不仅有利于变形，还可以防止松卷。

3. 张力选取

生产中张力选择主要是指平均单位张力 $\overline{\sigma_z}$ 的选择。从理论上讲，$\overline{\sigma_z}$ 应当尽量选高一些，但不应超过带材屈服极限 σ_s。实际上，$\overline{\sigma_z}$ 应取多大数值要看延伸不均匀程度、钢的材质、加工硬化程度以及板边情况等综合因素而定。一般 $\overline{\sigma_z} = (0.1 \sim 0.6)\sigma_s$，变化范围颇大。不同轧机，不同轧制道次，不同品种规格，甚至不同原料条件，皆要求有不同 $\overline{\sigma_z}$ 与之相适应。当轧钢工人操作水平较高，变形比较均匀，且原料比较理想时，$\overline{\sigma_z}$ 可取高一些；当带钢较硬，边部不理想，或操作不熟练时，可取偏小数值；一般在可逆式冷轧机中间道次或连轧机中间机架，$\overline{\sigma_z}$ 可取 $(0.2 \sim 0.4)\sigma_s$，最大不超过 $0.5\sigma_s$；轧制低碳钢时，有时因考虑防止钢卷退火时产生黏结等原因，成品卷取张力不能太高，约为 $50\ \text{N/mm}^2$，其他钢种可以高些；连轧机开卷张力仅为 $1.5 \sim 2\ \text{N/mm}^2$，甚至可以忽略，不加张力。除此以外，连轧机各架张力选择还需考虑主电机之间及主电机与卷取机之间合理功率负荷分配,一般是先按经验范围选择一定的$\bar{\sigma_2}$值,再进行其他校核。例如某五机架连轧机前张力分别为1 N/mm²,110 N/mm²,140 N/mm²,150 N/mm²,200 N/mm²,卷取张力为 30 N/mm²。

13.3　主要工艺流程与车间布置

13.3.1　冷轧板带材主要工艺流程

具有代表性的有色金属冷轧板带产品主要有铝、铜及其合金板带材和箔材。铝箔生产技术难度较大,工艺流程较为复杂,例如厚度为 0.007 mm 纯铝箔材生产工艺流程:坯料带卷 → 重卷或剪切 → 坯料退火 → 粗轧 → 合卷并切边 → 中间退火 → 清洗 → 双合轧制 → 分卷 → 成品退火 → 剪切 → 检查 → 包装。由于铝及其合金塑性好,加工率大,轧制铝箔材时总加工率可达99%,变形抗力也低,故轧制时一般多采用二辊或四辊轧机。箔材轧制时对辊形要求极为精确,轧制不同厚度坯料,需要采用不同辊形,否则将产生各种缺陷,甚至拉断。除了粗轧厚 0.8 ~ 0.04 mm 坯料外,在一台轧机上一般只轧一道。但也有的粗轧、精轧各道次都在一台轧机上进行,或粗轧一台,精轧分别在几台或一台上进行。对于厚 0.007 mm 以上的产品可不用中间退火,薄铝系轧材中纯铝箔材中间退火在 150 ~ 180℃ 范围内进行,达到温度后即出炉,不用保温,强度降低不大,有利于张力轧制。为使轧材表面不留下润滑剂残余物,成品退火保温要长一些,一般 4 ~ 8 h。当采用低闪点润滑剂时,在双合前可不进行清洗。

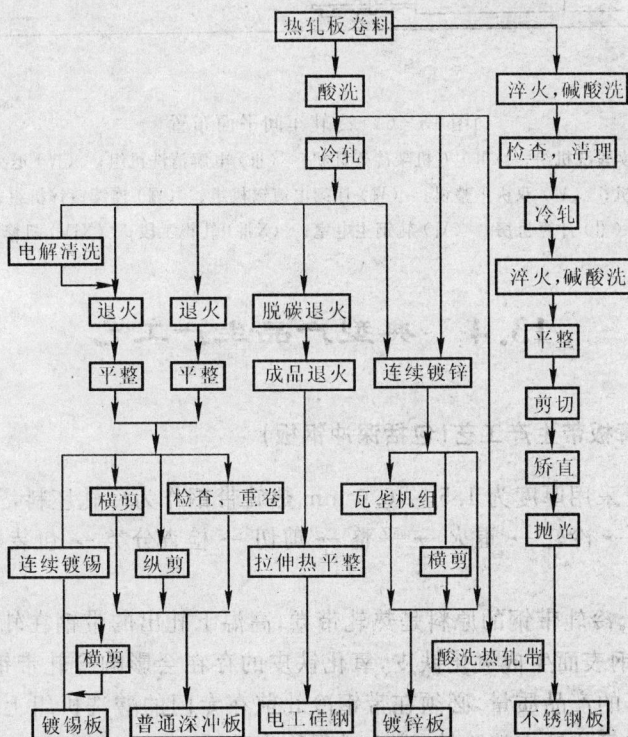

图 13-5　冷轧板带钢生产工艺流程

一般可认为冷轧薄板带钢有以下典型产品:镀锡板、镀锌板、汽车板与电工硅钢板等,生产工艺流程如图13-5所示。由图可知,冷轧板带从原料到成品主要工艺过程较热轧板复杂些,通常包括坯料除鳞、冷轧、轧后板带表面处理及热处理等基本工序,并且表面处理及热处理工序占有重要地位。产品不同,工艺流程有差别。

13.3.2 现代冷轧板带车间平面布置

如图 13-6 所示为 1700 五机架冷连轧车间平面布置及主要机组装备简图。该车间使用原料为厚度 $1.5 \sim 6.0$ mm,宽度 $600 \sim 1570$ mm 热轧齐边带钢钢卷,钢卷重量最大 45 t,材质为含碳量 $0.08\% \sim 0.12\%$ 低碳钢。产品品种及年产量如下:低碳钢、深冲薄板及带钢,7.5×10^4 t;镀锡板及镀锌带钢,10×10^4 t;涂锌板及涂锌带钢,15×10^4 t。

如图 13-6 所示,现代化冷轧车间轧制部分占地面积相对来说并不大,表面处理(即酸洗、清洗、除油、镀层、平整、抛光等)及热处理工序相关设备占地面积较大。各个工序都构成单独生产作业线,也称机组,如酸洗机组、平整机组、脱脂机组、退火机组等。

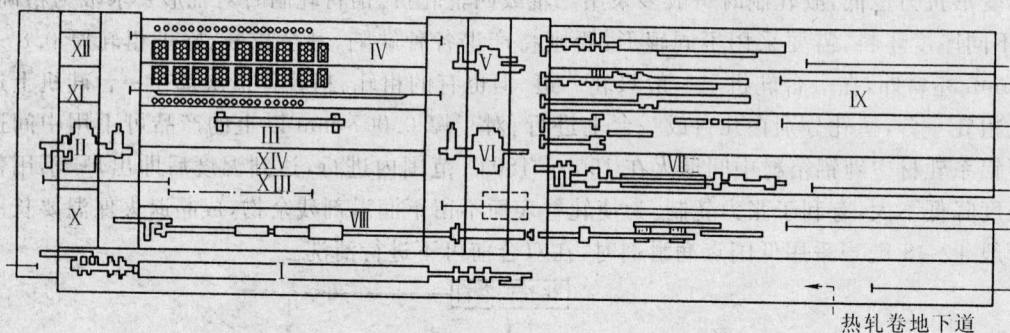

热轧卷地下道

图 13-6 冷轧车间平面布置

(Ⅰ)连续酸洗机组; (Ⅱ)五机架冷连轧机; (Ⅲ)电解清洗机组; (Ⅳ)退火工段;
(Ⅴ)单机式平整机; (Ⅵ)双机平整机; (Ⅶ)连续电镀锡机组; (Ⅷ)连续镀锌机组; (Ⅸ)剪切跨;
(Ⅹ)油毡; (Ⅺ)计算机房; (Ⅻ)轧钢主电室; (ⅩⅢ)轧辊工段; (ⅩⅣ)机修、电修、液修

13.4　典型产品生产工艺

13.4.1 普通薄板带生产工艺(包括深冲钢板)

普通薄板带一般采用厚度为 $1.5 \sim 6.0$ mm 热轧带钢作为冷轧坯料,工艺过程如下:热轧带钢(坯料) → 酸洗 → 冷轧 → 退火 → 平整 → 剪切 → 检查分类 → 包装 → 入库。

1.酸洗

(1)酸洗的目的。冷轧带钢的原料是热轧带卷,高温下轧出的带钢在轧后冷却和卷曲过程中,不可避免地在带钢表面生成氧化铁皮,氧化铁皮的存在会影响冷轧带钢的表面质量,影响到冷轧带钢后续加工的产品质量,必须在带钢冷轧前在专门的酸洗机组上采用物理和化学的方法将带钢表面上的氧化铁皮清除掉,这个过程称为酸洗。

氧化铁皮的结构一般分为三层,按氧化程度分别为 Fe_2O_3,Fe_3O_4,FeO。最外层的 Fe_2O_3 是致密的柱状组织,呈脆性,易于破碎形成裂纹,但难溶于酸,其厚度约占氧化铁皮的 10% 左右。中间层的 Fe_3O_4 带有磁性,是致密的组织。较易溶于酸,对于宽带钢的表面,厚度约占氧化铁皮的 50% 以上。与金属基体接触的 FeO 是疏松多孔的细晶粒组织,易溶于酸,其厚度占氧化铁皮的 40% 以上。

氧化铁皮的产生与结构与带钢的终轧温度、冷却速度和卷曲温度有关。终轧温度越高,冷却速度越慢,卷曲温度越高,生成的氧化铁皮越厚,并且氧化铁皮中难溶于酸的 Fe_2O_3,Fe_3O_4 成分越高,同时带钢头部、尾部和边部在冷却时与空气接触程度越大,氧化铁皮越厚,且 Fe_2O_3,Fe_3O_4 含量越高,每吨热轧带钢的氧化铁皮重量为 $5 \sim 8$ kg,氧化铁皮的总厚度为 $5 \sim 10$ μm。

(2)酸洗的机理。老式酸洗采用硫酸酸洗,这种酸洗的速度慢,酸洗质量低,容易产生过酸洗,已经淘汰,被盐酸酸洗取代。

由于碳素结构钢或低合金钢钢材表面上的氧化铁皮具有疏松、多孔和裂纹的性质,加之氧化铁皮在酸洗机组上随同带钢一起经过矫直、拉矫、传送的反复弯曲,使这些孔隙裂缝进一步增加和扩大,所以,酸溶液在与氧化铁皮起化学反应的同时,亦通过裂缝和孔隙而与钢铁的基体铁起反应。也就是说,在酸洗一开始就同时进行着所有 3 种氧化铁皮和金属铁与酸溶液之间的化学反应,所以,酸洗机理可以概括为以下 3 个方面:

1)溶解作用。带钢表面氧化铁皮中各种铁的氧化物溶解于酸溶液内,生成可溶解于酸液的正铁及亚铁氯化物或硫酸盐,从而把氧化铁皮从带钢表面除去。这种作用,一般叫溶解作用。在盐酸溶液中其反应为

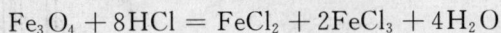

$$Fe_2O_3 + 6HCl = 2FeCl_3 + 3H_2O$$
$$Fe_3O_4 + 8HCl = FeCl_2 + 2FeCl_3 + 4H_2O$$
$$FeO + 2HCl = FeCl_2 + H_2O$$

FeO 在酸溶液中溶解速度最快,而 Fe_3O_4,Fe_2O_3 在酸溶液中溶解的较慢,在此情况下,氧化铁皮的清除还需要借助于机械剥离作用和还原作用。

2)机械剥离作用。带钢表面氧化铁皮中除铁的各种氧化物之外,还夹杂着部分的金属铁,而且氧化铁皮又具有多孔性,那么酸溶液就可以通过氧化铁皮的孔隙和裂缝与氧化铁皮中的铁或基体铁作用,并相应产生大量的氢气。由这部分氢气产生的膨胀压力,就可以把氧化铁皮从带钢表面上剥离下来。这种通过反应中产生氢气的膨胀压力把氧化铁皮剥离下来的作用,我们把它叫做机械剥离作用。其化学反应为

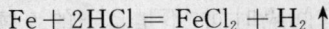

$$Fe + 2HCl = FeCl_2 + H_2 \uparrow$$

金属铁在酸溶液中的溶解速度大于铁的各种氧化物的溶解速度,特别是铁在硫酸中的溶解速度远远大于铁的氧化物的溶解速度,所以机械剥离在酸洗过程中起着很大的作用。应当指出,在酸洗过程中,我们不希望酸与基铁发生反应,因为这样将会使酸和基铁的损失过多。同时,反应中产生的一部分氢将扩散到基铁中去而造成氢脆,以致造成酸洗不均匀和质量缺陷。

3)还原作用。金属铁与酸作用时,首先产生氢原子。部分氢原子相互结合成为氢分子,促使氧化铁皮的剥离。另一部分氢原子靠其化学活泼性及很强的还原能力,将高价铁的氧化物和高价铁盐还原成易溶于酸溶液的低价铁氧化物及低价铁盐。其反应为

$$Fe_2O_3 + [H] = 2FeO + H_2O$$
$$Fe_3O_4 + 2[H] = 3FeO + H_2O$$
$$FeCl_3 + [H] = FeCl_2 + HCl$$

生成的原子氢使铁的氧化物还原成易与酸作用的亚铁氧化物,然后与酸作用而被除去(还

原作用)。

　　现代冷轧车间都设有连续酸洗加工线,盐酸酸洗机组分为塔式和卧式两种。塔式机组塔高一般为 $20 \sim 45$ m,机组速度可达 300 m/min,因为断带和跑偏等不易处理,多为卧式盐酸酸洗机组代替。如图 13-7 所示为带钢连续卧式盐酸酸洗线,工序核心部分是酸洗、清洗、干燥三部分。清洗目的是去除酸洗后残留带在钢表面的酸液,然后用蒸汽对带钢进行烘干。这三个工序都在槽内封闭进行,带钢必须连续通过,因此酸洗入口部分也是连续酸洗机组的重要组成部分。相关设备有:开卷机、横剪机、焊接机、入口活套车、拉伸破鳞机、张紧辊、夹送辊。在带钢端部,焊接之前和之后要把前一个带卷尾部及后一个带卷头部剪齐,所以在焊机之前和之后都有横剪机,焊机之后横剪机还可用来剪去不良焊缝。为了加速酸洗过程化学反应,酸洗之前设有拉伸破鳞机,表面铁皮在辊子中进行拉伸及弯曲变形,使氧化铁皮疏松。一般在连续式机组中,前一工序与后一工序配合总是不能完全协调的,为了避免互相干扰,两工序之间设有活套。带钢出干燥机时,酸洗工序完毕。但由于在轧钢机上轧制是成卷的,必须把焊起来的带钢再切开成卷。这部分设备有检查台、圆盘剪、横剪、涂油机、卷取机等。

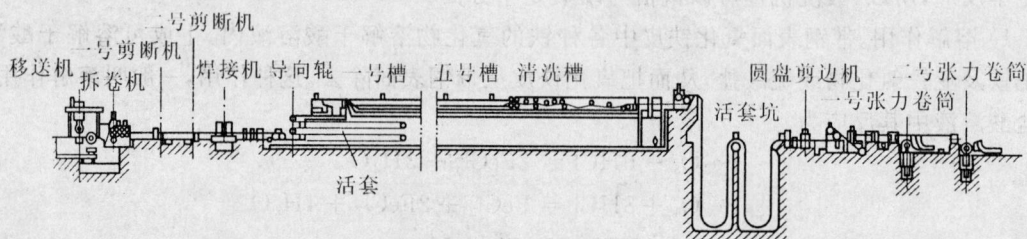

图 13-7　带钢连续卧式盐酸酸洗线

　　2.冷轧

　　酸洗卷取完毕后送往冷轧机组,轧制方式有单机座可逆式轧制和 $4 \sim 6$ 机座串列式连轧,轧机结构多为四辊式,对于冷轧极薄板带钢采用多辊轧机。目前广泛采用的是五机架冷连轧机,操作方法有常规冷连轧和全连续式冷轧两种。

　　(1)常规冷连轧。其主要操作特点是单卷轧制方式,即一卷带钢轧制过程是连续的,但对冷轧全部生产过程,卷与卷之间有间隔时间,不是真正的连续生产,轧机利用率仅为 $65\% \sim 79\%$。操作过程如下:板卷酸洗后送入冷轧机入口段,完成剥皮、切头、直头及对正轧制中心线等工作;接着开始"穿带"过程,即将板卷首端依次喂入机组中各架轧辊之中,一直到板卷首端进入卷取机芯轴并且建立出口张力为止;然后开始加速轧制,即使连轧机组以技术上允许的最大加速度迅速从穿带时的低速加速到轧机稳定轧制速度,进入稳定轧制阶段;最后是尾部轧制时"抛尾"或"甩尾"阶段。

　　为了防止带钢跑偏或及时纠正板形不良等缺陷,并防止断带勒辊等操作事故,"穿带"轧制速度必须很低,"抛尾"阶段与此类似。由于供给冷轧用板卷是酸洗后由若干板卷焊接而成,焊缝处一般硬度很高,且其边缘状况也不理想,所以在稳定轧制阶段当焊缝通过机组时,一般也要实行减速轧制。整个过程的速度制度如图 13-8 所示。正是由于上述原因,降低了轧机利用率。

　　(2)全连续式冷轧。其操作特点是将酸洗后带钢预先拼接,一旦喂入连轧机后,以最大轧制速度连续地进行轧制,轧出带钢进行动态切断分卷,从根本上改变了单卷生产方式。如图 13-9 所示为美国投产的一套五机架全连续冷轧机组设备组成。其操作过程:原料板卷经高速 盐酸酸洗机组处理后送至冷轧机开坯机,拆卷后经头部矫直机矫平及端部剪切机剪齐,在高速 内光焊接机中进行端部对焊,板卷拼接连同焊缝刮平等全部辅助操作共需 90 s 左右。在焊卷期 间,为保证轧机仍能按原速轧制,配备有专门的带钢活套仓,能储存 300 m 以上带钢,可在连轧 机维持正常入口速度前题下允许活套仓入口端带钢停留 150 s。在活套仓出口端设有导向辊, 使带钢垂直向上,由一套三辊式张力导向辊给 1 号机架提供张力。带钢在进入轧机前的对中工 作由激光对中系统完成。在活套储料仓入口与出口处装有焊缝检测器,若在焊缝前后有厚度变 化,由该检测器给计算机发出信号,以便对轧机进行相应调整。这种轧机连续的调整称为"动态 变规格调整",它只有借助计算机等控制手段才能实现。进行这种动态规格调整后,不同厚度两 卷之间调整过渡段为 3 ~ 10 m。

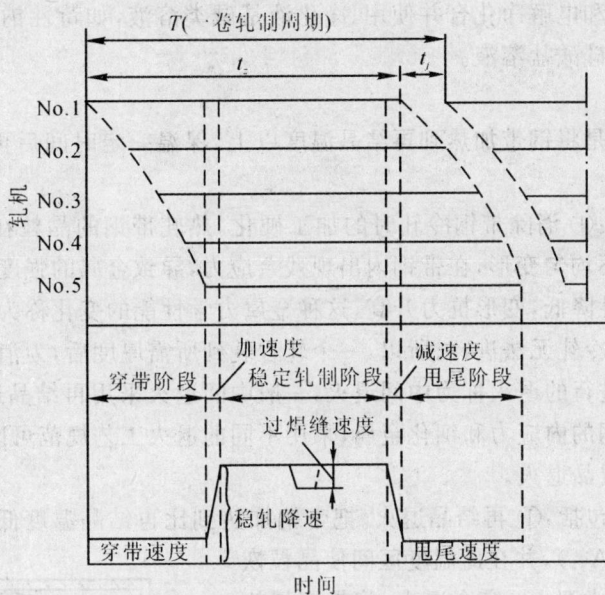

图 13-8　冷连轧轧制阶段

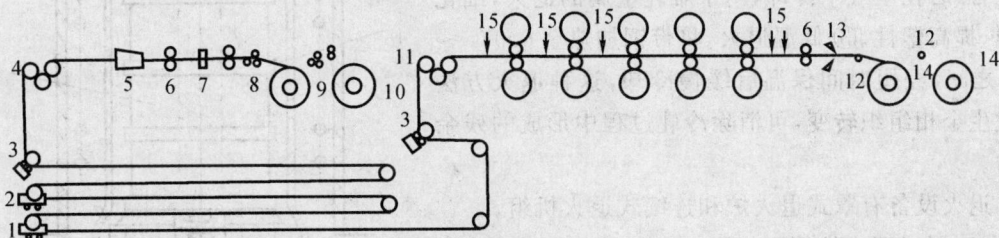

图 13-9　五机架全连续冷轧机组设备组成示意图

1,2—活套小车；　3—焊缝检测器；　4—活套入口勒导装置；　5—焊接机；　6—夹送辊；　7—剪断机；

8—三辊矫平机；　9,10—开卷机；　11—机组入口勒导装置；　12—导向辊；　13—分切剪断机；

14—卷取机；　15—X 射线测厚仪

在末机架与两个张力卷筒之间装有一套特殊的夹送辊与回转式横切飞剪,控制系统对通过机组的带钢焊缝实行跟踪,当需要分切时,总保持在焊缝通过机组之后进行,以使焊缝总是位于板卷尾部。夹送辊的用途是当带钢一旦被切断,而尚未来得及进入第 2 张力卷筒重新建立张力之前,维持第五机架一定的前张力。此夹送辊在通常情况下并不与带钢相接触,当焊缝走近时,夹送辊即加速至带钢速度及时夹住带钢,一旦张力建立后再行松开。

该机组由于消除了单卷轧制方式中卷与卷之间间隙时间以及穿带抛尾加减速的不良影响,可使轧机工时利用率达 90% 以上,同时减少了板卷首尾厚度超差及头尾剪切损失,大幅度提高了成材率,实现了真正意义的连续轧制。

3.脱脂

去除冷轧后带钢表面油污的工序称为脱脂。如果板带不经脱脂就退火,污物就会残留,影响表面质量。脱脂方法有电解净化法、刷洗净化法、气体清洗法以及机上洗净法等。一般普通脱脂线上可将刷洗净化和电解净化合并使用。净化液是碱类溶液,如苛性钠、硅酸钠、磷酸钠等,通常使用 2% ~ 4% 硅酸盐溶液。

4.退火

冷轧碳素钢退火是将钢带加热到再结晶温度以上,保温一定时间后再以适当的冷却速度冷却的热处理方法。

带钢退火的目的:① 消除带钢冷轧时的加工硬化。热轧带钢的晶粒在冷轧过程中被延伸和破碎,以及晶粒间不均匀变形,在带钢内出现残余应力,导致金属的强度极限、屈服极限和硬度增加,伸长率和塑性降低,变形抗力升高,这种金属力学性能的变化称为加工硬化,加工硬化达到一定程度后会使冷轧无法进行。所以,一个轧程轧到所需厚度后,为消除加工硬化,提高塑性,改善金属组织所进行的退火称为中间退火,一般中间退火采用再结晶退火。② 获得不同的力学性能。为消除带钢的内应力和细化金属,采用不同的退火工艺规范可以获得不同的力学性能,这样的退火称为成品退火。

冷轧退火的种类包括:① 再结晶退火。把带钢加热到比再结晶温度低 150 ~ 200℃,相当于 550 ~ 680℃(低于 Ac_1),并在此温度区间使晶粒恢复原状后缓慢冷却至常温。② 完全退火。将带钢加热到比 Ac_3 高约 30 ~ 50℃,经保温后缓慢冷却至 300℃ 出炉,然后在空气中冷却,用于难轧金属的退火,细化金属,提高塑性。③ 低温退火。将带钢加热至 600℃ ~ Ac_1 之间,经短时间保温后缓慢冷却,这种退火方法不发生金相组织转变,可消除冷轧过程中形成的残余应力。

退火设备有罩式退火炉和连续式退火机组。

(1)罩式退火炉简图如图 13-10 所示,由炉台、内罩、外罩和气流发生器等组成。炉台上可叠放 3 ~ 5 个带卷,带卷之间有通气垫。用内罩与外界空气隔开,里面充有保护气体,在内罩和外罩之间进行加热,依靠内罩的热辐射和保护性气体的对流加热带钢。它主要有紧带卷退火、松带卷退火。

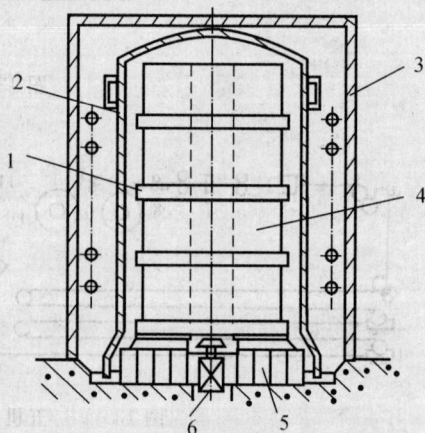

图 13-10 罩式退火炉简图
1— 通气垫; 2— 内罩; 3— 外罩;
4— 钢卷;5— 炉台
6— 气流发生器

这种方法的缺点是带钢卷内外层温度分布不匀,造成退火后金属各部分性能不同,容易产生黏卷和压折边部,生产率低,这些缺点影响罩式退火炉的技术装备发展,有些国家曾一度停止发展。但罩式退火技术对生产规模小、品种规格范围大的情况是适用的。特别是用氢气取代氮气作为保护气体的全氢退火技术,使罩式退火炉又获得新生。全氢退火罩式炉用100%的氢气作为保护性气体,采用改进的热风循环系统,改善了炉内传热条件,缩短了钢卷加热和冷却时间。这是因为氢气的导热性高,动力黏度系数低,对流热传导系数800℃时是氮气的2倍,而且氮气保护主要是带卷轴传热,氢气保护增大了径向传热的比例,提高了加热速度,另外还加大了气流发生器叶轮直径,加大了炉内气体的循环量,全氢罩式退火炉的产品向高强度和深冲两个方向多品种规格发展。

(2)连续退火机组。连续退火机组是20世纪70年代发展起来的工艺设备。它的特点是把冷轧后的带卷要进行脱脂、退火、平整、检查和重卷等多道工序合成一个连续作业的机组。如图13-11所示为塔式连续退火设备。与罩式退火炉相比其优点是:节省了厂房面积,减少了操作工人;生产连续化,使生产周期由原来的10天缩短到1天,物流运转加速,避免中间储存过程生锈;可以很方便地控制各种退火规范,生产出罩式退火炉难于生产或不可能生产的品种,如深冲钢和各种高强度钢。

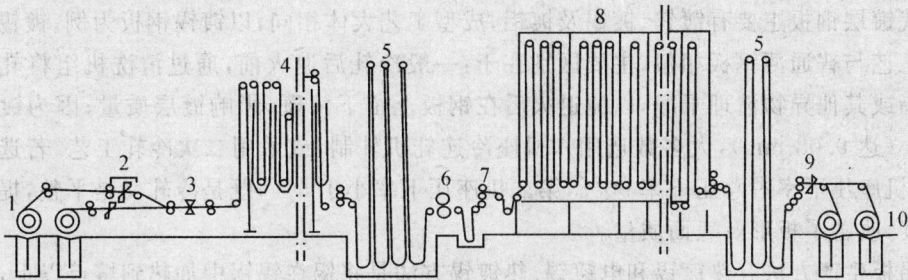

图13-11　连续退火生产线示意图

1—开卷机;　2—双切头机;　3—焊头机;　4—清洗机组;　5—活套塔;　6—圆盘带;
7—张力调节器;　8—塔式退火炉;　9—切头机、10—卷取机

5.平整

退火后的带钢以小压下量进行轧制的过程叫平整。对一般用途的深冲板平整率为0.5%～2%,对薄铁皮压下率为2%～5%。平整多在单机座四辊平整机上进行,对于表面质量和板形要求较高的薄带钢,也有在双机座四辊平整机上进行的。为获得较硬的带钢,还有专用平整与二次冷轧兼用的轧机。

平整的目的包括:① 使退火带钢平整后达到一定的力学性能要求。平整的压下率对带钢的力学性能有很大的影响,必须根据成品的不同力学性能来确定压下量。当压下量取1%左右时,其屈服极限最低,深冲值最高,因此对深冲钢板采用1%～2%压下率较合适。② 消除材料的屈服平台。带材退火后其应力-应变曲线会存在一个屈服平台,这是因为退火时固溶C,N等元素扩散到晶粒周围形成Cottred气团。因此退火带钢直接进行冲压时,产生所谓吕德斯线的局部变形,在冲压件上出现皱纹等缺陷,影响产品质量。带钢经过平整后取消这个屈服平台,提高了成型性能。③ 改善带钢板形。平整采用较大的稳定张力和较小的压下率,有利于克服轧制过程中产生的板形缺陷,改善板形。④ 根据用户要求生产不同粗糙度的带钢。根据用户的要求对轧辊进行毛化处理,得到不同粗糙度的"麻面板",如汽车板、涂层板等;要求光面的带钢则用磨光轧辊平整。

平整分为干平整和湿平整两种生产工艺,要根据要求进行选择。干平整是不进行工艺冷却和润滑,不需要乳化液和废水处理,可降低生产成本,带钢表面没有残留的油污,表面非常光亮。湿平整是在加平整液的条件下进行平整,这是因为退火后带钢表面多少会黏附 Fe 和 C 的脏物,这些脏物在干平整时会污染工作辊辊面,并以点状或凸斑附着在打毛的辊面上,会给带钢留下周期性压痕,采用湿平整可以消除这些污垢,保持良好板面;湿平整还可以使打毛轧辊辊面凹坑不断得到清洗和润滑,保护轧辊粗糙度;平整液的润滑作用可以减少轧制力,提高轧辊寿命,并提高带钢的防锈能力。

带钢平整张力对带钢的平整质量有很大影响。平整张力的波动会影响厚度精度,采用比较大的张力可以纠正带钢跑偏,消除皱褶,改善带钢板形,因此平整张力是稳定带钢运行,提高轧制速度,保证平整质量所必需的。平整张力值的选择与带钢厚度有关。如平整 0.19 ～ 0.4 mm 的带钢,其前张应力取 60 ～ 50 MPa,后张应力取 40 ～ 35 MPa;平整 0.9 mm 的带钢,前张应力取 25 MPa,后张应力取 15 MPa。

13.4.2　镀层钢板生产工艺

现代镀层钢板主要有镀锌、镀锡及镀铝,成型工艺大体相同,以镀锡钢板为例。镀锡钢板原板生产工艺与普通薄钢板相似,主要区别在于:一般冷轧后退火前,通过清洗机组将轧后板上残留油脂或其他异物清理干净,以免退火后在钢板上留下污斑,影响镀层质量;因为镀锡钢板厚度较小(达 0.08 mm),大多数选用六机座冷连轧机轧制,或采用二次冷轧工艺。若选用双机座,第一机座压下率占总压下率 90%,第二机座压下率小于 5%,既是冷轧又是平整,提高了镀锡板强度,改善了板形及表面质量。

镀锡板生产方法有热镀锡和电镀锡。热镀锡方法是将锡在锡锅中加热到熔点以上,呈液体状态,钢基体经过溶剂处理进入熔融状态在锡锅中发生化学反应,在基体表面黏附一层纯锡。镀锡后的钢板由水平方向运动转入垂直方向运动进入油槽,借助于油槽中挤压机的挤压作用将镀锡减薄,并使镀锡分布均匀,同时使镀锡板冷却到 240℃ 出油槽,再经过冷却风使镀锡冷却定型。冷却定型后的镀锡板表面油膜进入清洗槽中除去,最后进入干洗机内抛光成为成品。

电镀锡根据使用不同的电解液分为碱性法、酸性法和卤素法。在同样长度的电镀槽中,酸性法比碱性法快 12 倍,卤素法比酸性法快 1 倍,因此,酸性法发展快,卤素法近年来也有大的发展。酸性法是目前应用最广泛的一种,亦称"弗洛斯坦型作业线"。

13.4.3　电工硅钢板生产工艺

电工硅钢板生产工艺与一般冷轧薄钢板生产工艺区别较大,不仅因为其加工性能差,更主要是因为对硅钢薄板性能有特殊要求。其主要工艺流程为:初退火 → 抛丸 → 酸洗 → 冷轧 → 中间退火 → 二次冷轧 → 脱碳退火 → 涂绝缘层 → 热态拉伸矫直 → 切定尺 → 入库等。

初退火目的主要在于使带钢软化,利于冷轧,并可改善磁性,提高取向度。实际上除高磁感取向硅钢外,现在多采用直接进行酸洗和冷轧的工艺;因为硅钢氧化铁皮中所含氧化硅很结实,需要先进行抛丸处理;然后酸洗、清洗、刷洗、烘干、涂油。随着含碳量的增加,硅钢变形抗力增大,高硅钢薄带多在多辊轧机上轧制,压下率大,尺寸精确,板形良好;经过一次冷轧后进行中间退火,进行一次再结晶和脱碳退火;二次冷轧,获得临界形变晶粒晶界移动力和得到最终产品厚度。二次冷轧压下率对磁性有影响,一般认为压下率为 40% ~ 60% 时取向度最高,铁损最低。对非取向硅钢压下率取较低值(6% ~ 10%),对高磁感取向硅钢不需二次冷轧;二次冷轧后再经脱碳退火,脱碳一般限制在 0.01% ~ 0.05% 以下,并希望形成氧化薄膜,因此对炉温和保护气体有严格要求;取向硅钢在脱碳退火后涂氧化镁,然后在罩式炉中进行高温退火,目的是得到完善的二次再结晶组织,去掉有害元素(如氮、硫等),消除内应力,使氧化镁在高温下与氧化硅结合形成良好的硅酸镁底层;退火后的钢卷经刷洗和酸洗清除剩余氧化镁并涂以绝缘层。由于退火温度高达 1 200℃,退火后钢卷会产生热态塑性变形,为获得平直带钢,应在热态下进行拉伸矫直;最后,成卷或切成单张供应用户。

13.4.4　不锈钢板生产工艺

不锈钢板生产工艺流程大致如下:坯料 → 退火、碱酸洗 → 检查修磨 → 冷轧 → 退火、碱酸洗 → 平整 → 抛光 → 剪切 → 检查分类 → 包装 → 入库。不锈钢板生产工艺与一般冷轧薄板区别在于不锈钢板在轧前必须先经退火。其次,在生产过程中必须随时保持带钢表面洁净,以提高成品率和抗腐蚀性能。

轧前退火,铁素体和马氏体不锈钢退火时间较长,便于再结晶和溶解碳化物。通常在罩式炉退火,温度约 800℃,保温 4 ~ 6 h。铁素体不锈钢要在空气中迅速冷却,以防脆化,马氏体不锈钢不允许快速冷却,以免引起过大内应力和硬化裂纹。奥氏体不锈钢在连续炉中加热温度为 1 000 ~ 1 100℃,在水中或空气中迅速冷却。淬火温度视含碳量和附加合金而定,应避免碳化铬析出。

不锈钢板属难变形钢,冷轧时容易产生加工硬化,特别是多道次低压下率轧制时更为明显。因此,不锈钢板一般在多辊轧机上轧制,如采用 MKW 和森吉米尔轧机等。轧制塑性较好的奥氏体不锈钢,单道次压下率不超过 25%,每轧程总压下率不超过 75%。轧制含碳较高的马氏体不锈钢,单道次压下率为 15%,每轧程压下率不超过 50%。一次轧程完成后,需中间退火酸洗,为防止在退火过程中将杂质烧入表面,应先经三氯化烯除油。对于奥氏体不锈钢,加热温度为 1 050 ~ 1 080℃,铁素体马氏体不锈钢在 800℃ 左右。之后在水、空气或蒸汽中淬冷。成品带钢进行光亮退火,即在无氧化气氛中作最后一次再结晶退火,通常采用分解氨作保护气体。

为了保持带钢表面的洁净,除了常规处理方法外,不锈钢生产还采取了修磨机上修磨,以及对某些特殊品种的研磨和抛光处理。研磨采用油或乳化液湿式研磨,研磨时要防止由于不锈钢导热性能差产生灼斑或裂纹。抛光工序由抛光和擦净两部分组成,一般用乳化液作为抛光剂。

此外,为防止带钢表面划伤,所有与带钢接触的辊子必须十分清洁或采用包胶辊,卷取时,必须在每层间垫上塑料丝或纸带。成品收集更需每层间垫纸,以保护表面不致相互擦伤。

13.4.5　涂层钢板及层压钢板生产简介

涂层板基板有冷轧板、电镀锌板、热镀锌板和电镀合金板等。因基板不同,质量有很大差别,以电镀锌板和电镀锌-镍合金板为基板最好。涂层板既有钢板的强度,又有塑料的耐蚀性和装饰性。新工艺:涂层板剪切 → 加工成型 → 组装,涂层板作为一种新型复合材料越来越受到人们重视。国外涂层板应用十分广泛,我国近年已有相当发展,造船、建筑、家用电器等方面都已开始应用。一般涂层板生产工艺为清洗 → 磷化 → 密封 → 铬化 → 涂层 → 烘烤 → 冷却 → 干燥 → 卷取。

彩色层压钢板是将黏合剂预先涂在钢板上，在一定温度下，通过辊压方法，将塑料薄膜复合到钢板表面上形成的。生产流程主要包括：酸洗 → 磷化 → 钝化 → 水汽干燥 → 涂黏合剂 → 烘干挥发 → 加热活化 → 塑料薄膜层压 → 冷却及卷取成卷。

13.5　冷轧板带钢轧制规程制定

冷轧板带钢轧制制度主要包括压下制度、速度制度、张力制度和辊型制度等。其中冷轧压下规程的制定一般包括原料规格的选择、轧程方案的确定以及各道次压下量分配与计算。

13.5.1　冷轧压下规程制定

（1）坯料的选择。冷轧板带坯料为热轧板带。坯料最大厚度受咬入能力和设备条件（轧辊强度、电机功率、允许咬入角、轧辊开口度等）的限制；坯料最小厚度应考虑热轧带钢的供应情况、成品厚度和组织性能。为满足产品的最终组织性能要求，坯料厚度选择必须保证一定的冷轧总压下率。例如，汽车板必须有 30% 以上（一般是 50% ～ 70%）的冷轧总压下率，才可以获得所要求的晶粒组织和深冲性能。硅钢板也需要一定的冷轧变形程度才能保证其电磁性能。不锈钢板为了表面质量也要求一定的冷轧总压下率，此外，选择坯料厚度时，要考虑热轧生产的供坯可能性、合理性、经济性和冷轧机生产能力的提高。

（2）冷轧轧程。冷轧轧程是冷轧过程中每次中间退火所完成的冷轧工作。冷轧轧程的确定主要取决于所轧钢种的软硬特性、坯料与成品的厚度、所采用的冷轧工艺方式和工艺制度以及轧机的能力等因素，并且随着工艺和设备的改进与革新，轧程方案也在不断变化。例如，选用润滑性能更好的工艺润滑剂，或采用直径更小的高硬度工作辊都能减少所需要的轧程数。因此，在确定冷轧轧程时，需考虑已有的设备与工艺条件，还应充分研究各种提高冷轧效率的措施。

（3）各道压下量分配。冷轧各道次或连轧各机架压下量的分配，基本上仍应遵循前述制定轧制制度的一般原则和要求。冷轧板带时允许用的最大咬入角在很大程度上取决于轧制速度、轧辊材质及表面状态、钢种特性及轧制时润滑情况等。冷轧时的最大压下量为

$$\Delta h_{\max} = Rf^2 \tag{13-3}$$

式中，R 为工作辊半径，mm；f 为摩擦因数。

冷轧时的摩擦因数与采用的润滑剂品种及轧辊的表面状态有关，可按表 13-2 选择。在研磨的轧辊上平整钢板时，若无润滑，f 可取 0.12 ～ 0.15。轧制速度 $v \geqslant 5$ m/s 时，摩擦因数可按表 13-2 取较小值。轧制有色金属时，摩擦因数比表列数值约大 10% ～ 20%。

冷轧时的摩擦因数与轧制速度有关，随着轧制度速度的增大，摩擦因数有所降低（见表13-3）。

分配各机架的负荷，也如热连轧带钢一样，采用能耗法，例如，若有类似轧机的单位能耗曲线资料，则可直接确定各架负荷分配比，算出压下量，其方法与热连轧带钢相类似。但有时不易找到正好合适的能耗资料，也可根据经验采用分配压下系数的表格（见表 13-4），令轧制中的总压下量为 $\sum\Delta h$，各道压下量为

$$\Delta h_i = \eta_i \sum \Delta h \tag{13-4}$$

式中，η_i 为压下分配系数。

表 13-2　在研磨的轧辊上冷轧钢板时的 f 值

带钢品种	润滑剂	f	带钢品种	润滑剂	f
薄	棕榈油	$0.03 \sim 0.05$	厚	乳化矿物油	$0.07 \sim 0.10$
	乳化棕榈油	$0.05 \sim 0.065$	钢	乳化棕榈油	$0.06 \sim 0.08$
钢	橄榄油	0.055	带	（蓖麻油）	
带	蓖麻油	0.045	钢		
	羊毛脂	0.04	板		

表 13-3　冷轧时 f 值与轧制速度的关系

润滑剂	轧制速度 /$(m \cdot s^{-1})$			
	3 以下	10 以下	20 以下	大于 20
乳化液	0.14	$0.10 \sim 0.12$		
矿物油	$0.10 \sim 0.12$	$0.09 \sim 0.10$	0.08	0.06
棕榈油	0.08	0.06	0.05	0.03

表 13-4　各种冷连轧机压下分配系数 η_i 举例

机架数	道次（机架）号				
	1	2	3	4	5
2	0.7	0.3			
3	0.5	0.3	0.2		
4	0.4	0.3	0.2	0.1	
5	0.3	0.25	0.25	0.15	0.05

　　为了使轧制稳定,第一道压下率不宜过大,但也不应过小。在第一道次,由于后张力太小,而且热轧料的板形和厚度偏差不均匀,甚至呈现浪形、瓢曲、镰刀弯或楔形断面,致使轧件对中难以保证,给轧制带来一定困难;此外,前几道有时还要受咬入条件的限制。有的钢种(如硅钢)往往第一道宁可采用大压下量,以防止边部受拉,造成断带。中间各道次(各机架)的压下分配,基本上可以充分从轧机能力出发,或按经验资料确定各架压下量。最后 $1 \sim 2$ 道(架)为了保证板形及厚度精度,一般按经验采用较小的压下率。但对于连轧机上轧制较薄的规格,例如,镀锡板,则应使最末两架之间的轧件要尽量厚一些,以免由于张力调厚引起断带,这样末架的压下率就可能要增大到 $35\% \sim 40\%$。

　　(4)张力选择。制定冷轧带钢的轧制规程时,在确定各道(架)的压下制度及相应的速度以后,还必须选定各道(架)的张力制度。这也是冷轧带钢轧制规程的另一个特点。在确定各架压下分配系数,即确定各架压下量或轧厚度的同时,还须根据经验选定各机架之间的单位张力。在计算机控制的现代化冷连轧机上,各类产品往往都有事先制定的压下分配系数表和单位张力表,供设定轧制规程之用(见表 13-5)。

表 13 - 5　四、五和六机架式冷连轧机所用张力实例

型式	软件厚度 /mm		压下		各架前张力及卷取张力 /MPa
	轧前	轧后	Δh/mm	ε/(%)	
*1	2.75	1.85	0.90	32.7	1.5
2	1.85	1.20	0.65	35.1	80
3	1.20	0.90	0.30	25.0	100
4	0.90	0.80	0.10	11.1	55
卷 取 机					40
*1	1.90	1.42	0.48	25.8	1
2	1.42	0.90	0.52	36.6	110
3	0.90	0.55	0.35	38.9	140
4	0.55	0.33	0.22	40.9	150
5	0.33	0.21	0.12	36.4	200
卷 取 机					30
*1	2.00	1.50	0.50	24.8	1.4
2	1.50	1.07	0.43	31.2	130
3	1.07	0.65	0.42	37.0	180
4	0.65	0.415	0.235	34.0	160
5	0.415	0.265	0.15	34.0	120
6	0.265	0.215	0.05	19.0	75
卷 取 机					14

(5) 计算轧制压力。对于冷轧板带钢的压力计算，一般说来，Bland-Ford 公式及其简化形式 R. Hill 公式较为符合实际。故计算机控制的现代冷连轧机常用它作为轧制压力模型。但对于手工计算轧制压力的场合，此公式却过于复杂，不便计算。而 M. D. Stone（斯通）公式由于用图解法确定考虑轧辊弹性压扁后的变形区长度，使计算简化，故常被应用。

$$\overline{p} = (1.15\,\overline{\sigma_s} - \overline{Q})\,\frac{e^{\chi} - 1}{\chi} \qquad (13-5)$$

$$\chi = \frac{fl'}{\overline{h}} \qquad (13-6)$$

式中，σ_s 为对应于冷轧平均总压下率的平均屈服应力，平均总压下率 $\Sigma\overline{\varepsilon} = 0.4\varepsilon_0 + 0.6\varepsilon_1$，其中 ε_0，ε_1 分别为变形区入口和出口的冷轧总压下率；$\overline{Q}$ 为平均单位张力；f 为轧制时的摩擦因数；$\overline{h}$ 为该带钢在变形区的平均厚度；l' 为考虑轧辊压扁后的变形区长度。

利用 Stone 公式计算轧制压力所需用参数如图 4-18 和表 4-2 所示。

(6) 校核。常用的压下规程设计方法是：先按经验并考虑到规程设计的一般原则和要求，对各道（架）压下量进行分配；按工艺要求并参考经验资料，选定各机架（道）间的单位张力；校核设备的负荷及各项限制条件，并作出适当修正。即分配好各架的压下量，求出各架的轧制速度，计算轧制压力，校核设备强度及咬入等工艺限制条件。

电机功率校核可以由计算轧制压力、轧制力矩、静力矩、动力矩等数值与主电机额定力矩进行比较，也可以利用能耗曲线校核主电机功率，其算法是用所选定的前后张力值代入下式：

$$N_i = h_i v_i B [3\ 600\gamma\omega + (Q_0 - Q_1) \times 10^3] \tag{13-7}$$

式中,h_2,v_2 为轧出带钢的厚度和速度;γ,ω 为钢的密度及该架单位能耗;Q_1,Q_0 为前、后张力;B 为带钢宽度。

计算出各架轧制功率 N_i 以后,与电机额定率 N_H 比较。应使各架负荷较满但要留有余量。

(7) 计算空载辊缝。空载辊缝设定值按弹跳方程进行计算,这与热连轧带钢的计算相同。

13.5.2　冷轧压下规程计算例题

【例】　在 1 200 mm 四辊可逆式冷轧机上用 1.85 mm × 1 000 mm 的坯料轧制 0.38 mm × 1 000 mm 的钢带钢卷,钢种为 Q215,轧辊直径为 400/1 300 mm,最大允许轧制压力 18 000 kN,卷取机最大张力 100 kN,折卷机张力为 34 kN,摩擦因数 f 因第一道不喷油,故 f 取 0.08,以后喷乳化液,取 $f = 0.05 \sim 0.06$。试设计其压下规程。

解　在可逆式轧机至少轧制 3 道,故参考经验资料,初步制订压下规程如表 13-6 所示。
Q215 钢种的加工硬化曲线如图 13-12 所示。

表 13-6　冷轧 0.38 mm × 1 000 mm 带钢压下规程

道次号	H/mm	h/mm	Δh/mm	ε/(%)	轧速 /(m·s^{-1})	前张力 /kN	后张力 /kN	$\bar{p}$/MPa	总压力 /kN
1	1.85	1.00	0.85	46	2.0	80	30	810	12 200
2	1.00	0.50	0.50	50	5.0	50	80	1 120	14 100
3	0.50	0.38	0.12	24	3.0	30	50	1 400	12 300

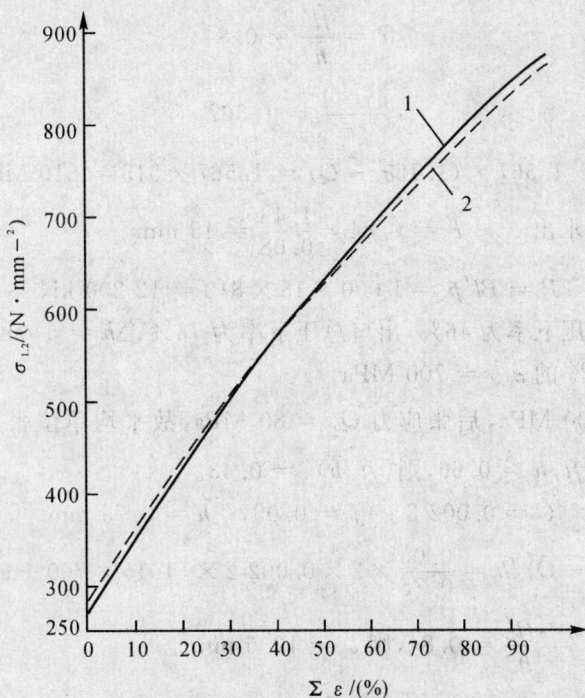

图 13-12　Q215 加工硬化曲线

1—纵向; 2—横向

第一道　由退火坯料开始轧制,压下量 $\Delta h = 0.85$ mm,冷轧总压下率为 46%。求平均总压下率 $\Sigma\bar{\varepsilon} = 0.4\varepsilon_0 + 0.6\varepsilon_1 = 0.6 \times 46\% = 28\%$ 由图 $13-9$ 查出对应于 $\Sigma\bar{\varepsilon} = 28\%$ 的 $\sigma_{0.2} = 490$ MPa。

求平均单位张力:

$$Q_1 = \frac{80 \times 10^3}{1\,000 \times 1} = 80 \text{ MPa}$$

$$Q_0 = \frac{30 \times 10^3}{1\,000 \times 1.85} = 16 \text{ MPa}$$

故

$$\overline{Q} = \frac{80 + 16}{2} = 48 \text{ MPa}$$

故

$$1.15\bar{\sigma}_s - \overline{Q} = 1.15 \times 490 - 48 = 515 \text{ MPa}$$

计算

$$l = \sqrt{R\Delta h} = \sqrt{200 \times 0.85} = 13 \text{ mm}$$

计算

$$\frac{fl}{\overline{h}} = \frac{0.08 \times 13}{1.43} = 0.73$$

故

$$(fl/\overline{h})^2 = 0.73^2 = 0.53$$

计算图 $4-18$ 中的第二个参数 $2Cf(1.15\bar{\sigma}_s - \overline{Q})/\overline{h}$:

$$C = 8(1 - v^2)R/\pi E = \frac{8(1 - 0.3^2)}{3.14 \times 210\,000} \times 200 = 0.002\,2$$

则

$$2Cf(1.15\bar{\sigma}_s - \overline{Q})/\overline{h} = \frac{2}{1.43} \times 0.002\,2 \times 515 \times 0.08 = 0.128$$

由图 $4-18$ 查出

$$x = \frac{fl'}{\overline{h}} = 0.84$$

由表 $4-2$ 查出

$$\frac{e^x - 1}{x} = 1.567$$

故

$$\overline{p} = 1.567 \times (1.15\bar{\sigma}_s - \overline{Q}) = 1.567 \times 515 = 810 \text{ MPa}$$

由 $fl'/\overline{h} = 0.84$,求出

$$l' = 0.84 \times \frac{1.43}{0.08} = 15 \text{ mm}$$

所以总压力

$$P = Bl'\overline{p} = 1\,000 \times 15 \times 810 = 12\,200 \text{ kN}$$

第二道　入口总压下率为 46%,出口总压下率为 73%;$\Delta h = 5$ mm,其平均总压下率为 62%,对应于 $\Sigma\bar{\varepsilon} = 62\%$ 的 $\sigma_{0.2} = 700$ MPa。

前张应力 $Q_1 = 100$ MPa,后张应力 $Q_0 = 80$ MPa,故平均单位张力 $\overline{Q} = 90$ MPa。$l = \sqrt{R\Delta h} = 100$ mm,故 $fl/\overline{h} = 0.66$,则 $(fl/\overline{h})^2 = 0.43$。

由于

$$C = 0.002\,2, \quad f = 0.05, \quad \overline{h} = 0.75 \text{ mm}$$

则

$$2Cf(1.15\bar{\sigma}_s - \overline{Q})/\overline{h} = \frac{0.05}{0.75} \times 2 \times 0.002\,2 \times (1.15 \times 700 - 90) = 0.21$$

由图 $4-18$ 查出 $x = \frac{fl'}{h} = 0.84$,则 $l' = 12.6$ mm。

由表 $4-2$ 查出

$$\frac{e^x - 1}{x} = 1.567$$

故

$$\overline{p} = 1.567(1.15\bar{\sigma}_s - \overline{Q}) = 1\,120 \text{ MPa}$$

总压力 $P = Bl'\bar{p} = 14\ 100\ kN$

第三道 计算类似。

13.6 冷轧板带的不对称轧制

13.6.1 异步轧制

1. 异步恒延伸轧制

在研究异步轧制的金属变形规律时发现:适当的辊速差可以使延伸系数保持恒定,即所谓恒延伸轧制。由于恒延伸轧制可以显著提高带材的精度;易于进行轧机调整;简化控制过程和系统;在延伸系数恒定的情况下,通过控制轧制压力可控制板带的力学性能。因而恒延伸异步轧制是高精度带材轧制的一种新工艺。异步恒延伸轧制是提高带材厚度精度的主要原因,是轧制过程中通过 S 辊装置的张力自然调节控制了带钢的延伸。从而消除了由于轧辊偏心、磨损、带钢组织性能不均匀等造成原始辊缝变化对带钢厚度精度的影响。

在 $\phi 90/200 \times 200$ mm 小型四辊可逆式轧机上,采用异步恒延伸轧制(轧机模型见图 13-13),轧出厚 $0.1 \sim 0.2$ mm,宽 $80 \sim 100$ mm 的 08,T10A 钢带。全部长度上厚差均在 $\pm 0.002\ 5$ mm 以下,且板形良好,操作稳定,消除了通常异步轧制中易出现的轧机颤动和断带。

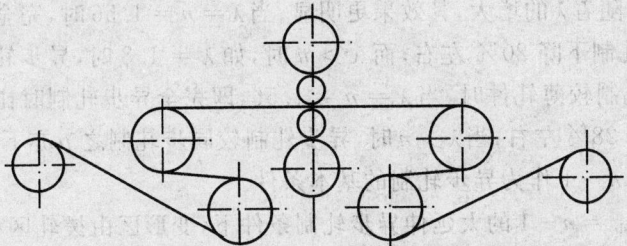

图 13-13 异步恒延伸轧制模型

在常规轧制中由于各种因素的影响,会使带钢变形量发生变化,从而导致了带钢进、出口速度的变化。而异步恒延伸轧制可通过轧机前后的 S 辊的张力自然调节,以补偿轧件变形时各种因素导致原始辊缝的变化。在协调轧制压力、变形抗力的过程中,协调了带钢的变形,保持了带钢的延伸不变。

2. 异步轧制合理工艺条件的确定

从制定既最大限度降低轧制压力,又易于实现的工艺条件出发,一些科学工作者对张力、轧制力、延伸系数和速比之间的关系进行研究。实验在普通四辊冷轧机上进行,采用拉直式异步轧制。试件选用低碳钢带。

(1)张力与轧件速度的关系。试验测得了慢速辊上带钢的前滑值 S_{sh} 及前后张力。结果表明,当辊速比 n(快速辊的速度 v_q 与慢速辊的速度 v_s 之比)确定之后,对同一延伸系数,随着前后张应力差的增加,S_{sh} 增大,带钢的出口速度 v_h 呈线性上升。对于不同的延伸系数 λ,随 λ 的增大,为使带钢的出口速度 v_h 等于快速辊速度 v_q 所须的张力差也缓慢的增大。辊速比 n 值越大,

为使 $v_h = v_q$ 所需的张应力差越大,以致选用辊速比 $n = 2$ 时,因断带和增大张力差的困难,使试验中断。因此前张力成为限制异步轧制的速比和延伸系数的主要因素。S_{sh} 与 $n-1$ 之间的关系,反映了变形区内轧件与轧辊的相对速度关系。当 n 值过大,前张力不足时,变形区必出现 $v_h < v_q$,此时 $S_{sh} < n-1$,会出现带钢在快速辊上打滑现象。可见异步轧制时,由于受前张力的限制,辊速比不能过大。故异步轧制时宜采用大延伸轧制,以使 $\lambda > n$,$S_{sh} = n-1$,此时变形区由搓轧区和后滑区组成。

(2)异步轧制辊速比 n 的选择。异步轧制由于受前张力的限制,辊速比 n 不能过大。过大则出现无效打滑,增大消耗。根据搓轧区的塑性条件及力平衡关系可导出:

$$q_1 - q_2 = 2k\ln H/h = 2k\ln n \tag{13-8}$$

式中,q_1,q_2 为前后张应力;k 为带钢的屈服剪切应力;H,h 为带钢的入、出口厚度。

在异步轧制中若建立全搓轧状态必须满足上述的等式关系。为避免断带 q_1 一般不大于 $0.5\sigma_s$,同时为能实现稳定轧制后张应力 q_2 不低于 $0.1\sigma_s$。由式(13-8)即可算出全搓轧的极限辊速比为 $n = 1.42$,这点为试验证实。在实际生产中,n 值的选定还要具体考虑卷取机所可能施加的前张力数值。

(3)采用大延伸异步轧制时平均单位压力的计算。实验结果表明,异步轧制时,采用大延伸 $\lambda > n$,$S_{sh} = n-1$。轧制压力下降的幅度与 $\lambda = n$,$S_{sh} = n-1$ 的全搓轧状态时相比很接近。当 $\lambda = n = 1.28$ 时,完全异步轧制较同步轧制($n = 1.0$)的平均单位轧制压力 $\bar{p}$ 下降 14% 左右;而采用大延伸 $\lambda > n$,即 $\lambda > 1.28$ 时,例如 $\lambda = 1.8$ 时,异步轧制也比同步轧制的平均单位压力下降 14% 左右。随着 λ 的增大,其效果更明显。当 $\lambda = n = 1.56$ 时,完全异步轧制时的平均单位压力 $\bar{p}$ 比同步轧制下降 20% 左右;而 $\lambda > n$ 时,如 $\lambda = 1.8$ 时,异步轧制仍比同步轧制压力下降 20% 左右。轧制较薄轧件时,当 $\lambda = n = 1.56$,即完全异步轧制时比同步轧制时的平均单位轧制压力 $\bar{p}$ 下降 28% 左右;当 $\lambda > n$ 时,异步轧制较同步轧制之 $\bar{p}$ 亦下降 28% 左右。所以,应采用 $\lambda > n$,$S_{sh} = n-1$ 作为异步轧制的基本条件。

在满足 $\lambda > n$,$S_{sh} = n-1$ 的大延伸异步轧制条件下,变形区由搓轧区和后滑区所组成。对此状态采用工程法推导的计算平均单位压力公式,并经简化如下:

$$\bar{p} = \frac{2k}{\lambda-1}\left\{(\lambda-1)\pi_H\left[1+\delta\frac{\lambda-n}{\lambda+n}(n-1)\left(\frac{\Delta h}{\lambda nh}\cdot\frac{n-1}{\lambda-1}+\eta_h\right)\right]\right\}$$

$$\eta_H = 1-\frac{q_0}{2k}; \quad \eta_h = 1-\frac{q_1}{2k}; \quad \delta = \frac{2fL}{\Delta h} \tag{13-9}$$

式中,k 为带钢屈服切应力;λ 为道次延伸系数;q_1,q_2 为前、后张应力;f 为摩擦因数;L 为变形区长度;h 为带钢出口厚度;Δh 为道次压下量。

经检验,该公式的计算值与实测值较接近,计算精度较高。

13.6.2 异径轧制

异径轧制利用一个靠摩擦传动直径很小的工作辊,通过减小接触面积和单位压力来大幅度降低轧制压力和能耗。同时又采用另一个足够大的工作辊来传递轧制力矩和提高咬入能力,必要时还可采用侧弯辊以控制板形。因而异径轧制可取得增大压下量、减少道次、提高轧机制效率和轧薄能力,提高产品厚度精度和板形质量的效果。

早在20世纪50年代初期,苏联就设计制造了所谓复合式多辊轧机。其辊系配置如图

13-14 所示。辊系配置的上半部分,由工作辊 1 及支持辊 8 所组成,和通常的四辊冷轧机相同。而下半部分却如同十二辊冷轧机,二十辊轧机或特殊形式的多辊轧机。1985 年日本新日铁和三菱重工业公司开发研制的一种异径多辊轧机,实质也是一种四辊式与十二辊式复合的异径轧机(NMR 轧机)。这类轧机由于采用异径,可使小工作辊直径大幅度减小,不仅大幅度降低轧制压力,提高轧制效率,而且减轻了一般多辊轧机两个工作辊直径都很小时,工作辊轴线不平行所产生的有害影响,从而简化了轧机调整和板形控制。但此类轧机结构较复杂,并未从根本上改善一般多辊轧机的缺点。

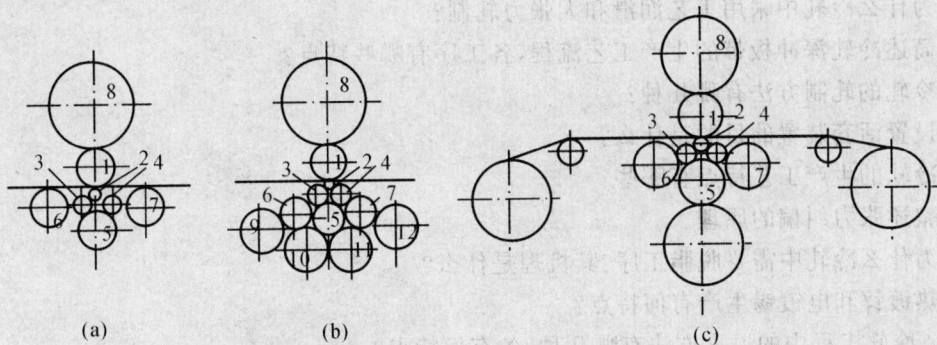

图 13-14 复合式异径多辊轧机

1971 年美国出现的泰勒(Taylor)轧机是一种五辊或六辊式异径轧机,其小工作辊为惰辊,轧制时通过上、下传动辊力矩的分配来自动控制小辊的旁弯,以达到控制板形的目的。1982 年日本钢管公司与石川岛播磨重工研制的 FFC 轧机是一种带侧向支撑的异径 5 辊轧机,其小工作辊也是传动的,因而同时具有异步轧制功能。与此同时,我国东北大学与沈阳带钢厂研制成功异径 5 辊轧机,其小工作辊为惰辊,靠大辊摩擦传动,故两工作辊线速度相同。异径比 $x(D_{大}/D_{小})$ 大时,可侧向支撑辊以增强小辊水平刚度,并可用侧弯辊以调控板形。这种轧机具有设备简单、便于现有轧机改造、异径比大、降低轧制压力幅度大等特点。

1990 年日本出现的 ME(Minimum Edge Drop) 轧机是一种异径单辊传动的多辊轧机。同径单辊传动轧制时由于自然的异步作用,虽然也能使轧制压力有所降低,但降低幅度一般只有 5% ～ 15%。单辊传动必须与异径轧制相结合才能收到大幅度降低轧制压力、提高厚度精度、减小薄边(edge drop)的显著效果。但 ME 轧机结构仍很复杂。

当采用异径单辊传动轧制时,轧制压力和力矩降低幅度很大。当异径比为 1.6 ～ 3.0 时,轧制压力可下降 30% ～ 60%,轧制力矩下降 7% ～ 38%,例如异径比为 $\phi90/\phi42$,压下率为 50% 时,双辊传动压力下降 35.5%,而单辊传动则下降 50.8%。压力下降这么大是由于异径单辊传动轧制时除异径的作用以外,还有异步的效果。因为单辊传动轧制时,上下工作辊存在圆周速度差,亦即自然地产生一定的异步值,此异步值随压下率增加而急剧增大,当压下率小于 10% 时,异步对降压几无效果,压下率在 20% ～ 50% 时,异步的降压效果为 5% ～ 15%。由此可见,异径单辊传动轧制时大幅度降低轧制压力主要归功于异径的效果。异径单辊传动轧机降低压力效果大,但咬入能力低,故最适合于极薄带材轧制,此时还应施以较大的前张力才能充分发挥其效能。

综上所述,不对称轧制具有降低轧制压力,提高轧制板带钢的厚度精度、减少道次及节能等优点。不对称轧制技术日益受到人们的重视,并对我国中、小型板带钢生产的技术改造和发展有重要意义。与此同时也应指出不对称轧制的自动咬入较困难、力矩分配不均,尤其对于异步轧制易出现轧机颤振,仍须进一步研究、改进、完善。

复 习 题

1. 叙述盐酸酸洗的原理。

2. 为什么冷轧中采用工艺润滑和大张力轧制?

3. 简述冷轧深冲板带的生产工艺流程,各工序有哪些特点?

4. 冷轧的轧制方法有哪几种?

5. 设置活套装置的目的是什么?

6. 冷轧的生产工艺特点有哪些?

7. 叙述张力纠偏的原理。

8. 为什么冷轧中需要脱脂工序?其机理是什么?

9. 热镀锌和电镀锡生产有何特点?

10. 冷轧工程中的退火方法有哪几种?各有何特点?

11. 冷轧硅钢板工艺中的退火工序有哪几种?其目的是什么?

12. 怎样制定冷轧压下规程?

13. 什么叫平整?平整的目的是什么?

14. 什么叫异步轧制?有何优点?

15. 什么叫异径轧制?

第 14 章　板带高精度轧制及自动控制

板带钢高精度轧制指几何尺寸和形状都精确的板带轧制,即板带横向截面厚度分布均匀,尺寸精确;板带纵向截面厚度分布均匀,尺寸精确;板带横截面宽度在纵向长度上分布均匀,尺寸精确。

14.1　板厚高精度控制轧制

自动厚度控制是通过测厚仪或传感器(如辊缝仪和压头等)对钢板实际轧出厚度连续地测量,并根据实测值与给定值相比较后得到偏差信号,借助于控制回路和装置或计算机的功能程序。改变压下装置、张力或轧制速度,把厚度控制在允许的偏差范围内,通常把实现厚度自动校制的系统称为 AGC(Automatic Gauge Control)系统。

厚度自动控制系统的厚度给定值有两种不同的给出途径,相应地把 AGC 分为绝对 AGC 和相对 AGC,绝对 AGC 是以用户标准或压下规程要求的厚度作为控制系统的给定值,而不考虑头部轧出厚度偏差大小,它适用于头部轧出厚度偏差较小的情况。相对 AGC 即锁定 AGC 是把头部轧出厚度或根据末架头部轧出厚度和秒流量相等原则推算的轧出厚度,作为厚控系统的给定值,它适用于头部轧出厚度偏差较大的情况。

由于中厚板轧制具有轧件长度短,每道次的轧制时间及两道次之间的间隙时间都短,空载压下速度快、咬钢承受冲击大、振动大以及产品品种规格多、对钢板头尾部分的厚度公差要求严格等特点,一般认为钢板沿长度方向厚度的均匀性比板厚的绝对值显得更重要。因此在 20世纪 70 年代中期以前,普遍采用头部锁定式 AGC 来实现厚度控制,即相对 AGC 方式。但随着对中厚板精度要求的提高以及负公差轧制工艺的要求、中厚板的绝对厚度也受到逐步重视,使得绝对 AGC 得到广泛应用。目前厚度自动控制已经是现代化中厚板生产实现厚度高精度轧制的重要手段,控制方法也比较多,中厚板的同板厚差和异板厚差的精度已达到很高的水平。

14.1.1　厚度自动控制工艺基础

1. 轧机弹性变形和弹性方程

轧制时,在轧制压力的作用下轧机工作机座(轧辊及其轴承、压下装置和机架)产生一定量的变形。工作机座的弹性变形将影响到轧机的开口度和辊型,从而对轧制产品的精度造成影响。

钢板的实际轧出厚度 h 与预设辊缝值 S_0 和轧机弹跳值 ΔS 之间的关系可用弹跳方程描述:

$$h = S_0 + \Delta S = S_0 + P/K \qquad (14-1)$$

式中,P 为轧制力,K 为轧机刚度系数,表示辊缝间产生单位距离变化时所需轧制压力,实际上反映轧机抵抗弹性变形的能力,K 大,有利于提高轧制精度。将弹跳方程绘于坐标中可得到轧机弹性变形线。如图 14-1 曲线 A。

由公式(14-1)可知,钢板实际轧出厚度主要取决于 S_0,P 和 K 这三个因素,它表示三者之间的关系,是轧机厚度自动控制系统中的一个基本方程。因此,无论是分析轧制过程中厚度变化的基本规律,或阐明厚度自动控制在工艺方面的基本原理,都应从深入分析这三个因素入手。

在一定的轧件宽度和轧辊半径条件下,轧制力实际上是轧件厚度、张力、摩擦因数和轧件变形抗力等因素的函数。式(14-2)表示轧制时轧制压力 P 是所轧钢板的宽度 B、来料入口与出口厚度 H 和 h、摩擦因数 f、轧辊半径 R、温度 t、前后张力 σ_h 和 σ_H 以及变形抗力 σ_s 等的函数。

$$P = F(B,R,H,h,f,t,\sigma_\mathrm{h},\sigma_\mathrm{H},\sigma_\mathrm{s}) \tag{14-2}$$

式(14-2)为轧件的塑性方程,当 $B,R,H,$ $f,t,\sigma_\mathrm{h},\sigma_\mathrm{H},\sigma_\mathrm{s}$ 等一定时,P 将只随轧件轧出厚度 h 而改变,这样便可以绘出轧件的塑性曲线,如图 14-1 所示的 B 曲线,其斜率 M 称为轧件的塑性刚度,它表征使轧件产生单位压下量所需的轧制力。

由轧机弹跳方程和轧件塑性方程组成的方程组绘制成的曲线称为弹塑性曲线,简称 $P-H$ 图。$P-H$ 图可以定量地说明各种工艺因素变动对板厚的影响,表 14-1 列出了金属变形抗力、板坯原始厚度、摩擦因数、张力、原始辊缝变化时,轧出板厚的变化。

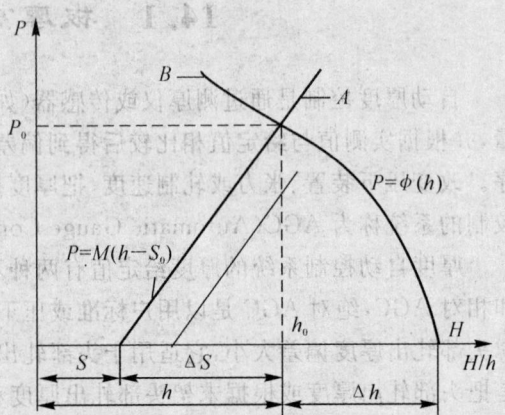

图 14-1 $P-H$ 图

表 14-1   各种工艺因素对板厚影响

变化原因	金属变形抗力 变化 $\Delta\sigma_\mathrm{s}$	板坯原始厚度 变化 Δh_0	轧件与轧辊间摩 擦因数变化 Δf	轧制时张力 变化 Δq	轧辊原始辊缝 变化 ΔS_0
变化特性					
轧出板厚 变化	金属变形抗力 σ_s 减小时板厚变薄	板坯原始厚度 h_0 减小时板厚变薄	摩擦因数 f 减小时板厚变薄	张力 q 增加时板厚度变薄	原始辊缝 t_0 减小时板厚度范薄

2.轧件厚度波动的原因

凡是影响轧件入口厚度、原始辊缝和油膜厚度的因素都将对实际轧出厚度产生影响。概括起来有如下几方面:① 入口轧件厚度、轧件温度及成分有波动;② 轧机迟滞、弹跳,轧辊偏心,压下系统间隙,轧辊轴承油膜厚度变化,轧辊热膨胀、收缩、磨损等轧机本身造成板厚波动;

③ 轧辊驱动电机的冲击速降，机架间活套引起的张力变化，压下系统响应延迟等轧机驱动系统造成板厚波动；④ 机架间喷水造成钢板冷却，轧机的加减速，轧制润滑剂，弯辊力变化等轧机操作系统因素影响；⑤ 穿带、抛尾时由于没有前后张力作用造成板厚波动；⑥ 从实行热装、直接轧制、控制轧制等进一步节能观点出发，精轧机组入口板厚有增厚倾向。这些都对板厚自动控制系统提出了更高要求。

14.1.2 厚度控制方法

常用厚度控制方法有：

(1) 调压下（改变原始辊缝）。调压下是厚度控制最主要的方式，常用以消除由于影响轧制压力的因素所造成的厚度差。如图 14-2(a) 所示为板坯厚度发生变化，从 h_0 变到 $(h_0 - \Delta h_0)$，轧件塑性变形线的位置从 B_1 平行移动到 B_2，与轧机弹性变形线交于 C 点，此时轧出的板厚为 h'_1，与要求的板厚 h 有一厚度偏差 Δh。为消除此偏差，相应地调整压下，使辊缝从 S_0 变到 $(S_0 + \Delta S_0)$，亦即使轧机弹性线从 A_1 平行移到 A_2，并与 B_2 重新交到等厚轧制线上 E' 点，使板厚恢复到 h。

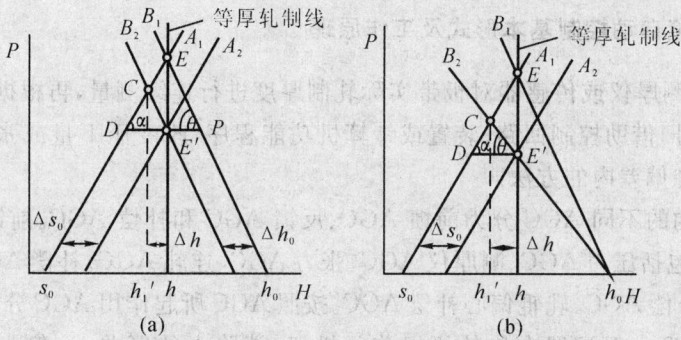

图 14-2 调整压下改变辊缝控制板厚原理图
(a) 板坯厚度变化时； (b) 张力、速度、抗力及摩擦因数变化时

如图 14-2(b) 所示是由于张力、轧制速度、轧制温度及摩擦因数等的变化而引起轧件塑性线斜率发生改变，同样用调整压下的办法使两条曲线重新交到等厚轧制线上，保持板厚不变。

由图 14-2(a) 可以看出，压下的调整量 ΔS_0 与料厚的变化量 Δh_0 并不相等，由图可以求出：

$$\Delta S_0 = \Delta h_0 \tan\theta / \tan\alpha = \Delta h_0 M/K \qquad (14-3)$$

由图 14-2(b) 可以看出，当轧件变形抗力发生变化时，压下调整量 ΔS_0 与轧出板厚变化量 Δh 也不相等，由图可求出：

$$\Delta h / \Delta S_0 = K/(M+K) \qquad (14-4)$$

$\Delta h / \Delta S_0$ 是决定板厚控制性能好坏的一个重要参数，称为压下有效系数或辊缝传递函数，它常小于 1，轧机刚度 K 越大，其值越大。

近代较新的厚度自动控制系统，主要不是靠测厚仪测出厚度进行反馈控制，而是把轧辊本身当做间接测厚装置，通过所测得的轧制力计算出板带厚度来进行厚度控制，这就是所谓的轧制力 AGC 或厚度计 AGC,其原理就是为了厚度的自动调节,必须在轧制力 P 发生变化时,能自动快速调整压下(辊缝)。ΔP 与压下调整量 ΔS 之间的关系式为

$$\frac{\Delta S}{\Delta P} = -\frac{1}{K}\left(1 + \frac{M}{K}\right) \tag{14-5}$$

同样,根据入口厚度偏差 ΔH,确定应采取的值为 ΔS:

$$\Delta S = \Delta H M / K$$

(2)调张力。调张力就是利用前后张力,改变轧件塑性曲线斜率,达到控制板厚的目的。热轧中由于张力变化范围有限,张力稍大易产生拉窄或拉薄,一般不采用。此法优点是响应快,控制更为有效和精确;缺点是调整范围小。因此,调张力法一般应用于热轧精轧机架或冷轧薄板的调整。

(3)调速度。因为轧制速度的变化影响到张力、温度和摩擦因数等因素的变化,所以可以采用调速度方法达到厚度控制的目的。近年来新建的热连轧机都采用了"加速轧制"与 AGC 相配合的方法。加速的主要目的是为了减小带坯进入精轧机组的首尾温度差,保证终轧温度的一致,从而减少厚度差。

14.1.3 厚度自动控制基本形式及工作原理

AGC 是通过测厚仪或传感器对板带实际轧制厚度进行连续测量,再根据实测值与给定值相比较的偏差信号,借助控制回路、装置或计算机功能程序,改变压下量或张力、轧制速度等,把厚度控制在允许偏差内的方法。

按照控制结构的不同 AGC 分为前馈 AGC、反馈 AGC 和补偿 AGC。前馈 AGC 又称预控 AGC。反馈 AGC 包括压力 AGC、测厚仪 AGC、张力 AGC、连轧 AGC。补偿 AGC 包括油膜厚度补偿 AGC、尾部补偿 AGC、轧辊偏心补偿 AGC。按照 AGC 所起作用 AGC 分为粗调 AGC 和精调 AGC。粗调 AGC 一般配置在连轧机组前部机架,消除大的厚差,一般为压下 AGC。精调 AGC 一般配置在连轧机组后部机架,消除小的、压下 AGC 无能为力的厚差。

1. 反馈式 AGC

如图 14-3(a)所示为反馈式 AGC 系统的系统框图,在轧机的出口侧装设精度较高的测厚仪,比如 X 射线测厚仪、同位素测厚仪,直接测量带钢自轧机实际轧出厚度,并将测得的厚度值 $h_{实}$ 信号与设定的厚度值 $h_{给}$ 信号比较所得到的厚差 Δh 信号反馈到 AGC 控制器,经过 AGC 运算将厚差信号转换成辊缝调节量的控制信号,输出给执行机构——压下机构电气传动系统,控制压下电机的速度,移动压下螺丝,调节辊缝,使其准确停止在要求的位置,以消除该厚差。

根据图 14-3(b)可得出辊缝调节量 ΔS 与厚差 Δh 之间关系:

$$\Delta S = -\frac{K+M}{K}\Delta h = -\left(1+\frac{M}{K}\right)\Delta h \tag{14-6}$$

式中的负号表示辊缝的变化应与轧出厚度的变化相反。从式(14-6)可知,为了消除厚度偏差必须将压下螺丝转动使辊缝移动比厚度偏差大 M/K 的距离,故只有当 K 越大而 M 越小,才能使得两者之间差别越小。

$\eta = \Delta h / \Delta S = K/(M+K)$ 称为"压下有效系数",它表示压下螺丝位置的改变究竟有多大的一部分能反映到轧出厚度的变化,当轧件塑性刚度系数 M 较大时,有效压下很小,也就是说,虽然压下螺丝往下移动了不少,但实际轧出厚度未见减薄多少,此时,就不宜采用压下 AGC 了。

反馈式 AGC 特点：① 测厚精度比压力 AGC 间接测厚精度高。② 由于轧机结构限制和考虑测厚仪维护以及防止断带损坏测厚仪，测厚仪不能太靠近轧辊，一般与工作辊中心线距 $750 \sim 1750$ mm。因此，从检测点到测出厚度，经反馈到调整，时间上有一定滞后，是这种厚控方法的主要缺点。

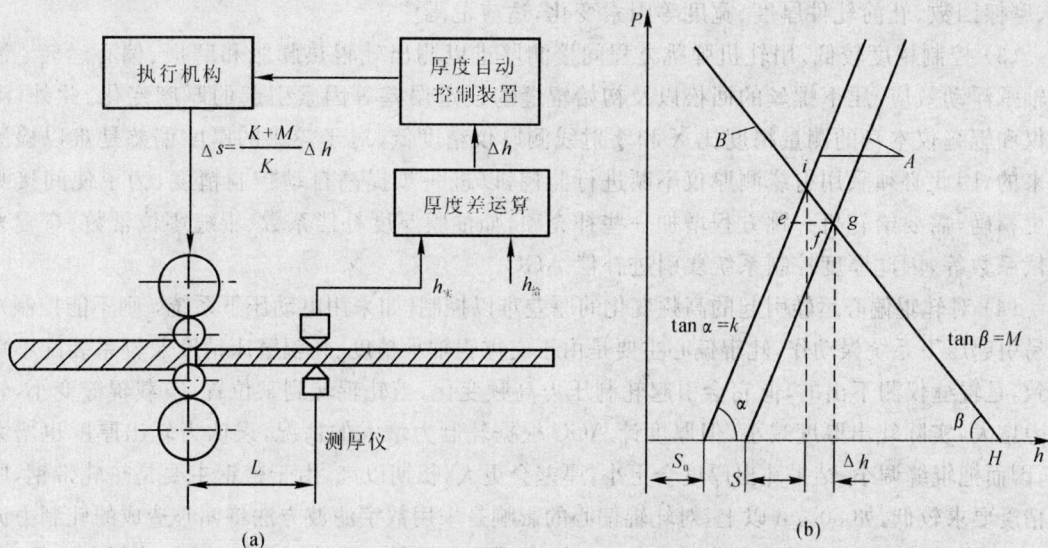

图 14-3　反馈式 AGC 控制原理
(a) 反馈式 AGC 系统示意图；　(b) 反馈式 AGC 的 $P-H$ 图示

2. 厚度计式 AGC

由于轧制过程中轧制力 P 和原始辊缝 S_0 可测，因此可用弹跳方程计算任何时刻实际轧出厚度 h，相当于将整个机架作为测量厚度的"厚度计"，称此法为厚度计式 AGC（GM-AGC），如图 14-4 所示为系统框图。由辊缝仪检测实际辊缝值传给编码器，将模拟信号转变为数字信号，通过计算机计算辊缝差值；同时，轧制压力由压头检测，经计算机进行压力差运算；然后由弹跳方程计算实际轧出板厚 h，再经 AGC 运算得到消除厚差 Δh 所需辊缝调节量 ΔS，通过 APC 运算到可控硅调控系统调节辊缝，消除此时的厚度偏差 Δh。

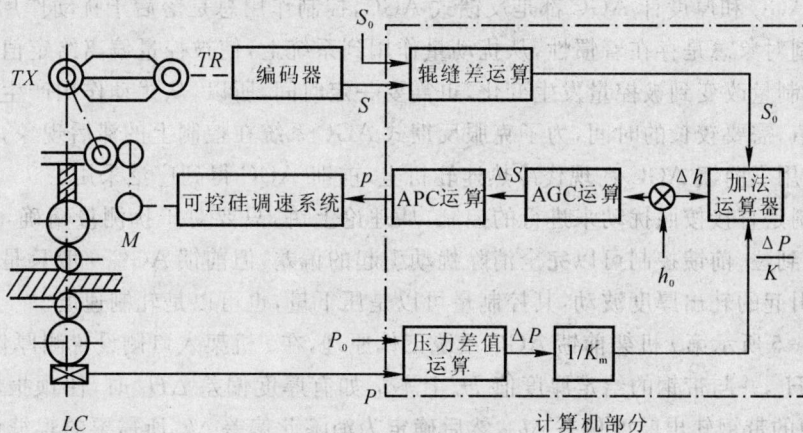

图 14-4　GM-AGC 闭环系统示意图

GM - AGC 的特点如下：

（1）可以克服直接测厚仪 AGC 的检测滞后，提高了系统灵敏度，但是对于压下机构的电气和机械系统以及计算机控制时程序运行等的时间滞后仍然不能消除。

（2）可以消除轧件和工艺方面等多种原因通过轧制压力造成的厚差，如轧件温度、化学成分、摩擦因数、轧前轧件厚度、宽度等因素变化，适应范围广。

（3）控制精度较低。用轧机弹跳方程间接测厚难以测出轧辊热膨胀和磨损、偏心运转、油膜轴承浮动效应、压下螺丝的回松以及初始辊缝的设定误差等因素引起的厚度变化。此外，测压仪和辊缝仪本身的测量精度比 X 和 γ 射线测厚仪精度低，对于较小的厚度偏差是难以检测出来的，因此必须采用射线测厚仪不断进行监控，以进一步提高自动控制精度，为了使间接测厚更精确，需要给轧机弹跳方程增加一些补充项，如油膜厚度补偿系数、辊缝零位常数、弯辊力补偿系数等，因此厚度控制系统要引进补偿 AGC。

（4）对轧辊偏心运转引起的高频变化的厚差难以控制（如采用电动压下系统，则不能控制），容易引起压下系统误动作，轧辊偏心主要是由于支撑辊轴承精度、轧辊磨床精度及辊系装配不良所致，是辊缝仪测不出的，但它会引起轧制压力高频变化，当轧辊转到某位置，空载辊缝变小，轧制力增大，实际轧出厚度减小，但厚度计 AGC 根据轧制力增大的情况，误认为轧出厚度也增大了，因而把辊缝调小，结果轧出厚度会更小，厚差会更大，长期以来，由于带钢主要是热轧带钢，厚差精度要求较低，如 50 μm 以上，对轧辊偏心的影响是采用数字滤波方法将偏心造成的轧制力波动滤去，然后用于反馈控制。当带钢精度要求较高时就必须要考虑轧辊偏心控制，控制方法是，采用专门的偏心控制器或轧制力内环、厚度外环，或恒轧制力的厚度自动控制系统等。

（5）厚差控制过程中，轧制力为正反馈变化过程，当测出的轧制力 P 大于设定值 P_c 时，厚度计 AGC 会认为轧出厚度偏大而调小辊缝，轧制力会进一步增大，这样，轧制力很容易超出允许范围，而不能进一步减小厚差。此外，轧制力变化引起轧辊挠度变化，导致板形变化，不利于板形稳定。

（6）当轧件塑性刚度系数 M 很大或轧机刚度系数 K 不大时，压下效率很低，压下移动的距离大部分转变为轧机弹性变形，严重时完全不起作用，因此在轧件变形抗力较大时，一般在连轧机最后几个机架上，不采用调压下的厚度计 AGC，而改用调节张力的方法来消除厚差。

3. 前馈 AGC

测厚仪 AGC 和厚度计 AGC 都是反馈式 AGC，控制作用总是落后于扰动作用，由于 AGC 系统中的控制对象总是存在着惯性，从扰动量作用到系统上，使被控量偏离给定值需要一定的时间，而从控制量改变到被控量发生变化，也需要一定时间，所以，从扰动作用产生到使被控量回复到给定值，需要较长的时间，为了克服反馈式 AGC 系统在控制上的滞后现象，进一步提高控制精度，引用了前馈 AGC 在现代冷热连轧机上，前馈 AGC 得到广泛采用。

前馈控制是直接按照扰动来进行的控制，从理论上讲，只要对于扰测量精确，控制模型精确，调整及时到位，前馈控制可以完全消除扰动引起的偏差，但前馈 AGC 一般只是用来克服入口厚度波动引起的轧出厚度波动，其控制量可以是压下量，也可以是轧制速度。

如图 14-5 所示第 i 机架前馈 AGC 系统工作原理，在 i 机架入口侧设置测厚仪，测量带钢的入口厚度 H_i，并与带钢的给定厚度值 H_0 比较，如有厚度偏差 ΔH_i 时，便预报本机架（第 i 架）将要出现的带钢轧出厚度偏差 Δh_i，然后确定为消除此偏差 Δh_i 所需的辊缝调节量 ΔS_i，并转换为相应的压下电机速度控制电压信号，再根据带钢由检测点到进入第 i 架以及压下螺

丝移动距离 L 总共所需要的时间 t，由压下系统提前移动压下螺丝，调节轧机的辊缝，当带钢的检测点进入第 i 架时，辊缝正好调整完毕，带钢厚度差就能在本架中基本得到消除。也可以用上机架(第 $i-1$ 架)轧出厚度差 Δh_{i-1} 作为本机架的前馈值 ΔH_i，此时上机架相当于本机架入口处的测厚仪。

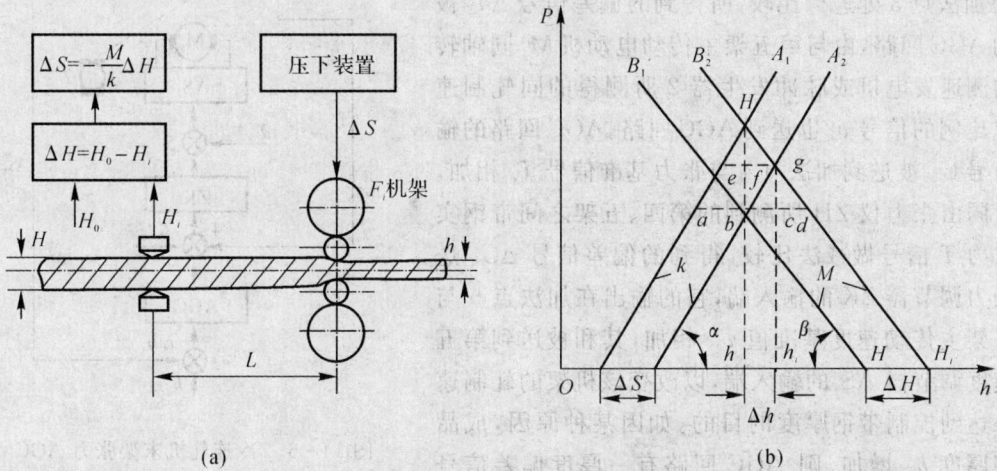

图 14-5 前馈 AGC 控制原理
(a) 前馈 AGC 系统示意图；(b) 前馈 AGC 的 $P-H$ 图示

根据图 14-5(b) 所示的几何关系，可以推导出辊缝调节量 ΔS 与入口厚度偏差 ΔH 的关系为

$$\Delta S=-\frac{M}{K}\Delta H \tag{14-7}$$

式(14-7)为位置控制方式时，前馈 AGC 的控制模型，式中负号表示辊缝变化应与入口厚度变化符号相反。

当前馈 AGC 采用调整速度来克服来料厚度变化的影响时，一般以调整上一架速度以维持本机架入口金属秒流量不变的原则来确定上一架轧制速度(即出口轧件速度)调整量

$$\Delta v_{i-1}=-\frac{\Delta H_i}{H_i}v_{i-1} \tag{14-8}$$

式中，H_i、ΔH_i 分别为本机架入口厚度设定值和实际入口厚度偏差；v_{i-1}、Δv_{i-1} 分别为前一机架出口轧件速度设定值和速度调整量。

前馈 AGC 为事前控制和开环控制，它的加入有利于提高 AGC 系统的稳定性，但它不能检查本身的控制效果，因此要与反馈式 AGC 结合使用。

4. 张力 AGC

张力 AGC 是利用前后张力改变轧件塑性曲线斜率，即塑性刚度 M，对带钢厚度进行控制。张力 AGC 是由测厚仪直接测得带钢轧出厚度偏差，改变张力 AGC 系统的张力设定值以改变轧制压力，或直接改变轧制速度的方法来控制带钢轧出厚度的 AGC。常用方法有两种：一是根据厚度偏差值调节精轧机速度，二是调节活套机构给定转矩。

一般张力 AGC 只适用于调节小厚度偏差情况，当厚度波动较大时，采用调压下方法，因此两种方法一般配合使用。它与改变压下位置控制厚度相比，具有惯性小，反应快，易于稳定等特点。在成品机架，由于轧件塑性刚度 M 较大，只靠调节辊缝进行厚度控制效果很差，为了进一

步提高成品带钢精度,常用张力 AGC 进行厚度微调。

如图 14-6 所示为五机架冷连轧机末架张力 AGC 系统原理示意图,由测厚仪 CH 检测所得的带钢实际厚度 h_5 与人工或计算机设定输出的给定厚度 h_c 在加法点 3 处进行比较,所得到的偏差信号 Δh_5 被送到 AGC 回路,由与第五架主传动电动机 M_5 同轴转动的测速发电机或脉冲发生器 2 所测得的同轧制速度成比例的信号 v_5 也送到 AGC 回路。AGC 回路的输出信号 U_h 被送到加法点 4 与张力基准信号 T_c 相加,然后同由张力仪 ZH 所测到的第四、五架之间带钢实际张力 T 信号做减法比较,得到的偏差信号 ΔU_h 送到张力调节器 ZK 的输入端,它的输出在加法点 5 与第五架主传动速度基准值 v_{c5} 相加,其和被送到第五架速度调节器 AS_5 的输入端,以改变该机架的轧制速度来达到控制带钢厚度的目的。如因某种原因,成品带钢厚度 h_5 增加,则 AGC 回路有一厚度偏差信号 Δh_5 输入,其输出信号 U_h 与原张力基准值信号 T_c 相

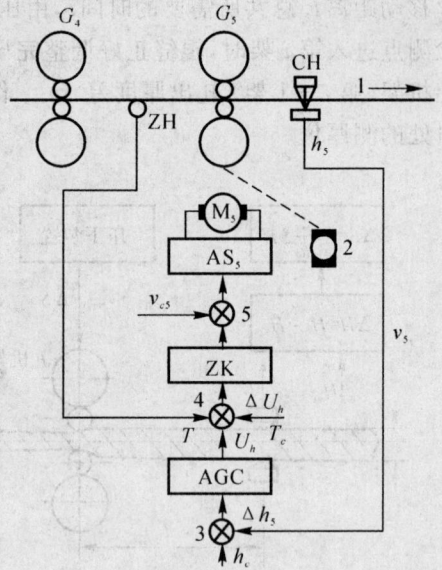

图 14-6　冷连轧机末架张力 AGC 系统原理示意图

加,即张力基准信号增加,则张力调节器 ZK 的输出增加,使第五架速度基准信号增加,第五架轧制速度上升,摩擦因数减小,亦即使轧制压力减小,从而使成品带钢厚度减小。

5. 监控 AGC

监控 AGC 是对压力 AGC 系统进行监控修正,以便进一步提高 AGC 控制精度,如前所述,压力 AGC 间接测厚存在精度不高的缺点,在连轧机有关机架的出口侧装设精度比较高的测厚仪(如 X 射线或同位素测厚仪)来检测成品带钢的实际厚度偏差,并经转换放大后,反馈到相应机架的间接测厚的 AGC 系统中,以修正系统的误差值。如图 14-7 所示为厚度计 AGC + 监控 AGC 系统原理示意图,该监控 AGC 修正的是厚度计 AGC 的辊缝调整量,也可修正间接测厚的厚度。在张力和液压 AGC 系统中均可采用监控 AGC 系统。

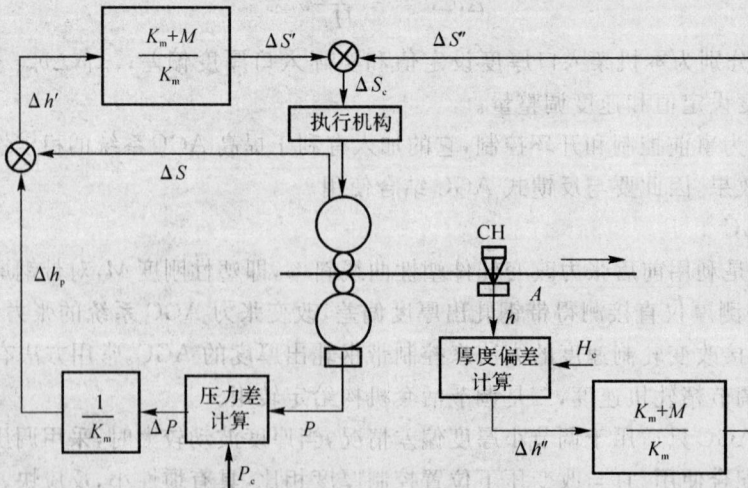

图 14-7　厚度计 AGC + 监控 AGC 系统原理示意图

6. 补偿 AGC

补偿 AGC 是指对上述 AGC 工作时所依据的厚差或调节量进行适当的修正,以消除上述 AGC 所不能消除的由其他原因引起的厚差或消除 AGC 系统与其他控制系统之间的相互影响。

(1) 油膜厚度补偿 AGC。四辊式带钢轧机的支撑辊多采用油膜轴承,由于液体黏附效应,油膜厚度将随轧辊旋转速度和轧制压力的变化而变化,引起轧辊上升或下降,使辊缝变化,这种变化是辊缝仪测不出的,在用油和机械条件一定的情况下,油膜厚度主要取决于轧辊速度及轧制压力,由实验的方法可确定它们之间的函数关系,油膜厚度可由雷诺公式求得:

$$S_{0i} = \frac{aC_D X}{X + b} \tag{14-9}$$

式中,S_{0i} 为油膜厚度;C_D 为轴承与轴颈的径向间隙;a,b 为常数;X 为 Sommerfeld 变量,且

$$X = A\frac{v}{P}\eta \tag{14-10}$$

式中,A 为常数;v 为轧辊表面线速度;P 为轧制压力;η 为油的黏度。

油膜厚度补偿可由硬件(函数发生器)也可由计算机软件来实现,即将这种关系用函数发生器产生或表示为表格并存入计算机。用到时查出即可。

(2) 尾部补偿 AGC。抛尾时,当带钢尾部离开某架时,由于机架间轧件张力的消失,将使下一架处于无后张力轧制状态,轧制压力增大,轧出厚度增大,这个变化会通过传递影响后面机架轧制状态,因此,穿带抛尾时轧制状态是大幅变化的,它与轧件中部时的稳定轧制状态是不同的,尺寸精度更难保证。

抛尾时为了消除尾部失张引起的厚差,在 AGC 系统中,可增加尾部补偿功能,尾部补偿有两种方法,压尾法和拉尾法,压尾法是带尾从某架轧出时,对下一架辊缝进行调整,调整量的输出为

$$\Delta S = K_T \Delta S' \tag{14-11}$$

式中,$\Delta S'$ 为不进行补偿时下一架正常的辊缝调节量;ΔS 为考虑尾部补偿时新的辊缝调整量;K_T 为尾部补偿系数,原来的后张力越大,轧制速度越大或压下速度越慢,取值越小。

拉尾法是带钢离开某架时,将下一架速度降低,使下一架前张力增大,此时,连轧机的恒张力控制应撤除。除了以上两种补偿外,为了提高厚控精度或消除 AGC 系统工作对其他控制系统的不良影响,还可以在连轧机 AGC 系统中增加其他补偿功能,比如热连轧带钢轧机调压下时,事先给主速度一个补偿信号以减轻 AGC 对活套控制系统的干扰,在 AGC 系统中设有轧制力限制,在板形控制系统中设前馈板形控制系统,以补偿 AGC 系统调厚所造成的轧制力变化对板形的影响;终轧温度控制系统通过改变机架间喷水压力,流量或精轧机组加速时,将使每个机架轧制温度变化,使轧制力变化,从而使带厚和板形变化,为此要有相应的压下及弯辊补偿动作,经过油膜厚度、轧辊热膨胀和磨损、弯辊力补偿后,厚度计 AGC 用来间接测厚的轧机弹跳方程可表示为

$$h = S_0 + \frac{P - P_0}{K} + S_F - \Delta + G \tag{14-12}$$

式中,S_0 为考虑预压变形后的空载辊缝;S_F 为弯辊力造成的厚度变化;Δ 为油膜厚度变化对辊缝影响;G 为辊缝零位常数(轧辊热膨胀和磨损补偿项)。

14.2　板形高精度控制轧制

钢板平直度(或平坦度)和横向厚差(或横断面形状、板凸度)是板形质量问题的两个方面,但大多数时候,人们所说的板形缺陷只是指平直度不良的缺陷。如果带钢中存在残余内应力,就称为板形不良。即使内应力不足以引起带钢翘曲,也称为潜在板形不良,带钢发生明显的翘曲,则称为表观的板形不良。板形控制(Automatic Shape Control,ASC)的目的在于不仅要减轻或消除表观的板形不良,而且要把潜在板形控制在用户或下一道工序要求的范围内。

14.2.1　常见的板形缺陷和板形的定量表示

板带钢"表观型"板形不良一般有浪形、瓢曲、上凸、下凹等,使其失去平直性,如图 14 - 8 所示。其翘曲程度决定于其内部残余应力分布及大小,如图14-9所示。按照残余应力分布及形状特征的不同,平直度缺陷分为对称性缺陷、不对称缺陷和其他缺陷,对称性缺陷包括中浪、双边浪、双侧 1/4 浪等,不对称缺陷包括单边浪、镰刀弯或称侧弯、旁弯、单侧 1/4 浪等。其他缺陷主要是复杂缺陷,如中浪和边浪共存,局部凸凹、扭曲、船形等平直度缺陷。

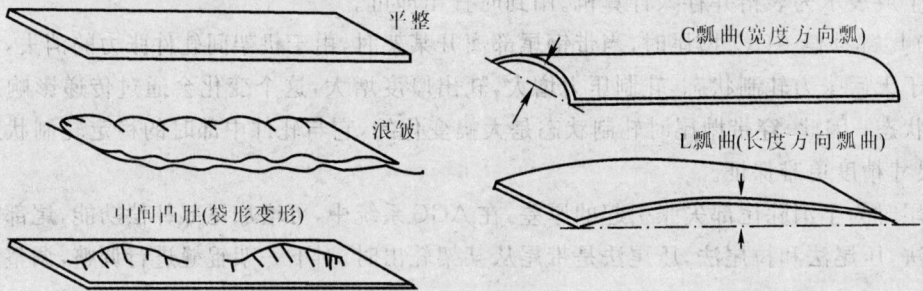

图 14 - 8　板形不良示意图

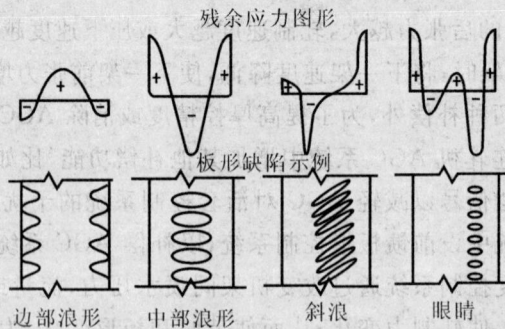

图 14 - 9　板形缺陷与应力分布

由于实际板形很复杂,不同的专家提出了不同的定量表示法,但应用较广的是相对长度表示法和波形表示法。

(1) 相对长度表示法。如图 14 - 10 所示为轧后呈现双边浪的带钢的外形,该轧件由于纵向(即长度方向)延伸边部大于中部而产生双边浪,如果沿纵向将钢板裁成若干窄条并铺平,则可清楚地看出各窄条长度是不同的,边部窄条长度大于中部窄条长度,横向上窄条的相对长度差即可表示板形,称为板形指数 ρ。加拿大铝公司取带材横向上最长和最短的窄条之间。

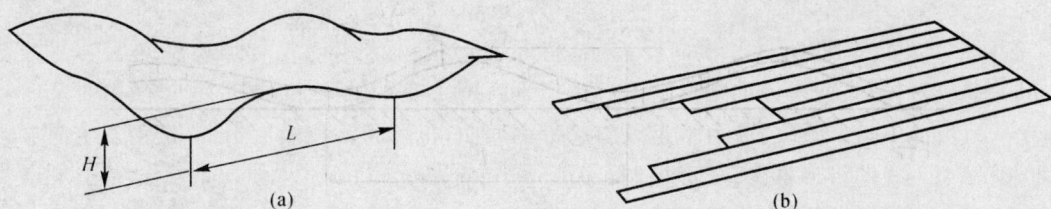

图 14 - 10　翘曲带钢及其分割
(a) 带钢翘曲; 　(b) 分割后的翘曲带钢

(2) 相对长度差作为板形单位,称为 I 单位,一个 I 单位相当于相对长度差为 10^{-5},即 $\sum I$ 为

$$\sum I = 10^5 \frac{\Delta l}{L} \qquad (14-13)$$

通常,为保证板形良好,热轧板控制在 100 个 I 单位之内,待轧板要控制在 50 个 I 单位之内。

(3) 波形表示法。在翘曲的钢板上测量相对长度来求出相对长度差很不方便,所以人们采用了更为直观的方法,即以翘曲波形来表示板形,称之为翘曲度。如图 14-11 所示为带钢翘曲的两种典型情况。将带材切取一段置于平台之上,如将其最短纵条视为一直线,最长纵条视为一正弦波,则如图 14-12 所示,可将带钢的翘曲度表示为

$$\lambda = \frac{R_v}{L_v} \times 100\% \qquad (14-14)$$

式中,R_v 为波幅;L_v 为波长。

这种方法直观、易于测量,所以许多人都采用这种方法表示板形。

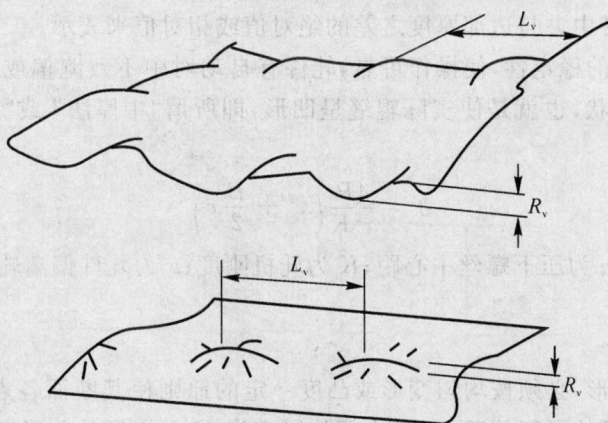

图 14 - 11　带钢翘曲的两种典型情况

设在图 14-12 中与长为 L_v 的直线部分相对应的曲线部分长为 $L_v + \Delta L_v$,并认为曲线按正弦规律变化,则可利用线积分求出曲线部分与直线部分的相对长度差。

因设波形曲线为正弦波,可得其方程为

$$H_v = \frac{R_v}{2}\sin\left(\frac{2\pi y}{L_v}\right) \tag{14-15}$$

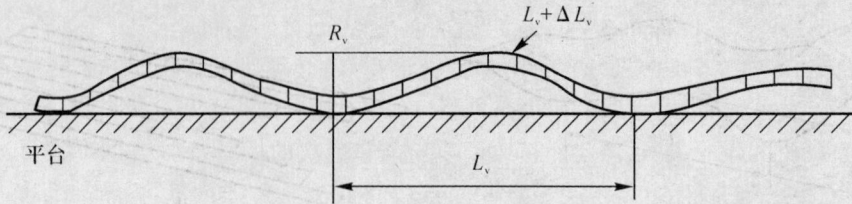

图 14-12　正弦波的波形曲线

故与 L_v 对应的曲线长度为

$$L_v + \Delta L_v = \int_0^{L_v}\sqrt{1+\left(\frac{\mathrm{d}H_v}{\mathrm{d}y}\right)^2}\,\mathrm{d}y = \frac{L_v}{2\pi}\int_0^{2\pi}\sqrt{1+\left(\frac{\pi R_v}{L_v}\right)^2\cos^2\theta}\,\mathrm{d}\theta \approx L_v\left[1+\left(\frac{\pi R_v}{2L_v}\right)^2\right]$$

因此,曲线部分和直线部分的相对长度差为

$$\frac{\Delta L_v}{L_v} = \left(\frac{\pi R_v}{2L_v}\right)^2 = \frac{\pi^2}{4}\lambda^2 \tag{14-16}$$

式(14-16)表示了翘曲度 λ 和最长、最短纵条相对长度差之间的关系,它表明带钢波形可以作为相对长度差的代替量。只要测量出带钢波形,就可以求出相对长度差。冷轧板的翘曲度一般应小于 2%。

除了上述表示法外还有矢量表示法、残余应力表示法、断面形状的多项式表示法以及厚度相对变化量差表示法。这些对板形控制都很有意义。

14.2.2　板形控制理论基础

1. 横向厚度差

板带横向厚度差是指沿宽度方向的厚度差,它决定于板带材的断面形状,或轧制时的实际辊缝形状,一般用板带中央与边部厚度之差的绝对值或相对值来表示。

为保证轧件运动的稳定性,使操作可靠,轧件有自动对中不致跑偏或刮框的可能,必须使辊缝形状呈凸透镜形状,也就是使实际辊缝呈凹形,即所谓"中厚法"或"中高法"。中厚量,即板凸度 δ 至少应该为

$$\delta = \frac{4P}{a^2K}\left(x^2 + \frac{B}{2}x\right) \tag{14-17}$$

式中,P 为轧制压力;a 为压下螺丝中心距;K 为轧机刚度;x 为轧件偏离轧制中心线的初始值;B 为钢板宽度。

2. 板形良好条件

为保证良好的板形,必须按均匀变形或凸度一定的原则使其断面各点延伸率或压缩率基本相等。轧前板带边缘的厚度等于 H,而中间的厚度为 $H+\Delta$,即轧前厚度差或称板凸量为 Δ;轧后板带相应部位的厚度分别为 h 和 $h+\delta$,其轧后厚度差或板凸量为 δ。而 Δ/H 及 δ/h 则为板凸度。钢板沿宽度上的压缩率相等的条件为钢板边缘和中部延伸率 λ 相等。板材边缘常用板形良好条件为

$$\frac{H+\Delta}{h+\delta} = \frac{H}{h} = \lambda$$

由此可得
$$\frac{\Delta}{H}=\frac{\delta}{h}=\cdots=\frac{\delta_n}{h_n}=板凸度$$

$$\frac{\Delta}{\delta}=\frac{H}{h}=\lambda \tag{14-18}$$

由此可见,要满足均匀变形的条件,保证板形良好,必须使板带轧前的厚度差 Δ 与轧后的厚度差 δ 之比等于延伸率;或轧前的板凸度 Δ/H 等于轧后的板凸度 δ/h,即板凸度保持一定。因此均匀变形的条件下,下一道次的板厚差要比前一道次的板厚差小,其差值为

$$\Delta-\delta=(\lambda-1)\delta \tag{14-19}$$

由于轧辊的原始辊型和因温差而引起的热凸度在后几道次几乎不变,故此差值主要取决于轧辊承受压力所产生的挠度值。要保证均匀变形的条件,必须后一道次轧制压力 P_2 小于前一道次轧制压力 P_1,其差值可由挠度计算公式反推求出,即

$$\Delta-\delta=\frac{P_1}{K_R}-\frac{P_2}{K_R}=\frac{1}{K_R}(P_1-P_2) \tag{14-20}$$

式中,K_R 为轧辊刚性系数。

板材轧后板凸度等于实际轧制时的辊型形状,即

$$\delta=y-y_t-W \tag{14-21}$$

式中,y,y_t,W 为分别为工作辊的弯曲挠度值、热凸度值、原始辊型凸度值。

因为 $y=\frac{P}{K_R}$,可得 $P=\frac{K_R\delta_n}{h_n}h+K_R(y_t+W)$,此方程可用直线表示,如图 14-13 所示。该直线反映了板凸度保持一定时压力与板厚的关系,其斜度依成品

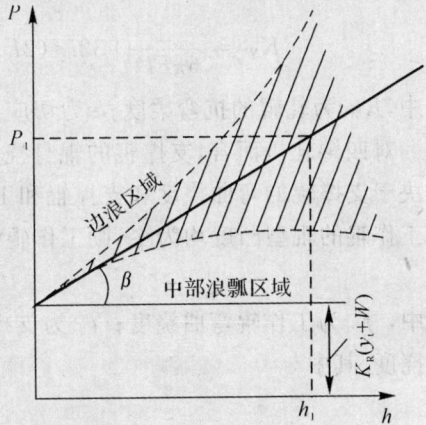

图 14-13　板形与压力及板厚的关系

板凸度 δ_n/h_n 及宽度(影响到 K_R)等而变化,即因产品不同而不同。各道次的压力 P 和板厚 h 值基本上应落在此直线的附近,才能保持均匀变形。但也应指出,实际生产中并非严格遵守板凸度一定的原则不可,尤其是粗轧道次更可放宽。轧件越厚,温度越高,张力越大,则对不均匀变形的自我补偿能力越强,就越可不受限制。此时各道的 P 与 h 值只需落在图 14-13 阴影区内即可。但至精轧道次,则一般应收敛到此直线上,按板凸度一定原则确定压下量,以保证板形质量。钢板越薄,这种道次应越多。

因此,为保证操作稳定,必须使轧制压力大于 $K_R(y_t+W)$ 的值,为保证均匀变形和板形良好,必须随板厚的减小而使轧制压力逐道减小,压力减小轧辊挠度减小,带钢的"中厚量"逐道减小,板厚精度逐道次提高。

3. 影响辊缝形状的因素

板带横向差和板形主要决定于轧制实际辊缝形状,研究实际辊缝形状才能对轧辊原始形状进行设计。轧制时影响辊缝形状的因素如下:

(1) 轧辊不均匀热膨胀。在轧制过程中,轧辊受热和冷却沿辊身长度是不均匀的,轧辊中部温度高于边部,使轧辊产生热凸度 y_t,即

$$y_t=K_t\alpha\Delta t R \tag{14-22}$$

式中,K_t 为考虑温度不均系数,一般为 0.9;α 为轧辊材料热膨胀系数,钢辊可取 1.3×10^{-6},铸

铁辊可取 1.19×10^{-6}；Δt 为轧辊中部与边部温度差；R 为轧辊半径。

（2）轧辊的磨损。轧件与轧辊之间及支撑辊与工作辊之间的相互摩擦会使轧辊磨损不均，影响辊缝形状。但由于影响轧辊磨损的因素太多，尚难从理论上计算轧辊的磨损量，只能靠实测各种轧机的磨损规律，采取相应的补偿轧辊磨损的办法。

（3）轧辊的弹性变形。这主要包括轧辊的弹性弯曲和弹性压扁。轧辊的弹性压扁沿辊身长度分布是不均匀的，主要是由于单位压力分布不均所致，在靠近轧件边部的压扁要小一些，轧件边部出现变薄区。在工作辊和支撑辊之间也产生不均匀的弹性压扁，它直接影响工作辊的弯曲挠度。通常二辊轧机的弯曲挠度应由弯矩所引起的挠度和切应力所引起的挠度两部分组成，其辊身挠度差的近似计算公式为

$$y = PK_{\mathrm{w}} \qquad (14-23)$$

$$K_{\mathrm{w}} = \frac{1}{6\pi ED^4}\left[32L^2(2L+3l) - 8b^2(4L-b) + 15kD^2(2L-b)\right] \qquad (14-24)$$

式中，K_{w} 为轧辊的抗弯柔度；k 为切应力分布不均匀系数，对圆断面 $k = 32/27$。

对四辊轧机而言，支撑辊的辊身挠度可以用式（14-24）进行近似计算。工作辊的弯曲挠度取决于支撑辊的弯曲挠度和支撑辊和工作辊之间的不均匀弹性压扁所引起的挠度，如支撑辊和工作辊的辊型凸度均为零，则工作辊的挠度为

$$f_1 = f_2 + \Delta f_{\mathrm{y}} \qquad (14-25)$$

式中，f_1 为工作辊弯曲挠度；f_2 为支撑辊弯曲挠度；Δf_{y} 为工作辊和支撑辊间压扁变形引起的挠度。其中

$$f_1 = \frac{A_0 + \phi_1 B_0}{L\beta(1+\phi_1)}P \qquad (14-26)$$

$$f_2 = \frac{\phi_2 A_0 + B_0}{L\beta(1+\phi_2)}P \qquad (14-27)$$

$$\Delta f_{\mathrm{y}} = \frac{18(B_0 - A_0)K\bar{q}}{1.1(1+n_1) + 3\xi(1+n_2) + 18\beta K} \qquad (14-28)$$

式中，P 为轧制力；ϕ_1，ϕ_2，A_0，B_0，K，θ 为系数，计算式为

$$\phi_1 = \frac{1.1n_1 + 3\xi n_2 + 18\beta K}{1.1 + 3\xi}; \quad \phi_2 = \frac{1.1n_1 + 3\xi + 18\beta K}{1.1n_1 + 3n_2\xi}$$

$$A_0 = n_1\left(\frac{a}{L} - \frac{7}{12}\right) + \xi n_2; \quad B_0 = \frac{3 - 4u^2 + u^3}{12} + \xi(1-u) \quad \left(u = \frac{b}{L}\right)$$

$$K = \theta\ln 0.97\frac{D_1 + D_2}{\bar{q}\theta}; \quad \theta = \frac{1-v_1^2}{\pi E_1} + \frac{1-v_2^2}{\pi E_2}$$

式中，a 为压下螺丝中心距；L 为辊身长度；b 为轧件宽度；D_1，D_2 为工作辊、支撑辊直径；$\bar{q}$ 为工作辊、支撑辊间平均单位压力，$\bar{q} = P/L$；n_1，n_2，ξ，β 等相关系数的计算方法列于表 14-2 中。

4. 轧辊辊型设计

从以上分析可知，由于轧制时轧辊的不均匀热膨胀、轧辊的不均匀磨损以及轧辊的弹性压扁和弹性弯曲，使空载时的平直辊缝在轧制时变的不平直了，致使板带的横向厚度不均和板形不良。为了补偿上述因素造成的辊缝形状的变化，需要预先将轧辊磨成一定的原始凸度或凹度，赋予辊面以一定的原始形状，使轧辊在受力和受热轧制时仍能保持平直的辊缝。

在设计新轧辊的辊型时，主要考虑轧辊的不均匀膨胀和轧辊弹性弯曲（挠度）的影响，故

设计辊型时应按热凸度与挠度合成的结果,定出磨新辊的凸度曲线。

表 14 - 2　n_1,n_2,ξ,β 参数计算

符号代表参数	轧辊材料	
	全部钢辊	工作辊铸铁、支撑辊锻钢
	$E_1 = E_2 = 215\,600\ \text{MPa}$ $G_1 = G_2 = 79\,380\ \text{MPa}$ $\nu_1 = \nu_2 = 0.3$	$E_1 = 16\,660\ \text{MPa}, E_2 = 215\,600\ \text{MPa}$ $G_1 = 6\,860\ \text{MPa}, G_2 = 79\,380\ \text{MPa}$ $\nu_1 = 0.25, \nu_2 = 0.30$
$n_1 = \dfrac{E_1}{E_2}\left(\dfrac{D_1}{D_2}\right)^4$	$n_1 = \left(\dfrac{D_1}{D_2}\right)^4$	$n_1 = 0.773\left(\dfrac{D_1}{D_2}\right)^4$
$n_2 = \dfrac{G_1}{G_2}\left(\dfrac{D_1}{D_2}\right)^4$	$n_2 = \left(\dfrac{D_1}{D_2}\right)^4$	$n_2 = 0.864\left(\dfrac{D_1}{D_2}\right)^4$
$\xi = \dfrac{\pi E_1}{4G_1}\left(\dfrac{D_1}{L}\right)^2$	$\xi = 0.753\left(\dfrac{D_1}{L}\right)^2$	$\xi = 0.674\left(\dfrac{D_1}{L}\right)^2$
$\beta = \dfrac{\pi E_1}{2}\left(\dfrac{D_1}{L}\right)^4$	$\beta = 34\,600\left(\dfrac{D_1}{L}\right)^4$	$\beta = 267\,000\left(\dfrac{D_1}{L}\right)^4$
$\theta = \dfrac{1-v_1^2}{\pi E_1} + \dfrac{1-v_2^2}{\pi E_2}$	$\theta = 0.263 \times 10^{-3}\ \text{mm}^2/\text{N}$	$\theta = 0.296 \times 10^{-3}\ \text{mm}^2/\text{N}$

(1) 轧辊不均匀热膨胀产生的热凸度曲线:

$$y_{tx} = \Delta R_t\left[\left(\frac{x}{L}\right)^2 - 1\right] \tag{14-29}$$

式中,y_{tx} 为距辊中部为 x 的任意断面上的热凸度;ΔR_t 为辊身中部的热凸度;L 为辊身长度的一半;x 为从辊身中部起到任意断面的距离,辊身中部 $x = 0$,辊身边部 $x = L$。

(2) 由轧制力产生的轧辊挠度曲线:

$$y_x = y\left[1 - \left(\frac{x}{L}\right)^2\right] \tag{14-30}$$

式中,y_x 为距辊身中部为 x 的任意断面的挠度;y 为辊身中部与边部挠度差。

(3) 实际凸度。如图 14 - 14 所示,将轧辊热凸度曲线和挠度曲线叠加得实际凸度:

$$t_x = (y - \Delta R_t)\left[1 - \left(\frac{x}{L}\right)^2\right] \tag{14-31}$$

辊身中部为最大实际凸度:

$$t = y - y_t \tag{14-32}$$

式中,t 为正值轧制压力引起的挠度大于不均匀热膨胀产生的热凸度,此时原始辊型应磨成凸形,反之为凹形。

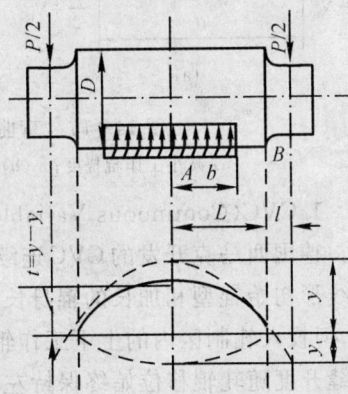

图 14 - 14　原始辊型凸度确定

14.2.3　板形控制方法

早期板形控制主要有磨削轧辊原始凸度和冷却液控制两种方法。磨削轧辊原始凸度法通过轧辊原始磨削一定凸度补偿轧辊弯曲变形和热膨胀,从而形成平直辊缝,达到控制板形目

的。这种方法一般只适用于特定板材规格和一定的轧制条件,其适应性、灵活性和控制能力均较差,是一种精度不高的初级控制方法;冷却液控制法通过冷却液改变沿辊身长度的辊温分布,以控制轧辊热膨胀控制板形。

20世纪60年代初期发展了液压弯辊法,虽然是一种快速、有效的板形控制手段,但也存在着弯辊力受液压源最大压力、轧辊轴承承载能力及辊颈强度限制,轧制宽而薄的板带时控制效果较差。目前各种现代化板带轧机都设有液压弯辊装置,但还必须与其他方法结合使用才能收到更好的控制效果。液压弯辊基本原理是通过向工作辊或支撑辊辊颈施加液压弯辊力来瞬时改变轧辊有效凸度,从而改变辊缝形状和轧后带钢沿横向延伸分布。只要根据具体工艺条件适当选择液压弯辊力,就可以达到改善板形的目的。这种方法一般分为弯曲工作辊(见图14-15)和弯曲支撑辊(见图14-16)两种,每种又可分为使工作辊凸度增大的正弯和相反的负弯。到底使用工作辊弯辊还是支撑辊弯辊,主要参考辊身长度 L 与支撑辊直径 D_b 比值。当 $L/D_b < 2$ 时,一般使用工作辊弯曲。

由于 AGC 目前对纵向厚差控制已能满足用户要求,板形质量日益变得突出,越来越受到重视。为了更有效地提高板形质量,近年来世界上相继研制开发了许多新的板形控制手段和轧机,很多已达到实用化程度。

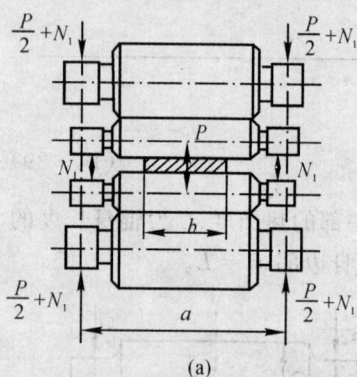

图 14 - 15   弯曲工作辊
(a) 减小工作辊挠度; (b) 增大工作辊挠度

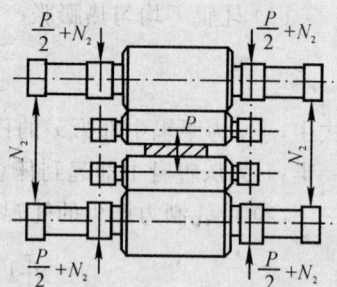

图 14 - 16   弯曲支撑辊

1. CVC(Continuous Variable Crown) 技术

德国西马克开发的CVC连续可变凸度技术,如图14-17所示。技术关键是工作辊磨削为S曲线形初始辊型和加长的辊身长度。调控时上下工作辊沿轴向反向移位,辊间接触线长度不改变,但投入轧制区内的上下工作辊的辊身曲线段在连续变化。由于 CVC 曲线的特殊性,使得辊缝开度随轧辊移位始终保持左右对称且其凸度值随移位值线性变化。所以 CVC 技术属于低横刚度的柔性辊缝控制类。

2. DCVC(Double Continuous Variable Crown) 技术

苏米托沐金属工业对可变凸度轧机做了更进一步研究,将内部液压腔改为两个,如图14-18所示,双腔连续变凸度四辊轧机支撑辊制成双腔中空的液压腔,腔内装有压力可变液压油。轧制过程中,随着轧制条件的变化,不断调整油压,改变轧辊膨胀量,达到控制板形目的,该轧机能更好地控制边部减薄。

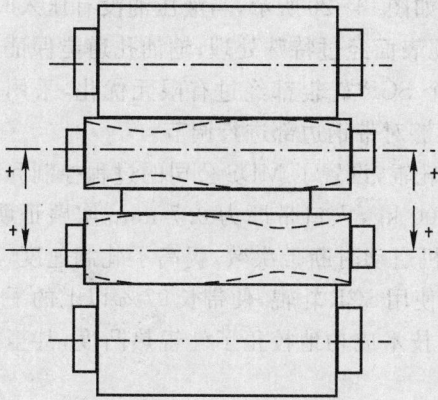

图 14 - 17　CVC 轧机

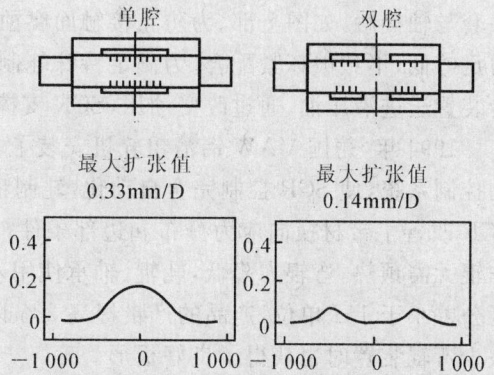

单腔　　　　　双腔

最大扩张值　　　　最大扩张值
0.33mm/D　　　　0.14mm/D

图 14 - 18　DCVC 轧辊示意图

3. DSR(Dynamic Shaper Roll) 技术

Davy 公司生产了集厚控、板形控制为一体的 DSR 动态板形辊,并应用于生产,辊结构如图 14 - 19 所示。该技术的关键在于将支撑辊设计为组合式 —— 旋转辊套、固定芯轴及可调控两者之间相对位置的 7 个压块液压缸。7 个压块液压缸压力可以单独调节,通过压块和辊套间的承载动静压油膜可调控辊套的挠度及其工作辊辊身各处的接触压力分布,进而实现对辊缝形状的控制。所以,DSR 技术通过直接控制辊间接触压力分布可以使轧机实现低横刚度的柔性辊缝控制,还可以实现保持辊间接触压力均布的控制,但同时只能实现其中的一种。瑞士苏黎世 S - ES 公司开发的 NIPCO 技术与此基本原理相同。

DSR 能控制轧机负荷横向分配,从而控制带材凸度,比如轧制二次方板带时,须控制四次方挠度影响,DSR 能单独控制四次方和二次方凸度,消除四次方凸度;DSR 还能校正常见复杂不对称缺陷,并使原有工作辊弯曲更有效,带钢两端由支撑辊引起的工作辊弯曲阻力减少;DSR 还能与 AGC 一起对板进行厚度控制,使带材几何尺寸精确,头尾损失减少。

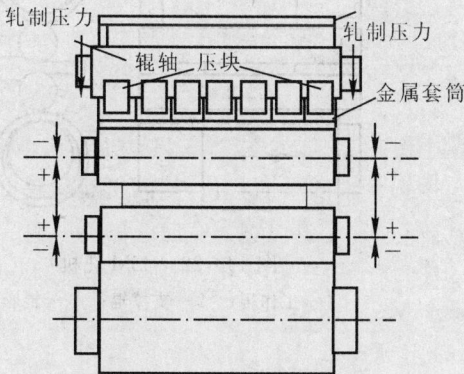

轧制压力　　　　轧制压力
辊轴　压块　　　　金属套筒

图 14 - 19　DSR 轧机

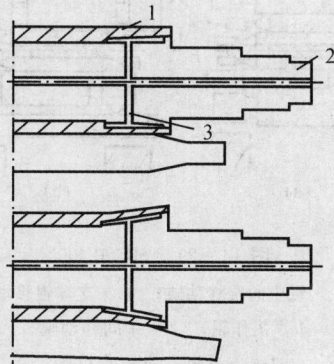

图 14 - 20　SCR 轧辊示意图

4. SCR(Special Crown Roll) 技术

MDS 公司制造了 SCR 特殊凸度轧辊,与普通轧辊一样它有一个紧套在固定轴上的轴套,但轴套端部能扩张形成内锥体。紧配合锥形轴瓦被插入扩张区域并轴向定位,液压油可通过轴内油槽压下,经过交叉孔道到达锥形轴瓦与轴套之间,如图14-20所示,当液压油没有压入时,轴套与轴接触,如图上部。为防止接触面腐蚀,锥形轴瓦表面经过特殊处理,输油孔道能保证应力足够低,不致破坏紧配合。为满足特殊轧制规程,每个 SCR 轧辊都经过有限元优化,采用回转装置送进液压油,通过改变油压,SCR 支撑辊外形能够对带钢边部进行调节。

1994 年,德国 VAW 铝箔粗轧机安装了一套 SCR 轧辊,设置了 MDS 公司的过程控制和自动控制系统,使 SCR 控制完全自动化,轧制带卷重 4 600 kg,入口带厚为 0.7 mm。实践证明,SCR 改善了带材横向应力分布和边部条件,减少了轧机启动时断带次数,提高了轧制速度,工作辊无需预热,弯辊力降低,轧辊、轴承使用寿命延长。使用 SCR 轧辊,使带长 97% 以上的平直度公差小于 15I 单位,产品的产量提高 2% 以上。SCR 技术成功地校正了轧辊热凸度,甚至在缺少弯辊装置时也获得了良好板形。

5. 热凸度控制

当带钢某一纵条发生局部波动时,用弯辊等手段是无效的,用乳化液喷射效果也不明显。此时,可采用局部强力冷却,在轧机上安装一个可横向移动的喷嘴,发现有板形波动时,立即将喷嘴移动到该处,用 5 ~ 30℃ 冷水以 30 m/min 的流量喷射该处,经 3 ~ 4 min,冷却效果可显示出来,经 10 min 热凸度可稳定下来。用冷却液调整轧辊温度和凸度需要时间较长,因此现代化高速轧机上用它难以进行有效及时的控制。西德科研人员用轧辊局部感应加热手段控制热凸度,轧辊温升速度快,调节时间短,能适应高速轧制要求。

6. HC 轧机

HC 轧机为高性能板形控制轧机的简称,其结构如图14-21所示。日本用于生产的 HC 轧机是在支撑辊和工作辊之间加入能作横向移动中间辊的六辊轧机。在支撑辊背后再撑以强大的支撑梁,使支撑辊能作横向移动的新四辊轧机正在研究,HC 轧机的主要特点:大刚度稳定性;良好控制性能;边部控制能力强;压下量增大。

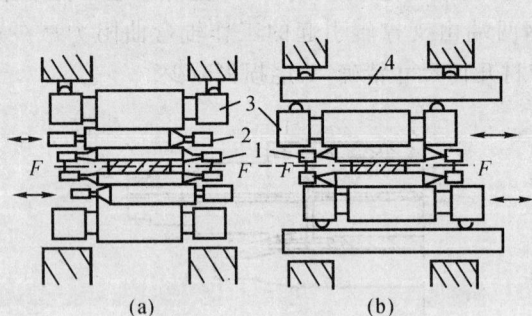

图 14-21　HC 轧机　　　　　　　图 14-22　SSM 轧机
(a)六辊中间辊移动式;　(b)支撑辊移动式　　1— 工作辊;　2— 支撑辊;　3— 辊套
1— 工作辊;　2— 中间移动辊;
3— 支撑辊;　4— 支撑梁

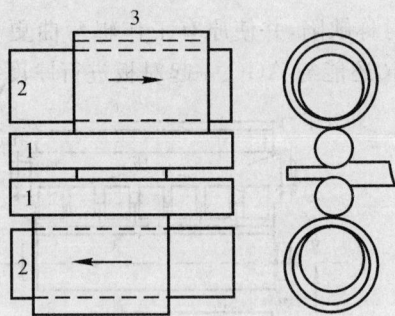

7. SSM 技术

日本新日铁公司在四辊轧机的支撑辊上装备了比四辊辊身长度短的可移动辊套。辊套可旋转且可沿辊身作轴向移动,调整辊套轴向位置,使支撑辊支撑在工作辊上的长度约等于带钢宽度,其原理与 HC 轧机相似(见图 14-22)。

8. UPC 技术

德国德马克公司开发了 UPC 技术,如图 14-23 所示。UPC 轧机辊型为雪茄形,其工作原理与 CVC 轧机相似。

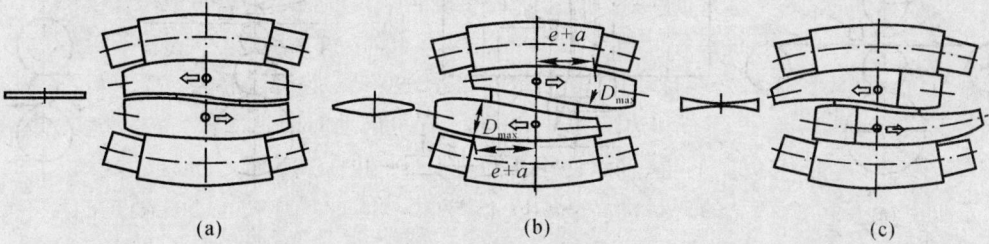

图 14-23　UPC 轧机

(a) 平辊缝; (b) 中凸辊缝; (c) 中凹辊缝

9. DCB 技术

DCB 技术是双轴承座弯曲技术。它是将工作辊轴承座分割成为内侧和外侧两个轴承座,各自施加弯辊力。提高了轴承强度,增大了弯辊效果及控制凸度的能力,便于现有轧机的改造。

10. PC(Pair Control roll) 技术

新日铁公司于 1984 年投产的 1 840 mm 热带连轧机精轧机组首次采用了工作辊交叉 PC 技术(见图 14-24)。该轧机通过交叉上下成对的工作辊和支撑辊的轴线形成上下工作辊间辊缝的抛物线,并与工作辊的辊凸度等效,从而获得很宽的板形及板凸度控制范围,同时不需要磨出工作辊原始辊型曲线,还能实现大压下量轧制。

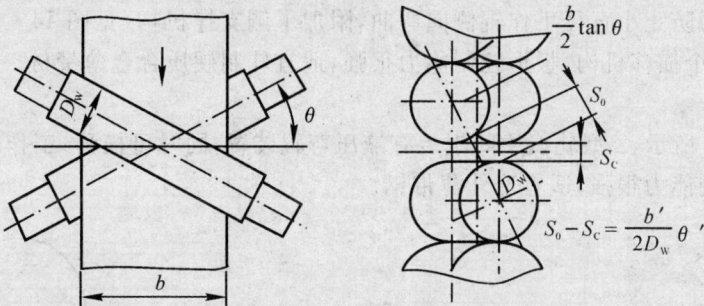

图 14-24　PC 轧机

11. 辊芯差别加热技术

德国 Hoesch 钢厂为了补偿轧辊磨损,采用在支撑辊辊芯钻孔,插入电热元件,分三段进行区别加热的方法来修正辊凸度,效果良好(见图14-25)。

12. 泰勒轧机

1971 年,美国制造的泰勒轧机(见图 14-26)有五辊式及六辊式两种,小工作辊为游动辊,可以通过合理地分配及控制上下传动辊的电流来控制转矩,达到控制小辊旁弯的目的。该轧机用于冷轧薄板、带,其平坦度可达到拉伸矫直后的程度,可使薄边及裂边减少,成材率提高。

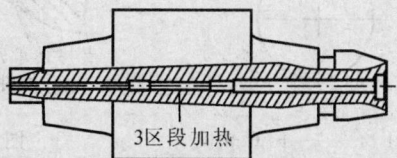

图 14-25　差别加热支撑辊

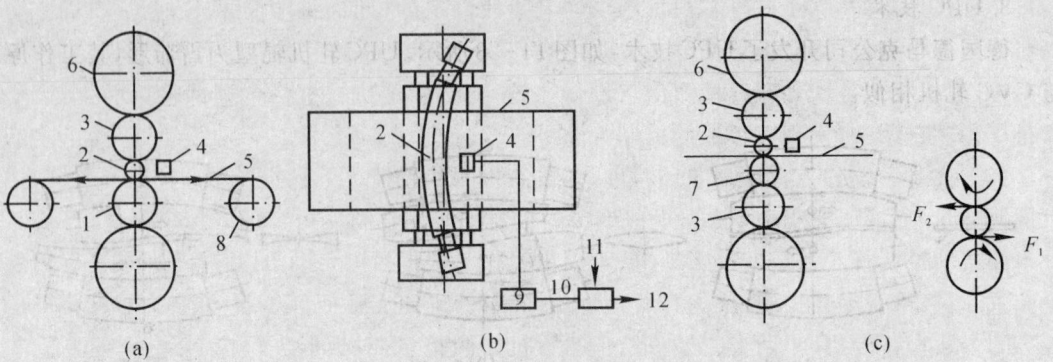

图 14-26　泰勒轧机

(a) 五辊式；　(b) 六辊式；　(c) 水平力的分配

1— 传动大直径工作辊；　2— 非传动小直径工作辊；　3— 中间传动辊；　4— 小辊弯曲传感器；　5— 带钢；

6— 支撑辊；　7— 非传动大直径工作辊；　8— 卷取机；　9— 放大器；　10— 测量间隙；

11— 给定间隙；　12— 转矩调整

13. FFC 轧机

1982 年由日本生产的 FFC 轧机为异径五辊异步轧机(见图 14-27)，中间小工作辊轴线偏移一定距离，利用侧向支撑辊对小工作辊进行侧弯辊，以便配合立弯辊装置对板形进行灵活控制。

14. UC 轧机

UC 轧机是在 HC 轧机基础上发展起来的，与 HC 轧机相比，增加了中间辊弯曲及工作辊直径小辊径化。为防止小直径工作辊侧向弯曲，附加了侧支撑机构(见图 14-28)。由于具有两个弯辊机构及一个横移机构，板形控制能力很强，适宜轧制硬质合金薄带材。

15. Z 型轧机

如图 14-29 所示，Z 型轧机中间辊装有液压弯辊装置，同时可横移，工作辊两侧设有侧支撑机构，板形控制能力很强，适宜冷轧薄带钢。

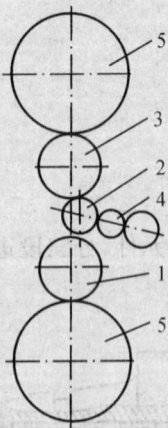

图 14-27　FFC 轧机

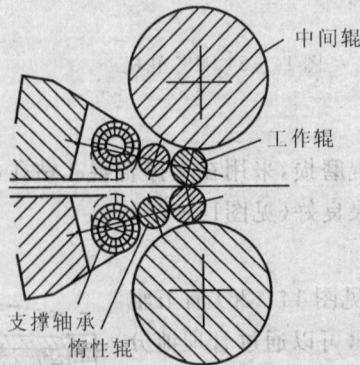

图 14-28　UC 轧机

1— 大工作辊；　2— 小工作辊；　3— 中间支撑辊；　4— 侧支撑辊；　5— 支撑辊

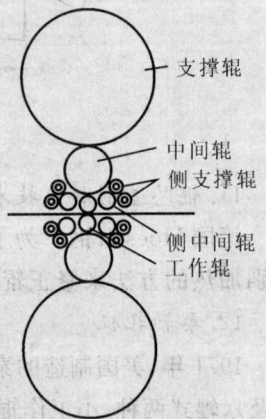

图 14-29　Z 型轧机

实现板形监控,除了应具备根据板形控制手段制定的板形控制执行机构外,还要拥有可靠的在线板形信息,这是靠板形检测装置提供的,最后才能在检测装置和执行机构间装备板形控制系统,根据工艺条件和在线检测信息进行比较计算,确定执行机构合理调整量,发出指令对执行机构进行调整,实现对板形的控制。

板形控制系统分为开环和闭环两种。在没有检测装置情况下只能采用开环控制系统,执行机构调整量(如液压弯辊力)依据规程规定的板宽和实测轧制力由合理的控制模型给出,对于设定偏差和某些扰动造成的板形缺陷,可以由操作工根据目测手动给以修正。如果具有板形检测装置,可以进行闭环控制,依据在线板形检测结果,确定实际板形参数,并将它与可获得最佳板形的参数相比较,利用两者之差值给出执行机构调整量,对板形进行控制。由于各类板带轧机工作特点不同,板形控制主要内容与方法也有所不同。

14.2.4 板形自动控制

板形设定模型和厚度设定模型一样,只能保证带钢头部板形质量,带钢全长的板形需有相应的自动板形控制系统来控制。自动板形控制方式有前馈板形控制(FF-ASC)、反馈板形控制(FB-ASC)、监控板形控制(MN-ASC)三种。

我们知道最终板材产品(尤其是冷轧产品)的板形控制是一项复杂的系统工程。板形控制远比厚度控制复杂、困难。板形自动控制与厚度自动控制有很大区别,集中体现在板形控制目标确定的复杂性和板形控制系统执行机构(即控制手段)的多样性和协调性上。

1. 板形前馈控制的功能

在实际轧制生产过程中,来料的厚度在一块钢坯或一卷钢卷内的不同位置并不是绝对恒定的,总有微小的变化存在。在厚度自动控制中,为保证出口带材的厚度恒定,压下量也要发生微小的变化,这就导致轧制力在一卷带材轧制过程中也会发生波动。轧制力的波动,必然会引起轧辊弹性变形的变化,进而引起辊缝发生变化,最终会影响到带材的板形。例如对于一个有弯辊装置的轧机,在稳定轧制时板形良好,当来料突然有一个厚度增加的波动时,在厚度自动控制影响下,为保证出口厚度恒定,必须使压下量增加,引起轧制力增加,导致轧辊弹性挠曲和压扁都有增加。此时如果弯辊力仍然保持不变,则必然会使带材产生边浪。同样的原理,对于热轧来说,来料的温度在不同的位置也不是恒定的,这影响到轧辊的热凸度,使轧辊热凸度会不断发生变化。

在轧制过程中,轧制力、热凸度等实时变化的轧制工艺参数,对板形有很大影响。对于热轧来说,这些工艺参数主要包括轧制力和轧辊热凸度;对于冷轧来说,主要是轧制力。这些轧制工艺参数在轧制过程中,有的可以直接测出,有的可以通过间接测量然后计算得到。因此可以通过对这些实时测量的轧制工艺参数建立前馈控制,主动干预板形控制,提高板形控制的精度水平和响应速度,这就是板形前馈控制的功能。

2. 闭环反馈控制的功能

板形闭环反馈控制是在稳定轧制工作条件下,以板形仪实测的板形信号为反馈信息,计算实际板形与目标板形的偏差,并通过反馈计算模型分析计算消除这些偏差所需的板形调控手段的调节量,然后不断地对轧机的各板形调节机构发出调节指令,使轧机能对轧制中带材的板形进行连续的、动态的、实时的调节,最终使板带产品的板形达到稳定、良好。

板形闭环反馈控制的目的是为了消除板形实测值与板形目标曲线之间的偏差。投入闭环反馈控制的前提条件是有准确的板形实测信号,因此与设定控制不同,闭环反馈控制必须有板形测量装置。

板形闭环反馈控制是板形控制的重要组成部分,其控制精度,直接影响到实物板形质量。热连轧机的闭环反馈控制,主要是根据精轧出口处的板形测量仪的实测结果,反馈调整最后一个或几个机架的弯辊力,达到保证带钢平直的目的。

冷连轧机的闭环反馈控制,一般在最末机架安装板形测量辊,与最末机架形成闭环反馈。有的轧机在第一机架也装有板形测量辊和闭环反馈系统。

3. 板形设定

(1)板形设定原则。板形设定是指通过对轧机压下、弯辊及串辊(HCW,HC,CVC)或上下辊交叉角的设定(PC)使带钢轧出后能获得要求的成品断面形状和平直度。保持各架出口带钢断面相对凸度恒定是获得带钢平直度的基本方法。图 14-30 表示了热连轧带钢轧机相对凸度恒定的断面形状(凸度)设定法则。如何同时保证成品要求凸度及带钢平直度,是板形设定模型要解决的问题。设精轧来料断面凸度为 A 点,如按相对凸度恒定原则设定轧机,末架出口处凸度为 B 点,从而虽保证了平直度,但成品凸度高于所要求的 C 点,如果此时以获得 C 点为目标来设定轧机,超出限制线,从而不能得到平直的带钢。为此,板形设定模型应充分利

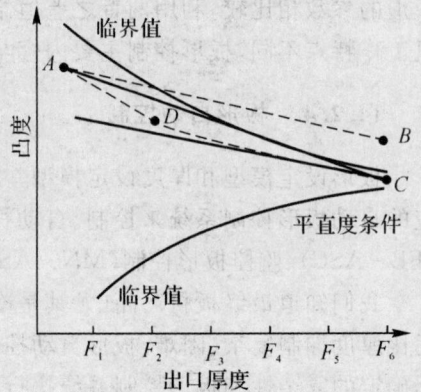

图 14-30　各架出口凸度曲线

用头两个机架限制条件较宽的条件来设定 F_1,F_2 机架,使 F_2 机架出口凸度达到 D 点,然后后面各架设定成保持相对凸度恒定而达到 C 点,从而同时达到了成品凸度和平直度。由此可见,在设计轧机时,应使几机架具有较强的改变辊缝形状的能力。

改变一个机架出口带钢断面凸度,亦即改变该机架的有载辊缝形状,影响辊缝形状的因素较多,但能控制的只有如下几个:轧制力、弯辊力、用 HCW,HC,CVC 机构改变可控辊凸度,对热轧来说,在轧制状态下能调整有载辊缝形状,主要是靠弯辊装置(轧制时轧制力对板形来说已成为扰动量),因此希望设定时不过多利用弯辊。

对设置有 HCW,HC,CVC,PC 机构的现代轧机,板形设定(或称为断面凸度设定)主要靠这些装置,而对老的轧机。则只能靠合理负荷分配(轧制力分配)来保证带钢头部板形(凸度和平直度)。

对于设置有 HCW,HC,CVC,PC 装置的现代化轧机,由于调整辊型能力较强。因此设定凸度将主要依靠这些装置。这样就可以将厚度设定和板形(凸度)设定分开,亦即先按传统方法对各架压下及速度进行设定。在确保厚度条件下,确定各架轧制力后,将其作为扰动量,再由凸度设定模型,根据当时轧制条件,确定实际凸度(热凸度、磨损凸度、轧制力引起的辊系弯曲变形及压扁造成的凸度)来设定弯辊及 HCW,HC,CVC 串动量或 PC 辊的交叉角,以确保各架的出口凸度落在如图 14-30 所示的临界范围内,并最终达到 C 点,以同时获得所要求的成品凸度及平直度。

在设定计算时,要判断有关参数是否超出临界值线。如果超出,则要重新计算,此时需要首先改变弯辊力,以补偿辊型调节能力的不足。

　　从理论上说,当弯辊力调整后,再超出限制条件时。应当重新分配负荷,以改变轧制力分配,但实际上,由于当前调节辊型的能力相当强。因此一般不考虑重新调整厚度设定模型的负荷分配。凸度设定值虽是设定各架出口凸度,但实际上也设定了头部平直度,即设定了板形。

　　(2)考虑保证成品板形良好的负荷分配法。由于热轧带钢板形仪在线检测误差较大,因此使得热轧带钢板形在线闭环控制在工业中应用受到极大的限制。目前,在热轧宽带钢生产中,应用较普遍的板形控制方法,还是开环控制系统。

　　板形开环控制与闭环控制的根本区别是前者不需要对轧出带钢的板形质量进行在线检测,而是根据轧制带钢的工艺参数,如来料厚度、宽度、温度、钢种及成品厚度等,通过模型的计算,确定各道次或各机架的辊缝值、弯辊力及其他有关操作变量,以保证获得良好的带钢尺寸和板形精度。模型计算比较复杂,一般让计算机来执行。故板形开环控制实质上就是在计算机帮助下对轧机进行预设定计算,即估计出在保证带钢板形良好的条件下,各道次应设定的辊缝值和弯辊力大小。由于计算中存在误差,开环控制不可能达到预想的目的。为了改进控制效果,在操作台上设有专门的按钮,分别代表边浪严重、边浪较轻、中浪较轻、中浪严重四种情况,操作人员根据对轧出带钢板形的观察和判断,决定是否需要修正和修正的程度,通过相应的按钮给计算机一个信息,计算机根据这一信息自动修正轧辊可控凸度值,使带钢板形控制得更好。

　　1)静态负荷分配法。为了保证带钢板形良好,生产中必须首先对带钢轧机各道次的负荷进行合理的分配,轧制负荷主要指轧制力、力矩和功率等参数而言,他们的大小与各道次的轧前厚度、轧后厚度以及压下量等主要工艺参数有关。因此用计算机确定带钢轧机各道次或各机架的负荷,需首先确定各道次或各机架的出口厚度值。这个任务就是通常压下规程设计中所称的厚度分配。

　　合理分配各道次的厚度,既要考虑轧机强度和电机能力等设备条件的限制,又要考虑咬入、温降、板形等工艺条件的限制,在板形开环控制中,各道次钢板厚度分配有三种方法:

　　① 按经验分配各道次(各架)的压下量。根据操作经验计算得到的现场资料直接分配各道次(各架)压下率。一般规律是:热轧钢板或带钢通常是充分利用高温的有利条件,前几道的压下率尽量取大值,以后道次压下率逐渐减小,最末几道次温度低,带钢接近成品尺寸,要求有良好的板形,压下率适当取小些;冷轧各道次或来料轧各机架压下量的分配应遵循第一道次压下率不宜太大,主要考虑到可能受咬入条件的限制和使热轧送来的带坯得到较好的均整,中间各道次的压下分配基本上可以从充分利用轧机能力来考虑。最后几道为了保证板形良好,一般采用较小的压下率。

　　② 按前几道考虑最大允许力矩,最后几道考虑板形来分配各道次压下率。为了使钢板有良好的板形,后面几道的压下率分配应根据板形良好线来选取,具体方法就是先由成品厚度h_0出发,在图14-31中作垂直线和板形良好线相交于A,求得在保证板形良好条件下末道次应有的轧制力P_n,然后再根据此轧制力由轧制力公式反推出末道次的带钢轧入厚度H_n即h_{n-1},用同样方法即可逐步确定$P_{n-1},P_{n-2},\cdots$和h_{n-1},h_{n-2}。但是随着钢板厚度增大,限制条件转变为最大允许力矩(见图14-31中的曲线DE),为了不使各道次压力变化太剧烈,因此用虚线作为过渡,利用$ABCE$线即可一道一道向前计算。如果求出的第一道次轧入厚度和实际钢坯厚度差别不大,则轧制规程就算编制完毕,如果差别较大,则可以在允许范围内移动板形线,必要时亦可改变弯辊力来变动板形线,直到计算结果和带坯实际厚度相一致。计算时先给各道假设一温度,规程编完后用温降式重算各道温度,并重新编规程,一般重复两三次就可达到一致。

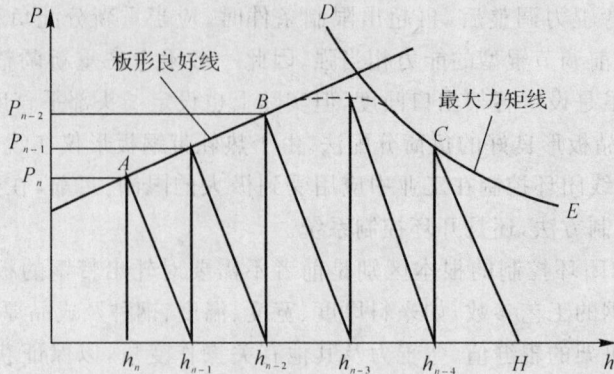

图 14-31　根据板形和最大允许力矩分配各道压下率

③ 按前几道考虑能耗后几道考虑板形来分配各道压下率。按能耗负荷法分配压下量实际上也是一种经验方法,它是利用工厂实测资料建立的单位能耗曲线直接推算的。能耗曲线一般是以单位小时产量的轧制功耗为纵坐标,以板厚度为横坐标,利用它来分配各道次压下量比较方便。具体方法是首先利用能耗曲线确定由带坯轧成成品所需要的总轧制功率,其次进行各机架的负荷分配,分配原则是:前几道考虑具体设备条件,后几道考虑板形,然后可以根据各架的负荷分配比计算出各架的累计能耗;最后由能耗曲线查出对应的各架的轧出厚度。但是由于这种曲线对于每套轧机都不能完全一样,因此每套轧机都应积累自己的实验资料,作出自己的单位能耗曲线。

各架轧机的厚度和压下率系数分配好后,将这些负荷系数存在计算机中,开环控制时则直接取用此"固定"系数(对于不同规格范围有不同的系数),再进行压下位置的预设定计算。在已知各架轧机轧出带钢厚度的情况下,每架轧机压下螺丝位置的预设定计算大致按下述步骤进行:首先按温度模型及终轧温度值计算各道次的轧制力和功率;然后按轧制力和功率模型来计算各道次的轧制力和功率;最后按前滑和轧机弹跳方程计算轧辊速度和压下螺丝的位置。

2) 动态负荷分配法。用静态负荷分配法确定各架(各道)辊缝预设定值的时候,一般只考虑到压下量大小(或轧制力)对带钢板形的影响,而未估计到轧制过程中轧辊热膨胀和磨损等变化因素对板形的影响,因而不能保证每一条带钢得到良好的板形。动态负荷分配法计算机预设定值就是为了克服上述缺点而发展起来的。它在实际计算过程中是根据每一条带钢轧制时的实际情况,从板形条件出发,充分考虑到轧辊辊型的实时变化,因此这一方法尤其适用于生产中经常变换规格的情况,对于新换轧辊或停车时间较长的情形也能很快适应,轧出具有良好板形的带钢来。

用动态负荷分配法对轧机进行预设定计算时,首先按下面规定定义了带钢断面凸度指数 ξ:

$$\xi = \frac{h_c - h_e}{h_e}$$

入口和出口处的带钢断面凸度指数 ξ_i 和 ξ_o 分别为

$$\xi_i = \frac{H_c - H_e}{H_c} \quad 则 \quad H_c = \frac{C_H}{\xi_i}$$

$$\xi_o = \frac{h_c - h_e}{h_c} \quad 则 \quad h_c = \frac{C_h}{\xi_o}$$

板形指数 ρ 为
$$\rho = \frac{l_c - l_e}{l_c} \approx \frac{l_c - l_e}{l_e}$$

根据体积不变定律,在没有宽展的情况下,有:
$$l_c = \frac{H_c}{h_c}L_c, \qquad l_e = \frac{H_e}{h_e}L_e$$

式中,H_c,L_c,l_c,h_c 带钢中部轧前的长度和轧后的长度、厚度;H_e,L_e,l_e,h_e 带钢边部 40 mm 处前的长度和轧后的长度、厚度;C_H,C_h 轧前、后带钢的横向厚度差。

故由板形指数 ρ 定义式可以得
$$\rho = \frac{H_c L_c h_e}{H_e L_e h_c} - 1$$

在来料平直的情况下 $L_c = L_e$,则上式可以写成
$$\rho = \frac{H_c h_e}{H_e h_c} - 1$$

$$H_e = H_c - C_H = \frac{C_H(1 - \xi_i)}{\xi_i}, \qquad h_e = h_c - C_h = \frac{C_h(1 - \xi_o)}{\xi_o}$$

对以上各式进行整理,可以将带钢板形指标用断面凸度指标来表示,即
$$\rho = \frac{\xi_i - \xi_o}{1 - \xi_i}$$

对于连轧机可以规定 ρ_j 为由第 j 架入口算起到第 n 架出口带钢的板形指标,即
$$\rho_j = \frac{\xi_{ji} - \xi_{no}}{1 - \xi_{ji}} \qquad (14-33)$$

式中,ξ_{ji} 为第 j 架轧机入口侧带钢的断面凸度指标;ξ_{no} 为第 n 架轧机出口侧带钢的断面凸度指标。

由式(14-33)可以看出,如果连轧机前几架的带钢凸度指标与末架出口带钢凸度指标相同,则带钢板形指标 $\rho_j = 0$ 说明此时板形良好;如果 $\rho_j < 0$ 则出现边浪;如果 $\rho_j > 0$ 则出现中浪。考虑到带钢本身的稳定性,板形良好条件为
$$|\rho_j| = \left| \frac{\xi_{ji} - \xi_{no}}{1 - \xi_{ji}} \right| \leqslant \varepsilon_j \qquad (14-34)$$

而
$$\varepsilon_j = f(j)\left(\frac{h}{B}\right)^2 \qquad (14-35)$$

式中,ε_j 为第 j 架轧机入口到末架轧机出口板形指标的临界值,它和(h/B)成正比,比例系数 $f(j)$ 为一决定于机架号的函数值。在 ξ_{ji} 值很小时,式(14-34)也可以近似写成
$$\xi_{ji} = \xi_{no} \pm \varepsilon_j$$

上式是从板形良好条件推出来的,称为形状模型,它说明在已知成品带钢凸度的情况下,可以直接决定出带钢在它进入连轧机前面几架时应该具有的凸度范围,带钢断面凸度指标为
$$\xi = \frac{h_c - h_e}{h_c} \approx \frac{C_h}{h} = \frac{\dfrac{P}{K_P} - C_K}{h}$$

上式称为带钢断面凸度模型,其不仅考虑了轧辊的弯曲变形和压扁变形,即根据轧制力 P 和辊系刚度系数 K_P,可求得辊系变形 P/K_P,而且也考虑到轧制过程中轧辊热凸度和磨损凸度值的经常变化(可控凸度 C_K),这时需要根据轧制时间和间隙时间的长短以及轧辊的原始状态,由轧辊的热辊型模型和轧辊的磨损模型来确定每一时刻的实际辊型值,由于考虑到这一点,使得

轧机的辊缝设定值更符合实际。

综上所述,动态负荷分配法计算轧机预设定值的过程大概分以下几步:① 首先根据热轧带钢成品和冷轧用料对板凸度的要求,给定一个成品热轧带钢断面凸度指标 ξ_{no};② 最后两架考虑板形良好条件来分配负荷,先根据要求的成品厚度 h_n 和末架的实际 C_K 值,由断面凸度模型计算能满足给定值 ξ_{no} 的末架轧制力 P_n;③ 根据 P_n 由轧制力公式反算出末架的入口厚度 H_n(即前一架的出口厚度 h_{n-1});④ 根据对成品断面凸度指标 ξ_{no} 的要求,利用板形模型决定出末架入口 ξ_{ni} 值;⑤ 用相同的步骤计算前一架 P_{n-1},H_{n-1} 和 ξ_{n-1};⑥ 前四架根据功率法来分配负荷,先利用能耗模型决定前四道的总剩余功率 $\sum\limits_{j=1}^{i}P_j$,然后合理分配各架的负荷 $P_j(j=1\sim 4)$;⑦ 根据各架的负荷,由能耗模型求出各架相应的板厚,并计算各架的轧制力;⑧ 根据压力和出口厚度,由断面凸度模型计算 $\xi_j(j=1\sim 4)$;⑨ 最后由板形模型计算板形指标(一般取 $j=3$)并用板形良好条件检查。如果 $|\rho_j|>\varepsilon_j$ 则修改 ξ_{no},从第 ② 步开始,重做以上计算,直到通过为止;如果 $|\rho_j|<\varepsilon_j$ 则动态负荷分配计算结束,由此得到的 $h_1\sim h_n$ 作为压下位置和轧辊转速设定计算的依据。

4. 板形检测设备

板形检测用于在线测量高速运动的带钢的板形,检测内容包括平直度和带钢断面形状。板形检测应具备高精度和高响应特性,良好的适应性,安装方便,维护容易,结构简单,占地面积少,对板带不造成损伤等特点。板形检测的目的主要是为了板形反馈控制,通过实测板形数据对板形模型进行修正,并提供产品的板形质量报告。板形检测装置形式繁多,按是否接触被测带钢,可分为接触式和非接触式两大类;按测量单元的布置形式可分为固定式和移动式两种。

接触式板形检测装置由于和板带直接接触,检测到的板形信号比较直接,可靠度高,因此测量的板形指标比较精确,可以达到 $\pm 0.5I$ 单位。但是这种直接接触,检测辊在接触中将产生磨损,需要频繁重磨,重磨之后还要进行重新标定。尤其是在检测过程中检测辊易划伤板带表面,造成板带缺陷。接触式装置一般用于冷轧板形检测,对于热轧带钢,由于工作处于高温、高湿、高尘的恶劣环境,所以板形的检测一般采用非接触式。

非接触式板形仪分为固定式和移动式两种。固定式板形检测系统需要沿带钢横向设置多个测点,其中在带钢边部测点密度应当大些,因为带钢边部厚度变化较大。这种方法能够准确获得带钢横断面瞬态的厚度分布,测量频率高,精度好,可以用于在线反馈控制。由于需要设置多个测点,设备投资相对较大,测得的厚度曲线也不连续。移动式板形检测系统的射线测量单元安装在测量小车上,小车可以横向移动,测量时通过小车的移动,扫描整个带钢横截面,就可以绘制出连续的截面厚度曲线。为了获得带钢边部准确的厚度分布,小车在带钢边部位置的横向移动速度要低于在带钢中部的移动速度。由于只有一套射线测头,设备投资比较小。但由于小车不跟随带钢沿轧制方向运动,实际测量的是带钢一条斜线上的厚度分布,而不是真正意义的横截面。另外,检测频率不如固定式检测系统高,受测量速度的限制,一块带钢一般只能扫描两次,所以测量结果不能用于反馈控制。

板形检测中的平直度检测目前主要采用的是光学式检测装置,有激光三角法(位移法)、光切法(截光法)和莫尔法等方式。这些测量方法都是利用激光测距原理结合图像分析技术,获取带钢的几何形状信息,识别出带钢平直度缺陷的类型(边浪、中浪、复杂浪形等)和程度。具有结构简单、无损带钢表面、易于维护等优点。

如图 14-32 所示是多束激光板形检测系统结构图。该装置综合了激光位移法和激光截光法测量原理的优点,该系统采用多束小功率(10 ~ 15 mW) 半导体激光器作光源,发出的激光倾斜照射带钢表面,在被测带钢表面形成漫反射光斑组。系统在线测量频率约为 10 次 /s,适于检测温度在 1 000 ℃ 以下的薄板宽带钢的板形,为板形控制提供板形缺陷信号。由于不采用分光器及扫描转镜,使光源更适应现场环境。

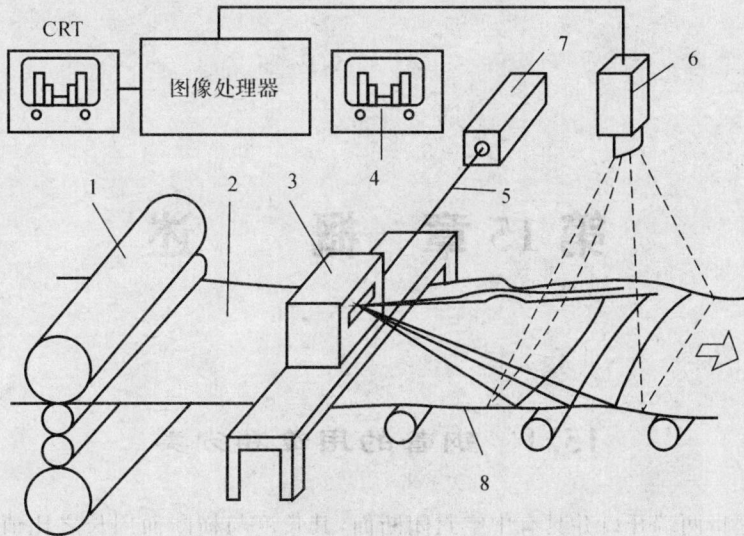

图 14-32　多束激光平直度检测系统工作原理

1— 轧辊；　2— 带钢；　3— 扫描器箱；　4— 监控器；　5— 激光束；　6— 图像采集器；

7— 离子激光器；　8— 边浪带钢

复 习 题

1. 影响板带厚度变化的因素有哪些?

2. 叙述反馈式厚度自动控制系统的控制原理。

3. 利用弹塑性曲线分析轧机调整过程。

4. 厚度自动控制有哪几种方法?厚度控制方程如何推导?

5. 冷、热连轧机的 AGC 系统怎样组成?

6. 轧制时,当来料厚度由 H_1 增加到 H_2 时,轧出的板带钢厚度出现偏差,画图利用轧制时的弹塑性曲线说明如何通过调整压下螺丝来消除偏差。

7. 轧制时,当张力由 q_1 增加到 q_2 时,轧出的板带钢厚度出现偏差,画图利用轧制时的弹塑性曲线说明如何通过调整压下螺丝来消除偏差。

8. 轧辊辊缝形状与哪些因素有关?

9. 叙述液压弯辊的工作原理。

10. 产生波浪形和瓢曲的原因是什么?

11. 怎样才能保证板形良好?

12. 怎样确定轧辊的原始辊型凸度?

13. 普通轧机板形控制方法有哪些?

第四篇 管 材 生 产

第15章 概 述

15.1 钢管的用途和分类

一般钢管是指两端开口并具有中空封闭断面,其长度与横断面周长之比值相对较高的钢材,属于经济断面钢材。由于钢管具有封闭的中空断面,最适宜于做液体和气体的输送管道,故钢管也被称为工业部门的"血管"。又由于它与相同横截面积实心钢材相比具有较大的抗弯抗扭能力,也适于作各种机器构件和建筑结构钢材,被广泛用于国民经济各部门,例如在石油钻井、地质、钻探、化工、建筑、锅炉制造、造船、机械制造、飞机和车辆制造,以及国防工业与日用轻工制品等行业均需要大量品种规格各不相同、技术要求不一的钢管。各主要工业国家的钢管产量一般约占钢材总产量的 $10\% \sim 15\%$,我国约占 $7\% \sim 10\%$。

钢管的种类繁多,性能要求各异,尺寸范围很宽,热轧管外径 $\phi32 \sim 630$ mm,壁厚 $2.5 \sim 75$ mm,长度 $3\,000 \sim 12\,500$ mm,短尺管长度 $1\,500 \sim 3\,000$ mm。冷拔轧管外经 $\phi5 \sim 200$ mm,壁厚 $0.25 \sim 14$ mm;若壁厚 $\leqslant 1$ mm,长度 $1\,500 \sim 7\,000$ mm;若壁厚 > 1 mm,长度 $1\,500 \sim 9\,000$ mm,短尺管长度 $500 \sim 1\,500$ mm。为了区分其特点,钢管通常可按以下几种方法分类。

15.1.1 按用途分类

如表 15 - 1 所示,钢管的用途不同,技术标准不同,生产方法亦有所不同。

表 15 - 1 钢管按用途分类表

用　　途	钢管名称	主要参考技术标准	常用生产方法
管道用管	水、煤气管 石油输送管 石油天然气干线用管 蒸汽管道用无缝管	GB8163	炉焊、电焊 直缝电焊、热轧 直缝电焊、螺旋焊 热轧

续 表

用　　途	钢管名称	主要参考技术标准	常用生产方法
热工设备和热交换器用管	低中压锅炉管 高压锅炉管 热交换器用管	GB3087 GB5310	热轧、电焊、冷拔
结构用管	航空管	GB5312	热轧、冷拔
	船舶用管		热轧、冷拔
	汽车拖拉机管		热轧、电焊、冷拔
	半轴及车轴管		热轧、电焊、冷拔
	轴承钢管	GB3088 GB8162	热轧、冷拔
	变压器用管		电焊
	地质钻探管		热轧、冷拔
石油管	石油油管、石油钻探管	YB235	热轧、冷拔
	石油套管		热轧、冷拔、电焊
	石油钻杆、钻挺、方钻管		热轧、冷拔、电焊
	石油裂化钢管		热轧、冷拔、电焊
	石油裂化管		
化工管	化工用高压管	GB9948	热轧、冷拔
	化工设备及管道用管	GB6479	
其他	液压支柱 电缆管 高压容器用管	GB173	热轧、电焊、冷拔

15.1.2 按断面形状分类

钢管按横断面形状可分为圆管与异型钢管两类,其中异型钢管是指各种非圆环形断面的钢管,又可分为等壁异型管和不等壁异型管。典型的等壁异型钢管有方形、矩形、三角形、六角形、菱形、平椭圆形和椭圆形等(见图 15-1(a)),常见的不等壁异型钢管如图 15-1(b) 所示。

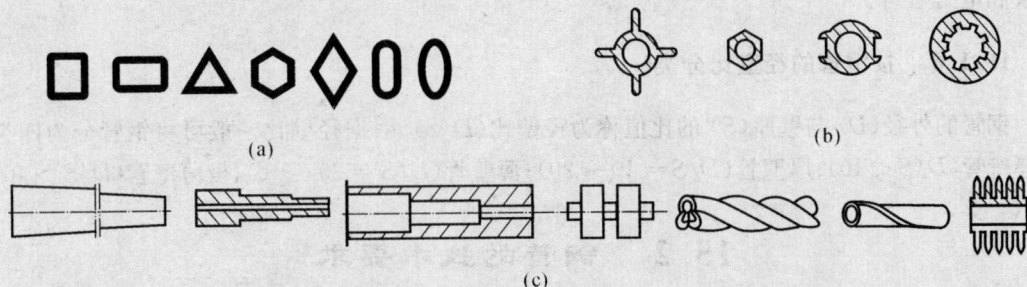

(a)

(b)

(c)

图 15-1　钢管按断面形状分类

(a) 等壁异型管；(b) 不等壁异型管；(c) 变断面管

钢管按照纵断面形状可分为等断面钢管和变断面钢管。变断面钢管是指沿管长度方向的断面形状、内外直径及壁厚等发生周期性变化的钢管。其中主要有外锥形钢管、外阶梯形钢管、内阶梯形钢管、周期断面钢管、波纹钢管、螺旋钢管、带散热片的钢管等(见图 15 - 1(c)),通常由冷拔机或冷轧管机生产。

15.1.3　按材质分类

钢管的常用材质有普通碳素钢、优质碳素结构钢、合金结构钢、合金钢、轴承钢、不锈钢以及复合材料等。有时钢管表面采用镀或涂覆其他材料,如镀锌、镀锡和涂塑管等。

15.1.4　按管端形状分类

钢管端部形状有不带螺纹的光管和带螺纹的车丝管两种。车丝管又可分为普通车丝管和管端加厚(内加厚、外加厚和内外加厚)车丝管,如图 15 - 2 所示。

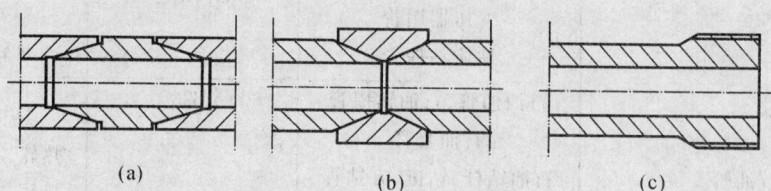

(a)　　　　　　　　(b)　　　　　　　　(c)

图 15 - 2　车丝管

(a)用内接头连接的车丝管;　(b)用外接头连接的车丝管;　(c)管端外加厚的车丝管

15.1.5　按生产方法分类

钢管的生产方法分为热轧(挤压)、焊接和冷加工三种。生产的钢管有无缝管和有缝管两大类。

无缝管又分为热轧无缝管和冷加工无缝管。热轧无缝管是将实心的管坯或钢锭穿孔并轧制成空心断面的钢管。高合金钢种用挤压方式生产,有色金属无缝管以挤压方法生产为主。冷加工无缝管是钢管的二次加工,包括冷轧、冷拔、冷张力减径和冷旋压等。

有缝管(焊管)是将钢板或钢带用多种成型方法弯卷成所要求的断面形状,然后用不同的焊接方法将缝隙焊合而获得的钢管。有缝管生产过程的基本工序是成型和焊接。焊管可分为炉焊管和电焊管等。

15.1.6　按钢管的径壁比分类

钢管的外径(D)与壁厚(S)的比值称为径壁比(D/S)。根据径壁比一般可将钢管分为四类:特厚壁管($D/S < 10$);厚壁管($D/S = 10 \sim 20$);薄壁管($D/S = 20 \sim 40$);极薄壁管($D/S > 40$)。

15.2　钢管的技术要求

15.2.1　技术要求的主要内容

各种钢管的技术要求在我国国家标准(GB)、部颁标准(YB)或专门的技术协议等中有明确规定,主要内容包括:

（1）化学成分。规定钢的化学成分和杂质元素的最大含量等。

（2）品种规格。规定钢管应具有的断面形状、尺寸及其允许偏差、理论重量等。无缝钢管的规格由外径×壁厚×长度的公称尺寸表示，也经常仅用外径×壁厚表示。下面为两个标记示例：用 10 号钢制造外径 100 mm、壁厚 3.5 mm 的钢管。① 热轧钢管，外径和壁厚为普通级精度，长度为 3 000 mm 倍尺，标记为 10－100×3.5×3 000 倍——GB3087—1999；② 冷轧（拔）钢管，外径为高级精度，壁厚为普通精度，长度为 6 000 mm，标记为冷 10－100 高×3.5×6 000——GB3087—1999。

（3）几何尺寸精度。规定外径、壁厚、定尺管长度公差及弯曲度等；外径精度反映钢管的椭圆度，壁厚精度反映壁厚均匀度。

（4）表面质量。规定钢管的内外表面状态和表面允许缺陷存在的程度等。

（5）物理化学性能。规定常温下力学性能、一定温度下的力学性能和抗腐蚀性能（抗氧化、抗水蚀、抗酸碱等性能）。

（6）工艺性能。规定压扁、扩口、卷边和焊接性能等检验标准，如图 15－3 所示。

（7）金相组织。包括低倍组织和高倍组织。

（8）对特殊用途钢管规定的特殊要求。

（9）检验标准。规定检验项目、取样部位、试样形状和尺寸、试验条件和方法等。

（10）交货标准。规定钢管交货验收时钢管的包装、标记的方法以及质量证明书的内容。

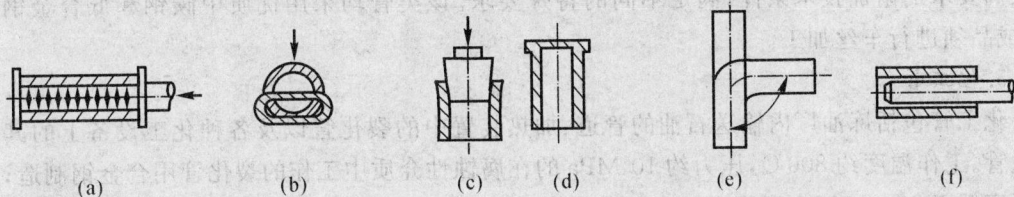

图 15－3　钢管的一般工艺性能检验方法
（a）水压试验；（b）压扁试验；（c）扩口试验；（d）卷边试验；（e）弯管试验；（f）通棒试验

15.2.2　各类钢管的主要技术要求

按照钢管的用途及其工作条件的不同，应对钢管尺寸的允许偏差、表面质量、化学成分、力学性能、工艺性能、金相组织及其他特殊性能等提出不同的技术要求。

1. 配管

一般用于输送水、气、煤气、天然气和石油等的管道，工作压力一般不大于 6 MPa。对这类钢管的力学性能、表面质量和几何尺寸精度均无特殊要求。但由于输送管一般在承压的条件下工作，要求做水压试验和扩口、压扁、卷边等工艺性能试验。对于大型长输原油、成品油、天然气管线用钢管还需增加碳当量、焊接性能、低温冲击韧性、苛刻腐蚀条件下应力腐蚀、腐蚀疲劳及腐蚀环境下强度等要求。对焊管均须进行水压试验，以保证焊缝质量。这类钢管一般采用甲类钢或优质低碳结构钢制造。

2. 热交换用管

该类钢管用于普通锅炉用管，用于制造各种结构锅炉的过热蒸气管和沸水管，高压锅炉用管，高压或超高压锅炉的过热蒸气管，热交换器和高压设备的管道。高压锅炉中的工作压力为

$10 \sim 14$ MPa,温度约 $450℃$,有的会达到 $600℃$ 以上,所以对这类管不但要求具有良好的室温力学性能,还需具有好的高温性能(高温强度与塑性、抗氧化腐蚀性、组织稳定性等)、弯管和焊接等工艺性能。这类管采用优质碳素结构钢、低合金结构钢和高合金钢制造。成品除经热处理和水压试验外,还须做力学性能、低倍组织和显微组织检验,以及进行压扁、扩口、卷边和弯管等工艺性能试验。

3. 机械用结构管

用于制造液压缸、气缸、活塞、高压容器、滚动轴承内外套以及各种军械等机器零件。要求具有较高的几何形状和尺寸精度、良好的力学性能和表面质量、耐磨性等。如轴承管要求较高的耐磨性、组织均匀和严格的内外直径公差。除了须做一般的力学性能检验项目外,还须做低倍组织、断口、退火组织、非金属夹杂物、脱碳层以及硬度指标等试验。这类管多用优质碳素结构钢、低合金结构钢或专用钢制造。

4. 石油钻探管

在石油和地质钻探中使用的钻杆、固定井壁用的套管、取样用的岩心管、从油井中提取石油的油管以及制造管接头的钢管等都属此类。这类管工作时受很大的交变工作应力,同时须经受地下水、气的高压腐蚀作用,故应具有较高的强度级别,并能抗磨、抗扭和耐腐蚀等性能。按照钢级的不同应做抗拉强度、屈服强度、延伸率、冲击韧性及硬度等试验。对于石油油井用的套管、油管和钻杆,更是详细划分了钢级、类别,以及适用不同环境、地质情况的由用户自己选择的较高要求的附加技术条件,满足不同的特殊要求。该类管均采用优质中碳钢和低合金钢制造,成品须进行车丝加工。

5. 化工管

化工管包括炼油厂内输送石油的管道、加热装置中的裂化管以及各种化工设备上的其他用途管。工作温度约 $800℃$,压力约 10 MPa 的在腐蚀性介质中工作的裂化管用合金钢制造;工作温度低于 $450℃$,压力不超过 6 MPa 的裂化管用 10 钢或 20 钢制造;工作压力在 $32 \sim 200$ MPa、温度为 $-40 \sim 400℃$,长期与腐蚀性介质接触的化肥等化工设备用管采用不锈钢或其他合金钢制造。不锈耐热耐酸钢管除了做力学性能与水压试验等常规检验外,还需专门做晶间腐蚀试验,压扁、扩口及无损检测等试验。

15.3　钢管的主要生产方法

15.3.1　热轧无缝管生产方法

1. 热轧无缝钢管生产基本工序

热轧无缝钢管的生产工艺是将实心管坯或钢锭穿孔并轧成符合产品标准的钢管。无论采用哪种穿孔和轧管方式,生产无缝钢管的工艺过程具有共性,如图15-4所示,基本包括以下成型工序:

(1)坯料准备,主要包括管坯入库、检查及表面清理、管坯切断和管坯冷定心等环节。

(2)管坯加热,主要指在加热炉内的加热环节,管坯出炉后一般经过热定心后送往穿孔工序进行穿孔。

(3)穿孔,是将实心管坯穿制成空心管子,称之为毛管。常见的管坯穿孔方法有斜轧穿孔、压力穿孔和推轧穿孔等三种。另外,还有直接采用离心浇注、连铸与电渣重熔等方法获得空心管坯,省去穿孔工序。

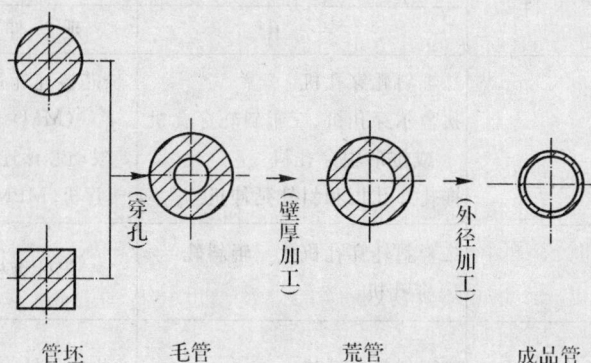

图 15 - 4　热轧钢管主要成型工序

（4）轧管,是将空心毛管壁厚轧薄,基本达到成品管所要求的热尺寸和均匀性,称之为荒管。常见的轧管设备有自动轧管机、连续式轧管机、皮尔格轧管机、三辊轧管机、狄舍尔轧管机、顶管和热挤压机等。

（5）定减径,指定径、减径或张力减径,是管子的最后精轧工序。定径使荒管获得成品管要求的外径热尺寸和精度。减径将大管径缩减到要求的规格尺寸和精度。为使在减径的同时进行减壁,可在前后张力作用下进行减径,即张力减径。

（6）精整,与一般热轧精整相似,包括矫直、剪切、定尺、检查、包装入库等工序。

2. 热轧无缝钢管的生产机组

钢管生产中,按产品品种规格和生产能力等要求不同,选用不同类型的轧管机。采用不同类型的轧管机轧管时,由于轧件的运动条件、应力状态条件、道次变形量和生产率等条件不同,故必须为它配备变形量和生产率等方面相匹配的穿孔及其他前后工序设备,因而不同的轧管机就构成了相应的钢管热轧机组。热轧无缝钢管机组也就是以轧管机类型来分类和命名的。目前常用的热轧无缝钢管生产方法见表15-2。一个机组的具体名称以该机组生产钢管的最大规格和轧管机的类型来表示。例如,100 自动轧管机组,即机组生产的最大外径为 100 mm,轧管机型式为自动轧管机。再比如有 140 连续式轧管机组、133 顶管机组、313 周期式轧管机组等。而钢管热挤压机组则采用挤压机的最大挤压力或产品规格范围表示其型号。

表 15 - 2　无缝钢管主要生产方法

生产方法		坯　料	主要变形工序及设备		
			穿　孔	延　伸	定减径
热轧	自动轧管机组	圆轧坯 连铸方坯 圆轧坯	二辊斜轧穿孔机或菌式穿孔机 推轧穿孔机和斜轧延伸机 二辊斜轧穿孔机	自动轧管机	定径机;微张力减径机
	皮尔格轧管机组	圆轧坯 方锭或多角形锭 连铸方坯	二辊斜轧穿孔机 压力穿孔机和斜轧延伸机 推轧穿孔机和斜轧延伸机	皮尔格轧管机	定径机;张减机

续 表

生产方法		坯 料	主要变形工序及设备		
			穿 孔	延 伸	定减径
热 轧	连续轧管 机组	圆轧坯 圆连铸坯 连铸方坯	二辊斜轧穿孔机 狄舍尔穿孔机、三辊斜轧穿孔机 或锥形辊穿孔机 推轧穿孔机和斜轧延伸机	长芯棒连轧管机 （MM） 限动芯棒连轧 管机（MPM）	张力减径机； 定径机；微张 力减径机
	三辊轧管 机组	圆轧坯	二辊斜轧穿孔机或三辊斜轧 穿孔机	三辊轧管机	定径机；微张力 减径机
	狄舍尔轧管 机组	圆轧坯	二辊斜轧穿孔机	狄舍尔轧管机	定径机；减径机
	Accu-Roll 机组	圆轧坯	二辊斜轧穿孔机	Accu-Roll 轧管机	定径机；减径机
顶 管	顶管机组	方轧坯或连铸 方坯	压力穿孔机和斜轧延伸机	顶管机	定径机；减径机
	CPE 机组	圆轧坯 圆连铸坯	狄舍尔穿孔机、三辊斜轧穿孔机	顶管机	定径机；张减机
挤 压	热挤压机组	圆锭或圆坯	压力穿孔机穿孔或钻孔后压力 穿孔机扩孔	挤压机	定径机；减径机

注：狄舍尔轧管机组、Accu - Roll 机组也称为精密轧管机组。

3. 典型轧管机组工艺流程图（见图 15 - 5 至图 15 - 8）

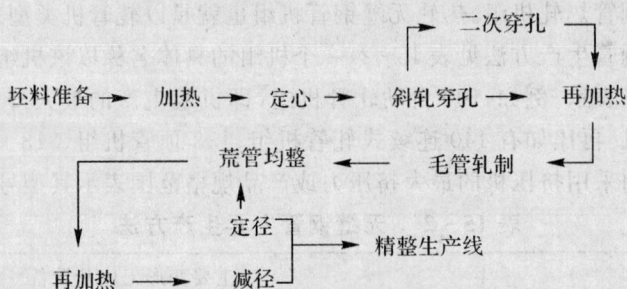

```
                              ┌──→ 二次穿孔 ──┐
                              │               ↓
坯料准备 ──→ 加热 ──→ 定心 ──→ 斜轧穿孔 ──→ 再加热
                                               │
        荒管均整 ←────────── 毛管轧制 ←─────────┘
           │
           ↓         定径 ┐
再加热 ──→ 减径 ┘ ──→ 精整生产线
```

图 15 - 5 自动轧管机组工艺流程示意图

管坯准备 → 加热 → 热切断 → 热定心 → 斜轧穿孔
　　　　　　　　　　　　　　　　　　　　　　　↓
　　　　　　　　　毛管连轧 ← 插入芯棒
　　　　　　　　　　↓
再加热 ← 切尾 ← 抽出芯棒　芯棒冷却 → 芯棒润滑
　↓
定径 ↘
　　　切头 → 定尺剪切 → 精整生产线
减径 ↗

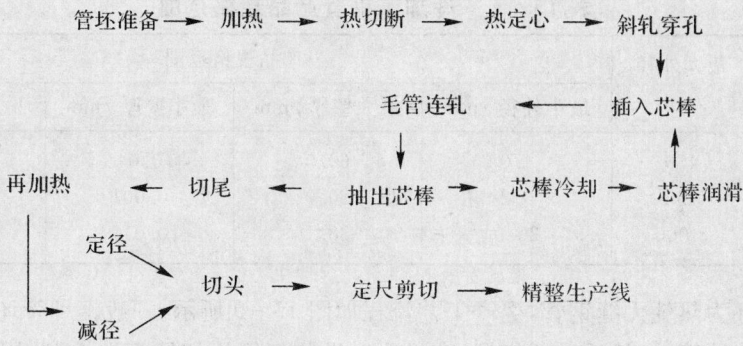

图 15 - 6　全浮动芯棒连轧管机组工艺流程示意图

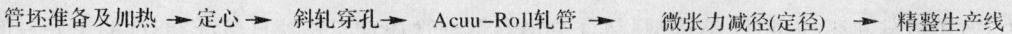

管坯准备及加热 → 定心 → 斜轧穿孔 → Acuu-Roll 轧管 → 微张力减径(定径) → 精整生产线

图 15 - 7　Accu - Roll 轧管机组工艺流程示意图

　　　　　　　试验　　　　→ 修磨 → 检查
冷却 → 矫直 → 切管 → 检查　　　　　　　　　　→ 打印喷字包装 → 入库

图 15 - 8　精整生产线一般工艺流程

15.3.2　冷轧无缝管生产方法

1. 概述

冷加工是获得高精度、高表面清洁度、高性能管材的重要方法。冷加工钢管方式有冷轧、冷拔、冷张力减径和旋压等。因为旋压的生产效率低、成本高,主要用于生产外径与壁厚比为 2 000 以上的特薄壁高精度管。冷轧和冷拔是目前管材冷加工的主要方法。

冷轧生产特点:① 经冷轧后的管材内部组织晶粒较细密,力学性能和物理性能均得到改善;② 冷轧管对于原始管坯壁厚偏差的纠偏能力较大,几何尺寸精确,表面光洁度高,内、外表面无划痕;③ 冷轧管材道次变形量较大,可达 75% ~ 85%,减径量达 65%,适合于合金钢管和直径与壁厚比(D/S) 大于 100 的薄壁管生产;④ 采用冷轧法生产管材可大量减少中间工序,如热处理、酸洗、打头、矫直和锯切等,减少了金属材料、燃料、电能和其他辅助材料及人力的消耗;⑤ 可有效地轧制高合金、塑性差的各种金属管材;⑥ 冷轧管机的产量较低,轧制工具(包括轧辊孔型、芯棒和滑道等)的制作技术要求较高,须要专用孔型加工机床。轧机结构比较复杂,维修技术要求较高等。⑦ 冷轧钢管工艺广泛用于生产合金钢、高合金钢、薄壁、极薄壁和极精密的无缝钢管。

各主要工业国家每年冷加工钢管产量一般约占钢管总产量的 5% ~ 10%,近年来还有增长趋势。表 15-3 是冷加工钢管的规格范围。管材冷加工的发展各国很不一致,大多数欧美工业国家以冷拔为主,如英国的冷轧钢管产量还不足钢管总产量的 25%;苏联 50% 以上是用冷轧方法生产的;美国冷轧和冷拔所占比例基本相当;我国以冷拔方式为主。

表 15 - 3　冷加工钢管产品规格范围

冷加工方式	最大外径 /mm	产品规格范围			
		最小外径 /mm	最大壁厚 /mm	最小壁厚 /mm	壁厚比
冷轧	450	4.0	60.0	0.04	60 ～ 250
冷拔	765	0.2	20.0	0.001	2.1 ～ 2 000
冷旋压	3 000	20.0	38.1	0.040	> 2 000

　　冷轧用管坯为热轧无缝钢管,生产工艺流程如图 15 - 9 所示。一般钢种管坯由管料库送往检查台选择合格的管坯,然后进行打捆。有必要时送往切管机切掉管端毛刺,因为冷轧时要求钢管两端齐头。如有管坯长度超过轧机规定长度,也需要切断。有些特殊钢种管坯,冷轧前还需要经过预先退火处理,其目的是降低硬度,提高韧性,消除组织结构的不均匀性,消除金属残余应力,改善冷轧机工作条件。不锈钢、高合金钢等钢种管坯首先要经过酸洗,酸洗的主要目的是清除管坯表面氧化铁皮,以检查表面缺陷,保护轧辊孔型并获得良好表面质量。经过热处理的管坯要进行矫直后再打捆。

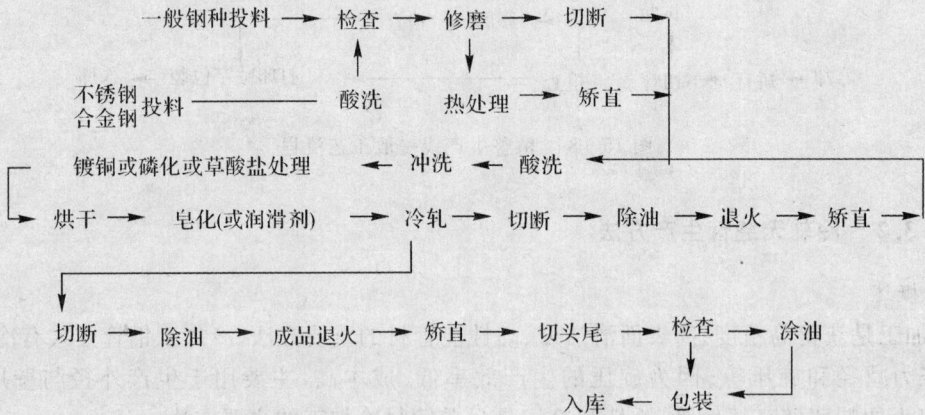

图 15 - 9　冷轧管生产工艺流程图

　　打捆后的管坯送往酸洗槽进行酸洗,酸洗后在热水槽中清洗,用高压水冲洗。镀铜的目的是为减小金属与轧辊之间的摩擦,减小能量消耗,延长工具寿命,增加金属变形量。之后送往干燥炉烘干,然后送往检查台进行检查,有缺陷的管坯送往磨床进行修磨或判为废品;合格管坯涂以硬质涂料,然后在润滑槽中沾润滑剂,之后送往冷轧机进行冷轧。

　　经过第一次冷轧的钢管,如果需要进行第二次冷轧,钢管要经过切断,中间退火,然后送往压力矫直机上进行初步矫直,辊式矫直机矫直后,并重复打捆以后的工序。有些重要用途产品,如高压锅炉管、石油管等,要进行油封,还需进行逐根喷印钢号、尺寸、炉批号等包装工作。有些薄壁管材,一般壁厚小于 1.5 mm,在包装之后,为避免在运输存放过程中压伤生锈,还需放在特制的箱子中。最后送往成品库等待发运。

　　根据钢的化学成分、用途以及标准和技术规范的规定,钢管需进行一次热处理(退火、回火等)或二次热处理(如淬火等)。热处理都要严格按工艺要求进行。

　　冷轧管材应用最广泛和最具有代表性的方法是周期式冷轧管法。该方法于 1932 年第一次在美国使用,一直是获得高精度薄壁管的重要手段,也是外径或内径要求高精度的厚壁管和特厚壁管以及异形管、变断面管等的主要生产方法。一般分为两种,一种是 LG 型,一种是 LD 型。LG 型的冷轧管机为两辊轧机,亦称皮尔格式冷轧管机,俄罗斯称其为 ХПТ 型,德国称其为 KPW(或 SKW)型,法国称其为 ILP(ILPR)型。第二种 LD 型为多辊轧机(至少三个轧辊以上,包括三个),俄罗斯称其为 ХПТР 型。按轧机机架行程长度可分为:① 普通行程轧机;② 长行程轧机,其轧机机架的行程长度是普通行程轧机的 1.5 ～ 1.8 倍。按同时轧制管材的根数可分为:① 单线轧机,其中有侧装料和端装料型;② 多线轧机,同时可轧制两根或三根管材;③ 双排辊轧机。除此之外,还有行星式冷轧管机、连续式冷轧管机、多线式冷轧管机、Y 型三辊冷连轧管机、横向多辊旋压机等。

2. 典型冷轧管生产方法

我国冷轧管机已经系列化,标准号为 JB/T5786—1991。按标准,冷轧管机型号及规格表示方法如图 15 - 10 所示。

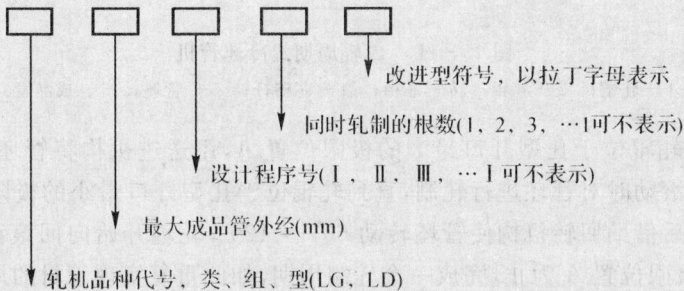

图 15 - 10　冷轧管机型号及规格

(1) 二辊周期式冷轧管法。我国冷轧管机的主要参数系列如表 15 - 4 所示,主要包括 LG—30,LG—55,LG—80,LG—120,LG—150,LG—200,LG—250,可以轧制多种钢管及中低强度的有色金属管材。

表 15 - 4　我国冷轧管机主要参数系列(括号中规格根据需要开发)

轧机类型	成品管直径范围 /mm	轧机类型	成品管直径范围 /mm
LG—30	15 ～ 30	LD—30	12 ～ 30
LG—55	25 ～ 60	LD—60	25 ～ 60
LG—80	50 ～ 80	(LD—90)	50 ～ 90
LG—120	80 ～ 120	LD—120	80 ～ 120
LG—150	100 ～ 150	(LD—150)	100 ～ 150
LG—200	125 ～ 200	LD—200	140 ～ 200
LD—8	3 ～ 8	(LD—250)	190 ～ 250
LD—15	6 ～ 15		

二辊周期式冷轧管机的工作原理如图 15 - 11 所示。在轧辊 2 中部凹槽中装有带变断面轧槽的孔型块 1,孔型沿工作弧由大向小变化,其最大断面(入口)与管坯外径 5 相当,最小断面与成品管 6 直径相等;在辊身上还开有两个切口,可以避免进料和转料时管坯与轧槽接触,在

轧制过程中管坯可以在孔型中进行轴向送进或自由反转。管坯 5 中插入锥形芯棒 3,芯棒与芯棒杆 4 连接,在轧制过程中芯棒 3 与芯棒杆 4 只作间歇式的转动。

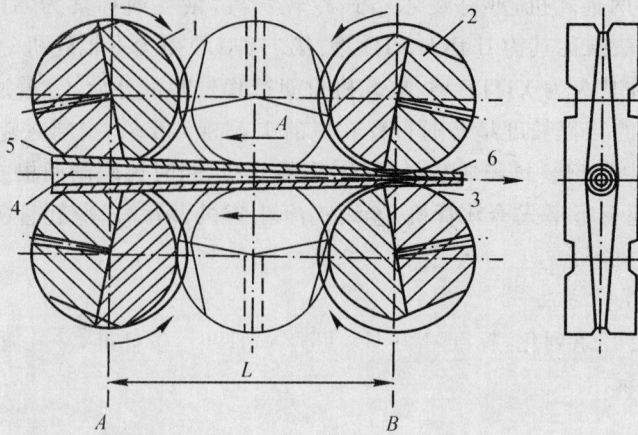

图 15 - 11　二辊周期式冷轧管机

1—轧槽;　2—轧辊;　3—芯棒;　4—芯棒杆;　5—管坯;　6—成品管

轧制开始时,轧辊位于孔型开口最大的极限位置 A,用送进机构将管坯向前送进一段距离,随后轧辊向前滚动时对管坯进行轧制,直到轧辊位于孔型开口最小的极限位置 B 为止,轧出一段成品管。然后借助回转机构使管坯转动 60°～ 120°,轧辊开始向回滚动,再对轧件进行均整、辗轧,直到极限位置 A 为止,完成一个轧制周期,如此重复实现管材的周期轧制过程。

两个轧辊的旋转往复运动如图 15 - 12 所示。轧制过程中,工作机架 3 连同轧辊 4,由曲柄连杆机构 1 和 2 带动作往返运动。工作机架内装有两个轧辊 4,每个辊子的辊头上装有斜齿轮 6,借此使上下轧辊得到同步旋转。下辊的辊端还装有直齿轮 7,它与固定在机架两侧托架上的齿条 8 相啮合,机架移动时,下齿轮由于直齿主动轮 7 和固定齿条 8 咬合而旋转,借助被动齿条 6 使上轧辊作同步而方向相反的运动。管坯在轧辊的往返运动中,在变断面的孔型中被加工为成品管。

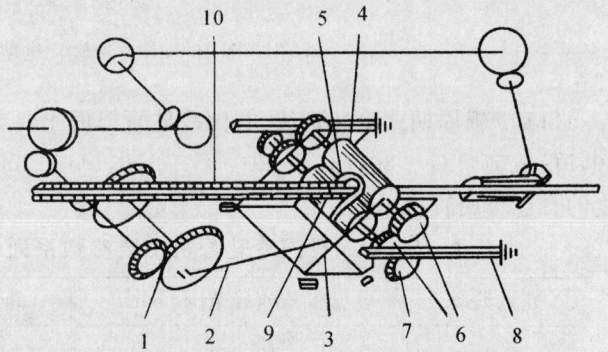

图 15 - 12　二辊周期式冷轧管机机构原理

1,2—曲柄连杆机构;　3—工作机架;　4—轧辊;　5—轧槽;
6—斜齿轮;　7—直齿轮;　8—齿条;　9—芯棒;　10—管坯

到目前为止,二辊周期式轧管机的发展经历了四个阶段:① 采用半圆形孔型,轧管机机架为一般速度;② 仍采用半圆形孔型,但由于采用了有效的惯性力和惯性力矩的平衡机构,轧管机机架速度提高了近 80%;③ 淘汰了半圆形孔型,采用圆形孔型块,机架行程加长了 80%～ 100%,改善了变形条件;采用有效的平衡机构,实现了高速轧制;加长了管坯长度,减少了轧管机停机时间,提高了有效工作系数和产量;④ 采用高速、超长行程轧制和双回转双送进。轧管机的轧制过程实现了不停机连续上料和连续轧制,并且采用计算机自动控制,实现了自动化操作。我国冷轧管机的水平刚刚跨入第三阶段。

（2）多辊周期式冷轧法。多辊式冷轧管机1952年由苏联研制成功，主要为由多个轧辊组成的滚轮式冷轧管机，已形成系列，我国主要有 LD—8,LD—15,LD—30,LD—60,LD—120,LD—200,LD—250（见表 15-4）。三辊式冷轧管机工作原理如图 15-13 所示。主要部件是一个圆柱形芯棒，三个轧辊和三个Ⅱ型滑道。具有非变断面孔型的小直径轧辊以其辊径支撑在按特定曲线制作的滑道的滚动平面上。当滑道以 V_1 的速度向前运动，而轧辊中心以 V_2 的速度向前运动，由于速度差，轧辊辊径与滑道之间便产生相对滚动，同时轧辊的孔型沿管坯的表面向前滚动。3 个（4 个、5 个）轧辊被装在轧辊保持架内，并均匀地分配在圆柱形厚壁套筒内，组成圆形孔型。当 3 个轧辊同步向前滚动时，实现了对管坯的轧制。

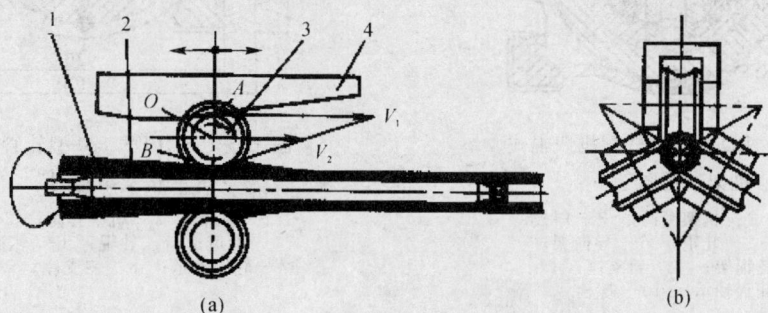

图 15-13　　多辊冷轧管机轧制原理图
1— 芯棒；　2— 管坯；　3— 轧辊；　4— 滑道

轧管机工作时，当轧辊位于滑道的最左端时孔型的开口最大，即三个轧辊离开的距离最大，三个孔型所组成的圆的直径最大，此时进行送料和转动。随着轧辊和滑道向右运动，由于滑道的速度大于轧辊的速度，滑道逐渐压下轧辊，使孔型开口断面逐渐减小，实现对管坯的轧制。当轧辊位于滑道的最右端时，孔型开口断面最小。当轧辊前进到最右端后，在曲柄连杆机构的作用下，开始反方向向后运动，进入回轧过程。当轧辊返回到左端极限位置后，管坯通过回转机构和送料机构进行转动并完成一定的送料量，开始下一个轧制周期。四辊、五辊式机架结构如图 15-14 和图 15-15 所示。

多辊式冷轧管机的主要特点：由于采用了 3 个以上小直径轧辊，金属对轧辊压力相对降低；送进量小，一道次最大横截面收缩率约为 70%；孔型轧槽浅，轧件与工具之间滑动小；轧辊与芯棒的弹性变形也小，故这种轧机可以生产高精度大直径的薄壁管材；由于变形均匀，生产出来的管材表面光洁，质量好。因此，多辊式冷轧管机适用于轧制塑性较低的有色金属及合金管材，比如钨、钼、锆等合金管材。目前生产的常用规格范围为直径 4 ～ 120 mm，壁厚 0.025 ～ 3.0 mm，外径与壁厚比为 150 ～ 250。

（3）多线冷轧管法。所谓多线轧机，就是在一台冷轧管机上同时轧制两根以上的管子。多线冷轧管机可以提高冷轧管机的生产率，目前已应用很广，2,3,4,6 线冷轧机均有投产。

1）LD 型多线冷轧管机。如图 15-16 所示是 LD—12×2 双线三辊冷轧管机的机架结构图。轧机机架本体与单线轧机没有原则性的区别。两个机架并排安装在同一个机架车体内，用同一个摇杆系统带动轧机机架作往复运动，以实现轧制。采用这种方法进行双线轧制时，两根管坯及其成品尺寸最好是相同的。另外，管坯的长度不能相差太大，否则，轧机的产量将受到影响。

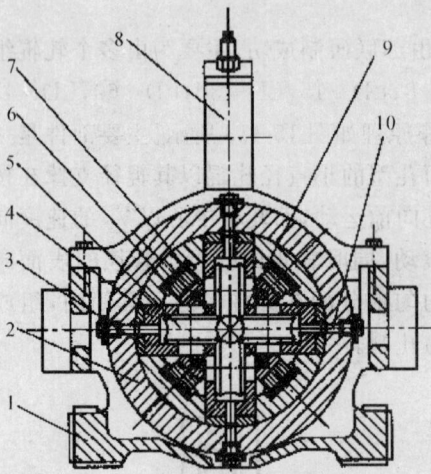

图 15-14　LD—60 型轧管机四辊式
机架结构图

1—框架；　2—机架套筒；　3—斜楔；
4—滑道；5—轧辊；　6—导向架；
7—轧辊架；　8—斜支座；
9—轧辊轴承；10—螺栓

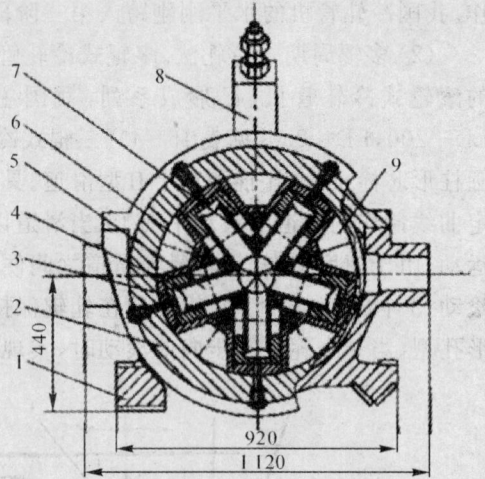

图 15-15　LD—120 型轧管机五辊式
机架结构图

1—框架；　2—机架套筒；　3—斜楔；
4—滑道；5—轧辊；　6—轧辊保持架；
7—轧辊轴承；　8—斜支座；　9—扇形块

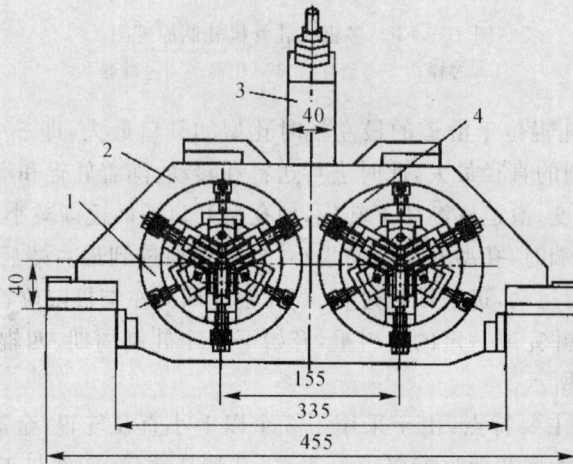

图 15-16　LD—12×2 双线三辊冷轧管机机架结构
1—1 号机架；　2—框架；　3—斜支座；　4—2 号机架

如图 15-17 所示是两组双线轧管机组成的四线三辊式冷轧管机机架，每一个双线机架由一套摇杆系统带动作往返运动以实现轧制过程，但两组机架摆动时的相位差 100°，以起到相互平衡惯性力的作用，提高轧机机架的摆动速度，减少冲击，从而提高轧管机产量。两组机架分别进行回转与送进。

如图 15-18 所示为四线多辊冷轧管机，减少了单位产量的设备投资、占地面积、操作人员，大大提高了生产效率。

2)LD 型双线二辊冷轧管机。如图 15-19 所示为 LD—25×2 双线二辊冷轧管机，用以提高轧机的产量。实践证明，轧机的产量有了较大幅度的提高。此种轧机在有色金属加工行业，尤其在铜加工方面效果较好。该轧机采用两对环形孔型块分别装在上下轧辊轴上。

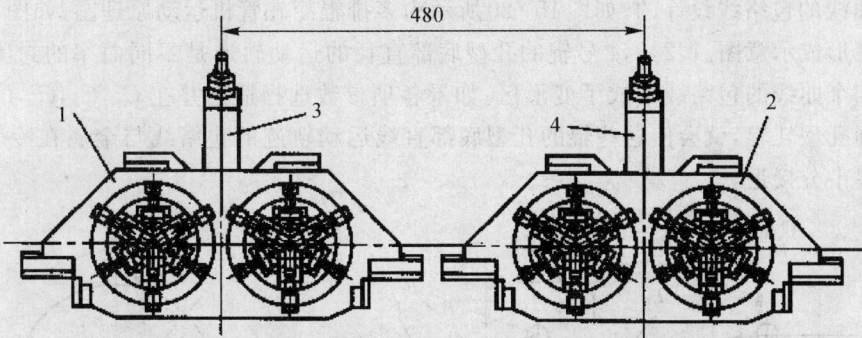

图 15-17　LD—12×4 四线三辊冷轧管机机架结构图

1—1号双线机架；　2—2号双线机架；　3—1号斜支座；　4—2号斜支座

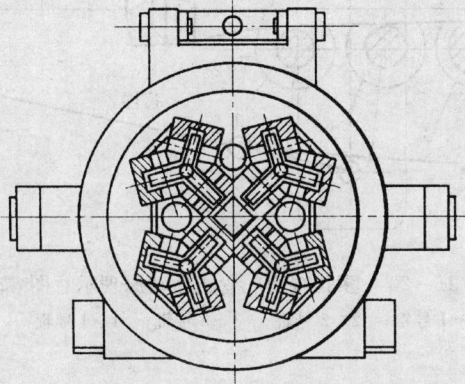

图 15-18　四线多辊冷轧管机

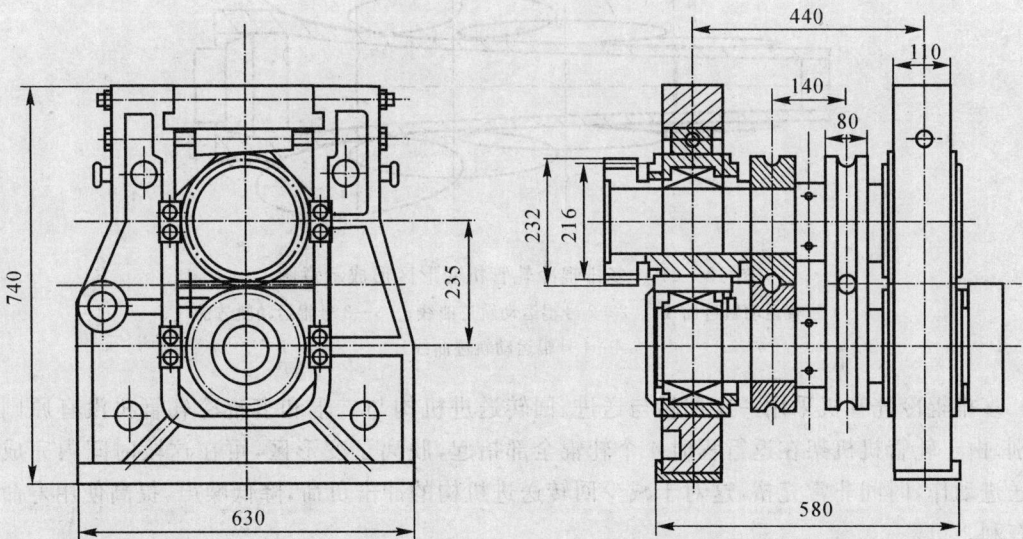

图 15-19　LD—25×2 双线二辊冷轧管机机架结构

（4）多排辊冷轧管法。多排辊冷轧管机是根据曲柄连杆机构和四杆机构上不同点的不同曲率封闭曲线的包络线设计的。如图 15-20 所示为多排辊冷轧管机运动原理图，如图 15-21 所示为变形区形成示意图。1，2，3，4 号辊的孔型底部直径的运动轨迹是不同曲率的封闭曲线 1，2，3，4。这四个曲线的包络线形成了变形区。如果各项参数选择适当并在 C_1，C_2，C_3，C_4 各点安装小直径圆孔型轧辊，就会使这些辊的孔型底部直线运动轨迹的包络线与金属在冷轧过程中的变形规律十分接近。

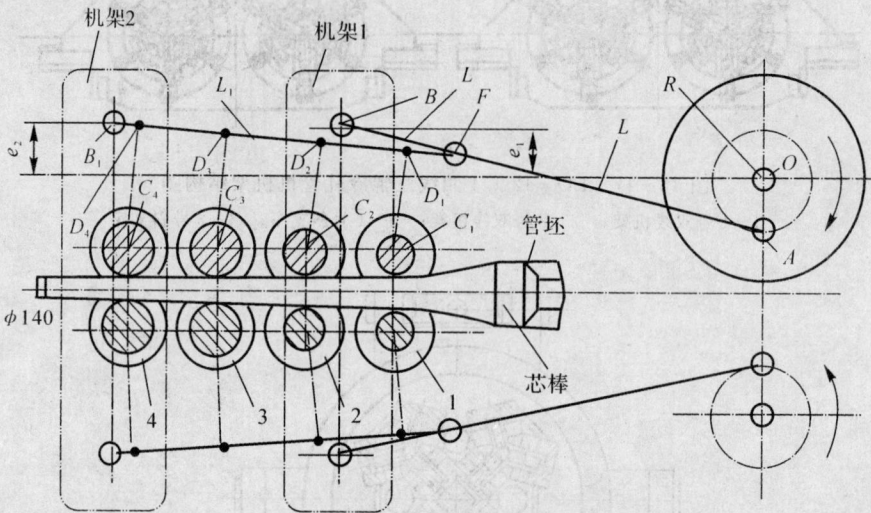

图 15-20 多排辊冷轧管机运动原理示意图

1—1 号辊；　2—2 号辊；　3—3 号辊；　4—4 号辊

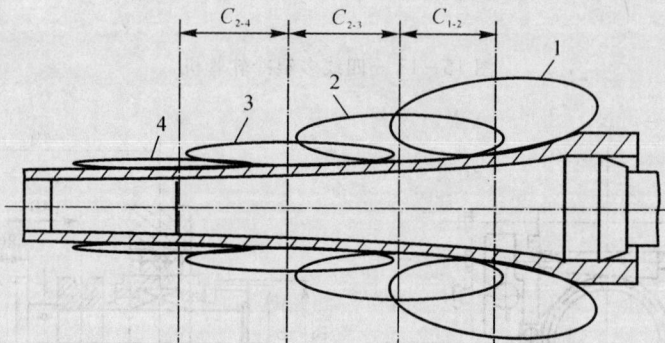

图 15-21 多排辊冷轧管机变形区形成示意图

1—1 号辊运动轨迹曲线；　2—2 号辊运动轨迹曲线；　3—3 号辊运动轨迹曲线；

4—4 号辊运动轨迹曲线

多排辊冷轧管机采用一次回转与送进。回转送进机构与二辊和多辊冷轧管机没有原则性区别。由于轧管机机架在返行程时 4 个轧辊全部抬起，脱离了变形区，可在这段时间内完成回转送进动作，时间非常充裕，这对于减少回转送进机构的冲击负荷，降低噪声，提高使用寿命十分有利。

（5）连续式冷轧管法。冷轧管技术的发展方向是采用多机架连续冷轧管机，如图 15-22 所示,轧机由轧辊轴线互相垂直安装的 8～9 个机架组成。由于彻底地摆脱了周期式工作制度,实际上对增加速度是不受限制的,因此可以大幅度提高生产效率。目前已应用于生产的连续式冷轧管机有限动芯棒式、随动芯棒式和半限动芯棒式等。但是所轧管子端部增厚,工具数量多,要求高,更换费时,适用于单一品种、专业化生产、产量高的管材生产。

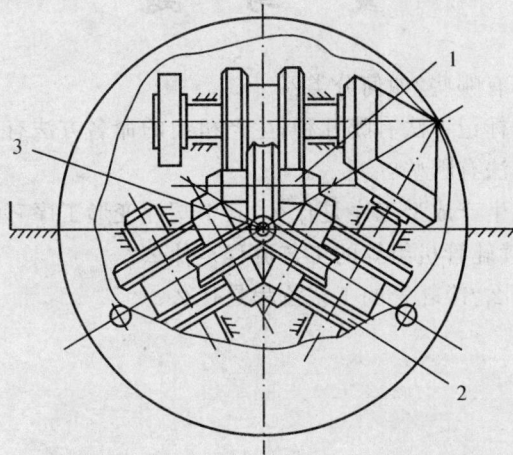

图 15-22　多辊连续式冷轧管机机架简图
1—工作辊；　2—支撑辊；　3—芯棒

(6) 高速冷轧管。冷轧管机的工作效率一直是人们最关注的问题,提高轧机的速度,必须首先解决轧机机架的惯性力和惯性扭矩的平衡方法,具体结构,各个零部件的强度和刚度,以及润滑、冷却、使用寿命等问题。还需解决回转送进机构的高速问题。例如 LG—30—Ⅲ 型高速冷轧管机主传动采用平皮带及气动离合制动器,采用垂直平衡机构,回转送进机构采用两个平面凸轮和差速机构。该轧机的机架速度可达 70～210 次/min,机架的行程长度为 450 mm,属短行程高速轧机。再例如 LG—30—GH 型环形孔型长行程高速冷轧管机,该轧机轧辊直径为 300 mm,机架行程为 902 mm,机架的速度是 50～180 次/min,主传动系统中采用皮带轮、气动离合-制动器和垂直平衡机构,回转送进机构采用平面凸轮、游动丝杠、无级变速器机构。

(7) 长行程长坯料轧管法。"长行程"是指加大送进量,每次轧制的延伸长度也随之增加,因此要求轧机的行程长度与其相适应,不然就不能获得光洁的表面和尺寸精度。从工具设计到轧机结构已经引起了一系列的变化,比如二辊式冷轧机出现了马蹄形轧槽和环形轧槽,以充分利用圆周长度满足行程需要。应当指出,因为同一行程使用这两种轧槽的辊径小,降低轧制压力,能减轻整个机架结构,所以这两种轧槽也是提高轧制速度和实行多线轧制的需要。再比如附加辊架冷轧机(主轧机出口侧装置一小辊机架起定径作用)、双对辊冷轧机(同一机架上有两对轧辊)、双排多辊式冷轧机(同一隔离架上前后各安装一组小辊),都有效地增加了变形区长度；"长坯料"近年来几乎增加了一倍,已达 12.5 m。

(8) 管材温轧法。对于某些难变形的金属及其合金,用一般常温的冷轧方法无法实现有效稳定的轧制,进行温轧得到了普遍重视。一般用感应加热器将工件在进入变形区前适当加热,但温度低于再结晶温度,使金属塑性大为提高,温轧的最大延伸率约为冷轧的 2～3 倍。但对温加工范围内塑性反而降低的材料不能使用。比如对于像钨、钼一类在常温下变形抗力很大、塑性较差的材料,或者加工硬化较快的硬铝、某些黄铜、钛合金等材料。采用温轧可以降低轧制压力,增大延伸系数和送进量,提高轧机生产效率。由于在轧制过程中必须对管坯进行加热至工艺要求的温度,因此机架的结构一方面要在较高温度情况下有足够的强度,又必须具备较好的散热条件。

复 习 题

1.钢管的分类方法都有哪些?如何分类?

2.无缝钢管品种规格标记方法有哪几种?生产机组的命名方法有哪几种?

3.无缝钢管的生产方法有哪些?

4.热轧无缝钢管主要生产成型工序是什么?其中塑性变形工序有哪些?

5.自动轧管机组、连续轧管机组等的工艺流程是什么?

6.冷轧生产特点是什么?冷轧管的工艺流程是什么?

第16章　热轧无缝钢管生产工艺

第15章已简要介绍了热轧无缝钢管的基本工艺流程,包括坯料准备、管坯穿孔、轧管、定减径、精整等。本章将围绕热轧无缝钢管的基本生产工序展开,讲述碳钢和特殊合金钢的热轧无缝钢管生产工艺。

16.1　管坯及其轧前准备

因为管坯质量会影响钢管的质量,而且管坯选择不当,还会限制机组生产能力的发挥。所以管坯的选择及轧前准备对于提高产品质量、降低成本以及最大限度地发挥机组生产能力有重要意义。

16.1.1　管坯种类及选择

管坯种类选择包括选定管坯断面形状、管坯钢冶炼方法和管坯生产方法。

管坯横断面形状取决于采用的穿孔方法:压力穿孔(挤压机组)选用方坯(锭);推轧穿孔选用方坯(锭);各种斜轧穿孔,由于穿孔时管坯作螺旋运动的条件限制,必须选用圆形坯(锭)。

管坯钢的冶炼方法和管坯的生产方法取决于钢管品种和技术条件、穿孔方法以及冶炼和浇注技术等。一般碳素钢和合金结构钢管坯大多采用氧气顶吹转炉钢或平炉钢;合金钢和高合金钢管坯采用电炉钢,有特殊要求的采用电渣重熔钢。

压力穿孔和推轧穿孔时金属应力状态条件较好,变形量也小,可采用钢锭或连铸坯为坯料;二辊斜轧穿孔(曼内斯曼穿孔)应力状态条件较差,当穿孔变形量较大时(穿孔延伸系数 $\mu_{ck} \geqslant 3.0$),须采用轧坯或锻坯(高合金钢);如果穿孔变形量较小,并采用较低的穿孔速度,也可采用钢锭($\mu_{ck} \leqslant 2.1$)或表面质量较高的连铸坯($\mu_{ck} \leqslant 3.0$)为坯料;狄舍尔穿孔和三辊斜轧穿孔有较好的应力状态条件,故可采用连铸坯($\mu_{ck} \leqslant 3.0$)。

选用钢锭和连铸坯为管坯成本比较低;锻坯常用于某些特殊合金钢管坯以及用轧制方法难以得到的或者经济上不合算的管坯,例如管坯尺寸过大就无法实现在轧机上轧制,一般大于 $\phi300$ mm 的圆坯多为锻坯;采用方坯的优点是比圆坯价格低廉,且供料方便。

采用氧气转炉连铸坯是近代无缝钢管生产技术的重要发展趋向。由于转炉炼钢和连铸技术的发展,以及为降低无缝钢管生产成本的需要,促使选用转炉钢管坯用连铸坯直接轧制。通过采用铁水预脱硫、钢水真空脱气、钢水炉外脱磷脱硫、氩气保护浇注和电弧加热钢锭液面等新工艺,提高了冶炼和浇注技术,再加上合理拟定轧制温度和孔型设计,严格清理管坯表面缺陷等措施,已使转炉管坯达到较好的质量水平。用连铸坯直接轧管可使钢管成本降低 20%～25%,金属收得率提高 10%～14%,节省能源 30%～40%。连铸坯内部质量较好,内部非金属夹杂、化学成分偏析和铸造组织缺陷比用普通钢锭轧成的管坯少;根据无缝管变形分析研究,采用连铸圆坯比方坯更能减少不均匀变形和降低工具磨损,从而降低生产成本。采用连铸圆坯作为原料已被普遍采纳,采用连铸圆坯为原料的斯蒂菲尔(Stiefel)穿孔机、狄舍尔(Diescher)穿孔机和新型锥辊式穿孔机已经得到了广泛应用。

在热轧无缝钢管生产中,还有采用离心铸造空心坯作为生产大口径管及可穿性低的高合金管和复合管的坯料。其优点是:① 可用难变形金属(不锈钢、耐热钢等)生产无缝钢管。② 因为离心浇注时在离心力的作用下非金属夹杂物被挤向内表面,同时可获晶粒细小的组织;可获得高光洁度的毛管,并具有良好的力学性能和金相组织。③ 省去了管坯轧制、穿孔等工序,从而简化轧管生产过程和减少金属消耗和能耗。近年来,国外已出现采用旋转连铸方法来获得空心坯,其目的是省去穿孔工序,简化轧管生产工艺和降低产品成本。

16.1.2　管坯检查和表面清理

由于冶炼、铸锭等因素带来的缺陷,不仅在轧制过程中不能完全消除,残留在管坯上,在轧坯过程中还会产生新的缺陷。因此,须对管坯进行严格检查和彻底清理表面缺陷,这是确保钢管质量和提高成材率的重要措施。国内外钢管质量较好的轧管厂,对此项工作都极为重视。通常,管坯检查和表面缺陷清理应在管坯生产厂完成,轧管厂则根据相应的管坯技术条件进行复验。管坯清理方法与其他钢材一样,需以清理效率、成本、质量、金属损耗和管坯本身的性质等方面为依据,综合地加以考虑。

为了暴露管表面缺陷,便于检查,通常先采用酸洗、剥皮等方法去除管坯表面氧化铁皮。现在多采用无损探伤检查(常用超声波自动探伤仪)来代替人工检查,不但显著提高了工作效率,改善了劳动条件,而且提高了检查质量。

表面清理的方法有砂轮修磨、火焰清理、风铲清理和机械剥皮等。现代热轧管车间主要采用以下清理方法:① 中、低碳钢多采用高效率的表面火焰清理法,其工艺是逐根检查或无损探伤 — 火焰清理 — 喷丸清除残渣并使表面光洁;② 高碳钢和合金钢采用砂轮修磨;③ 重要用途钢管和高合金管坯采用整根剥皮 — 检查 — 局部修磨。虽然剥皮清理金属消耗大、成本高,但由于能提高钢管质量和成材率,故经济上还是合算的。由于对钢管的技术要求不断提高,国外有些工厂对全部管坯进行剥皮清理(外径车去 2 ~ 6 mm),以保证钢管质量。

16.1.3　管坯切断

当管坯供应长度大于生产计划要求的长度时,需设置管坯切断工序。生产所需的管坯长度按下式计算:

$$L_p = \frac{\pi(n_c L_c + \Delta L)(D_c - S_c)S_c}{K_{sh}F_p} \qquad (16-1)$$

式中,L_p 为生产所需的管坯长度,mm;F_p 为管坯横断面积,mm^2;n_c 为每根热轧管的倍尺数(一根热轧管切成 n_c 根成品管);D_c、S_c 分别为成品管外径与壁厚,mm;L_c 为成品管定尺长度,mm;ΔL 为切头切尾(包括切口)长度,一般取 200 ~ 600 mm;K_{sh} 为考虑管坯加热时烧损的系数,其值与钢种、炉子型式和加热操作有关,通常环形炉为 98% ~ 99%,斜底连续式加热炉为 97% ~ 98%,步进式炉为 98.5% ~ 99%。

管坯长度不应超过机组设备允许范围,如加热炉、穿孔机前后台长度等。穿制高合金钢管时,管坯长度还须考虑到穿孔顶头的寿命。管坯切断的方法有剪断、折断、锯断、火焰切割和阳极切割等几种:① 火焰切割法:操作费用最低,但金属耗损多,切割质量差,故目前多用手工火焰切割作为补充的切割手段。但由于火焰切割技术的提高,已有一些工厂用多头火焰切割机自动切割作为低碳钢管坯切断的主要方法;② 剪断法:生产效率较高、切断费用低。目前强度极限 $\sigma_b \leqslant 1\,000\ kN/mm^2$,管坯直径 $D_p \leqslant \phi160 \sim 180\ mm$ 的低碳钢、中碳钢以及合金结构钢管坯,主要用剪断法剪断。为了提高剪切效率,采用大吨位的剪切机实行双根切断;为了减少切断时产生管坯端部的压扁度,一般剪刀采用成型刀刃;对于易产生剪切裂纹的管坯(如 30CrMnSiA、GCr15),剪切时将管坯预热至 $200 \sim 300\ ℃$。③ 折断法:用于管坯直径 $D_p \geqslant \phi140$ mm 或强度极限 $\sigma_b \geqslant 600\ kN/mm^2$ 的管坯切断。所用设备为折断压力机,折断过程是先用火炬在预定折断处割一切口,然后放入折断压力机中用三角形斧刃加力折断。④ 锯断法:切断质量最好,广泛用于合金钢特别是高合金钢管坯的切断。锯断设备有弓形锯、带锯和圆盘锯等。镶高速钢扇形刀片的冷圆盘锯用于冷锯合金钢管坯;镶硬质合金刀片的冷圆盘锯用于锯断高合金钢管坯。

16.1.4　管坯定心

圆管坯定心是指在管前端端面中心钻孔或冲孔,其目的是防止穿孔时穿偏,减小毛管前端的壁厚不均,并改善斜轧穿孔的二次咬入条件,使穿孔过程顺利进行。定心方法有冷定心法和热定心法。

冷定心法是指在管坯加热前,在专门机床上钻孔。它的特点是定心孔尺寸精度高,但有金属损失,仅在高合金钢或重要用途钢管生产中应用。

目前广泛采用的是高效率的热定心法。热定心是在管坯加热后,用压缩空气或液压在热状态下冲孔,设备设置于穿孔机前台附近。此方法效率高,没有金属消耗,设备简单。常见有风镐式、炮弹式和液压式三种:① 风镐式。由汽缸推动风镐多次冲击管坯形成一个定心孔。特点是孔穴质量好,生产安全,可靠;设备体积小,投资少,制造周期短;但必须经过多次冲击,定心高度需要调整。② 炮弹式。用高速冲头一次冲成定心孔。对于小直径管坯,由于单重轻,易于把管坯冲跑,甚至飞出冲头,很不安全,故很少使用。③ 液压式。管坯由液压夹紧机构夹紧,工作液压缸带动冲头,冲击管坯形成定心孔。国内普遍采用,采用自动调心装置,孔穴质量好,生产安全,可靠;设备体积大,投资多,制造周期长。

管坯定心孔形状和尺寸如图 16-1 所示。二辊斜轧穿孔时,定心孔直径 d 大体等于管坯在斜轧穿孔时受复杂应力作用,产生中心疏松区的直径,其值一般为 $(0.15 \sim 0.25)D_p$。定心孔深度 l 与定心目的有关:以减小毛管前端壁厚不均为目的,$l = 7 \sim 10$ mm;以改善二次咬入为目的,$l = 20 \sim 30$ mm;对于某些可穿性低的高合金钢管坯,可采用深孔钻钻通孔,以达到减小穿孔变形、储存顶头润滑剂和提高可穿性的目的。

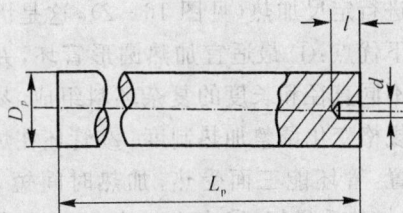

图 16-1　管坯定心孔尺寸

直径较小的管坯,可以利用二辊斜轧穿孔时因管坯表面变形在前端形成漏斗状的凹穴实现自动定心,因此直径小于 $\phi90$ mm 的管坯可以不定心。实践证明,三辊斜轧穿孔时,管坯中心金属处于全向压应力状态,中心形成"刚性核",而且因表面变形形成管坯前端的凹穴很浅,起不到自动定心作用,因此管坯最好都进行定心。

16.2 管 坯 加 热

16.2.1 管坯加热的目的和要求

管坯加热一方面可提高金属塑性和降低变形抗力,有利于塑性变形和降低能量消耗;另一方面可使碳化物溶解和非金属相扩散,改善钢的组织性能。

在加热过程中也会产生某些缺陷:① 坯料表面氧化,增加金属消耗,严重的还影响成品的表面质量;② 脱碳,会影响某些钢管的性能(如表面硬度、疲劳强度和耐磨性等);③ 增碳,不锈钢坯在加热过程中会出现表面增碳,影响其抗腐蚀能力;④ 过热、过烧,当管坯加热温度过高或在高温段停留时间过长,会产生过热、过烧缺陷,使金属的塑性降低、性能变坏。

对管坯加热有三个基本要求:① 加热温度准确,保证穿孔过程在金属塑性最好的温度范围内进行。加热温度过高,会因降低金属塑性和晶间结合力而造成穿孔时产生内折和轧破缺陷;加热温度过低,因塑性降低、变形抗力增大,恶化穿孔时的咬入条件,造成内折和轧卡事故。② 加热温度均匀,力求管坯沿纵向和横向加热均匀,内外温差不应大于 $30 \sim 50℃$,最好在 $15℃$ 以下。管坯加热温度不均不仅使穿孔后毛管壁厚不均,还会影响穿孔过程的正常进行,造成穿破或轧卡事故。③ 烧损少,并且管坯在加热过程中不致产生有害的化学成分变化(如脱碳或增碳)。

16.2.2 管坯加热炉

管坯加热炉有斜底式连续加热炉、分段快速加热炉、环形辊底式加热炉、步进梁式加热炉和感应加热炉等几种型式。现代热轧无缝钢管机组中,除个别连轧管采用分段式快速加热炉外,大都采用环形加热炉加热管坯。步进式加热炉是最有前途的加热炉之一,在加热长管坯和钢管再加热时采用。对产量不大的轧管车间进行改造时,用步进炉代替斜底式连续加热炉是可取的。

迄今为止,我国轧管厂均广泛采用环形加热炉进行定尺加热(见图 16-2),这是因为其具有以下优点:① 最适宜加热圆形管坯,并能适应多种不同直径和长度的复杂坯料组成,易于按照管坯规格变化调整加热制度。② 管坯在炉底上间隔放置,管坯能三面受热,加热时间短,温度较均匀,加热质量好。③ 管坯在加热过程中随炉底一起转动,与炉底之间无相对运动和摩擦,氧化铁皮不易脱落。炉子除装出料炉门外无其他开口,严密性好,冷空气吸入少,因而氧化烧损较少。④ 操作的机械化和自动化程度高。但也有缺点:占用车间面积较大;管坯在炉底上呈辐射状间隔布料,炉底面积利用率低。

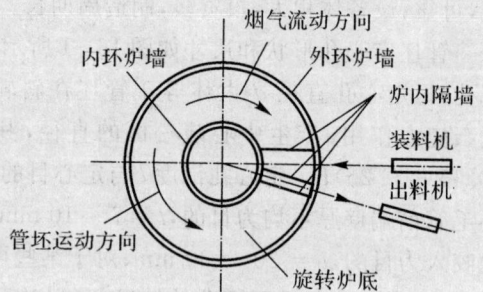

图 16-2 环形加热炉示意图

步进式加热炉的最大特点是管坯加热均匀,断面温差小,炉子适应高生产率的需求(见图16-3)。但由于步进梁的间距不能过小,所以对入炉管坯的最小长度有一定限制。步进式加热炉以倍尺管坯加热为主,管坯加热后需要在其后设置的热锯机上切成定尺长度,然后再进行穿孔等工序。步进炉可以有效避免环形加热炉管坯定位难的问题,同时占地面积小。可以使炼钢连铸设备和轧管机之间紧凑布置,为连铸管坯热装热送创造了条件。

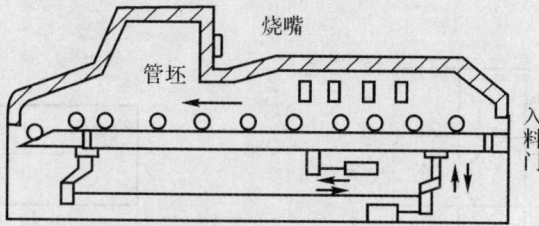

图 16 - 3　步进式加热炉示意图

步进梁式加热炉与环形加热炉相比,单位面积产量(每 1 m² 炉底面积每 1 h 可加热管坯350 ~ 400 kg)高约 60%,燃料单耗可降低约 10%,加热时间可缩短约 10% ~ 15%,炉子占地面积减少约 50%。但是,仅有国外个别厂家在使用,有关报道很少,对其技术成熟程度和生产可靠性无法确认。两种炉子对比如表 16 - 1 所示。

表 16 - 1　环形加热炉与步进式加热炉对比

名　　称	环形加热炉	步进式加热炉
占地面积	大	小
管坯长度	定尺	倍尺
投资	稍低	稍高
实现热装热送	不易	容易
加热质量	较好,内外温差 30℃	好,内外温差小于 30℃
配套费用	高(冷锯 3 台)	低(回转热锯 1 台,保温罩 1 座)
适用生产能力	大、中、小	大

16.2.3　加热制度

管坯加热制度内容包括加热温度、加热时间和加热速度等工艺参数的确定。

1. 管坯加热温度的确定

加热温度是指管坯的出炉温度。决定斜轧穿孔时管坯加热温度的基本依据是保证毛管的穿出温度在该钢种塑性最好温度范围内。碳素钢塑性最好的温度一般是低于固相线 100 ~ 150℃。但对合金钢和高合金钢,依靠相图确定是困难的,尤其是研制新钢号钢管时,用热扭转法或用测定临界压缩率的方法确定各种合金钢最好塑性的温度范围,并以此范围作为该钢种的穿出温度范围。如图 16 - 4 所示为 1Cr18Ni9Ti 钢的热扭转曲线,由图可知,穿出温度不高于1 210℃,以 1 170 ~ 1 200℃ 为好。

临界压缩率(临界径缩率)是指斜轧时管坯出现中心撕裂但并未形成孔腔时的直径压缩率,孔腔是一种不可修复的热轧管质量缺陷。最简单的试验方法是将圆柱形试料加热至不同温度,然后在斜轧机中不带顶头空轧,并在中途轧卡,最后将轧卡试料纵向剖开并测量有关尺寸(见图 16 -5),即可计算出临界压缩率为

$$\varepsilon_{\mathrm{lj}} = \frac{D_{\mathrm{p}} - D_{\mathrm{lj}}}{D_{\mathrm{p}}} \times 100\% \qquad (16 - 2)$$

式中,D_{p} 为圆柱试料直径,mm;D_{lj} 为轧后试料开始出现中心或环形撕裂处的断面直径(以裂

纹宽度达 0.05 mm 作为判别出现撕裂的依据),mm。

由于实验室条件与生产条件不同,因此在实验室中用此法确定的穿出温度范围,要经生产试用并加以修正。

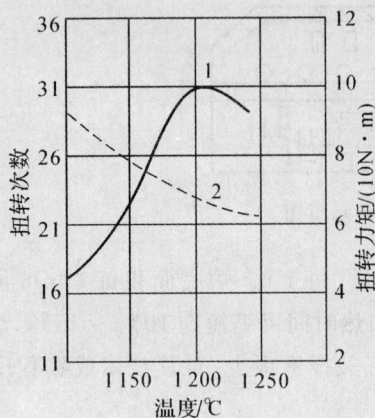

图 16-4　1Cr18Ni9Ti 钢热扭转曲线

1— 扭转次数；　2— 扭转力矩

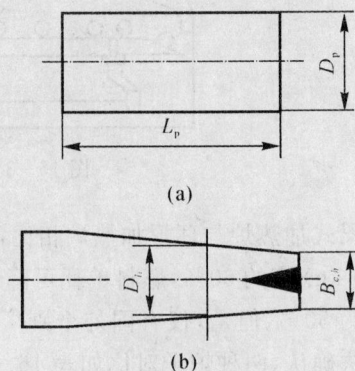

图 16-5　临界压缩率实验曲线

(a) 试验前；　(b) 试验后

如图 16-6 所示为 1Cr18Ni9Ti 钢的临界压缩率与温度试验曲线。由图可知,穿出温度应在 1 170 ～ 1 200℃ 范围内为宜,这与热扭转试验所得结果大体相同。

加热温度 t_{jr} 与穿出温度 t_{ch} 之间的关系如下(见图 16-7)：

$$t_{jr} = t_{ch} + \Delta t_j - \Delta t_{sh} \tag{16-3}$$

式中,Δt_j 为管坯从出炉至开穿期间的温降,℃；Δt_{sh} 为穿孔时金属的温升,℃。

温降 Δt_j 值与设备布置、管坯尺寸、运送速度和气候等条件有关,一般设计合理的机组,其值不大于 20 ～ 30℃。斜轧穿孔时金属温升值 Δt_{sh} 与管坯材质、穿孔变形量和顶头型式有关。变形抗力高的钢种、穿孔延伸系数大和采用非水冷顶头等条件 Δt_{sh} 值较高。通常碳素钢穿孔时的温升约为 20 ～ 30℃,而高合金钢穿孔时温升可达 50 ～ 100℃。

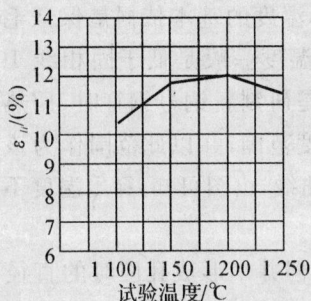

图 16-6　1Cr18Ni9Ti 临界
压缩率试验曲线

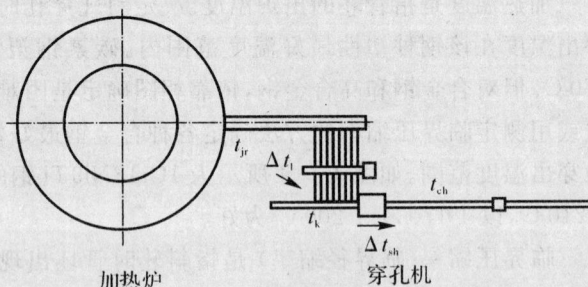

图 16-7　加热温度与穿出温度的关系

2.管坯加热速度的确定

管坯加热过程一般分低温和高温两个阶段。低温阶段是加热一些合金钢和高合金钢的关键,一般采用慢速加热法。若采用过快的加热速度会产生加热裂纹甚至破碎,其原因是:① 过快的加热速度将使管坯内外温差增加,导致金属体积膨胀不一致而产生较大的应力。显然,管坯直径越大,导热性越差,加热速度越快,产生的温差应力也越大。② 管坯因前道工序加工不良(如冷却不当等),在管坯内部存在着残余应力,尤其是加热冷锭时钢锭内部存在较大的铸造应力,使产生裂纹的敏感性增加。③ 钢加热到 $300 \sim 500℃$ 时将出现"蓝脆"现象,显著降低钢的塑性和强度。④ 当加热到 Ac_1 时钢将产生相变,金属体积变化不一致而产生组织应力。低温阶段这些应力叠加,将有可能破坏金属的连续性而产生加热裂纹。因此在低温阶段应采用较低的加热速度,虽然使加热时间增加,但由于温度低不会过多增加金属氧化和产生其他加热缺陷。

高温阶段是指金属被加热到 $700 \sim 800℃$ 以上时,金属塑性显著提高,故可采用较快的加热速度,以提高炉子的加热能力、减少氧化和脱碳等加热缺陷。高温阶段的主要问题是如何保证管坯加热均匀、改善金属的组织结构,减少氧化、脱碳和防止过热、过烧。其中加热温度均匀是生产工艺中很关键的问题。管坯加热不均将带来毛管壁厚不均、内外表面缺陷以及轧制过程不能顺利进行,如出现不咬入、轧卡等生产故障。因此,在加热阶段结束,要有一定的保温时间(均热),这对加热大直径管坯尤为重要。

如图 16-8 所示为三种典型的管坯加热曲线。曲线 1 是从管坯入炉到管坯温度达到加热温度,以不变的最大加热速度进行加热,这适用于小直径低碳钢和某些低合金钢的加热。其优点是生产率高,可减少氧化和脱碳,并使管坯表面形成薄而牢固的氧化铁皮,增加摩擦因数,改善穿孔时的运动条件和提高毛管表面质量;曲线 2 是低温段慢速加热(预热),高温段快速加热,适用于导热性差的合金钢和高碳钢等;曲线 3 是考虑到金属组织转变中进行保温的加热曲线,因实际生产中控制困难,很少采用。

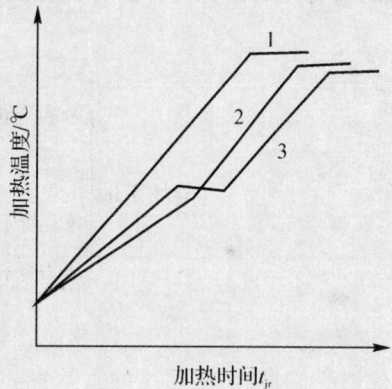

图 16-8 典型加热曲线

3.管坯加热时间的确定

管坯加热时间可以按经验式估算:

$$t_{jr} = K_{jr} D_p \qquad (16-4)$$

式中,t_{jr} 为加热时间,min;K_{jr} 为单位管坯直径的加热时间(即加热速度),min/cm;D_p 为圆管坯直径,cm。

K_{jr} 值与管坯钢种、规格、炉子型式、供热能力和操作有关。一些管坯加热的生产统计数据如表 16-2 所示。

表 16-2 环形炉管坯(轧坯)单位加热时间 K_{jr}

钢种	碳素钢、低合金结构	合金结构钢	中合金钢	轴承钢	不锈钢、高合金钢
K_{jr} 值	$5 \sim 6.5$	$6 \sim 7$	$6.5 \sim 8$	$6 \sim 8$	$7 \sim 10$

4.钢管再加热

由于钢管再加热属于薄材加热,故对加热速度限制不大,特别是在热装料加热的情况下更是如此。一般定减径机前的再加热炉都可以采用快速加热,以减少氧化和脱碳,提高炉子的生产率。

实践证明,采用快速加热,脱碳层厚度很小,氧化铁皮也少(0.2% ~ 0.5%),但燃料消耗增加。

定减径前钢管再加热温度一般在 900 ~ 1 100℃ 之间。由于定减径后出来的是热轧成品钢管,因此在确定再加热温度时要考虑产品的组织性能和表面质量,同时还应考虑钢管的轧后冷却方式,故各种产品的再加热温度不尽相同。当采用步进式再加热炉加热钢管时,加热时间为

$$t_{jr} = 2.2 \frac{D - S}{D} S \quad （min）\tag{16-5}$$

式中,t_{jr} 为加热时间,min;D 为被加热钢管外径,mm;S 为被加热钢管壁厚,mm。当热装温度高于 700℃ 时,应将计算的结果减少 30% 左右。

16.3 管 坯 穿 孔

管坯穿孔是热轧无缝钢管生产中最重要塑性变形工序,它的任务是将实心坯穿制成空心毛管。对穿孔工艺的基本要求:① 保证穿出的毛管壁厚均匀,椭圆度小,几何尺寸精度高;② 保证毛管内外表面质量较光滑,无结疤、折叠和裂纹等缺陷;③ 要有与机组生产节奏相适应的穿孔速度和轧制周期,使毛管终轧温度能满足轧管机要求。按照穿孔机的结构和穿孔过程的变形特点,可将现有的穿孔方法分类如图 16-9 所示。

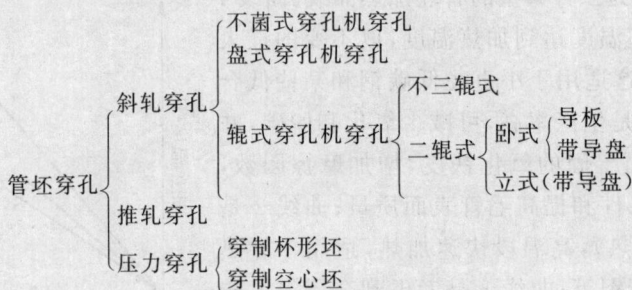

图 16-9　穿孔方法分类

16.3.1　二辊斜轧穿孔变形过程

斜轧穿孔机不论其轧辊形状如何,为了保证管坯咬入和穿孔过程的实现,都由穿孔锥(轧辊入口锥)、辗轧锥(轧辊出口锥)和轧辊轧制带(入口锥与出口锥之间的过渡部分)三部分组成(见图 16-10)。

二辊斜轧穿孔是德国曼内斯曼兄弟于 1883 年发明,1886 年用于工业生产的,故又称曼内斯曼穿孔法,它是目前应用最广泛的穿孔方法。表 16-3 列出了某些机组的二辊斜轧穿孔机的主要性能。二辊轧斜轧穿孔是轧件在两个相对于轧制线倾斜放置的主动轧辊、两个固定不动的导板(或随动导辊)和一个位于中间的随动顶头(但轴向定位)组成的一个"环形封闭孔型"(见图 16-11)内进行的轧制。图 16-11 中 β 角为轧辊轴线与轧制线在轧制平面的夹角,称为送进角。

斜轧穿孔过程是一个独特的连轧过程,管坯咬入后,由轧辊带动获得螺旋运动,一边旋转,一面前进,并在 $1/n$(n 为轧辊数目)受轧辊加工一次。如此,依次通过穿孔变形区的各部分,经受穿孔准备、二次咬入和穿孔、毛管减壁、平整内外表面和均匀壁厚以及规圆等轧制变形,而获要求尺寸的毛管。

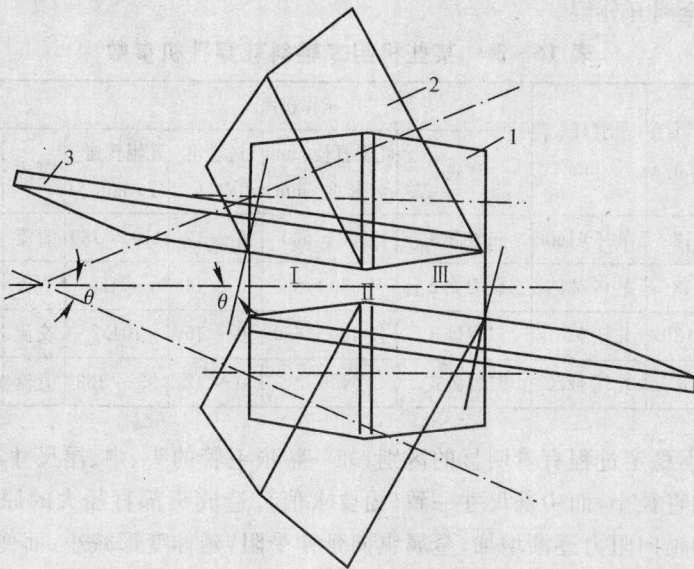

图 16-10　三种型式的斜轧穿孔

1—辊式；　2—菌式；　3—盘式；　Ⅰ—入口锥；　Ⅱ—轧制带；　Ⅲ—出口锥

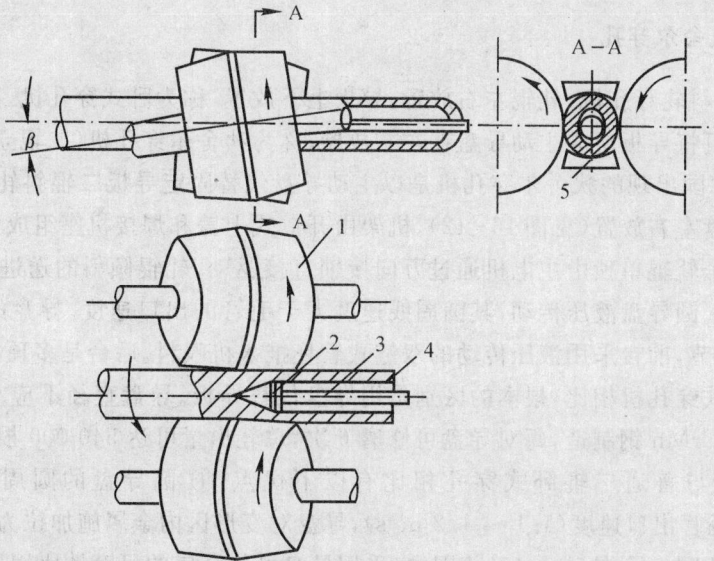

图 16-11　二辊式穿孔机孔型构成示意图

1—轧辊；　2—顶头；　3—顶杆；　4—轧件；　5—导板

　　这种穿孔方法优点是毛管壁厚较均匀，一次延伸系数较大(1.25～4.5)，可以直接实现由实心圆坯到薄壁毛管的穿孔；主要缺点是变形复杂，易产生和扩大表面缺陷，所以对管坯质量要求较高，一般采用锻坯或轧坯。

　　整个斜轧穿孔过程可分为第一个不稳定过程、稳定过程和第二个不稳定过程三个阶段。第一个不稳定过程从管坯同轧辊接触开始，到前端金属穿出变形区；稳定过程是穿孔过程的主要阶段，从管坯前端充满变形区到管坯尾端开始离开变形区；第二个不稳定过程为管坯尾端开始离开变形区到完全离开轧辊。

表 16 - 3 某些机组二辊斜轧穿孔机参数

机 组	产量 10^4 t/a	管坯 /mm	工作机座				主电机		
			型式	轧辊直径 /mm ×长度 /mm	送进角 /(°)	轧辊转速 / (r·min^{-1})	型式	功率 /kW	转速 / (r·min^{-1})
140 自动轧管机组	12	轧坯 ϕ160	二辊卧式	ϕ850×500	5~12	110~180	直流	1 320	200~360
400 自动轧管机组	48	轧坯 ϕ350	二辊立式 2 台	ϕ1 350×890	5~14	~120	直流	2×3 500	
168 连轧管机组	24(36)	轧坯 ϕ207	二辊卧式	ϕ1 100×680	0~15	104.2	交流	3 500	600
200 三辊轧管机组	6	轧坯 ϕ220	二辊卧式	ϕ965	0~12	93~133	直流	2 250	

稳定过程与不稳定过程有着明显的区别,如一整根毛管的头、中、尾尺寸不同,一般是毛管前端直径大、尾端直径小,而中部尺寸一致(为要求值)。造成头部直径大的原因是穿孔过程逐步建立,而顶头的轴向阻力逐渐增加,金属纵向延伸受阻,延伸变形减小,而使横向变形(扩径)增加。加上无变形区外区金属的限制,结果前端直径大;尾部直径小的原因是管坯尾部被顶透时,顶头的轴向阻力显著减小,使延伸变形容易,同时横向辗轧小,所以尾端直径小。另外,生产中常出现的轧件前、后卡现象也是不稳定过程的特征之一。

16.3.2 狄舍尔穿孔

一般的二辊斜轧穿孔机,轧辊左右放置,导板上下放置,称为卧式穿孔机。如果穿孔机的轧辊上下放置,并可将导板换成主动导盘在左右放置,称为狄舍尔穿孔机(二辊立式穿孔机)。

1972 年在德国出现的狄舍尔穿孔机是以主动导盘代替固定导板二辊斜轧穿轧机,轧辊上下放置,主动导盘左右放置(见图 16-12)。机架由开口式上盖和焊接机座组成,上盖为铰接式,用液压开闭。每个轧辊单独由主电机通过万向接轴直接驱动,轧辊倾斜的送进角可在 5~15°范围内无级调整。圆导盘液压传动,其圆周线速度大于毛管的出口速度。导盘的位置通过导盘轴承座的位置调节,前台采用液压传动的双链式管坯推入机喂料。后台是多顶杆循环使用的侧出料结构。与卧式穿孔机相比,根本的区别是用导盘代替导板。导盘直径不应小于 1.5 倍轧辊直径,导盘用 NiCrMn 钢制造,每对导盘可修磨 6 次,总轧出量可达 540 000 根毛管。

狄舍尔穿孔与普通二辊卧式穿孔相比有以下优点:① 圆导盘的圆周线速度(2.1~2.3 m/s)大于毛管出口速度(1.1~1.2 m/s),导盘对变形区内金属施加拉力,可使轴向滑动系数提高到 0.8 以上。② 在 5°~15°范围内,采用导盘可使金属的可穿性比用导板时提高 20%以上,由此可轧钢种范围扩大。这主要是主动导盘允许采用小的椭圆度系数,有利于金属的纵向变形,使横向变形和不均变形减小,故成材率提高 0.3%,并可穿轧连铸坯。③ 轧辊单独传动和立式布置有利于万向接触减小倾角,使运动平稳,不易磨损,并有利于导盘快速更换。④ 当送进角大于等于 13°,轧辊圆周线速度为 7 m/s 时,穿孔速度可达 1.1~1.2 m/s.穿制长度 1 m 管理论生产率可达 4.5 根 /min。⑤ 采用导板时,由于轧件与导板间产生大量摩擦热,使导板承受很高的热负荷。例如,轧辊圆周速度 5 m/s,纯穿孔时间为 6~8 s,导板工作表面温度高达 1 100℃以上,因此,导板寿命低(一对导板约穿 500 根),并限制了轧制速度和穿制毛管长度;主动导盘的工作面不断变换,散热条件好,使用寿命长,并且吨钢的导盘造价约为导板的 1/8。

⑥顶头使用寿命提高,这是因纯穿孔时间缩短使顶头受热时间缩短,加之顶头冷却充分(与顶杆一起循环使用)。⑦由上述原因可穿制长度达 11 m 的薄壁长毛管。

因此,狄舍尔穿孔机是高效率、优质的斜轧穿孔机之一,已广泛用于新建各类机组中,尤其在高生产率的连轧管机组中充分发挥了作用。

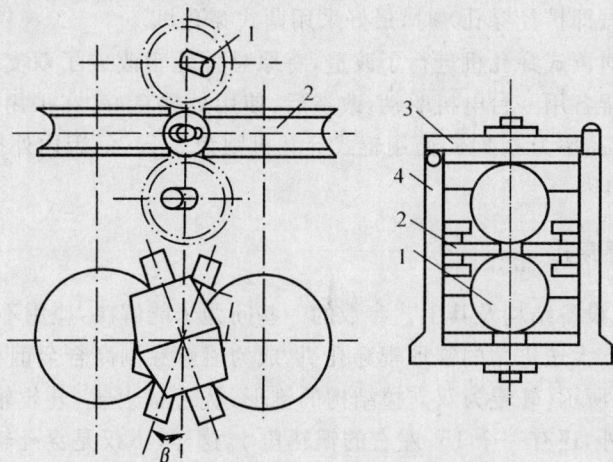

图 16-12 狄舍尔穿孔机结构示意图
1—轧辊; 2—导盘; 3—机架上盖; 4—焊接机架

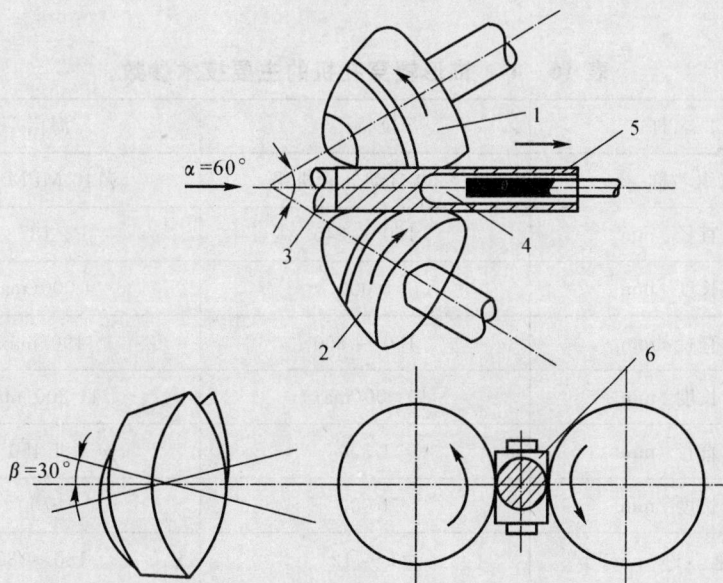

图 16-13 菌式穿孔机示意图
1,2—轧辊; 3—坯料; 4—顶头; 5—毛管

16.3.3 菌式穿孔

1899 年,瑞士人斯蒂菲尔发明了菌式穿孔机,实际上它是一种带辗轧角 α 的二辊斜轧穿孔机。它与一般二辊斜轧穿孔机的不同点仅在于轧辊轴线相对于轧制线倾斜,除倾斜一个送进角 β 外,还倾斜一个辗轧角 α(见图 16-13)。由于轧辊配置的结果,使辊身呈菌形,顺轧制方向辊径

逐渐加大,这使变形区中轧辊轴向分速度能更好地与轧件轴向速度相适应,有利于减小滑动,促进金属纵向延伸和减轻附加扭转变形。辗轧角 α 大小应选择适当,过大会引起变形区金属受拉应力作用;过小则对减轻附加扭转变形的效果不大。由于这种菌式穿孔机的轧辊是悬臂结构,刚性差,送进角不能调整,因而未得到广泛应用。但理论研究和生产实践都证明,当要求荒管直径大于管坯直径(即扩径穿孔)时,最好采用菌式穿孔机。

苏联于 1971 年对菌式穿孔机进行了改造,将原悬臂轧辊改成了双支撑轧辊,从而增强了轧辊的刚性。每个轧辊各用一台电机驱动。改造后,使用效果良好。在采用菌式穿孔机后,因内外折叠所造成的二级品率为 0.8%,而用辊式穿孔机则为 5.77%;因内外折叠所造成的废品率分别为 0.02% 和 0.4%。

16.3.4 锥形辊穿孔

由于菌式穿孔机设备结构及其工艺参数的一些问题未能解决,应用不广。20 世纪 80 年代,出现了主动旋转导盘、大送进角的锥形辊穿孔机,成为能够穿制高合金钢和连铸坯的一种新型穿孔机,如图 16-14 所示。轧辊为双支撑结构的锥形,优于桶形辊,轧辊轴线与轧制线除了有 18° 左右的送进角 β 外,还有一个 15° 左右的辗轧角 γ。这样,不仅是穿孔轴向滑移系数达到了 0.9,而且改善了斜轧穿孔的变形,降低了变形过程中的切向剪切应力,抑制旋转横锻效应,改善毛管内外表面质量,使得许多难穿的高合金钢管坯都可以在这种轧机上顺利轧制。该类型穿孔机最大延伸系数可达 6.0,扩径量可达 30% ~ 40%。几家工厂锥形辊穿孔机的主要技术参数如表 16-4 所示。

表 16-4　锥形辊穿孔机的主要技术参数

工厂名称	拉特厂	海南厂
机组名称	φ250 自动轧管机组	φ140 MPM 机组
管坯直径 /mm	160 ~ 245	187
管坯长度 /mm	5 000	4 000(max)
毛管直径 /mm	160 ~ 350	190(max)
毛管长度 /mm	10 000(max)	11 200(max)
轧辊直径 /mm	1 350	1 450
辊身长度 /mm	1 000	700
轧辊转速 /(r·min⁻¹)	71 ~ 121	180 ~ 300
辗轧角 /(°)	27.6	10
送进角 /(°)	6 ~ 12	6 ~ 18
导盘直径 /mm	2 500	2 700
电机功率 /kW	3 600×2	3 000×2
建厂时间年份	1980 年	1983 年

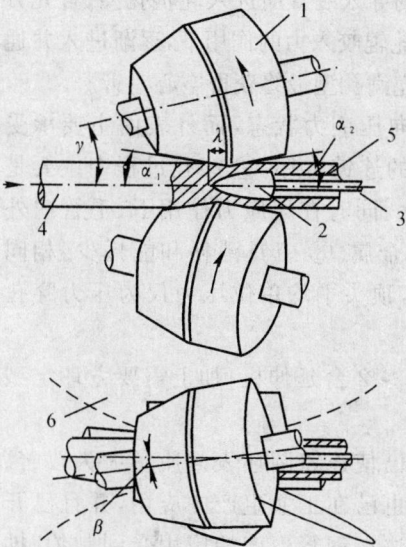

图 16-14 锥形辊穿孔机示意图
1—轧辊；2—顶头；3—顶杆；
4—管坯；5—毛管；6—导盘

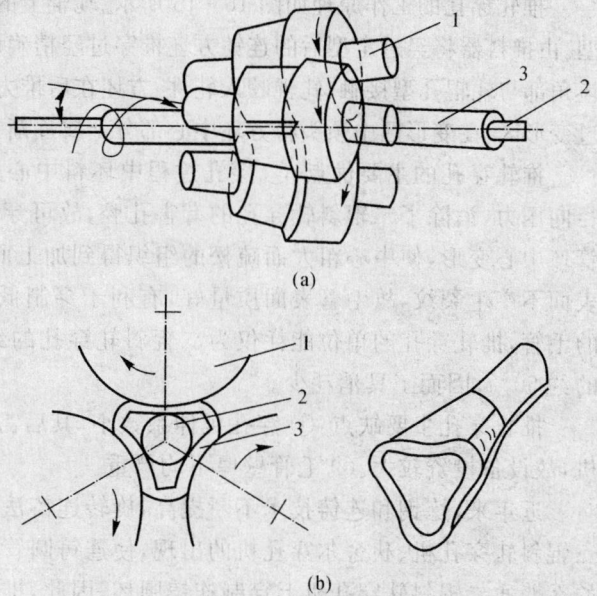

图 16-15 三辊斜轧穿孔示意图
(a) 穿孔机；(b) 尾三角
1—轧辊；2—浮动芯棒；3—毛管

16.3.5 三辊斜轧穿孔

1965 年投产了工业性的三辊斜轧穿孔机。由 3 个主动轧辊与 1 个顶头构成环形孔型，取消了二辊斜轧穿孔机的导板（见图 16-15(a)）。轧辊形状为桶形，3 个轧辊都与轧制线交一个角度，轧辊转动方向均相同。三辊斜轧穿孔的运动学分析、咬入条件分析、轧制力计算和工具设计的方法以及穿孔工艺制度中各参数的选定，均与二辊斜轧穿孔相类似，但涉及轧辊数目时，应等于 3。

三辊斜轧穿孔的工艺特点如下：①3 个轧辊呈等边三角形布置，管坯横断面在变形区中的特点是圆-圆三角-圆，因而顶头对中性好，可穿出壁厚精度高的毛管。②3 个轧辊均是驱动的，管坯穿孔时不存在导向工具轴向压力，仅存在顶头的轴向阻力，因而滑移小，穿孔速度快。③ 在穿孔开始阶段，由于管坯始终受到 3 个方向压缩，加上椭圆度小，在穿孔过程中管坯中心不会出现孔腔，保证了毛管内部质量。④ 由于没有导向工具，不存在刮伤外表面现象，可以穿制高合金钢及连铸管坯。⑤ 但由于变形区密闭性差，轧制薄壁毛管尚存一定困难，会出现"尾三角"现象（见图 16-15(b)）。

目前，三辊斜轧穿孔已在连轧管机组和三辊轧管机中使用。如果将它用于需要穿孔机为轧管机提供薄壁毛管的机组时，应在穿孔机后配备延伸机。

16.3.6 推轧穿孔

连铸技术的发展和降低无缝管生产成本的需要，要求采用廉价的连铸坯直接穿轧成无缝钢管。推轧穿孔法是一种直接以连铸方坯为坯料生产毛管的方法，此法是瑞士人 A. H. Calmes 于 1957 年发明，1977 年正式投入生产应用。

推轧穿孔的工作原理如图 16 - 16 所示。轧辊上的圆孔型和固定在孔型中的顶头构成环形孔型。由推料器将经过定型后的连铸方坯推穿过经精确调整好的导入装置而进入轧辊孔型。首先方坯角部与轧辊孔型接触,轧辊咬入轧件。方坯在后推力 P_0 和轧辊咬入力的作用下,逐渐进入并通过变形区。在变形区中顶头将方坯中心部分金属逐渐挤扩而充满孔型最终获得空心毛管。

推轧穿孔的主要优点:① 穿孔过程中坯料中心处于全向压应力状态,而外表面主要承受径向压力,消除了二辊斜轧穿孔的有害孔腔,故可穿制廉价的连铸方坯。② 穿孔过程中主要是管坯中心变形,使中心粗大而疏松的组织得到加工而致密化。同时在压应力作用下,毛管内外表面不产生裂纹,故毛管表面质量好,有利于穿制低塑性的金属。③ 工具消耗和能耗少。相同的毛管,推轧穿孔的单位能耗仅为二辊斜轧穿孔的约 20%,顶头平均单位压力仅为压力穿孔的约 50%,因而工具消耗少。

推轧穿孔主要缺点:① 穿孔延伸系数小,其后需配备 1 ~ 2 台延伸机,加上需要方坯定型机,故设备投资较大。② 毛管壁厚不均严重。

近年来,炼钢和连铸技术不断提高,旋转连铸法的应用已使连铸圆坯表面质量大为改善。三辊斜轧穿孔机、狄舍尔穿孔机的出现,使连铸圆管坯穿孔也已在工业生产中应用,并且已开始在普通二辊斜轧穿孔机上穿制连铸圆坯。因此,推轧穿孔法在钢管生产的应用受到制约。推轧穿孔机将不会在新建的机组中选用。

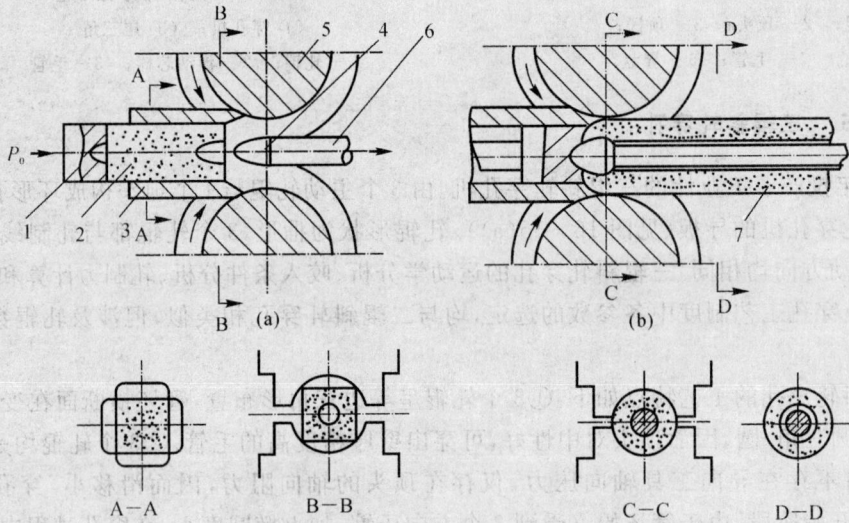

图 16 - 16　推轧穿孔示意图

(a) 开穿时; (b) 终穿时

1— 推杆; 2— 方坯; 3— 导入装置; 4— 顶头; 5— 轧辊孔型; 6— 顶杆; 7— 毛管

16.3.7　压力穿孔

压力穿孔由 Enrhard 于 1891 年与顶管机一起发明,1948 年 A. H. Calmes 又将其与延伸机配合用于皮尔格机组。目前主要用于顶管机组、皮尔格机组和挤压机组的管坯穿孔。

压力穿孔是一种挤压穿孔方法。它以方、圆坯(小型机组)或带波浪形的多角形钢锭为坯料,加热至 1 250 ~ 1 280℃,并经定型机定型后(钢锭不用定型),然后在压力穿孔机上穿制成杯形或空心毛管(见图 16 - 17)。

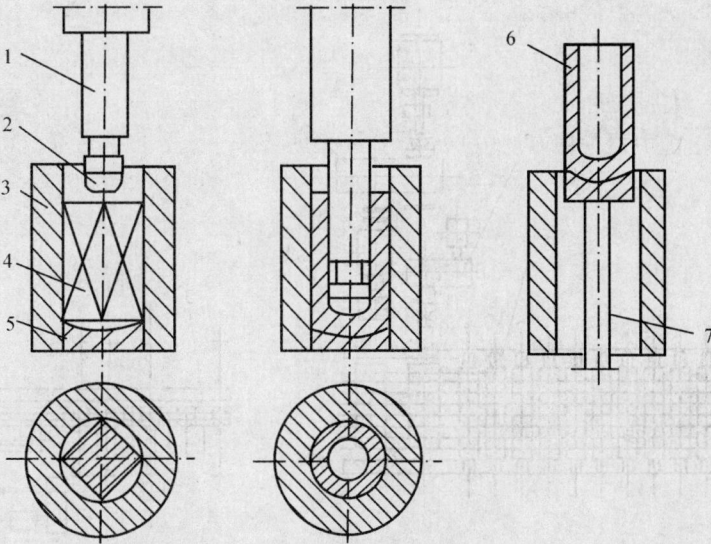

图 16-17　压力穿孔工作示意图

1—挤压杆；　2—挤压头；　3—挤压模；　4—方锭；　5—模底；　6—穿孔坯；　7—推出杆

与二辊斜轧相比,这种成型方法的坯料中心处于不等轴全向压应力状态,外表面承受着较大的径向压力。因内外表面不会产生缺陷,对坯料没有苛刻要求,可用于钢锭、连铸方坯和低塑性材料的穿孔。其主要缺点是生产率低,偏心大,目前已很少使用。

16.4　毛管轧制

毛管轧制是热轧无缝钢管生产的主要变形工序,其作用是使毛管壁厚接近或达到成品管壁厚,消除毛管在穿孔过程中产生的纵向螺旋形壁厚不均。另外还可提高荒管内外表面质量、控制荒管外径和真圆度。轧管方法如图 16-18 所示。

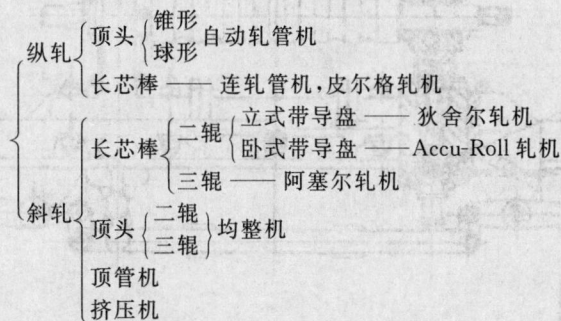

图 16-18　轧管方法

16.4.1　自动轧管工艺特点

自动式轧管机是瑞士人斯蒂芬尔于 1903 年发明的,它是目前热轧无缝钢管生产的主要方法之一,世界上现有约 70 套以上,它能生产外径在 400 mm 以下的中小直径钢管。

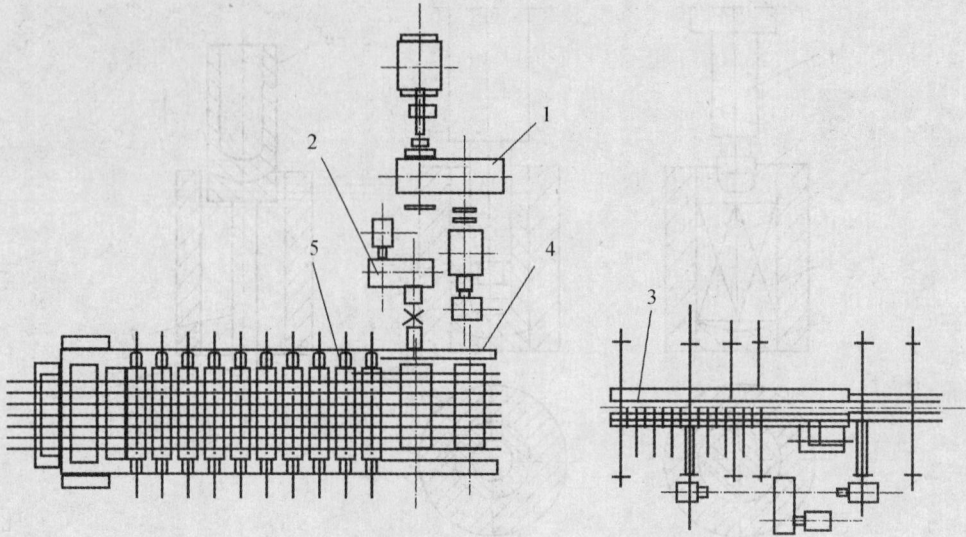

图 16－19　自动轧管机平面布置

1—轧辊主传动部分；　2—回送带传动部分；　3—前台部分；　4—工作机座；　5—后台部分

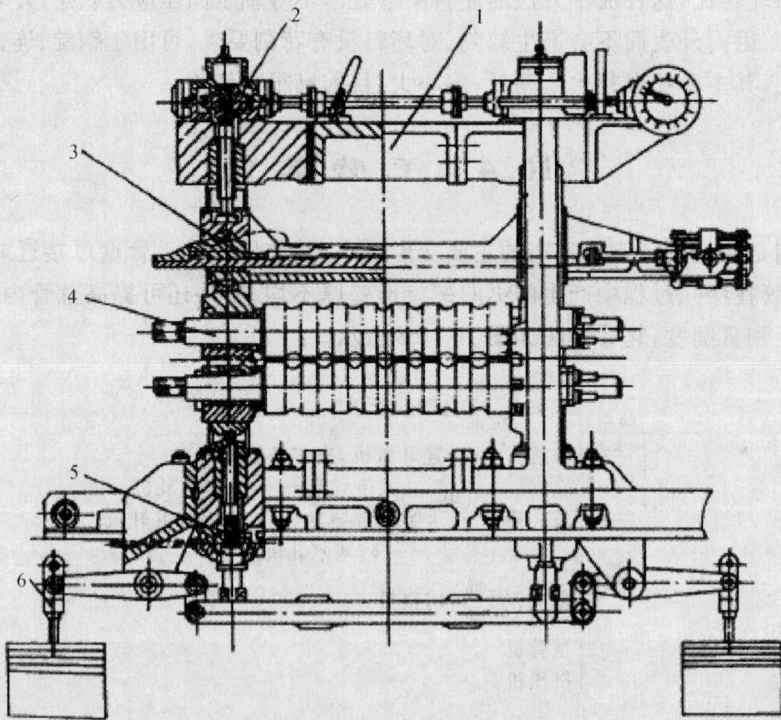

图 16－20　自动轧管机工作机座总图

1—上横梁；　2—压下装置；　3—上辊升降装置；　4—轧辊；　5—压上装置；　6—上辊平衡装置

　　常见的自动轧管机平面布置如图 16－19 所示,轧机工作机座组成如下:① 轧辊主传动装置,由主电机、减速器、传动轴、齿轮座和万向接轴组成。② 工作机座(见图 16－20)工作机架为

闭口式,其上装有轧辊、轴承座、压下装置、压上
装置、上辊升降和平衡装置等。③ 轧管机前台,由
工作台架、前台横移机构、受料槽和升降机构、推
料器以及翻料机构等组成。④ 回送装置,由回送
电机、回送辊传动系统和回送辊机座等组成。
⑤ 轧管机后台,由顶杆座和顶杆轴向调整装置、
后台支持器和制动枕等组成。

自动轧管机的工作机座为二辊不可逆式纵
轧机,其特点是在工作辊后设置一对高速反向旋
轧的回送辊(见图 16-21)。同时为了满足轧后的
荒管回送到前台的需要,设有上工作辊和下回送
辊快速升降机构。轧管时,顶头由顶杆轴向支持

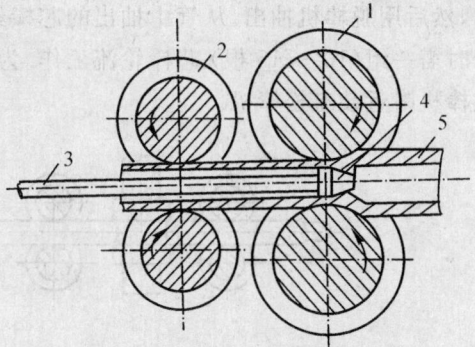

图 16-21 自动轧管机轧管过程示意图
1—工作辊; 2—回送辊; 3—顶杆;
4—顶头; 5—毛管

在轧辊圆孔型中构成环形孔型。由穿孔机或延伸机送来的毛管通常要在自动轧管机上轧制两
道成荒管。每轧制一道次后,需要快速提升台上工作辊以打开轧辊孔型,同时下回送辊同步快
速提升以夹持轧后荒管,而将其快速回送到轧管机前台。然后将工作辊恢复到原工作位置,而
回送辊恢复到打开位置。回送到前台的荒管需翻 90° 后,再在同一轧辊孔型进行第二道轧制。
而经第二道轧制回送到前台的荒管,由翻料装置移出自动轧管机轧制线进入下一工序的轧制
(均整)。下一根毛管轧制重复上述过程。毛管在自动轧管机上轧制两道次的变形量分配,通过
两道顶头的直径的大小来调整。

自动轧管机的主要优点:机组全部采用短芯头,生产中换规格时调整安装方便,生产的品
种规格范围较广。其缺点:延伸系数低,只能配以允许延伸较大的穿孔机;轧管机孔型开口处毛
管壁较厚,其后必须配以均整机;轧制管体长度受顶杆长度限制;突出问题是短芯头轧管管体
内表面质量差,尺寸精度差;轧管间隙(辅助)时间占整个轧制周期的 60% ~ 80%。

缩短辅助操作时间是提高自动轧管机生产率的重要措施。为了达到此目的并改善荒管质
量,国内外对自动轧管机及其操作进行了很多改进。比如单孔型自动轧管机、双机架跟踪式轧
管机、采用自动更换顶头装置、双槽轧管等。

16.4.2 连续轧管机工艺特点

连续轧管是将穿孔后的毛管套在长芯棒上,经过多机架顺次排列且相邻机架辊缝互错 90°
的连续轧管机轧成荒钢。连轧管机按其芯棒操作方式不同,可分为三种类型:全浮动芯棒连轧
管机(Mandrel Mill,MM)、限动芯棒连轧管机(Multi-Stand Pipe Mill,MPM)和半浮动芯棒连
轧管机(Neuval)。按机架数量可分为常规式(即 MPM,7 ~ 9 架)和少机架式(即 MINI—
MPM,3 ~ 5 架)两种。按照轧辊数目可分为二辊和三辊轧管机两种形式。

我国从 20 世纪 80 年代开始陆续引进连轧管生产线,其中一套为全浮动芯棒连轧管机组,
一套为半浮动芯棒连轧管机组,其余约八套均为限动芯棒连轧管机组,有两套是引进的三辊式
机架的连轧管机组,即 PQF(Premium Quality Finishing)机组。PQF 轧管机的开发使连轧工艺
迈上了一个新台阶。

1. 全浮动芯棒连轧管(MM)

工作方式(见图 16-22):在轧制过程中,芯棒呈自由浮动状态随钢管一起从连轧机中通

过,然后用脱棒机抽出。从管中抽出的芯棒经运送、冷却、检查和润滑后再循环供轧管使用。生产时需一组(10~15根)芯棒轮流工作。为了能够将被钢管包得很紧的芯棒从钢管中脱出,在脱棒机附近装有松棒机。

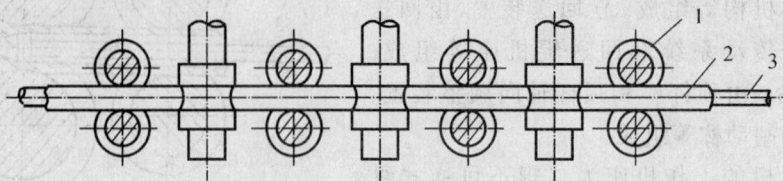

图 16 - 22　MM 连续轧管示意图
1— 轧辊；　2— 荒管；　3— 芯棒

机组特点：① 连轧管机由 7~9 架二辊式轧机组成。轧辊轴线与地面成 45° 布置,而相邻机架的轧辊轴线互相垂直。机架采用高刚度的预应力机架。② 各机架由调节精度很高的直流电机单独传动,主传动系统布置在轧机的两侧。有的连轧管机省去减速箱,以提高轧机转速调节响应度。③ 连轧管机后配有现代张力减径机(连轧管机的发展与张力减径的发展密切相关)。④ 自动化控制程度高。表 16 - 5 列出了一些机组的主要技术性能。

表 16 - 5　一些连轧管机的主要技术性能

机组	轧后钢管尺寸 $(D_z \times S_z \times L_z)$/mm	延伸系数 μ_z	机架数目	轧辊尺寸 $D \times L$/mm	机架间距 /mm	出口速度 (m·s⁻¹)	主电机 功率 /kW	转速 (r·min⁻¹)	芯棒长度 /m
30~102	ϕ108×3~8×~27 000	~6	9	ϕ550×230	1 150	8.9~6.0	1 400×9	375~500	19.5
27~138	ϕ114×4~30×~30 000	~4.5	8	ϕ535×450	950	~5.0	1—1 300×2 2—1 100×2 3~6—1 300×2 7~8—1 300×1	200~360	26
25~127	ϕ95,133×4~9×~23 000	~4.4	8	ϕ535×444	1 003	~4.57	1,7,8—720×1 2~6—720×2	550~1 000	19.8

MM 连轧管的优点：① 生产率高,大多数机组年产量在 25~35 万吨左右,有的机组达 75~80 万吨。② 钢管质量较高,可以生产锅炉管、油井用管和中、低合金钢管。钢管的表面质量和尺寸精度比自动轧管机组要好。③ 可以轧出长管,荒管可达 33 m,经张力减径机减径后可达 160~165 m。连轧管机为发挥张力减径的优越性创造了条件,而张力减径机又为连轧管机简化工具,扩大品种和提高经济效果提供了可能。④ 连轧管机可以承担较大的变形量(延伸系数可达 6.0),允许提供厚壁毛管而减小穿孔机的延伸系数。因此对管坯质量要求可比自动轧管机低些。⑤ 自动化程度高,操作人员少。⑥ 钢管成本低,这主要是机组生产率高,金属消耗低和每吨管子的折旧费较小的缘故。采用连铸坯为原料的连轧管机组,钢管成本可与焊管相竞争。故连轧管机组是目前用来生产小口径无缝钢管最经济的方法。

MM 连轧管的缺点：① 一次投资费用大。② 长芯棒的加工制造、储存和维修困难,特别是大直径芯棒。因为单重大的芯棒难以用辊道运输，因此目前只用于轧制直径 168 mm 以下的小口径管的生产。③ 目前还不能用于生产高合金钢管。④ 因脱棒问题，使其生产更薄、更厚和更长的钢管受到限制。⑤ 由于需要线外脱棒，需配备脱棒机和松棒机，增加车间面积，导致管子温降增大，因而管子在定减径前必须再加热。⑥ 在轧制过程中有质量缺陷"竹节现象"产生，轧后荒管外径和壁厚精度并不理想。

2. 限动芯棒连轧管机（MPM）

MPM 轧管工艺过程如图 16-23 所示，经穿孔后的毛管，送至 MPM 前台，将涂好润滑剂的芯棒快速插入毛管，并迅速送入轧机，直至芯棒前端到达成品前机架中线位置。然后将毛管送入轧机轧制。轧制时，芯棒在限动速度下随同管子前进，并要求芯棒前端至少与毛管前端同时到达末架。毛管全部轧完时，芯棒前端伸出末架中心线约 4m。从 MPM 轧出的管子随即进入与其相连的三机架定径机脱管，管子尾部由脱管机拉出成品机架，芯棒快速退回原位。重新更换芯棒后，进行下根管子的轧制。

与全浮动芯棒连轧管相比，限动芯棒连轧管的优点：① 荒管质量好。由于芯棒速度恒定，并有搓轧发生，有利于金属的延伸，各机架的轧制条件稳定，无"竹节现象"产生，轧后荒管外径和壁厚精度较高，内外表面质量较好。② 工具消耗较低。由于 MPM 芯棒比 MM 短，管子与芯棒接触时间也短，损耗少，寿命高。③ 扩大了产品规格范围。由于 MPM 可以实现大的道次延伸系数，芯棒也短，所以可轧的管子规格范围较广。④ 降低能量消耗。由于限动芯棒连轧管采用脱管机在线脱棒，工艺流程线短，荒管终轧温度高，完全可以省去再加热工序，可节省约 1/3 轧制能耗。⑤ 荒管长度长。由于轧制条件稳定，可以实现大的道次延伸系数，在机架数和荒管规格不变的前提下，可采用较厚的毛管，轧出更长的荒管。

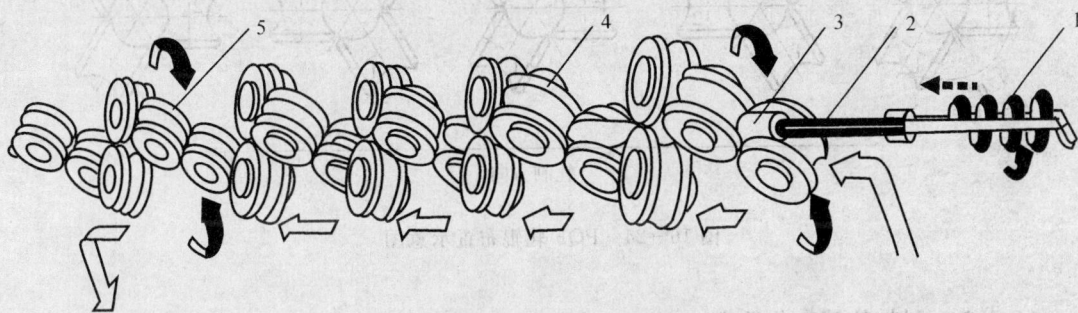

图 16-23　MPM 连轧管示意图

1— 限动装置齿条；　2— 芯棒；　3— 毛管；　4— 轧管机；　5— 三机架脱管定径机

3. 半浮动连轧管

开始时按照 MPM 操作，芯棒由限动机构控制着以恒定的速度前进，至管子尾部到达倒数第二架时限动机构将芯棒释放，改按照全浮动芯棒操作。

半浮动芯棒连轧管保留了限动芯棒连轧的某些优点：轧制力和轧制能耗相对较低，荒管的壁厚和外径精度较高，延伸系数较大，可以节省芯棒回退时间，生产率较高。但是，也保留了全浮动芯棒连轧管的部分缺点：由于受芯棒重量制约，只能生产中小规格钢管；由于单重大的芯棒难以用辊道运输，需要配备脱棒机线外脱棒，增加了车间面积，并导致管子温降大，管子在定减径前必须再加热。

4. 少机架限动芯棒连轧管（MINI-MPM）

少机架限动芯棒连轧管机是 20 世纪 90 年代新建连轧管机组的一个重要特征,是连轧管工艺的新发展。主要特征是:① 将原来 8～6 机架的机组减少为 5～4 机架。设备重量显著减轻,电机容量减少,机组建设投资大幅降低。② 采用液压压下,实现辊缝动态调整,尺寸精度得到提高,表面质量得到改善。③ 机架平立布置,主电机等设备可以布置在机架同一侧,连轧机结构更为合理,同时还减少了土建工程量及管线铺设等费用。④ 采用快速换辊装置,改变了过去轧辊和机架整体更换的做法,只需更换轴承座和轧辊,机架固定不动,无需成套备用机架,换辊时间由 1.5 h 减少到约 15 min。

5. 三辊式限动芯棒连轧管（PQF）

三辊式限动芯棒连轧管机组是最近几年开发的,采用三辊式机架,应用了一些先进的轧管技术和控制技术,主要特点:① 采用三辊式机架,每个轧辊由电机单独驱动,三个轧辊互成120°。孔型密闭性好,沿轧槽速差小,轧制力小,具有壁厚公差明显得到改善,钢管表面更光滑,可轧规格及材质范围更广,工具消耗显著降低,芯棒成本显著降低等优点。② 机架数目少,一般为 5 架,前后机架轧辊互成 60° 布置(见图 16-24)。可以减少投资,缩短轧机长度,缩短芯棒长度。③ 采用液压压下装置,利用 HCCS（Hydraulic Capsule Control System）系统和 PSS 系统实现工艺过程控制。实现温度补偿、咬入冲击控制、锥形芯棒伺服、头尾消尖等功能。④ 芯棒从脱管机出口侧离线。可缩短轧制辅助时间,提高轧管机生产率。

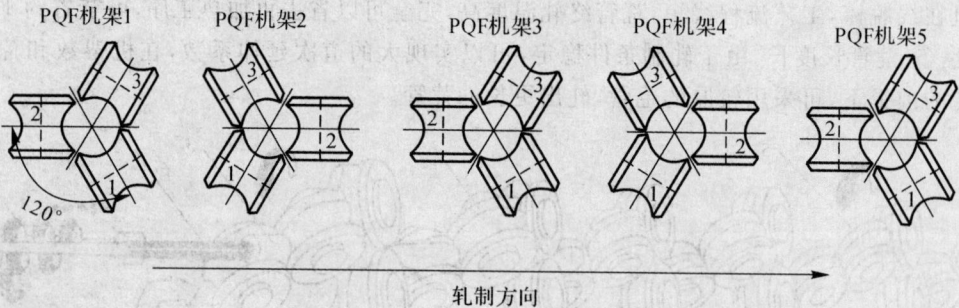

图 16-24 PQF 轧辊布置示意图

16.4.3 斜轧轧管工艺特点

1. 狄舍尔轧管

狄舍尔轧管法,是一种长芯棒斜轧轧管法,轧管机是有两个主动旋转导盘的二辊斜轧轧管机。1918 年由狄舍尔发明,1932 年在美国开始应用于工业生产,随后陆续又在美国和英国建设了三套。其主要用于生产高精度薄壁管,其外径与壁厚比可达 30,壁厚公差能控制在 3%～5%。主要缺点是:允许延伸系数小于 2.0,生产率低,能轧钢管短,所以未得到推广应用。工作原理如图 16-25 所示。

2. Accu-Roll 轧管

20 世纪 70 年代后,美国 Aetna-Standard 公司等生产厂对狄舍尔轧机进行了重大改进,并将此 称为 Accu-Roll（Accuracy-Rolling）轧管机,是高精度轧机,如图 16-26 所示。其主要特征如下:

(1)轧辊呈锥形,采用较大的辗轧角,送进角可调,增大到 8°～12°。这样配置能使轧辊直径顺轧制方向逐渐加大,有利于减少滑动,促进纵向延伸,减轻附加变形。

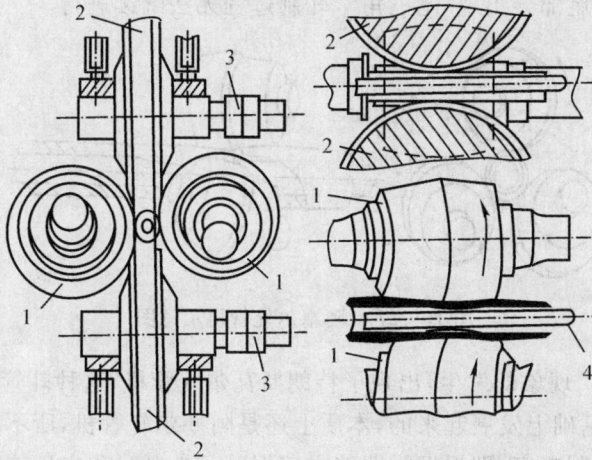

图 16-25　狄舍尔轧管机示意图
1—轧辊;　2—导盘;　3—导盘传动轴;　4—芯棒

(2)改进全浮动芯棒为限动芯棒,改善了变形条件,使最大延伸数达到 3.5,荒管长度达 12～18 m;同时芯棒磨损均匀,使用寿命提高。

(3)导盘直径增大。导盘的圆周线速度大于荒管的出口速度,可以提高轴向滑移系数,有利于对变形区管壁的支持作用,从而可保证荒管尺寸稳定,减少荒管表面划伤和压痕,并扩大荒管的 D/S 达 4～40,最大管径可达 400 mm。

(4)加大了系统的强度和刚度以及主电机功率,采用直流电机传动。

采用大导盘、大送进角和限动芯棒等措施,即 CPD(Cross Roll Piercing Diescher) 工艺,使机组生产灵活性大,产品范围广,产品尺寸精度高。Accu-Roll 轧管工艺的穿孔和延伸原则上只采用一种类型轧机,即斜轧机,由于

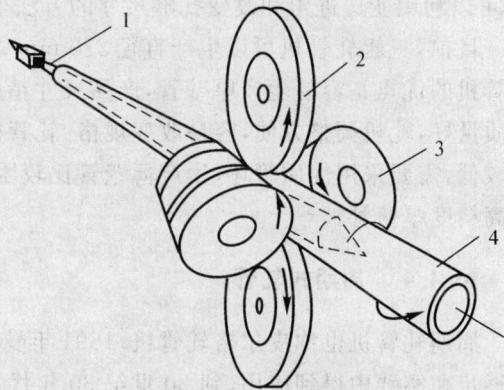

图 16-26　Accu-Roll 轧机工作原理示意图
1—芯棒;　2—导盘;　3—锥形轧辊;　4—荒管

互换性,流程短,投资和工具费用低,市场竞争力强,适合于中小企业投资兴建,被认为是中等产量轧管机的理想机组之一。

3. 三辊轧管

三辊轧管机结构有阿塞尔(Assel)和特朗斯瓦尔(Trbnsval)两种。最早的阿塞尔轧管机是 Assel 于 1932 年发明的,1935 年用于工业生产。这种轧管机由三个主动轧辊和一根芯棒组成环形封闭孔型(见图 16-27)。三个轧辊"对称"布置在以轧制线为形心的等边三角形的顶点,轧辊轴线成辗轧角和送进角,芯棒操作方式多为全浮动式。由于三个轧辊驱动,且芯棒为全浮动式并且无导板阻力,因此轴向滑动系数比一般斜轧机高,一般为 0.6～1.18。与三辊斜轧穿孔机

基本原理一致,由穿孔机送的毛管,套在长芯棒上,用喂管器送入轧管机轧制,毛管在变形区中经咬入、减壁(同时减径)、平整和规圆成荒管。阿塞尔轧管机只能轧制 $D/S \leqslant 12$ 的钢管。当轧制更薄的荒管时,荒管尾部会出现"尾三角",轧制过程无法继续进行。

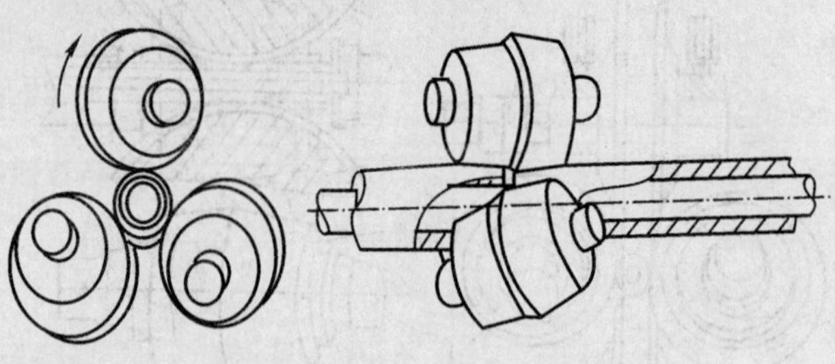

图 16-27 阿塞尔轧管机示意图

为了防止"尾三角"现象的发生,出现了特朗斯瓦尔轧管机,这种轧管机是 1967 年发明的,它是在阿塞尔轧管机基础上发展起来的,本质上还是阿塞尔轧管机,所不同的是可在轧制过程中实现变送进角、变轧制速度,即根据需要能在每根管子轧制过程中迅速改变送进角和轧辊转速。其具有以下优点:① 可轧制出薄壁荒管。采用变送进角轧制法(轧制毛管尾部时采用较小的送进角)可轧出 $D/S \leqslant 50$ 的薄壁荒管。② 可提机组产量。阿塞尔轧管机由于受荒管会出现"尾三角"的限制,对不同荒管均采用较小的送进角和轧辊转速,生产率较低。而这种轧机可采用较高轧辊转速和较大送进角(只是在轧制尾部时采用较小送进角),使生产率得到提高。③ 可以利用变送进角和改变孔喉尺寸的方法生产变截面管,如管端加厚管等。

目前,三辊轧管机可以生产直径 270 mm 以下的钢管($D/S \leqslant 50$),管长达 $12 \sim 14$ m。这种轧管机的优点是容易生产厚壁管,产品尺寸精度高(外径 $\pm 0.5\%$、壁厚 $\pm 3\% \sim 5\%$),钢管表面质量好,轧机调整方便,容易改变规格、轧管机工具消耗少,易实现自动化等。其缺点是生产率较低,需要采用优质管坯,生产薄壁管比较困难。这种方法目前主要用来生产轴承管和枪炮等高精度厚壁管。

16.4.4　周期式轧管

周期轧管机也称皮尔格轧管机,1891 年曼内斯曼兄弟发明。由于操作困难,直到 1900 年后才逐步在实践中得到应用。到 20 世纪 30 年代,其基本原理和主要工序变化不多,都是以圆形钢锭为原料,在二辊斜轧穿孔机上穿成荒管,然后在周期轧管机上轧成钢管。这种生产方法成本低,但不能保证产品质量,生产品种受到一定限制。瑞士人卡尔莫斯于 1936—1938 年提出一般称为"卡尔莫斯法"新工艺:用多边形钢锭为原料,先在压力穿孔机上穿成空心坯,再经延伸机将空心坯轧薄成荒管,然后在周期轧管机上轧成钢管。这种工艺可以提高产品质量并使轧制各种合金钢或不锈钢钢管成为可能。因此,1947 年以后所建的新机组都采用了这种新工艺。根据不完全统计,全世界共有周期轧管机组 80 余套,多数建在欧洲各国。应当指出,该机型已经逐步淘汰,被其他轧管机替代,只在少数国家还有保留。

此机操作过程如图 16-28 所示。其基本特点是锻轧,轧辊旋转方向与轧件送进方向相反,轧辊孔型沿圆周为变断面,轧制时轧件反送进方向运行,送料由作往复运动的芯棒送进机构完成。这种轧制方式延伸系数可达 $7 \sim 15$,可用钢锭直接生产。它主要用于生产大、中直径和厚壁钢管,可生产合金钢管。产品规格:外径 $114 \sim 665$ mm,壁厚 $2.5 \sim 100$ mm,长度可达 40 m。其缺点是辅助操作时间占 25%,生产率低;孔型不易加工,芯棒长,产品规格不宜过多。

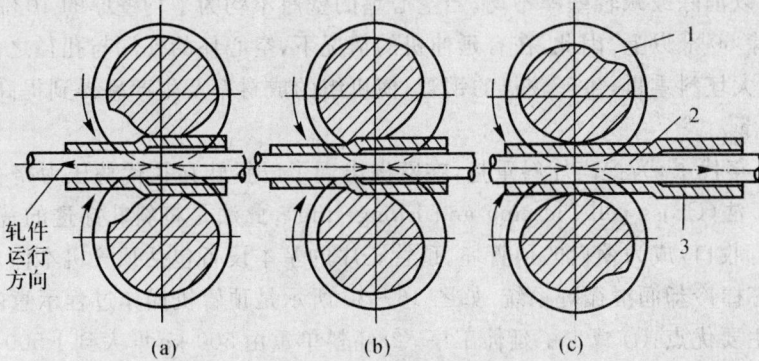

图 16-28　周期轧管示意图

(a)坯料送进;　(b)咬入阶段;　(c)轧制阶段

1—轧辊;　2—芯棒;　3—毛管

16.4.5　顶管

1.一般顶管工艺特点

海因里希·艾哈德于 1891 年发明顶管法,也称为艾哈德法。先将方坯在压力穿孔机上穿成带杯底的空心坯,然后将杯形毛管穿上芯棒后送往顶管机,用顶推装置将毛管连同芯棒一起顶过顺次排列的一系列模子(一般 10 道,最多 17 道),使毛管减径、减壁和延伸成荒管(见图 16-29)。随后,荒管经松棒和脱棒并切除杯底后再送往下一工序。这种方法生产的钢管长度受限制,因为当空心坯的内孔深度与直径之比大于 6 时,轧出的钢管有严重的壁厚不均。

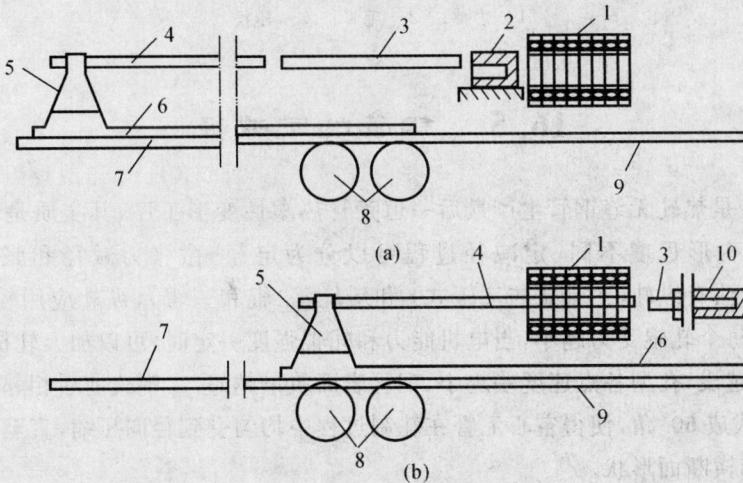

图 16-29　工作原理示意图

1—环模;　2—杯形坯;　3—芯棒;　4—推杆;　5—推杆支持器;　6—齿条;　7—后导轨;

8—齿条传动齿轮;　9—前导轨;　10—毛管

为了提高机组生产能力,生产较长且壁厚不均在允许范围以内的钢管,需将厚壁空心坯在延伸机上延伸,以消除或减轻壁厚不均。当空心坯的壁厚不均为平均壁厚的 10% 时,延伸机可使壁厚不均消除 60% 以上。因此,在有延伸机的情况下,空心坯的孔深与孔径之比允许达 9～10。这就可以加大坯料重量,生产较长的钢管,使机组的成材率及生产率得到提高。

2. CPE 顶管

20 世纪 70 年代末,为提高坯料重量,在欧洲出现了以斜轧穿孔代替压力挤孔的顶管生产方法,称为 CPE 法(Cross roll Piercing and Elongating)。此法是将斜轧穿透的荒管,用专设的器械挤压或锻打收口,成为缩口的顶管坯。顶管工序的基本设备包括顶管机本体、顶推装置、毛管缩口装置和芯棒冷却润滑循环系统。如图 16-30 所示是顶管机操作过程示意图。

该方法的主要优点:①减少了延伸工序。②坯料单重由 500 kg 增大到 1 500 kg,增加了约 2 倍。③产品外径由 168 mm 扩大到约 244.5 mm。④壁厚公差降低到约 4%～6%。⑤辊模(三辊或四辊,12～14 机架,不传动)取代环模,面缩率提高 1 倍以上。⑥可用于生产特大直径厚壁管。工艺过程是将锭在挤孔机上挤成空心坯,通过几个环模顶出封头的管筒,切后即得厚壁管。外径 200～1 500 mm,壁厚 25～203 mm,最大长度 9.0 m,采用的钢锭最重达 22 t。其缺点是毛管温降大,管长度仍受限制,而且需配置送棒、脱棒和切除杯底装置。

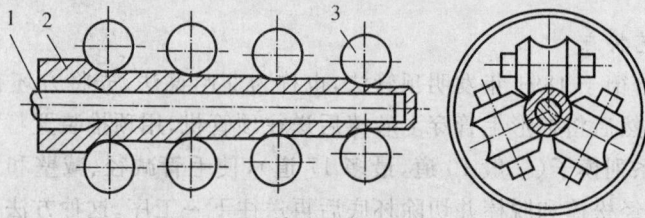

图 16-30　CPE 示意图
1— 芯棒;　2— 毛管;　3— 辊模

16.5　钢管的定减径

钢管定减径是热轧无缝钢管生产最后一道荒管热塑性变形工序,其实质是钢管无芯棒连轧过程。根据其变形程度不同,定减径过程可以分为定径、微张力减径和张力减径(见图 16-31)。轧制方法有纵轧(二辊式与三辊式)和斜轧(二辊和三辊),纵轧应用较为广泛。定减径机辊数越多,每个轧辊受力越小,当电机能力和轧辊强度一定时,可以加大轧机变形量;辊数越多,轧槽深度越浅,孔型各点速度差越小,钢管表面质量越好。二辊式前后相邻机架轧辊轴线成 90° 角,三辊式成 60° 角,使得空心毛管在轧制过程中均匀受到径向压缩,直至达到成品要求的外径热尺寸和横断面形状。

16.5.1　定减径的工艺特点

1. 定径机

定径机能在较小的总减径率和小的单机减径率条件下,将钢管轧成一定要求的尺寸精度和真圆度,并能提高钢管外表面质量。其工作机架数目较少,一般为 3～12 架;总减径率约为

3％～7％。增加机架数可以扩大产品规格,新设计车间定径机架数一般较多。

定径机形式很多,按辊数有二辊、三辊、四辊式,如图16-32所示。按轧制方式有纵轧和斜轧。斜轧定径机一般多配在三辊斜轧管机组中。与纵轧定径相比,斜轧定径的钢管外径精度高,椭圆度小,更换规格品种方便,不需要换辊,只须调整轧辊间距即可;但缺点是生产率低。

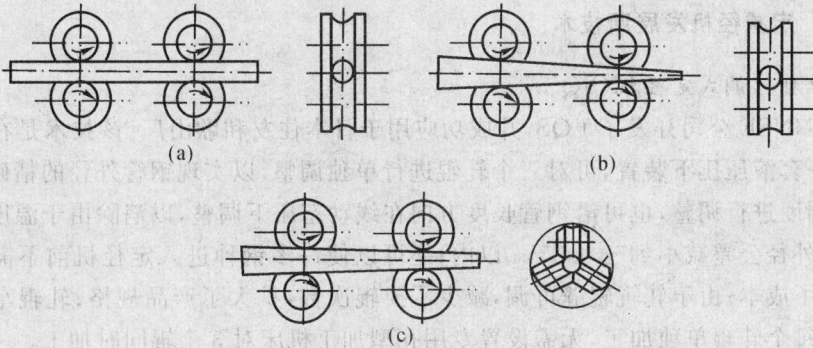

图 16-31 常见定减径方法
(a)定径; (b)减径; (c)张力减径

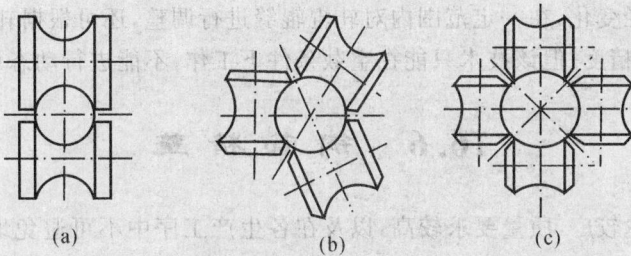

图 16-32 定减径机轧辊配置示意图
(a)二辊式; (b)三辊式; (c)四辊式

2. 微张力减径机

直径小于 60 mm 的钢管,很难由轧管机直接轧出,需要经过减径工序。减径的任务除具有定径的作用外,还要求有较大的减径率,以实现机组的产品规格范围向小口径扩展,也可以用来生产异型管。因此其工作机架数目较多,一般为 5～24 架。

微张力减径机是减径机中的一种,在减径过程中,管壁有可能增加、等壁或减少,横断面的壁厚均匀性有可能恶化,所以要控制总减径率小于 40％～50％。微张力减径机也有二辊、三辊、四辊式等。机架数相对较少,单机减径率一般不超过 3.5％,切头损失比张力减径大大减少。同时,中、厚壁管的内方、内六角方等缺陷可以控制在较高水平。该机组比较适合于荒管长度不大于 15 m 的热轧无缝钢管机组。

3. 张力减径机

张力减径机也是减径机中的一种,机架间存在张力,不但可以减缩钢管的外径,而且能够减小钢管的壁厚,既减径又减壁。可以大大减少减径前的钢管规格,减少前部工序的生产工具数量,提高轧管机组生产率;壁厚均匀性优于微张力减径机,总减径量最大可达 75％～80％以上,单机最大减径率大于 6％,减壁量一般可达 35％～45％,进一步扩大了产品规格范围,可以直接生产小口径无缝钢管;总延伸系数可达6～9以上,可以生产长达165 m的钢管;机架数一般大于14架。张力减径机的缺点主要表现为钢管两端由于不均匀变形增厚,需切掉,增加了切头尾长度,因此该机组适合于荒管长度大于20 m的热轧无缝钢管机组。现代各类轧管机组后几乎都设置了张力减径机,机架数为12～28架。

16.5.2　定减径机发展新技术

1．三辊单独可调式定径机(FQS)

意大利 INNSE 公司开发了 FQS,并成功应用于日本住友和歌山厂。该技术是在每个轧辊位置上各设一套液压压下装置,可对三个轧辊进行单独调整,以实现钢管外径的精确调整及沿圆周上对椭圆度进行调整,也可沿钢管长度方向在线动态压下调整,以消除由于温度不均造成的外径偏差,外径公差减小到 ±0.25% 以内;还可以使许多钢种进入定径机前不需要再加热或均热,降低了成本;由于轧辊辊缝可调,减少了换辊次数,扩大了产品规格;轧辊车削可以采用普通车床,每个轧辊单独加工,无需设置专用孔型加工机床对 3 个辊同时加工。

2．三辊同步可调式张减／定径机

德国 SMS MEER 公司及 KOCKS 公司均开发出该机型。其工作原理是将轧辊轴装于偏心轴套内,通过现场手动或电动控制三根偏心轴套同步旋转,带动轧辊辊缝同心调整。采用该技术可以根据钢管外径变化,在一定范围内对轧辊辊缝进行调整,还可根据轧辊磨损情况进行补偿调整,以保证外径精度。但该技术只能在空载条件下工作,不能进行动态调整。

16.6　钢　管　精　整

由于钢管的用途较广,质量要求较高,以及在各生产工序中不可避免地会产生各种缺陷,因此钢管冷却后还须进行各种精整(包括加工)和检查,以保证产品质量。一般用途钢管精整工序包括冷却、矫直、切断、检查、试验、打印、称重和包装等工序。

16.6.1　冷却

经过定减径后的钢管温度一般在 700 ～ 900℃,为了便于以后的精整,必须将其冷却至100℃ 以下。钢管冷却一般在冷床上进行。钢管冷却方式随其材质及产品性能要求而异。对于大多数钢种采用自然冷却即可达到要求。对某些特殊用途的钢管,为保证其组织状态和物理、力学性能,须采取一定的冷却方式和冷却制度。比如,奥氏体不锈钢管,需保证一定终轧温度,然后用水急冷进行固溶处理,再送入冷床自然冷却;GCr15 轴承钢管,为使其具有片状珠光体组织和防止网状碳化物析出,以利于之后的球化退火工序,应控制终轧温度在 850℃ 以上,然后以 50 ～ 70℃/min 的速度快冷,故需在冷床上进行快速冷却。

快速冷却主要有两种方法:① 喷流冷却。喷流冷却指冷却介质从喷嘴中喷射出来冲击钢管表面,带走钢管的热量,快速冷却钢管。它又分为钢管外表面、内表面和内外表面同时冷却等三种方式。中小直径钢管内径较小,放入喷嘴困难,只能采用外表面冷却。大直径钢管可采用内外表面同时冷却方式。这种冷却方式水量比较大,喷射动力泵较大。冷却介质多采用水,也可采用喷雾冷却。② 浸渍冷却法。该法是把整根钢管浸渍于水槽内进行快冷。设备简单,冷却能力强。钢管内表面用设在水槽端部的沿钢管轴向布置的喷嘴进行冷却;另一种方法是钢管边转动边受多个喷嘴的喷射进行冷却,该方法能够更好地去除钢管表面生成的气泡,钢管更平直,冷却更均匀。

冷床的型式有链式、步进式和螺旋式三种。① 链式冷床。该冷床优点是结构简单且造价低,缺点是易产生链条错位,使钢管弯曲,以及从输入辊道至冷床入口处不能自由收集钢管,故现已很少采用。② 步进式冷床。该冷床是由步进梁和固定梁组成,需冷却钢管由步进梁托起,向前移动一定距离后,放入固定梁的齿沟中,适当调整齿条行程,可使钢管每步进一次滚动两次,同时能达到矫直钢管的作用,是迄今为止最好的冷床,近年来新建的轧管机组,几乎都采用步进齿条式冷床。③ 螺旋式冷床。该冷床是靠螺旋杆上的螺旋线推动冷床上的钢管向前移动进行冷却。随着螺旋线的转动,钢管受到向前及侧向推力作用,一边前进一边横移。该冷床矫直作用好,比步进式冷床轻,但安装精度高,而且螺旋杆与钢管之间易产生滑动,造成钢管表面滑伤和压痕,一般适合于冷却较小直径的钢管。步进式和螺旋式冷床均可保证钢管冷却后的弯曲度在 ±1.6 mm/m 的范围内,二者相比,步进式较为优越。

钢管的冷却时间是确定冷床长度的主要依据。钢管的冷却主要靠辐射和对流散热,钢管温度在 500℃ 以上主要靠辐射散热,500℃ 以下以对流传导散热为主。为了减少钢管冷却时间,减小冷床长度、改善车间操作条件,可采取冷床上强迫通风的方法。在 500℃ 以下采用强迫通风可使冷却时间缩短 40% ~ 50%。

16.6.2　矫直

矫直工序的任务是消除轧制、运送、冷却和热处理过程中产生的钢管弯曲,另外还兼有减小钢管椭圆度的作用。用于钢管矫直的矫直机有机械(或液压)压力矫直机、斜辊矫直机和张力矫直机等几种型式。

(1) 压力矫直机。适用于直径为 38 ~ 600 mm,弯曲度在 50 mm 以上的钢管矫直。它的结构简单,但生产率低,需人工辅助操作,矫直质量不高,多用于钢管的粗矫和异型管矫直。多用来矫直个别弯曲度过大而无法送入斜辊矫直机的钢管。

(2) 斜辊矫直机。它是目前广泛应用的机型,其矫直辊的排列型式如图 16-33 所示。由于矫直辊倾斜放置,故钢管在矫直过程中作螺旋运动,可使钢管在矫直辊间进行多次纵向反复弯曲,其结果可用为数不多的矫直辊完成钢管轴对称的矫直。

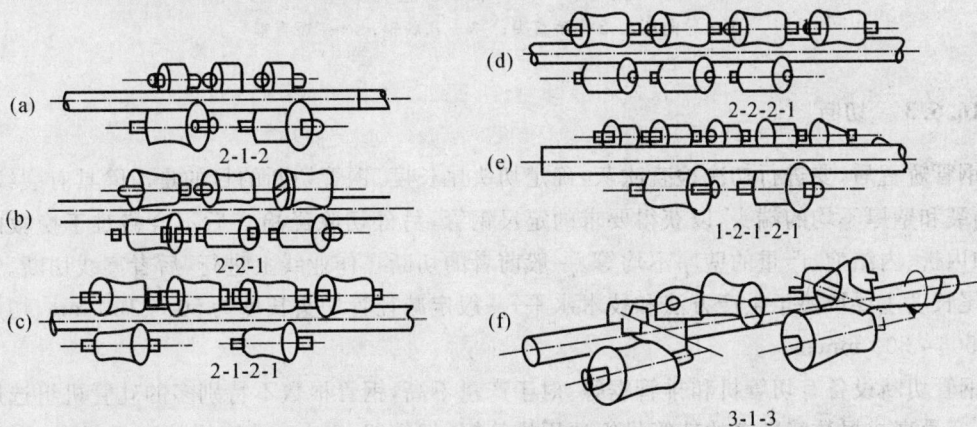

图 16-33　斜辊矫直机基本结构型式

斜辊矫直机的优点:矫直过程连续进行,具有较高的生产率,可实现在线矫直;矫直辊上、下间距可调,除可确保矫直精度外,还能减小钢管的椭圆度;矫直辊具有特别的辊型曲线,保证了钢管与辊子有相应的接触面积,可保证钢管矫直质量;钢管轴线与矫直辊轴线交角可调,一套辊子能矫直一定直径范围内的钢管,减少辊子储备和更换时间。

常用的斜辊矫直机型式有五辊和七辊。七辊结构比较完善,应用最广。按其配辊方案不同,可分为 2-2-2-1 型、1-2-1-2-1 型和 3-1-3 型等几种。2-2-2-1 型应用最广,它具有 6 个主动辊和 1 个被动辊,主要用于小口径薄壁管的矫直。3-1-3 型多用于端部不加厚的石油管矫直,不仅可以矫直钢管,而且还可对 σ_b 达 1 200 MPa 的套管进行定径。1-2-1-2-1 型多用于矫直端部加厚的石油管。

应当指出,用一般斜辊矫直机矫直 σ_b 不大于 750 MPa 的高强度石油管时,很难达到矫直的目的。故目前一般采用温矫的方法,即钢管回火后立即进行定径和矫直,为此需在热处理炉后设置定径和矫直机。

矫直质量除与矫直辊辊型设计有关外,还与矫直时的压下量和矫直辊倾角大小的调整有关。一般,压下量过小和倾角过大,矫直辊与钢管的接触面积减小,不易矫直;反之,又会产生矫凹或矫方等缺陷。

(3)张力矫直机。它是使钢管在轴向力作用下产生 $1\% \sim 3\%$ 的拉伸变形,而使钢管矫直。一般用来矫直断面形状复杂的钢管,根据需要可采用冷矫或热矫,并可在矫直钢管的同时进行矫扭。这种方法的生产率低。需要指出,由于拉伸矫直的轴向拉伸变形而引起横断面尺寸的减小,据生产经验,横断面尺寸减小约为轴向变形量的一半。

(4)转毂矫直机。为了矫直薄壁和特薄壁小口径管,可采用转毂矫直机(见图16-34),通过转毂内设备的矫直工具绕工件旋转,使工件(工件不转)在前进中得到矫直。

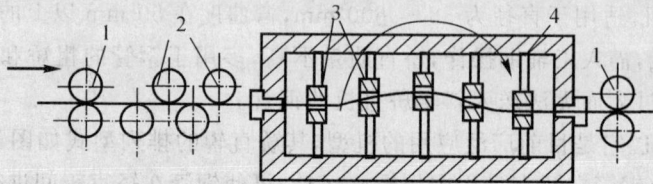

图 16-34 转毂矫直机
1—导向环; 2—矫直头; 3—送料辊; 4—矫直辊

16.6.3 切断

钢管矫直后,要进行初次检查吹灰,确定切头尾长度。钢管切断的目的是清除具有裂纹、结疤、撕裂和壁厚不均的端头,以获得要求的定尺钢管,另外切除经检查后不合格难于挽救的缺陷,如内折、内结疤、严重的壁厚不均等。一般前者的切断在作业线上进行,后者离线切断。钢管切头尾长度主要取决于生产方法和技术水平,一般定减径管切头长度为 50 ~ 100 mm,切尾长度为 50 ~ 300 mm。

钢管切断设备有切管机和排管锯等。对于产量不高,钢管根数不特别多的轧管机组选用切管机;产量高或根数特别多的轧管机组选用排管锯。切管机相对于排管锯效率低得多,占用厂房面积大;但切管机不仅可以切管,还可以去毛刺、倒棱或切坡口。所以排管机后一般都配备切管机。

16.6.4　检查

切断后的钢管要根据技术要求进行质量检查。检查内容包括逐根检查钢管尺寸和弯曲度以及钢管内外表面质量,并取样抽查钢管的力学性能和工艺性能等。

钢管几何尺寸和弯曲度的检查,可在检查台上用各种量具进行,也可采用自动尺寸检测装置(如激光测径、测厚和测长)进行连续检测,现代化的钢管车间采用后一种方式。

钢管外表面检查一般采用目检,而内表面除了用目检外,过去利用反射棱镜进行检查。现在经常采用各种无损探伤法检测其内部和外表面缺陷。无损探伤是指在不损坏材料或者制品的前提下,利用他们的物理特性因缺陷存在而发生变化的原理来检测金属材料及制品是否存在缺陷以及缺陷的形状、位置、大小及发展趋势的检测方法。一般来说,钢管成品检查均采用在线涡流探伤、在线荧光磁粉和超声波探伤。常用探伤方法的特点及应用范围如下:

(1) 超声波(UT)探伤。要求被检测的工件是表面有一定的光洁度且形状简单的任何材料。它可以检测的缺陷是尺寸大于 1/2 波长与声速方向垂直的表面和内部缺陷,对裂纹缺陷尤为敏感。判定方法是根据信号指示判别缺陷有无、大小、位置,但不能定性。其探测速度较射线快,可以在线自动检测,也可手工检测。

(2) 磁粉(漏磁)(MT)探伤。要求工件是表面光洁度较高的铁磁性材料。能够检测出与磁场方向垂直的表面和近表面的裂纹或发纹等缺陷。其判定方法是通过在工件表面观察磁粉的分布(仪器检测漏磁信号)来判别缺陷,但不能确定缺陷的深度。探测速度较快,用于自动探测,也可以手工探测。

(3) 涡流(ET)探伤。要求工件是表面光滑、形状简单的金属材料。能够检测出表面和近表面的凹坑、孔、洞等缺陷,用旋转点探头可以探线性缺陷。其判定方法是根据信号指示判别缺陷有无、大小,但不能测出深度和定性。检测速度快,可以在线自动检测。

(4) 射线(RT)探伤。不限制任何材料,不要求光洁度,不限形状,透视厚度由设备功率决定。对于缺陷大于 2‰ 工件厚度的气孔、夹杂等体积型内部缺陷特别敏感。裂纹则需要与射线方向一致才能探出,其判定方法是从照相底片上能直观地确定缺陷的大小和分布情况。它的检测速度慢,对厚工件需透射的时间长。

(5) 渗透(PT)探伤。要求工件表面光滑,有一定光洁度的任何材料。能检测出材料表面的开口缺陷。其判定方法是由显示剂在工件表面的分布确定缺陷的位置,但不能确定缺陷的深度。检测速度慢,不能自动探伤。

16.6.5　精整最后工序

精整最后工序是对每根钢管测长、称重、喷印标记、涂层和打捆包装。1985 年后新建的先进轧管机组都建有自动生产线,原有的轧管机组和新建的一般机组,虽然还没有建立自动生产线,多数仍然是人工操作,但对喷印标记工序都很重视,有的已安装了自动喷印设备。

一般测长精度为 ±2 mm,称重精度为 ±0.25 ~ 0.75 kg。

喷印标记方法与品种、规格和使用要求有关,其主要内容为钢号、产品规格、产品标准号和制造厂标记(或商标)。合金钢管应在钢号后面有炉号、批号;地质、石油用管的管接头应有钢号或钢级标志,另外标上螺纹名称、试验水压力等。

涂层是为了防止钢管在储存和运输中所造成的锈蚀和损伤,对钢管进行的防腐涂层处理。根据用户要求或标准规定不同而有差别。为提高防锈能力涂层前要进行干燥处理,以去除水分和油。现用涂层材料有半透明、透明的水溶性快干漆。

包装是为了便于钢管运输,并且保护管子。不同的产品的防护措施不同。包装的方法有捆扎、装箱、涂层捆扎和涂层装箱等。对于车丝管一端应拧有管接头,另一端应装上保护套。

每批交货的钢管还必须有证明钢管符合订货合同和产品标准要求的质量证明书,其内容包括注明厂名或厂标,用户名称,发货日期,合同号、标准编号、钢号、炉罐号、批号、交货状态,重量和根数,品种名称、尺寸和级别,标准中所规定的各项试验结果(包括参考性指标),以及技术督促部门的印记等。

16.7 特殊专用钢管生产工艺特点

从整个热轧钢管生产工艺看,碳素钢管(包括低合金钢管)和特殊合金钢管在轧制工序上没有明显区别,区别主要表现在准备工序和精整工序上,由于特殊合金钢中加入特殊合金元素改变了钢的性能(包括加工性能),加上对成品质量的要求也不同,生产中必然出现特殊性。特殊的合金钢管生产工艺比碳素钢钢管生产工艺要复杂。

16.7.1 不锈钢管生产工艺特点

不锈耐腐蚀钢和不锈耐热钢一般统称为不锈钢。包括钢管在内的不锈钢产品被广泛用于石油、化工、化肥、化纤、大型火电、核电、航空、航天、食品加工、医药等工业领域。不锈钢主要用做流体输送管、机械结构管、换热器管道用管等。小直径(≤130 mm)生产工艺流程如图16-35所示。中、大直径(>130 mm)生产工艺如图16-36所示。不锈钢钢管的生产流程较碳钢主要是管坯准备和精整工序较多较全。

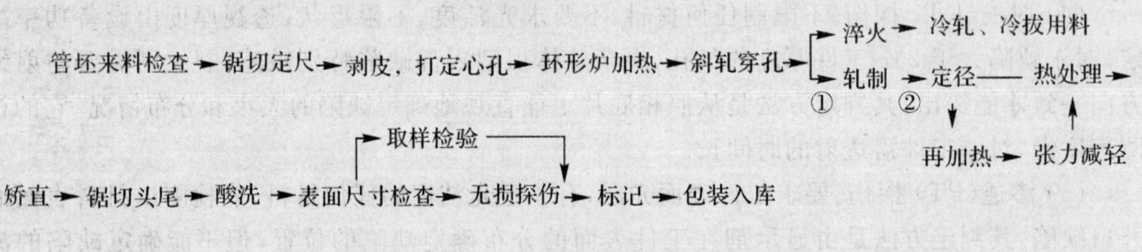

图16-35　小直径不锈钢管热轧工艺流程图
① 可用两辊、三辊、锥形辊等各种穿孔机穿孔;　② 可用自动、三辊、连轧、狄舍尔等各种轧管机进行轧管

1.管坯准备

不锈钢管坯有锻坯和轧坯两种。

对管坯除一般合金钢管要求之外,要求限制奥氏体不锈钢管坯金相组织中α相数量,α相≤3级。

不锈钢管坯由于剪切断面质量要求高(如保证穿孔时咬入顺利、内折缺陷少、两端部壁厚不均小等),剪切机不能满足要求,一般多采用锯机锯断。

由于不锈钢管坯上的裂纹通过剥皮处理去除后可以较大地提高成品率,所以一般都要经剥皮处理,以去除表面缺陷。但有的工厂对非航空用的不锈钢管坯则不剥皮而用砂轮研磨。剥

皮量一般在 $5 \sim 10$ mm(按直径算)。剥皮可在专用车床上进行。

不锈钢管坯都需要定心。有的厂对小直径供冷拔用料管坯不定心。

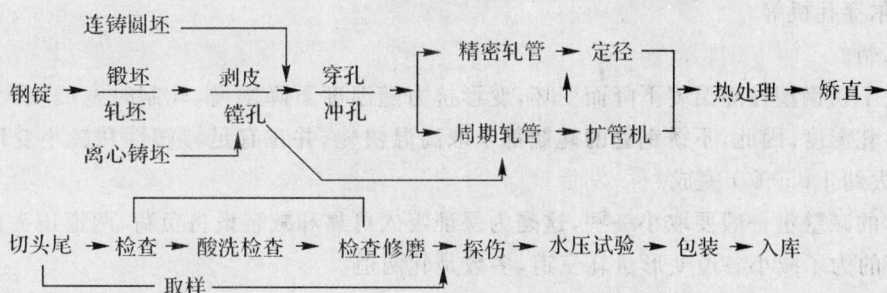

图 16-36 中、大直径不锈钢管热轧工艺流程图

2.加热

用水冷顶头时出炉温度一般不超过 1 200℃(中心温度),用钼基顶头时一般不超过 1 100℃。

基于不锈钢导热性和塑性随温度变化的特点,不锈钢管坯最好采用三段式加热。1 段为低温慢速加热段,在炉外烘烤和在炉内预热段慢速加热。慢速加热的加热时间要充分,预热温度到 850℃ 以上。2 段为快速加热段,是为了防止晶粒长大和提高炉子生产率,充分利用高温时钢的较大的导热性和塑性。3 段为均热段,短时间内均热,可使管坯内外温度一致。

不锈钢管坯对加热的质量要求较高,表面要光洁,严防增碳和加热不均匀等。奥氏体不锈钢一般含碳量较低,高温下处于还原性气氛中会出现渗碳的倾向,使耐蚀性降低,加工性能变坏。因此,奥氏体不锈钢最好在氧化气氛中加热。另外需将管坯表面油迹擦净。

3.穿孔

穿孔工序是生产不锈钢管特别是在一般二辊穿孔机上生产时的关键工序,因为不锈钢管很多缺陷是在穿孔过程中造成的。为保证毛管质量,要合理选择穿孔变形参数。

由于穿孔性能低,临界压缩量较小,顶头前压缩量一般在 $4\% \sim 7\%$ 范围内。顶前压缩量过小会造成穿孔过程不稳定,如咬入不良、滑移增加、前卡等;顶头前压缩量过大,容易形成孔腔产生内折缺陷。为了克服这些问题,管坯定心孔的深度较其他钢种要大。

椭圆度系数一般在 $1.07 \sim 1.08$ 范围内。椭圆度系数取小值有利于提高毛管质量(如减小拉伸应力),可以限制横变形(不锈钢扩径量大)。但椭圆度系数过小也不行,会造成轧件旋转困难而轧卡;另外导板磨损厉害,也易造成外表面缺陷。因此穿轧不锈钢管时应经常抽检导板磨损情况并及时更换。

不锈钢管坯的直径,一般选的比毛管直径小 $5\% \sim 10\%$,因为不锈钢穿孔时扩径量大。管坯长度主要受顶头质量的限制。穿轧不锈钢时由于顶头上的单位压力大,发热严重,顶头容易很快被磨损。用一般顶头(30CrNi3A) 时,管坯长度达 1.4 m,采用钼基顶头可增加管坯长度到 1.8 m,甚至更长些。

不锈钢穿孔时一般用最低轧辊转速,低的轧辊转速有利于低塑性难变形金属穿孔。高合金钢穿孔时选用较低转速不但利于提高毛管质量,而且可以减小穿孔机负荷,减小滑移和改善咬入。当然,产量会相对降低些。

增大轧辊送进角对穿孔是有利的,因为这类钢在穿孔过程中表现出较大的滑移。增加送进角会使曳入力增加,有利于减小滑移。对不锈钢来说,由于具有高的变形抗力,增加送进角主要受电机负荷和顶杆强度限制。

为提高不锈钢管质量和增加经济效益,不锈钢管穿孔最好选用新型穿孔机,如三辊穿孔机、狄舍尔穿孔机等。

4. 轧制

由于不锈钢塑性随温度下降而变坏,变形抗力随温度下降剧增,轧制时宽展较大,应保证一定的终轧温度。因此,不锈钢管的轧制都采取高温快轧,并在有足够塑性和较小变形抗力的温度下(大约 1 050℃)完成。

轧管的减壁量一般要取小一些,这是为保证咬入可靠和减轻设备负荷,两道顶头差为 1~2 mm。有的为了减小各道变形量轧三道,多数是轧两道。

为减小温降,改善管内表面质量,轧制时要减少轧辊冷却水,轧后增加冷却水快速冷却轧辊,但应防止正冲轧槽。换轧不锈钢管时一般都是先用碳钢试轧。

5. 均整

不锈钢管均整应快速完成;均整时减少冷却水,保证温度。另外,扩径量要小,轧管后管内径应比均整机顶头直径小 1 mm。扩径量大容易卡钢和不咬入。

6. 定减径

一般都经过定径,定径时终轧温度应在 800~900℃。不锈钢管定径时要注意防止轧辊黏金属,否则很容易在管表面造成压痕。不锈钢管一般不经过减径(无张力减径机),这是因为减径时壁增厚量大。这样,在轧管机上需轧制更薄的管子是有困难的。

7. 热处理

热轧后必须经过热处理,其热处理与普碳钢和低合金钢管有很大不同。

对于奥氏体型和奥氏体-铁素体型不锈钢管,需进行固溶(水淬)处理:定径后的热管直接送入再加热炉加热到 1 000~1 150℃,然后淬水。也可将管子冷却后重新加热(如电接触加热)淬水。固溶处理的目的主要是提高其抗腐蚀性能。

对于铁素体型不锈钢,一般要在 750~900℃ 加热保温后快冷,以改善其综合力学性能。

对于马氏体型不锈钢,一般要求进行调质处理,也有要求进行退火处理的。

8. 矫直

由于经过热处理及搬运,有些管子弯曲度可能很大,弯曲度大于 50 mm/m 者需经过压力矫直机粗矫,然后再送到辊式矫直机精矫。由于不锈钢强度高、硬化严重,矫直力很大,这是矫直时应注意的。

9. 切管

由于不锈钢的强度大,切削时能量消耗大,比切削同体积软钢要多耗 50% 左右能量。因此,应选用大号切管机,采取低转速、大进刀量并加断屑器。

10. 酸洗

不锈钢管因使用场合重要、条件恶劣,对表面质量要求是很高的。为了易于发现和检查表面缺陷,钢管需经过酸洗处理,酸洗后进行光泽处理,使表面光泽,提高钢管的耐蚀性。某不锈钢酸洗工艺参数如表 16-6 所示。

11. 检查和修磨

不锈钢管检查按标准要求进行,为了检查内部缺陷一般都应采用无损探伤仪检查,如超声波探伤仪等。

修磨是指研磨抛光内外表面,修磨主要是为了去除表面微小缺陷,同时经过抛光可以提高钢管抗蚀性。

表 16-6 不锈钢管酸洗和光泽处理参数

工序	名称	溶液(介质)	温度 /℃	时间 /min	作用
1	酸洗	3% H_2SO_4	55 ~ 60	30 ~ 60	去氧化铁皮
2	水洗	水	20	5 ~ 7	清洗
3	中和	5% NaOH 在 1m³ 水中加 35 kg	20 ~ 30	5 ~ 7	中和余酸
4	光泽	$NaNO_3$ 和 25 kg HNO_3 + H_2SO_4	50 ~ 55	30 ~ 45	光泽表面
5	水洗	水	20	5 ~ 7	清洗
6	光泽	同工序 3	18 ~ 20	30	同工序 3
7	清洗	水	20	5 ~ 7	清洗
8	干燥	干煤炉	100 ~ 200	12 ~ 20	去除水分

16.7.2 高压锅炉管生产工艺特点

高压锅炉管工作条件十分恶劣,要在高温高压下,在高速气流、水流、燃气的冲刷和腐蚀下长期安全工作 10 ~ 20 年,甚至 30 ~ 40 年。高压锅炉管的钢种有碳钢、珠光体合金钢以及高合金铁素体和奥氏体钢。

热轧中、小口径高压锅炉管一般采用连轧管机组、精密轧管机组、自动轧管机组、顶管机组和三辊轧管机组生产,如图 16-37 所示。

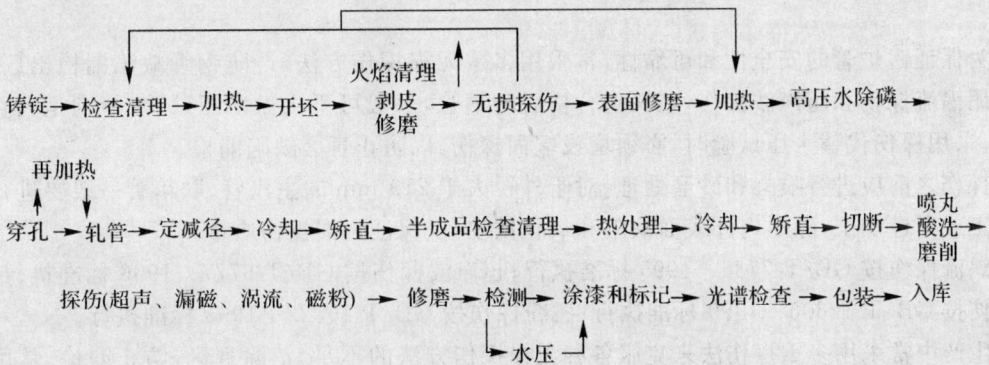

图 16-37 中、小口径高压锅炉管工艺流程

电站用主汽、水管道和大的集箱管多为大口径厚壁高压锅炉管,主要由大型周期轧管机组和大型顶管机组生产。

对管坯要求严格,不但要求管坯本身内在和外在质量,而且对炼钢和连铸也有要求。采用磁力、酸洗或喷丸方法对管坯表面进行检查。目前多采用轧前在线火焰剥皮方法,剥皮深度一般为 0.8 ~ 1.2 mm,使精整能力提高 2 ~ 3 倍,总清理费用降低 55%。目前,连铸管坯已成为高压锅炉管的主要管坯。采用钢锭直接轧坯时,钢锭必须进行全面检查和仔细清理。管坯切断钢质较硬,多用氧气切割或锯切。

加热导热性比碳钢低,因此要控制炉内温度,加热速度稍慢些,加热温度为 1 120 ~

1 180℃,穿孔温度为 1 100～1 160℃。轧制这类钢一般穿孔性能良好,因此变形参数可按中碳钢或合金钢选取。

高压锅炉管的高温持久强度是动力锅炉设计的主要技术依据,只有正确执行热处理制度,才能使钢管获得最佳组织,保证高温综合性能。高压锅炉管轧后一般要进行正火和回火。回火温度正常时,其持久强度比回火温度过高或过低的钢管高,使用寿命提高 1.5～2.5 倍。

冷却速度对钢的组织性能影响很大,正火冷却速度一般要求大于 12℃/min,薄壁和中等壁厚的钢管可空冷。对大直径厚壁管应根据钢种和规格选择不同的冷却介质(风冷、喷雾冷、油冷或水冷)进行调质处理,以保证获得理想的组织。

采用自动控温热处理和自动控制的保护气体热处理,可防止钢管表面氧化和脱碳,以及准确进行炉温控制,确保热处理制度的准确执行。

钢管的外径、壁厚、椭圆度和弯曲度的偏差会使锅炉管,特别是电站用主汽管增加安装、制作难度,降低焊接质量,因此标准作了严格规定。各生产厂应根据各自的生产工艺特点,制定专门的工艺规程和采取特殊措施。如在轧制中严格控制加热温度的均匀;使用高精度的轧制工具和轧辊孔型;轧机的精密调整和 AGC 控制等。对周期式轧管机组和大型顶管机组生产大直径厚壁管、特厚壁管采用内镗、外扒皮的机械加工方法,保证尺寸精度。

钢管内外表面缺陷对使用性能影响很大,要严格控制。① 加热后的锭、坯表面和穿孔后的毛管内外表面以及定减径前的荒管外表面要清除氧化铁皮,消除因此产生的结疤等缺陷。② 使用高质量的工具、模具和进行优良的工艺润滑,以防止黏钢、缺损、过度磨损等现象发生,消除因此而产生的直道、划伤、擦伤、轧折、裂纹等缺陷。③ 采用保护气体热处理钢管。无保护气体热处理的钢管应进行喷丸、整体砂磨等,清除表面氧化铁皮缺陷,提高表面质量和便于表面检查。

为保证锅炉管的安全性和可靠性,常采用多重无损探伤方法,严防钢管缺陷漏检出厂。多数采用涡流探伤和超声波探伤,经探伤合格后的钢管,一般可不再做水压试验,特别是大直径钢管。采用探伤代替水压试验时,必须增设端面探伤,以防止盲区缺陷漏检。

探伤之前应进行喷丸和砂磨处理。对于外径大于 219 mm 的主汽管、联箱管一般要进行磨削加工或车镗加工,除尽内外表面缺陷和氧化铁皮,以保证无损探伤质量。

涡流探伤按 GB/T 7735—1995 标准执行;超声波探伤按 GB/T 5777—1996 标准执行;漏磁探伤按 GB/T 12606—1999 标准执行;磁粉探伤按 GB/T 15822—1995 标准执行。

生产中常采用多重探伤法来克服各种无损探伤方法的不足,消除盲区,防止漏检。常用的探伤组合有超声波探伤＋涡流探伤、超声波探伤＋漏磁探伤、超声波探伤＋磁粉探伤、超声波探伤＋磁粉探伤＋漏磁探伤等。

16.7.3 轴承管生产工艺特点

轴承管是制造滚动轴承的内外套圈用无缝钢管的简称。用钢管代替圆坯生产轴承套,不但节约金属,而且为滚珠轴承厂提供了采用高效率专用自动机床加工线的可能性,可以大幅提高轴承厂的生产能力、减少所需的机床数量并减少工具消耗,降低轴承成本。热轧轴承管广泛应用三辊轧管机生产,生产工艺与碳素钢管生产工艺基本相同,如图 16-38 所示,主要区别在精整工序,采用球化退火热处理工序。

退火管坯➡剪断➡冷定心➡加热 ── ┐
　　　　　　　　　　　　　　　　　├── ➡穿孔➡轧管➡均整 ──┬── ➡再加热➡减径➡快冷 ──┐
　　　　　　　　　　　　　　　　　│　　　　　　　　　　　　　│　　　　　　　　　　　　　　　　├──➡
　　　　　　　　　　　　　　　　　│　　　　　　　　　　　　　└── ➡定径➡自然冷却 ─────────┘
不退火管坯➡氧气切割➡加热➡热定心 ┘ ── ➡三辊穿孔➡三辊轧管

球化处理 ➡ 矫直 ➡ 切管 ➡ 精度修磨 ➡ 入库

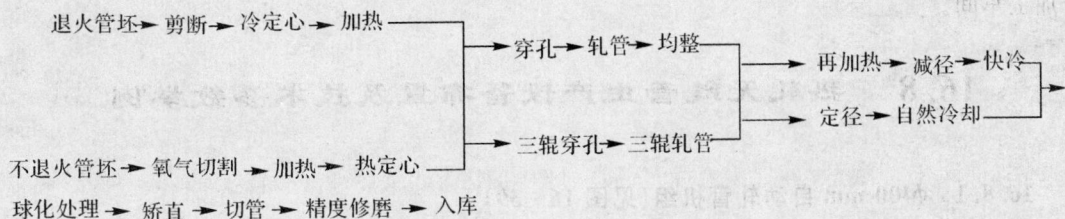

图 16 - 38　轴承管生产工艺流程图

　　轴承钢管坯一般都是轧坯,也可以是锻坯。管坯定心是必要的,因为轴承钢管多为厚壁管,通过定心可以显著减小毛管前端的壁厚不均。

　　管坯加热是轴承钢管生产中必须十分重视的问题。轴承钢是高碳低合金钢,导热性比较低,低温段的加热速度要慢些。轴承钢对晶粒长大、过热、过烧十分敏感,高温段的停留时间不应过长,温度不能过高,否则易产生环形疏松、离层和内折缺陷。轴承钢在高温下具有良好的塑性和穿孔性能,只要加热温度正常,实现穿孔不困难。

　　轴承钢管轧制工艺参数与中碳钢与低合金钢制定原则相同,穿孔时管坯直径的压缩量在14% ~ 16%;轧管一般轧两道,有时为了提高尺寸精度轧三道,总减壁量一般为 3 mm;均整机的扩径量取得小些。当均整管壁很厚的管子时,不加顶头,空轧定径;定径机的压下量一般取得也较小。轴承钢变形抗力大,穿孔温度低,轧管温度低,因而轧机负荷较大,且尺寸精度要求严格,因此,要精心操作及时调整轧机,保证产品质量。

　　轴承钢管热轧后应具有良好的显微组织,即细片层状珠光体且无网状碳化物析出,才能为轴承钢管球化退火后获得细粒状珠光体创造条件。无铬轴承钢在通常热轧条件下一般可以得到合格的网状碳化物级别。含 Cr 轴承钢(GCr15)由于热轧后冷却到 850 ~ 900℃ 时开始有大量碳化物析出并呈网状分布,所以终轧温度应控制在该温度以上。

　　轴承钢管球化退火的目的是降低硬度、消除内应力和改善组织,以便于切削加工和钢管矫直,并为轴承套圈进一步调质处理创造良好的组织条件。轴承钢管退火后,要求显微组织为均匀的球状珠光体,其级别为 2 ~ 5 级。GCr15 轴承钢管的硬度要求为 HB179 ~ 207,无铬轴承钢管为 HB < 217。

　　经退火并检验合格的轴承钢管需进行矫直和切管等工序。由于轴承钢屈服极限较高,又是中、厚壁管,再加上退火后有的钢管弯曲大,矫直是比较难的。弯曲度大的钢管先要在压力矫直机上粗矫,然后再送入辊式矫直机精矫。退火后的轴承钢管的管头切断可在切管机上进行,也可用砂轮片锯切。由于轴承钢钢质硬、管壁厚,在切管机上切头,生产率较低。采用砂轮片锯切,生产率虽高,但砂轮片消耗大,成本高。

　　钢管检验一般分三步进行:① 在定减机后进行中间取样检查,测定钢管壁厚和外径。发现壁厚和外径超公差时及时通知热轧机组调整轧机。对 GCr15 轴承钢管还需取样检查网状碳化物级别。② 轴承钢管球化退火后取样检查,包括硬度、断口、低倍金相组织(球化组织、网状碳化物、带状碳化物)、非金属夹杂物(氧化物、硫化物、点状不变形夹杂物)以及脱碳层的检查。合格者才能进行精整。③ 成品轴承管逐根检查,测定钢管尺寸,检查内外表面质量,并根据质量情况评级和判废。

　　至于生产热轧半成品管(冷拔坯)的工艺较为简单,一般通过穿孔、轧管,然后堆冷,送往冷加工车间。

16.8 热轧无缝管生产设备布置及技术参数举例

16.8.1 φ400 mm 自动轧管机组(见图 16-39)

1. 主要参数

投产时间:1971 年;

设计年产量:30 万吨;

产品规格:φ168～426 mm×6～40 mm;

钢种:碳钢、低合金钢、合金钢;

原料直径:180 mm,230 mm,270 mm,300 mm,350 mm 。

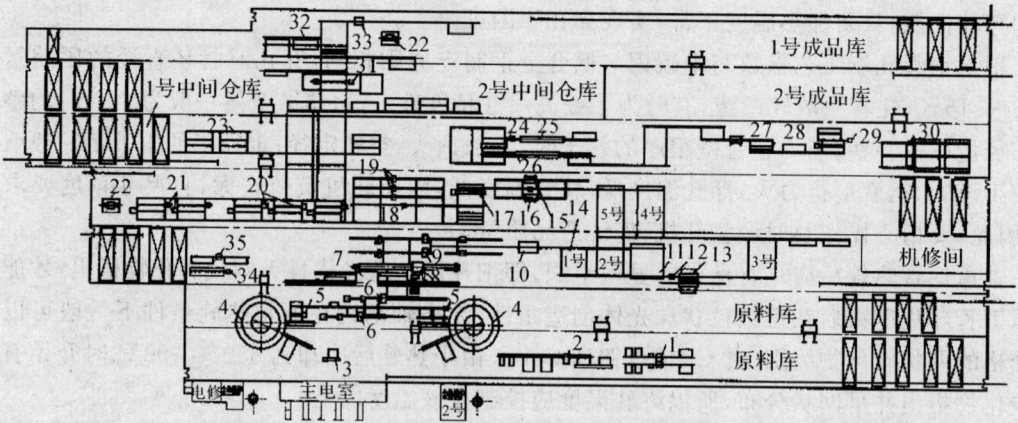

图 16-39 φ400 mm 自动轧管机组平面布置图

1—低碳钢管坯火焰切割机组; 2—管坯折断机组; 3—管坯钢号鉴别机组; 4—环形炉及附属设备; 5—热定心机; 6—二辊斜轧穿孔机; 7,11—再加热炉; 8—自动轧管机; 9—均整机; 10—7机架定径机; 12—高压水除鳞; 13—12机架微张力减径机; 14—冷床(1号、2号、3号、4号、5号); 15—六辊矫直机; 16—厚壁管矫直机; 17,28—吹灰装置; 18—涡流探伤机组; 19—修磨装置; 20,29—切管机; 21—高效切管机; 22—磅秤; 23—打捆装置; 24—淬火槽; 25—快速加热炉; 26—辊底式退火炉; 27—斜轧六辊式矫直机; 30—超声波探伤装置; 31—水压试验机; 32—打捆机; 33—涂漆装置; 34—顶杆压力矫直机; 35—顶杆车丝机

2. 工艺特点

热轧线穿孔机、轧管机、均整机采用液压压下,自动换顶头,自动化水平高。

3. 主要设备参数

环形加热炉 2 座,中径 24 m,炉底宽度 5.9 m。

穿孔机 2 台:轧辊 φ1 100～1 300 mm×1 000 mm,主电机 4 200 kW,110～220 r/min。

自动轧管机:轧辊 φ1 100～1 200 mm×1 550 mm,主电机 2 900 kW,62～142 r/min,回送辊 φ760～840 mm×1 550 mm;

均整机 2 台:轧辊 φ900～1 000 mm×700 mm,主电机 960 kW,400～630 r/min。

12 机架三辊定径机1套:轧辊 $\phi750$ mm$\times$700 mm,主电机12$\times$176 kW,80$\sim$800 r/min/1 600 r/min;

7 机架二辊定径机1套:轧辊 $\phi720\sim915$ mm$\times$730 mm,主电机7$\times$125 kW,500$\sim$1 200 r/min。

16.8.2 $\phi250$ mm 限动芯棒连续轧管机组(见图16-40)

1.主要参数

投产时间:1992年;

设计年产量:51.74 万吨;

产品规格:$\phi114\sim270$ mm$\times4.5\sim35$ mm;

钢种:碳钢、低合金钢、合金结构钢;

原料直径:210 mm,270 mm,310 mm。

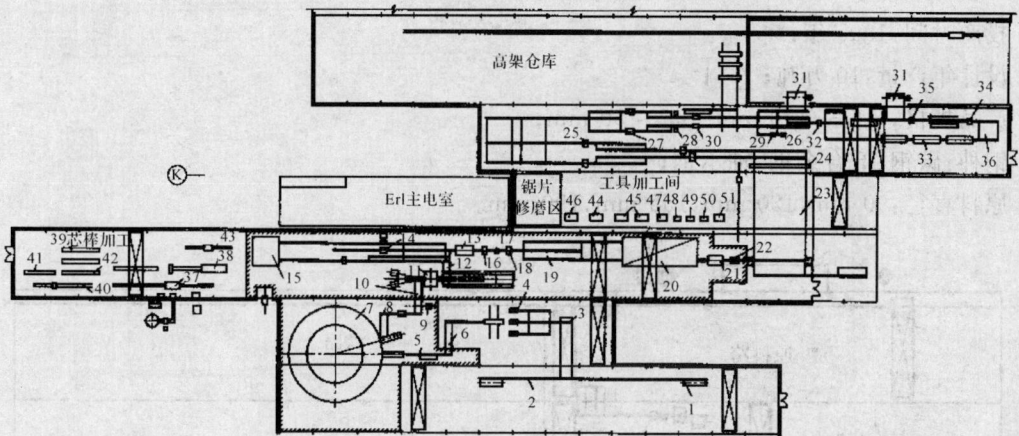

图16-40 $\phi250$ mm 限动芯棒连续轧管机组平面布置

1—管坯上料台架; 2—加热炉管坯运输; 3—管坯称重测长系统; 4—管坯切断冷锯; 5—管坯入炉运输系统; 6—管坯输送设备; 7—环形加热炉; 8—环形炉到定心机运输; 9—定心机; 10—定心机到穿孔机运输设备; 11—穿孔机; 12—穿孔机到连轧管机运输; 13—连轧管机; 14—芯棒限动冷却等; 15—芯棒预热炉; 16—3机架三辊式脱管机; 17—钢管速度长度测量; 18—钢管壁厚测量; 19—连轧管机到再加热炉运输; 20—再加热炉; 21—14机架三辊式定径机盒除鳞机; 22—钢管长度和直径测量; 23—步进式冷床; 24—水冷床; 25—钢管切断冷锯; 26—环状式样切割锯; 27—六辊冷矫直机; 28—钢管吹灰; 29—硬度试验; 30—无损探伤; 31—从定径机到钢管收集台; 32—钢管磁化装置; 33—修磨机; 34—钢管再切锯; 35—去磁装置; 36—修磨线运输设备; 37—镀铬设备(芯棒加工间); 38—芯棒去氧炉,丝扣磷化; 39—芯棒加工机床; 40—芯棒拧接机;41—芯棒弯曲度检查装置; 42—芯棒修理台; 43—芯棒压力矫直机; 44—连轧管机轧辊加工机床; 45—脱管机、定径机轧辊加工机床; 46—穿孔机轧辊加工机床; 47—冲洗机; 48—加热炉; 49—刀具磨床; 50—轴承修理站; 51—轧辊轴拆装压力机

2.工艺特点

全部采用连铸圆坯生产;采用新型狄舍尔穿孔机;限动芯棒轧管机前采用毛管内表面吹氮喷硼砂;连轧管机采用预穿芯棒,快速换辊,提高限动速度;连轧管机入口处设有高压水除鳞;脱管机为三辊式;采用镀铬芯棒;设置多层次的在线检测设备。

3. 主要设备参数

环形加热炉:中径 48 m,炉底宽度 5.4 m;

二辊立式带大导盘狄舍尔穿孔机:轧辊 φ950～12 000 mm×880 mm,主电机 3 800 kW×2 台(DC),导盘直径,2 200 mm;

45°7 机架连轧管机:轧辊 1～3 机架 φ540～800 mm×450 mm,4～7 机架 φ450～690 mm×400 mm,主电机 1～4 机架 2×1 400 kW/架,5～7 机架 1×1 400 kW/架;

均整机 2 台:轧辊 φ900～1 000 mm×700 mm,主电机 960 kW,400～630 r/min;

集中差动传动型 14 机架定径机:轧辊 φ550 mm;主电机 750 kW×1 台(DC),350 r/min/460 r/min/1 600 r/min, 差速电机 750 kW×1 台(DC),64 r/min/640 r/min/1 600 r/min。

16.8.3 φ170 mm 三辊轧管机组(见图 16-41)

1. 主要参数

投产时间:1995 年;

设计年产量:10 万吨;

产品规格:φ76～170 mm×5～50 mm;

钢种:碳钢、低合金钢、轴承钢;

原料直径:90 mm,120 mm,155 mm,190 mm。

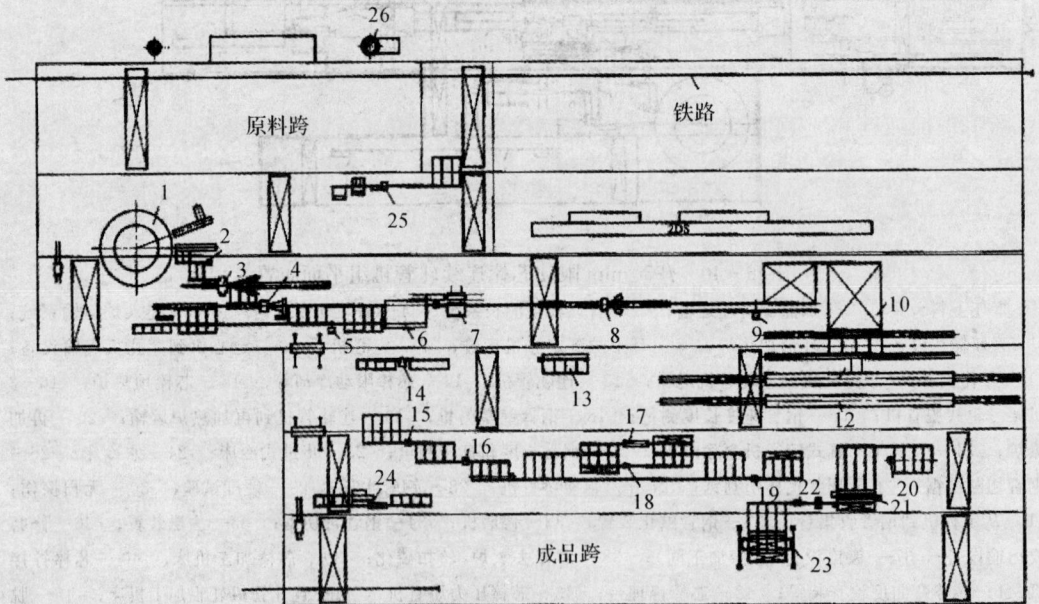

图 16-41 φ170 mm 三辊轧管机组平面布置

1—环形加热炉; 2—管坯定心机; 3—锥形辊穿孔机; 4—阿塞尔轧管机(NEL 型); 5—热锯; 6—步进式再加热炉; 7—12 机架二辊式微张力减径机; 8—二辊回转式定径机; 9—热锯机; 10—链式冷床; 11—高压锅炉管热处理炉; 12—球化处理炉; 13—取样冷锯机; 14—压力矫直机; 15—六辊矫直机; 16,19—冷锯机; 17—无损探伤机; 18—修磨机; 20—钢号鉴别装置; 21—倒棱机; 22—涂油装置; 23—打捆装置; 24—剥皮机; 25—管坯冷锯; 26—铁皮坑

2.工艺特点

大导盘锥形辊轧管机,穿孔质量好,设备重量轻;三辊轧管机,切头损失少,只适于 $D/S \leqslant$ 21 和壁厚 $S \geqslant 5.5$ mm 的钢管;采用二辊回转定径,钢管外径精度可达 $\pm 0.5\%$。

3.主要设备参数

环形加热炉生产能力:40 t/h,180 支 /h;

带导板二辊立式锥形辊穿孔机:轧辊 $\phi 950 \sim 950$ mm $\times 700$ mm,送进角 8 $\sim$ 15°,辗轧角 15°,主电机 1 600 kW $\times 2$ 台,800 r/min/1 000 r/min;

三辊阿塞尔轧管机:轧辊 $\phi 450$ mm $\times 400$ mm,$\phi 350$ mm $\times 335$ mm,送进角 3 $\sim 10°$,辗轧角 0 $\sim 4.5°$,主电机 2 650 kW $\times 2$ 台,200 r/min/900 r/min;

12 机架二辊式单独传动微张力减径机:轧辊直径 $\phi 420$ mm,机架间距 450 mm,主电机 135 kW $\times 12$ 台,930 r/min/1 500 r/min;

二辊回转定径机:轧辊 $\phi 710 \sim 760$ mm $\times 350$ mm,主电机 75 kW $\times 2$ 台,300 r/min/1 000 r/min。

16.8.4　$\phi 650$ mm 周期轧管-热扩机组(见图 16 - 42)

1.主要参数

原料直径:330 $\sim$ 510 mm;

设计年产量:3 万吨;

产品规格:$\phi 351 \sim 630$ mm $\times 7 \sim 40$ mm;

钢种:碳钢、低合金钢、合金结构钢。

2.工艺特点

可用钢锭或连铸坯直接生产大直径无缝钢管,成本低;该机组设有管端定径设备,可保证管端的直径公差;该机组设有热挤(打)头设备和冷锯机,可以直接生产大尺寸异型(方、矩、角)钢管;国内唯一一套从意大利引进的拉拔式扩管机组。

3.主要设备参数

环形加热炉:中径 19.7 m,炉膛宽度 2.9 m;

穿孔机:轧辊 $\phi 1 500$ mm $\times 850$ mm,主电机 2 200 kW(DC);

周期式轧管机:轧辊 $\phi 1 500$ mm $\times 850$ mm,主电机 2 000 kW(DC);

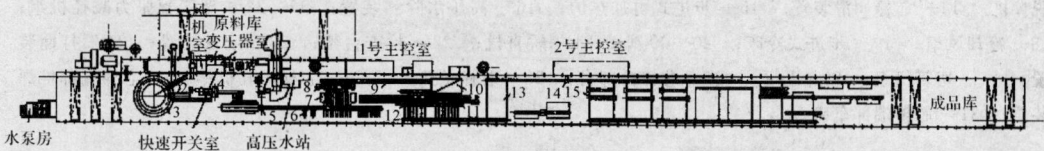

图 16 - 42　$\phi 650$ mm 周期轧管-热扩机组平面布置

1—上料设备;　2—环形加热炉装出料机;　3—环形加热炉;　4—穿孔机;　5—$\phi 318$ 周期式轧管机;　6—热锯;
7—缝式管端加热炉;　8—7 000 kN/4 500 kN 管端扩径机;　9—链板式运输机;　10—步进式再加热炉;
11—1 000 kN 拉拔式扩径机;　12—切头热锯;　13—链式冷床;　14—8 000 kN 液压矫直机;
15—$\phi 325 \sim 650$ mm 切管机;　16—水压试验机

16.8.5 $\phi102$ mm CPE 顶管机组(见图 16 - 43)

1. 主要参数

投产时间:1988 年;

设计年产量:4.5 万吨;

产品规格:$\phi28 \sim 102$ mm$\times 2.5 \sim 9.0$ mm;

钢种:碳钢、低合金钢、合金结构钢;

原料直径:130 mm。

2. 工艺特点

基本为国产制造,壁厚精度可达$\pm 8\%$,外径精度可达$\pm 1.0\%$。

3. 主要设备参数

环形加热炉:中径 13 m,液压传动;

三辊式穿孔机:轧辊 $\phi480 \sim 520$ mm$\times 360$ mm,轧辊转速 136 r/min,送进角 $6° \sim 12°$,主电机 1 600 kW,370 r/min;

顶管机:轧辊直径 $\phi330$ mm,模座数 14 个,顶管速度 5 m/s(最大),主电机 800 kW$\times 2$ 台(DC),215 r/min;

22 机架张力减径机:轧辊直径 $\phi275$ mm,机架间距 260 mm,主电机 200 kW,600 $\sim$ 800 r/min/1 600 r/min,叠加电机 320 kW,500 $\sim$ 800 r/min/1 920 r/min。

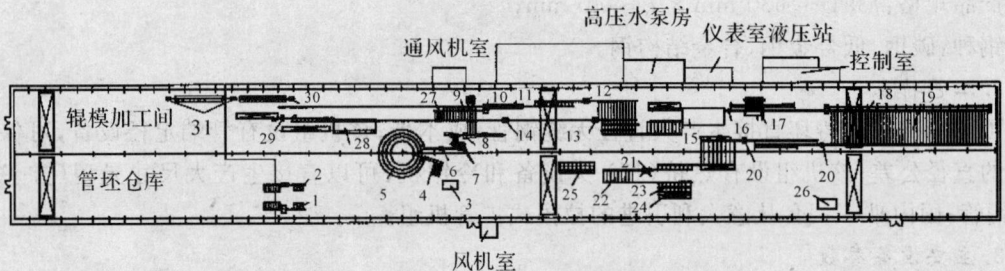

图 16 - 43 $\phi102$ mmCPE 顶管机组平面布置

1— 管坯火焰切割机组; 2— 管坯剪切机组; 3— 称重; 4— 加热炉装料机构; 5— 环形加热炉; 6— 加热炉出料机构; 7— 定心机; 8— 三辊穿孔机; 9— 顶穿芯棒装置; 10— 缩口机; 11— 顶管机; 12— 松棒机; 13— 脱棒机; 14— 芯棒润滑装置; 15— 步进式再加热炉; 16— 高压水除鳞装置; 17—22 机架三辊张力减径机组; 18— 冷却风扇; 19— 步进式冷床; 20— 冷锯; 21— 矫直机; 22— 检查台架; 23— 吹灰装置; 24— 打捆装置; 25— 切管机组; 26— 称重; 27— 芯棒冷却台; 28— 芯棒预热炉; 29— 芯棒辗轧机; 30— 芯棒端部堆焊装置; 31— 芯棒端部车床

复 习 题

1. 管坯表面缺陷检查清理的方法有哪些?

2. 是不是所有的管坯都要定心?为什么?定心的方法有哪些?各有何特点?

3. 对比分析环形加热炉和步进式加热炉的优缺点。

4. 管坯穿孔有哪些方法?各种方法有何特点?

5.毛管头大尾小指什么?其形成的原因是什么?

6.轧管方法有哪些?各有何特点?

7.连轧管机芯棒的工作方式有哪些?各有何特点?

8.定径、减径及张力减径各有何作用?张力减径有哪些优点?

9.什么是无损检验?常见的探伤方法有哪些?

10.不锈钢管、高压锅炉管和轴承管生产各有何特点?

第 17 章　斜轧穿孔原理

17.1　二辊斜轧穿孔变形

1. 变形工具

（1）轧辊。它是主传动外变形工具，常见桶形辊辊身形状（辊型）和主要尺寸参数如图 17-1 所示。通常将辊身分为入口锥（Ⅰ）、出口锥（Ⅱ）和轧制带（又称压缩带、过渡带）（Ⅲ）三段。各段的功用：① 入口锥（长度 L_1、入口锥角 φ_1）曳入管坯并实现管坯穿孔；② 出口锥（长度 L_2、出口锥角 φ_2）实现毛管减壁、平整毛管表面、均匀毛管壁厚和完成毛管规圆；③ 轧制带（宽度 L_3）起到从入口锥到出口锥之间的过渡作用。

（2）顶头。它是穿孔机内变形工具。工作时顶头靠顶杆的支撑在变形区内轴向位置固定不变。实践证明，管坯由实心变成空心毛管的过程中，轧件的外径变化不大，内径由零扩大到要求值的变形主要靠顶头的穿孔完成。由于顶头担负着非常重要的变形任务，又处于受热金属包围的恶劣工作条件下，因而顶头是对毛管质量和穿孔机生产率都有重大影响的关键变形工具。

顶头型式有水冷式顶头和非水冷式顶头两种。水冷式顶头又分内水冷式和内外水冷式；非水冷式顶头又分更换式和非更换式。通常顶头的形状（见图 17-2）由顶尖 l_0（鼻部）、穿孔锥 l_1、

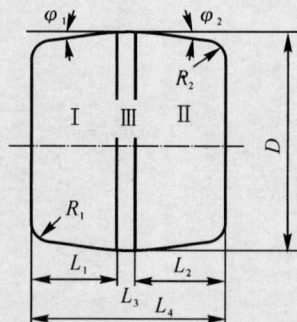

图 17-1　桶形辊示意图

均壁锥 l_2（平整段）和反锥 l_3 等四段构成。各段的功用如下：① 鼻部在穿孔时对准管坯定心孔，便于穿正。同时对管中心施加轴向力，在一定程度上有利防止预先形成孔腔。② 穿孔锥实现管坯穿孔和毛管减壁。③ 均壁锥的锥角 φ_t 通常等于轧辊出口锥锥角，起到毛管均整壁厚和平整毛管内外表面作用。④ 反锥防止毛管脱离顶头时产生内划伤，更换式顶头的反锥还起到平衡作用。

（3）导板（或称轧板）。它是固定不动的外变形工具，不仅起到管坯和毛管的导向作用，使轧制线稳定，更重要的是封闭孔型外环，限制毛管横向变形 —— 扩径，起到控制毛管的外径作用。按照金属塑性流动的最小阻力定律，如果没有导板限制作用，毛管（特别是薄壁毛管）的扩径量是很大的，这种情况下，穿孔过程难于实现。导板的形状和主要尺寸如图 17-3 所示。通常导板的纵断面形状与轧辊辊型相类似，可分为入口斜面（L_{b1}）、出口斜面（L_{b2}）和过渡带（L_{b3}）三段。各段的功用是：① 入口斜面导入管坯；② 出口斜面导出毛管并限制毛管的扩径；③ 过渡带为两斜面间过渡用。

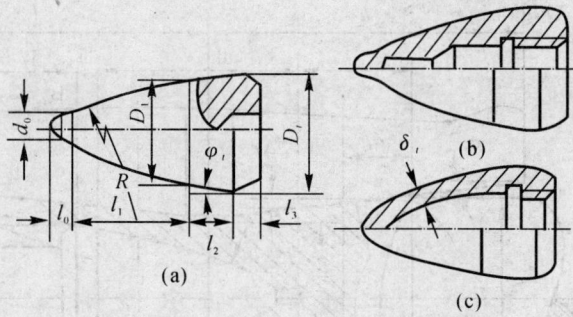

图 17-2 顶头示意图

(a) 更换式非水冷顶头；(b) 内外水冷式顶头；(c) 内水冷式顶头

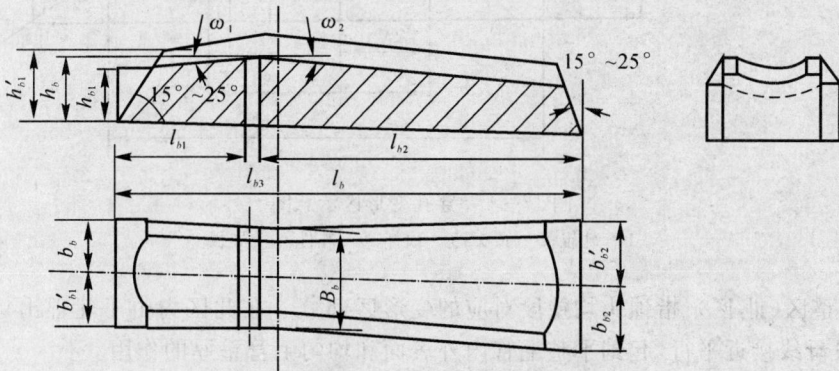

图 17-3 导板示意图

2. 孔型构成及变形区

如图 16-11 所示,二辊式斜轧穿孔是在两个相对于轧制线倾斜布置的主动轧辊、两个固定不动的导板(或随动导辊、主动导盘)和一个位于中间的随动顶头(轴向定位)所构成的"环形封闭孔型"中进行轧制的。

穿孔变形区具有复杂的空间几何形状,由轧辊、导板和顶头等变形工具围成。横截面从管坯与轧辊接触的入口端到脱离轧辊的出口端,由实心圆逐渐过渡为空心环形,纵截面由小底相接的两个锥体中间插入一个弧形顶头构成(见图 17-4)。按在穿孔过程中的作用变形区可划分成四部分:穿孔准备区、穿孔区、均壁区(平整区、辗轧区)和规圆区(归园区、转圆区)等。

(1) 穿孔准备区(Ⅰ区):从管坯与轧辊接触起,管坯在轧辊给予的摩擦力带动下作螺旋运动进入变形区,至管坯前端与顶头鼻部相遇之间的区域。其作用:① 实现管坯的一次咬入;② 为管坯继续进入变形区积累足够的剩余摩擦力,即克服顶头阻力,实现二次咬入;③ 使管坯中心处于特殊的应力状态,造成有利于顶头切入管坯的组织状态;④ 附带作用使管坯前端形成一个漏斗状的凹穴,便于顶头对准管坯中心。

(2) 穿孔区(Ⅱ区):对应于顶头鼻部和穿孔锥部分的区域。它的主要任务是进行管坯穿轧和毛管减壁。穿孔变形主要在此区域内完成,顶头鼻部和穿孔锥的工作条件最恶劣。

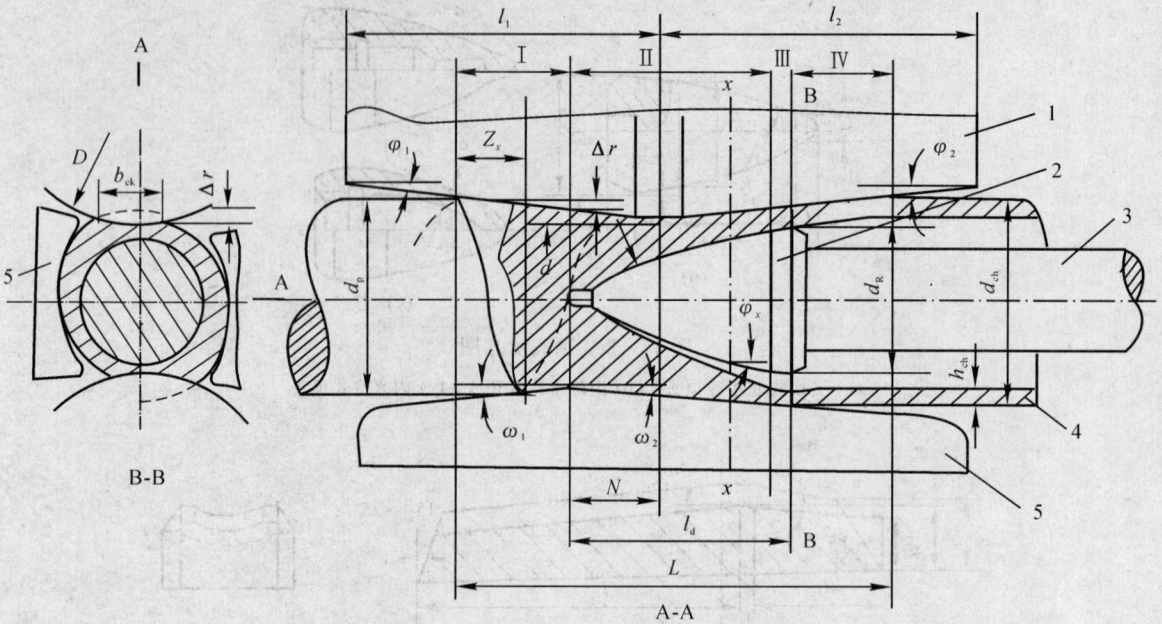

图 17-4 穿孔变形区示意图

1—轧辊;2—顶头;3—顶杆;4—轧件;5—导板

（3）均整区（Ⅲ区）：指顶头均壁段对应的变形区部分。在此区内由于轧辊出口锥母线与顶头均壁段母线接近平行,起到平整毛管内外表面和均匀毛管壁厚的作用。

（4）规圆区（Ⅳ区）：指毛管脱离顶头后仅与轧辊接触的部分。它的作用是靠轧辊将椭圆形断面毛管螺旋加工成圆形。

3. 斜轧穿孔变形特点

在整个斜轧穿孔变形过程中,管坯横断面由圆坯 → 椭圆形 → 圆形,纵向由实心坯表面变形 → 毛管穿孔、壁厚压缩、平整 → 空心毛管塑性弯曲变形,变形都是不均匀的。

为了使穿孔时能顺利咬入管坯和顺利抛出毛管,在进行工具设计和轧机调整时要保证: ① 管坯在穿孔准备区内不与导板接触,或者至少管坯先与轧辊接触形成一定的变形区长度（约 $30 \sim 70$ mm）后再与导板接触,以保证二次咬入的实现;② 毛管离开变形区的程序为毛管先脱离顶头,再脱离导板,最后离开轧辊。

4. 变形区主要几何及变形参数

（1）轧制线。管坯-毛管中心运行轨迹为穿孔轧制线。实际上穿孔机顶杆的轴线即为轧制线,可通过调整定心辊实现。

（2）送进角（又称前进角）β。二辊卧式斜轧穿孔机的送进角是指轧辊轴线与轧制线在包含轧制线的垂直平面上投影的夹角。二辊立式斜轧穿孔机的送进角是上述两线在水平面上投影的夹角。其他斜轧机按此概念类推。送进角是斜轧中最积极的工艺参数。

（3）机器中心线。即穿孔机本身的中心线。有的机组为使穿孔过程稳定,以及考虑下导板更换方便等因素,将轧制线调整得比机器中心线低 $3 \sim 6$ mm,使管坯贴紧下导板。

（4）轧辊间距 D_{ck}。它指两轧辊轧制带之间（即孔喉处）的轧辊间距。

（5）导板间距 L_{ck}。它指两导板过渡带工作面间距。

(6) 变形区椭圆度系数(ξ_x)及孔型椭圆度系数(ξ):

$$\xi_x = \frac{L_x}{D_x} \qquad (17-1)$$

$$\xi = \frac{L_{ck}}{D_{ck}} \qquad (17-2)$$

式中，x 为任意 x 横截面位置；L_x 为导板间在 x 截面的距离；D_x 为轧辊间在 x 截面的距离。

(7) 单位压下量(Δr_x)，指轧件每次被轧辊加工时的直径或壁厚压缩量。

穿孔准备区 $\qquad\qquad\qquad \Delta r_x = Z_x \tan\varphi_1 \qquad (17-3)$

穿轧区孔喉前 $\qquad\qquad \Delta r_x = Z_x(\tan\varphi_1 + \tan\varphi_t) \qquad (17-4)$

穿轧区孔喉后 $\qquad\qquad \Delta r_x = Z_x(\tan\varphi_t - \tan\varphi_2) \qquad (17-5)$

式中，Z_x 为螺距，即轧件每被轧辊加工一次沿轧制方向前进的距离；φ_1 为轧辊入口辊面锥角；φ_t 为顶头锥角；φ_2 为轧辊出口辊面锥角。

(8) 管坯总直径压下量(ΔD_p)及总直径压下率 ε。管坯总直径压下量指管坯直径最大减缩量：

$$\Delta D_p = D_p - D_{ck} \qquad (17-6)$$

$$\varepsilon = \frac{\Delta D_p}{D_p} \times 100\% \qquad (17-7)$$

式中，D_p 为管坯直径。

(9) 管坯顶前直径压下量(ΔD_{dq})及顶前压下率 ε_{dq}。顶前压下量指管坯遇到顶头时的直径减缩量，即

$$\Delta D_{dq} = D_p - D_{dq} \qquad (17-8)$$

$$D_{dq} = D_{ck} + 2(C - 0.5L_3)\tan\varphi_1$$

$$\varepsilon_{dq} = \frac{\Delta D_{dq}}{D_p} \times 100\% \qquad (17-9)$$

式中，D_{dq} 为管坯与顶头相遇时的直径。

(10) 毛管外扩径量(ΔD_k)和外扩径率(ε_{dk})。毛管外扩径量指毛管直径大于管坯直径的量，即

$$\Delta D_k = D_m - D_p \qquad (17-10)$$

$$\varepsilon_{Dk} = \frac{\Delta D_k}{D_p} \times 100\% \qquad (17-11)$$

式中，D_m 为毛管外径。

(11) 毛管内扩径量(Δd_k)和内扩径率(ε_{dk})。毛管内扩径量指毛管内径大于顶头内径的量，即

$$\Delta d_k = d_m - D_t \qquad (17-12)$$

$$\varepsilon_{dk} = \frac{\Delta d_k}{D_t} \times 100\% \qquad (17-13)$$

式中，d_m 为毛管内径；D_t 为顶头外径。

(12) 变形区宽度(见图17-5)。当考虑切向变形和顶头影响时，变形区任一剖面接触宽度如下：

穿孔准备区

$$b_x = \sqrt{\frac{D_x^2}{4} - \left[\frac{D_x}{2} - \frac{\xi_x^2 d_x^2 - d_x^2}{4(D_x + d_x)}\right]^2} \qquad (17-14)$$

顶头参与变形后

$$b_x = \sqrt{\frac{D_x^2}{4} - \left[\frac{D_x}{2} - \frac{\xi_x^2 d_x^2 + \delta_x^2 - \delta_{x-z}^2 - d_x^2}{4(D_x + d_x)}\right]^2} \qquad (17-15)$$

式中,R_x,D_x 为 x 截面轧辊半径及直径;r_x,d_x 为 x 截面轧件半径及直径;δ_x,δ_{x-z} 为 x 截面及前一单位螺距横剖面顶头直径。

(13)变形区长度(L)。变形区长度一般简化为变形区实际接触长度的水平投影,计算式为

不考虑送进角影响 $\qquad L = \dfrac{D_p - D_{ck}}{2\tan\varphi_1} + \dfrac{D_m - D_{ck}}{2\tan\varphi_2} \qquad (17-16)$

考虑送进角的影响 $\qquad L = (\dfrac{D_p - D_{ck}}{2\tan\varphi_1})\cos\beta + (\dfrac{D_m - D_{ck}}{2\tan\varphi_2})\cos\beta \qquad (17-17)$

(14)顶头前伸量 C 和顶杆位置 y。顶头前伸量又称顶头位置,是指顶头鼻部伸出轧辊轧制带中线的距离。顶头鼻部伸出轧制带中线 C 值为正,而在轧制带中线之后则 C 值为负。顶杆位置 y 是指在轧制方向上,轧辊后端面与顶头后端面的间距。实际生产中通过调整 y 值来保证获得需要的顶头前伸量 C 值。

工具形状和其相互位置(D_{ck},L_{ck},β,C 或 y)决定着变形区的形状和大小(b_x,L)。ε,ΔD_p,ΔD_{dq},ε_{dq},Δr_x 以及 Δd_k,ΔD_k 等是实现穿孔过程,计算穿孔机调整参数时所需的变形量。

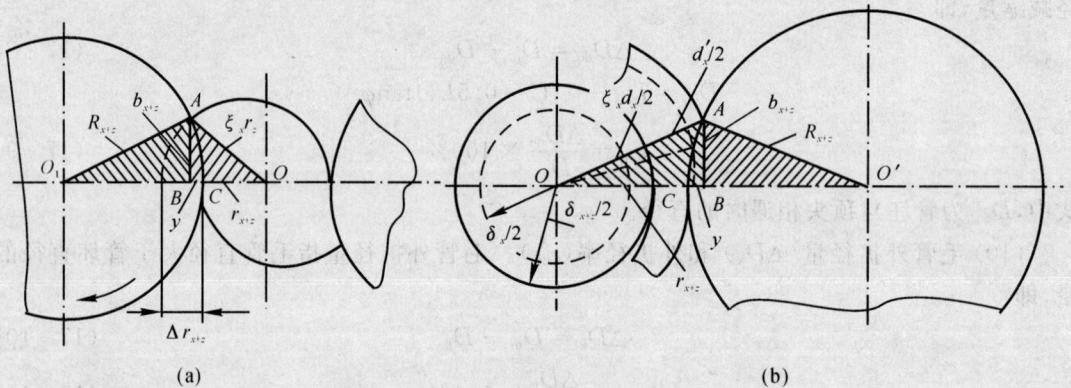

图 17-5 变形区接触宽度示意图
(a)穿孔准备区;(b)穿轧区

17.2 斜轧穿孔运动学

1. 斜轧运动学主要参数计算

斜轧穿孔过程中两轧辊同向旋转,管坯送入轧辊后,管坯与轧辊之间摩擦力使管坯反向旋转;同时由于送进角的存在,管坯在旋转的同时沿轧制方向前进。因此,轧件运动是螺旋运动。在正常轧制条件下,接触变形区内任意位置变形金属速度分析如图 17-6 所示。变形区内任一点 x 处金属的两个速度分量的近似解为

$$u_{xx} = u_x \sin\beta \cos\omega_x \tag{17-18}$$

$$u_{xy} = u_x \cos\beta \cos(\omega_x + \psi_x) \tag{17-19}$$

对于送进角为 13° 以下的斜轧机,由于 ω_x,ψ_x 均很小,可近似认为

$$u_{xx} \approx u_x \sin\beta \tag{17-20}$$

$$u_{xy} \approx u_x \cos\beta \tag{17-21}$$

式中,u_x 为接触变形区任一点轧辊切向速度;u_{xx} 为 u_x 沿轧件轴向(轧制线方向)分量;u_{xy} 为 u_x 沿轧件切向分量。

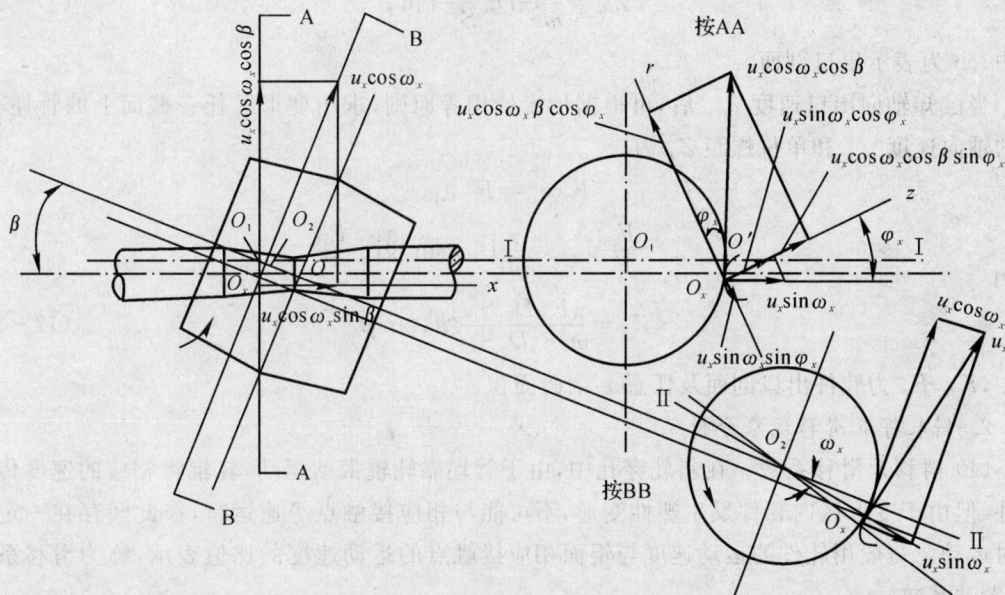

图 17-6 斜轧接触变形区运动学分析图

由于变形金属在变形时与轧辊之间存在滑移,沿轴向和切向滑移系数分别用 S_{xx},S_{xy} 表示,则接触变形区内任一点金属运动速度 v 沿轴向和切向分运动速度 v_{xx},v_{xy} 为

$$v_{xx} \approx S_{xx} u_{xx}$$

$$v_{xy} \approx S_{xy} u_{xy}$$

由于

$$u_x = \pi \frac{D_x}{60} n \tag{17-22}$$

$$v_{xy} = \pi \frac{n_x d_x \xi_x}{60} = \frac{\pi}{60} D_x n \cos\beta S_{xy} \tag{17-23}$$

所以轧件任意剖面转速为

$$n_x = \frac{60 v_{xy}}{\pi \xi_x d_x} = \frac{D_x}{\xi_x d_x} n S_{xy} \cos\beta \tag{17-24}$$

单位螺距为

$$Z_x = \frac{60}{m' n_x} v_{xx} = \frac{1}{m} \pi \xi_x d_x \frac{S_{xx}}{S_{xy}} \tan\beta \tag{17-25}$$

式中,n 为轧辊转速;n_x 为轧件转速;m' 为轧辊数目;ξ 为任意点金属所在横剖面椭圆度系数;d_x 为任意点金属所在横剖面轧件直径;ξ_x 为任意点金属所在横剖面轧件平均直径。

显然,轧件运动学参数沿变形区是不断变化的,由于变形区出口剖面毛管尺寸及滑移系数易测量,常用该剖面诸参数表示轧件运动学参数。如果忽略变形区内扭转变形,根据体积不变

定律可得

$$v_{\text{ch}x} = \pi \frac{D_{\text{ch}}n}{60} S_{\text{ch}x} \sin \beta \qquad (17-26)$$

$$v_{\text{ch}y} = \pi \frac{D_{\text{ch}}n}{60} S_{\text{ch}y} \cos \beta \qquad (17-27)$$

$$n_{\text{ch}} = \frac{D_{\text{ch}}}{D_{\text{m}}} n S_{\text{ch}y} \cos \beta \qquad (17-28)$$

$$Z_{\text{ch}} = \frac{1}{m'} \pi D_m \frac{S_{xx}}{S_{xy}} \tan \beta \qquad (17-29)$$

式中,ch 为表示出口剖面。

当已知轴向出口速度 $v_{\text{ch}x}$ 后,可根据秒流量相等原则,求出变形区任一截面上的管坯-毛管的轴向速度 v_{xx} 和单位螺距 Z_x 为

$$F_x v_{xx} = F_{\text{ch}} v_{\text{ch}x}$$

$$v_{xx} = \frac{F_{\text{ch}}}{F_x} v_{\text{ch}x} = \frac{\pi}{60} D_{\text{ch}} n \sin \beta S_{xx} \frac{F_{\text{ch}}}{F_x}$$

$$Z_x = \frac{\pi F_{\text{ch}} D_{\text{ch}} S_{xy}}{m' F_x D_x S_{xx}} \xi d_x \tan \beta \qquad (17-30)$$

式中,F_{ch},F_x 为轧件出口剖面及任意 x 剖面面积。

2. 斜轧穿孔滑移现象分析

(1)滑移及滑移系数。在斜轧穿孔中,由于管坯靠轧辊带动运动,轧辊将相应的速度传给轧件,但由于变形区内轧件发生塑性变形,不可能与相应接触点等速运行,彼此间存在一定的相对运动。一般用轧件的运动速度与辊面相应接触点的运动速度的比值表示,称为滑移系数(或滑动系数)。

接触变形区内任意 x 截面轧件轴向滑移系数(也称穿孔效率)为

$$S_{xx} = \frac{v_{xx}}{u_{xx}} \qquad (17-31)$$

切向滑移系数为

$$S_{xy} = \frac{v_{xy}}{u_{xy}} \qquad (17-32)$$

根据速度叠加原理,接触变形区内 x 截面滑移系数 S_x 为

$$S_x = \frac{v_x}{u_x} = \sqrt{S_{xx}^2 \sin\beta^2 + S_{xy}^2 \cos\beta^2} \qquad (17-33)$$

在穿孔和其他斜轧过程中,变形区中金属滑移情况是很复杂的,目前只能估算。根据实测,常见无缝管斜轧穿孔过程中切向存在入口、出口端的小范围前滑区,滑移系数大致接近于 1.0,说明切向滑移现象不明显,因此工程计算中取 1.0。轴向滑移系数 S_{xx} 值可用实测法确定,也可用经验公式估算。

用实测法测出穿孔后毛管长度 L_m 和实际纯穿孔时间 τ_{sj}(从管坯被咬入轧辊开始到毛管尾部脱离时的时间间隔)。然后计算 S_{xx} 值:

$$S_{xx} = \frac{\tau_{\text{ll}}}{\tau_{\text{sj}}} \qquad \tau_{\text{ll}} = \frac{L_m + L}{\frac{\pi}{60} D_{\text{ch}} n \sin\beta} \qquad (17-34)$$

式中,τ_{ll} 为理论纯穿孔时间;L 为穿孔变形区长度。

采用经验公式估算时,应尽量选择条件相似的经验公式。这里只介绍考虑若干影响因素的 O. A. 勃略兹克夫斯基建议的经验式:

$$S_{chr} = 0.68\left(\ln\beta + 0.05\frac{D_m}{D_t}\varepsilon_{dq}\right)f\sqrt{m'} \tag{17-35}$$

式中,D_t 为顶头外径;f 为摩擦因数;ε_{dq} 为顶头前管坯外径压下率(顶前压下率)。

(2)影响轴向滑移系数的因素。确定轴向滑移系数比切向滑移系数更为重要,因为它对产品质量、机组生产率、能耗和工具消耗都有影响。影响轴向滑移系数的因素较多,归纳起来凡是加大轧件轴向曳入力或减小顶头及导板对轧件运动阻力的措施,均有利于提高穿孔效率和改善咬入条件。

1)延伸系数的影响。一般增大延伸系数,变形程度增加,会引起轴向滑移增加,即轴向滑移系数减小。

2)轧制速度的影响。生产中提高轧制速度的办法一是提高轧辊速度,二是增大送进角。增大轧辊转速将导致滑移增加,轴向速度效率降低,电机容量却显著增加,因此,最好的办法是增大送进角,提高穿孔速度。如图 17-7 所示,实测得出,随送进角的增加滑移减小,滑移系数变大。

3)管坯直径的影响。随着管坯直径的增大,D/D_p 减小,轧辊曳入力减小,轴向滑移增加。另外,穿孔大直径管坯,所使用的顶头较短,顶头母线斜度大,导致顶头轴向阻力大,也使滑移增加。

4)摩擦的影响。对摩擦因数产生影响的因素都会对滑移直接或间接产生影响。比如轧辊表面过于光滑,则滑移增加,有时甚至轧卡。

5)穿孔温度的影响。穿孔时稍许降低管坯温度,可以提到摩擦因数,使得轴向滑移减小;但实际上,提高穿孔温度(一般在 1 200℃ 以下)反而会减小滑移,这是因为顶头阻止金属轴向流动的阻力减小的缘故。温度对轴向滑移系数的影响如图 17-8 所示。

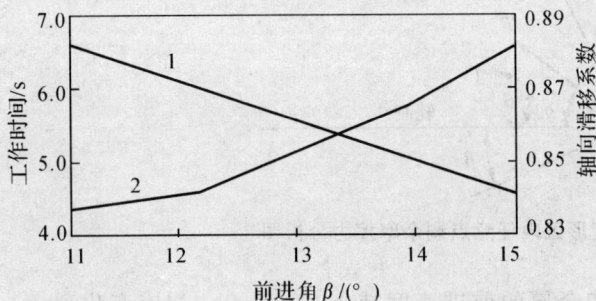

图 17-7　送进角与轴向滑移系数关系
1—穿孔工作时间;2—轴向滑移系数

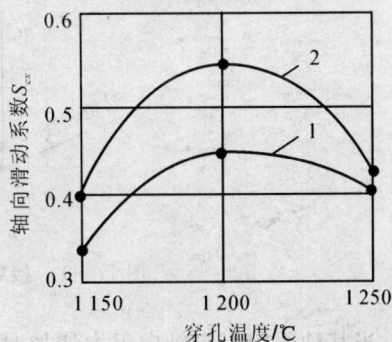

图 17-8　温度对轴向滑移系数的影响
1—1Cr18Ni9Ti;2—Cr17Ni13Mo2Ti

6)工具形状的影响。一般采取小的轧辊锥面角能减小滑移,因为变形区长度增加,轧辊曳入力增加,咬入条件变好;采用较长的顶头可减小顶头轴向阻力,减小滑移;增加轧辊直径,轧辊与轧件接触面积增加,曳入摩擦力增加,滑移减小。

7)轧机调整的影响。顶头位置过前,滑移增加;适当增加导板间距,可减小导板对金属的轴向阻力,减小滑移;适当增加压下量,可提高曳入力,减小滑移。

须指出,钢种、毛管尺寸等对轴向滑移也都有影响。

实际测定表明,沿变形区长度方向轴向滑移系数大部分小于1.0,在有顶头轧制时全部小 1.0(称之为轴向全后滑现象),而且变形区各截面上的 S_{xx} 不同,变化很大。变化大的原因在 于轧辊直径沿辊身长度变化较小(一般10%以内),则轧辊圆周速度变化不大;而斜轧穿孔的 变形量却很大(延伸系数为2~5),根据金属秒流量相等原则,金属轴向速度变化必然很大,必 然带来 S_{xx} 由变形区入口到出口存在很大的变化。实测值由入口到出口逐渐增大,一般 为0.5~0.9。

轴向全后滑原因主要是由于顶头轴向阻力影响的结果。S_{xx} 小于1.0表示金属轴向速度 小于轧辊的轴向速度,金属处于后滑状态。由纵轧理论可知,前滑区中轧辊给予轧件的摩擦力 与轧件运动方向相反,是轧件运动的阻力;而后滑区中的摩擦力与轧件运动方向一致,是带动 轧件前进的主动力。斜轧穿孔时由于顶头阻力存在,只能扩大后滑区以提供足够的摩擦力克 服顶头阻力,此过程是随着阻力的变化自动进行的。

根据摩擦力方向取决于两物体的相对运动方向(或运动趋势)的概念,斜轧时轧辊给予轧 件摩擦力 T 与轧制线方向不一致,而是与轧制线成某一角度 θ,如图17-9所示。接触变形区 内辊面对任意点 x 的相对速度 Δu_x 为

$$\Delta u_x = Ux - u_x \qquad (17-36)$$

Δu_x 与轧制方向夹角 θ 为

$$\theta = \arctan\left(\frac{1-S_{xy}}{1-S_{xx}}\cot\beta\right) \qquad (17-37)$$

式中,U_x 为金属与轧辊接触点 x 的轧辊圆周线速度,u_x 为 x 点处金属速度。

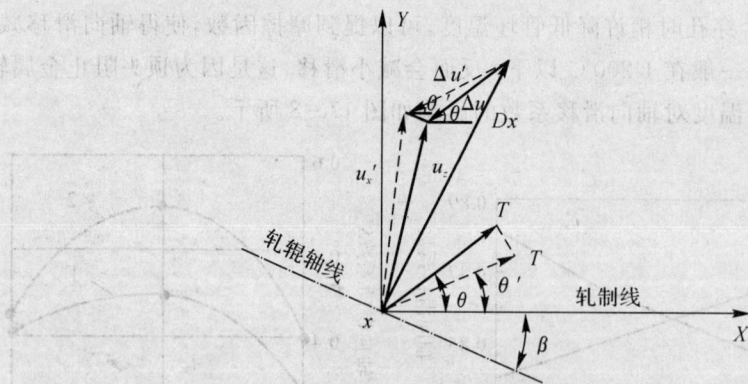

图17-9 接触变形区内任意点剩余摩擦力分析图

当某种原因引起轴向阻力增加时,使金属的前进速度减小,u_x 和 Δu_x 相应变化到 u'_x 和 $\Delta u'$ 位置,而摩擦力 T 方位随之摆动到 θ'。由于 $\theta' < \theta$,使摩擦力轴向分量增大,能够克服外加 阻力的增加,达到新的平衡状态继续轧制。但此时剩余摩擦力 T 的切向分量相应减小,使轧件 转速随之下降,于是,切向后滑区扩大,前滑区缩小。后滑区的旋转力矩不断上升,前滑区的阻 力矩不断下降,直至达到新的平衡为止。所以切向前滑区的剩余摩擦力是斜轧轴向滑移系数 小于1.0仍能继续轧制的条件。也就是说,当金属在轴向处于全后滑的情况下,若因某种原因 引起轴向阻力变化时,摩擦力 T 将自动调节到适应阻力变化的方向,建立起新的稳定轧制状 态。但是,摩擦力的大小和方位的自动调节是有一定范围的,超出此范围时,穿孔过程将被破

坏而造成打滑或轧卡现象。

17.3 斜轧穿孔的咬入

斜轧穿孔过程存在两次咬入:第一次是轧件接触轧辊时的咬入,第二次是轧件与顶头相遇时的咬入。两次咬入条件都满足是实现穿孔变形的先决条件。二次咬入时轧件在轴向和切向的阻力比一次咬入时大,是能否实现斜轧穿孔过程的关键。由于斜轧穿孔过程轧件作螺旋运动,咬入条件应为旋转和前进两个条件。

1. 一次咬入条件

当推料机将管坯送入轧辊时,管坯受力分析如图17-10所示。

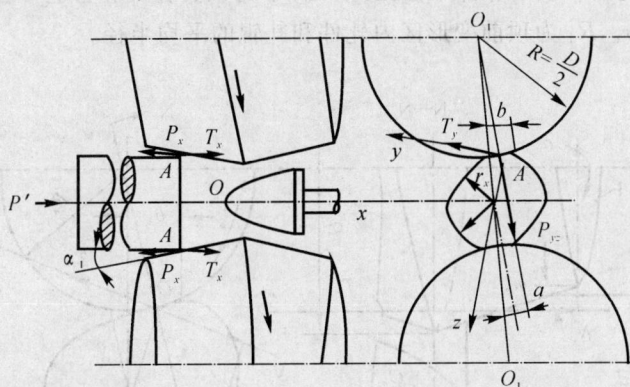

图 17-10 一次咬入轧件受力分析图

管坯旋转的条件为
$$M_\mathrm{T} \geqslant M_\mathrm{P} + M_\mathrm{Q} + M_\mathrm{J} \tag{17-38}$$

管坯前进的条件为
$$m/(T_x - P_x) + P' \geqslant 0 \tag{17-39}$$

式中,M_T 为旋转管坯主动力矩,在无附加主动力矩时为轧辊带动管坯的旋转摩擦力矩;M_P 为由正压力产生的旋转阻力矩;M_Q 为由外推力在接触端面产生的摩擦阻力矩;M_J 为管坯旋转的惯性阻力矩;T_x 为每个轧辊产生的剩余摩擦力;P_x 为每个轧辊作用在管坯上的正压力轴向分力;P' 为后推力,一般穿孔时为零。

如果忽略轧件惯性和外推力,综合考虑旋转和前进条件,可得斜轧一次咬入条件为

$$f \geqslant \sqrt{\sin^2\varphi_1 + \frac{\pi}{m}(\frac{D_\mathrm{P}}{D}+1)\tan\varphi_1\tan\beta S_{xy}} \tag{17-40}$$

式中,D 为一次咬入接触点轧辊直径。

分析式(17-40)可知,只要辊径足够大,入口辊面锥角 φ_1 足够小,轧件一次咬入均可正常进行。须指出,创造良好的旋转条件是建立斜轧穿孔运动的首要条件。推钢力适当,有利于斜轧过程建立;推钢力过大,会因强迫接触宽度太大,恶化轧件旋转条件,不能实现一次咬入,穿孔失败。因此,一次咬入时推钢力造成的接触宽度只能使坯料旋转,轧件自会螺旋前进。在实际生产中,当 $\varphi_1 \leqslant 6°,\beta \leqslant 18°,D_\mathrm{p}/D \leqslant 0.3$ 时,实现一次咬入没有问题。

2. 二次咬入条件

二次咬入条件的旋转条件比一次咬入增多了顶头及顶杆系统的惯性阻力矩,但因其值很

小,所以旋转条件基本与一次咬入相同。二次咬入能否顺利进行的关键是由于顶头阻力介入的前进条件,即

$$m'(T_x - P_x) + P' - Q_d \geqslant 0 \qquad (17-41)$$

式中,Q_d 为顶头鼻部对轧件前进运动的阻力。

二次咬入时轧件受力分析如图 17-11 所示,根据轧件前进条件可得实现二次咬入最小顶前径向压缩率为

$$\varepsilon_{\min} = \frac{\pi\left(\dfrac{p_d}{p}\right)\left(\dfrac{r'_d}{r_p}\right)^2 \tan\varphi_1}{2m'\left[\sqrt{f^2 - \left(1 + \dfrac{r_d}{R_d}\right)^2\left(\dfrac{b_d}{D_p}\right)^2} - \sin\varphi_1\right]\dfrac{b_d}{D_p}} \qquad (17-42)$$

式中,P,P_d 为接触辊面和顶头鼻部单位压力;r'_d,r_p 为顶头鼻部和管坯半径;b_d 为顶头前端接触变形区平均宽度;r_d,R_d 为顶前变形区内轧件和轧辊的平均半径。

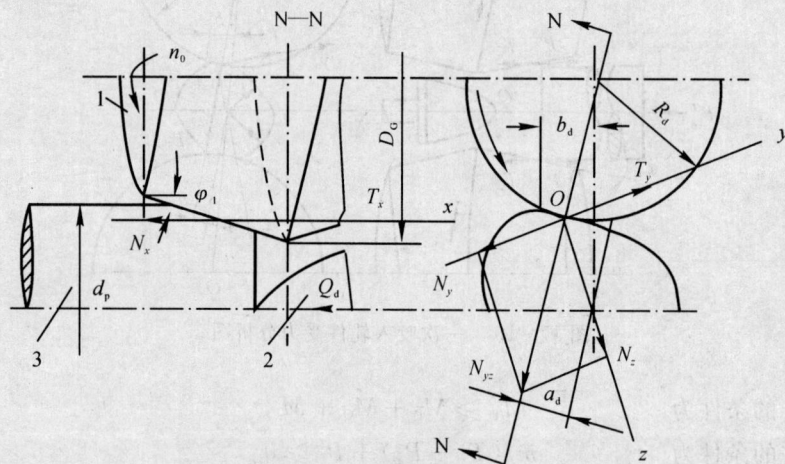

图 17-11　二次咬入轧件受力分析图
1—轧辊;2—顶头;3—轧件

由式(17-42)可知,为顺利实现穿孔过程中的二次咬入条件,轧机调整时选用的顶头前压缩率 ε_{dq} 值必须大于实现二次咬入所需的顶头前最小压缩率 $\varepsilon_{\min}$,即 $\varepsilon_{dq} > \varepsilon_{\min}$。另外,选用顶头前压缩率时还须考虑穿孔后的毛管质量,希望在管坯顶头前不预先产生内撕裂,形成孔腔。因此顶头前压缩率应小于临界压缩率,即 $\varepsilon_{lj} > \varepsilon_{dq}$。综合以上两方面条件,二次咬入时做到既顺利咬入,又保证毛管质量的咬入条件为

$$\varepsilon_{lj} > \varepsilon_{dq} > \varepsilon_{\min} \qquad (17-43)$$

如果低塑性材料临界径向压缩率小于二次咬入顶前最小径向压缩率,则应深钻定心孔,增加二次咬入时的顶前接触区长度。

3. 影响斜轧穿孔咬入的因素

在两次咬入中,二次咬入是关键,因为二次咬入时存在顶头轴向阻力作用。从分析二次咬入前进条件可以明显看出,要保证可靠地实现咬入,必须有足够大的 T_x,也就是必须具有一定的穿孔准备区长度(实践证明,小型穿孔机的二次咬入条件为穿孔准备区长度应大于单位螺距

值);另外,应尽量减小顶头鼻部的轴向阻力和轧辊对管坯正压力的轴向分力值等轴向阻力。显然,改善二次咬入的措施,也就是提高穿孔效率的 S_{xx} 措施。

(1)增加 T_x 的措施:①减小轧辊入口锥角 φ_1。在顶头前压缩率一定的条件下,φ_1 的减小,可以增加穿孔准备区长度,于是增加了 T_x,同时使 N_x 减小。②加大顶头前压缩率 ε_{dq}。可以增加穿孔准备区长度,使 T_x 增大。③增加轧件与轧辊接触面之间的摩擦因数。例如轧辊辊面刻槽(见图 17-12)。螺旋形槽用于周期式轧管机组斜轧穿孔机上,非螺旋形槽用于一般穿孔机上。④加大管坯定心孔深度,其作用是增大在二次咬入时轧件与轧辊接触面积(见图 17-13),使 T_x 增大。⑤增大轧辊直径 D 或减小坯料直径与辊径的比值(D_p/D)。⑥实践证明(见图 17-14),送进角 β 的影响有一个最小极限临界角 β_1,$\beta<\beta_1$,ε_{min} 随 β 增加而减小,$\beta>\beta_1$,ε_{min} 随 β 增加而增加;φ_1 越小,β_1 越大,ε_{min} 越小。因此,从二次咬入的角度,采用较小的 φ_1,不仅有利于二次咬入,而且允许选用较大的送进角轧制,利于提高钢管质量和轧机生产率。

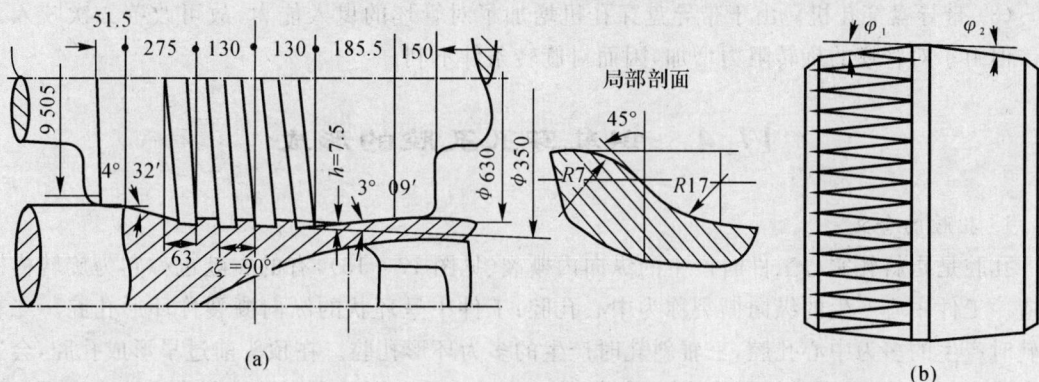

图 17-12　轧辊面带刻槽形状

(a)螺旋形槽;　(b)非螺旋形槽

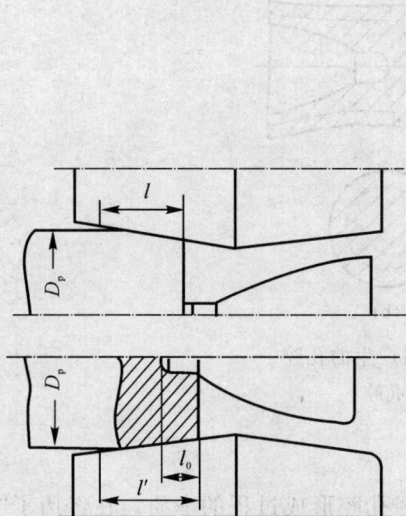

图 17-13　定心孔对二次咬入的影响　　图 17-14　二次咬入顶前最小径缩率与送进角关系

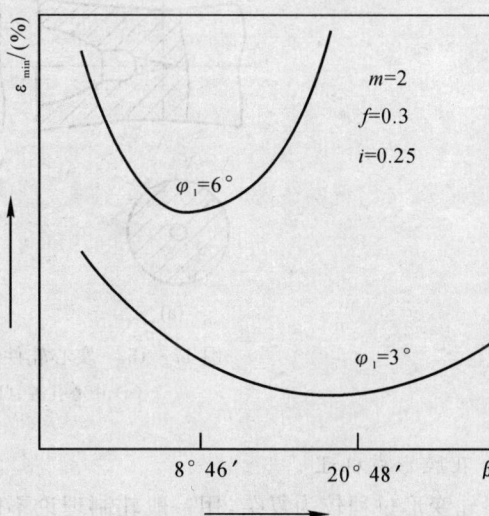

(2)减小二次咬入时轴向阻力措施:① 减小顶头鼻部阻力的办法是鼻部半径不能取得太

大。② 适当提高穿孔温度和增大顶头前压缩率,通过降低顶头鼻部的平均单位压力值来减小顶头轴向阻力。③ 减小二次咬入前的导板阻力。一般在咬入区内不希望轧件与导板相接触,以减小轴向阻力,不然由于增加导板阻力,可能使二次咬入难于实现。

4. 其他型式穿孔机的二次咬入条件

(1) 后推力穿孔。穿孔过程中增加一个轴向后推力,显然有利于改善咬入条件。但后推力不宜过大(一般小于 10 kN/mm^2),否则使管坯头部压扁过大而影响到旋转条件。

(2) 三辊穿孔机。由式(17-41)可见,在相同条件下三辊穿孔机($m'=3$)的二次咬入能力比二辊穿孔机大。但由于三辊穿孔机上的顶头鼻部阻力比二辊穿孔机大,因此二次咬入条件不一定比二辊穿孔机好。另外,由于三辊穿孔时顶头轴向阻力大,二次咬入时对温度的变化、辊面状态以及顶头的形状等反应极为敏感。为了保证穿孔过程稳定,一般选用较大的顶头前压缩率 $\varepsilon_{dq} = 8\% \sim 12\%$,这对毛管质量不会带来影响,但过大会使顶头工作条件恶化。

(3) 带导盘穿孔机。由于带导盘穿孔机增加了对管坯的曳入能力,故可改善二次咬入条件。但由于对管坯的旋转阻力增加,因而对旋转条件不利。

17.4　斜轧穿孔孔腔的形成

1. 孔腔的含义

孔腔是指斜轧实心工件时产生的纵向内撕裂(见图 17-15),有的文献也称它为旋转横锻效应。工件中心产生的纵向撕裂称为中心孔腔;工件中呈环状的纵向撕裂称环形孔腔。二辊斜轧时产生的多为中心孔腔,三辊斜轧时产生的多为环形孔腔。在顶头前过早形成孔腔,会造成大量内折叠缺陷,恶化钢管内表面质量,甚至成为废品。因此在穿孔工艺中应该力求避免过早形成孔腔。

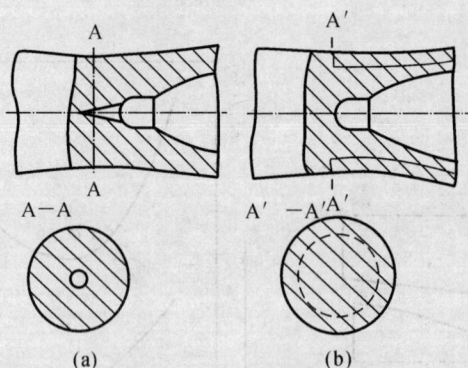

图 17-15　实心轧件斜轧时产生的孔腔
(a) 中心孔腔;(b) 环形孔腔

2. 孔腔形成机理

斜轧变形过程较为复杂,用一般轧制理论不能解释孔腔形成过程的本质。在经历了"切应力理论""正应力理论"后,"综合应力理论"普遍被接受。

斜轧穿孔过程中,轧件轴心部金属塑性变形过程主要受两个因素影响:①"外端"的影响。大量试验研究表明实心圆坯横锻的一次径向压缩率在 6% 以下时,最大塑性变形区仅发生在与工具接触表面附近,轴心区变形很小,变形特点类似双鼓形(见图17-16)。一次径向压缩率达到10%以上时,才出现单鼓变形特点。如果发生双鼓变形,剧烈变形区 Ⅰ,Ⅲ 两侧存在变形很小的"外端",Ⅰ,Ⅲ 区内金属变形对外端起了一种"楔入"作用,使轴心 Ⅱ 区将承受很强的横向附加张应力。② 表层变形的影响。在斜轧过程中,表层金属的塑性变形剧烈,金属连续不断地沿轴向和切向流动,作为一个整体必然牵引着轴心区金属不断地流向表层,于轴心区形成三向附加张应力。于是管坯中心的工作应力状态是在外力作用方向为压应力,其他两向为拉应力。

　　如上所述,两个因素对管坯中部在横向引起的附加应力方向相同,所以横向张应力的数值最高,增长速度最快。斜轧条件下金属每被轧辊加工一次后完全恢复再结晶是不可能的,因而上述的附加应力都将部分以残余应力形式保留下来,并随反复加工次数的增加而积累增大。不论轧件如何转动,这个应力场在轴心区的基本相位是不变的。由于适当工作应力状态发展到一定极限值后,在相对主应力约45°的最大切应力方向上开始产生切变形。经多次反复,由于加工硬化和晶体内部缺陷的存在,这些部分便在最大横向张应力作用下出现裂纹,逐渐发展成轴心疏松区,进而形成孔腔。

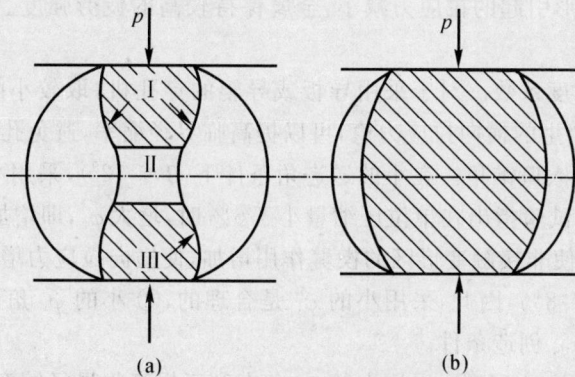

图 17-16　横锻圆坯变形特点
(a)6% 以下压缩率；　(b)10% 以上压缩率

　　总之,综合应力学说认为孔腔的形成是由于轧件受到了交变的剪切应力和横向拉应力所致。斜轧时轧件作螺旋运动,轧件在旋转加工时,中心部分受到交变的切应力和横向拉应力作用。切应力使金属产生滑移而形成微裂,拉应力使微裂扩展而形成宏观裂纹,这些裂纹扩大和连接而成孔腔。

　　3. 影响孔腔形成的因素

　　孔腔已成为对提高毛管质量和扩大钢种范围的致命伤,影响孔腔形成的决定性因素有以下几点：

　　(1)钢的穿孔性。斜轧穿孔过程中用穿孔性表示坯料中心产生破坏的倾向。穿孔性好的钢种表示不易发生中心破裂。穿孔性与钢的塑性有关,一般塑性越好则钢的穿孔性也越好。

　　(2)顶前压下率。顶前压下率越大,变形不均匀程度也越大,导致管坯中心区的切应力和拉应力增加,从而容易促使孔腔形成。

　　(3)轧件椭圆度。在斜轧穿孔过程中,椭圆度越大,横变形越大,将导致管坯中心区的横向拉应力、切应力以及反复应力作用增加。

（4）反复压缩次数。生产实践证明，反复压缩次数的增加将导致孔腔形成倾向增加。比如，当总的直径压缩量增加而单位压下量不变时，当总直径压缩量不变而变形区长度增加时，以及当金属轴向滑移增加时，都会使压缩次数增加。

（5）加热制度。加热制度主要影响金属穿孔性，应由试验确定。加热制度主要通过加热时对金属组织、热应力等影响穿孔性。如果能保证穿孔性，则对控制孔腔形成有利。

4. 避免孔腔形成的措施

为满足工业发展对无缝钢管质量高级化、品种多样化和采用连铸坯直接穿孔、轧管的要求，不断探索采用各种方法，乃至打破以往关于顶头前管坯中心如无一定的疏松区则无法实现穿孔的推测，力求从根本上改变斜轧穿孔的应力状态条件，PPM 推轧穿孔的出现就是一例。在二辊斜轧穿孔机上，为防止过早产生孔腔，主要采取各种措施减轻不均匀变形，限制横变形，发展纵变形，减少轧件在穿孔准备区的被压缩次数和提高管坯质量等。目前采用的主要措施有以下几种：

（1）采用大送进角。大送进角可显著提高临界压缩率，避免孔腔形成。原因在于：① 减轻变形不均匀性，这一点在送进角大于 12° 时才有明显作用；② 减小轧件在顶头前反复应力的循环次数，使不均匀变形引起的拉应力减小，金属保持较高的疲劳强度。国外从 1971 年开始采用 15° ～ 17° 送进角。

（2）减小孔型椭圆度系数。对于采用导板或导辊的穿孔机，取较小的椭圆度系数值可减小横向变形和由此而产生的横向拉应力值，可以提高临界径缩率，避免孔腔形成。

（3）采用小的轧辊入口锥角。在小的送进角条件下（$\beta \leqslant 12°$），采用小的轧辊入口锥角 φ_1 值是合理的。因为：① 试验指出在单位压缩量小于 6% 时，增大 φ_1，即增加单位压缩率，不但不能减轻不均变形，反而使非接触变形区的楔劈作用增加，使横向拉应力增加。而一般斜轧穿孔的单位压缩率不大于 3.8%，因此，采用小的 φ_1 是合理的；② 小的 φ_1 角可以减小咬入所需的 $\varepsilon_{\min}$ 值，为采用较小的 ε_{dq} 创造条件。

在大送进角条件下（$\beta \geqslant 15°$），采用大的 φ_1 角有利于提高临界径缩率 ε_{lj} 值，因为在此条件下单位压缩率已大于 6%，管坯中心已产生较大塑性变形，φ_1 角增大将使单位压缩率增大，辗轧次数减少，不均匀变形减小。但过大的 φ_1 角会使变形区太短，破坏轧制过程的稳定性。故综合考虑仍应采用较小的 φ_1 值。

（4）采用主动导盘（狄舍尔穿孔机）。采用主动导盘或导盘与导板组合导向工具，可显著提高临界径缩率 ε_{lj}。因为：① 导盘对管坯直径压缩，可减小横向拉应力。② 导盘抑制轧件椭圆度有利金属纵向变形的发展。③ 可提高轴向滑移系数，提高穿孔速度，减少管坯在顶头前的反复压缩次数。因此在狄舍尔穿孔机上可穿制连铸坯。

（5）加大顶推力。施加顶推力 P_0 是指在轧件开始咬入时，施加给轧件一个推力使其便于进入变形区进行轧制。施加顶推力有助于提高穿孔效率，减少顶头前管坯的压缩次数，并可加大轴向压应力作用区和减小咬入所需的 $\varepsilon_{\min}$，故可提高 ε_{lj}。但 P_0 过大会使横向变形显著发展，促使孔腔形成。

（6）采用主动顶杆及轧辊辊面压花。这些措施均有利于提高轴向滑移系数和发展纵向变形，提高 ε_{lj} 值。

（7）提高管坯质量。管坯自身的质量对 ε_{lj} 值影响很大，例如 1Cr19Ni11Si4AlTi 不锈钢的临界压缩率 ε_{lj}，用电渣重熔时为 11%，普通电炉冶炼时为 7%。

17.5 斜轧穿孔时金属变形

和其他轧制方法一样,斜轧穿孔时也有两种变形。一种是基本变形(也称宏观变形),另一种是附加变形(也称不均匀变形)。

1. 基本变形

基本变形是指外观形状的变化,由实心坯(有时是空心坯)穿轧成毛管时轧件几何形状和尺寸的变化。它与变形区的几何形状尺寸(工具形状尺寸和轧机调整)有关,与轧件材质无关。由实心坯穿轧毛管时的基本变形如图 17-17 所示。基本变形量的计算方法如表17-1所示。如果计算变形区某截面的基本变形量,则将有关公式中的毛管尺寸改为该截面的有关尺寸即可。

2. 附加变形

附加变形是由于变形不均而在金属内部产生的变形。这种变形会降低产品质量,增加能量消耗,引起附加应力,容易导致毛管内外表面和内部产生缺陷等,应尽量减小。斜轧穿孔时产生的附加变形有扭转变形、纵向剪切变形、横向剪切变形和管壁塑性弯曲变形等。

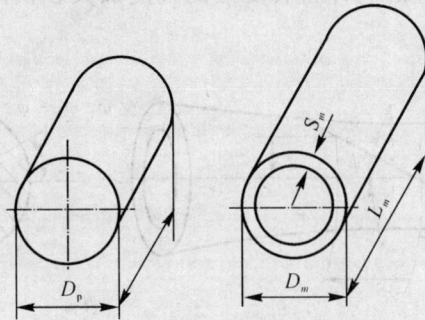

图 17-17 穿孔基本变形

(a) 坯料;(b) 毛管

表 17-1 由实心坯穿轧成毛管时的基本变形量

变形方向	绝对变形	相对变形	真变形	变形系数
纵向	伸长量 $\Delta l = L_m - L_p$	$\varepsilon_1 = \dfrac{\Delta L}{L_p}$	$e_1 = \ln\dfrac{L_m}{L_p} = \ln\mu$	延伸系数 $\mu = \dfrac{L_m}{L_p}$
横向	平均扩径量 $\Delta \overline{Dk} = (D_m - S_m) - \dfrac{D_p}{2}$	$\varepsilon_D = \dfrac{2\Delta D_p}{D_p}$	$e_D = \ln\dfrac{2(D_m - S_m)}{D_p} = \ln\omega$	平均扩径系数 $\omega = \dfrac{2(D_m - S_m)}{D_p} = \ln\omega$
径向	$\Delta S = \dfrac{D_p}{2} - S_m$	$\varepsilon = \dfrac{2\Delta S}{D_p}$	$e = \ln\dfrac{2S_m}{D_p} = \ln\dfrac{1}{\eta}$	减壁系数 $\dfrac{1}{\eta} = \dfrac{2S_m}{D_p}, \eta = \dfrac{D_p}{2S_m}$

(1)扭转变形。扭转变形是指在变形区中,管坯-毛管各截面间产生的相对角位移。这种

现象在生产中常可见到,例如,管坯上的纵向裂纹经穿孔后变成螺旋形的外折叠,说明在变形区中管坯-毛管各截面间存在相对角位移。扭转变形的大小可用所观察的截面相对于原始位置的转角 φ 或轧件表面扭转螺旋线的斜角 ψ 表示(见图 17-18)。

$$\tan\psi = \frac{m}{L} = \frac{R_m \varphi}{L} \qquad (17-44)$$

式中,φ 为相对于原始位置的转角,rad;ψ 为扭转螺旋线斜角,(°);L 为测量角 φ 和 ψ 值区段的长度,mm;R_m 为毛管半径,mm。ψ 值只反映变形区中扭转变形的最终结果,不反映变形区中的扭转过程。

扭转变形是由于变形区中管坯-毛管各截面的角速度不一致引起的。用式(17-23)分析变形区中各截面轧件的转速可知,轧辊轧制带处轧件的转速最快,而在变形区入口和出口处转速最小,即管坯-毛管在变形区中先是正向扭转变形,后又产生反向扭转变形。而且根据生产实践,扭转变形的大小还与穿孔变形量和横向变形大小有关。穿孔变形量以及横向变形量大,则扭转变形也大。由于变形区内各截面的轧件转速是靠摩擦带动的,而轧件的扭转变形又与轧件刚度有关,变形量越小,管壁越厚,刚度越大,扭转变形就越困难,此时各截面间轧件转速差有相当一部分被轧辊与轧件之间的相对切向滑动所抵消。相反,变形量越大,毛管壁薄,由运动学上的旋转条件变成相应的轧件扭转变形的程度加大。横向变形大也促进扭转变形的发展。

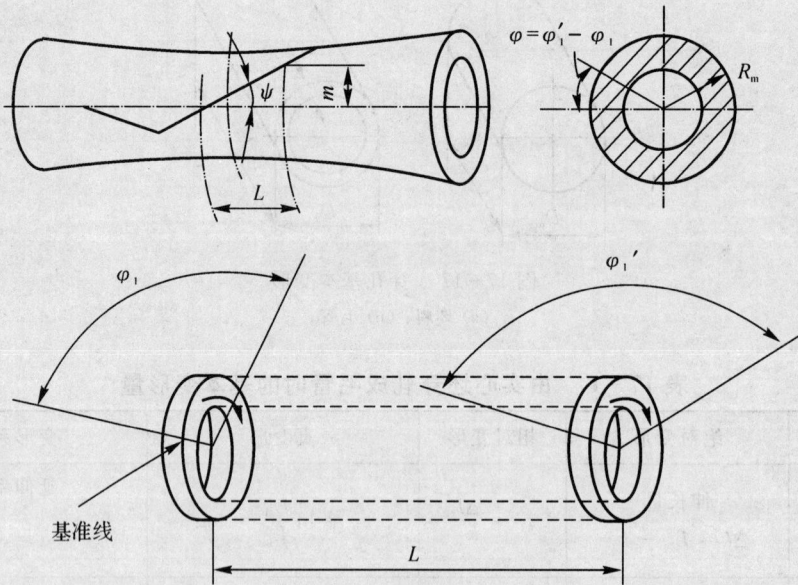

图 17-18　斜轧穿孔时变形区中的扭转变形分布

过大的扭转变形往往是导致毛管外表面产生缺陷的原因,或使坯料上原有的缺陷发展和扩大。一般外表面缺陷是呈螺旋分布的,扭转变形是产生原因之一。生产中可采取相应的措施来减轻扭转变形。比如采用主动旋转顶头、顶推穿孔、菌式穿孔机、三辊穿孔机都可以减小扭转变形,提高毛管质量。

(2)纵向剪切变形。纵向剪切变形是指毛管管壁内外层金属沿纵向产生附加的相互剪切。如图17-19所示,用金属、蜡泥或特种塑料制成的组合试料穿孔,将穿孔后毛管沿纵向剖开,便清楚地看出外层金属流动快于内层,外层在流动中拉内层,内层阻滞外层,各层间沿纵向互相剪切。

纵向剪切变形的大小用 α 角表示。α 角是指管壁金属纤维某点的切线与管壁垂线(纤维的原始位置)的夹角(研究某点时),或是管壁纤维相对于其原始截面的平均倾斜度(研究某截面时)。α 角越大,则纵向剪切变形越大。

纵向剪切变形主要是由于顶头轴向阻力造成的。穿孔时,轧辊带动外层金属沿纵向流动,而顶头阻碍内层金属向纵向流动,结果各层的轴向流动产生差异,而金属是一整体,故各层间必然产生相互的剪切变形和附加剪切应力。与轧辊接触的外层和与顶头接触的内层附加纵向剪切变形最大。

纵向剪切变形以及由此引起的剪应力和拉应力,是导致毛管产生内外表面层缺陷或者使管坯原有缺陷发展扩大的原因之一。例如,穿孔低塑性合金管的横裂缺陷,与纵向剪切变形有密切关系。实践证明,通过顶头正向驱动或顶头加润滑剂等方法,减小顶头阻力,缩小毛管外层和内层以及轴向各层间金属流动速度差,从而降低纵向剪切变形量,是减小纵向剪切变形最有效办法。

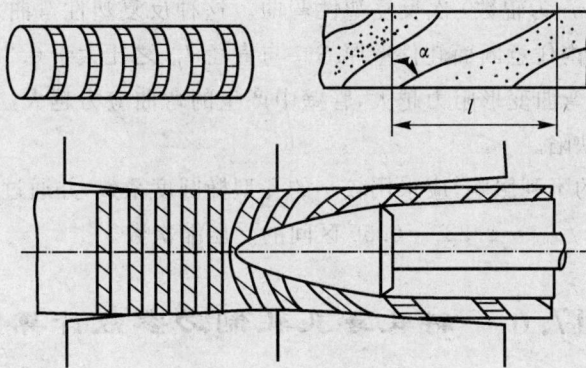

图17-19 穿孔时纵向剪切变形

(3)横向剪切变形。横向(切向)剪切变形是指毛管管壁内外层金属沿切向产生附加的相互剪切变形。如图17-20所示,组合试料穿孔时出现的横向剪切变形。

横向剪切变形的大小用 γ 角表示。一般以在1/2壁厚处某纤维的切线与径向线之间夹角为 γ 角。

在穿孔准备区,实心坯由于表面变形的结果,外层金属沿切向流动角速度大于内层,使金属纤维歪扭。在带顶头轧制区,毛管外表层和内表层金属有较大的变形,故其切向角速度大于过渡层,使金属纤维弯曲成C形。减壁量越大,则金属纤维弯曲程度越大,这种金属切向流动角速度的不一致,引起各层金属间相互的附加横向剪切变形。

横向剪切变形是造成毛管纵裂、折叠和分层等缺陷的原因之一。生产中出现的分层缺陷,多半是靠近内外表面(离内外表面约 $1/5S_m$ 处),这显然与横向剪切变形有密切关系。厚壁管的分层缺陷常出现在内层附近,因为厚壁管穿孔时变形主要在内表面,靠近内表面附近的附加剪切变形最大。生产实践表明,减少顶头阻力和减小横向变形对减轻横向剪切变形很有作用。

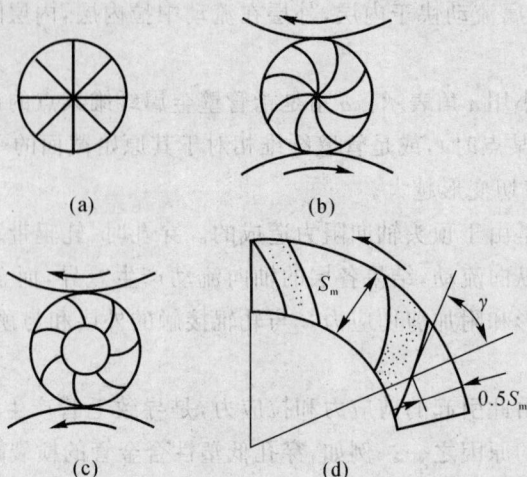

图 17 - 20　穿孔时横向剪切变形

(4) 管壁反复塑性弯曲。由于穿孔过程中孔型和毛管均有椭圆度,因此毛管在变形中每旋转一周将产生 $2m'$ (m' 为辊数)次反复塑性弯曲。这种反复塑性弯曲对毛管表面质量也有影响,尤其是对变形区内任意断面轧件壁厚 $S_{m.x}$ 与直径 $d_{p.x}$ 之比大于 $0.22 \sim 0.35$ 的厚壁部分更为严重。管壁越厚,弯曲变形阻力越大,管壁中产生的弯曲应力越大(主要是横向),使内表面出现裂纹或折叠等缺陷。

为减轻弯曲变形的不利影响,应采用较小的孔型椭圆度系数,并通过加大送进角或改进工具设计减少毛管在 $S_{m.x}/d_{p.x} = 0.22 \sim 0.35$ 区间的受压缩次数。

17.6　斜轧穿孔轧制力参数计算

1. 轧制压力计算

由于斜轧变形的复杂性,轧制压力不仅来源于轧辊,还来源于导板或导盘等,目前尚无完整的精确计算公式,下面是实践证明较为近于实际的计算方法。

(1) 穿孔压力 P_{ch} (见图 17 - 21)为

$$P_{ch} = \overline{P_1}F_1 + \overline{P_2}F_2 = \overline{P}F, \qquad F = F_1 + F_2 \qquad (17 - 45)$$

式中,$\overline{P}$,$\overline{P_1}$,$\overline{P_2}$ 分别为变形区内总平均压力、轧辊入口锥和出口锥内变形区内平均单位压力;F,F_1,F_2 分别为变形区总的接触面积、入口锥接触面积和出口锥接触面积。

1)接触面积计算。穿孔变形区接触面积计算方法有两种,一种是理论计算,另一种是在测定基础上得到经验公式。

由于穿孔变形区投影面积形状不规则,将入口锥内变形区划分为 n_1 段,出口锥内变形区划分为 n_2 段,并将每个区段形状视作梯形进行计算,即

$$F_1 = \bar{b}_1 L_1 = \sum_1^{n_1} \left(\frac{b_x + b_{x+1}}{2} \right) \Delta L, \qquad \bar{b}_1 = \frac{1}{n_1} \sum_1^{n_1} b_x \qquad (17 - 46)$$

$$F_2 = \bar{b}_2 L_2 = \sum_1^{n_2} \left(\frac{b_x + b_{x+1}}{2}\right)\Delta L, \quad \bar{b}_2 = \frac{1}{n_2}\sum_1^{n_2} b_x \tag{17-47}$$

式中,L_1,L_2 分别为轧辊入口锥和出口锥内变形区长度;b_1,b_2 分别为轧辊入口锥和出口锥内变形区内平均宽度;n_1,n_2 分别为 L_1,L_{2n} 内划分的剖面数;ΔL 为剖面间距离;b_x,b_{x+1} 分别为相邻两剖面宽度。

2) 单位压力确定。由于入、出口锥变形区内变形情况差别很大,至今在理论上计算平均单位压力还未得到解决。因此,实际计算时可选用条件相似的实测数据。下面介绍一种经验计算式。

在入口锥变形区,当 $1 \leqslant \frac{2r_{px}}{b_x} \leqslant 8.5$ 时,有

$$P_{chi} = 2K\left(1.25\ln\frac{2r_{px}}{b_x} + 1.25\ln\frac{b_x}{2r_{px}} - 0.25\right) \tag{17-48}$$

出口锥变形区建议用普兰特公式计算,即

$$P_{chi} = 2K(1 + 0.5\pi) \tag{17-49}$$

式中,P_{chi} 为相邻剖面间平均单位压力;r_{px} 为计算剖面坯料半径;K 为屈服剪应力。

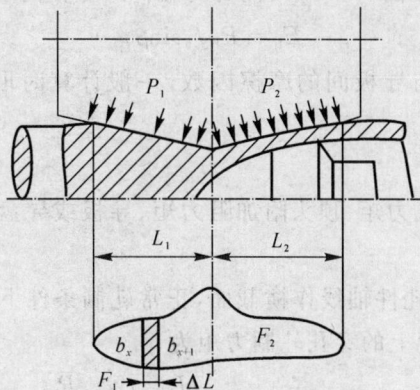

图 17-21 斜轧穿孔压力计算图示

3) 出、入侧压下螺丝压力确定。由于穿孔时存在顶头的轴向阻力和导板的轴向阻力的作用,以及总的轧制力作用点的不对称等原因,造成轧辊两侧的支座压力不等。根据实测结果,入口侧压下螺丝压力大于出口侧压下螺丝压力,两者比值为 1.1 ~ 2.3。

(2) 顶头轴向压力 Q_d。顶头轴向压力 Q_d 是作用在顶杆上的压力,其大小直接影响顶杆强度和工作稳定性,特别是穿轧壁厚且长的毛管时,有时甚至可能造成顶杆弯曲过大,轧制过程无法正常进行的后果。

穿孔时顶头受力情况如图 17-22 所示。由于目前对顶头鼻部和顶头与金属接触面上的单位压力等无法理论计算,因此实际计算时只能参考实测资料。根据实测结果得到穿孔顶头轴向力 Q_d 可按以下经验式确定:

$$Q_d = k_1 P_{ch} \tag{17-50}$$

式中,k_1 为系数,取 0.22 ~ 0.45,温度低、壁厚和送进角小时取大值。当送进角小于 13°,二辊斜轧穿孔穿制薄壁管时,k_1 为 0.25 ~ 0.45,二辊斜轧穿孔穿制厚壁管时,k_1 为 0.22 ~ 0.33。

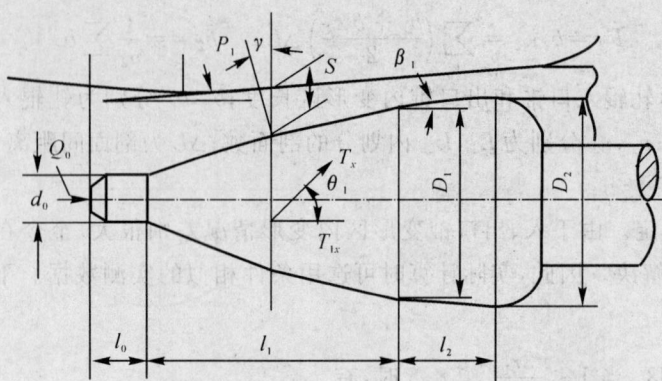

图 17 - 22　穿孔时顶头受力情况分析

（3）导板压力。实践证明，导板对金属变形的贡献也很大，其影响已逐步被重视。但轧件对导板的作用 P_b 目前尚无法进行精确理论计算，只能根据实测资料按经验确定，一般为穿孔压力 P_{ch} 的 $13\% \sim 27\%$。根据实测结果，导板入、出口侧压下螺丝受力之比值为 $1.1 \sim 1.8$。

导板以 P_b 作用于轧件（见图 17 - 23），同时对轧件产生轴向阻力 E_b（一块导板的），即

$$E_b = P_b f_b \sin\beta \tag{17-51}$$

式中，β 为送进角；f_b 为金属与导板间的摩擦因数，一般计算时取与金属及轧辊间摩擦因数相同。

2．轧制力矩计算

穿孔机传动力矩包括穿孔力矩、顶头附加阻力矩、导板或导盘阻力矩。以上各力矩相加，可得穿孔总力矩。

（1）穿孔力矩 M_z。垂直轧件轴线作横截面，正常轧制条件下，轧件对轧辊的压力分布如图 17 - 24（a）所示。每个轧辊上的穿孔轧制力矩为

$$M_z = P_{ch}\bar{a} = P_{ch}\frac{\bar{b}L_i}{2\cos\beta}\left(1 + \frac{\bar{R}}{\bar{r}_p}\right) \tag{17-52}$$

式中，P_{ch} 为穿孔压力；$\bar{r}_p$，$\bar{b}$，$\bar{R}$ 分别为平均坯料半径、平均接触宽度、平均轧辊半径。

（2）顶头阻力对轧辊作用力矩 M_d。如图 17 - 24（b）所示，每个轧辊的 M_d 为

$$M_d = \frac{Q_d}{m'}(\bar{R} + \bar{r}_p)\sin\beta \tag{17-53}$$

式中，m' 为轧辊数目。

（3）导板力矩。如图 17 - 23 所示，导板对轧件的旋转阻力矩 M_b 为（一块导板的）

$$M_b = P_b f_b \cos\beta \frac{L_{ck}}{2} \tag{17-54}$$

式中，L_{ck} 为导板距。

按前述轧制原理中提供的公式计算出摩擦力矩、空转力矩以及电机传动所需的总的轧制力矩，即可求出所需的传动功率。试验证明，延伸率越大，单位重量毛管能耗越高；同一延伸率毛管的管径越大，单位能耗越低；轧辊转速影响不大；送进角越大，单位毛管能耗越小；顶头位置一般只要能满足二次咬入即可，不宜过大，单位能耗低且毛管质量好。

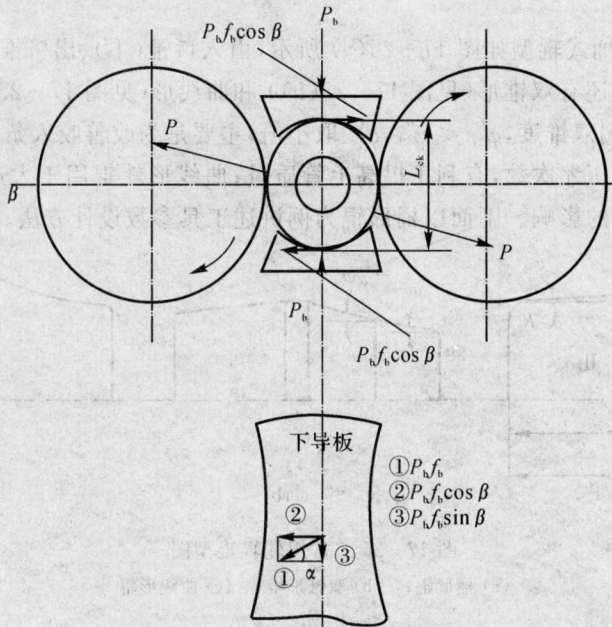

图 17-23 导板对轧件的作用力

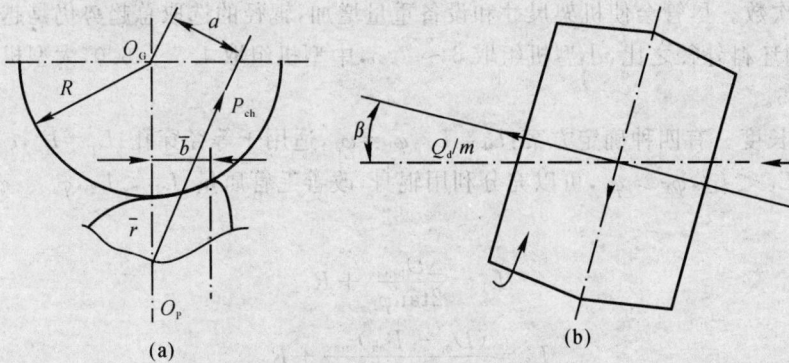

图 17-24 穿孔轧制压力图示
(a) 轧件对轧辊作用； (b) 顶头对轧辊作用

17.7 斜轧穿孔工具设计

直接参与塑性变形的斜轧穿孔工具包括轧辊、顶头及导板或导盘,除此之外还包括顶杆、入口导管、出口导槽等。斜轧穿孔工具设计的内容包括变形工具形状和尺寸的确定,轧机调整参数的计算以及选择工具材质并制定出技术要求。

工具设计应满足以下条件:① 咬入条件良好,轧制过程稳定;② 钢管笔直,表面质量好,几何尺寸符合要求;③ 单位能耗小,轧机负荷在允许的范围内;④ 工具磨损均匀,使用寿命高;⑤ 机组生产率高。即满足产品的"高产、优质及低耗"。

1. 轧辊设计

（1）辊型。标准桶式辊型如图 17-25（a）所示，由入口锥（Ⅰ）、出口锥（Ⅱ）和过渡带（Ⅲ）组成。除此之外辊型还有双锥形（见图 17-25（b））和曲线形（见图 17-25（c））等。与桶形不同，双锥形入口锥采用双锥度，$\varphi'_1 < \varphi''_1$，φ'_1 取小值，主要是为改善咬入条件，φ''_1 取大值，可以减少变形金属被反复压缩次数，有利于提高毛管质量；曲线形轧辊用于大送进角轧制，以克服变形区空间不良形状的影响。下面以桶形辊为例讲述工具参数设计方法。

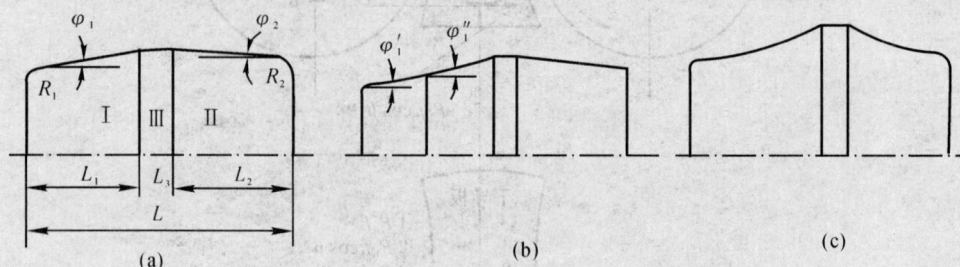

图 17-25 常用轧辊辊型图
（a）桶形辊； （b）双锥形辊； （c）曲线形辊

（2）轧辊直径。由于采用大辊径轧制能提高轧制过程稳定性，改善大送进角轧制条件下咬入和抛出能力，不会在毛管表面出现断续的螺旋"轧痕"形成外折叠缺陷；还能提高穿孔速度，增加重车次数。尽管会使机架尺寸和设备重量增加，辊径的选取总趋势仍是越来越大。辊径与最大轧制坯料外径之比，小型机组取 6～7.5，中型机组取 4.5～5.0，大型机组取 4.0 左右，不低于 3.5。

（3）辊身长度。有四种确定方案：$L_1 = L_2$，$\varphi_1 = \varphi_2$，适用于等径穿孔；$L_1 = L_2$，$\varphi_1 < \varphi_2$，适用于扩径穿孔；$L_1 < L_2$，$\varphi_1 > \varphi_2$，可以充分利用辊身，改善毛管质量；$L_1 < L_2$，$\varphi_1 < \varphi_2$，适用于小扩径量穿孔。

$$L_1 = \frac{\Delta D_{pmax}}{2\tan\varphi_1} + R_1 \qquad\qquad (17-55)$$

$$L_2 = \frac{(D_m - B_{ck})_{max}}{2\tan\varphi_2} + R_2 \qquad\qquad (17-56)$$

式中，ΔD_{pmax} 为管坯直径压下量最大值；R_1 为入口锥端面圆角半径；$(D_m - B_{ck})_{max}$ 为出口锥毛管外扩径量最大值；R_2 为出口锥端面圆角半径；R_1，R_2 = 15～25 mm。$L = L_1 + _2 + L_3 + 100 ～ 200$ mm，L_3 取 0～20 mm。

（4）辊面锥角。根据咬入条件，入口锥角 φ_1 宜小不宜大，只要能满足产品规格范围即可，取 1°～3°；出口锥角 φ_2 的大小取决于扩径量，可取 10°以上。但实际生产证明，采用小的 φ_2，变形区长度变长，管壁辗轧较充分，可改善壁厚的均匀性和外表面质量，所以一般取 2.5°～4.5°。

（5）材料。穿孔机轧辊大多采用辊轴和辊身套的组合结构，两者采用热压组合或键配合，这样可废辊身而不废辊轴，减小工具成本。辊轴多用 40Cr 或 45Cr 等综合性能较好的材料。辊身套材料选择既要有一定耐磨性，又要有较高的摩擦因数，以利于咬入和抛出轧件，因此辊面硬度受到一定限制。目前多用 55Mn，65Mn 以及 55 钢为材料的锻钢辊或铸钢辊，热处理后辊面硬度为 HB141～184。

2. 顶头设计

由实心管坯变成空心毛管时,毛管外径变化不大,而内径由零变化到要求值,这种变形顶头起着重要作用。工作时顶头受到热金属包围,工作条件极为恶劣,因此,研究和使用的顶头种类很多,如图 17-26 所示为其中几种。最常用顶头是球形顶头,下面简述其设计方法。

(1) 鼻部。实践证明,管坯中心破裂并非仅在中心一点发生,而是扩展到一定区域,一般为 $(15\% \sim 25\%)D_p$。所以,一般取 $d_0 = (0.15 \sim 0.25)D_p$,长度 $l_0 = (0.85 \sim 0.95)d_0$。鼻部的尖端最好用 $0.5d_0$ 为半径作一球形。为简化顶头和定心孔规格,一组顶头直径(或一组管坯直径)应采用统一的 d_0 值。同时为了减小顶头阻力和改善二次咬入条件,d_0 值不宜过大,因此大顶头直径的鼻部直径也不大于 35 mm。

内水冷的顶头的鼻部为穿孔锥顶部半径的圆弧过渡,半径值可取 $d_0/2$。内外水冷式顶头鼻部尺寸与更换式顶头相同,但须在鼻部和穿孔锥交接处钻有喷水孔(孔径约 $\phi 2 \sim 6$ mm,大顶头直径取大数值),这种型式顶头的鼻部起到保护喷水孔的作用。

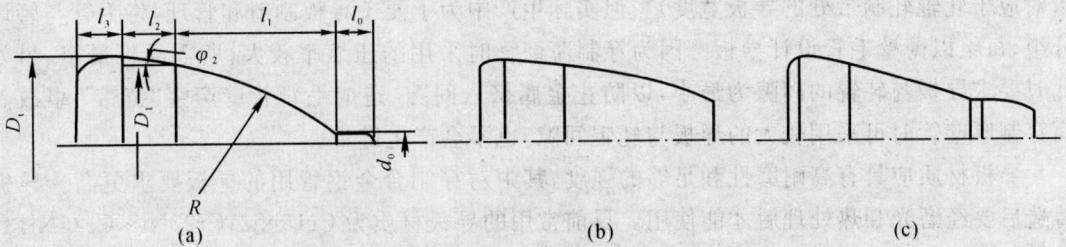

图 17-26 穿孔顶头示意图

(a) 球形顶头; (b) 平头顶头; (c) 特殊曲线顶头

(2) 穿孔锥。为减轻顶头负荷及变形均匀,一般取可能的最大长度,球形曲线半径计算式为

$$R = \frac{(D_1 - d_0)^2 + 4l_1^2}{4[(D_1 - d_0)\cos\varphi - 2l_1\sin\varphi]} \tag{17-57}$$

式中,D_1 为穿孔锥圆弧与均壁锥相切处直径。

(3) 均壁锥。长度应保证毛管任一点金属都在均整段变形区中至少受到一次以上的加工,确保达到均壁的效果。考虑到工艺因素的波动,取其长度 $l_2 = (1.2 \sim 1.5)Z_{ch}$,其中 Z_{ch} 为毛管出口的单位螺距。

均壁段的母线锥角 φ 与轧辊出口锥角相等。在大送进角 $(\beta \geqslant 12°)$ 的条件下,为了补偿送进角的影响,也可取其值比轧辊出口锥角大 $1° \sim 2°$,使它与轧辊出口锥的实际工作锥角相等。

(4) 反锥。长度随顶头型式而定。非更换式水冷或非水冷式顶头,$l_3 = 5 \sim 15$ mm(大直径顶头取大值)。更换式顶头由于反锥起到平衡作用,故 $l_3 = 30 \sim 50$ mm。反锥后端直径一般至少要比顶头直径小 5%,否则当从毛管中抽出顶头时仍会划伤毛管内表面。

(5) 材料及要求。由于顶头在工作时要承受很大的压力和高的热负荷,因此须采用具有良好的高温强度、导热性并耐急冷急热的材料制造。采用水冷顶头的壁厚应兼顾强度和冷却效果两方面。壁厚太厚冷却效果不好,工作表面易熔化;壁厚太薄易炸裂。通常,取壁厚等于 $(0.13 \sim 0.20)D_t$,冷却水压力大于 0.3 MPa 能充分冷却顶头,压力较高时可取较小的数值。

目前穿孔机顶头的材质是多种多样的,有热模具钢、低碳高速钢和含铬镍的结构钢等。常用3Cr2W8 和 20CrNi3A,穿轧高温高强度材料时多采用钼基合金 $Mo-0.5Ti-0.02C$。

(6)热处理制度。顶头热处理工艺对提高顶头寿命是很重要的,只要在热处理时能形成牢固黏结在基体上的氧化膜,在使用过程中能形成以 FeO 为主的二次氧化层,顶头就有较高的使用寿命。3Cr2W8 热处理工艺:800℃ 以下慢速加热,加热至 1 100℃,均热后空冷或鼻部淬水并自身回火。20CrNi3A 热处理工艺:800℃ 以下慢速加热,加热至 1 020 ～ 1 040℃,均热40 min 后空冷。

3. 导板设计

导板对轧件除了能起到导向作用外,还起到限制毛管的横向变形,促进金属纵向延伸和控制毛管外径的作用。导板设计包括导板的宽度、长度、纵、横断面形状与尺寸等,具体设计方法可参阅相关专门论著。

从理论上讲,当管坯直径或采用的总压缩率不同时,需要选用不同规格的导板(导板规格指对应于轧辊轧制带处的导板宽度)。但实际生产中为了便于导板制造和管理,将毛管与管坯分组,每组以薄壁毛管设计导板。因为穿制薄壁管时采用的压缩率较大,所需导板最窄,另外此时要求导板与轧辊的间隙为最小,以防止金属挤入间隙,造成毛管管壁产生"链带"事故。而穿制厚壁管时可采用较大的导板与轧辊间隙,也不会产生链带。

导板材质应具有高耐磨性和足够的强度,其中对穿制合金钢管用的导板要求更高。导板铸造后要经磨光和热处理后才能使用。目前常用的导板材质为 Cr15Ni2,Cr22Ni8,Cr25Ni13,Cr32Ni5 等牌号的合金铸钢。

17.8 斜轧穿孔轧机调整、操作及工具使用相关问题

1. 穿孔调整内容及调整参数的确定

穿孔机调整的主要任务是根据管坯尺寸和材质以及毛管尺寸,选定顶头规格,确定辊距和导板间距及顶头前伸量,并选定送进角和轧辊转速等。调整参数的步骤如下:

(1)根据轧制表选定顶头直径(详见轧制表编制)。

(2)根据管坯尺寸和材质及特点选定顶头前径缩率 ε_{dq} 值。了解所穿制钢种的临界压缩率 ε_{lj} 值,根据生产经验或理论计算确定二次咬入所需顶前最小压缩率 ε_{min},再适当考虑顶头-顶杆系统的刚度等因素,即可按 $\varepsilon_{min} < \varepsilon_{dq} < \varepsilon_{lj}$ 的原则选定合适的 ε_{dq} 值。某些现场采用的 ε_{dq} 值如表 17 - 2 所示。

表 17 - 2 某些现场采用的 ε_{dq} 值和 ε_{lj} 值

钢种	管坯直径 /mm	ε_{dq}/(%)	ε_{lj}/(%)
低、中碳钢	$\phi80 ～ 170$	5 ～ 8	12 ～ 16
	$\phi180 ～ 270$	4 ～ 6	8 ～ 12
高合金钢(包括不锈钢)	$\phi80 ～ 170$	3 ～ 5	10 ～ 12
	$\phi180 ～ 270$	2 ～ 4	7 ～ 10

(3)确定轧辊间距 D_{ck}。

（4）确定顶头前伸量 C 和顶杆位置 y。

（5）确定导板距离 L_{ck}。

（6）选顶杆直径和进出料管（槽）内径。顶杆直径应尽量选大，以提高其刚度，减小纵向弯曲。通常在保证顶杆从毛管中方便抽出的前提下（顶杆直径至少比顶头直径小 5%），结合顶杆规格情况，选择直径尽可能大的顶杆。进出料管（槽）内径比轧件外径大 20% 左右。

（7）送进角和轧辊转速（或主电机转速）选定。在生产中，应以充分发挥设备潜力为原则，确定穿制各种管坯所采用的送进角和轧辊转速的大小。一般原则是同一穿孔机中大直径管坯采用小送进角和低转速；同一直径的管坯，薄壁毛管取数值范围的上限；对于低塑性和变形抗力高的合金钢，最理想的是采用低速大送进角穿孔工艺；如受主电机能力和顶杆系统刚度条件的限制，应采用低速和尽可能大的送进角。

（8）穿孔机的初调和重调。穿孔机初调时主要注意两轧辊的平行和对称，即两轧辊轴线与轧制线的距离相等且应位置对称。同时还应注意与轧制线有关的前后台设备（受料槽、顶杆和定心辊等）的中线应与轧制线一致。按计算的 D_{ck},L_{ck},$C(y)$ 值初调穿孔机后，还需进行下列重调整：① 如果毛管壁厚不合要求，可相应调整 D_{ck} 值，个别情况也可更换顶头规格；② 如果毛管外径不合要求，可在允许范围内调整 L_{ck} 值，相应调整 D_{ck} 和 y 值也有一定效果；③ 穿孔过程中，由于工具受热及操作等原因，会导致 D_{ck},L_{ck},y 值等发生变化，故应定期检查并进行调整。

2. 斜轧穿孔中常见操作及工具使用等相关问题

（1）穿孔轧卡。穿孔时轧件突然停止前进，不旋转不前进或只旋转不前进，穿孔过程中断，这种现象称为轧卡。轧卡分为前卡、中卡和后卡。发生在管坯同轧辊开始接触到管坯前端金属出变形区的不稳定阶段的轧卡为前卡；发生在管坯尾部金属逐渐离开变形区的不稳定阶段的轧卡为后卡；发生在稳定轧制阶段的为中卡。

前卡时顶头在管坯的前端被卡住，有时只旋转，但大多数情况下不旋转，一般有以下几种情况：

1）坯料端部呈喇叭口状，且端部两侧有压痕。原因：① 来料温度过高或过低。过高，坯料的摩擦因数降低，前进的动力不足以克服导板和顶头的阻力造成前卡；过低，变形抗力增加，使轴向阻力增大，造成前卡。② 顶杆位置过后，使轧辊咬入管坯后，管坯经反复拉压，其中心疏松过大而形成孔腔，到一定程度后遇到顶头，顶头的大部分将伸进孔腔，使阻力突然增加而造成前卡。③ 冷却水过多或过少，都会促使轧辊迅速磨光，这时摩擦因数降低，摩擦力减小，使轧辊带不动坯料旋转，造成前卡。④ 轧辊长期使用，尤其是只生产同一规格产品，轧辊磨损严重，特别是入口锥，实际上增大了入口锥角，穿孔准备区变短，造成前卡。⑤ 导板磨损严重时，导板角度变小，导板距变大，孔型椭圆度变大，造成前卡。⑥ 两轧辊轴线不平行，使轧机中心线偏离了轧制中心线，改变了轧辊对管坯的压缩量，同时也改变了管坯的椭圆度，使运动中受到很大阻力，造成前卡。⑦ 导板不平或错位，使导板前高后低或前低后高，在咬入后导板对管坯的椭圆度失去控制，加上导板的阻力，容易造成前卡。⑧ 顶头位置过前，会使顶前压下率减小，一方面减少了管坯与轧辊接触面积，使剩余摩擦力减小；另一方面管坯中心金属疏松程度不足，变形抗力大，轴向阻力过大，造成前卡。

2）坯料端部呈"炮弹头"形状。原因：若轧制中心线与机架中心线偏离太大（如导板入口太高，两轧辊轴线与机架的距离不等，入口导口不正等），会使坯料在变形区内走曲线，而不是直线,若送料过猛,就会发生炮弹头现象。

3) 坯料端部没有变形,只是端面中心被顶头鼻部压下一个凹坑。原因:① 辊距较轧制表要求的太大,坯料被咬入后前进力克服不了顶头阻力,使坯料只旋转不前进。② 坯料温度过高,摩擦因数降低;温度过低,变形抗力增加,都会造成前卡。③ 顶头位置过前,使顶前压下量过小,曳入力不足,且管坯中心疏松程度不够,咬入阻力过大,造成前卡。④ 轧辊入口锥角太大,变形区过短,引起剩余摩擦力过小,前进动力不足,造成前卡。

穿孔过程中顶头被卡在管坯中部的情况较少,一般情况下,凡造成前卡的情况都可能造成中卡,其他情况如下:① 轧厚壁管或轧制合金钢时,变形抗力大,顶头易破裂或熔化,并与管坯黏结,造成旋转不前进。② 坯料夹渣,管坯连续遭到破坏。③ 顶头冷却水不足。

后卡是穿孔过程中最常见的事故,主要有以下几种:

1) 顶头没有露出,轧卡部位为圆头,并且端部凹陷。原因:① 当来料温度低,穿孔即将结束时,后端是黑头,入口锥向出口锥驱动金属的力量减弱,小于前进的阻力,产生后卡。② 当导板错位较大时,磨损不正常,使孔型形状改变,阻力增大,造成后卡;导板磨损严重时,椭圆度增大,若坯料末端进入变形区,动力不足以克服摩擦力,产生后卡。③ 小车烧促使毛管前进和旋转的动力小于阻力,产生后卡。④ 轧辊送进角不一致,导致轧制压缩带不在轧制中心线处相交,管坯在变形区反复塑性弯曲变形,最后不能前进,造成后卡。⑤ 由于顶头冷却水不足,顶头质量差等原因,引起顶头烧(部分熔化),使顶头和坯料黏在一起,发生包顶头现象,造成后卡。⑥ 顶杆位置小,变形区后移,相对入口锥减小,出口锥增大,管坯尾端进入变形区后,由于管坯与轧辊入口接触面减小,摩擦力减小,造成只旋转不前进。

2) 顶头露出一部分,管子后端壁很厚,呈方头状。原因:① 导板轴向错位,管坯在变形区中不稳定轧制,前进阻力增大。② 变形区出口太小,导板磨损严重,导板固定不牢或导板架跳动,导致椭圆度过大,当轧制即将结束时,直径大的一边转到轧辊方向,受到突然来自径向的压力,来不及延伸和扩展,从而不能继续旋转,卡在轧辊中。

3) 顶头完全露出,但带不出料。原因:① 轧辊一边没有冷却水或两边冷却水不足,都会导致轧辊温升过快,摩擦力不足,虽然已穿透,但带不出料。② 因机械原因,导板架固定不牢,轧制时,毛管尾部不能从孔型中顺利抛出。③ 导板磨损严重或错位较大,若管坯尾端切斜或压扁,在穿孔至最后时,可能会钻到导板与轧辊的间隙中去,使毛管停止前进,出现常说的"镰刀头"。④ 轧制线偏或出口导孔不正,也可能产生后卡。

(2) 穿孔链带。在穿孔过程中,轧件被切割,金属进入导板与轧辊间隙形成曲折不一的长带,成为链带,分为上链带和下链带。

1) 上链带:穿孔机穿轧薄壁管时,由于管坯压缩率大,毛管被切割成带状长条,多发生在辗轧区。原因:① 上导板边缘磨损严重或掉块。② 毛管破口严重。③ 管坯斜切面过大。

2) 下链带:与上链带形状大体一致,只是比其多一种事故原因,由于导孔出口磨损严重,有锋利的尖棱,将毛管切割成带状,多囤积在出口导孔间隙处。若是出口导孔倾斜,也易发生此类事故。链带是穿孔机上出现的一个重大事故,可能造成人身伤害,应力求避免。

链带解决办法:① 更换导板或调整导板与轧辊间的间隙;② 控制来料温度,避免破口料;③ 提高冷剪切料治疗。

(3) 顶头损坏形式。

1) 顶头塌鼻:由于顶头承受很大的轧制压力,鼻部变形剧烈,工作温度过高,顶头材质的高温强度低等原因,顶头鼻部局部塌陷成钝圆形或全部塌陷而造成鼻部消失的现象,称为塌鼻现象。如果发生塌鼻现象,穿孔应力急剧加大,易产生疲劳开裂,导致顶头报废。所以顶头鼻部保持一种类似炮弹型的流线型外形很重要。

2)工作带损坏形式:① 麻面,由于顶头表面缺乏光亮的氧化膜引起的,是一种轻微的损坏。② 黏钢,金属与顶头黏在一起。在麻面的基础上发展起来的,是由于顶头过度磨损引起的。③ 凹坑,由于顶头热处理不足造成的。④ 开裂,因较大的工作应力和高应力疲劳及冷热疲劳载荷下发生的纵向疲劳开裂,表现特征是刚刚穿几只毛管就出现开裂。

提高顶头寿命的途径:① 寻找新的材质,采用表面合金化或表面高合金化处理(如镀铬、渗硼),研究合理的热处理工艺。② 采用水冷顶头,强化冷却或采用多顶头(连同顶杆)轮流使用。③ 采用顶头润滑,减少顶头的热负荷。④ 通过提高穿孔效率和穿孔速度减少顶头受热负荷时间,如将送进角由 11°增大到 15°,纯穿孔时间可缩短 25%,顶头寿命提高 10 ~ 20 倍。⑤ 采用组合顶头,承受高压力、高热负荷的鼻部采用高级材料,既提高顶头寿命,又降低成本。⑥ 有一些机组采用顶头旋转装置,在管坯咬入前,使顶头-顶杆预先以一定的速度旋转。旋转的速度一般为管坯旋转速度的 70%,有利于二次咬入。采用此装置,顶头速度大于相应管坯内表面接触点切向流动速度,相当于增加了使管坯旋转的力矩,将导致前进速率提高,使轴向变形增加,减少横向附加变形,提高了产品质量。

(4)其他:① 毛管穿破,由于轧线不正,加热温度不均,管坯过度弯曲,顶杆弯曲等原因引起的。② 穿孔机抱顶杆指顶杆不能从毛管中脱出。原因为顶头与顶杆的直径差过小,顶杆弯曲,没有按时打开定心辊造成的;管坯质量差;无顶头误轧;导板距过小,引起毛管外径过小。③ 弓顶杆,即顶杆突然弹起成弓形。原因为顶杆不直,甩动剧烈;轧制低温钢;操作不慎,定心辊打开过早,使横向受力失衡;定心辊中心线调整过高或磨损严重使辊面曲线失稳;顶杆位置小,轧制压力大。④ 毛管波纹。原因为导板设定不合理(太紧),从第一根轧件上就会出现此问题。

17.9 斜轧穿孔常见毛管质量缺陷

1. 毛管壁厚不均

缺陷特征:在钢管同一横截面或沿长度方向壁厚不相等,并超过正偏差和负偏差者称为壁厚不均。

产生原因:① 穿孔机轧制线不正、两轧辊的倾角不等、顶头前压下量太小等调整原因造成,壁厚不均一般沿钢管全长呈螺旋状分布。② 顶头椭圆度过大,顶头、导板过分磨损,定心辊调整不当及轧制过程定心辊打开过早,顶杆抖动等原因造成,壁厚不均一般沿钢管全长呈螺旋状分布。③ 管坯前端切斜度、弯曲度过大,管坯定心孔不正,顶头位置过前等造成的钢管前端壁厚不均。④ 穿孔延伸系数过大,轧辊转速太高,入口嘴松动,轧制不稳定,会造成钢管后端壁厚不均。

改进措施:① 调整穿孔机轧制中心线,使两轧辊的倾角相等,按轧制表给定的参数调整轧机。② 检查顶头质量,不使用椭圆度过大等质量不好的顶头,随时检查更换顶头,检查导板磨损情况,按规定调整定心辊。③ 在轧制过程中定心辊不要过早打开,防止顶杆抖动,造成壁厚不均。④ 勤检查管坯质量,及时更换不合格的剪刃,防止管坯前端切斜度、压下度过大。⑤ 调整管坯定心孔,按轧制表给定参数调整轧机。⑥ 按轧制表选择合适的轧辊转速。

2. 内表面结疤

缺陷特征:在钢管内表面呈现边缘有棱角的有规律或无规律的斑疤。

产生原因:为了阻止空气进入毛管内发生氧化反应,在毛管送轧管机前,很多机组都设立了除氧化皮系统,向毛管内吹撒硼砂,高温硼砂能使氧化铁皮脱落,再用氮气将其残余物和氧化铁皮一起吹走。若硼砂的量及氮气压力不匹配,容易在内表面产生结疤。

改进措施:检查抗氧化剂的质量和数量,确保不小于 $200 \ g/m^2$。经常检查抗氧化喷嘴,适当调整氮气喷吹压力,使硼砂均匀吹到钢管内表面。

3. 内折

缺陷特征:在钢管内表面呈现螺旋形、半螺旋形或无规则分布的片状或锯齿状折叠。

产生原因:穿孔内折包括孔腔内折、顶头内折、顶杆内折、定心内折。① 孔腔内折是顶头位置太小,顶前压下率过大,使管坯中心过早形成孔腔,导板距离太大,孔型椭圆度大,管坯中心承受强烈交变应力作用,引起破裂。孔腔内折一般在管内呈不规则锯齿状折叠。② 顶头内折是顶头磨损、破裂、顶带帽擦伤管内壁,引起内折,一般在管内呈螺旋形锯齿状折叠。③ 顶杆内折是顶杆焊接不光滑引起的内折,一般在管内呈螺旋形锯齿状折叠或条状直道内折。④ 定心内折是定心冲头不圆滑,有尖锐棱角或冲头过分磨损造成定心孔底部有尖锐棱边,在穿孔后便形成内折。一般在钢管前端一段距离上呈局部环形锯齿状折叠。

改进措施:正确调整穿孔机,合理选择顶前压下率,阻止穿孔机孔型椭圆度太大,预防孔腔内折;正确合理选择顶头,设计合理的顶头形状,不使用磨损严重的顶头、顶杆,消除顶头内折和顶杆划伤引起的内折;保证定心孔圆滑,防止出现定心内折。

17.10　斜轧均整基本原理

1. 均整的目的及作用

因为经自动轧管后的荒管,尺寸接近成品管,但达不到要求。① 因为孔型存在开口角,轧后钢管存在对称性壁厚不均,管子内表面易产生纵向内直道缺陷。② 由于孔型椭圆度和采用的辊式回送辊轧制,使荒管外径椭圆度过大。因此轧管后设置了斜轧均整工序。

钢管均整机与自动轧管机同时发明,其功用:① 均整荒管壁厚,消除自动轧机后荒管横向壁厚不均。② 磨光荒管内外表面,消除轧管工序带来的荒管内表面直道等缺陷。③ 使荒管圆正。④ 三辊均整机还可实现 $15\% \sim 20\%$ 的减壁变形量。⑤ 当受定径机能力限制时,可采用均整机轧厚壁成品管。

2. 均整机及工具

均整机主要是二辊斜轧均整机,其结构和二辊斜轧穿孔机大体相似,但比穿孔机简单。均整机轧辊辊型先后使用过圆柱形、圆锥形和锥柱形等(见图 17-27)。与辊型相配合的顶头也有圆柱形和圆锥两种(见图 17-28),前者与圆柱形和锥形轧辊配合使用,后者与圆锥形轧辊配合使用。均整机顶头直径等于或略大荒管内径。均整后荒管内径有所增加 $3\% \sim 10\%$。

3. 均整机的变形过程

均整变形与穿孔出口锥变形区有很多共同点,其差别仅在于变形量小和变形区长度大得多。均整机的变形过程与二辊斜轧延伸机有着本质的区别,因为它并非要获得大的变形,而是通过小变形改善荒管的质量。

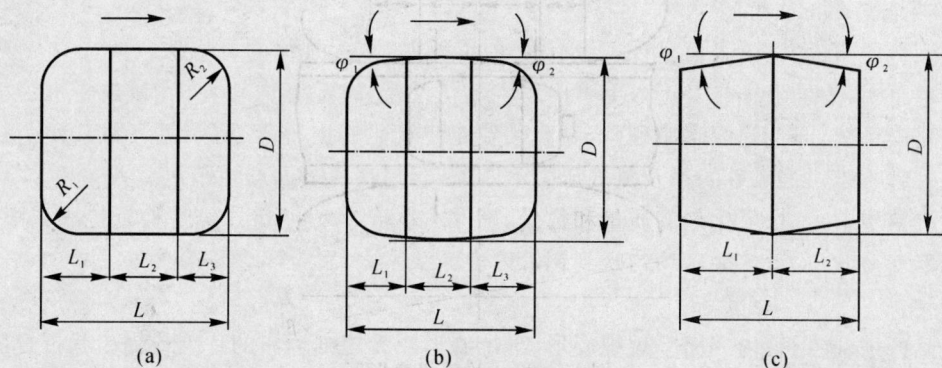

图 17-27　均整机的轧辊辊型
(a) 圆柱形；　(b) 锥柱形；　(c) 圆锥形

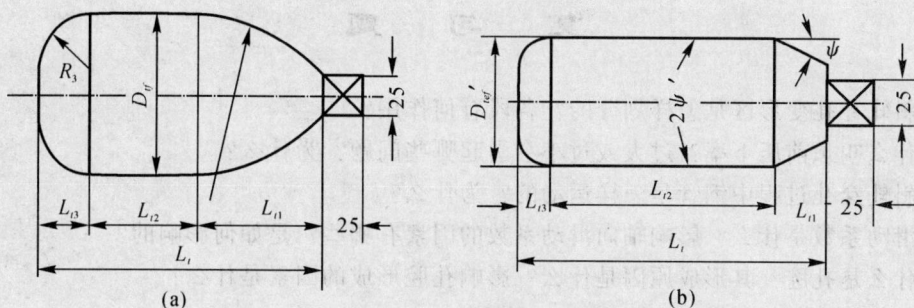

图 17-28　均整机顶头
(a) 圆柱形；　(b) 圆锥形

均整变形区如图 17-29 所示，整个变形区可为四个区域：① 减径区。一般很短，主要用于咬入荒管。② 减壁区。由于均整机顶头直径略大于来料内径，荒管首先和顶头圆弧部分相接触，随着荒管进入变形区；在圆弧部分管壁受到压缩。到顶头圆柱段，虽然顶头母线与轧辊圆柱段母线平行，但由于轧辊轴线与轧制线倾斜，两者表面间隙逐渐减小，故壁厚也受到一些压缩。③ 辗轧区。此区中变形较小，主要起精整管壁作用，对改善荒管内外表面质量有一定影响。④ 规圆区。将荒管圆正。

4．均整机变形、运动和力能参数

(1) 变形参数：① 扩径量 $\Delta D_j/D_z$ (ΔD_j 为均整后荒管外径扩径量，D_z 为轧管后荒管直径) 一般在 2% ～ 8% 范围内。② 减壁量 ΔS_j 一般波动在 0.1～1 mm，最大可达 2 mm。③ 减壁量与扩径量存在以下关系 (S_z 为轧管后荒管壁厚)：$\Delta D_j/D_z = 1.3 \sim 1.5\ \Delta S_j/S_z$。

(2) 运动参数：轴向滑移系数一般为 0.7 ～ 0.9，切向滑移系数一般为 0.5 ～ 0.9。

(3) 力能参数：实验证明，金属与轧辊接触面的平均单位压力：合金钢为 30 ～ 50 MPa，碳钢为 20 ～ 40 MPa。进口侧与出口侧轧辊压下螺丝承受的轧制力之比为 1.2 ～ 2.6。轴向力与轧制力之比为 0.35 ～ 0.5，个别达 0.6。

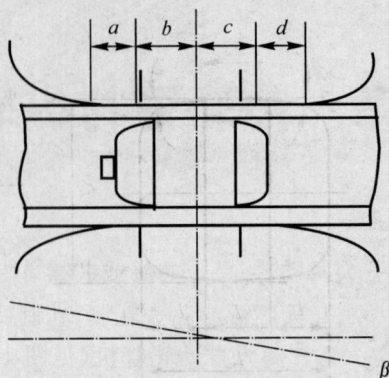

图 17-29　均整机变形区

a— 减径区；　b— 减壁区；　c— 辗轧区；　d— 规圆区

复 习 题

1. 斜轧穿孔变形区是怎样划分的？各段有何作用？

2. 什么叫顶前压下率？过大或过小会引起哪些问题？为什么？

3. 斜轧穿孔过程中钢管是怎样运动的？为什么？

4. 滑动系数是什么？影响轴向滑动系数的因素有哪些？是如何影响的？

5. 什么是孔腔？其形成原因是什么？影响孔腔形成的因素是什么？

6. 避免孔腔形成的措施有哪些？

7. 斜轧穿孔的咬入条件是什么？

8. $\varepsilon_{lj} > \varepsilon_{dq} > \varepsilon_{min}$ 的含义是什么？

9. 为什么有些低塑性金属无法实现斜轧穿孔？

10. 为什么穿孔毛管内径大于顶头直径，而自动轧管后荒管内径等于芯头直径？

11. 斜轧穿孔不能咬入，能否用铁锤在后面猛敲强迫咬入？

12. 为什么顶头位置过前不易咬入？影响管坯咬入的主要因素及改善咬入的方法是什么？

13. 斜轧穿孔为什么始终会有内扩展现象发生？

14. 试述主动回转导盘、大送进角的菌式两辊斜轧穿孔机为什么备受青睐。

第 18 章 热轧管材纵轧原理

在圆孔型中的轧管过程可分为两类:一是带芯头或芯棒轧制,轧制变形区由一个芯头(芯棒)和两个或三个轧辊孔型构成;一是无芯棒或芯头轧制,轧制变形区仅由两个或三个轧辊的孔型构成(见图 18-1)。在短芯头上轧制为自动轧管机(见图 18-1(a)、(b)),在长芯棒上轧制为连续轧管机(见图 18-1(c)),无芯头-芯棒轧制为定减径机(见图 18-1(d))。变形区中,轧件只与轧辊接触的区域称为减径区,轧件不仅与轧辊接触,同时也与内部变形工具(芯头或芯棒)接触的区域称为减壁区。自动轧管机和连续轧管机的变形区都由减径区和减壁区组成,定减径机的变形区只有减径区。芯头的形状不同,变形区也有些差异,在球形芯头上轧管时减径区较大,减壁区较窄。

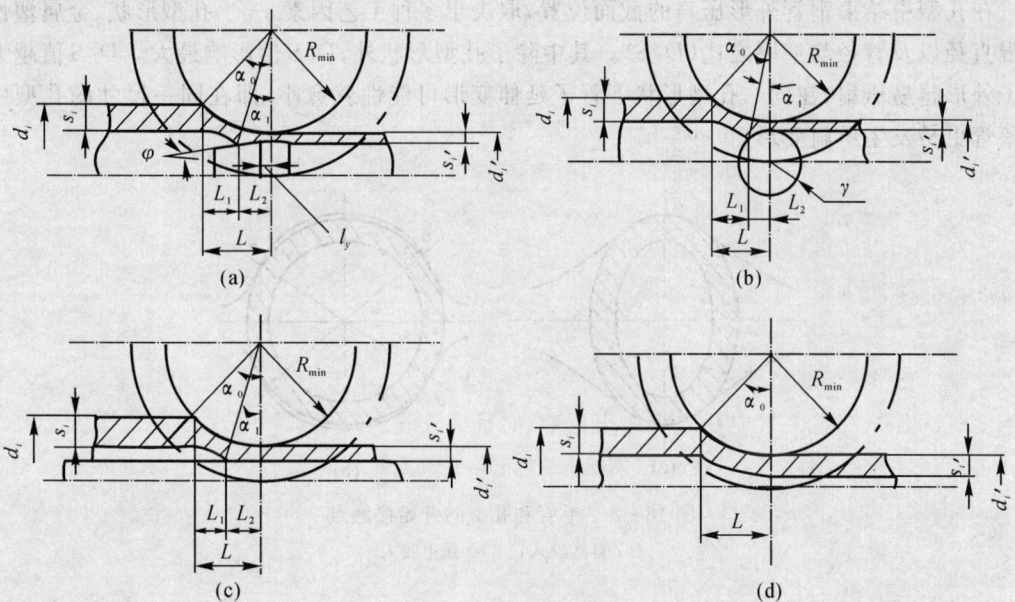

图 18-1 圆孔型中变形区图示

(a)锥形芯头轧制; (b)球形芯头轧制; (c)长芯棒轧制; (d)无芯棒轧制

18.1 管材纵轧金属变形及参数

1. 变形过程

根据毛管在轧制变形区内的变形特点,可将轧管的变形过程分为以下三个阶段:

(1)压扁阶段。进入轧辊的管子形状及孔型不同,管子与辊槽的接触方式也不同。以圆弧侧壁圆孔型为例,如果管子呈椭圆形(自动轧管第 2、3 道次;连续轧管第 2 及以后各道次;定减径第 2 及以后各道次),当管子自然送入轧辊孔型时,管子首先与槽底两点 a, b 接触(见图 18 - 2(a));如果管子呈圆形(各种轧管的第一道次),用推料机将管子送入轧辊孔型后,管子首先和孔型侧壁 a, b, c, d 四点相接触(见图 18 - 2(b))。由于轧辊是旋转的,管子靠和轧辊之间的摩擦力被曳入变形区中(即一次咬入)。当实现一次咬入后,在两个轧辊作用下(即上下轧辊两个孔槽逐渐靠拢),发生压扁变形。

压扁变形的实质在于管子横断面面积没有变化,管子仅仅在压缩方向高度减小,横向宽度增加,周长几乎不变化。因此压扁实际上是塑性弯曲变形,不是塑性压缩变形。随着管子逐渐深入变形区,压扁变形逐渐增大,管子和孔型接触面积也逐渐增加,直到管子完全和孔型壁相接触(孔型充满),压扁变形就不再产生了。有芯头轧制时可以限制压扁变形,压扁变形仅发生在减径区。

第一阶段只产生压扁变形的原因:在开始咬入时,由于管子和轧辊接触面积很小,接触摩擦力很小,纵向延伸实际上不能产生,相反径向压力足以把管子压扁。因为压扁变形比延伸变形所需的力要小得多,只有当接触摩擦增加到一定程度之后纵向延伸变形才能开始。这时孔型侧壁的夹持作用增加,不再产生压扁,金属被迫产生延伸变形。

在孔型中结束钢管外形压扁的截面位置,取决于多种工艺因素 —— 孔型形状、金属塑性、轧辊直径以及管径与壁厚之比(D/S)。其中除了孔型形状外,D/S 值影响最大。D/S 值越大,管子外形越易压扁,在同一孔型形状下管子延伸变形可能性就愈小,即在同一尺寸的孔型中,薄壁管更易发生压扁变形。

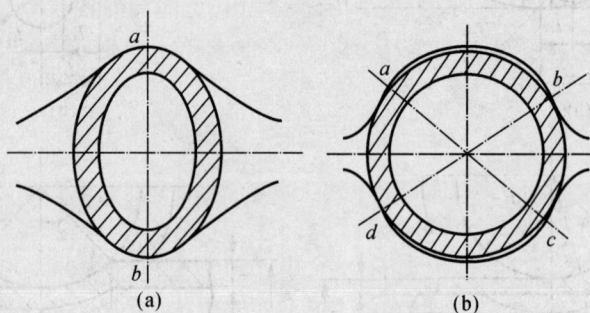

图 18 - 2　毛管和孔型的开始接触点

(a) 自然咬入;　(b) 强迫咬入

(2) 减径阶段。当压扁变形进行到一定程度后,毛管与轧辊有了足够的接触区,轧辊对毛管的作用力已大到足以使毛管外径缩小,减径变形开始,一直到毛管内壁与内变形工具芯头或芯棒接触为止。这一阶段的变形特点是毛管平均直径减小,有延伸,壁厚有所增加。

(3) 减壁阶段。从轧件内表面开始接触芯头或芯棒到轧件外表面脱离轧辊为止,其变形特点是毛管外径继续减小,壁厚快速变薄,毛管迅速延伸。

定减径过程仅存在一个减径区,压扁变形结束后,也会发生减径和壁厚变形。无张力减径情况,减径变形后多发生壁厚增加变形。而在张力减径时有可能仅存在延伸变形(减径但管壁保持不变),甚至产生壁厚减小变形(既减径又减壁)。

2. 变形区和孔型的几何参数

(1) 变形区几何参数。表示变形区的特征参数为变形区长度,轧件与轧辊接触弧的水平

投影叫变形区长度,它是重要的几何尺寸参数,若不考虑压扁影响,由几何关系可得变形区各段水平投影长度如下(见图18-1):

变形区总长度
$$L = \frac{d_i - d'_i}{2} \sqrt{\frac{4R_{min}}{d_i - d'_i} - 1} \qquad (18-1)$$

锥形短芯头减壁区长度
$$L_2 = \cos\varphi \sqrt{(R_{min} + S_i)^2 - (R_{min} + S_i - l_y \tan\varphi)^2 \cos^2\varphi} - \frac{1}{2}(R_{min} + S'_i - l_y \tan\varphi)\sin 2\varphi$$
$$(18-2)$$

球形芯头减壁区长度
$$L_2 = \sin\alpha_1(R_{min} + S_i), \quad \cos\alpha_1 = \frac{(R_{min} + S_i)^2 + (R_{min} + S'_i + r)^2 - r^2}{2(R_{min} + S_i)(R_{min} + S'_i + r)} \qquad (18-3)$$

长芯棒轧制减壁区长度
$$L_2 = \sqrt{(S_i - S'_i)(2R_{min} + S'_i)} \qquad (18-4)$$

变形区中减径区长度 L_1
$$L_1 = L - L_2 \qquad (18-5)$$

式中,R_{min} 为孔型槽底轧辊半径;φ 为短芯头锥角;l_y 为短芯头圆柱段在变形区中长度;r 为球形芯头半径;α_0,α_1 分别为一次、二次咬入角;d_i,d'_i 分别为入口及出口管子直径;S_i,S'_i 分别为入口及出口管子壁厚。

(2)孔型的几何参数。在芯棒、芯头上和无芯头轧制圆管时使用的孔型如图18-3所示。二辊轧机所用孔型有椭圆形孔型、带圆弧侧壁斜度的圆孔型、带直线侧壁斜度的圆孔型和圆孔型;三辊轧机上所用的孔型如图18-3(b)所示。各种孔型的几何参数有:Δ 为辊缝;b 为孔型宽度;a 为孔型高度;e 为椭圆孔型偏心距;R 为孔型顶部半径;ρ 为侧壁圆弧半径;r 为圆角半径;φ 为侧壁圆弧或侧壁直线斜角;ζ 为孔型椭圆度系数。

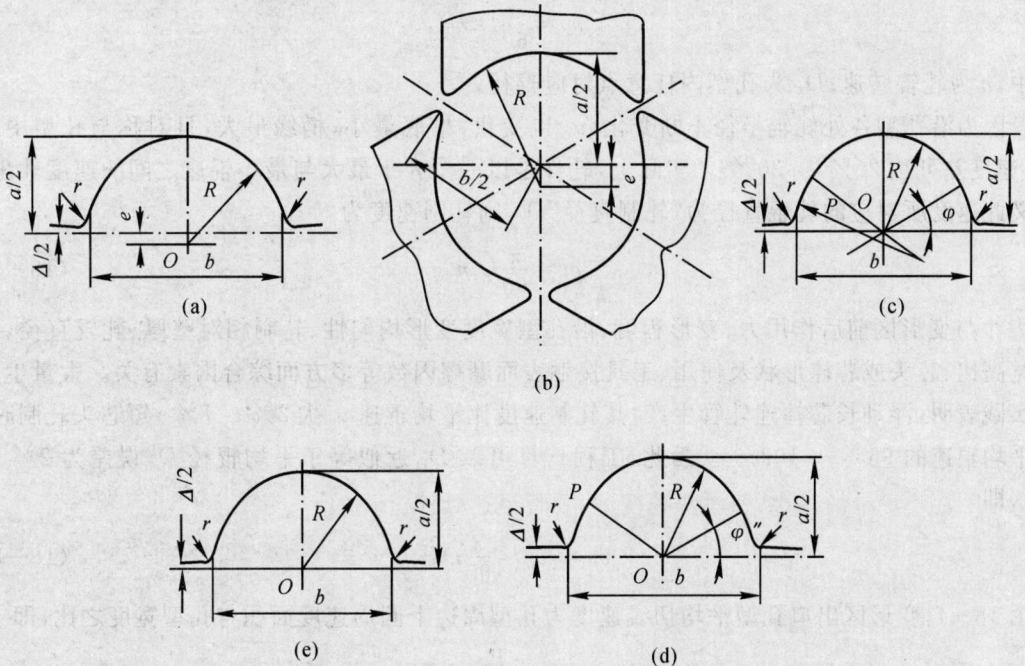

图 18-3　毛管纵轧轧辊孔型图

(a)二辊椭圆孔型;(b)三辊椭圆孔型;(c)带侧壁圆弧圆孔型;(d)切线侧壁圆孔型;(e)圆孔型

已知孔型宽度 b 和高度 a，则可确定 e, R 和 ζ 如下：

$$e = \frac{b^2 - a^2}{4a} = \frac{a}{4}(\zeta^2 - 1)$$

$$R = \frac{b^2 + a^2}{4a} = \frac{a^2}{4}(\zeta^2 + 1)$$

$$\zeta = \frac{b}{a}$$

侧壁圆弧半径为 $\qquad \rho = \dfrac{b^2 + a^2 - 2ba\cos\varphi}{4(a - b\cos\varphi)} = R\left[1 + \dfrac{\zeta^2 - 1}{2(1 - \zeta\cos\varphi)}\right]$

对于三辊轧机有 $\qquad R = \dfrac{a^2 + b^2 - ab}{2a - b} = \dfrac{a(\zeta^2 - \zeta + 1)}{2 - \zeta}$

$$e = \frac{b^2 - a^2}{2a - b} = \frac{a(\zeta^2 - 1)}{2 - \zeta}$$

$$a = R - e$$

18.2　运动学分析

圆孔型中轧管运动学是研究工具和轧件的运动关系。孔型形状决定着管子从轧辊中出来的速度，同时还会影响轧辊孔型的磨损特性。

1. 速度分析

由于毛管纵轧在孔型中进行，各横剖面上沿孔型槽底各处辊速不同，用 v_x 表示变形区出口剖面上任意点沿轧制线 x 方向辊速，有

$$v_x = \frac{\pi}{60}D_y n \qquad\qquad (18-6)$$

式中，n 为轧辊转速；D_y 为孔型内任意点对应辊径。

因为沿孔型各处轧辊半径不断变化，v_x 也变化，槽底最小，槽缘最大，且对称与孔型中心线，速度差可达 $20\% \sim 30\%$。实际上，轧件是以一个介于最大与最小辊速之间的速度轧出，定义此速度所对应的轧辊直径为"轧制直径"D_z，则轧制速度为

$$v_z = \frac{\pi}{60}D_z n \qquad\qquad (18-7)$$

v_z 大小与变形区前后作用力、变形程度、沿孔型宽度变形均匀性、轧制相对壁厚、轧辊直径、孔型宽高比、芯头或芯棒形状及使用、工具接触表面摩擦因数等多方面综合因素有关。大量生产与实践表明，浮动长芯棒连轧管生产，其轧制速度比平均辊速 v_p 大 $2\% \sim 7\%$，短芯头轧制时，为平均辊速的 $95\% \sim 102\%$。因此，工程计算可取 D_z 近似等于平均辊径 $\overline{D}$，误差为 $2\% \sim 7\%$，即

$$v_z \approx \overline{v_p} = \frac{\pi}{60}\overline{D} n \qquad\qquad (18-8)$$

按图 18-4，变形区出口孔型平均切线速度为孔型周边上圆周速度面积与孔型宽度之比，即

$$v_p = \frac{F_v}{b} \qquad\qquad (18-9)$$

式中，F_v 为沿孔型宽度切线速度积分值，且有

$$F_{\mathrm{v}} = 2\int_0^{b/2} v_x \mathrm{d}x = \frac{\pi n}{30}\int_0^{b/2} D_x \mathrm{d}x \tag{18-10}$$

因此

$$D_z \approx \overline{D} = D_0 - \frac{2}{b}\int_0^{b/2} 2y\mathrm{d}x = D_0 - \lambda\, a \tag{18-11}$$

式中，D_0 为轧辊名义直径；$\overline{D}$ 为轧辊平均直径；λ 为孔型的速度系数；a 为孔型高度；y 为孔槽任一点孔型高。

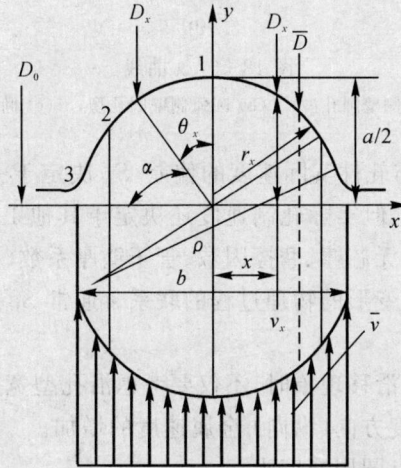

图 18-4　轧槽孔型周边圆周速度
1— 圆形区；　2— 开口区；　3— 圆筒区

对于切线侧壁圆孔型，经计算，有

$$D_z = D_0 - \lambda a\,,\lambda = \frac{1}{2}\left[\cos^2\alpha\sin\alpha + \cos\alpha\left(\frac{\pi}{2} - \alpha\right) + \sin^2\alpha\right],\quad b = \frac{a}{\cos\alpha} \tag{18-12}$$

对圆弧侧壁圆孔型

$$\lambda = \frac{(1-u)\sin\alpha m + (u^2 - 2u)\sin\alpha\cos\alpha + u^2\left(\dfrac{\pi}{2} - \alpha - \arcsin\dfrac{m}{u}\right)}{2\left[m - (u-1)\cos\alpha\right]} \tag{18-13}$$

$$u = 2\rho/a\,,m = \sqrt{u^2 - (u-1)\sin^2\alpha}$$

对椭圆孔型

$$\lambda = \frac{(1+C)^2}{2\sqrt{1-2C}}\arcsin\frac{\sqrt{1-2C}}{1+C} - \frac{C}{2},\quad C = \frac{2e}{a} \tag{18-14}$$

3 种孔型的 λ 值与侧壁角 α 和偏心距 e 的关系如图 18-5 所示。

轧制直径 D_z 是一假想概念，在以 D_z 为直径的轧辊各点上，金属和工具之间无相对滑动。对出口截面孔型上等于 D_z 的各点，其圆周速度与金属纵向移动速度相等。小于 D_z 的孔型各点，金属纵向移动速度超过轧辊圆周速度，而大于 D_z 的点则相反。

D_z 与 $\overline{D}$ 是完全不同的两个概念。$\overline{D}$ 是从工具方面表示了一定孔型结构的轧辊平均速度对金属的平均作用，没有反映变形的物理过程和实际结果。D_z 则是从金属的实际变形结果方面反映出轧制速度和相对应的轧辊工作直径。二者之比称为条件前滑系数 S_{tj}，即

$$S_{\mathrm{tj}} = \frac{D_z}{\overline{D}} = \frac{v_z}{\bar{v}} \tag{18-15}$$

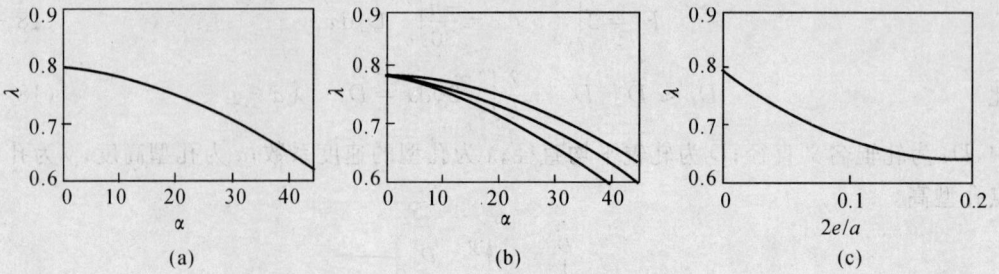

图 18-5 λ曲线

(a) 切线侧壁圆孔型；　(b) 圆弧侧壁圆孔型；　(c) 椭圆孔型

S_{tj} 表示了工具平均速度与轧件实际速度的偏差，S_{tj} 决定于一系列工艺参数，当轧辊孔型已定时，实际上 $\overline{v}(\overline{D})$ 即确定。但实际轧制速度还决定于其他工艺因素，如张力和推力、变形程度、轧辊与轧件直径之比、有无芯棒、摩擦因数、管子壁厚系数（壁厚与直径之比）等，表征了外部工具加工条件与内部金属变形的物理过程的联系。通常 S_{tj} 接近于 1.0。

2. 滑移现象

分析管材圆孔型轧制过程滑移现象时，不仅要考虑沿孔型宽度上（横向）轧辊的圆周速度变化，而且须考虑沿变形区长度方向（纵向）金属速度的增加。

圆孔型轧制时，沿轧槽各点圆周速度为

$$v_z = \frac{\pi}{60} D_z n = f(D_x)$$

沿变形区长度方向，孔型各点轧辊速度的水平分量为

$$v_{zx} = v_z \cos\alpha_x, \quad 0 \leqslant \alpha_x \leqslant \alpha_0$$

式中，α_0 为咬入角。

可见，对于轧槽上某一点，轧辊直径不变，出口截面 v_{zx} 最大，入口截面 v_{zx} 最小，从入口到出口逐渐增大。

于是，出口截面各点滑移系数为

$$S_{xx} = \frac{v_z}{v_{xx}} = \frac{D_z}{D_x} \tag{18-16}$$

当 $v_{xx} > v_z$，即 $D_x > D_z$ 时，$S_{xx} < 1$ 为后滑区；当 $v_{xx} < v_z$，即 $D_x < D_z$ 时，$S_{xx} > 1$ 为前滑区。最大滑移发生在轧槽顶部，该处 D_z 最小为 $D_{x\min}$，v_{xx} 最小为 $v_{x\min}$，因此有

$$S_{x\max} = \frac{v_z}{v_{x\min}} = \frac{D_z}{D_{x\min}} = \frac{D_z}{D_0 - a} \tag{18-17}$$

在金属和轧辊的整个接触面上，出现了若干各具特点的区域。轧辊速度水平分量等于对应截面金属水平运动速度的点即为无滑动点或称中性点。中性点的连线即为中性线，中性点对应的轧辊中心角即为中性角 γ。中性线两侧分别为前滑区和后滑区。

圆孔型轧制时，沿孔型宽度上管子在芯头或芯棒不同位置的壁厚压缩是不均匀的，顶部最大，延伸最大；开口处壁厚压缩最小，延伸也最小。但实际上金属是连续变形体，金属各部分实际延伸当忽略外端条件时接近平均值，而且这种现象发生在整个变形区内。变形区各截面上金属速度的差异与金属总运动速度相比甚小，故可近似认为截面上各点金属速度是相同的，即通常的平断面假设。由此可得出不同滑动区分布（见图 18-6）。

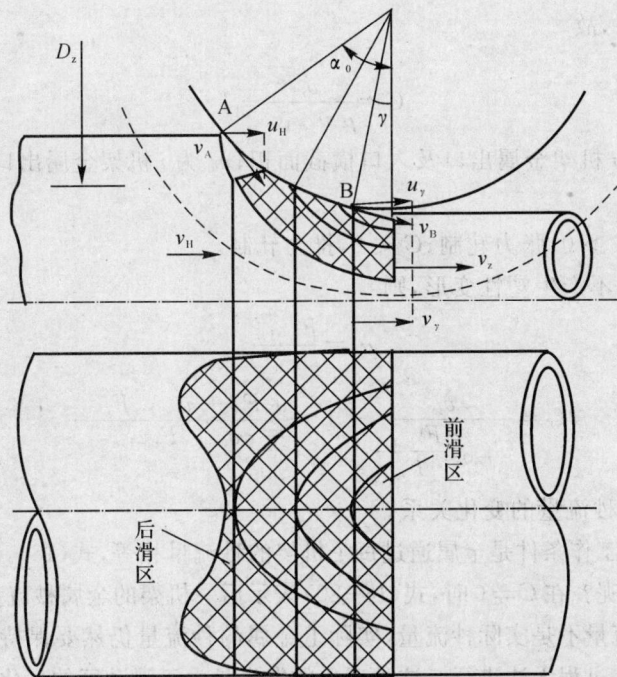

图 18-6　管材纵轧变形区内前后滑区分布图

轧管机生产薄壁管时前滑区一般分布在减壁区,随着壁厚增加,逐渐向减径区扩大。在连轧管生产过程中,当前张力增加时,前滑区相应扩大;后张力增加时,前滑区相应减少,严重时完全消失,出现打滑现象,在毛管上留下印记,对产品尺寸精度和表面质量不利。

3. 张力系数

连轧机之间连续轧制时,各机架的出口轧制速度保持单机架轧制的出口速度,即各机架按自然轧制条件进行轧制,则金属通过各机架的秒流量相等并等于单机架轧制时的秒流量,此时各机架金属之间不存在张力或推力,即前一架金属出口速度等于后一架金属入口速度,并保持各架单机架轧制时的前后滑区分布。

实际上,或者由于工艺因素的波动,或者由于工艺要求人为设定,特别是芯棒的影响,各架连轧不可能保持自然轧制状态,金属同时通过多架轧机时将产生张力或推力。

表示张力或推力大小的量有两个:塑性张力系数 Z 和运动张力系数 C。

Z 等于机架间钢管实际张应力 σ 与其屈服极限 σ_s 之比,即

$$Z = \frac{\sigma}{\sigma_s} \tag{18-18}$$

$-1 < Z < +1$,当 $Z > 0$ 时表示金属承受张应力,$Z < 0$ 表示承受推力(压应力);$Z = 0$ 表示自然轧制。

C 表示金属前一机架($i-1$ 机架)出口速度 $v_{(i-1)c}$ 与后一机架(i 机架)入口速度 v_{ir} 之差,即

$$C = \frac{v_{ir} - v_{(i-1)c}}{v_{(i-1)c}} \tag{18-19}$$

因为 $v_{ir} = \dfrac{v_{ic}F_{ic}}{F_{ir}} = \dfrac{v_{ic}}{\mu_i}$，故

$$C = \frac{v_i}{\mu_i v_{(i-1)c}} - 1$$

式中，F_{ic}，F_{ir} 分别为 i 机架金属出口及入口横截面积；v_{ic} 为 i 机架金属出口速度；μ_i 为 i 机架延伸系数。

$C = 0$，无张力；$C > 0$，张力轧制；$C < 0$，推力轧制。

假设机架间金属不产生塑性变形，则

$$\mu_i = \frac{F_{(i-1)c}}{F_{ic}}$$

$$C = \frac{v_{ic}}{v_{(i-1)c}\dfrac{F_{(i-1)c}}{F_{ic}}} - 1 = \frac{v_{ic}F_{ie} - v_{(i-1)c}F_{(i-1)c}}{v_{(i-1)c}F_{(i-1)c}} \qquad (18-20)$$

C 也可表示相邻机架秒流量的变化关系。

连续轧制的基本工作条件是金属通过每个机架的秒流量相等，式(18-20)是否表示张力轧制时秒流量不相等了呢？在 $C \neq 0$ 时，式(18-20)表示后一机架的金属秒流量与自然轧制时不相等，但此时计算的秒流量不是实际秒流量，实际上金属的秒流量仍然要保持常数，否则金属将出现拉断或堆积，使连轧过程无法进行。这种现象的发生是由于滑动区的变化（见图18-7）。

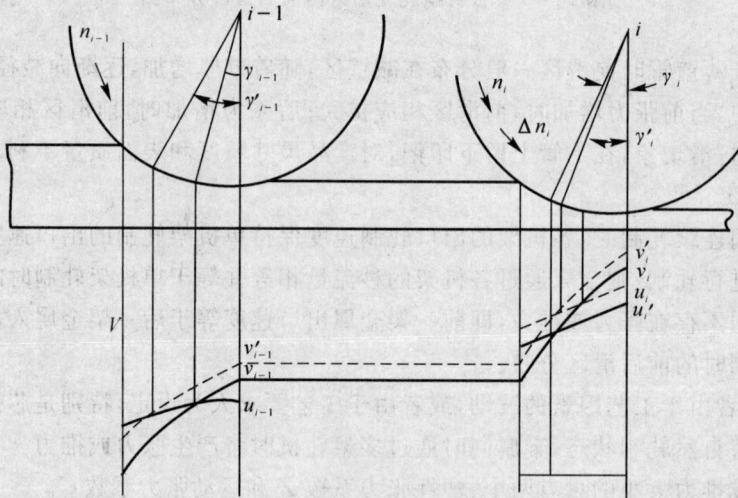

图 18-7　张力轧制分析图

假设最初第 $i-1$ 架及第 i 架处于自然轧制状态，轧辊转速分别为 n_{i-1} 和 n_i，沿变形区金属水平速度曲线分别为 v_{i-1} 和 v_i，轧辊圆周速度水平分量分别为 u_{i-1} 和 u_i，中性角分别为 γ_{i-1} 和 γ_i，此时机架间无张力作用。当第 i 架增加转速到 n_i'，其圆周速度的水平分量增加到 u_i'，这样金属与轧辊之间的后滑区增加，造成了第 i 架内水平力平衡条件破坏，使金属速度加快。由于入口速度的增加，又导致 $i-1$ 架与 i 架之间产生张力。如果假设第 $i-1$ 架电机是刚性的，u_{i-1} 保持不变，则由于前张力的作用，破坏了第 $i-1$ 架力平衡，从而使 $i-1$ 架前滑区增加，金属速度增加到 v_i'，中性角增加到 γ_i'。第 i 架由于后张力作用，使轧件入口速度比以 n_i' 旋转时的自然轧制时的要小，但比以 n_i 旋转时的 v_i 要大，金属速度为 v_i'，中性角减小到 γ_i'。

当转变的过渡过程完成后,金属在 $i-1$ 和 i 架中连轧呈带张力状态,假设此时张力小于金属屈服极限,此时金属仍保持体积不变条件。即调速前金属秒流量 V 为

$$V = F_{(i-1)c} v_{(i-1)c} = F_{ic} v_{ic} = k_1$$

调速后,速度发生变化,秒流量变化,但秒流量 V' 仍保持

$$V' = F_{(i-1)c} v'_{(i-1)c} = F_{ic} v'_{ic} = k_2$$

式中,$F_{(i-1)}$,F_i 分别为 $i-1$ 和 i 架出口金属截面面积。

因此,在 $C \neq 0$ 情况下,由于变形区内前后滑区的自相调整,从而保持了秒流量相等的连轧条件。也就是说,轧制过程仍然是遵循金属秒流量相等原则的,只是在新的条件下改变了变形区内金属滑移情况、轧件出口速度和轧件横剖面面积等,达到了新的平衡状态。

在现代连轧管机上,一般采用微张力轧制。为了保证稳定轧制时不出现严重的抱芯棒现象,在第 $1 \sim 2$ 机架和第 $3 \sim 4$ 机架之间采用 1% 的张力系数轧制,在中间机架采用 $0.5\% \sim 0.8\%$ 的张力系数,以保证轧制过程的稳定性和荒管尺寸精度。在最后两机架之间则采用不大于 1% 的推力系数,以便于松棒脱棒。

18.3　毛管纵轧咬入条件

与斜轧过程类似,毛管纵轧也存在两次咬入问题。一次是毛管外表面接触到轧辊的咬入,一次是毛管内表面接触到芯头或芯棒的咬入。一般二次咬入危险较大,易发生前卡。

1. 一次咬入条件

顺利实现咬入应满足轧制方向咬入力必须大于或等于轧制阻力的条件。

当用各种轧管方法进行第一道次轧管时,一般管料是圆形的,一次咬入时轧件与孔型多是侧壁四点接触,其受力如图 18-8(a) 所示,A 为接触点,受轧制压力 P 与摩擦力 f_p 作用,有

$$T_x \geqslant P_x, \quad T_x = Pf\cos\alpha_0, \quad P_x = P\sin\varphi_0 \sin\alpha_0$$

$$f \geqslant \tan\alpha_0 \sin\varphi_0, \quad \tan\alpha_0 = \frac{\sqrt{(D_0 - a\sin\varphi_0)^2 - \left(D_0 - \sqrt{d_i^2 - a^2\cos^2\varphi_0}\right)^2}}{D_0 - \sqrt{d_i^2 - a^2\cos^2\varphi_0}} \quad (18-21)$$

式中,f 为接触表面摩擦因数;α_0 为咬入角;D_0 为轧辊名义直径;d_i 为毛管直径。

当用后推力强迫送钢时,一次咬入条件有经验公式:

$$\tan\alpha_0 \leqslant \frac{2f}{1-f^2} \quad (18-22)$$

如果管料是椭圆形(一般自动轧管机、连续轧管机或定减径机第二及以后各道次),轧件进入轧机与槽底先接触,其受力如图 18-8(b) 所示。有咬入条件:

$$\tan\alpha_0 \leqslant f, \quad \tan\alpha_0 = \frac{\sqrt{(d_i - a)(2D_0 - d_i - a)}}{D_0 - d_i} \quad (18-23)$$

2. 二次咬入条件

与斜轧二次咬入类似,由于二次咬入时有芯头或芯棒加入,轧件受力情况比较复杂。有利于毛管咬入的力是轧辊在减径区对轧件累积作用的摩擦力沿轧制方向的分力 T_x;阻止轧件咬入的力有轧辊在减径区对轧件累积作用的正压力 N、与芯头接触时芯头对毛管的正压力 N_d 及摩擦力 T_d 等沿轧制方向的分量 N_x,N_{dx},T_{dx}。二次咬入条件为

$$T_x \geqslant N_x + N_{dx} + T_{dx} \quad (18-24)$$

由此可见,轧管时必须有一定的减径量才能累积足够的摩擦力 T_x,特别是小直径、厚壁管,尤应注意加大毛管内径与芯头外径差,扩大减径区,提高咬入力。为减少芯头阻力,一般采用润滑轧制。

带芯头轧制时有经验公式:

$$\tan\alpha_1 < \frac{2B - \tan\alpha_0}{1 + 2B\tan\alpha_0}, \quad B = \frac{1}{E}\left(f\sqrt{\frac{\tan^2\varphi}{E^2} + 1} - \tan\varphi\right), \quad E = Af + 1, \quad A = f_0 + \tan\varphi$$

$$(18-25)$$

式中,α_1 为二次咬入角;f_0 为毛管与芯头间摩擦因数;φ 为芯头锥角。

连续轧管机第一机架有经验公式:

$$\tan\alpha_1 \leqslant \frac{2f - \tan\alpha_0}{1 + 2f\tan\alpha_0}$$

$$(18-26)$$

对于连续轧管机第二架以后的各个机架,由于存在前一个机架的推力作用,咬入一般均可实现。

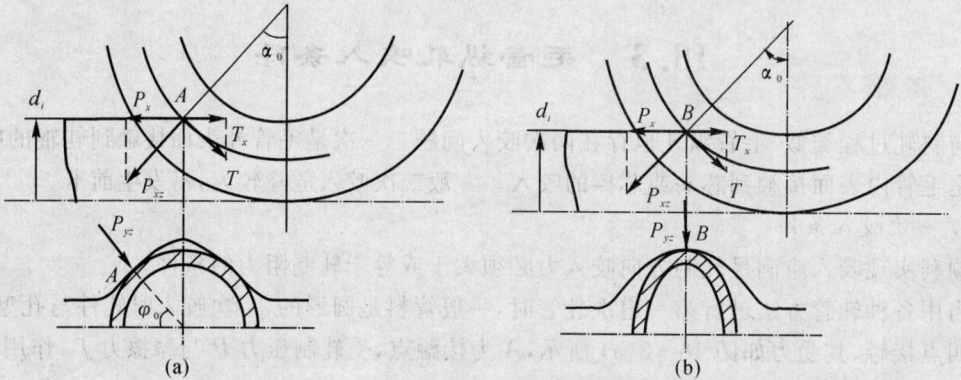

图 18-8 毛管一次咬入接触情况及受力分析

(a) 强迫咬钢; (b) 自由咬钢

3. 影响咬入因素

(1)毛管外径 D_m 小,不好咬入,特别是轧制厚壁管时更加明显。因为 D_m 小使减径区长度减小,而厚壁管的压扁变形程度小,使减径区接触宽度减小,结果使减径区内金属与轧辊的接触面积减小,曳入摩擦力减小,咬入困难。

(2)毛管温度低,常出现在薄壁管轧制时,虽然温度降低,摩擦因数增加可使曳入摩擦力增加,但因使金属变形抗力增加,内部变形工具轴向阻力显著增加,咬入困难。

(3)毛管壁厚大或顶头伸出过前,会导致减径区长度减小,咬入困难。

(4)轧辊被磨光,摩擦因数减小,咬入困难。产生这种现象时,可采取关闭轧辊冷却水,减小减壁量,使毛管实现咬入,待孔型变得粗糙些后,恢复正常工艺,咬入条件会改善。

(5)孔型椭圆度大,可增加毛管在减径区的压扁程度,增加接触宽度,使曳入摩擦力增加,有利于实现二次咬入。

(6)带后推力咬入,使毛管横向变形增加(压扁变形),金属与轧辊接触面积增大,曳入摩擦力增加,有利于咬入。

(7)顶头或芯棒润滑,尽量减小顶头与管壁的摩擦力,能改善咬入条件。

18.4 圆孔型轧制金属横向变形

1. 金属横向变形特点

前已指出,在圆孔型中轧管时的变形有三种方式:压扁变形(塑性弯曲)、减径变形和减壁变形。压扁变形是圆孔型中轧制空心物体的特殊现象,它不是我们追求的目标,但是不可避免的;减径变形参数可用外径上的相对压缩量 $\Delta D/D$ 表示。在减径变形时外径上被压缩的金属可流向两个方向:纵向延伸(伸长)和横向壁加厚(无张力减径情况下),或当带较大的张力减径时甚至壁厚减薄;减壁变形是轧管过程的主要目的。

根据孔型轧制条件,沿孔型宽度上金属的壁厚压下是不均匀的,如图18-9所示。以圆弧侧壁的圆孔型为例,沿孔型顶部圆弧部分壁厚压下最大,沿侧壁附近渐小,在辊缝附近钢管内表面与芯头或芯棒不相接触,由工具作用产生的壁厚压下为零。在椭圆孔型中,则孔型顶部壁厚压下最大,随偏离顶部而减小。说明横向变形分布不均。

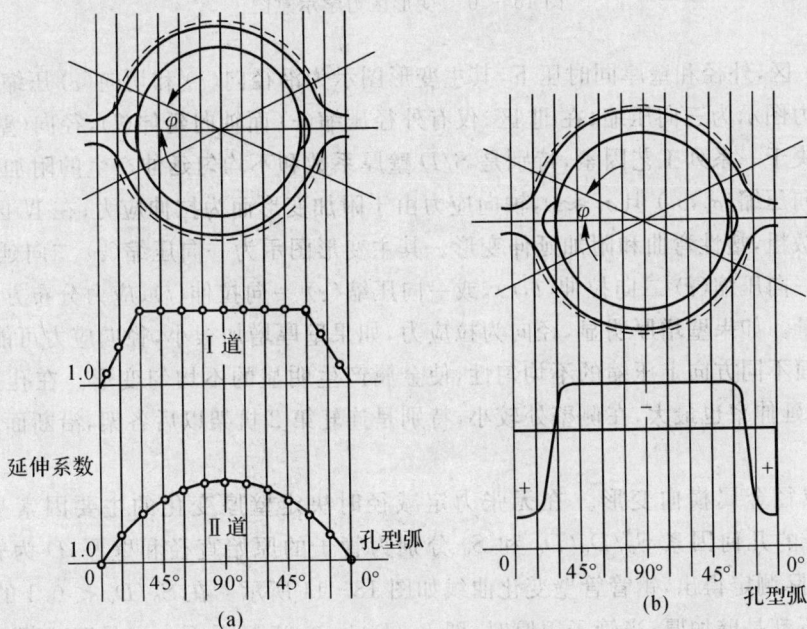

图18-9 变形量及内应力沿孔型宽度的分布
(a) 变形量; (b) 内应力

(1) 带芯头或芯棒轧制金属横向变形。在带芯头或芯棒轧制过程中,广泛应用的孔型是带侧壁圆弧圆孔型,以带芯棒轧制为例,可将减壁变形区的横截面按变形性质的不同划分为以下四区域(见图18-10)。① 均匀减壁区 Ⅰ:其内工具为圆形芯棒,外工具为圆形孔槽,二者同圆心,壁厚均匀。相当于内外受压的等壁厚圆环变形。② 不均匀减壁区 Ⅱ(ψ):在孔槽处于侧壁处而内表面仍与芯棒相接触,在 G 点芯棒与内表面分离,在此区域,内工具仍为圆形芯棒,外工具孔槽的圆弧中心与轧制中心不重合,圆弧半径增大,因而内外工具间距不等,此区亦相当于内外受压的不等壁圆环变形。③ 减径区 Ⅲ:金属仅与轧辊接触,与芯棒脱离,相当于只减小外径、内压为零,仅受外压的圆环变形。④ 自由区:侧壁开口辊缝之间,金属既不与轧辊又不与芯棒接触,内外表面均为自由表面,由于上下相接的金属部分的作用,该区虽无外力作用,却受垂直方向压应力,相当于镦粗变形。

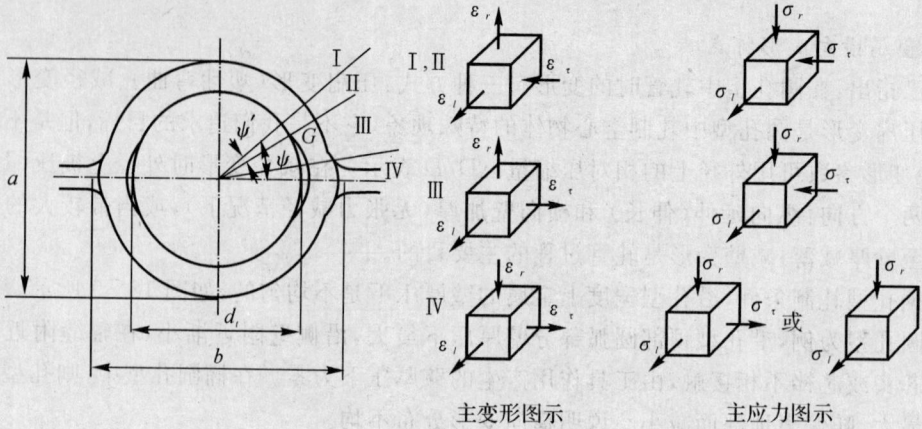

图 18-10 变形区力学示意图

在 I,II 区,外径和壁厚同时压下,其主变形图示为沿径向(r)和切向(τ)压缩,轴向(l)延伸。其主应力图示为三向压缩;在 III 区,仅有外径压缩(τ)而轴向延伸(l),径向(壁厚)是压缩或延伸则取决于一系列工艺因素,特别是 S/D 壁厚系数和不均匀延伸产生的附加变形。主应力图示为三向压缩(σ_τ,σ_r)但 $\sigma_r \approx 0$,轴向应力由于附加变形而为拉伸应力;在 IV 区,由于内应力作用产生镦粗,塑性弯曲和附加延伸变形。其主变形图示为一向压缩(τ)二向延伸(r,l);主应力图示为一向压缩(τ)二向拉伸(l,r),或一向压缩(τ)一向拉伸(l),应力分布方式主要取决于壁厚变化量。如果壁增厚明显,径向为拉应力,如果壁厚增加很小,径向应力可能为 0。

沿横截面不同方向上压缩的不均匀性,使金属产生明显的不均匀变形。在孔型顶部由于压下量最大,延伸率也最大,在侧壁处较小,特别是连轧第 2 机架以后各架,沿断面上变形不均更加明显。

(2)定减径金属横向变形。在无张力定减径时决定壁厚变化的主要因素是减径程度 D/D_0 和管子的几何因素 S_0/D_0(D_0 和 S_0 分别为管子的原始直径和壁厚,D 为轧后管子直径)。通过实际测定得出,钢管管壁变化曲线如图 18-11 所示。在 $S_0/D_0 < 0.1$ 的情况下,在任何减径量下都是壁加厚;当管子很厚时,即 $S_0/D_0 > 0.35$ 情况下永远是壁减薄;而当 S_0/D_0 在 $0.1 \sim 0.35$ 范围内时,管子才随减径量大小而变化(加厚或减薄)。

在小的减径量下金属的纵向阻力大于金属向内的流动阻力,引起壁加厚,并且在小减径量下随着变形的增加(在一定范围内),壁增厚值也增加,这是因为变形区长度增加,金属纵向流动的阻力也增加。与此同时,金属向内的流动阻力也增加,虽然它还小于纵向流动阻力,但增加得比较剧烈。到达某一变形程度,两个方向上金属流动阻力相等。再继续增加变形程度时壁增厚的强度减小了,因为金属向管内流动的阻力增加得比轴向更大些;而且由图 18-11 可以看出,随着 S_0/D_0 比值的增加,金属向内流动阻力比纵向阻力增加得快,因此壁加厚值较小;甚至可出现壁减薄。由上所述不难得出,金属是纵向流动还是向管内流动主要决定于各向的金属流动阻力。一般生产条件下 S_0/D_0 比值都在较小范围内,减径量 $\Delta D/D$ 也不超过 10%。因此多数情况下无张力减径时都是壁增厚,只有当厚管减径时才出现壁厚保持不变或减薄的情

况。用图 18-11 计算不方便,可用经验公式确定壁增厚值:

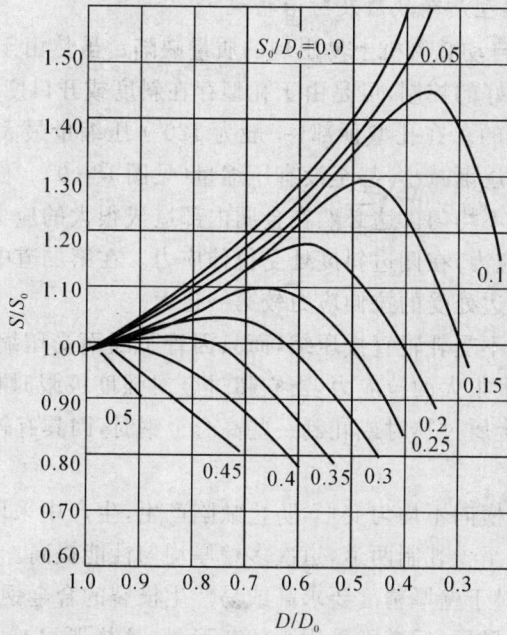

图 18-11 无张力减径时碳钢和合金钢管壁变化

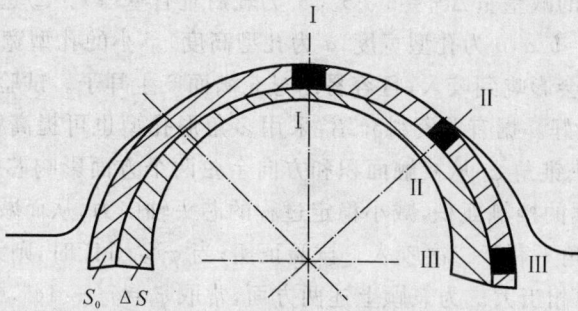

图 18-12 壁增厚的不均匀分布

对壁厚小于 15 mm 的成品管,有

$$S_0 = S(1 - 0.004\,4(D_0 - D)) \tag{18-27}$$

对厚壁管,有

$$S_0 = S - \frac{D_0 - D}{14.9} \tag{18-28}$$

由图 18-11 或经验公式求出的壁增厚值是平均值,实际上壁厚沿孔型宽度不均匀分布(见图 18-12)。在孔型顶部(Ⅰ—Ⅰ)壁厚增量最小,辊缝处增量最大(Ⅲ—Ⅲ),中间部分(Ⅱ—Ⅱ)次之。有分析认为,在轧辊外力作用下,高度受到压缩时,金属可向两个方向流动:延伸和壁增厚(类似宽展)。但在孔槽顶部及其周围部分,由于向外宽展(增厚)受到孔槽壁的影响而受限制,只能向管的长度方向流动;在辊缝处由于管子外表面与孔槽壁不接触,金属可向外流动,从而壁厚增值要比孔槽顶部大。另外,由于沿孔槽宽度上单位压力分布不均。孔槽顶部最大,辊缝周围最小,中间部分次之。按最小阻力定律,孔槽顶部金属将向侧边斜度处(辊缝处)横向流动,孔槽顶部壁增厚值较小,由 Ⅰ—Ⅰ 断面到 Ⅲ—Ⅲ 断面壁增厚值逐渐增大。

2. 圆孔型轧制横向典型质量缺陷及防治措施

(1) 横裂。横裂是在自动轧管机上易出现的质量缺陷。虽然由于顶头和孔型共同形成的环形变形区使壁厚得到更好的控制,可是由于孔型存在斜度或开口度(φ 一般为 30°)沿钢管断面上的壁厚压缩是不均匀的。在孔型顶部(一般为 120°)压缩量最大,延伸系数也最大;沿侧边斜度或向开口处压缩量逐渐减小,甚至没有压缩量(见图 18-9)。而在第二道如发生较大变形量时沿断面上变形将更不均匀。这必然在金属内部造成很大的应力。应力分布如图 18-9 所示,在孔型顶部受压缩应力,在侧边斜度处受拉伸应力。在第二道中由于变形主要集中在孔型顶部,变形更不均匀,侧边处受的拉伸应力较第一道大。

由于侧边斜度处金属不受轧辊直接压缩,而只因管子断面受压缩部分的拉伸作用得到延伸,导致在辊缝处管内产生很大的拉应力,当它超过金属强度极限时将引起管子横向破裂,特别是第二道温度较低时,金属过热时或轧制一些高合金钢时,因具有较低的塑性更易出现这种缺陷。

为了避免产生过大的横向不均匀变形,防止缺陷产生,生产中采取如下措施:① 增加轧制道次。毛管在自动轧管机至少轧制两道,道次多壁厚均匀性能提高。一般情况下,为兼顾轧管机的生产率,轧制两道。对于壁厚精度要求高或易产生横裂的合金钢管,可轧制三道。温度较高的第一道采用较大的变形量,后道则采用小的变形量,这样既可减小横向壁厚不均,又可避免横裂产生。轧制两道次时,轧管总延伸系数 < 2.1。为了能消除穿孔毛管的螺旋形壁厚不均,轧管机上应有一定的减壁量 $\Delta S_z = 2\sqrt[3]{S_z}$($S_z$ 为轧后荒管壁厚)。② 选择合理的孔型宽高比(即孔型椭圆度系数 $\xi = b/a$,b 为孔型宽度,a 为孔型高度)。小的孔型宽高比有利于减轻荒管横向壁厚不均,但过小会影响到咬入,且容易因过充满而产生耳子。试验证明,孔型宽高比 $\xi = 1.04 \sim 1.05$ 时效果最好。据有关资料介绍,采用多角形孔型也可提高壁厚精度。③ 选择合适的芯头锥角 φ_t。芯头锥角 φ_t 从接触面积和方向余弦两个方面影响芯头的轴向力。加大 φ_t 角可以减小芯头与金属的接触面积,减小稳定过程的芯头轴向力,从而减小横向变形和横向壁厚不均。但是加大 φ_t 角不利于二次咬入。试验证实,当 $\varphi_t \geqslant 14°$ 时,则无法实现二次咬入,而 $\varphi_t \leqslant 7°$ 时,芯头轴向力相当大。为兼顾上述两方面,常取 $\varphi_t = 7° \sim 14°$,或按 $\tan\varphi_t = f'$ 来确定(f' 为金属与芯头间的摩擦因数)。④ 采用芯头润滑。选用润滑效果好的芯头润滑剂可降低 f',以减小芯头轴向阻力,促进金属纵向延伸而减小横向壁厚不均。⑤ 设置均整工序。根据某厂对 $\phi 155 \times 5$ mm 和 $\phi 133 \times 4$ mm 钢管的生产统计,穿孔后毛管横向壁厚不均为 18% ~ 20%,轧管第一道轧后 50% ~ 60%,第二道轧后 20% 左右,经均整后为 8% ~ 12%。由此可见,自动轧管机后设置均整工序是控制钢管壁厚不均在要求的范围内所必须的,也是自动轧管机组的一个特点。

(2) 过充满或欠充满。圆孔型轧制单机架轧制时,孔型顶部的金属受压缩产生轴向延伸和横向宽展;孔型侧壁部分的金属不与芯头或芯棒等变形工具接触,但受孔型顶部轴向延伸的金属对它的附加拉应力作用,产生轴向延伸和切向拉缩。只有当顶部金属的宽展与侧壁部分金属的拉缩保持一定关系时,才能保证孔型正常充满。

孔型中金属轴向应力分析如图 18-13 所示,根据塑性理论,当 $\sum P_1 = \sigma_1 A + \sigma_1' A' = 0$ 时,孔型正常充满;当 $\sum P_1 > 0$ 时,发生过充满;当 $\sum P_1 < 0$ 时,发生欠充满(式中 σ_1 和 A 为孔型

顶部金属的轴向压应力和金属的断面积,σ_1' 和 A' 为孔型侧壁部分金属轴拉应力和金属断面积)。过充满会引起耳子、飞翅,一个机架的过充满会引起其随后机架过充满的连锁反应;一个机架的欠充满也会引起其后机架的连锁反应,使荒管断面成四角形或八角形。因此连轧管工艺过程最佳情况是 $\sum P_1 = 0$。

(3)"内方"或"内六角方"。"内方"或"内六角方"是在无张力定减径生产中易出现的质量缺陷,二辊减径机出现"内方",三辊减径机出现"内六角"(见图 18-14)。"内方"缺陷与各架轧机布置有关。

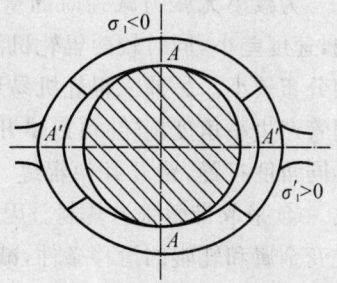

图 18-13 孔型中金属的轴向应力分析

减径二辊纵轧机列对于每架轧机而言,与一般纵轧相同,也会出现孔型开口处壁厚大于孔型槽底壁厚的壁厚不均现象,如图 18-15(a) 所示。多机架连轧过程,各机架不均匀变形会逐架累积。由于定减径机相邻机架轧辊孔型辊缝位置互相垂直,累积效果如图 18-15(b) 所示。当这种不均匀变形过于严重时,会使钢管内孔形状呈方形,这种缺陷称为"内方"。如果机列为三辊轧机列,与此同理会出现"内六角"缺陷。

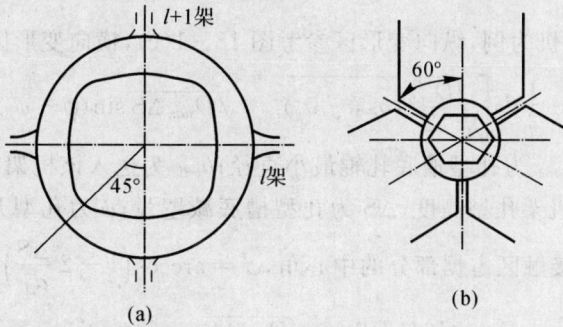

图 18-14 "内方"缺陷

(a) 内方; (b) 内六角方

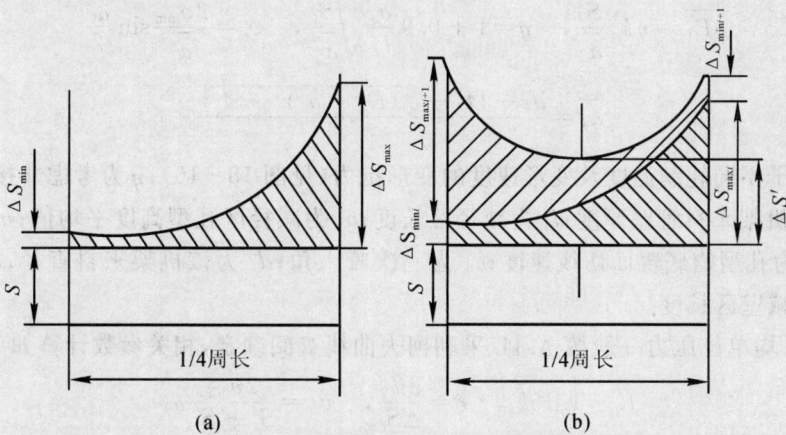

图 18-15 壁增厚沿 1/4 周长的分布

(a) 一架轧后壁增厚分布; (b) 两架轧后壁增厚分布

为减小无张力减径时的壁厚不均可采取如下措施:① 选取三辊减径机。因为轧辊刻槽浅,速度差小,同时较两辊轧机沿孔槽宽度上的单位压力(压缩量)分布较均匀,因此壁增厚不均分布较小。另外三辊轧机易形成"六角方"内孔,比"内方"更接近圆。② 在调整减径机时使钢管产生小角度旋转,可以错开各架辊缝,减小横向壁厚不均。③ 各机架不呈垂立布置,而呈不同角度布置,错开各架辊缝。但这种方法还未在生产中广泛运用,因导致减径机结构复杂化。④ 采取带微张力轧制。因为施加张力后,有利于金属向纵向流动,减小壁增厚。同时可改变金属和轧辊的滑移条件,减小摩擦力沿孔型宽度分布不均程度,减小壁增厚不均匀分布。⑤ 减小总减径量,使总壁增厚量减小。

18.5　圆孔型轧制力参数计算

圆孔型带内部变形工具(芯头或芯棒)轧管变形区存在减径和减壁两个区,某机架轧辊的总压力为

$$P = \overline{P_1}F_1 + \overline{P_2}F_2 \tag{18-29}$$

式中,$\overline{P_1}$,$\overline{P_2}$ 分别为减径区和减壁区平均单位压力;F_1,F_2 分别为减径区和减壁区接触面水平投影面积。

以长芯棒连续轧管机为例,纵向变形区参考图 18-1(c),横向变形区参考图 18-10,有

$$F_1 = \frac{1}{2}d_t\left[\sqrt{\frac{D_{\min}}{2}(b_{i-1}-a_i)} - \sqrt{D_{\min}\Delta S}\sin(\psi-\psi')\right] \tag{18-30}$$

式中,d_t 为芯棒直径;$D_{\min}$ 为孔型槽底轧辊最小直径;b_{i-1} 为送入该机架毛管直径,一般为前一机架孔型宽度;a_i 为该机架孔型高度;ΔS 为孔型槽底减壁量;ψ 为孔型开口角;ψ' 为孔型开口角范围内,管壁与芯棒接触区占据部分的中心角,$\psi' = \arccos\left(1-2\frac{\Delta S}{d_t}\right)$。

$$F_2 = C(d_t + 2S_k)\sqrt{D_{\min}\Delta S}\cos(\psi-\psi') \tag{18-31}$$

式中,S_k 为轧制毛管在孔型开口处的壁厚,一般取为上一机架孔型槽底管子壁厚;C 为系数,$\psi' = 0$ 时等于 0.74,如果孔型开口处壁厚大于孔型槽底处的壁厚时等于 1.1。

$$\overline{P_1} = \eta k_i\frac{S_i}{a_j}, \quad \eta = 1 + 0.9\frac{a_j}{l_1}\sqrt{\frac{S_i}{a_j}}, \quad v_i = \frac{2v_{\min}}{a_j}\sin\frac{\alpha_0}{2}$$

$$\overline{a_j} = \frac{d_i + D_0 - \sqrt{(D_0-a_i)^2 - 4l_2^2}}{2} \tag{18-32}$$

式中,k_i 为管子不同轧制温度及变形速度的变形抗力(见图 18-16);η 为考虑非接触区的影响系数;S_i 为该机架来料管壁厚度;l_1 为减径区长度;a_j 为减径区孔型高度平均值;v_i 为减径区变形速度;$v_{\min}$ 为孔型槽底辊面切线速度;α_0 为一次咬入角;d_i 为该机架来料直径;D_0 为轧辊名义直径;l_2 为减壁区长度。

减壁区平均单位压力一般按 A.И. 采利柯夫曲线查阅确定,相关参数计算如下:

$$K = 1.15k_i, \quad \delta = \frac{2fl_2}{\Delta S_i}, \quad v_2 = \frac{2v_{\min}}{S_i + S_i'}\alpha_1 \tag{18-33}$$

式中,f 为金属与辊面的摩擦因数;v_2 为减壁区变形速度;α_1 为二次咬入角;S_i' 为该机架出口壁厚。

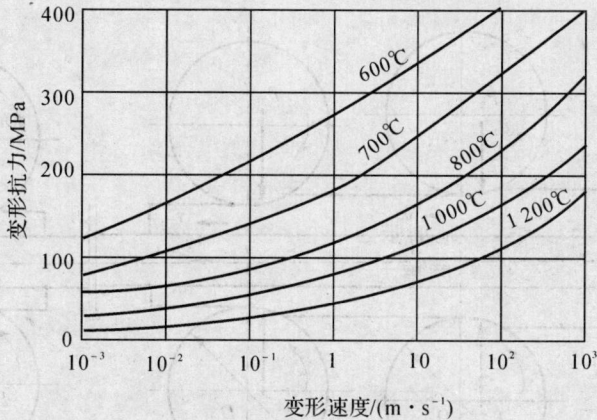

图 18-16　变形抗力与变形速度关系

每个轧辊上的纯轧制力矩 M_z 应包括减径区和减壁区的轧制力矩、前后张力(或推力)力矩以及作用在钢管与芯棒接触面上的轴向力矩,即

$$M_z = \overline{P_1}\left(l_2 + \frac{l_1}{2}\right) + \overline{P_2}\frac{l_2}{2} + \frac{D_0}{4}(E_h - E_q) + \frac{1}{4}QD_0, \quad Q = \overline{P_2}\pi d_t l_2 f' \qquad (18-34)$$

式中,E_q,E_h 分别为该机架前后张力或推力,张力取正值;Q 为芯棒对轧辊的轴向作用力,阻滞轧件运行的方向为正;f' 为金属与芯棒摩擦因数,浮动芯棒连轧时为 0.08 ~ 0.1。

当采用限动芯棒连续轧管机轧管时,由于后张力的作用,轧制压力比浮动芯棒连轧降低约 30%,能耗降低约 20% ~ 30%。

对于定减径轧管,由于变形区只有一个减径区,因此轧制力参数可参考连轧管减径区相关公式进行计算。

18.6　圆孔型连续轧管特点

1. MM 运动特点

MM 连轧过程中为保持各架金属秒流量之间的连轧关系,除需逐架改变轧辊转速外,芯棒的运动速度也将发生变化。而芯棒速度的变化将给金属的速度与变形带来影响。轧管时,芯棒在轴向仅受轧件作用的摩擦力,处于全浮动状态(见图 18-17),其任意时刻的运动速度等于同处于轧制状态下的各架金属速度的平均值,德国学者 R. Pfeiffer 建议采用混合计算法计算:

$$v_t = \frac{P_1}{\sum\limits_1^n P_i}v_1 + \frac{P_2}{\sum\limits_1^n P_i}v_2 + \cdots + \frac{P_n}{\sum\limits_1^n P_i}v_n \qquad (18-35)$$

式中,v_t 为芯棒运动速度;$P_1 \sim P_n$ 为 1~n 架轧制力;$v_1 \sim v_n$ 为 1~n 架金属出口速度。

由于 MM 连轧管机各架的金属速度逐架升高,而芯棒是一刚体,在某一时刻只能有一个运动速度,因此在芯棒和金属整个接触长度上存在一个芯棒速度与金属速度一致的面,称为芯棒中性面。在芯棒中性面到入口侧,金属速度低于芯棒速度(即金属后滑);芯棒中性面到出口侧,金属相对于芯棒前滑。

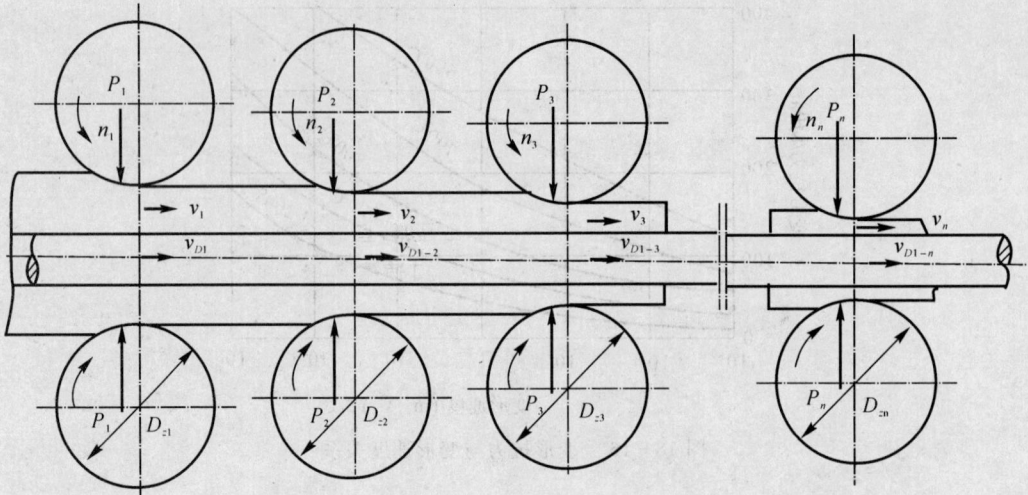

图 18-17 MM 连轧管时毛管和芯棒速度

连轧管机整个轧管过程可分以下三个阶段:

(1) 咬入阶段。毛管依次在第 1 架、1～2 架间、1～3 架间,……,1～n 架间轧制,建立起连轧管过程。此阶段芯棒运动速度随各架咬入跳跃性地增大(见图 18-18),与此同时,芯棒中性面位置也往出口方向跳跃移动。

(2) 稳定轧制阶段。连轧管过程建立,芯棒速度也处于稳定状态,而中性面处于某一稳定位置。

(3) 抛钢阶段。毛管尾端开始逐架离开各机架,形成 2～n 架间、3～n 架间,……,2～n 架轧制。此时因金属平均速度随毛管的离开而增加,故芯棒运动速度也跳跃性增加,中性面由原稳定位置向出口侧移动。

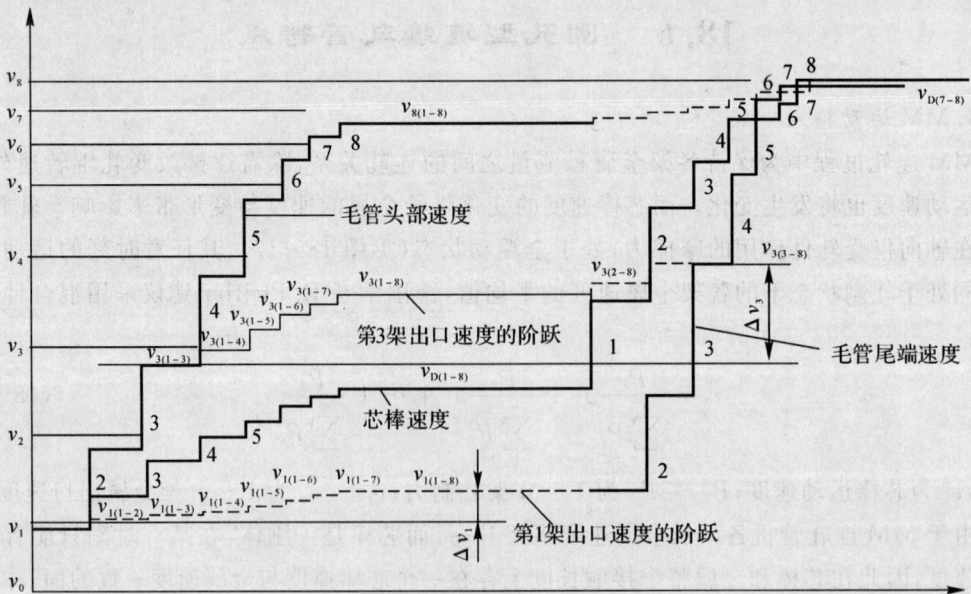

图 18-18 芯棒和轧件速度变化示意图

图 18-18 中 v_1,v_2,v_3… 为各单机架轧制时的轧件出口速度(自然轧制速度),$v_{D(i\sim j)}$ 为同时处于 $i\sim j$ 架工作时芯棒速度,$v_{k(i\sim j)}$ 为当轧件同时在 $i\sim j$ 架轧制时第 k 架轧机轧件出口速度。图中虚线部分为咬钢和抛钢时,由于芯棒的增速,使处于变形机架内的轧件所发生的速度的阶跃。如 $v_{3(1\sim 5)}$ 为当头部被第 5 架咬入时由芯棒增速使第 3 架出口速度变化后的速度值。

由图 18-18 可知:

(1)第 1 架轧件出口速度在整个轧程内由 v_1 渐次增加,直到 $v_{1(1\sim 8)}$ 达到最大。永远大于单机自然轧制时的轧件出口速度 v_1。第 2～7 架轧件出口速度在该架咬钢时总小于该架单机自然轧制时的出口速度,其差值反映了该瞬间芯棒速度阶跃对该机架轧件运动速度的影响程度,随咬钢继续进行,该架轧件出口速度阶跃增速直至稳定值 $v_{i(1\sim 8)}$。该值可能大于、小于甚至等于该架单机自然轧制速度 v_i。而抛钢开始后,各架轧件出口速度均上升,这是由于芯棒阶跃卸载和加速引起的各架轧件增速,最后,各架抛出速度均大于自然轧制速度。第 8 架金属出口速度,开始取稳定值并远远小于单机轧制速度,抛钢开始后顺次增加,但恒小于 v_8。只是在尾部处于第 8 架单机轧制时达到最大值 v_8。

(2)咬钢阶段,轧件头部的速度及其增量恒大于芯棒速度及其增量,当第 1 架单机轧制时,轧件头部速度等于 v_1,芯棒速度 $v_{D(1\sim 0)}$ 略小于 v_1,等于中性截面轧件的速度。当头部进入第 2 架,则轧件以 $v_{2(1\sim 2)}$ 即后部有芯棒作用的条件下的速度出第 2 架,而芯棒则以第 1、第 2 架同时作用的平衡条件的速度 $v_{D(1\sim 2)}$,这时,处于第一架的出口速度由于芯棒由 $v_{D(1\sim 0)}$ 增至 $v_{D(1\sim 2)}$ 而由 v_1 增至 $v_{1(1\sim 2)}$。同理,头部每进入一架,都使芯棒及变形机架的轧件出口速度发生速度增量,此变化过程如表 18-1 所示。

表 18-1 轧件与芯棒速度变化

轧制周期	同时工作机架数	芯棒速度	各架轧件 出口速度							
			1	2	3	4	5	6	7	8
咬钢	1	v_{D1}	v_1							
	1～2	$v_{D(1\sim 2)}$	$v_{1(1\sim 2)}$	$v_{2(1\sim 2)}$						
	1～3	$v_{D(1\sim 3)}$	$v_{1(1\sim 3)}$	$v_{2(1\sim 3)}$	$v_{3(1\sim 3)}$					
	1～4	$v_{D(1\sim 4)}$	$v_{1(1\sim 4)}$	$v_{2(1\sim 4)}$	$v_{3(1\sim 4)}$	$v_{4(1\sim 4)}$				
	1～5	$v_{D(1\sim 5)}$	$v_{1(1\sim 5)}$	$v_{2(1\sim 5)}$	$v_{3(1\sim 5)}$	$v_{4(1\sim 5)}$	$v_{5(1\sim 5)}$			
	1～6	$v_{D(1\sim 6)}$	$v_{1(1\sim 6)}$	$v_{2(1\sim 6)}$	$v_{3(1\sim 6)}$	$v_{4(1\sim 6)}$	$v_{5(1\sim 6)}$	$v_{6(1\sim 6)}$		
	1～7	$v_{D(1\sim 7)}$	$v_{1(1\sim 7)}$	$v_{2(1\sim 7)}$	$v_{3(1\sim 7)}$	$v_{4(1\sim 7)}$	$v_{5(1\sim 7)}$	$v_{6(1\sim 7)}$	$v_{7(1\sim 7)}$	
稳定	1～8	$v_{D(1\sim 8)}$	$v_{1(1\sim 8)}$	$v_{2(1\sim 8)}$	$v_{3(1\sim 8)}$	$v_{4(1\sim 8)}$	$v_{5(1\sim 8)}$	$v_{6(1\sim 8)}$	$v_{7(1\sim 8)}$	$v_{8(1\sim 8)}$
抛钢	2～8	$v_{D(2\sim 8)}$		$v_{2(2\sim 8)}$	$v_{3(2\sim 8)}$	$v_{4(2\sim 8)}$	$v_{5(2\sim 8)}$	$v_{6(2\sim 8)}$	$v_{7(2\sim 8)}$	$v_{8(2\sim 8)}$
	3～8	$v_{D(3\sim 8)}$			$v_{3(3\sim 8)}$	$v_{4(3\sim 8)}$	$v_{5(3\sim 8)}$	$v_{6(3\sim 8)}$	$v_{7(3\sim 8)}$	$v_{8(3\sim 8)}$
	4～8	$v_{D(4\sim 8)}$				$v_{4(4\sim 8)}$	$v_{5(4\sim 8)}$	$v_{6(4\sim 8)}$	$v_{7(4\sim 8)}$	$v_{8(4\sim 8)}$
	5～8	$v_{D(5\sim 8)}$					$v_{5(5\sim 8)}$	$v_{6(5\sim 8)}$	$v_{7(5\sim 8)}$	$v_{8(5\sim 8)}$
	6～8	$v_{D(6\sim 8)}$						$v_{6(6\sim 8)}$	$v_{7(6\sim 8)}$	$v_{8(6\sim 8)}$
	7～8	$v_{D(7\sim 8)}$							$v_{7(7\sim 8)}$	$v_{8(7\sim 8)}$
	8	$v_{D(8)}$								v_8

由图 18-18 及表 18-1 可见,在咬钢和抛钢阶段轧件速度变化 $\frac{n}{2}(n-1)$ 次,在一个轧程内各架轧件均有 n 种速度。对第 1 架全部速度变化发生在咬钢阶段,对第 8 架全部发生于抛钢阶段,而第 2～7 架则分别发生于咬钢和抛钢阶段。一个轧程内共有 n^2 种轧件出口速度,$2n-1$ 种芯棒速度。这样一个轧程内金属的轧制状态共有 $2n-1$ 个。

芯棒与轧件头部的速差随咬钢进行不断扩大,这是由于已经工作的机架内轧件对芯棒的作用,使芯棒不能"自由"地按轧件的延伸比例增速的结果。

抛钢过程的运动状态和咬钢时相似,当尾部从第 1 架抛出,相当于向后作用于芯棒运动的阻力消失了一部分(滞后机架金属对芯棒的作用力相当于阻力),芯棒速度由 $v_{D(1\sim8)} \rightarrow v_{D(2\sim8)}$。反过来,芯棒加速必然引起 2～8 架尚在工作的轧件增速,即引起 $v_{2(1\sim8)} \rightarrow v_{2(2\sim8)}$,此时,$v_{2(2\sim8)} > v_{2(1\sim8)} > v_{2(1\sim7)} > v_{2(1\sim6)},\cdots, > v_{2(1\sim2)} < v_2$。同时第 3 架到第 8 架也要发生微量阶跃,分别变为 $v_{3(2\sim8)},v_{4(2\sim8)},\cdots$ 由此可见,抛钢阶段芯棒速度均高于抛出机架的轧件速度,仅在第 8 架小于轧件出口速度。

芯棒与轧件头部的速差随咬钢进行而增大,至稳态轧制时最大。芯棒与轧件尾部的速差随抛钢进行而减小。

可见,轧制过程中,轧件从最后一架出口是沿芯棒表面向前滑动,因此,轧制终了荒管前端一段已从芯棒滑脱,连轧管时,芯棒可以比荒管稍短一些。

(3)由图 18-18 可知,尾部在 i 架轧制速度 $v_{i(i\sim8)}$ 比头部在 i 架的轧制速度 $v_{i(1\sim i)}$ 高,即同一架轧机的轧件出口速度在抛钢和咬钢时存在一个差值 $\Delta v_i = v_{i(i\sim8)} - v_{i(1\sim i)}$。产生轧件头尾在同一架出口速度的差异的原因是芯棒在咬钢和抛钢阶段对轧件产生不同性质的影响。例如 $v_{3(1\sim3)}$ 是在 1～3 架同时轧制时,芯棒对第 3 架轧件起限动作用条件下的轧件速度,此时第 3 架力图使轧件以 v_3 运动,轧件力图带动芯棒,而第 1,2 架限制芯棒,并通过芯棒限制第 3 架轧件运动,芯棒相当于施加第 3 架轧件以后张力。而 $v_{3(3\sim8)}$ 则情况不同。此时轧件在 3～8 架之间轧制芯棒对第 3 架轧件起促进(牵动)作用,实际上 $v_{3(3\sim8)}$ 是 $v_{3(1\sim3)}$ 经过 $n-1$ 次阶跃增速变化而来的,芯棒相当于对第 3 架轧件施加前张力作用。

由此可见,Δv_i 表示了芯棒处于不同轧制阶段引起轧件运动速度的变化量,表征了金属变形的不连续性,是衡量断续轧制状态的一个重要指标。Δv_i 越大表示芯棒速度变量对轧件速度的影响越大,金属流动和断续轧制状态的差别越显著。

上述指标亦表现在轧件头尾通过同一机架间距的时间差别上。咬钢时头部通过其机架间距的时间 T_i 比抛钢时尾部通过该机架间距的时间 T_i' 长,$\Delta T_i = T_i - T_i'$,ΔT_i 反映出抛钢时该架轧件速度高于咬钢时的该架轧件速度;ΔT 越大表示芯棒速度变量对轧件速度的影响越显著,即金属流动的不连续性越显著。根据试验 $\Delta T/T \leqslant 0.03$,即 $T_1' \geqslant 97\% T_1$ 时,轧制过程处于良好工作状态。当 $\Delta T/T = 0.2$,即 $T' = 0.8 T_1$ 时轧制状态不利。

(4)应该说明,上述讨论仅仅局限于静态分析。实际上轧制过程的运动状态的断续性在动态特性上要复杂得多。首先,芯棒阶跃加载和卸载引起的芯棒增速和轧件增速有一个动态变化过程,并且从动态变化到平衡稳态有一个过渡阶段。根据工作系统的动态特性,这个过渡过程将是反复波动并且必然要影响相邻机架乃至更远机架的工作,产生速度波动的传递和反射;其次,传动电机不可能是绝对刚性的,在咬钢、抛钢冲击加载和卸载时引起电机速降(升)的动态效应可用图 18-19 说明。当各架咬钢时,电机转速发生速降并经一个过渡阶段(以时间常数表示)达到稳定值。图中 n_1^0, n_2^0, n_3^0 分别代表1,2,3架单机自然轧制的设定转速,而每一架咬入时不仅该架转速发生振荡,而且使处于工作状态的各架均发生动态变化。

上述电机的速度振荡将要和轧制过程产生的阶跃和波动相互影响,从而表现出各架轧件和芯棒的复杂动态特征,产生复杂的反射效应。

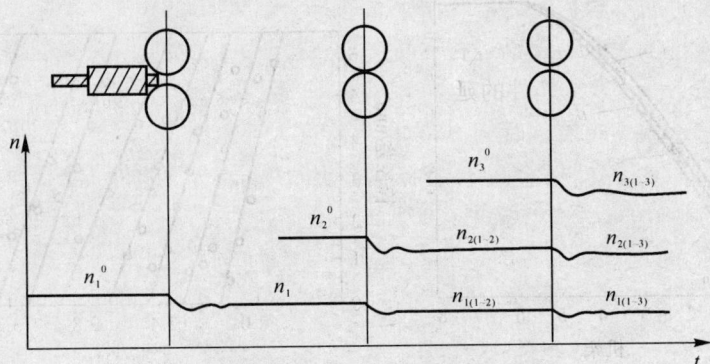

图 18-19　咬钢时电机动态变化

2. 荒管几何尺寸变化特征——"竹节"形成机理

连续轧管是一个复杂的金属塑性变形过程,具有孔型轧制的三维变形特征和轧制过程连续性特征。然而,区别于带钢和型钢连轧的特殊性是钢管连续轧制状态的断续特征。除全连续无头轧制外,一切连续轧制过程都包括各具特点的三个阶段:咬钢阶段、稳定轧制阶段和抛钢阶段。由于毛管的长度受穿孔机的限制,而充满全部机架变形区和机架间距所需的金属体积一般占毛管总金属体积的 $1/4 \sim 1/3$,抛钢和咬钢阶段一般占钢管连轧总纯轧时间的 $1/2 \sim 1/3$。因此,连续轧管过程中大部分金属的变形处于不稳定状态。

断续轧制状态引起金属流动的不连续性,在荒管尺寸精度上表现为沿长度上出现壁厚、外径和横截面积的规律性分布,如图18-20所示为轧后沿长度上管子尺寸的变化曲线,可以将其分为5段。A, E 都在相当于一个机架间距的长度,其直径与壁厚和名义值相近,可以视为无张力或推力下轧制的;B 段的外径壁厚比名义值大,称为"前竹节",此段长度约为 7 m;C 段的外径壁厚比较一致,波动不大。D 段的外径壁厚比名义值又大,称为"后竹节",此段长约 4 m。

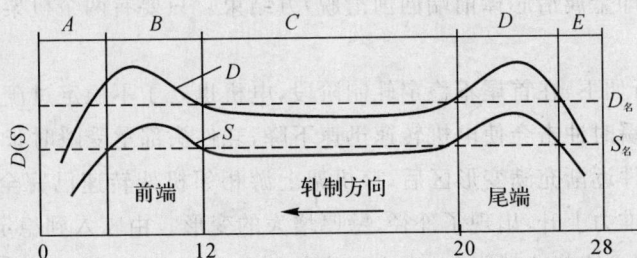

图 18-20　连轧管轧制后沿长度上直径与壁厚的分布
D, S—名义直径和名义壁厚

为了揭示金属流动与轧辊转速之间的关系,德国学者 R. Pfeiffer 进行了在恒定芯棒速度和变化的芯棒速度下轧管时管径的变化规律的研究。在恒定芯棒速度下轧制时,采用改变机架间的纵向张力平衡芯棒和轧辊摩擦状况的变化,在相对于第 6 架辊速不变的条件下,第 1 架辊速在±12.5%的范围内变化,相应地,第 2,3,4,5 架辊速的变化量分别为第 1 架变化量的 70%,44.4%,23.3%和 13.4%(见图 18 - 21)。

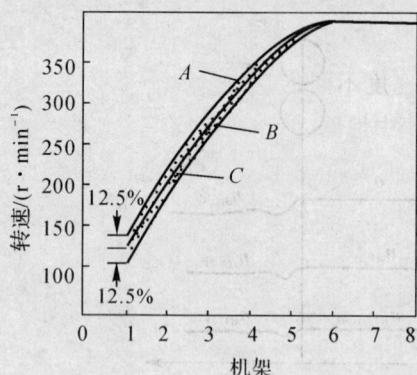

图 18 - 21　轧制时转速系列改变的幅度
A— 张力；　B— 无张推力；　C— 推力

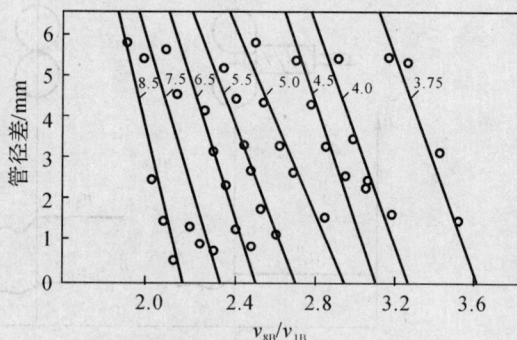

图 18 - 22　不同壁厚时转速系列变化对管径差的影响

作为衡量纵向张力的大小,选用第 8 架和第 1 架线速度之比,即 $\lambda = v_8/v_1$。改变 λ,即改变张力、推力,测定中部管径,获得管径与 λ 的关系曲线(见图 18 - 22)。由图可见,不同壁厚对 λ 的影响不同。对厚壁管的影响较轧薄壁管时要大,厚壁时斜率较大。

为揭示芯棒速度变化对管子金属流动的影响,采取不同张力制度(辊速系列 $\lambda = 3.39$,2.96,2.64),每个系列分别采用在第 1,1～2,1～3,1～4,1～5,1～6 架中轧卡的方法获得管径的实测结果。每种辊速系列均得到 6 条轧卡试件外径分布曲线。每种辊速系列测量结果规律相似。$\lambda = 2.96$ 测定结果如图 18 - 23 所示,图中左端为管头,右端为管尾。由图可见,仅在第 1 架轧制的 B_1 管子全长直径不变,可见,前后"竹节"的产生是由于机架相互影响所致,且在 6 机架全部参与变形时前"竹节"最为明显。图中 B_5 曲线前端出现管径收缩现象。德国学者 R. Pfeiffer 认为,第 1 架以后管头的收缩,特别是通过第 6 架以后其值尤低,从而推测是由于管头金属的收缩妨碍了金属的向前流动,引起在各孔型中金属的堆挤,直到较小的直径段延伸为近似一个机架间距时(即金属沿芯棒前端向前滑脱)方结束。只要有两个机架参与变形就明显出现后"竹节"。

上述现象可分析如下:在首尾不稳定轧制阶段,电机也处于不稳定过渡状态。轧件咬入每架轧机时,对轧辊的瞬时冲击会使电机转速迅速下降,轧件头部承受瞬时张力作用,产生外径、壁厚偏低的变形;轧件逐渐充满变形区后,该机架上游相邻机架转速已完全回升,于是这两机架间张力迅速下降,推力上升,出现了外径、壁厚增大的变形。由咬入到稳定轧制阶段,这种变形的累积使头部出现"竹节性鼓胀"。进入稳定轧制阶段后,电机转速恒定,张力回升,外径、壁厚减小并保持稳定。尾部轧制时,随着轧件尾端依次脱离各轧机,轧件所承受的张力相应不断减小,或推力不断增加。最后几架则完全在推力作用下轧制,所以尾部又出现尺寸偏大现象,到终结机架,轧件在无张力作用下轧制,尺寸又有下降,并比较接近轧机的实际调整值,出现了尾部的"竹节性鼓胀"现象。

另有分析认为,由于连轧过程中存在金属与芯棒相对滑动,引起沿芯棒长度方向上摩擦力分布不一,在芯棒速度不断提高过程中,轧制速度与芯棒速度相等的同步机架不断由入口机架向出口机架方向移动。芯棒对毛管内表面摩擦力方向,同步机架的上游机架与轧件运动方向相同,下游机架与轧件运动方向相反(见表18-2)。而摩擦力的变化对轧管时的金属变形有以下影响:① 芯棒摩擦力给变形区内的金属内表面切向应力,有利于金属的延伸变形,而使毛管的横截面减小,但由于各架金属与芯棒间的相对滑动速度不同,摩擦力大小不同,结果各横截面减小的程度不同。② 摩擦力作用造成金属挤向芯棒中性面,使该截面面积增加。③ 摩擦力使芯棒中性面处压应力状态增加,轧制力增加,轧机弹跳增加,而使轧后断面增大。与此相反,在芯棒中性面两边的机架中因芯棒与金属的相对滑动增加,而使轧制力减小,轧件断面减小。结果芯棒中性面处的轧件断面将比设定的值有所增加。显然在稳定轧制阶段,由于毛管上各截面通过芯棒中性面的机遇相同,反映在轧后荒管上断面尺寸一致。而在咬入和抛钢阶段,管材头部或尾部轧制时,任一截面在逐渐通过第 $1 \sim n$ 机架时,该截面有更多的机会处于同步机架轧制,该截面获得横向变形的机会更多,出现了头部或尾部金属轧后直径、壁厚、横截面积等相对增大,形成了"竹节性鼓胀"。

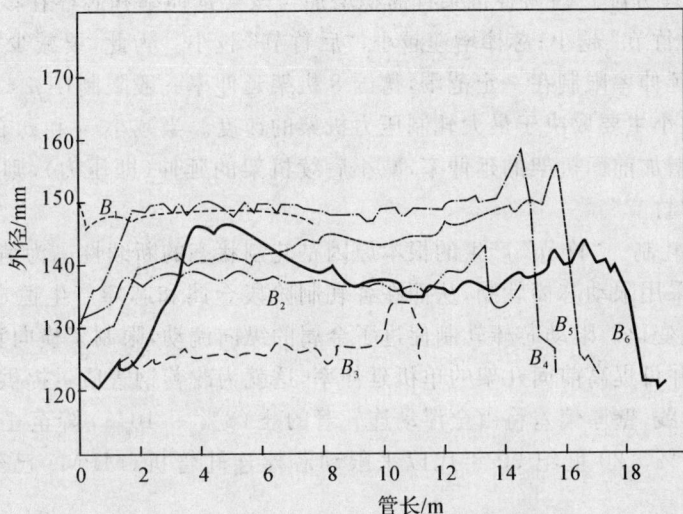

图 18-23 $\lambda = 2.96$ 时轧卡试件外径分布
$B_1 \sim B_6$ — 第 1,1~2,1~3,1~4,1~5,1~6 架轧卡试件外径分布

表 18-2 同步机架(表中标 →←) 和芯棒对轧件的摩擦力方向

轧制阶段	轧制时间	机架号						
		1	2	3	4	5	6	7
咬入	$t_1 \sim t_2$	→←						
	$t_3 \sim t_4$	→	→←	←				
稳定	$t_8 \sim t_1'$	→	→	→←	←	←	←	←
抛出	$t_2' \sim t_3'$	→	→	→	←	←	←	←

3. 消除"竹节"和提高钢管精度的措施

(1)"竹节"电控方案。

1) 日本专利提出的技术要点是：毛管头部喂入第 $2,3,4,\cdots,n$ 架时,减少轧制时已被咬入的机架的轧辊圆周速度(即 $1,2,3,\cdots,n$ 架),毛管尾部从第 $1,2,3,\cdots,n$ 架抛出时,减少正在工作的机架的轧辊速度,以此调整芯棒速度,防止和减少"竹节"。

2) 按 R. Pfeiffer 的试验,对前"竹节",通过增大后部机架孔型的侧壁出口,增大管子周边是改善前"竹节"的有效措施,同时改变纵向张力状态也有效果。这是因为轧制时管子的长轴和张力状态有关,机架间转速差越大,管子周边越小。为此采取在前面几个机架间距使之具有一定的附加张力以克服前"竹节"是合理的。当毛管处于第 1～2 架时,将在第 2 架开始形成"竹节",为此,使这两架间形成的后张力以同样百分比的附加张力促使速度下降,离开"竹节"区后第 1、第 2 架仍提高到原定转速。

对后"竹节",消除的最好方法是在非稳定状态下迫使轧件由各轧机抛出的速度和稳定阶段的速度相同,即当芯棒由于抛钢而增速时,为使轧件不因此增速,只有降低辊速。对于 n 个工作机架,为满足上述要求,则在轧件抛钢时轧辊经历 $n-1$ 次转速变化,即每当轧件离开一个机架时,剩余机架的转速必须下降,其下降量应和抛钢时相应芯棒增速量一致。

(2) 变形量合理分配。因为各机架管面积增加与该架延伸率和芯棒在该架的增速有关。该架延伸越小,"后竹节"越小;芯棒增速越小,"后竹节"越小。为此,要减少"后竹节"须减小各架延伸,即将总延伸率限制在一定范围,德国 8 机架延伸率一般限制在 $\mu < 3.5$ 范围之内。

芯棒的速度大小主要取决于最大轧制压力机架的速度。当减小 v_1 和 v_8 的速差,即在总延伸率一定时,尽量增加前面机架的延伸率,减小后续机架的延伸(即压力),则减小了芯棒的总增速量,从而减小"竹节"。

(3) 限动芯棒轧制。"竹节"产生的根本原因是轧制状态的断续性。为消除在咬钢和抛钢阶段的速度阶跃,采用限动芯棒轧制,从而在各轧制阶段金属和芯棒产生恒定的相对运动,摩擦力方向不再发生变化。限动芯棒轧制促进了金属的纵向流动,限制了横向宽展,从而允许采用封闭式圆孔型,并可提高前面几架的单机延伸率,这就为改善钢管质量提供了可能。根据意大利因西公司的实践,壁厚偏差将由全浮动连轧管的 $\pm(8\% \sim 10\%)$ 降至 $\pm(6\% \sim 8\%)$,外径公差可达 $\pm 0.7\%$。20 世纪 90 年代以来限动芯棒连轧管机(MPM)已经得到了广泛的应用。

(4) 预应力机架轧机及三辊式连轧管机。刚度对轧件精度的影响是显而易见的。当增加刚度时,如采用 400 kN/mm 代替 200 kN/mm 的刚度机架,端部增厚从 10% 下降到 5%。预应力轧机可显著提高轧机刚度。

三辊式连轧管工艺(PQF)是 20 世纪 90 年代中期发展起来的最新的轧管工艺技术,其连轧管机采用三辊式,每个轧辊单独传动,轧辊调整是在轧制过程中进行,由液压小舱控制系统(HCC)对轧辊辊轴中心线的直接作用实现。这一动作施力的作用线是垂直于轧辊中心线的,而且使轧辊调整进行得迅速有效。

由于三辊式连轧管机轧辊孔型底部和边缘的线速度的差异较小,而且可以采用开口较小的孔型,钢管变形较均匀,金属横向流动较少,生产的钢管质量比普通二辊式限动芯棒连轧管机好。表现为壁厚公差大大改善;管子表面更加光洁;成品管规格范围 D/S 加大;管子沿截面和沿纵向温度更趋均匀分布。

1993 年,由 INNSE 设计的限动芯棒连轧管厂采用了液压小舱控制系统(HCC),实现了既能精确定位,又能施加外力的双重动作。位置调整精度可达±0.005 mm,反应时间为0.02～0.04 s。早期的 MPM 轧机采用机械压下装置,轧制前可调整轧辊,轧制过程中是不能调整的。后来,机械压下装置和短行程液压小舱一起使用,前者用于轧制前的轧辊预调,后者可在轧制过程中作一定程度的轧辊调整。直到 20 世纪 80 年代末,改为具有长行程油缸的液压小舱在轧制中调整轧辊,即所有机架都可作位置调节,而对最后两架还可调节轧制压力,这样的力能闭环系统可调节轧辊压下量,使钢管质量、尺寸精度保持最佳。

(5)端部减薄装置。针对张力减径钢管两端增厚段难以消除,近年来,已研究采用在连轧管机(和自动轧管机)上进行钢管两端减薄,这就从根本上改善了钢管经张力减径后的壁厚纵向分布,减少端部切头量。

连轧管管端减薄技术(FTS)对减少张力减径的切头损失十分有效。为使管端减薄,管端处的轧制力要比管件中部的轧制力大 2～3 倍。采用理想的数学模型,可以用增大单架轧制力和对由此而引起的辊缝变化进行补偿的办法取得理想的端部壁厚减薄。实现 FTS 技术,必须采取液压压下系统或具有长行程油缸的 HCC 控制系统。

住友金属海南厂曾两次采用液压压下的技术措施对连轧管机进行改造。采用该系统可以减少由于穿孔坯纵向壁厚不均、轧件纵向温度分布不均以及工具磨损而造成的连轧管的壁厚不均。为使 FTS 技术取得最佳效果,要求采用轧辊速度控制系统,避免机架间出现推力,最后机架采用特殊孔型,以改善壁厚不均。

HCC 控制系统在全浮动芯棒连轧管中的主要应用是实现 FTS 工艺。例如,进入张力减径机的荒管两端壁厚比中间部分薄,则 CEC(张力减径控制)的效果将明显改善。CEC 和 FTS 两大功能相结合,就会避免使用过分张力的危险。甚至在 MPM 轧机上,也通过在轧制中改变轧辊位置以实现 FTS 工艺。

综上所述,采用 FTS 技术,全面提高工艺自动控制水平是全浮动芯棒连轧管工艺、彻底解决"竹节"问题的根本办法。

4. 限动芯棒连轧管机芯棒工作制度

在一个轧制周期中,芯棒限动机构要完成芯棒预送入、限动和返回三种工作。其工作制度采用快速预送入、低速限动和快速返回制度(见图 18-24)。

芯棒限动速度的选定原则:① 芯棒限动速度最好低于任一机架轧制速度,使各机架中的轧件与芯棒间的摩擦力同向,各机架均处于同一方向差速轧制状态。即芯棒速度应小于第 1 机架入口速度。② 兼顾芯棒长度和寿命。芯棒限动速度越大,轧制同一长度管子所需的芯棒工作长度越长。但限动速度越小,芯棒受到轧件热传导时间越长,吸收热量越多,芯棒与轧件之间相对速差越大,产生的摩擦热也越大,从而会导致芯棒表面温度过高,严重降低芯棒寿命。因此需兼顾芯棒长度和寿命选择限动速度。

目前,芯棒限动速度大体等于或略小于第 1 机架入口速度;对于担负大变形量和采用高轧速的连轧机,为降低芯棒与轧件之间的相对速差,可取芯棒限动速度大于第 1 架入口速度,但不大于第 1 架的轧速和入口速度的平均值。

MPM 芯棒的推入速度约为 2.5 m/s,快咬入时降至入口速度以下。轧制开始时,芯棒由于金属的塑性变形而加速。当毛管头部进入第 2 机架,芯棒加速至限动速度时,限动机构开始限动芯棒运行,限动速度介于第 1 架和第 2 架速度之间。芯棒恒速,并被限制在低于除第 1 架以外任何轧辊速度(见图 18 - 25)。

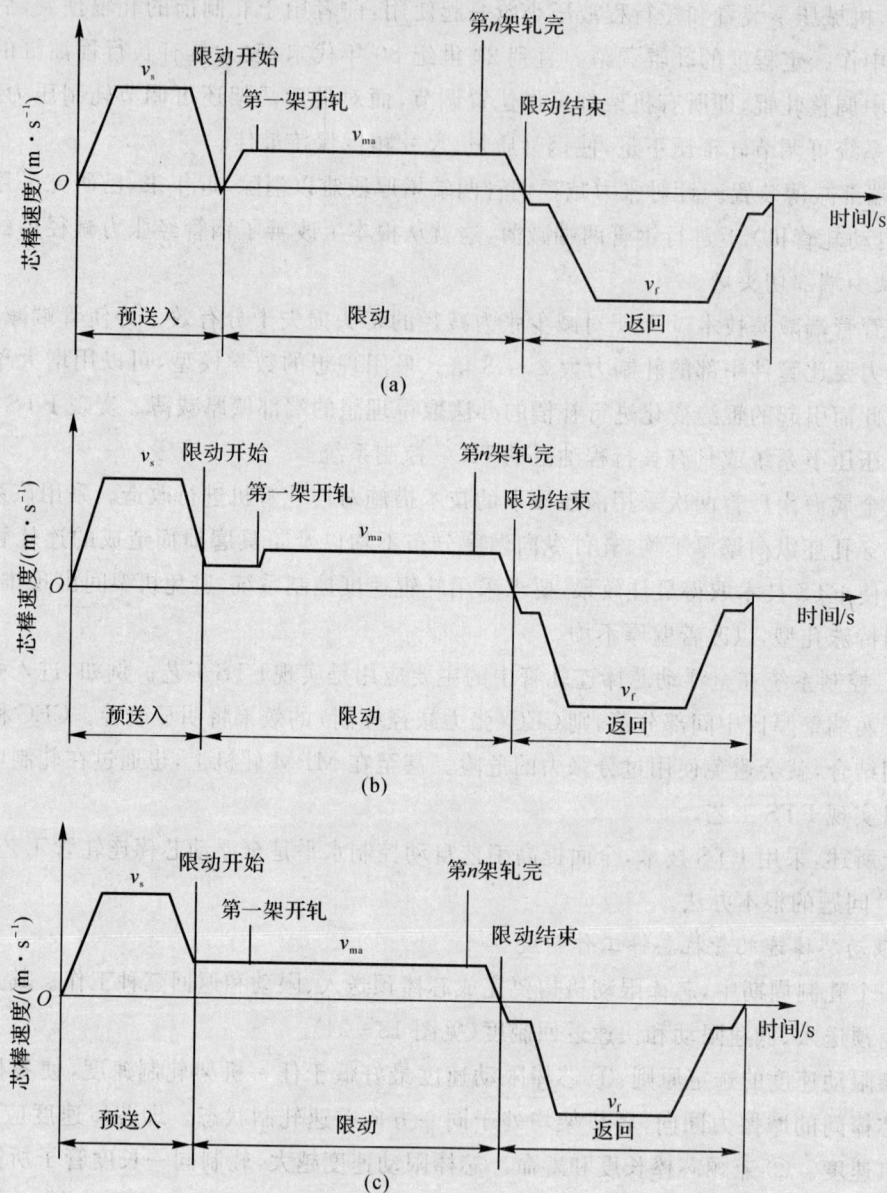

图 18 - 24　芯棒速度图

(a)初始限动速度 $v_0 = 0$；　(b)$v_0 = v_{max}$；　(c)$v_0 = v_{ma}$

各阶段芯棒位置如图 18-26 所示。① 第 n 架开轧时,芯棒前端面应超前荒管前端面到达第 n 机架,以免发生空轧事故。② 第 1 架抛管时,工作芯棒尾端应距第 1 机架中心线有一定距离,并有相当的富余量以满足芯棒的调节和管坯根重变化的需要,确保全轧制过程都是在工作芯棒上进行的。③ 整根管子轧制结束,芯棒限动机构停止工作后,芯棒前端面应停在连轧机与脱管机之间的辊道上的安全区内(离脱管机有适当的距离),以防芯棒随同荒管进入脱管机。在图 18-26 中,G_0 为预送入结束时位置;G_1 为第 1 机架开轧时芯棒前端面距第 n 架中心线距离;G_2 为第 1 机架抛管时芯棒尾端距第一机架中心线距离;G_3 为第 n 机架开轧时芯棒前端面距第 n 架中心线距离;G_4 为限动结束时芯棒前端面距第一架脱管机中心线距离。

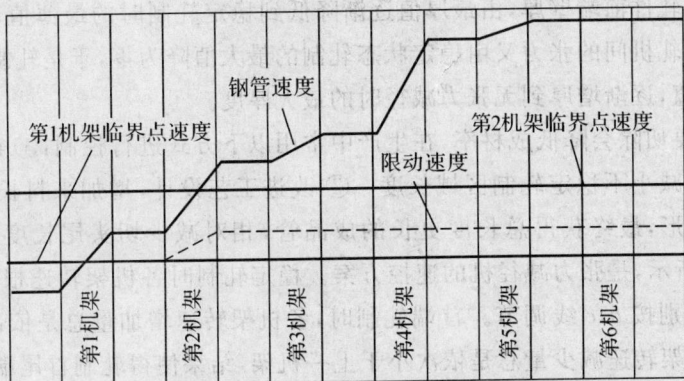

图 18-25　芯棒与管子运动速度示意图

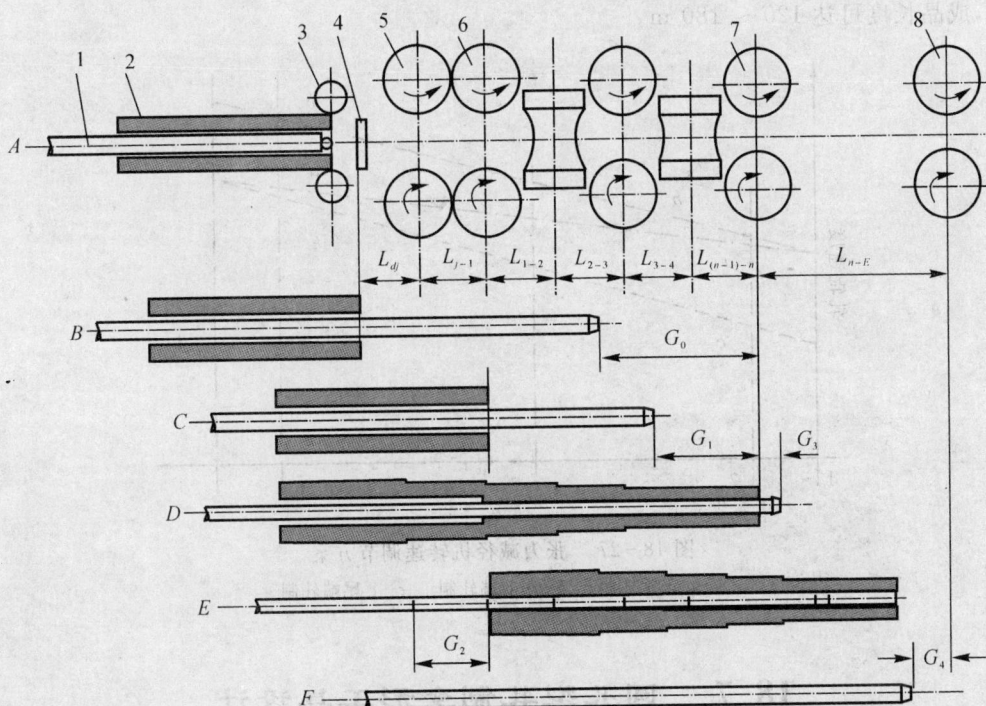

图 18-26　各阶段芯棒位置

A— 预送入开始时;B— 预送入结束时;C— 第一机架开轧时;

D— 第 n 机架开轧时;E— 第一机架抛管时;F— 限动行程结束时

1— 芯棒;2— 毛管;3— 毛管夹送辊;4— 毛管挡叉;

5— 空减机;6— 第一架连轧机;7— 第 n 架连轧机;8— 脱管机第一机架

5. 张力减径时管端偏厚

现代张力减径纵向突出的缺点是管端增厚现象,主要原因是轧件头尾轧制时处于连轧过程的不稳定阶段。首先,轧件首尾两端相当于机架间距长度的一段,是在无张力状态下减径的;其次,轧件前端在进入机组的 3～5 机架之后,轧机间的张力才逐渐由零增加到稳定轧制时的最大值,于是轧件前端壁厚,由最厚值逐渐降低到稳定轧制时的最薄值;而尾部在脱离最后 3～5 机架时,轧机间的张力又由稳定状态轧制的最大值降为零,于是轧制尾端壁厚又由稳定轧制时的最薄值,逐渐增厚到无张力减径时的最大厚度。

管端增厚段要切除会降低成材率,在生产中常用以下方式进行控制:① 改进轧机设计,尽量缩小机架间距,减小不稳定轧制区域长度。② 改进工艺设计,增加来料长度、张力,增大压下率,加强延伸变形,最终获得总长度更长的成品管,相对减少切头尾长度。③ 改进张力设计,如图 18-27 所示,是张力减径机的速控方案。稳定轧制时各机架转速根据张力要求,按 a 线调节,首尾端分别按 b,c 线调节。首端轧制时,各机架转速增加量总是依次高于上一机架,尾端轧制时,各机架转速减少量总是依次小于上一机架,结果使得轧制首尾端通过减径机组的张力作用效果基本上与稳定轧制时相当,减少了管端增厚的程度和长度。④ 采用"无头轧制"工艺,将会使切头尾损失降至最低。但由于存在的问题较难解决,发展速度缓慢,现代张力减径后,成品长度可达 120～180 m。

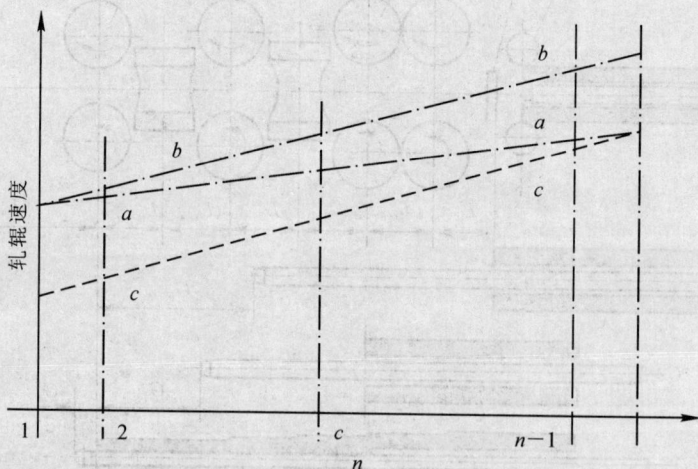

图 18-27　张力减径机转速调节方案

a—a 正常轧制；　b—b 前端轧制；　c—c 尾端轧制

18.7　圆孔型轧制变形工具设计

1. 自动轧管机工具设计

(1) 轧辊设计。轧辊尺寸一般根据工艺要求据经验选定,通过强度校核修正。

轧辊名义直径　　　　　　　　$D_o = K_D D_{zmax}$

回送名义直径　　　　　　　　$D_{o1} = (0.77 \sim 0.79) D_o$

多槽轧辊辊身长　　　　　　　$L = K_L D_o$

单槽轧辊辊身长 $\qquad L_1 = D_{zmax} + (160 \sim 220)$

式中，D_{zmax} 为轧制最大荒管直径；K_D，K_L 分别为辊径和辊身长度系数，如表 18-3 所示。

表 18-3 K_D，K_L 参考值

机组型式	K_D	K_L
$\phi140$ mm 以下	$4 \sim 6$	$2.35 \sim 3.0$
$\phi250$ mm	$3 \sim 4$	$1.85 \sim 2.3$
$\phi400$ mm 以上	$2.6 \sim 3.2$	$1.45 \sim 1.55$

（2）孔型设计。自动轧管机目前普遍采用孔型是带侧壁圆弧的圆孔型，如图 18-3(c) 所示，这种孔型与圆芯头配合可获得均匀变形。

孔型宽高比为 $\xi = b/a$。设计孔型的关键是能正确确定 ξ。孔型高度由反映机组变形分配的轧制表选取，孔型宽度确定原则为应尽量保证获得最佳壁厚均匀性，因此，应在不出耳子的条件下采用小的 ξ。目前，对于高精度薄壁管采用 $\xi = 1.04 \sim 1.05$ 的专用孔型，对于一般精度，要求产品取 $\xi = 1.06 \sim 1.07$，增大了孔型公用性。同一成品管外径，不同壁厚的穿孔毛管，壁厚者取上限。孔型设计应以薄壁管为准，厚壁管一般采取磨损到一定程度后的孔型生产。轧制时适当抬高辊缝，以防出现耳子，因此，厚壁管穿孔毛管外径可能比孔型正常宽度大 $5 \sim 8$ mm。

孔型侧壁开口角 φ 取 $30° \sim 32°$，侧壁大圆弧半径 ρ 为

$$\rho = \frac{a}{4} \cdot \frac{\xi - 2\xi\cos\varphi + 1}{1 - \xi\cos\varphi}$$

孔型边缘以 $r = 7 \sim 15$ mm 过渡，辊缝 $\Delta = 3 \sim 15$ mm（常用 $5 \sim 10$ mm）。

回送辊孔型与轧辊孔型结构大致相同，只是开口角约为 $32° \sim 42°$，$\xi = 1.13 \sim 1.15$，$\Delta = 10 \sim 75$ mm。

（3）芯头设计。我国目前常用自动轧管机芯头有锥形和球形两种，如图 18-28 所示。

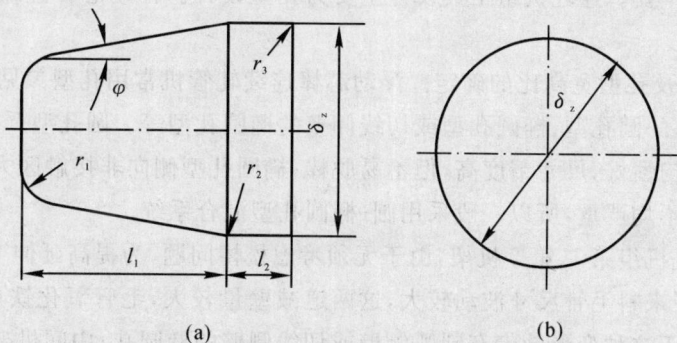

图 18-28   自动轧管机芯头示意图
（a）锥形芯头； （b）球形芯头

1）锥形芯头。由圆锥和圆柱两部分组成，圆锥部分用于在孔型和芯头形成的间隙中逐渐

压缩管壁,圆柱部分用以最终校准管壁,并调整芯头在变形区位置。孔型与芯头圆柱带间隙决定了钢管壁厚。

锥形芯头直径 δ_z 需根据产品规格由轧制表选取,圆锥部分长度 l_1 应满足最大减壁量要求

$$l_1 \geqslant \frac{\Delta S_{max}}{\tan \varphi} \tag{18-36}$$

式中,ΔS_{max} 为最大减壁量;φ 为芯头锥角。

从降低金属对轧辊压力和芯头摩擦阻力出发,l_2 不宜取得过大;但为了便于调整,也不宜过小。一般 $\delta_z \leqslant 140$ mm,$l_2 = 10 \sim 20$ mm;$\delta_z = 140 \sim 210$ mm,$l_2 = 20 \sim 30$ mm;$\delta_z \geqslant 210$ mm,$l_2 = 30 \sim 40$ mm。为了便于导入毛管,r_1 取 $10 \sim 60$ mm;为防止划伤内表面,r_2 取 $(0.5 \sim 0.6)\delta_z$,r_3 取 $5 \sim 10$ mm。芯头锥角 φ 的选取是关系咬入、能耗、毛管内表面质量和壁厚均匀性好坏的关键。φ 过大,不易咬入,过小会增加摩擦阻力,提高能耗,恶化壁厚均匀性。根据芯头轴向受力平衡可求得

$$\varphi = \arctan f_d \tag{18-37}$$

式中,f_d 为轧件与芯头接触面间摩擦因数,当润滑剂是食盐时,$f_d = 0.15 \sim 0.25$,$\varphi = 8.5° \sim 14°$。实际生产中 φ 取 $10° \sim 12°$,轧制过程较顺利。

2)球形芯头。它是我国研制成功的芯头,主要优点:实现了机械化换芯头;由于芯头减壁带短,轧制压力、轴向力和功率均较低;球在轧制时可随意旋转,磨损均匀,寿命长,加工制造简便。缺点是 $\phi100$ mm 以上机组咬入困难,限制了减壁量和轧机潜力的发挥。

球形芯头设计较简单,球的直径根据产品规格由轧制表选择。球碗半径为 $\delta_z/2$,碗边缘处作小圆角过渡。球碗直径为顶杆直径,与顶杆固定在一起。

(4)工具材质。轧辊多用铸铁制造,以提高耐磨性,并保证荒管表面质量。回送辊采用中碳锻钢退火后使用,以加大摩擦因数,增加回送可靠性。芯头常用 Cr32Ni5,Cr15Ni12 等镍铬铸钢。

2. 连续轧管机工具设计及轧机调整

连续轧管机完成机组主要变形,连轧毛管质量直接影响着成品管材形状和尺寸精度,因此,工具设计十分重要。连轧机组工具设计主要为孔型设计。浮动芯棒连续轧管机孔型设计内容如下:

(1)孔型系统及孔型宽高比的确定。浮动芯棒连续轧管机常用孔型参见图 18-3,有带圆弧侧壁或切线侧壁的圆孔型、椭圆孔型或切线侧壁的椭圆孔型等。圆孔型严密性更好,横向变形较均匀,壁厚均匀性好,尺寸精度高,但不易脱棒;椭圆孔型侧向非接触区大,易脱棒,但横向变形不均匀,壁厚不均严重,所以一般采用圆-椭圆孔型混合系统。

某 9 机架连轧机组第 1、第 2 机架,由于无须考虑松棒问题,为提高延伸变形,取 ξ 较小,约 $1.2 \sim 1.25$。由于来料毛管尺寸波动较大,这两道减壁量较大,毛管氧化铁皮多,孔槽易被磨损,所以采用适宜于这种变形的带有圆弧侧壁或切线侧壁的椭圆孔;中间机架由于是主要减壁区,控制毛管横向壁厚均匀性很重要,多采用带圆弧侧壁的圆孔型,ξ 由大到小,限制横变形能力越来越强,约为 $1.30 \sim 1.24$;最后两架是定径成型和松开芯棒,ξ 很小,约 $1.02 \sim 1.06$,孔型采用偏心值很小的椭圆孔。

(2)变形量分配。试验研究表明,为减少轧件横向壁厚不均,防止轧出耳子,改善轧件表

面质量,轧件变形主要应集中在前 3 架,第 4,5 架变形量迅速下降,第 6 ~ 8 架主要起定径作用,最后成型机架只起松棒作用。所以,前 3 架总减壁量一般达到 70% 以上,又因来料尺寸有波动,第 1 架减径量应较大,取为第 2 架的 50% ~ 70%,然后各架迅速减小,最后两架不减壁。

根据上述变形量分配原则,孔型设计时采用的方法很多。可按抛物线特征选取,可按设计人员的经验选取,也可按经验公式确定。以下是 9 机架连轧第 2 ~ 7 机架减壁量选取的经验公式:

$$\Delta S_x = \left[0.041\ 7 + \frac{(7-x)^2}{40} \right] \sum \Delta S \qquad (18-38)$$

$$\sum \Delta S = S_z - S_{ch} \qquad (18-39)$$

式中,ΔS_x 为第 x 架孔型顶部减壁量;$\sum \Delta S$ 为全部机架总减壁量;S_z 为连轧毛管壁厚;S_{ch} 为穿孔毛管壁厚。

由于连轧机相邻机架互成 90° 交叉布置,假设孔型侧壁处管壁与前一机架孔型顶部厚度相等。于是,各机架减壁量为

$$\Delta S_1 = S_{ch} - S_1; \quad \Delta S_2 = S_{ch} - S_2; \quad \Delta S_3 = S_1 - S_3; \quad \Delta S_4 = S_2 - S_4$$

$$\Delta S_5 = S_3 - S_5; \quad \Delta S_6 = S_4 - S_6; \quad \Delta S_7 = S_5 - S_7$$

假设毛管连轧到第 7 架时已完成减壁,即 $S_6 = S_7 = S_8 = S_9 = S_z$,可得

$$S_5 = S_7 + \Delta S_7 = S_z + \Delta S_7; \quad S_4 = S_6 + \Delta S_6 = S_z + \Delta S_6; \quad S_3 = S_5 + \Delta S_5 = S_z + \Delta S_7 + \Delta S_5$$

$$S_2 = S_4 + \Delta S_4 = S_z + \Delta S_6 + \Delta S_4; \quad S_1 = S_z + \Delta S_7 + \Delta S_5 + \Delta S_3 = S_{ch} - \Delta S_1$$

由于变形过程中孔型开口处金属也存在变形,实际上轧件壁厚与上一架槽底壁厚并不相等,尤其是轧制薄壁管时。试验研究表明,延伸系数对孔型开口侧壁厚度变化影响较大,孔型形状、断面收缩率、管壁与外径比、辊径等也有一定影响。以下是相对壁厚压缩率为 10% ~ 40% 时,计算孔型开口侧壁壁厚减薄率 y 的经验公式如下:

对切线侧壁圆孔型,有

$$y = \frac{1}{0.341 - 0.007\ 3\ \dfrac{\Delta S}{S}} \qquad (18-40)$$

对圆弧侧壁圆孔型,有

$$y = 0.12 e^\mu - 0.35 \qquad (18-41)$$

式中,$\Delta S/S$ 为孔型槽底轧件相对减壁率;e 为自然对数底;μ 为延伸系数。

(3)孔型设计。选定芯棒直径 δ_z 后,可求得各机架孔型高为

$$a_x = \delta z + 2 S_x \qquad (18-42)$$

最后一架孔型高度 a_z 应保证毛管内表面与芯棒之间有间隙 Δz,易于脱棒。因此有

$$a_z = \delta_z + 2 S_z + \Delta z \qquad (18-43)$$

孔型宽度为

$$b_x = \xi a_x \qquad (18-44)$$

第 1 架孔型宽度考虑顺利咬入,应满足条件

$$b_1 = (1.025 \sim 1.030) d_{ch} \qquad (18-45)$$

孔型设计完成后,根据孔型实际充满情况对各架延伸系数、减壁率等进行校核,若与假设条件不相符,需对孔型进行适当修正。表 18-4 为某产品孔型系统表,穿孔毛管尺寸为 $\phi 140 \times 15$ mm,连轧后钢管 $\phi 108 \times 3.5$ mm,芯棒直径 $\phi 98$ mm。

表 18 − 4 ϕ108 × 3.5 mm 管材孔型主要尺寸 单位:mm

机架号	孔型尺寸		孔型宽高比	开口角 / (°)	偏心值	孔型侧壁圆弧半径	辊缝	槽底减壁量	
	高	宽						绝对值	相对值
	a	b	ξ		e	ρ	Δ		
1	119	143	1.20	30	6		8	4.5	30
2	113	138	1.40	28	5		5	7.5	50
3	110	140	1.27	42		332	5	4.5	42.1
4	108	136	0.26	43		228	5	2.5	33.3
5	106	136	1.28	43		290	5	2	33.3
6	105	130	1.24	42		288	5	1.5	30
7	105	130	1.24	42		288	5	0.5	12.5
8	109	119	1.09		5		5		
9	109	119	1.09		5		5		

(4)浮动芯棒设计。芯棒直径 δ_z 选定后,需要确定芯棒长度。根据浮动芯棒连轧特点,芯棒长度应为连轧机所轧毛管最大长度 $L_{\max}$ 与连轧时毛管向前滑出棒端距离 ΔL 之差。

因为
$$L_{\max} = L_{ch}\mu_z \tag{18 − 46}$$

$$\Delta L = L_{\max}\left(1 - \frac{1}{\gamma}\right) \tag{18 − 47}$$

故
$$L_z = L_{\max} - \Delta L = L_{ch}\frac{\mu_z}{\gamma} \tag{18 − 48}$$

式中,L_{ch} 为穿孔毛管长度;μ_z 为连轧机总延伸系数;γ 为毛管与芯棒平均速度比值,一般为 1.45 ~ 1.55。

考虑芯棒尾部还应留出一定长度为脱棒操作之用,实际长度一般大 1.0 ~ 1.5 m,视脱棒机构造而定。

(5)连轧机调整。按已设计孔型对连轧机组每个机架单独调整以后,由于连轧过程中轧件在所有机架间同时变形,必然存在着各机架间变形协调性的问题,因此,连轧机的调整尤其重要。孔型确定后,连轧过程能否正常进行关键在于各机架轧辊转速的确定。

由于轧件在各机架间变形量的差异会使机架间产生张力或推力的作用,张力的作用利于轧件延伸和均匀壁厚,但轧件包裹芯棒较紧,不易脱棒;推力作用会使金属横向流动增加,引起孔型开口侧壁厚度增大,甚至过充满,但轧件包裹芯棒较松,易于抽出。为使轧件变形更理想,可通过合理选取运动学动态张力系数 C_x 来达到目的。前几架轧机以保证产品尺寸精度为重点,动态张力系数 C_x 取 1.0% ~ 1.5% ,以后逐架减少,直至最后几架 C_x 控制在 0.0 ~ −1.0%,形成一定的推力轧制,以便于脱棒,据此调整各机架轧辊转速 n_x 为

$$n_x = \frac{n_{x-1}\mu_x D_{zx-1}}{D_{zx}(1 - C_x)} \tag{18 − 49}$$

$$D_{zx} = D_x + \Delta x - \lambda_x a_x \tag{18 − 50}$$

式中,x 代表第 x 机架;n_x, n_{x-1} 为 x 机架和 $x - 1$ 机架轧辊转速;μ_x 为 x 机架延伸系数;C_x 为 x

机架动态张力系数；D_{zx}，D_{zx-1} 为 x 机架和 $x-1$ 机架轧制直径；D_x 为 x 机架辊径；Δx 为 x 机架辊缝值；a_x 为 x 机架孔型高度；λ_x 为 x 机架孔型速度系数，可按图 18-5 确定。

3. 定减径变形制度及孔型设计

为使轧件获得良好的壁厚均匀性，避免出现"内方"或"内六角方"等缺陷，合理制定减径机组的总减径率和单机减径率尤为重要。目前，微张力减径机的单机减径率取 3% ～ 5%，考虑到成品管尺寸精度，经常取为 3.0% ～ 3.5%。张力减径机的单机减径率可高达 10% ～ 12%，一般多限制在 6% ～ 9%，管径大时取下限。薄壁管的最大径缩率应保证轧件横截面在变形过程中的稳定性，防止孔型开口处出现凹陷和轧折。横变形的稳定性主要由相对壁厚 (S/D)、轧辊数目、张力系数等控制，可根据相关实测曲线确定。

(1) 径缩率的确定。目前，微张力减径机的最大总径缩率限在 40% ～ 45%，厚壁管限制在 25% ～ 30%。张力减径机限制在 75% ～ 80%。所谓径缩率的分配，就是将总径缩率合理地分配到各轧机。

微张力减径机径缩率分配如下：第 1 机架，为保证轧件顺利咬入，并考虑来料直径波动影响，以及防止局部径缩量过大引起轧折，一般取机组平均径缩率的 1/2；为获得要求的尺寸精度，成品前机架也取机组平均径缩率的 1/2；成品机架不予径缩量。

张力减径机径缩率分配如下：除了应注意微张力减径时的问题外，还应考虑咬入与抛出过程的控制，以减少首尾壁厚增厚段长度。所以，第 1 机架径缩率也取得很小，然后通过 1～2 架逐步增加径缩率，直到正常值，机架间的张力也相应地提高到正常值；最后 3 ～ 4 架的径缩率是逐架减小的，直到成品机架取零，机架间的张力也相应地由正常值逐架降到零；中间各机架，考虑到轧件温度越来越低，一般使中间机架单机径缩率渐架次降低 1.5% ～ 2.0%，以达到机架负荷与孔型磨损均匀化。

(2) 各机架孔型平均直径的确定。按径缩率分配原则，假设第 i 机架径缩率为 ε_i，按径缩率定义

$$\varepsilon_i = \frac{d_{i-1} - d_i}{d_{i-1}} \times 100\% \qquad (18-51)$$

因此有

$$d_i = d_{i-1}(1 - \varepsilon_i) \qquad (18-52)$$

式中，d_i，d_{i-1} 为分别为第 i 架和 $i-1$ 架孔型平均直径。

因为来料、成品管尺寸已知，可求得任意机架孔型的平均直径。

(3) 孔型形状和尺寸的确定。定减径机一般选用椭圆孔型，如图 18-29 所示。

设相互交叉布置的第 i 架和第 $i-1$ 架孔型尺寸如图 18-30 所示，由图可知：

$$\Delta a_i = b_{i-1} - a_i$$

$$\Delta b_i = b_i - a_{i-1}$$

$$d_{i-1} - d_i = \frac{\Delta a_i - \Delta b_i}{2}$$

因为

$$\Delta b_i = \beta_i \Delta a_i$$

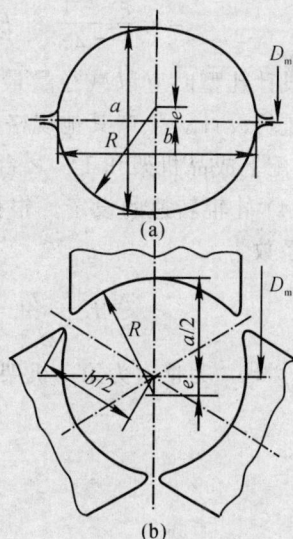

图 18-29　定减径机孔型示意图
(a) 二辊式； (b) 三辊式

故

$$a_i = b_{i-1} - 2 \frac{\Delta d_i}{1 - \eta_i}$$

$$b_i = 2 d_i - a_i$$

式中，b_{i-1} 为上一机架孔型宽度，设计时为保证顺利咬入，一般应大于来料直径；Δd_i 为 i 机架平均减径量；β_i 为宽展系数，微张力减径时，对于碳钢，当来料直径与壁厚比小于 10 时，η_i 约取 0.41，大于 20 时，约取 0.2。对于不锈钢，比碳钢约大 $30\% \sim 40\%$；张力减径时，η_i 值比微张力减径小 $20\% \sim 50\%$。

古里雅夫推荐的孔型确定方法：

孔型椭圆度

$$\xi_i = \frac{1}{(1 - \varepsilon_i)^q} \tag{18-53}$$

式中，q 为孔型内可能的宽展程度。$q = 1$ 表示无宽展；$q < 1$ 表示负宽展；$q > 1$ 表示有宽展。二辊式无张力减径机 q 取 1.5，不锈钢取 $2.0 \sim 2.5$；三辊式张力减径机 q 取 $0.75 \sim 1.25$，对于黏辊比较严重的钢种，q 取 $1.8 \sim 2.0$。于是，二辊轧机孔型尺寸为

$$a_i = \frac{2d_i}{1 + \xi_i}, \quad b_i = \frac{2d_i \xi_i}{1 + \xi_i}$$

$$e_i = a_i \frac{\xi_i^2 - 1}{4}, \quad R_i = a_i \frac{\xi_i^2 + 1}{4}$$

三辊轧机修正如下：

$$d_i = \frac{a_i + b_i}{2\eta_i}, \quad \eta_i = 0.85 + 0.15\xi_i$$

$$a_i = \frac{2d_i}{(1 + \xi_i)\eta_i}, \quad b_i = \frac{2d_i \xi_i}{(1 + \xi_i)\eta_i}$$

$$e_i = a_i \frac{\xi_i^2 - 1}{4 - 2\xi_i}, \quad R_i = a_i \frac{\xi_i^2 - \xi_i + 1}{4 - 2\xi_i}$$

设计孔型时应以减径量最大且使用全部机架的产品为对象进行设计。生产其他规格产品时，只须撤除中间不用的机架，配上成品机架和 $1 \sim 2$ 台成品前机架就可以生产了。

（4）轧辊转速的设定。根据体积不变定律，定义各机架辊速系数为

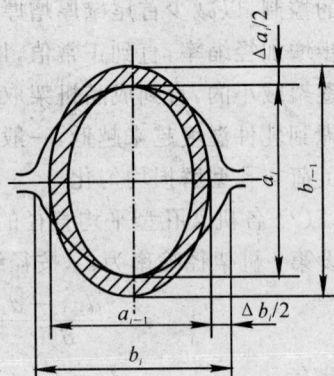

图 18-30　相邻机架孔型尺寸对比图

$$K_i = \frac{n_i}{n_1} = \frac{D_{z1} \mu_{\Sigma i}}{D_{zi} \mu_1} \tag{18-54}$$

式中，μ_1，$\mu_{\Sigma i}$ 为依次为第一机架和第 i 机架相对来料的延伸系数。

$$\mu_{\Sigma i} = \frac{(d_z - S_z)S_z}{(d_i - S_i)S_i} \tag{18-55}$$

$$S_i = S_z + \Delta S \frac{d_z - S_i}{d_z - S_c} \tag{18-56}$$

式中，d_z，S_z 分别为来料直径及壁厚；d_c 为成品管直径；ΔS 为总减壁量。

一般来料速度 v_0 约为 $2.0 \sim 3.5$ m/s，第一机架轧辊转速为

$$n_1 = \frac{60 v_0 \mu_1}{\pi D_{z1}} \tag{18-57}$$

于是，可得各架轧机的 K_i 及 n_i，再根据轧机实际传动形式及传动比计算电动机转速。在

生产实际中由于工艺因素的不确定性、电机特性差异等,绝对无张力轧制是不存在的。为了防止生产中出现堆钢轧制,也便于调整控制,一般皆按微张力考虑。将机架间动态张力系数控制在 0.3% ~ 0.5% 。

张力减径机速度设定原则与微张力相同,只是计算轧制直径、延伸系数等参数时应根据张力轧制条件下的变形特点考虑,具体计算方法可参考相关经验公式。

复 习 题

1. 管材纵轧时都有哪些变形?横变形有何特点?

2. 带芯棒圆孔型轧制横变形特点是什么?

3. 生产中为避免产生过大的横向不均匀变形应采取的措施有哪些?

4. 什么是轧制直径?钢管纵轧时速度如何计算?

5. 什么叫动态张力系数?是否表示张力轧制时秒流量不相等?为什么?

6. 什么是纵轧最大前滑系数?管材纵轧时滑移区分布怎样?当管材壁厚及机架间张力变化时滑移区会发生怎样的变化?

7. 什么是全浮动芯棒连轧管机的竹节现象?连轧管为什么会产生"竹节性鼓胀"?如何控制该现象的发生?

8. 限动芯棒连轧管机芯棒的工作制度是指什么?限动速度选定的原则是什么?

9. 试分析在减径变形中,单架减径率过大或单架减径率不变而增加机架数,使总变形量较大,会使成品管"外圆内方"的原因。控制措施有哪些?

10. 现代张力减径时管端偏厚的原因是什么?如何控制管端增厚的发生?

第19章 轧制表

19.1 轧制表及编制原则

在热轧无缝管生产中,以成品管的钢种、规格为依据,从车间现有的设备、工具和坯料规格出发,合理分配各道次变形量,计算出相应的毛管尺寸、坯料尺寸、工具的主要尺寸和轧机的主要调整参数等。汇总成的表格称为轧制表。

轧制表是轧制钢管工艺过程的基础。轧制表中规定了轧制每种尺寸钢管所必需的一切数据,即:①所轧制的钢管尺寸;②原始的管坯尺寸;③轧机间的变形量分配;④轧制工具尺寸(和选择所使用的工具);⑤每台轧机上所轧出的管子尺寸;⑥轧机的调整数据;⑦轧制工艺参数等。

由此不难看出,轧制表在很大程度上决定了钢管生产工艺(指变形机组),整个机组的生产率、成品钢管质量、工具寿命和消耗、能量消耗以及其他的生产技术指标都和轧制表编制得是否合理有关。

轧制表编制应从实际出发,在编制轧制表之前,应首先研究生产和设备情况,诸如,轧机的结构特点和强度,轧机的刚度,工具设计及尺寸,原料尺寸规格以及所轧钢种的性能等。轧制碳钢钢管和轧制某些合金钢钢管时轧制表的编制有很大的不同。如在已有 76 机组中,由于轧管机传动设备强度较薄弱以及使用球形顶头等,轧管机上的变形量不能取得过大,壁厚压下量一般在 1.5 mm 左右。而有的 100 机组,由于使用锥形顶头,变形量可取得大些。又如要考虑原料供应的可能,如用 ϕ85 mm 和 ϕ90 mm 管坯均可轧制 ϕ89×4 mm 的热轧钢管,一般是有哪种规格原料就用哪种。又如应考虑现有的工具和备件,往往是用相近似的工具,也可轧出所要求的钢管尺寸。总之,编制轧制表是较灵活的,但是编制轧制表的灵活性是有限度的。

由于轧制表实践性较强并有一定灵活性,因此没有适合任何情况的轧制表。但是经过长期实践,不断总结经验,确定了编制合理轧制表的方法,即通常所说的编制轧制表原则。编制轧制表总原则是实现稳产、优质、多品种和低消耗,而在具体技术问题上应处理好以下几方面的问题:

(1) 合理分配变形量,使穿孔机和轧管机(顶管机)负荷均衡,生产能力平衡。

(2) 尽量用最少的工具完成轧制计划,同时希望管坯尺寸种类少些。

(3) 合理选择各轧机工艺参数,保证产品质量。穿孔机延伸系数一般在 1.3～5.7 范围内,压缩带处直径压缩率一般在 10%～17% 范围内,多数在 15% 左右,顶前压缩率在 4%～9% 范围内,合金钢一般取小值。在轧管机上的延伸系数,76 机组自动轧管机一般不超过 1.5,100 机组一般不超过 2.0,更大规格机组,允许延伸系数更大。斜轧延伸机一般不超过 3.0,顶管机延伸系数可达 15。均整机变形量较小,减壁量一般在 $0.2 \sim 0.5$ mm,高的可到 $1 \sim 1.5$ mm(如三辊均整机),管子长度一般缩短 $1\% \sim 6\%$,当取较大的减壁量时也可能增长。在定径机上一般应取很小的变形量,每架的直径压缩量不应大于 3.5%。斜轧定径机的直径压缩量多取 $1 \sim 2$ mm。

(4) 合理选择管坯尺寸。管坯直径应根据毛管外径选择,一般管坯直径应接近或等于毛管外径。若选用管坯直径过小,相对压缩率减小,金属同轧辊接触面积减小,滑移增加,产量降低。同时为获得较大毛管外径,导板距要加大,导致轧件椭圆度增加,对产品质量不利。另外顶头位置要后移;有时容易产生后卡。

若选用管坯直径过大,相对压缩率增加,导致变形区长度和接触面积增加,延伸系数增加,轧机负荷加重。同时为获得所需毛管外径,导板距应减小,容易造成轧件转不动而轧卡和加速导板磨损。另外顶头位置要前移,可能影响二次咬入。因此,管坯直径选择是否恰当,直接影响钢管质量、产量、电力和工具消耗。一般管坯直径与毛管外径之差在 $\pm(5\% \sim 10\%)$ 范围内。穿薄壁管时多采取扩径轧制,穿厚壁管相反。生产实践证明,采用大直径管坯有利于提高生产率,但使用过大直径的管坯会影响毛管的质量。

(5) 要了解各种钢种特性(特别是合金钢)以及工艺过程和变形制度对其力学性能和物理化学性能、工艺性能的影响,以便获得高性能产品。

总之,在编制轧制表时,应考虑车间生产和设备情况,例如轧机的结构、强度、工具设计和尺寸、冷床长度、管坯规格等,并反复修正和完善。目前,编制轧制表主要以实际经验数据为依据。

19.2 轧制表编制

轧制表的计算方法有两种:① 按逆轧制顺序计算;② 按顺轧制顺序计算。前一种方法是以冷状态下成品管尺寸为计算原始数据,从后往前推算,计算各轧机的管子尺寸、调整参数等。这种方法只有在全部工具、孔型和所用原料都未确定或已有轧制表要重新修定时才能应用。后一种方法是管坯尺寸已定,但只有工具和孔型未定的情况下才能使用。一般现场条件下,工具、孔型和管坯尺寸都已确定,用已知的条件计算轧制表,限制条件是较多的,多是进行局部计算和确定调整参数以及选用已有的工具和孔型。无论用哪种计算方法,思考方法和计算内容大体相同。为便于较系统地掌握计算方法,下面详细介绍第一种方法。

热轧无缝钢管塑性变形工序主要包括穿孔、轧管及定减径等工序。生产机组前已述及有很多,其中典型机组包括传统机组自动轧管机组和现代机组连续轧管机组。下面介绍这两个轧管机组的轧制表编制方法。

为方便计算轧制表,设定下列符号:D_p 为管坯直径;D_m 为毛管外径;d_m 为毛管内径;S_m 为毛管壁厚;D_t 为穿孔机顶头直径;D_z 为自动轧管机或连续轧管机轧后荒管外径;d_z 为自动轧管机或连续轧管机轧后管子内径;S_z 为自动轧管机或连续轧管机轧后管子壁厚;D_{tz1},D_{tz2},D_{tz3} 为分别为自动轧管机第一、第二、第三道顶头直径;D_{tz} 为连续轧管机芯棒直径;D_j 为均整后管子外径;d_j 为均整后管子内径;S_j 为均整后管子壁厚;D_{tj} 为均整顶头直径;D_d 为定径后管子外径；S_d 为定径后管子壁厚；D_c 为成品管外径；d_c 为成品管内径；S_d 为成品管壁厚；ΔD_d 为定径机上总减径量；ΔD_j 为均整的扩径量；δ_{jz} 为均整的顶头与轧管后管子内径差值；ΔD_j 为均整外径扩展量；δ_{cz} 为穿孔后毛管内径比轧管机第一道顶头直径所大的数值；a 为自动轧管机孔型高；ΔS_z 为自动轧管机减壁量或连续轧管机组总减壁量；Δd_m 为穿孔内扩径量；L_{ck} 为穿孔机导板间距；D_{ck} 为穿孔机轧辊间距；ΔD_{dq} 为穿孔机顶头前压缩量；ΔD_{ck} 为穿孔机压缩带处压缩量；μ_j 为均整机的延伸系数；μ_z 为轧管机的延伸系数；μ_{ck} 为穿孔机的延伸系数；μ 为总延伸系数。

以上主要参数含义自动轧管机组如图 19-1 所示，连续轧管机组如图 19-2 所示。

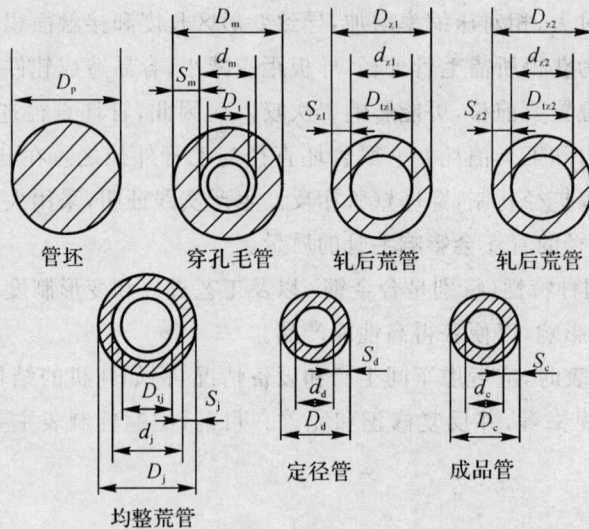

图 19-1　自动轧管轧制过程管子断面尺寸变化

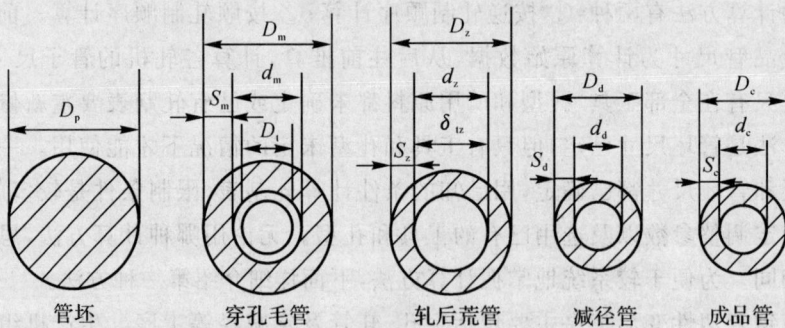

图 19-2　连续轧管轧制过程管子断面尺寸变化

19.2.1　各轧机轧后管子尺寸、主要工具及管坯尺寸的确定

查阅相关技术标准，以考虑外径、壁厚正负公差的平均值作为轧制表编制的成品管尺寸。

（1）热状态下成品管尺寸（定减径机最后一架孔型尺寸）：

外径　　　　　　　　　　　$D_c' = D_d = D_c(1 + \alpha t)$

壁厚　　　　　　　　　　　$S_c' = S_d = S_c(1 + \alpha t)$

内径 $$d'_c = d_d = D_d - 2S_d$$

式中，D_c、h_c 分别为成品管常温外径、壁厚；α 为热膨胀系数；t 为热轧后钢管温度与周围大气温度之差。$(1+\alpha t)$ 值一般取在 $1.010 \sim 1.015$ 范围内。一般热轧后的温度为 $700 \sim 900℃$，有时厚壁管可达 $900 \sim 1\,000℃$，因此轧制厚壁管时取大值。

(2) 自动轧管机组均整机轧后(定径机前)荒管尺寸。定径机中的减径量一般取得不大，因定径机的作用主要是要满足技术条件所要求的外径尺寸(满足直径公差和椭圆度的要求)。如果作为半成品(如供冷拔坯料)，为了较多地减小外径也可取较大的减径量，但由于是空心体轧制，减径量过大容易产生缺陷，特别是大直径薄壁管，每架减径量一般不应超过 3.5%；轧制热轧成品管时一般为 $1\% \sim 2\%$。除了考虑质量和钢管精度外，选取减径量还应考虑设备能力，如轧很厚的管子时如不能定径则由均整机空心轧制(不放顶头)以控制直径公差。这样，3 机架定径机减径量为 $2 \sim 5mm$，5 架定径机的总减径率为 $3\% \sim 9\%$，减径量为 $5 \sim 12mm$；7 架定径机的总减径率为 $5\% \sim 15\%$，减径量为 $7 \sim 19\ mm$。

为保证定径后外径不小于成品管外径，均整机后管子最小外径要大于定径机最后一架孔型高。为便于咬入和防止缺陷产生，均整后管子外径不大于定径机第一架孔型宽，即外径为

$$D_j = D_d + \Delta D_d$$

对于 5 架定径机，当总减径量取得较小且钢管壁厚小于 $15\ mm$ 时，定径过程中壁增厚值较小，此增厚值可与均整过程中壁减薄值相抵消(当均整机取较小的减壁量时)，为了简化计算，可认为壁厚

$$S_j = S_d = S_z$$

对于 7 架以上定径机，如果总减径量取得较大或管壁较厚，这时定径中壁增厚值要大于均整中壁减薄值，不能相互抵消，即

$$S_j = S_z - \Delta S_j + \Delta S_d \quad (\Delta S_d > \Delta S_j)$$

在这种情况下，为得到一定的成品管壁厚，要求轧管机轧出壁厚要薄一些，即 $\Delta S_z < S_d$，内径

$$d_j = D_j - 2S_j$$

(3) 自动轧管机组轧管机轧后(均整前)钢管尺寸，外径 D_z。自动轧管机第一、二道都用同一孔型轧制，第一道轧后外径 D_{z1} 等于第二道轧后外径 D_{z2} 等于孔型高度 a_z，即有

$$D_z = D_{z2} = D_{z1} = a_z = D_j - \Delta D_j$$

已知均整为斜轧过程，钢管在均整机上的变形主要是扩径变形，通过少量的减壁和长度微量缩短来增加直径。均整的扩径量与钢管尺寸、轧制温度、钢种、工具设计以及设备能力都有关，一般多根据实际数据选择。表 19-1 列出的某些厂数据可供选择。由表可知，壁越薄、外径越大，ΔD_j 也越大，也可以说 D/S 比值越大则 ΔD_j 值也越大，但波动范围较小，因此容易确定。

均整机的扩径量由两部分组成：

$$\Delta D_j = \delta_{jz} + \delta_j$$

式中，δ_j 为均整扩展值。δ_{jz} 值一般取 $2 \sim 4\ mm$。当均整机能力大时可取大值，当均整不锈钢等合金钢管时取小值，一般为 $1\ mm$。δ_{jz} 值与钢管壁厚的关系不确定，有的是均整薄壁管时取大值，有的则相反。

表 19 - 1　某些机组均整扩径量数据　　　　　　　单位:mm

机组类型	钢管壁厚	5～7 机架扩径量	机组类型	钢管壁厚	5～7 机架扩径量
76	4～7	4～5		4～10	12～19
100	<6	4～6	250	11～19	8～12
	6～8	4～5		>20	3～8
	>8	2～3		5～14	14～20
114	<6	4～8	400	15～25	7～14
	6～8	3～6		>25	2～6
	>8	3～5			
140	3.5～8	8～14			
	9～15	6～8			
	>15	2～6			

壁厚 S_z 即为第二道轧后壁厚 S_{z2},一般可认为

$$S_z = S_{z2} = S_j = S_d$$

但当均整减壁和定径增壁不能抵消时,则

$$S_z = S_{z2} = S_d + \Delta S_j - \Delta S_d$$

均整机减壁量主要由消除内直道缺陷所决定,如果轧管产生的内直道缺陷少和浅,则可取较小的减壁量。一般减壁量 $0.2～0.5$ mm,大时可达 1.5 mm。内径 d_z 即为第二道内径 d_{z2}:

$$d_z = d_{z2} = D_{z2} - 2S_{z2}$$

第二道芯头直径 D_{tz2} 与第二道内径 d_{z2} 相等,即

$$D_{tz2} = d_{z2}$$

第一道芯头直径 D_{tz1} 与第二道芯头直径相差 $0～2$ mm,即

$$D_{tz1} = D_{tz2} - (0～2 \text{ mm})$$

第一道管子内径 d_{z1} 与第一道芯头直径 D_{tz1} 相等,即

$$d_{z1} = D_{tz1}$$

第一道管子壁厚 S_{z1} 为 $\qquad S_{z1} = \dfrac{D_{z1} - d_{z1}}{2}$

均整机顶头直径 D_{tj} 为 $\qquad D_{tj} = d_{z2} + \delta_{jz}$

均整机延伸系数为

$$\mu_j = \frac{(D_z - S_z) S_z}{(D_j - S_j) S_j}$$

(4) 连续轧管机轧管后(减径前)钢管尺寸。减径机组钢管直径的总减径率 ε_d 大小与减径机的机架数、工作制度和钢管规格有关。在现代张力减径机上,减径率约为原料管径(连续轧管后管直径)的 $75\%～80\%$。

张力减径机组一般由 $20～30$ 架张力减径机组成,为了避免轧件在进入或出口时,轧件轴向没有张力作用而造成两个管端增厚现象,在荒管进入张力减径机时,先设定能形成张力的几架机架,一般为 $1～3$ 架,通过 $1～3$ 架轧机逐步增加减径率,直到正常值,此时机架的张力系

数也提升到正常值。在第一架中,采用较小的减径量,目的是有益于建立张力和圆整直径不均的荒管,同时,还可以防止因连轧荒管外径波动太大而产生轧折。为了获得较圆整的钢管,张减机的最后几架单架减径量需逐步减小,一般为 2～5 架,最后一架成品机架取为零,中间各工作机架、各单机减径量在 4%～12% 之间,原则上均匀分配。由于轧制力、轧制力矩和轧制功率既随着减径量的增加而增加,又随着钢管壁厚增加而增加,因此,钢管壁厚越厚,工作机架减径量就选得越小。

张力减径时钢管减壁率是靠轴向张力得到的。张减机总减壁率在 35%～40%,由于张减机架间存在着张力,张力系数的最大值主要取决于轧辊的曳入能力和钢管断裂条件,因此张力系数只能小于1。实践证明,张力系数在 0.65～0.85 之间;其平均张力系数必须大于零,以防止机架间产生轴向压力而出现堆钢的危险。

轧后荒管外径 $\qquad D_z = D_d + \Delta D_d$

轧后荒管壁厚 $\qquad S_z = S_d \pm \Delta S_d$

减径机组壁厚增加取减号,壁厚减小取加号。

连轧机上的钢管壁厚要按张力减径机所用张力大小而定。其平均张力系数为

$$\overline{Z}_{\Sigma} = \frac{\varepsilon_{rz}(2 - w_g) + (1 + 2w_g)\varepsilon_{tz}}{\varepsilon_{rz}(1 - w_g) - 2(w_g - 1)\varepsilon_{tz}}$$

式中 $\qquad\qquad\qquad$ $\varepsilon_{rz} = \ln \dfrac{S_z}{S_c}$

$$\varepsilon_{tz} = \ln \frac{D_{gz}}{D_{gc}}$$

$$w_g = \frac{1}{2}\left(\frac{S_z}{D_{gz}} + \frac{S_c}{D_{gc}}\right)$$

$$D_{gz} = D_z - S_z$$

$$D_{gc} = D_c - S_c$$

式中,D_z,D_c 分别为连轧后荒管和成品管的外径;S_z,S_c 分别为连轧后荒管和成品管的壁厚。所选择的平均张力系数 $\overline{Z}_{\Sigma}$ 应在 0～0.65 之间,这样可确定出与每一个成品管壁厚相适应的荒管壁厚。

轧后内径 $\qquad\qquad d_z = D_z - 2S_z$

芯棒直径 $\qquad\qquad D_{tz} = \dfrac{d_z - \Delta_z}{1 + \alpha t}$

式中,Δ_z 为芯棒与钢管内径之间的间隙,依经验而定,一般为 1～3 mm。

减径机组延伸系数 $\qquad\qquad \mu_d = \dfrac{(D_z - S_z)S_z}{(D_d - S_d)S_d}$

轧后内径 $\qquad\qquad d_z = D_z - 2S_z$

(5) 自动轧管机组穿孔后(轧管前)毛管尺寸。

毛管壁厚为 $\qquad\qquad S_m = S_z + \Delta S_z$

自动轧管机的主要变形是减壁,是把穿孔后的厚壁毛管经过轧管变成薄壁的荒管,且轧出的荒管壁厚等于成品管壁厚或接近成品管壁厚(无减径机情况下)。

轧管机的总减壁量 ΔS_z 的大小主要取决于设备能力(强度、动力)、咬入条件、荒管质量以及产量等,同时和穿孔与轧管之间的变形合理分配有关。对于 76～100 机组总减壁量一般为

$1.5 \sim 4$ mm,76 机组由于设备能力不足和使用球形顶头一般都取较小的减壁量,为 1.5 mm 左右。100 机组一般减壁量取得较大,$2 \sim 4$ mm,个别到 4.5 mm。实现大的减壁量主要由两或三道顶头直径差以及和轧制中轧辊是否压下有关。100 机组两道顶头直径差一般为 $2 \sim 3$ mm,有时为了改善内表面质量,两道顶头直径差取 1 mm。而 76 机组多是两道顶头直径相等,第二道主要起均壁作用。

壁厚压下量与轧出荒管的壁厚关系是:随着钢管壁厚的增加而增加(见图 19-3)。国内 100 机组多取图中曲线带的下限。图中数据为一般规律,各厂条件不完全相同,如 76 机组,有的并不完全符合上述规律,计算时应结合具体情况加以运用。

在轧管机上取一定的减壁量还起到部分消除穿孔时形成的螺旋形壁厚不均和内外螺纹的作用,因而减壁量不能太小。如图 19-4 所示为某些工厂轧管时的减面率和轧出管的 D_z/S_z 的关系,供参考。

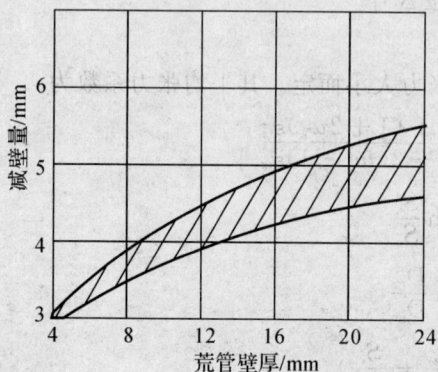

图 19-3　轧管后荒管壁厚与减壁量关系

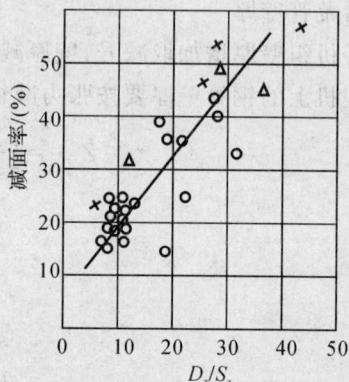

图 19-4　减面率与荒管 D_z/S_z 关系

为使穿孔后毛管顺利地被轧管机轧辊咬入,实现轧管过程,一般毛管内径应比轧管机第一道顶头直径大 $2 \sim 4$ mm,个别情况下大 1 mm。薄壁管取小值,厚壁管取大值。

毛管内径计算式为
$$d_m = D_{tz1} + \delta_{cz}$$

毛管外径计算式为
$$D_m = d_m + 2S_m$$

自动轧管机孔型一般按薄壁管计算,用抬高辊缝办法来适应厚壁管轧制。进轧管机的毛管外径一般取等于轧管机孔型宽度或稍小于孔型宽度,但有时也可取比孔型宽度大 $1 \sim 2$ mm。此时可用抬高辊缝或利用孔型侧壁圆角将毛管端部揉皱一些实现咬入。

自动轧管机的减径量一般为 $3 \sim 9$ mm,相对值为 $3.5\% \sim 8\%$。

穿孔机顶头直径
$$D_t = d_m - \Delta d_k$$

毛管内径永远大于穿孔机顶头直径,这是由斜轧变形特点决定的,因为轧件在变形区中变形时呈椭圆形或圆三角形(三辊穿孔)。Δd_k 值的大小和许多因素有关,如毛管壁厚、管坯直径、温度、钢种以及轧机调整等,主要是毛管壁厚、导板间距和管坯直径的影响。毛管壁越薄,则内扩径量(绝对值)越大;管坯直径越大则内扩径量越大;导板距越大则内扩径量也越大。某些工厂的实际内扩径量值如表 19-2 所示。

表 19-2　某些机组穿孔内扩径量数据　　　　　单位：mm

成品管壁厚	钢管直径	
	< 150	> 150
< 10	2 ～ 3	2 ～ 4
10 ～ 14	3 ～ 4	3 ～ 4
15 ～ 24	3 ～ 4	4 ～ 5
> 25	4 ～ 5	4 ～ 6

由表 19-2 可以看出，为保证毛管质量，穿轧合金钢毛管时取较小的扩径量，且有些合金钢（如不锈钢）横向扩径是较大的，在生产中要加以很好控制。如图 19-5 所示为扩径量与毛管外径和壁厚的关系。

轧管机延伸系数　　　　　$$\mu_z = \frac{(D_m - S_m)S_m}{(D_z - S_z)S_z}$$

延伸系数与减壁量成正比。减壁量越大，延伸系数越大，一般为 1.3 ～ 2.2。

（6）连续轧管机组穿孔后（轧管前）钢管尺寸：

穿孔毛管内径为　　　　　$$d_m = D_{tz} + \Delta_m = d_z - \Delta_z - \Delta_m$$

式中，$\Delta_z = 1 \sim 3$ mm；$\Delta_m = 5 \sim 12$ mm。

轧后荒管面积为　　　　　$$F_z = \pi(d_z + S_z)S_z$$

穿孔毛管壁厚　　　　　$$S_m = \sqrt{\frac{d_m^2}{4} + \frac{F_z\mu_\Sigma}{\pi}} - \frac{d_m}{2}$$

穿孔毛管外径　　　　　$$D_m = d_m + 2S_m$$

穿孔机顶头直径　　　　　$$\delta_m = d_m - \frac{K_m D_p}{100}$$

轧管机延伸系数　　　　　$$\mu_z = \frac{(D_m - S_m)S_m}{(D_z - S_z)S_z}$$

连轧管机上的总延伸系数 μ_z 在 2.5 ～ 7.0 范围内，其中 K_m 为轧制量，按表 19-3 取。

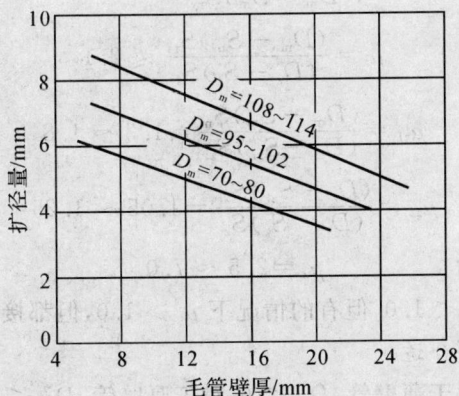

图 19-5　毛管壁厚和外径与扩径量的关系

表 19-3　穿孔时毛管的轧制量与荒管壁厚的关系

毛管壁厚	轧制量 K_m/(%)		毛管壁厚	轧制量 K_m/(%)	
mm	直径小于 140mm	直径大于 140mm	mm	直径小于 140mm	直径大于 140mm
4～6	7～10	8～12	16～20	3～5	5.0～7.0
7～9	6～8	7～10	21～25	2.5～4	4.0～6.0
10～12	5～6	6	26～30	2.0～3.0	3.0～5.0
13～15	4	5.5～7.5	30 以上	1.5～2.0	2.0～4.0

(7) 管坯尺寸计算。管坯尺寸与毛管尺寸相对应。

管坯直径 D_p，一般连轧管机组管坯外径选择为等于毛管外径或大于毛管外径 3%～5%；自动轧管机组选择管坯直径为与毛管外径相差 ±5%～10%。

管坯长度为

$$L_p = \frac{\pi(n_c L_c + \Delta L)(D_c - S_c)S_c}{K_{sh}F_p}$$

式中，L_p 为生产所需管坯长度，mm；L_c 为成品管长度，mm；n_c 为每根热轧管的倍尺数；ΔL 为切头切尾长度，mm；K_{sh} 为考虑管坯加热时烧损系数，对环形炉 $K_{sh}=0.98～0.99$；F_p 为管坯横截面积，mm²。

穿孔机的延伸系数

$$\mu_{ck} = \frac{K_{sh}D_p^2}{4(D_m - S_m)S_m}$$

19.2.2　轧制表参数的校验

在计算轧制表时必须校验计算结果的实用性，除了校验计算值是否符合轧制表计算原则外，还应校验下列参数。

1. 各轧机延伸系数是否合适

穿孔机延伸系数为

$$\mu_{ck} = \frac{K_{sh}D_P^2}{4(D_m - S_m)S_m} = 1.5～5.3$$

自动轧管机为

$$\mu_z = \frac{(D_m - S_m)S_m}{(D_z - S_z)S_z} \leqslant 2.1$$

$$\mu_{z1} = \frac{(D_m - S_m)S_m}{(D_z - S_{z1})S_{z1}} = 1.3～1.8$$

$$\mu_{z2} = \frac{(D_z - S_{z1})S_{z1}}{(D_z - S_z)S_z} = 1.05～1.25$$

连续轧管机延伸系数为　　　$\mu_z = 2.5～7.0$

对于均整机，一般取 $\mu_j < 1.0$，但有的情况下 $\mu_j > 1.0$，但都接近于 1.0。

2. 毛管和荒管外径是否合适

轧管机第一架孔型。对于薄壁管：$D_m \leqslant b$；对于厚壁管：$D_m \leqslant b + 2$ mm。

定减径机第一架孔型，有

$$a_1 \leqslant D_j \leqslant b_1 \quad \text{或} \quad a_1 \leqslant D_z \leqslant b_1$$

式中，b 为自动轧管机或连续轧管机第一架孔型宽度；b_1 为定减径机第一架孔型宽度。

19.3　自动轧管机组轧制表编制实例

在140自动轧管机组中生产$\phi 114 \times 6$ mm的20号钢管,其技术要求见GB8162。已知该机组有二辊斜轧穿孔机一台,自动轧管机一台,二辊式均整机两台,五机架定径机一组。塑性变形工艺流程:管坯 → 一次穿孔 → 2道自动轧管 → 一次均整 → 定径(温度900℃)。编制轧制表如下:

1. 成品管热尺寸(定径后热状态下钢管尺寸)

外径　　　　　　$D_d = D_c(1 + \alpha t) = 114 \times 1.013 = 115.5$ mm

壁厚　　　　　　$S_d = S_c(1 + \alpha t) = 6 \times 1.013 = 6.1$ mm

内径　　　　　　$d_d = D_d - 2S_d = 115.5 - 2 \times 6.1 = 103.3$ mm

2. 均整后钢管尺寸及顶头直径

外径　　　$D_j = D_d + \Delta D_d = 115.5 + 6 = 121.5$ mm　　(ΔD_d 取 6 mm)

壁厚　　　　　　　　$S_j = S_d = 6.1$ mm

内径　　　　$d_j = D_j - 2S_j = 121.5 - 2 \times 6.1 = 109.3$ mm

按照5机架定径机生产,第一架减径量为平均减径量一半,第4架也为一半,第5架不减径,其余为平均减径量,则第1 ~ 5架定径机管子直径(孔型高度 $a_1 \sim a_5$)分别为 120.5, 119.5, 116.5, 115.5, 115.5。

定径机第一架孔型宽度为

　　　　$b_1 = \xi_1 \times a_1 = 1.04 \times 120.5 = 126.4$ mm　　(ξ_1 为第一架孔型椭圆度系数)

3. 轧管后钢管及芯头尺寸

第二道、第一道外径

$D_z = D_{z2} = D_{z1} = a_z = D_j - \Delta D_j = 121.5 - 8 = 113.5$ mm　　(由表19-1可知 ΔD_j 取 8 mm)

第二道壁厚　　　　$S_{z2} = S_z = S_j = S_d = 6.1$ mm

第二道内径　　$d_{z2} = d_z = D_{z2} - 2S_{z2} = 113.5 - 2 \times 6.1 = 101.3$ mm

第二道芯头直径　　　　$D_{tz2} = d_{z2} = 101.3$ mm

第一道芯头直径　　$D_{tz1} = D_{tz2} - (0 \sim 2 \text{ mm}) = 101.3 - 2 = 99.3$ mm

第一道内径　　　　$d_{z1} = D_{tz1} = 99.3$ mm

第一道壁厚　　　　$S_{z1} = \dfrac{D_{z1} - d_{z1}}{2} = \dfrac{113.5 - 99.3}{2} = 7.1$ mm

均整机顶头直径　　$D_{tj} = d_{z2} + \delta_{jz} = 99.3 + 3 = 102.3$ mm　　(δ_{jz} 取为 3 mm)

轧管机孔型宽度

　　　$b = D_{z2}\xi = D_{z1}\xi = 113.5 \times 1.05 = 119.2$ mm　　(孔型椭圆度系数 ξ 取 1.05)

4. 穿孔后钢管尺寸及顶头直径

毛管壁厚

　　　$S_m = S_z + \Delta S_z = 6.1 + 2.5 = 8.6$ mm　　(ΔS_z 按图 19-1 取 2.5 mm)

毛管内径

　　　　$d_m = D_{tz1} + \delta_{cz} = 99.3 + 1.5 = 100.8$ mm　　(δ_{cz} 取 1.5 mm)

毛管外径　　　$D_m = d_m + 2S_m = 100.8 + 2 \times 8.6 = 118.0$ mm

穿孔机顶头直径

$$D_t = d_m - \Delta d_k = 100.8 - 3 = 97.8 \text{ mm} \quad (由表 19-2 知 \Delta d_k 取 3 \text{ mm})$$

5. 管坯直径确定

$$D_p = (1 \pm 5\% \sim 10\%) D_m = 106.0 \sim 129.8 \text{ mm}$$

按现有管坯规格,取为 120 mm。

6. 各轧机延伸系数计算及校验

穿孔机

$$\mu_{ck} = \frac{K_{sh} D_p^2}{4(D_m - S_m) S_m} = \frac{0.98 \times 120^2}{4 \times (118 - 8.6) \times 8.6} = 3.75, 1.5 \leqslant \mu_{ck} = 3.75 \leqslant 5.3, 合格$$

自动轧管机 $\quad \mu_z = \frac{(D_m - S_m) S_m}{(D_z - S_z) S_z} = \frac{(118 - 8.6) \times 8.6}{(113.5 - 6.1) \times 6.1} = 1.44, \mu_z = 1.44 \leqslant 2.1, 合格$

$$\mu_{z1} = \frac{(D_m - S_m) S_m}{(D_z - S_{z1}) S_{z1}} = \frac{(118 - 8.6) \times 8.6}{(113.5 - 7.1) \times 7.1} = 1.3, 1.3 \leqslant \mu_{z1} = 1.3 \leqslant 1.8, 合格$$

$$\mu_{z2} = \frac{(D_z - S_{z1}) S_{z1}}{(D_z - S_z) S_z} = \frac{(113.5 - 7.1) \times 7.1}{(113.5 - 6.1) \times 6.1} = 1.15, 1.05 \leqslant \mu_{z2} = 1.15 \leqslant 1.25, 合格$$

均整机 $\quad \mu_j = \frac{(D_z - S_z) S_z}{(D_j - S_j) S_j} = \frac{(113.5 - 6.1) \times 6.1}{(121.5 - 6.1) \times 6.1} = 0.93, 与 1.0 接近, 合格$

7. 毛管和荒管外径校验

轧管机孔型满足 $\quad D_m = 118 \leqslant b = 119.2$

定径机第一架孔型满足

$$a_1 = 120.5 \leqslant D_j = 121.5 \leqslant b_1 = 126.5$$

19.4 连续轧管机组轧制表编制实例

在 140 连续轧管机组中生产 $\phi 38 \times 5$ mm 的 20 号钢管,其技术要求见 GB8162。已知该机组有二辊斜轧穿孔机一台,9 机架连续轧管机组一套,24 机架张力减径机组一套。塑性变形工艺流程:管坯 → 一次穿孔 → 连续轧管 → 张力减径(温度 870℃)。管坯直径 140 mm,荒管外径 136 mm。编制轧制表如下:

1. 成品管热尺寸(定径后热状态下钢管尺寸)

外径 $\quad D_d = D_c(1 + at) = 38 \times (1.01 \sim 1.013) = 38 \times 1.01 = 38.4$ mm

壁厚 $\quad S_d = S_c(1 + at) = 4.5 \times (1.01 \sim 1.013) = 3 \times 1.01 = 3.03$ mm

内径 $\quad d_d = D_d - 2S_d = 38.4 - 2 \times 4.545 = 29.31$ mm

2. 轧管后(张力减径前)荒管、工具及变形主要尺寸

一般张力减径机组由 20 ~ 30 架轧机组成,张力减径率可达 75% ~ 80%。本设计机架数为 24 机架,取减径率 65%,由减径率公式 $\frac{D_z - D_d}{D_z} \times 100\% = \frac{D_z - 38.4}{D_z} \times 100\% = 65\%$ 可得

荒管外径 $\quad\quad\quad\quad D_z = 109.7$ mm

减径量 $\quad\quad \Delta D_d = D_z - D_d = 109.7 - 38.4 = 71.3$ mm

减壁率选取:现代化的张力减径总减壁率达 35% ~ 40%,本设计产品壁较薄,选取 10%,即

$$\varepsilon_{ds} = \frac{S_z - S_d}{S_z} \times 100\% = \frac{S_z - 3.03}{S_z} \times 100\% = 10\%$$

荒管壁厚 $S_z = 3.367 \text{ mm}$

总减壁量 $\Delta S_d = S_z - S_d = 3.367 - 3.03 = 0.336\,7 \text{ mm}$

轧后内径 $d_z = D_z - 2S_z = 109.7 - 2 \times 3.367 = 103.0 \text{ mm}$

芯棒直径 $D_{tz} = \dfrac{d_z - \Delta_z}{1 + \alpha t} = \dfrac{103.0 - 2}{1.01} = 100.0 \text{ mm}$ （取 $\Delta_z = 2 \text{ mm}$）

减径机组延伸系数

$$\mu_d = \frac{(D_z - S_z)S_z}{(D_d - S_d)S_d} = \frac{(103.0 - 3.367) \times 3.367}{(38.4 - 3.03) \times 3.03} = 3.13$$

3. 连续轧管机组穿孔后（轧管前）毛管及变形主要尺寸

穿孔毛管内径

$$d_m = D_{tz} + \Delta_m = 100 + 7 = 107 \quad (\Delta_m = 5 \text{ mm} \sim 12 \text{ mm}, \text{取 } 7 \text{ mm})$$

轧后荒管面积

$$F_z = \pi(d_z + S_z)S_z = \pi(103 + 3.367)3.367 = 1\,124 \text{ mm}^2$$

穿孔毛管壁厚

$$S_m = \sqrt{\frac{d_m^2}{4} + \frac{F_z \mu_z}{\pi}} - \frac{d_m}{2} = \sqrt{\frac{107^2}{4} + \frac{1\,124 \times 4.5}{\pi}} - \frac{107}{2} = 13.4 \text{ mm} \quad (\mu_z \text{ 取 } 4.5)$$

穿孔毛管外径

$$D_m = d_m + 2S_m = 107 + 2 \times 13.4 = 133.8 \text{ mm}$$

轧管机延伸系数

$$\mu_z = \frac{(D_m - S_m)S_m}{(D_z - S_z)S_z} = 4.5, \ 2.0 \leqslant \mu_z = 4.5 \leqslant 7.0, \text{合格}$$

4. 管坯、穿孔机工具及变形主要尺寸计算

管坯直径 D_p $D_p = (1.03 \sim 1.05)D_m = 1.04 \times 133.8 = 139.2 \text{ mm}$

根据坯料规格，取 140 mm。

穿孔机顶头直径

$$D_t = d_m - \frac{K_m D_p}{100} = 107 - \frac{7 \times 140}{100} = 97.2 \text{ mm} \quad (K_m \text{ 按表 } 19-3 \text{ 取 } 7)$$

穿孔机延伸系数

$$\mu_{ck} = \frac{K_{sh} D_P^2}{4(D_m - S_m)S_m} = \frac{0.98 \times 140^2}{4(133.8 - 13.4) \times 13.4} = 3.0, \ 1.5 \leqslant \mu_{ck} = 3.0 \leqslant 5.3, \text{合格}$$

复 习 题

某自动轧管车间，加热炉平均烧损系数为 0.98，二辊斜轧穿孔机轧辊名义直径 $D_m = 595 \text{ mm}$，辊身长度 $L_0 = L_1 + L_2 = 200 + 200 \text{ mm}(L_3 = 0)$，辊面锥角 $\varphi_1 = \varphi_2 = 3.5°$，导板长 $L_D = L_{D1} + L_{D2} = 110 + 200 \text{ mm}$，导板锥角 $\omega_1 = \omega_2 = 3.5°$，安装位错 $ND = 7.5 \text{ mm}$（导板过渡处到孔型中心线距离），送进角 8.5°。拟生产成品尺寸为 $D_m \times S_m = 119 \text{ mm} \times 10.5 \text{ mm}$ 的 45 号钢管，试编制轧制表并绘出穿孔变形区示意图。

第 20 章　冷轧管材塑性成形原理

20.1　周期式轧管法塑性变形原理

20.1.1　轧制过程

如图 20-1 所示为二辊周期式冷轧管法进程轧制工作简图。轧制过程可分解为以下过程：

1. 送进管料

轧辊位于进程轧制的起始位置，后极限位置，也称起点 Ⅰ。此时，孔型开口最大，用轧机尾部的送料机构将管坯向前送进一段距离 m（称为送料量），即 Ⅰ 移至 Ⅰ₁Ⅰ₁，轧制锥前端由 ⅡⅡ 移至 Ⅱ₁Ⅱ₁（见图 20-1(a)）。

2. 进程轧制

送料结束后，管坯工作锥的内表面与芯棒脱离接触，出现一个间隙 Δt。当工作机架向前运动时，轧辊转动，孔型对管坯滚动碾压。由于轧辊在转动过程中其孔型与芯棒组成的环形断面是逐渐减小的，实现了对管坯的减径和减壁。在轧制过程中，孔型逐渐辗轧管坯：先是工作锥的直径减小，管坯内表面与芯棒接触，随后是壁厚减薄，直径也同时减小。而未受到轧制的管坯部分，其工作锥的内表面与芯棒表面间的间隙 Δt 的值则会增大（见图 20-1(b)）。

轧制过程中的变形区由两部分构成（见图 20-1(b)）：减径角区 θ_1，所对应的水平投影是 CDGFE，在此区管坯的直径减小到其工作锥的内表面与芯棒接触；压下角区 θ_2，所对应的水平投影是 ABCD 区，在此区，管坯的直径和壁厚同时被压缩。减径角区和压下角区合起来构成了管材轧制的咬入角区（也就是变形区）θ，即 $\theta = \theta_1 + \theta_2$。在轧制过程中，由于管坯工作锥直径和壁厚是逐渐变化的，所以咬入角 θ、减径角 θ_1 和压下角 θ_2 也是随时变化的，其变形区也是随时变化的，故轧制过程中的变形区也称为瞬时变形区。轧至中间任意位置时，轧件末端移至 ⅡₓⅡₓ。

在整个进程轧制过程中，按进程轧制轧辊孔型展开图（见图 20-2），"1"为空转管料送进部分；"6"为空转回转部分；其余为变形区，分为四段："2"为减径段、"3"为压下段、"4"为精整段和"5"定径段。

（1）减径段。在减径段，管坯内表面与芯棒没有接触，只减径，不减壁，在通常情况下管壁会有所增厚。减径段管坯的变形相当于管材空拉时的变形，这也是冷轧管时在一定程度上能够纠正管坯偏心的原因之一。但由于上下两个孔型之间存在着间隙，孔型侧翼有一定的斜度，因此，在减径过程中管坯在一定程度上会产生压扁变形，这一点与管材空拉不完全一样。

（2）压下段。冷轧管时金属的变形主要发生在这个区段。此段孔型的锥度大于芯棒的锥度，因此，在完成减壁的同时，管坯的直径减缩量也很大，经过该区段轧制后，管坯的壁厚尺寸已经接近成品管材的壁厚尺寸。由于在减壁过程中金属不仅产生纵向流动,而且也会向孔型间隙中流动产生横向宽展,因此管材的壁厚尺寸是不均匀的,还需要进行精整以减少其不均匀性。

(3)预精整段。同时有直径压缩和壁厚轧薄变形,因为管子经过了冷加工塑性变形,产生了加工硬化,此段变形不宜太大。

(4)精整段。在精整段管坯的变形量是非常小的,主要作用是消除管材的壁厚不均。此段孔型的锥度与芯棒的锥度相等,轧后管坯的壁厚尺寸达到成品管材的尺寸偏差要求。

(5)定径段。管坯在这一区段的变形主要是外径变化,壁厚尺寸不发生变化。此段孔型的锥度为零。其目的是使轧出管材的外径尺寸均匀一致,并消除"竹节"状缺陷。

3.转动过程

滚轧到管件末尾时,工作机架运动到前极限位置(见图20-1(c)),孔型与管坯锥体脱离接触,管坯由回转机构通过芯棒、芯棒连杆及卡盘带动进行转动,在稍大于管子外径的孔型内将管料转动60°～120°,芯棒也同时转动,但转角略小,以求磨损均匀。此时轧件末端滑移至ⅢⅢ,以便机架向后运动时对管坯进行回轧。

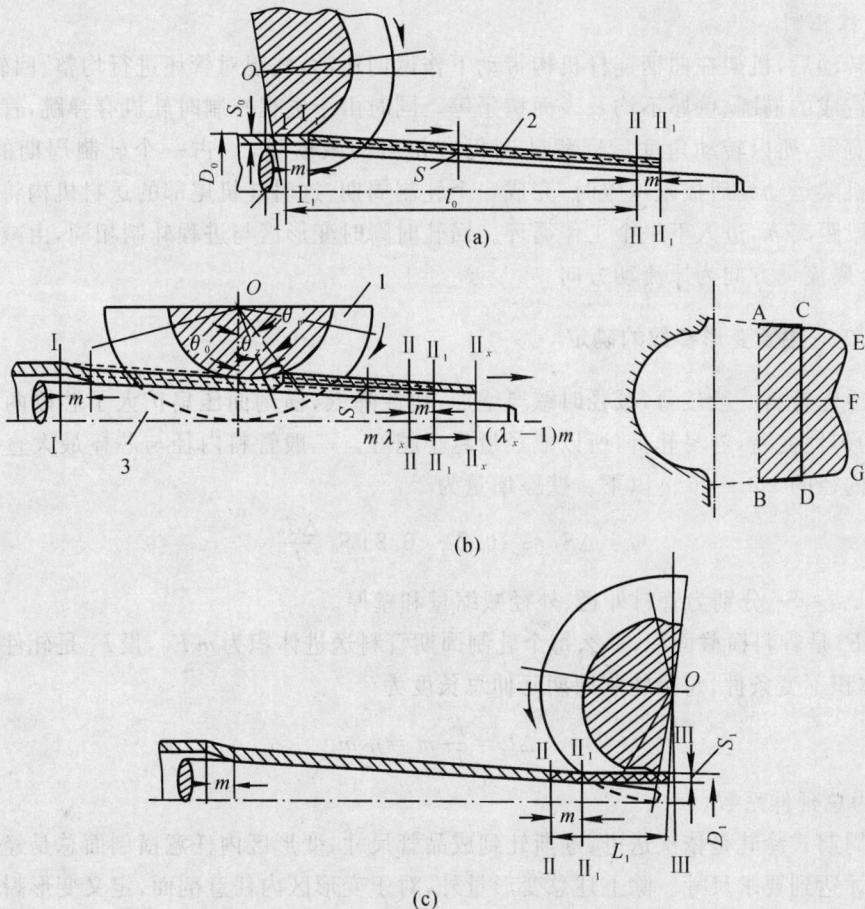

图 20-1 二辊周期式冷轧管机进程轧制过程
(a)送进; (b)进程轧制; (c)转动管料和芯棒

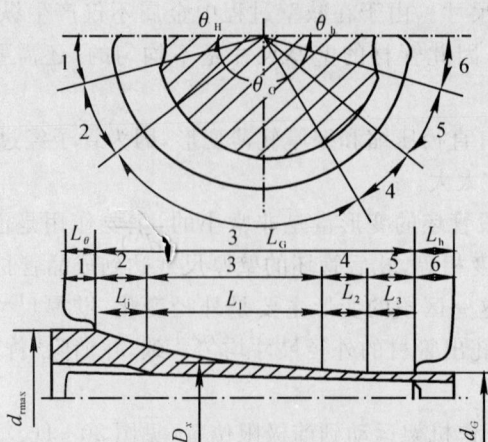

图 20－2　二辊式冷轧管机轧槽底部展开图
1—空转送进部分；2—减径段；3—压下段；
4—预精整段；5—精整段；6—空转回转部分

4. 回程轧制

管坯转动后，机架在曲柄连杆机构带动下作返回运动，轧辊对管坯进行均整、回轧，消除进程轧制时造成的椭圆、壁厚不均及表面棱子等。同时由于进程轧制时轧机有弹跳，管体沿孔型横向也有宽展，所以转动角度后回程轧制仍有相当的减壁量，约占一个轧制周期的 30％ ～ 40％。当机架运动到后极限位置时，完成一个轧制周期，这时轧机尾部的送料机构将管坯又向前送进一段距离 m，进入下一个工作循环。回轧时瞬时变形区与进程轧制相同，由减径和减壁区构成，金属流动方向为原流动方向。

20.1.2　主要变形参数的确定

因为冷轧管料一般较薄，减径时壁厚增加，塑性降低，横剖面压扁扩大了芯棒两侧非接触区，变形均匀性变差，容易轧折，所以减径量越小越好。一般管料内径与芯棒最大直径间的间隙取管料内径的 3％ ～ 6％ 以下。壁厚增量为

$$\Delta S_j \approx (0.7 \sim 0.8) S_0 \frac{\Delta d_0}{d_0} \qquad (20-1)$$

式中，d_0，Δd_0，S_0 分别为管料外径、外径减缩量和壁厚。

假设 F_0 是管料横截面积，那么每个轧制周期管料送进体积为 mF_0，设 F_1 是轧件出口横截面积，按体积不变条件，每个轧制周期延伸总长度为

$$\Delta L = \frac{F_0}{F_1} m = \mu_\Sigma m \qquad (20-2)$$

式中，μ_Σ 为总延伸系数。

因为周期式冷轧是依次送进，逐渐轧到成品管尺寸，变形区内任意横剖面总是经过若干轧制周期后才达到要求尺寸。除上述总变形量外，对于变形区内任意剖面，定义变形瞬间的变形量为"瞬时变形量"，相对于管料的变形量为"积累变形量"。定义变形区内任意横剖面面积 F_x 的瞬时延伸系数等于与 F_x 相距 Δx 的前一截面 $F_{\Delta x}$ 与 F_x 之比。可以证明：两截面间包含的体积等于该轧制周期的送进体积 $V_{\Delta x}$，即

$$V_{\Delta x} = \frac{F_0}{F_x}m = \mu_{\Sigma x}m \qquad (20-3)$$

设管料的外径、内径、壁厚分别以 d_0, d_0', S_0 表示,相应的成品管尺寸分别以 d_1, d_1', S_1 表示,以 d_x, d_x', S_x 表示 F_x 的尺寸,以 $d_{\Delta x}$, $d_{\Delta x}'$, $S_{\Delta x}$ 表示 $F_{\Delta x}$ 的尺寸,则各变形参数可分别表示如下:

瞬时延伸系数 $\qquad\qquad \mu_x = \frac{F_{\Delta x}}{F_x} = \frac{S_{\Delta x}(d_{\Delta x} + d_{\Delta x}')}{S_x(d_x + d_x')} \qquad (20-4)$

瞬时减壁量 $\qquad\qquad \Delta S_x = S_{\Delta x} - S_x \qquad (20-5)$

瞬时减壁率 $\qquad\qquad \frac{\Delta S_x}{S_x} = \frac{S_{\Delta x} - S_x}{S_{\Delta x}} \times 100\% \qquad (20-6)$

积累延伸系数 $\qquad\qquad \mu_{\Sigma x} = \frac{F_0}{F_x} = \frac{S_0(d_0 + d_0')}{S_x(d_x + d_x')} \qquad (20-7)$

积累减壁量 $\qquad\qquad \Delta S_{\Sigma x} = S_0 - S_x \qquad (20-8)$

总延伸系数 $\qquad\qquad \mu_{\Sigma} = \frac{F_0}{F_1} = \frac{S_0(d_0 + d_0')}{S_1(d_1 + d_1')} \qquad (20-9)$

总减壁量 $\qquad\qquad \Delta S_{\Sigma} = S_0 - S_1 \qquad (20-10)$

由式(20-3)可知,变形区内任一断面在每一轧制周期中向前移动 Δx 在变形区不同位置是逐渐增大的,所以计算任一断面在变形区内承受的加工次数比较复杂。不同的送进量、变形程度以及孔型形状等都会使各断面在变形区内的加工次数发生变化。如果孔型压下段的展开线为抛物线,则任意断面在变形区内承受的加工次数,即变形分散系数(变形分散度) n_1 可近似为

$$n_1 = \frac{3l_1}{m(1 + 2\mu_{\Sigma})} \qquad (20-11)$$

式中,l_1 为压下段水平长度。

从生产率来看,n_1 越小越好,但过小会加大每个周期变形量,易在成品管上于孔型开口处出现横裂等缺陷。为此,轧制不同材料的管材时对应不同的最小变形分散系数,其值如表 20-1 所示。

表 20-1 各种合金最小变形分散系数

合金	变形程度 /(%)	N_1	合金	变形程度 /(%)	N_1
紫铜	85	5.5 ~ 7	B5	70 ~ 80	5 ~ 5.5
H62(挤压后退火)	85 ~ 88	6.7 ~ 10	TA1	70 ~ 80	7.5 ~ 8
H62	85 ~ 88	10 ~ 14	TA7	50 ~ 65	14 ~ 15
H68	80 ~ 85	5 ~ 5.5	TC2	60 ~ 70	10 ~ 11
HSn70-1	73 ~ 78	7.2 ~ 9.0	1Cr18Ni9Ti	81	11 ~ 12

20.2 冷轧变形区应力分析

冷轧管变形区内各部分金属的应力状态比较复杂,而且还会随着轧制条件的变化而变化,它主要与外摩擦、变形的均匀性以及轧制制度等有关。

20.2.1　外摩擦的影响

冷轧管时变形区内的摩擦力作用方向及分布与工具相对于管坯的运动速度、金属变形时的流动速度等有关。孔型块在轧制过程中,一方面随着机架作直线运动,另一方面在主动齿轮的带动下转动。由于轧槽上各点的旋转半径不同,轧制过程中的线速度也不同,对管坯的摩擦作用则不同。

如图 20 - 3 所示是冷轧管机进程轧制时变形区出口垂直剖面轧槽内各点的速度分布。如图所示,轧辊绕主动齿轮节圆周上一点 O_1 旋转,O_1 是瞬时中心,变形区出口垂直剖面上各点的速度:轧辊轴心 G,$v_G = R_j\omega_G$;孔型槽底 C,$v_c = (R_j - \rho_c)\omega_G$;孔槽边缘 b,$v_b = (R_j - \rho_b)\omega_G$;孔型内任一点 x,$v_x = (R_j - \rho_x)\omega_G$。$R_j$ 为主动齿轮节圆半径,ω_G 为轧辊转速。

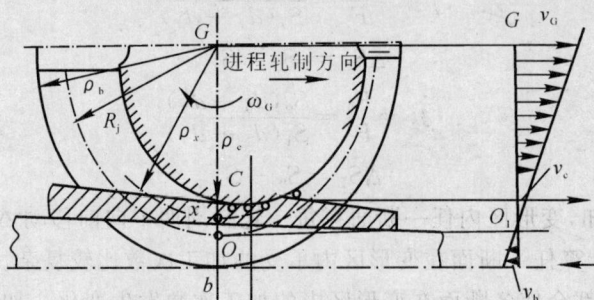

图 20 - 3　进程轧制时变形区出口垂直剖面轧槽内各点的速度分布

假设出口垂直剖面金属以 v_m 流动,与机架运行方向相同的速度为正,则变形区出口垂直剖面上轧槽各点对接触金属的相对速度 v_{xd} 如图 20 - 4(a) 所示。接触辊面上任意点相对轧件的速度为

$$v_{xd} = v_m - v_x = v_m - \omega_G(R_j - \rho_x) \tag{20 - 12}$$

$v_{xd} > 0$ 为前滑区;$v_{xd} < 0$ 为后滑区;$v_{xd} = 0$ 的各点为中性点,连接中性点构成中性线,如图 20 - 4(b) 所示中的曲线 ABC,在 ABC 以内为后滑区,出口剖面上点 A,C 所对应的轧辊半径成为轧制半径 ρ_z,轧制半径满足

$$v_m = \omega_G(R_j - \rho_z) \tag{20 - 13}$$

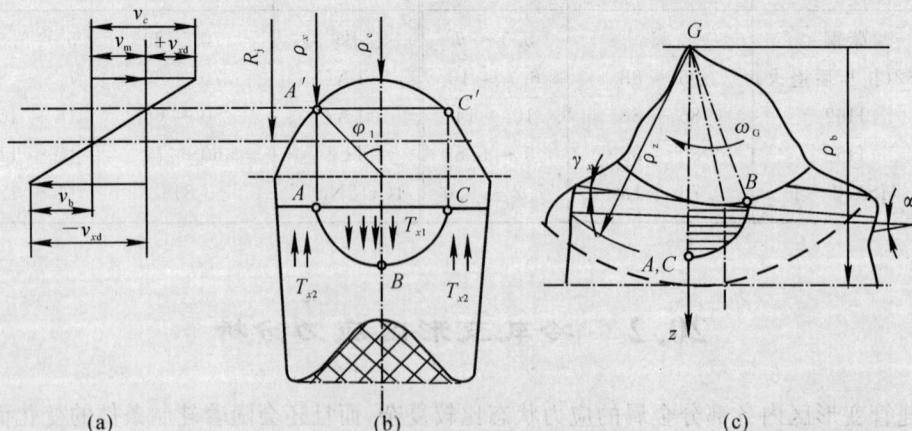

(a)　　　　　　　(b)　　　　　　　(c)

图 20 - 4　进程轧制时工具接触表面的相对速度和轧件的摩擦力方向

　　如果减少变形量,变形区内金属流动速度会下降,后滑区则相应扩大。变形区内工具给轧件接触表面的摩擦力方向如图 20-4(b)所示。由于变形金属只向机架进程轧制的运动方向流动,则在前滑区金属承受三向附加压应力,在后滑区承受轴向附加拉应力,其他两向为压应力。

　　当回程轧制时,金属仍沿进程轧制的方向流动,轧辊作反向旋转,变形区出口剖面内轧辊接触表面相对轧件的速度如图 20-5(a)所示。设仍以与机架运行方向相同的速度为正,由式(20-12)可得回程轧制时前、后滑区的分布情况和摩擦力方向如图 20-5(b)所示,$BDD'B'$ 为后滑区。所以回程轧制时槽底部分金属在外摩擦力作用下受三向附加压应力,槽缘部分金属受轴向拉应力,其余两向为压应力。与进程轧制时相反。

　　由于轧件始终向机架进程轧制的运动方向延伸,芯棒接触表面的摩擦力方向总是与回轧时机架的运动方向相同,对接触表面的金属造成三向附加压应力。

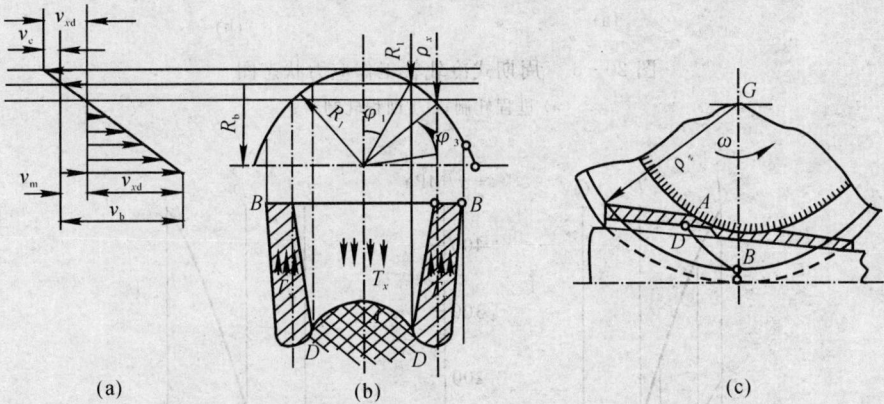

图 20-5　回程轧制时工具接触表面的相对速度和轧件的摩擦力方向

20.2.2　不均匀变形的影响

　　影响冷轧管过程金属变形不均匀性的主要因素是轧槽的形状。为了避免轧槽侧边先与工作锥接触造成管坯"卡伤",轧槽侧翼必须有足够的开口(或称斜度)。在轧制过程中,金属在沿着轧制方向变形流动的同时,也会向侧翼开口中流动,造成工作锥的两个侧面在轧制时的变形量比其他部分小,沿轧制方向的延伸变形小,从而导致在开口处的金属中出现轴向拉应力。

　　在轧制过程中,孔型顶部的管坯壁厚总是小于侧翼开口处,管坯断面的压下是不均匀的。当机架反行程回轧时,原来位于孔型开口处管壁较厚的部分,因管坯转动 $60° \sim 120°$ 而到了孔型的顶部(或顶部两侧),则回轧时管坯断面的压下也是不均匀的。从而导致槽底部分金属受到附加轴向压应力作用。

　　综上所述,周期式轧管出口剖面最常可能出现的工作应力状态分布如图 20-6 所示。孔型开口处始终承受拉应力,严重时甚至可能出现横裂,这是限制冷轧管一次变形率的主要原因。

20.2.3　变形分散程度的影响

　　轧制时的附加应力在轧后必然以残余应力的状态保留下来,无论从正轧或回轧造成的残余应力分析,只要回轧前旋转 $60° \sim 120°$,残余应力都能部分互相抵消。如图 20-7 所示是工作机架往复运动一次后,工作锥某一截面上轴向残余应力的变化情况,其中实线是正行程轧制后的残余应力分布情况;虚线是反行程后的残余应力的分布情况。由图可以看出,正行程轧制后在孔型开口处金属中出现的拉应力,经反行程回轧后显著减小,而原轧槽顶部处金属中出现的压应力则相应减小。

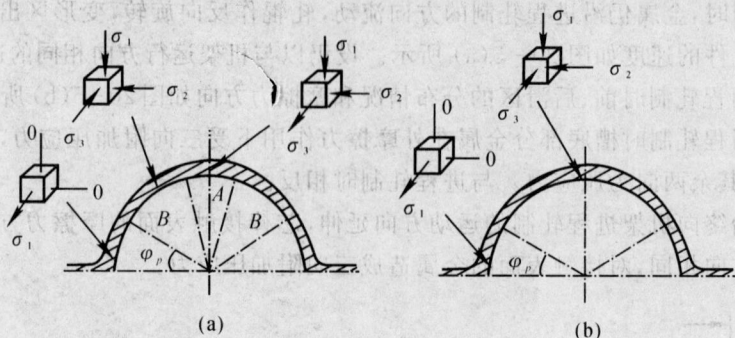

图 20-6　周期式冷轧管工作应力状态图

(a)进程轧制;(b)回程轧制

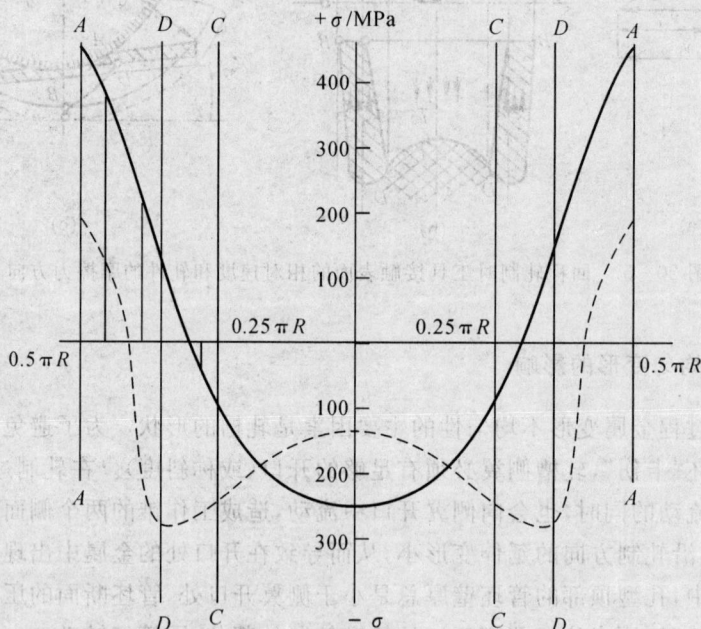

图 20-7　轧制后管材断面上的残余应力分布

由此可见,回轧不仅可以减小壁厚不均,而且还可以减小管坯工作锥中的拉应力,使塑性较差的金属在轧辊正行程轧制过程中不会出现裂纹。在轧制过程中,由于不均匀变形所产生的轴向拉应力大小还与送料量大小有关。如前所述,在周期式冷轧管时,每送进一段长度为 m 的管坯,要在工作锥上反复轧制十几次到几十次才能成为成品管。在总变形量和轧槽工作段长度一定的情况下,如果送料量大,则分散变形度小,每道次的变形量大,不均匀变形产生的轴向拉应力也大。相反地,减小送料量,可增大分散变形度,使每道次的变形量减小,从而使不均匀变形所产生的轴向拉应力相应减小。在这种情况下,制品不易产生裂纹。但是,变形分散程度的增加又会降低生产率,所以压下段分散系数应按不同材料规定一个允许的最低值,以控制产品质量。

20.3　二辊周期式冷轧管作用力

20.3.1　影响轧制力的主要因素

轧制力大小与送料量、变形量、金属的强度、管材直径、润滑条件,以及孔型开口度、半径和工作段长度等有关。

1. 送料量对轧制力的影响

轧制力与送料量的大小成正比关系,如图 20-8 所示。送料量越大,轧制过程的压下角越大,压下区投影就越大,则轧制力就越大。一般情况下,送料量增加一倍,轧制力大约增加 $0.3 \sim 0.5$ 倍。送料量在 $2 \sim 10$ mm 范围内,轧制力与送料量的关系可近似表示为

$$P_2 = P_1 \sqrt{\frac{m_2}{m_1}}$$

式中,P_1 和 P_2 分别是送料为 m_1 和 m_2 时的轧制力。

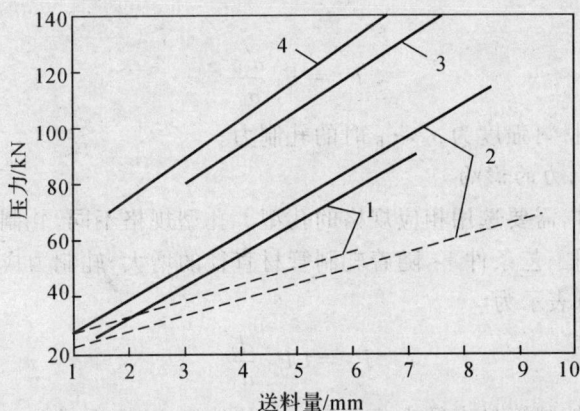

图 20-8　轧制力与送料量的关系

1—5A02 合金,管坯规格 ϕ34 mm×4 mm,成品规格 ϕ22.7 mm×0.95 mm
2—5A02 合金,管坯规格 ϕ34 mm×3 mm,成品规格 ϕ18 mm×1.27 mm
3—2A11 合金,管坯规格 ϕ42 mm×4 mm,成品规格 ϕ30 mm×0.79 mm
4—2A11 合金,管坯规格 ϕ34 mm×3 mm,成品规格 ϕ26 mm×0.95 mm

2. 总延伸系数和成品管壁厚对轧制力的影响

轧制力与总延伸系数的大小成正比,如图 20-9 所示。在管坯尺寸相同的情况下,轧制力与成品管材的壁厚成反比关系,如图 20-10 所示。一般情况下,管坯厚度增加一倍,在正行程时轧制力增加 0.2 倍;在反行程时增加 0.3 倍。因为材料经过正行程轧制后,由于加工硬化,使其变形抗力有所增加。

当总延伸系数在 $2 \sim 8$ 范围内时,轧制力与总延伸系数的关系可近似表示为

$$P_2 = CP_1 \sqrt{\frac{\mu_{\Sigma 2}}{\mu_{\Sigma 1}}}$$

式中,P_1 和 P_2 分别是延伸系数为 $\mu_{\Sigma 1}$ 和 $\mu_{\Sigma 2}$ 时的轧制力,C 为系数。

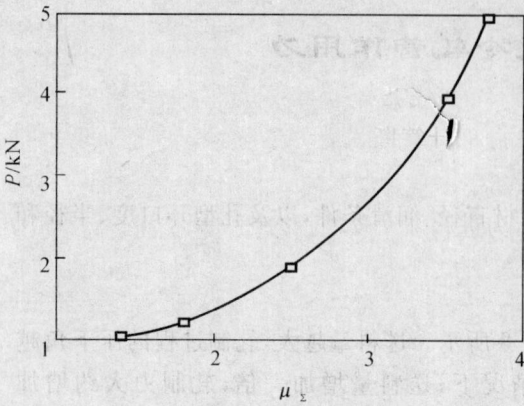

图 20-9　轧制力 P 与总延伸系数 μ_Σ 的关系　　　图 20-10　轧制力 P 与成品厚度 S_1 的关系

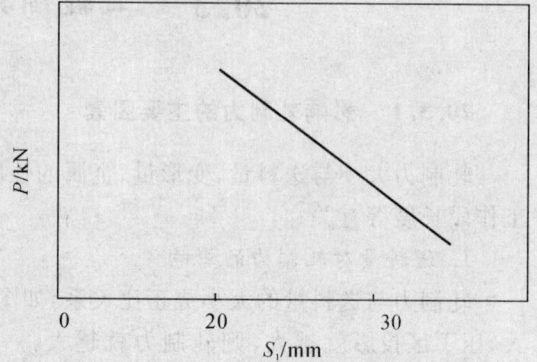

3. 材料强度对轧制力的影响

轧制力与变形金属的强度 σ_b 成正比关系。在相同的工艺条件下,轧制力与材料强度有如下关系:

$$P_2 = P_1 \frac{\sigma'_b}{\sigma_b}$$

式中,P_1 和 P_2 分别是材料强度为 σ_b,σ'_b 时的轧制力。

4. 管材直径对轧制力的影响

轧制不同规格管材,需要选用相应规格的孔型。孔型规格不同,轧制过程压下角的水平投影面积就不同。在相同工艺条件下,随着轧制管材直径的增大,轧制力成正比增大。轧制力与轧制管材直径的关系可表示为

$$P_2 = CP_1 \frac{d_2}{d_1}$$

式中,P_1 和 P_2 分别是轧制管材直径为 d_1 和 d_2 时的轧制力,C 为系数。

5. 润滑条件对轧制力的影响

采用不同的润滑剂及润滑条件,其润滑效果不同。润滑效果越好,其轧制力越小。

6. 工具参数对轧制力的影响

在工具设计中,芯棒锥度、孔型轧槽的平均锥度、孔型开口度、轧槽的半径和工作段长度等,都会影响到管材轧制时的变形量大小和变形的均匀性,从而影响到轧制力的大小。

20.3.2　轧制力计算

与一般纵轧轧制力计算类似,在轧制过程中,计算断面的金属对轧辊的轧制力为

$$P = \bar{p}F \tag{20-14}$$

式中,$\bar{p}$ 为平均单位压力;F 为金属与轧槽接触面积。$\bar{p}$ 可用 Ю.Φ. 舍瓦金公式计算。进程轧制时有

$$\bar{p} = \sigma_{bx}\left[n_w + f(\frac{S_0}{S_x} - 1)\frac{\rho_{dr}\sqrt{2\rho_{dr}\Delta S_j}}{\rho_j S_x}\right] \qquad (20-15)$$

回程轧制时,有

$$\bar{p} = \sigma_{bx}\left[n_w + (2.0 \sim 2.5)f(\frac{S_0}{S_x} - 1)\frac{\rho_j\sqrt{2\rho_{dr}\Delta S_h}}{\rho_{dr} S_x}\right] \qquad (20-16)$$

式中,σ_{bx} 为金属在计算断面变形程度下的抗拉强度;n_w 为考虑中间主应力的影响系数,其值为 $1.02 \sim 1.08$,一般取为 1.05;S_0,S_x 为管料壁厚和所取计算断面轧件壁厚;ρ_j,ρ_{dr} 为主动传动齿轮节圆半径和计算断面孔槽底部轧辊半径;f 为摩擦因数,对钢、铝合金为 $0.08 \sim 0.1$;对紫铜、黄铜及其他有色金属为 $0.05 \sim 0.07$;ΔS_j,ΔS_h 为进程和回程时管壁绝对压下量,进程时为 $70\% \sim 80\%$ 总压下量,回程时 $20\% \sim 30\%$ 总压下量。

F 可以近似用压下段接触面积的水平投影表示:

$$F = B_x\sqrt{2\rho_{dr}\Delta S_x} \qquad (20-17)$$

式中,B_x 为计算断面孔槽宽度;ΔS_x 为计算断面管料厚度绝对压下量。

当轧制强度高的钢、钛及黄铜等合金时,弹性压扁对接触面积影响较大,接触面积水平投影为

$$F = \eta D_x\sqrt{2\rho_{dr}\Delta S_x} + 3.9 \times 10^{-4}\sigma_{bx}D_x\left(0.393\rho_0 - \frac{D_x}{6}\right) \qquad (20-18)$$

式中,η 为形状系数,二辊轧机为 1.26,三辊轧机为 1.10;D_x 为计算断面轧槽直径;ρ_0 为孔型块半径,即轧辊半径。

20.3.3　冷轧管时的轴向力

周期式冷轧管机轧件从变形区轧出的速度取决于轧辊的主动传动齿轮的节圆半径,不是由轧辊的瞬时轧制半径决定,从而使变形工具对轧件产生一定的轴向力。在机架正、反行程开始时,受到轴向拉力作用,终了时受到压力作用。轴向力产生的根本原因是变形区中作用力在轧制轴线上的投影不为零,这与冷轧管过程中运动学特点有关。轧制力、送进量、变形量、金属与轧槽间的相对滑动、摩擦力、工艺润滑和孔型设计等都能影响轴向力的分布。

轴向力的存在在相当程度上影响着冷轧管的变形工艺参数和生产率。过大的轴向力会造成插头,即前后两根管子的端头相互插入,此种现象在轧制薄壁管时特别严重。还会使管子折皱、芯杆纵向弯曲、变形区金属向后窜动,使送进时管子由芯棒上脱开力增大,导致轧机生产率降低和送进机构迅速磨损。

由冷轧管时的变形及运动学特点可知,轴向力的大小在机架正、反行程时是不相同的。实验证明:在正行程时,为轧制力的 $6\% \sim 10\%$;反行程时,为轧制力的 $10\% \sim 15\%$。轴向力在机架行程中是变化的,特别在行程终了时达到最大值。

20.3.4　多辊轧机的轧制力

多辊冷轧管机的特点是芯棒为没有锥度的圆柱体,孔型轧槽的半径不变化。在轧制过程的开始阶段,孔型间隙较大,管坯表面不与轧槽接触。随着工作机架向前移动,孔型在滑块曲线上运动,孔型间隙逐渐变小,多个孔型轧槽组成的直径逐渐变小,轧槽表面接触管坯并对其

进行辗轧。

多辊轧机的孔型上没有动力传动装置,是依靠工作机架带动并通过孔型轧槽与管坯之间的摩擦力实现转动的。轧槽对管坯的单位压力升高,将使管坯承受较大的拉应力作用,使金属的塑性降低。因此,多辊冷轧管机轧制时管坯的直径和壁厚减缩量都应比二辊轧机的小,以免拉应力过大产生裂纹、裂口缺陷。

20.4 二辊周期式冷轧管机孔型设计

孔型设计是冷轧管生产的一项重要工作,其是否正确合理直接影响到冷轧管机的生产率、管材的质量和工具寿命等。孔型设计的方法很多,较为普遍的方法是根据金属在轧制过程中塑性显著降低而使相对变形量按一定规律变化的原则进行设计,代表方法是 Ю. Ф. 舍瓦金孔型设计法。

20.4.1 孔型轧槽长度的确定

如图 20-2 所示,孔型轧槽由空转送进部分、减径段、压下段、预精整段、精整段和空转回转部分构成。减径段、预精整段为与轧制线成一定角度的直线,精整段为与轧制线平行的直线,压下段为光滑曲线,是孔型设计的核心内容。压下段、预精整段、精整段构成工作段 L_G,送进段和回转段分别用 L_s 和 L_h 表示。由于送进量一定时工作段长度增加可降低瞬时变形率,并可使用小锥度芯棒降低瞬时减径率,改善不均匀变形,提高金属塑性,所以设计时应尽量缩短送进和回转段长度。但是,送进和回转过快会使相应机构中的冲击负荷过大,部件磨损严重。常用长度为轧槽总长度的 5% ~ 6%。

由图 20-2 知轧槽的总回转角是由送进角 θ_s、回转角 θ_h 和工作角 θ_G 组成,目前常用的半圆形轧槽块最大回转角 γ_{max} 为 180° ~ 215°。如果已知各段行程长度,可计算出对应的轧槽回转角为

$$\gamma_x = \frac{L_x \times 360° \times 3\,600}{\pi D_j} \qquad (20-19)$$

式中,L_x 为机架行程;D_j 为主动齿轮节圆直径。

也可以先确定各段回转角,由图 20-2 计算对应的行程长度。无论何种设计方法,应满足以下条件:

$$\theta_s + \theta_G + \theta_h \leqslant \gamma_{max} \qquad (20-20)$$

$$L_s + L_G + L_h \leqslant \pi D_j \frac{\gamma_{max}}{360 \times 3600} \qquad (20-21)$$

1. 减径段 L_j 的确定

减径段长度 L_j 与减径段锥角 γ_j 和减径量 ΔD_j 有关,过大的 γ_j 和 ΔD_j 将在管坯减径时产生较大的轴向力。一般情况下,$\tan\gamma_j = 0.12 \sim 0.20$,$\Delta D_j$ 为 2.0 ~ 3.0 mm。L_j 的计算式为

$$L_j = \frac{\Delta D_j}{2\tan\gamma_j - 2\tan\alpha} \qquad (20-22)$$

式中,α 为芯棒锥角。

2. 预精整段 L_2 的确定

预精整段长度 L_2 与管料任意断面在该段所受的预精整次数有关,而次数的多少又与压下段瞬时变形量直接相关,特别是进入预精整段前的瞬时变形量。压下段的瞬时变形量大则预精整次数就要高一些。其计算式为

$$L_2 = (1.0 \sim 1.5) m \mu_{\Sigma 2} \tag{20-23}$$

式中, $\mu_{\Sigma 2}$ 为预精整段开始点的积累延伸系数,一般取 $\mu_{\Sigma 2} \approx (0.95 \sim 0.98) \mu_\Sigma$。

由于管坯经过该段后壁厚不再变化,所以预精整段的锥度必须与芯棒锥度相同。须指出,在轧制厚壁管或冷拔毛料时,不一定有此段变形区。

3. 精整段 L_3 的确定

精整段也称定径段,轧槽直径应与成品管直径相等。长度取决于进入精整段管料直径与成品直径差,同时与轧槽椭圆度大小有关,一般计算式为

$$L_3 = (1.0 \sim 2.0) m \mu_\Sigma \tag{20-24}$$

4. 压下段 L_1 的确定

压下段长度的计算式为

$$L_1 = L_G - (L_j + L_2 + L_3) \tag{20-25}$$

在保证轧管质量的前提下,应尽可能增加压下段长度,以增加一个送进体积在此段的辗轧次数,减少横裂出现的几率。

20.4.2　压下段槽底纵向展开曲线设计

压下段槽底纵向展开后应为一条光滑曲线,简化设计方法可将压下段分为 $7 \sim 10$ 段。在舍瓦金孔型设计中,壁厚相对变形量函数 $f(x) = \Delta S_x / S_x$ 采用沿轧制方向逐渐减小的原则,有两种表达形式:

$$f(x) = a e^{-n_2 \frac{x}{L_1}} \tag{20-26}$$

$$f(x) = A(1 + 2n_1 \frac{x}{L_1}) \tag{20-27}$$

式中, a, A 为待定系数; n_1, n_2 为系数,为使轧槽顶部曲线具有合理曲率, $n_1 = 0.1$, $n_2 = 0.64$。

式(20-26)表示壁厚按指数关系变化,适用于轧制黄铜、白铜和不锈钢;式(20-27)表示壁厚按线性关系变化,适用于轧制铝合金和异型管材。

如果芯棒锥度较小,减径量不大,壁厚绝对压下量 ΔS_x 的计算式为

$$\Delta S_x = -m \frac{S_0}{S_x} \frac{\mathrm{d} S_x}{\mathrm{d} x} \tag{20-28}$$

于是有

$$\int f(x) \mathrm{d}x = -m S_0 \int \frac{\mathrm{d} S_x}{S_x^2} \tag{20-29}$$

利用边界条件: $x = 0$, $S_x = S_0 + \Delta S$; $x = L_1$, $S_x = S_1$, 得

$$S_x = \frac{S_0 + \Delta S}{\frac{\mu_{s\Sigma} - 1}{1 - e^{-n_2}}(1 - e^{-n_2 \frac{x}{L_1}}) + 1} \tag{20-30}$$

同理,对式(20-27)积分,得

$$S_x = \frac{S_0 + \Delta S}{\dfrac{\mu_{s\Sigma} - 1}{1 + n_1}(1 - n_1 \dfrac{x}{L_1}) \dfrac{x}{L_1} + 1} \qquad (20-31)$$

式中,S_x 为压下段内任意断面管子壁厚;ΔS 为管坯在减径段的壁厚增量,可按 $5\% \sim 6\%$ 在减径段的减径量计算;$\mu_{s\Sigma}$ 为壁厚总延伸系数,$\mu_{s\Sigma} = (S_0 + \Delta S_\Sigma)/S_1$。

该设计方法对低塑性材料较合适,主要缺点是压下段始端压力有峰值,相应部位的孔型磨损较严重,只是在大型轧机上轧槽较长,矛盾不太突出。所以,对塑性较好的金属可按其他原则进行孔型设计。

20.4.3　芯棒设计

常见芯棒如图 20-11 所示,其锥体长度至少应为减径段、压下段和预精整段的长度总和。精整段起点的芯棒外径为

$$d_k = d_1 - 2S_1 \qquad (20-32)$$

式中,d_1,S_1 分别为成品管外径和壁厚。

芯棒圆柱部分直径 d_n 为

$$d_n = d_k + 2l_G \tan\alpha \qquad (20-33)$$

式中,l_G 为除精整段以外芯棒的实际工作长度。

芯棒锥度为

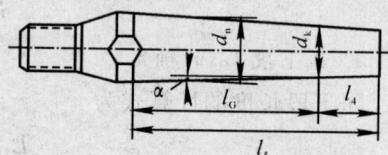

图 20-11　冷轧管机芯棒示意图

$$2\tan\alpha = \frac{d_n - (d_1 - 2S_1)}{l_G} \qquad (20-34)$$

实践证明,采用小锥度芯棒可以减少不均匀变形,降低压力,减少轧制过程中的瞬时减径量,改善瞬时变形区内的金属流动。但过小的芯棒锥度,管料端头容易切入。经验认为:芯棒锥度的最小极限为 $0.002 \sim 0.005$,若再小,轧机调整困难。一般硬质合金 $2\tan\alpha = 0.005 \sim 0.0015$,软合金 $2\tan\alpha = 0.03 \sim 0.04$,轧制薄壁管时应取更小值,外径壁厚比为 $30 \sim 40$ 时,$2\tan\alpha = 0.007 \sim 0.014$,外径壁厚比为 40 以上,$2\tan\alpha = 0.0025 \sim 0.0035$。表 20-2 为我国两辊周期式冷轧机芯棒锥度选用参考值。

表 20-2　芯棒锥度参考值

轧机型号	管坯与管材直径之差 /mm	芯棒锥度 $2\tan\alpha$
LG-30	< 13	0.007 ~ 0.015
	> 13	0.02
	< 14	0.01
LG-50	14 ~ 18	0.015
	> 18	0.02 ~ 0.03
LG-80	12 ~ 16	0.01
	17 ~ 22	0.02
	23 ~ 28	0.03
	> 28	0.04

20.4.4 轧槽横断面形状尺寸设计

常见轧槽为切线侧壁圆孔型,如图20-12所示。孔槽宽度选取要合适,过宽会加重横向变形不均,开口处管壁增厚严重,易出现裂纹;过窄易出耳子,所以开口角 β 的选取十分重要。

如图20-12所示,来料一次咬入时与孔槽 A,B 两点接触,受到正压力 P 及摩擦力 $t = \mu P$（μ 为接触表面摩擦因数）作用,合力为 $q = P\sqrt{1 + \mu^2}$。将 q 分解为水平及垂直两个力:

$$q_x = q\cos(\beta + \varphi) \tag{20-35}$$

$$q_y = q\sin(\beta + \varphi) \tag{20-36}$$

式中,β,φ 分别为孔型开口角和接触摩擦角。

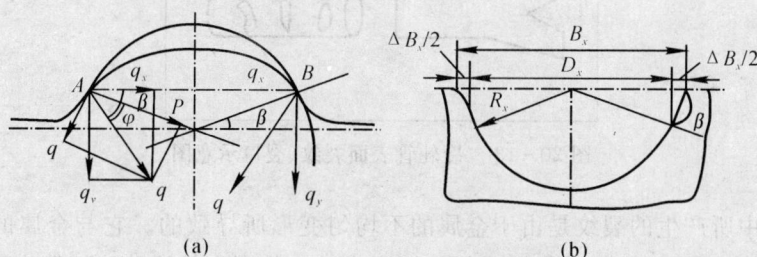

图 20-12 孔型示意图

(a) 一次咬入时受力分析; (b) 轧槽尺寸示意图

当 $\beta + \varphi < 45°$ 时,$q_x > q_y$,来料因水平作用力向立椭方向压扁;当 $\beta + \varphi > 45°$ 时,$q_x < q_y$,来料向垂直作用力方向压扁,增加横向尺寸,易被挤入辊缝。所以应使 $\beta + \varphi < 45°$。冷轧时 $\mu = 0.06 \sim 0.1$,那么 $\varphi = 3° \sim 6°$,β 一般小于 $25° \sim 35°$。表20-3为常用参考值。

表 20-3 开口角参考值

轧辊直径 /mm	开口角（或扩展角）β/(°)			
	减径段开始	压下段内	预精整段	精整段
300	35～32	32～29	29～27	27～25
364	24～31	31～27	27～25	25～23
434	20～25	25～22	22～20	20～18
550	16～18	22～20	22～20	17～15

如图20-12所示,孔型开口角 β 可以计算如下:

$$\cos\beta = \frac{D_x}{D_x + \Delta B_x} \tag{20-37}$$

$$\Delta B_x = 2K_t m \mu_{\Sigma r}(\tan\gamma_x - \tan\alpha) + 2K_d m \mu_{\Sigma r}\tan\alpha \tag{20-38}$$

式中,K_t 为考虑强迫宽展和工具磨损的系数,约为 $1.05 \sim 1.75$,压下段开始时取上限,向后逐渐降低;K_d 为压扁系数,可取 0.7;$\mu_{s\Sigma r}$,$\mu_{\Sigma r}$ 为壁厚积累延伸系数和积累延伸系数。

20.5　管材冷轧的主要缺陷

20.5.1　裂纹、裂口

冷轧钢管的表面裂纹主要来自管坯和冷轧过程中产生。裂纹、裂口是冷轧薄壁管材（特别是硬合金薄壁管材）中最常见的一种缺陷，其典型的表现形式是头部纵向裂口和表面横向裂纹、裂口，如图 20-13 所示。

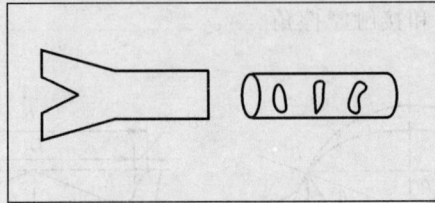

图 20-13　冷轧管表面裂纹、裂口示意图

冷轧过程中所产生的裂纹是由于金属的不均匀变形所导致的。它与金属的塑性、孔型形状、工艺参数、工具质量、酸洗及润滑质量等因素有关。为了有效地消除钢管表面裂纹，需要重视以下环节的质量控制：

（1）合金性能。在一些塑性较差的硬铝及高镁铝合金中易产生裂纹。在这些合金中，含有许多显微硬度比较高的硬脆相，如 Al_2CuMg，Al_7Cu_2Fe，Mg_2Si，$(Fe，Mn)Al_6$，$MnAl_6$ 等，由于它们与基体之间的硬度差别很大，在冷加工过程中，在其周围易产生不均匀变形而引起应力集中，形成显微裂纹。在拉应力的作用下，这些显微裂纹就成为管材产生裂纹、裂口的根源。

（2）锭坯均匀化退火。在硬铝合金和高镁铝合金中都含有一定量的锰元素，由于锰在铝合金中的扩散系数很小，在铸造过程中产生较严重的偏析。如果不进行均匀化退火或均匀化退火不充分，合金中的含锰相就不能充分地从基体中析出，在冷轧时就易出现裂纹、裂口缺陷。

（3）管坯退火。为了防止钢管在冷轧时产生表面裂纹，必要时应进行退火以消除金属的加工硬化，提高塑性。硬铝合金、高镁铝合金热挤压管材的组织，一般情况下都不是完全的再结晶组织，其中还存在着一定的变形组织。如果管坯退火不充分，或因炉内温度不均匀而造成退火不均匀，从而造成变形不均匀，就容易出现裂纹、裂口缺陷。

（4）孔型设计。在孔型设计中，应尽量设法减小金属的横向变形和不均匀变形程度。孔型的宽度和侧壁开口角度在保证不产生钢管轧折、耳子的前提下，应尽可能小一些，以避免金属过多的堆积在孔型侧壁开口处。

（5）轧制变形量。轧制变形量的大小对冷轧钢管产生表面裂纹的影响是很重要的，表面变形越大，则金属不均匀变形越严重。适量减小变形量是减小钢管产生表面裂纹十分有效的方法。

20.5.2 飞边

飞边是冷轧管生产中较常见的一种严重表面缺陷,它是在轧制过程中沿管坯工作锥纵向出现的耳子,被折叠压入管材表面所形成,如图20-14所示。飞边在管材表面上的分布具有一定的规律性。

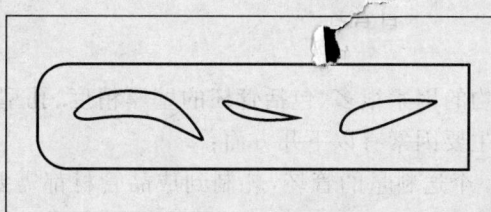

图 20-14 管材表面飞边缺陷示意图

避免飞边缺陷产生的方法有:

(1) 认真更换、调整孔型。孔型侧翼开口既不能太大,也不能太小,也不能太尖。孔槽开口处必须有一定的过渡圆角。调整孔型时,如果孔型间隙过小,在进程轧制时,由于变形量大,金属被挤入这个间隙中而在工作锥上出现很薄的耳子。当机架反行程回轧时,这个耳子被压倒并被压入锥体表面上,从而在轧制管材外表面上出现了呈细条状分布的金属压入缺陷。这个金属压入缺陷与外来金属被压入到管材表面上所造成的压入缺陷是不相同的,它与管材基体金属是连接在一起的。

(2) 孔型设计要合理。如前所述,如果孔型侧翼开口宽度设计得过小,在进程轧制过程中,宽展流动的金属没有充填空间,就会被挤入两个孔型块的间隙中去,在工作锥上出现耳子,在轧辊回轧时被压入管材表面形成飞边缺陷。如果孔型间隙设计太尖,同孔型间隙过小一样,进程轧制过程中,在工作锥上会出现较薄的耳子,回轧时被压入到锥体表面而形成飞边。如果孔槽开口处的过渡圆角过小,在进程轧制时易压伤管坯,在工作锥上出现纵向条状压痕,随着轧制过程中金属的变形流动,虽然压痕两边的金属互相接触,但不会融合,从而在轧制管材的外表面上出现一个与飞边相似的缺陷。由于这个缺陷的产生原因是因为孔槽边部压伤管坯所造成,故通常也称为孔型啃伤。

(3) 管坯转动角度要合适。如果轧管机前卡盘夹得不紧,在转动阶段管坯不转或转动角度过小,在工作机架返回过程中,管坯工作锥上原来位于孔型开口部位的金属不仅不能得到有效辗轧,反而使耳子更加明显。随着工作机架的往复,耳子被压倒压入管材表面形成飞边缺陷。如果管坯转动角度过大,接近180°,与转动角度过小一样,同样也容易出现飞边缺陷。

(4) 送料量需合适。如果送料量太大或突然增大,在进程轧制时管坯工作锥上出现的耳子在轧辊回轧时其前端部位得不到有效辗轧,从而在轧出管材的表面上有耳子残余,在整径拉拔时被压入管材表面形成飞边缺陷。如果进程轧制时不出现耳子,则管坯工作锥前端原来位于孔型开口处的金属,在回轧时得不到辗轧,使得该部位轧出管材的壁厚尺寸较其他部位的大,不仅造成了壁厚不均,而且在管材表面形成较明显的纵向轧制棱子。另外,当送料量过大时,还会出现较明显的横向轧制环线。

(5) 缺陷要及时处理。当更换孔型、增大送料量、调整孔型间隙时,发现管材上出现某些周期性缺陷要及时处理。且每班接班后,都要认真、仔细检查管坯工作锥,发现问题要及时采取措施进行处理。如果管坯表面上存在着擦伤、划伤、磕碰伤等表面缺陷,特别是较严重的纵向擦伤和划伤,也是造成飞边缺陷的主要原因。如果管坯表面刮皮质量不高,有棱角或刮裂,也容易造成飞边及其他表面缺陷。要注意经常检查轧辊孔槽的表面质量和孔型工作锥。发现孔槽表面有缺陷应及时修磨;发现孔型工作锥不光滑、有棱子也要及时修磨。要始终保证孔槽表面的光滑和圆滑。

20.5.3　壁厚不均

影响冷轧钢管壁厚不均的因素很多,包括管坯的壁厚精度、孔型形状及调整、轧管工具质量、润滑质量、喂入量等。主要因素有以下几方面:

(1) 送料量过大。每一个送料量的管坯,轧制到成品管材都需要反复轧制十几到几十次才能完成。在轧制过程中,管坯外径和壁厚是逐渐减小的。如果送料量过大,工作锥前端还没有完全轧到成品壁厚的一段管坯,就会被向前推出变形区而不再发生变形。在下一个轧制循环中,工作锥最前端的外径和壁厚均小于与之相连部位前道次所轧制管材的尺寸,从而造成管材纵向壁厚尺寸不均匀,并在管材表面形成明显的轧制环。

(2) 芯棒的锥度和孔型预精整段的锥度太大。芯棒的锥度过大,轧制时具有较大的轴向力,易造成芯杆弯曲和拉断,并使金属变形不均匀,孔型开口度加大,在送料量不变的情况下,会使得管坯工作锥前端还没有达到成品管尺寸的一段管坯,被向前推出轧制变形区以外,造成管材表面出现明显的轧制环,使得轧出管材的壁厚沿纵向呈不均匀分布。孔型预精整段的锥度必须与芯棒的锥度相等,如果孔型预精整段的锥度过大,就会使实际的预精整段长度缩短,在送料量不变的情况下,同样会造成管材表面出现明显的轧制环,使得轧出管材的壁厚沿纵向呈不均匀分布。

(3) 孔型磨损过大。孔型磨损主要发生在其轧槽的压下段。如果孔型磨损过大,就会造成预精整段长度缩短,在送料量一定的情况下,同样会使得轧出管材的壁厚沿纵向呈不均匀分布。

(4) 连接芯棒的芯杆太细。如果芯杆太细,在轧制过程中易发生弹性弯曲,使得芯棒不稳定,从而在轧出管材的表面上出现明显的轧制环,造成管材壁厚沿纵向发生变化。

(5) 芯杆在轧制时纵向窜动量过大。如果芯杆在轧制过程中的纵向窜动量过大,必然使得芯棒不稳定,同样也会在轧出管材的表面上出现明显的轧制环,造成管材壁厚沿纵向发生变化。

减小轧制管材壁厚不均的主要措施如下:

(1) 送进量要合适。根据轧管机的能力、被轧制管材的合金、规格、轧制时的压延系数、孔型精整段的设计长度,以及对管材的质量要求等确定合适的送料量。一般来说,轧制管壁较厚的管材时,送料量可相对大一些;轧制相同规格管材时,软合金的送料量可相对大一些;采用不同轧管机轧制时,能力较大者其送料量可相对大一些;压延系数小、孔型预精整段长时,送料量可大一些;制品的表面质量要求高时,送料量应小一些。总之,最佳送料量要根据现场的实际情况合理确定和调整。

(2) 正确设计工具。芯棒的锥度不能太大,但也不能太小。如果芯棒锥度过小,送料时轧制锥体脱离芯棒所需的力增大,易造成管坯之间相插头,同时,也减小了轧制管材壁厚的调整范围。孔型预精整段的锥度应与芯棒的锥度相同,长度应设计合理。孔型轧槽应光滑、圆滑,椭圆度应尽可能小。连接芯棒的芯杆不能太细。

（3）正确调整孔型间隙,特别是轧槽两边的孔型间隙应相同。

（4）确保回轧前管坯的转动角度要合适。

20.5.4　金属压入或压坑

管材表面上的金属压入或压坑,是轧制过程中最常见的缺陷之一。特别是轧制软合金薄壁管时,很容易出现此类缺陷。减少金属压入和压坑缺陷的主要措施包括:① 管坯锯切时,首先要保证端面锯切整齐,切斜度一般不能超过2～3 mm。锯切后,其端面必须用锉刀仔细、认真打毛刺,并吹、擦干净管坯内、外表面上的金属屑。② 轧制前,管坯应进行刮皮处理,消除外表面擦伤、划伤缺陷。对于内表面上存在的擦伤缺陷,应进行蚀洗,清除擦伤所造成的起皮等,并使擦伤缺陷有所减轻。③ 应保证润滑油的清洁、干净,其中不允许有砂粒、碎屑等脏物。润滑系统应有完好的过滤装置,能够有效地将润滑油中的砂粒及金属屑过滤干净。润滑油至少应半年更换一次,换油时应将油箱、管道、机架等清理干净。④ 应经常检查芯棒、孔型等主要工具的表面质量,发现黏金属时应及时清除;发现有损伤时应及时修复,保持工具表面的清洁、光滑。

20.5.5　管材椭圆

冷轧后的管材有时会出现椭圆现象,其原因与孔型设计和制造质量、孔型磨损以及孔型间隙调整不正确等因素有关。减少椭圆现象发生的措施包括:① 正确设计孔型。上下两个孔型块上的轧槽合起来,除孔型开口处外,应是一个圆形。如果孔型设计不正确,或者制造有误差,使轧槽成椭圆形,轧制出的管材也必然呈椭圆形。② 控制轧槽磨损。孔型在长期的使用过程中必然会发生磨损,如果轧槽磨损过大,也容易造成管材椭圆。③ 正确调整孔型间隙。调整孔型间隙时,如果出现一边间隙大,另一边间隙小,从而造成轧出管材出现椭圆。

20.5.6　表面圆环

轧制后管材表面上经常会出现明显的轧制圆环,造成表面不平整,并影响其纵向壁厚尺寸的均匀性。防止或减轻轧制环的主要措施包括:① 控制合适的送料量,避免出现轧制环的关键,即便是芯棒和孔型预精整段设计锥度过大,通过调整送料量大小也可以给予消除或减轻。送料量的大小应根据生产实际的具体情况来确定。在实际生产过程中,一旦发现轧出管材的表面上出现较明显的轧制环,立即减小送料量即可予以消除。② 设计合理的工具尺寸,芯杆直径不能太细,以减少轧制过程中的弹性弯曲;芯棒的锥度和孔型预精整段的锥度应设计合理,避免锥度过大造成送料量减小而影响生产效率。③ 合理调整芯棒位置,既要避免芯棒过于靠后产生轧制环,同时也要避免芯棒过于靠前造成管材壁厚尺寸超负偏差。

20.5.7　耳子

在轧制后的管材外表面上有时会出现局部高出其表面的部分,被称为"耳子"。耳子缺陷的产生原因多与飞边相似。轧制后带有耳子的管材,经拉拔后形成类似于飞边的缺陷。

防止耳子缺陷的主要措施包括:① 正确地设计、制造孔型,这是防止耳子缺陷的前提。② 合理调整孔型间隙,既不能太大,同时也不能太小,以免出现飞边缺陷。调整时,两边孔型间隙大小要一致,孔型不能错位。③ 仔细操作,特别是要根据实际情况控制合适的送料量,既不能太大,但也不能太小,以免降低生产效率。另外,要注意观察轧出管材的表面质量,发现问题及时处理。

20.5.8 表面波浪

轧制管材表面的波浪缺陷,实质上就是管材的直径沿纵向分布不均匀所造成的。

防止产生波浪缺陷的主要措施包括:① 正确设计、制造孔型。孔型定径段长度和轧槽深度要合适,定径段长度不能太短,要按规定的要求设计、制造;轧槽深度不能太浅,上下孔型块上的两个轧槽合起来应是一圆形,不能成为椭圆。② 正确安装、调整孔型。孔型块与轧辊之间必须连接牢固,不能有松动;孔型间隙不能太大,但也不能太小,以免造成飞边缺陷。应根据实际生产的具体情况和轧出管材的质量,调整好孔型间隙,再进行正常生产。③ 正确修磨孔型。在生产过程中,工具的磨损是不可避免的,当孔型定径段磨损出现锥度时,应及时修磨,消除锥度。虽然孔型定径段经修磨后会使其轧出管材的直径增大,但由于经冷轧的管材,最后还需要进行拉拔最终控制其直径尺寸,故对管材质量不会产生影响。④ 控制合适的送料量。送料量的大小要根据生产实际的具体情况来确定,不能一概而论,在保证轧出管材质量的前提下,为提高生产效率,应尽可能采用较大的送料量。

复 习 题

1. 二辊冷轧管机上金属变形分为哪几个阶段?有何特点?
2. 简述二辊周期式轧管孔型设计步骤。
3. 二辊周期式轧管工作应力如何分布?
4. 什么是分散变形度?什么是累计延伸系数?什么是瞬时延伸系数?什么是工作锥?
5. 典型管材冷轧质量缺陷有哪些?如何控制这些缺陷的发生?

参 考 文 献

[1] 周建男. 轧钢机[M]. 北京：冶金工业出版社，2009.

[2] 曲克. 轧钢工艺学[M]. 北京：冶金工业出版社，2008.

[3] 王先进，徐树成. 钢管连轧理论[M]. 北京：冶金工业出版社，2005.

[4] 王廷浦，齐克敏，等. 金属塑性加工学——轧制理论与工艺[M]. 2版. 北京：冶金工业出版社，2001.

[5] （美）V. B. 金兹伯格. 板带轧制工艺学[M]. 马东清，陈荣清，等，译. 北京：冶金工业出版社，1998.

[6] （美）V. B. 金兹伯格. 高精度板带材轧制理论与实践[M]. 姜明东，王国栋，等，译. 北京：冶金工业出版社，2000.

[7] 谢建新. 材料加工新技术与新工艺[M]. 北京：冶金工业出版社，2004.

[8] 赵松筠，唐文林. 型钢孔型设计[M]. 2版. 北京：冶金工业出版社，2000.

[9] 董志洪. 世界H型钢与钢轨生产技术[M]. 北京：冶金工业出版社，1999.

[10] 王有铭，等. 型钢生产理论与工艺[M]. 北京：冶金工业出版社，1996.

[11] 小型型钢连轧生产工艺与设备编写组. 小型型钢连轧生产工艺与设备[M]. 北京：冶金工业出版社，1999.

[12] （日）小指军夫. 控制轧制、控制冷却——改善材质的轧制技术发展[M]. 李伏桃，陈岿，译. 于世界，校审. 北京：冶金工业出版社，2002.

[13] （日）中岛浩卫. 型钢轧制技术——技术引进、研究到自主开发[M]. 李效民，译. 白丙中，审校. 北京：冶金工业出版社，2002.

[14] 曲克. 轧钢工艺学[M]. 北京：冶金工业出版社，2004.

[15] 孙一康. 带钢热连轧的模型与控制[M]. 北京：冶金工业出版社，2002.

[16] 华建新. 全连续式冷连轧机过程控制[M]. 北京：冶金工业出版社，2000.

[17] 李连诗. 钢管塑性变形原理（上册）[M]. 北京：冶金工业出版社，1985.

[18] 龚尧，等. 连轧钢管[M]. 北京：冶金工业出版社，1990.

[19] 白光润，等. 孔型设计[M]. 沈阳：东北大学出版社，1992.

[20] 李曼云. 钢的控制轧制和控制冷却技术手册[M]. 北京：冶金工业出版社，1998.

[21] 朱泉，等. 中国冶金百科全书：金属塑性加工卷[M]. 北京：冶金工业出版社，1998.

[22] 王占学. 控制轧制与控制冷却[M]. 北京：冶金工业出版社，1998.

[23] 马怀宪. 金属塑性加工学——挤压、拉拔与管材冷轧[M]. 北京：冶金工业出版社，1989.